Jörg Borghardt, Lutz Meltzer, Stefanie Roeder,
Wolfgang Scholz, Anke Wüstenberg (Hg.):
ReiseRäume
Touristische Entwicklung und räumliche Planung

Herausgeber
Institut für Raumplanung (IRPUD),
Fakultät Raumplanung - vertreten durch die
Schriftenkommission -, Universität Dortmund

Layout
Violetta Kappelmann

Cover
Violetta Kappelmann
Foto: Sabine Nonnenmacher

Druck
Kolander & Poggel GbR, Dortmund

Vertrieb
Dortmunder Vertrieb für Bau- und Planungsliteratur
(im Auftrag vom Informationskreis für Raumplanung e. V.)

Dortmund 2002
ISBN 3-88211-132-1

Blaue Reihe

Dortmunder Beiträge zur Raumplanung
109

Jörg Borghardt, Lutz Meltzer,
Stefanie Roeder, Wolfgang Scholz,
Anke Wüstenberg (Hg.)

ReiseRäume

Touristische Entwicklung und räumliche Planung

IRPUD

Institut für Raumplanung Universität Dortmund Fakultät Raumplanung

Inhalt

Editorial

In *ReiseRäume* setzen sich Wissenschaftler/innen und Praktiker/innen aus dem Arbeits- und Forschungsfeld der räumlichen Planung mit dem Phänomen Tourismus auseinander. Ziel dieser Veröffentlichung zu Tourismus *und* Raumplanung ist es, den Bedeutungszuwachs von Freizeit und Tourismus für Raumplaner angemessen darzustellen und die Bedeutung der Raumplanung für eine zukunftsfähige Tourismusentwicklung zu verdeutlichen. Die Projektidee zu diesem Buch geht auf die Aktivitäten des Dortmunder Arbeitskreises Raumplanung und Tourismus (D.A.R.T.) zurück, der von Raumplanerinnen und Raumplanern des Dortmunder Studiengangs gegründet wurde und inzwischen als Arbeitskreis im Berufsverband *Informationskreis für Raumplanung e.V.* etabliert ist.

Tourismus stellt mittlerweile den weltweit größten Industriezweig dar und prägt zum einen in zunehmend ausdifferenzierten Erscheinungsformen die Lebensbedingungen in Orten, Regionen und ganzen Staaten. Dabei werden erhebliche positive wie negative Auswirkungen sichtbar. Tourismus ist zum anderen aber auch verbunden mit soziokulturellen Veränderungen, d. h. einer immer weiteren Verbreitung des Lebensgefühls, Tourist zu sein - oder mit der Aufgabe, mit Reisenden umgehen zu müssen - und betrifft somit Reisende wie auch Bereiste. Alle am touristischen Entwicklungsprozess Beteiligten, vom Tourismusmanager auf der Anbieterseite am Ausgangsort wie am Zielort der Reise, über den Planer oder Landschaftsschützer vor Ort, bis zu den Bereisten - um nur einige Beteiligte zu nennen - greifen dabei zunehmend auf Expertenwissen zurück, welches von verschiedensten Fachdisziplinen mit jeweils sehr unterschiedlichen Schwerpunkten erarbeitet wird. Eine einheitliche „Theorie des Tourismus" oder eine koordinierte Forschungslandschaft mit weiterreichenden gemeinsamen Interpretationsgrundlagen fehlt allerdings bislang. Wozu auch, so wird sich mancher fragen, funktionierte der Tourismus doch bislang auch ohne theoretischen Überbau im Großen und Ganzen sehr gut. Zur Entwicklung von Fremdenverkehrsregionen schienen lange Zeit solides kaufmännisches Wissen, eine gewisse Kenntnis der Motivlagen der Zielgruppen und der politischen Verhältnisse vor Ort sowie ein Grundmaß an technisch-instrumentellem Planungswissen auszureichen.

Dass touristische Entwicklung jedoch eine umfassendere Gestaltungsaufgabe darstellt, verdeutlichen - wenn auch etwas plakativ - Investitionsruinen ebenso wie Lawinenkatastrophen oder der viel zitierte „Aufstand der Bereisten". Deutlich wird, dass mehr theoretisches und empirisches Wissen notwendig ist, um die komplexen Wechselwirkungen von Ökonomie, natürlichen Lebensgrundlagen und sozialer Entwicklung transparenter zu machen. Erst dann ist es möglich, politischen Leitbildern, wie beispielsweise dem der Nachhaltigkeit, Gewicht zu verschaffen und daraus Entwicklungsziele für „ReiseRäume" abzuleiten. *ReiseRäume* will den Zusammenhang zwischen Reiseaktivität und Raumbeschaffenheit und -veränderung einfangen und darauf verweisen, dass sich Räume in Abhängigkeit von Reise befinden und entwickeln können.

Raumplanung als querschnittsorientierte Disziplin ist hier für eine umfassende Auseinandersetzung mit touristischer Entwicklung prädestiniert, da sie in der Forschung verschiedenste Fachdisziplinen integriert und in der Praxis oft divergierende Interessen koordinieren und abwägen muss. Raumplanung als Wissenschaft kann helfen, einen Schritt weiter auf dem langen Weg zu einer „Theorie des Tourismus" zu gehen und leitbildorientiert empirisches Wissen zur Verfügung zu stellen, wie die Beiträge im ersten Teil dieses Buches zeigen.

Raumplanung in der Praxis kann zudem mehr sein als planerische Gestaltungseingriffe mit den klassischen Instrumenten etwa der Raumordnung oder der Bauleitplanung. Dies zeigen zunehmend Beispiele für kooperative Planungsprozesse gerade auch im Tourismus, an denen Planer/innen maßgeblich beteiligt sind. Neue Formen kooperativer Planung verdeutlichen dabei in besonderer Weise, dass Expertenwissen allein noch nicht zu zukunftsfähigen Problemlösungen führt, die sich räumlichen und sozialen Gegebenheiten anpassen. Vielmehr ist eine breite Beteiligung der am Prozess touristischer Entwicklung Beteiligten anzustreben, insbesondere der Betroffenen vor Ort, um tragfähige Ergebnisse zu erzielen. Erwähnenswert ist im Zusammenhang mit der Präsenz des Themas Tourismus in der raumplanerischen Ausbildung, dass es seit vielen Jahren an der Fakultät Raumplanung eine ständig wachsende Zahl von Studienprojekten und Diplomarbeiten gibt, die sich mit touristischen Fragestellungen befassen[1].

Der erste Gliederungsabschnitt des vorliegenden Sammelbandes umfasst Beiträge, die grundlegende Fragen der Theorie, Praxis und Politik von „ReiseRäumen" behandeln. In diesen Beiträgen wird die Einsicht bestätigt, dass sich Entwicklung und Planung touristisch geprägter Räume nicht allein auf die Entwicklung einzelner Projekte und damit auf reine Raumausstattung und -strukturierung beschränken dürfen. Vielmehr ist ein tieferes Verständnis historisch veränderlicher touristischer Motivationslagen ebenso erforderlich wie breit angelegte Partizipationsprozesse und eine damit verbundene stärkere politische Beachtung touristischer Prozesse.

Welche Instrumente der klassischen praxisorientierten Raumplanung - hier mit dem Schwerpunkt auf Raumordnung und Regionalplanung - zur Verfügung stehen, zeigt zu Beginn der Beitrag von **Theophil Weick** und **Stefan M. Germer** auf. Von der querschnittsorientierten Raumordnung auf Bundes- und Länderebene bis hin zur lokalen Ebene, aber auch von den ebenfalls auf mehreren Ebenen agierenden Fachplanungen, wie Landschafts- oder Verkehrsplanung, werden eine Fülle von Instrumenten zur Gestaltung touristischer Entwicklung zur Verfügung gestellt. Von besonderer Bedeutung für innovative Problemlösungen sind die über formale Ausweisungen hinausgehenden umsetzungs- und projektorientierten Regionalen Entwicklungskonzepte. Die Autoren konkretisieren die Anwendungsmöglichkeiten formaler Planungsinstrumente am Beispiel der rheinland-pfälzischen Region Westpfalz.

Dass die Planung touristischer Entwicklung nicht nur eine Frage der Optimierung technischer Instrumente ist, sondern ihre Qualität und Akzeptanz vor allem von der Einbeziehung Betroffener und Beteiligter in Planungsprozesse abhängt, verdeutlicht **Evelyn Gustedt**.

Partizipation sollte in einem demokratisch verfassten Gemeinwesen zwar selbstverständlich sein. Deutlich wird aber, dass Partizipation angesichts der Vielzahl der Akteure, der Aufsplitterung von Kompetenzen, der wachsenden Pluralität von Interessen und Bedürfnissen und nicht zuletzt wegen der Erfordernisse eines sozialen Ausgleichs und einer nachhaltigen Entwicklung auch deshalb notwendig erscheint, um einen ziel- und leitbildorientierten Prozess touristischer Entwicklung überhaupt zu ermöglichen. Die hierbei auftretenden Schwierigkeiten partizipativer Planungsverfahren zeigen, dass Partizipation mit reflexiven Lernprozessen verbunden ist.

Einen Versuch, touristische Phänomene für die Raumplanung handhabbar zu machen, liefert der Beitrag von **Gerd Held**. Er vertritt die These, dass der Massentourismus der Moderne seine definitive Form noch nicht gefunden hat, und geht davon aus, dass ein Paradigmenwechsel in den Motivlagen der Reisenden stattfindet: von der Logik der Kompensation hin zu Motiven der Steigerung der Lebensqualität. Daraus wird ein Bedeutungsverlust klassischer touristischer Raumkonfigurationen bei gleichzeitig steigendem Urbanisierungspotenzial des Massentourismus abgeleitet. In den Möglichkeiten urbaner Massenhaftigkeit wird ein besonderes Erlebnispotenzial gesehen, wodurch der Tourismus zudem zu einer wieder verstärkten Hierarchisierung von Städten und Metropolen beiträgt.

Jörg Borghardt setzt sich anschließend mit der Frage auseinander, welche Raumbilder der Tourismus erzeugt bzw. erfordert. Er zeigt den historischen Wandel von Mythen und Utopien zu imaginären Raumbildern der Tourismusindustrie auf und betont, dass sich räumliche Planung dieser - immer dem gesellschaftlichen Wandel unterliegenden - Entwicklung bewusst sein muss, will sie nicht nur die erzeugten Raumbilder bestätigen und mit ihren Instrumenten umsetzen, sondern auch selbst noch handelnder Akteur im Entwicklungsprozess der „ReiseRäume" sein.

Ebenso kann der Beitrag von **Hans Christian Lippmann** der praxisbezogenen Raumplanung helfen, kulturelle Tiefenstrukturen touristischer Motivationslagen und den sozialen Sinn touristischen Handelns besser zu verstehen. Am speziellen Beispiel der Sommerfrische zu Beginn des 20. Jahrhunderts verdeutlicht er die Historizität und soziale Konstruktion der touristischen Raumwahrnehmung. Tourismusregionen sind nicht nur als geographische Räume im klassischen Sinn zu analysieren, sondern vor allem auch als Projektionsfläche touristischer Sehnsüchte, die Ausdruck und Folge gesellschaftlicher Entwicklung sind. Damit wird auch deutlich, dass Images von Tourismusregionen nicht beliebig formbar sind.

Auf eine klassische Debatte der Forderung nach einer „ganzheitlichen", ökologischen, ökonomischen wie sozialen Betrachtung touristischer Entwicklung nimmt der nächste Bei-

trag Bezug. In den 1980er Jahren wurde diese unter dem Begriff des „Sanften Tourismus" gefasst, während in den 1990er Jahren das Paradigma der „Nachhaltigkeit" die Diskussion prägte. **Nicole König** argumentiert, dass zur nachhaltigen Tourismusentwicklung die optimale Tragfähigkeit einer Destination bestimmt werden muss. Hierzu schlägt sie das dynamische Modell der *Carrying Capacity* vor, verdeutlicht aber gleichzeitig die politisch motivierte Bestimmung von Kapazitätsgrenzen, die im Idealfall an Leitbilder geknüpft ist. Im Besuchermanagement wird ein praktikables Instrument gesehen, die räumliche und qualitative Verteilung touristischer Entwicklung zu beeinflussen.

Auch **Carsten Grashoff** greift den Begriff des Managements von „ReiseRäumen" auf. Destinationsmanagement wird in seinem Beitrag dargestellt als fortlaufende gemeinschaftliche Planung und Steuerung von Entwicklung, Organisation und Vermarktung des touristischen Angebots einer Region mit dem Ziel des Ausgleichs verschiedener Interessengruppen und der Mobilisierung endogener Potenziale. Dies bedeutet einerseits, dass betriebswirtschaftliche Managementkonzepte allein für größere Räume mit verschiedenen sozialen Gruppen unzureichend sind. Andererseits wird deutlich, dass zur Steuerung der Tourismusentwicklung einer Region Instrumente und Institutionen erforderlich sind, die über die obligatorischen Instrumente räumlicher Planung hinausreichen.

Dies ist auch eine politische Aufgabe. Dem ökonomischen Potenzial des Tourismus steht allerdings seine weitgehende Bedeutungslosigkeit in der Politik gegenüber. Die auf den Tourismus bezogene Politik erfolgte in der Vergangenheit überwiegend als Strukturpolitik im Sinne von Wirtschafts- und Beschäftigungsförderung, was auch in den klassischen Formen der Fremdenverkehrsentwicklungsplanung zum Ausdruck gekommen ist.

Andreas Freundt zeigt, dass sich auf europäischer Ebene hieran leider bis heute nichts geändert hat. Hier taucht Tourismus in den verschiedenen Politikfeldern nur am Rande auf und wird einseitig als ökonomisch ausgerichteter Faktor der regionalen Entwicklung betrachtet. Relativ geringe Finanzmittel stehen dementsprechend für konkrete Projekte der Tourismusförderung zur Verfügung. Politischer Wille ist jedoch immer die Voraussetzung für eine aktiv gestaltende Entwicklung und Planung von „ReiseRäumen".

Die Analyse touristischer Phänomene setzt in der Regel neben der Ermittlung der Bedürfnisse der Reisenden bei deren Umsetzung in den Destinationen an. Wie jedoch der ältere Begriff „Fremdenverkehr" zum Ausdruck bringt, ist Tourismus vor allem auch mit einem erheblichen Maß an Verkehr verbunden. **JOCHEN SCHEINER** und **GERNOT STEINBERG** wenden sich gegen die Vernachlässigung dieser Dimension und verdeutlichen, dass Mobilität zum einen selbst bereits ein Ziel darstellt. Zum anderen versuchen die Autoren eine Einschätzung der mit der Entwicklung touristischer Nachfragestrukturen verknüpften Verkehrsentwicklung zu geben. Es wird deutlich, dass weder virtuelle Ferienwelten, noch eine entsprechende Informationspolitik und verkehrspolitisch ausgewogene Angebotsstrukturen eine Lösung bieten können. Auch isolierte raum- und verkehrsplanerische Maßnahmen, etwa Konzepte räumlicher Zuordnung oder Zonierung, genügen nicht, sondern müssen den „Kostenwahrheiten" einzelner Verkehrsträger Rechnung tragen.

Im zweiten Teil des Buches werden Handlungsmöglichkeiten für den zukunftsfähigen planerischen Umgang mit Tourismus in bereits etablierten Destinationen vorgestellt. Innerhalb einer Auswahl verschiedener Fallbeispiele werden die Entwicklung und der Umgang mit den Problemen der klassischen Reiseziele eruiert. Destinationen, die bereits erschlossen sind, müssen sich an die aktuellen Entwicklungen und Trends anpassen. Dieser Teil des Buches widmet sich den Möglichkeiten von Planungswissenschaftlern, innerhalb der Tourismusentwicklung klassischer Destinationen als integrative Akteure aufzutreten.
Zu den großen klassischen Themenbereichen zählt der Städtetourismus. Die Destination Stadt stellt einen an Bedeutung zunehmenden Tourismuszweig dar, wie es Statistiken über stark wachsende Besucherzahlen und der allgemeine Trend zu Kultur- und Städtereisen belegen. Erfahrungen und Handlungsansätze aus dem Bereich des Städtetourismus werden anhand der BeispielstädteAachen und Pisa geschildert.

In Zukunft müssen alle Tourismuspotenziale städtischer Reiseziele sinnvoll genutzt werden. Die Konkurrenzsituation der Städteziele und die wachsenden Besucherzahlen verlangen dabei innovative und sozialverträgliche Konzepte im Umgang mit dem Tourismus. **STEFANIE ROEDER** zeigt Tourismuspotenziale in der Ebene der Stadtteile auf, wobei auch die Situation der Bereisten berücksichtigt wird, die es ihrerseits aktiv und gestaltend mit ihrem speziellen Maß an Expertenwissen über die Stadt, in ein Tourismuskonzept einzubeziehen gilt. Am Beispiel der klassischen Destination Aachen wird die Bereicherung des gesamtstädtischen Tourismuspotenzials durch gezielte Stadtteiltourismusentwicklung und Stadtteilgestaltung untersucht.

Einen problematischen Bereich des klassischen Städtetourismus stellt der Ein-Tages-Tourismus dar, welcher sich aus dem Massen-Sightseeing-Tourismus herausbildet. Bei dieser Form des Tourismus entsteht kein wirklicher Kontakt zur Stadt, die dementsprechend nur einen geringen ökonomischen Nutzen erzielen kann. **HELGE MEHRTENS** beschreibt ein Projekt, welches für klassische Ein-Tages-Destinationen Strategien finden sollte, die Touristen länger in der Stadt zu halten. Am Beispiel von Pisa wird das von der Europäischen Union geförderte und begleitete LUCANO-Projekt in seinen Arbeitsschritten und Erfahrungen erläutert. Auch der ländliche Raum zählt zu den klassischen Reisezielen. Das Fallbeispiel Mecklenburg-Vorpommern und der Beitrag zu Regionalisierungstendenzen und Marketing im Tourismus geben einen Einblick in den aktuellen Umgang und die Imagebildung dieses touristischen Themenbereichs.

Aus einer historischen Perspektive beschreiben **Birgit Nolte** und **Wilhelm Steingrube** die Entwicklung des Tourismus in Teilbereichen der ehemaligen DDR vom Seebad-Tourismus und dem staatlichen Erholungswesen bis hin zur Boomphase in den 90er Jahren. Die Diskussion der Probleme und Potenziale im Umgang mit den geänderten Rahmenbedingungen im Feld des Regionaltourismus Mecklenburg-Vorpommerns führt zu neuen Erkenntnissen für die Tourismusentwicklung und -planung.

Kurbäder stellen ein klassisches Reiseziel dar, unterliegen aber seit einigen Jahren einem massiven Strukturwandel, mit dem auf die geänderte Nachfrage und Rahmenbedingungen reagiert wird. **Lutz Meltzer** zeigt in seinem Beitrag auf, dass nicht nur neue Kundensegmente im Bereich der aktiven (Gesundheits-)Urlauber erreicht werden müssen, wie es der anhaltende Trend zum Gesundheits- und Fitnessurlaub vermuten lässt. In der Konkurrenz um Kurgäste und andere Urlauber bekommen die Pflege der besonderen städtebaulichen Qualitäten, die Servicebereitschaft im Dienstleistungsgewerbe, aber auch der Ausbau regionaler Kooperationen besonderes Gewicht.

Der Tourismus in seinen ökologischen Auswirkungen und der sensibilisierte Tourist sind ein nicht wegzudenkender Faktor in der aktuellen Tourismusentwicklung. Besonders deutlich tritt dies auch im Beitrag zum alpinen Schitourismus zutage. Mit Hilfe künstlicher, technischer Mittel und Inszenierungen wird versucht, die klassischen Tourismusdestinationen zu perfektionieren und werden natürliche Grenzen der Belastbarkeit ignoriert. **Sebastian Müller** stellt in seinem Beitrag die Manipulation der Naturgrenzen durch Wintersimulation unter dem Aspekt der Umsetzbarkeit, der ökologischen Tragfähigkeit und der Akzeptanz bei den Touristen dar.

Auch **Ingo Mose** geht auf den Alpenraum ein. Er untersucht in seinem Beitrag Interdependenzen der Tourismusentwicklung und Schutzgebietsplanung in den österreichischen Zentralalpen. Entwicklungen, Strukturen und Probleme des Tourismus im Nationalpark Hohe Tauern werden skizziert und Versuche geschildert, den Schutz der alpinen Natur- und Kulturlandschaft in Einklang mit der Stärkung der regionalen Wirtschaft zu bringen. Der Autor geht auf die Umsetzung von Modellvorhaben ein und stellt dar, wie die einheimische Bevölkerung einbezogen wird und wie die Gäste reagieren.

Der darauffolgende Beitrag behandelt die Bedeutung einer anderen Angebotsform des Themenurlaubs: den Ferienpark. Touristische Großprojekte haben vor allem in strukturschwachen Räumen teilweise erhebliche Auswirkungen auf die Standortgemeinde oder -region. **Christian Horny** erläutert die ökologischen, ökonomischen und sozialen Auswirkungen eines solchen Projektes. Dabei wird deutlich, dass ein Ferienpark grundsätzlich in ein regionales Tourismuskonzept eingebunden werden muss, um negative Folgen für den traditionellen Fremdenverkehr weitestgehend auszuschließen bzw. zu minimieren.

Bewährte Tourismusformen und vielbereiste Regionen versuchen, durch ein komfortableres und originelles Angebot stabile Auslastungszahlen zu erhalten, was für verkehrsarme Gebiete zum Beispiel die Nutzung der erlebbaren Landschaft darstellen kann. **Jan Grosse Beilage** beschreibt die bestehenden Konzepte und formuliert Ergänzungen unter Nutzung planerischer Erkenntnisse. In der südfranzösischen Provence, die ein bereits etabliertes Reiseziel darstellt, wird die Initiierung des Fahrradtourismus als ökologisch und sozial verträgliche Tourismusart gefördert.

Sven Gross erläutert Möglichkeiten einer touristischen Leitbildentwicklung am Beispiel von Projekten aus der Pfalz. Die beschriebenen Praxisprojekte verdeutlichen, dass partizi-

pative Verfahren und institutionalisierte Gremien der Kooperation aufgrund einer vernetzten Sichtweise in der Tourismusplanung größeres Gewicht als bisher bekommen sollten. Das beschriebene „Offene Forum Tourismus" stellt ein innovatives Verfahren dar, um lokale und regionale Leitbilder zu entwickeln.

Im größeren Maßstab versuchen die etablierten Destinationen einen zukunftsfähigen Umgang mit dem Tourismus zu erreichen. Modellprojekte setzen auf Umwelt- und Sozialverträglichkeit, wie das Beispiel der Umsetzung der Agenda 21 in einer mallorquinischen Gemeinde besonders anschaulich zeigen kann. **Wolfgang Scholz** beschreibt den erfolgreichen Agenda 21-Prozess in der von Massentourismus geprägten Gemeinde Calvià auf Mallorca. Dort wurde ein Umsteuern der Gemeindeplanung in Gang gesetzt, um die Destination zukunftsfähig zu gestalten - dies noch in einer wirtschaftlichen Boomphase und nicht erst angesichts einer hereinbrechenden Strukturkrise. Besonderes Augenmerk legt er auf die Verknüpfung von planerischen Instrumenten mit Destinationsmanagement und Marketing sowie auf die notwendigen begleitenden partizipativen Prozesse vor Ort.

Im dritten Teil dieses Bandes werden neue Destinationen und deren touristische Potenziale dargestellt, d.h. solche „ReiseRäume", die erst in den letzten Jahren daran arbeiten, ihr touristisches Profil zu entwickeln und zu vermarkten. Von Außenstehenden oft immer noch als touristische *terra incognita* betrachtet, zählt auch das Ruhrgebiet zu diesen neuen Destinationen touristischen Interesses, das in den ersten Beiträgen dieses Abschnittes thematisiert wird. Des Weiteren werden Konzepte für ländliche und bislang touristisch wenig erschlossene Regionen vorgestellt, die über Regionalentwicklung sowohl den Erhalt der Umwelt und die Stärkung der regionalen Wirtschaft als auch integrativ einen „Sanften Tourismus" fördern. Als Instrumentarien dieser Entwicklungskonzepte dienen Marketingstrategien, Zielgruppenanalysen, die Umsetzung einer Lokalen Agenda und die kritische Untersuchung aktueller Entwicklungsstrategien.

„Wer auf Kultur setzt, braucht einen langen Atem." Diese These vertreten **Ralf Ebert** und **Uwe van Ooy** in ihrem Beitrag zur Etablierung eines Kulturtourismus im Ruhrgebiet.

Vor dem Hintergrund der tradierten Image-Probleme des Ruhrgebietes und seiner Polyzentralität wird erläutert, dass ein erfolgversprechendes Regionalmarketing nur dann wirken kann, wenn stärker auf die Anforderungen segmentierter Nachfragergruppen im Kulturbereich eingegangen und eine kulturelle Infrastruktur geschaffen wird, die europaweit Spezialthemen besetzt und entsprechende Nachfragen bedient.

Anke Wüstenberg setzt sich mit einem bislang nicht beachteten Aspekt der Auswirkungen der Internationalen Bauausstellung (IBA) Emscher Park auseinander: der Suche nach der Identität der Bewohner/innen mit dem heimatlichen Raum. Nach Jahren des Strukturwandels im Ruhrgebiet wurde in einigen Ruhrgebietsstädten eine Befragung unter den privaten „Gastgeber/innen" der IBA-Abschlusspräsentation durchgeführt, ob und inwieweit sich die Ruhrgebietsbevölkerung mit ihrem veränderten „neuen Revier" identifiziert und welche Sichtweisen sie hat.

In seinem Beitrag zur „Neuen Mitte Oberhausen", dem so genannten *CentrO*, skizziert **Jürgen Brunsing** Vorstellungen und Erwartungen, die hinter diesem Urban Entertainment Projekt standen, um sie mit der gebauten Wirklichkeit zu vergleichen. Im Mittelpunkt steht die Frage, ob dieses Mischangebot aus Handels- und Freizeitangeboten für Tagestouristen relevant ist und entsprechend genutzt wird. Auswirkungen dieses Komplexes auf die Nachbarstädte werden ebenso angesprochen wie Fragen zur Perspektive und Lebensdauer derartiger Projekte.

Nicht nur einige Ballungsräume - wie das Ruhrgebiet - setzen erst seit wenigen Jahren auf den Tourismus als Entwicklungsfaktor. Zahlreiche ländlich strukturierte Räume in Deutschland blieben trotz hoher touristischer Potenziale lange Zeit „unentdeckt". **Alexander Gerber** und **Gabriele Barisic-Rast** berichten über die Probleme eines attraktiven Kultur- und Naturraums im Südwesten der Republik, des Jagsttals in der Region Hohenlohe, sich als Naherholungs- und Urlaubsregion zu positionieren. Thematisiert wird insbesondere ein Projekt zum Aufbau und zur Festigung der interkommunalen Kooperation.

Barbara Reddig beschreibt in ihrem Beitrag „Tourismus als Baustein einer nachhaltigen Regionalentwicklung" mehrere Projekte in der Region Rhön, die im Wettbewerb um die Gunst der Touristen und um ihrer eigenen Entwicklung willen als Region gestärkt werden soll. Im Vordergrund stehen dabei die Rücksichtnahme auf die natürlichen und kulturellen Besonderheiten dieser Region und der Schutz und Erhalt derselben. Für regionalen Tourismus gilt, mit Kreativität und Innovationsbereitschaft die vorhandenen Potenziale zu erschließen und die Konzepte erfolgreich umzusetzen.

Die Zusammenhänge von Tourismus, Kultur und nachhaltiger Regionalentwicklung in der Eider-Treene-Sorge-Niederung in Schleswig-Holstein stellt **Susanne Wittek** in ihrem Beitrag vor. Der strukturschwache Eider-Treene-Sorge-Kernraum erarbeitet derzeit eine spezifische Antwort auf den agrarstrukturellen Anpassungsbedarf. Er befindet sich in dynamischen Prozessen, in denen Entwicklungen angestoßen, kontinuierlich überprüft und korrigiert, durch geeignete Maßnahmen befördert, erweitert und konsolidiert werden sollen. Dabei erschließen der „Sanfte Tourismus" und eine integrative Herangehensweise in dieser Region neue Potenziale.

Die Umsetzung der Lokalen Agenda in einer ländlichen Gemeinde erläutert **Bettina Bruder** anhand des Beispiels der Gemeinde Friedland im südlichen Niedersachsen. Unter Beteiligung des neu geschaffenen „Forum Friedland 21" und unter Einbeziehung der breiten Öffentlichkeit wurde hier ein Gemeindeentwicklungsplan vorbereitet. Dabei spielt der

Fremdenverkehr eine bedeutsame Rolle, da er zahlreiche Bereiche wie Naturschutz, Wirtschaft, Kultur und Soziales beeinflusst.

Mit dem Beitrag von **PETER SCHAAL** wird die Bedeutung des Tourismus und eines touristischen Marketings für die Regionalentwicklung in ländlichen Regionen behandelt. Bezogen auf das strukturschwache und auch touristisch bisher wenig entwickelte Emsland geht der Autor der Frage nach, wie Tourismusmanagement und -marketing organisiert sind und was sie derzeit leisten können. Von zentraler Bedeutung ist die Betrachtung der unterstützenden Funktion von Regionalentwicklung und Regionalplanung im nordwestlichen Niedersachsen.

Nach der Vorstellung von einzelnen Projekten und Destinationen stellt **JÖRG BORGHARDT** wieder den Rahmen zum theoretischen Hintergrund von Raumplanung und Tourismus her und zeigt Perspektiven für eine weitere Auseinandersetzung mit dem Themenkomplex auf. Er geht abschließend auf die Frage ein, welchen Beitrag die explizit raumbezogenen Wissenschaften für die theoretische Durchdringung und den praktischen Umgang mit touristischer Entwicklung liefern können. Zwar scheint Tourismus geradezu durch Raumüberwindung definiert zu sein, doch die Versuche raumbezogener Disziplinen, eine ganzheitliche Sicht auf alles zu erhalten, was in einem bestimmten Territorium stattfinden könnte, wirft die Frage nach der originär räumlichen Dimension des Tourismus auf. Dabei kann jedoch weder auf eine geschlossene „Theorie des Raumes" noch auf eine umfassende „Theorie des Tourismus" zurückgegriffen werden. Beide sind jedoch ohne Rückbezug auf Theorien sozialen Wandels nicht denkbar. Vor diesem Hintergrund werden Möglichkeiten und Grenzen von Konzepten tourismusbezogener Raumforschung und -praxis sowie analytische Kategorien unterschiedlicher Disziplinen betrachtet.

Die Herausgeberinnen und Herausgeber hoffen, mit diesem Band zu einer intensiveren Wahrnehmung zwischen der Raumplanung als Wissenschaft auf der einen Seite und den Kommunen und Dienstleistungsbetrieben auf der anderen Seite beizutragen, die sich mit touristischen Problemen und Potenzialen in der Praxis auseinander setzen müssen.

Anmerkungen

1 *Die Diplomarbeiten sind in der Präsenzbibliothek der Fakultät Raumplanung in Dortmund einsehbar: August-Schmidt-Str. 10, 44227 Dortmund (Campus-Süd). Auf Anfrage kann eine aktuelle Übersicht beim Dortmunder Arbeitskreis für Tourismus bezogen werden (da.rt@web.de).*

Fotos in diesem Beitrag: Lutz Meltzer

Teil 1

Theophil Weick, Stefan M. Germer

Raumordnung und Tourismus

Freizeit und Erholung als Aufgabe von Raumordnung und Regionalentwicklung

Ziel dieses Beitrags ist, den Zusammenhang von Raumplanung und Tourismus auf der Ebene der Raumordnung und Regionalplanung dazustellen. Grundsätzlich ist festzustellen, dass dabei die Hauptaufgabe der Planung in der Schaffung und Sicherung der räumlichen Voraussetzungen für den Tourismus besteht.

In diesem Beitrag wird der Begriff Tourismus auf das breitere Feld von Freizeit und Erholung ausgedehnt, wobei von einer weitgehend synonymen Verwendung der letztgenannten beiden Begriffe ausgegangen wird. Dies scheint insofern gerechtfertigt, als eine klare definitorische Trennung der räumlichen Relevanz von Tourismus im engeren Sinne, der Naherholung und dem breiten Spektrum an Freizeitaktivitäten kaum möglich erscheint und dem Wesen einer gesamträumlichen und interdisziplinären Planung letztlich nicht gerecht wird.

Die wirtschaftliche und soziokulturelle Bedeutung von Tourismus bzw. Freizeit und Erholung hat sich vor allem in den letzten Jahren sehr dynamisch entwickelt. Es steht auch außer Frage, dass sich durch das breite Spektrum an aushäusigen Freizeitaktivitäten Auswirkungen auf und Anforderungen an den Raum ergeben.

Diese Abhängigkeiten lassen sich definieren über
- die naturräumliche,
- die infrastrukturelle sowie
- die soziokulturelle Ausstattung von Räumen.

Demzufolge ergeben sich grundsätzlich Planungsnotwendigkeiten in mindestens zwei wichtigen Bereichen:
- Sicherung bzw. Entwicklung von Naturraum und Infrastruktur in Qualität und Quantität als Potenzial für eine Freizeit- und Erholungsnutzung;
- Schutz und Interessenausgleich für stärker oder weniger intensiv genutzte Räume im Hinblick auf Umwelt- und Landschaftsschutz.

Das Spektrum der konkreten Raumrelevanz der touristischen Entwicklung ist breit; es gilt u.a.
- allgemein Landschaftsbestandteile mit hohem naturräumlichen/landschaftlichen Erholungspotenzial planerisch zu sichern;
- Natur- oder Regionalparks konzeptionell zu begleiten und planerisch zu sichern;
- Standorte für freizeitinfrastrukturelle Großprojekte in einem planerischen Abwägungsprozess festzulegen und zu sichern sowie
- sozio-kulturelle Ausstattungselemente zu entwickeln und ggf. planerisch zu sichern.

Allerdings ist auch festzustellen, dass gerade im Bereich der typischen Freizeitinfrastruktur vor allem marktwirtschaftliche Mechanismen Wirkung entfalten, die sich ganz oder wenigstens teilweise dem steuernden Einfluss von Raumordnung und Landesplanung entziehen. In diesem Spannungsfeld und vor dem Hintergrund des Paradigmas einer schlanken und effektiven räumlichen Planung muss bei der Aufgabenanalyse der Planung auf ein ausgewogenes Verhältnis von Steuerungsnotwendigkeit, -potenzial bzw. -kompetenz Wert gelegt werden. Auch dem ebenenspezifischen Vorgehen (Subsidiaritätsprinzip) ist hierbei Rechnung zu tragen, da sich entsprechende planungsrelevante Aussagen von der europäischen bis hinunter zur regionalen Ebene finden.

Die daraus resultierende Frage nach der ausreichenden Instrumentierung der freizeitbezogenen räumlichen Planung gegenüber der Forderung nach einer „Freizeitplanung" als Quasi-Fachplanung für den Bereich Freizeit/Erholung/Tourismus kann nur zu Gunsten einer wohlverstandenen räumlichen *Gesamtplanung* beantwortet werden, die ja per Definition „überfachlich, überörtlich und zusammenfassend" ist.

Die hier vorauszusetzende zeitliche und organisatorische Kompatibilität zwischen räumlicher Planung und Freizeit-/Tourismusentwicklung gilt allerdings nur für die formelle Planung und für den Bereich der lang- und mittelfristigen Sicherung bzw. Entwicklung der natürlichen und infrastrukturellen Ressourcen. Im Bereich der Projektplanung und -steuerung stößt die räumliche Planung besonders im Tourismus schnell an ihre Grenzen.

Diese Begrenzung eröffnet aber zugleich das Potenzial einer informellen und umsetzungsorientierten Planung, in der Regel über die Erarbeitung von räumlichen Entwicklungskonzepten. Auf diesem Wege wird es möglich, den dynamischen Entwicklungen im Freizeit-/Erholungsbereich mit entsprechenden konstruktiven Reaktionsmustern von planerischer Seite zu begegnen. Es muss aber in diesem Zusammenhang Wert auf die Feststellung gelegt werden, dass die sinnvolle (sprich: entwicklungssteuernde) Entfaltung derartiger Konzepte eng geknüpft ist an deren inhaltliche Anbindung an die Formalplanung bzw. an die durch sie realisierte Schaffung von Grundlagen für die Förderinterventionen der EU, des Bundes und der Länder.

Im Folgenden werden die unterschiedlichen Planungsebenen (Europa, Bund, Land, Region) und deren Aufgabenwahrnehmung durch Programme, Pläne, Konzepte und Projekte vorgestellt.

Europäische Raumordnung

Grundlage der europäischen Raumordnungspolitik ist das *Europäische Raumentwicklungskonzept* (EUREK) von 1999. Es zielt darauf ab, die Kohärenz und Komplementarität der Raumentwicklungsstrategien der Mitgliedstaaten sicherzustellen und die raumordnerischen Aspekte der Gemeinschaftspolitiken zu koordinieren. Grundprinzip des EUREK ist eine nachhaltige Entwicklung als Prozess des gesellschaftlichen und wirtschaftlichen Wandels. Bei der konkreten Durchsetzung dieses Grundprinzips ist den besonderen Situationen der Regionen und ihrem jeweiligen Entwicklungsniveau Rechnung zu tragen.

Das Europäische Raumentwicklungskonzept EUREK ist ein politischer Rahmen für eine bessere Zusammenarbeit zwischen der Europäischen Kommission und ihren gemeinschaftlichen, in hohem Maße raumwirksamen Fachpolitiken auf der einen und den Mitgliedstaaten mit ihren Regionen und Städten auf der anderen Seite. Es stellt eine gemeinsame Vision der Mitgliedstaaten und der Kommission dar und zeigt die Ziele und politischen Optionen auf, die zu einer nachhaltigen Europäischen Union beitragen. Den Fachpolitiken sowie den verantwortlichen Politikern und Akteuren vor Ort gibt es damit Orientierungen für raumwirksame Entscheidungen.

Die Anwendung des EUREK erfordert neue und vertiefte Formen der Zusammenarbeit, die gemäß den Prinzipien des EUREK auf freiwilliger Basis erfolgt. Dabei gibt es

- eine horizontale Dimension: die Zusammenarbeit von Fachpolitiken und Raumentwicklungspolitiken auf der jeweiligen Politikebene;
- eine vertikale Dimension: die Zusammenarbeit von raumrelevanten Politiken auf Gemeinschaftsebene, transnationaler, regionaler und lokaler Ebene.

Das EUREK hat drei Hauptzielbereiche:

- die Förderung einer polyzentrischen Raumentwicklung mit Städtenetzen, die eine fortschreitende Konzentration in den bestehenden Zentren ebenso vermeidet wie eine Marginalisierung der peripheren Räume, indem sie eine neue Beziehung Stadt-Land knüpft;
- das Sicherstellen eines gleichwertigen Zugangs zu Infrastruktur und Wissen - insbesondere durch die Führung eines integrierten und multimodalen Verkehrsnetzes -, das Umweltbelangen Rechnung trägt und eine ausreichend große Kapazität hat, um eine dezentralisierte Siedlungsentwicklung zu fördern - sowie durch den Ausbau und eine stärkere Vernetzung der Bildungs- und Forschungseinrichtungen;
- den umsichtigen Umgang mit der Natur und dem Kulturerbe, ihren Schutz und ihre Entwicklung, insbesondere durch den Aufbau eines europäischen Freiraumverbundsystems mit gestaffelten Schutzzonen und erweiterten Funktionen sowie durch die Entwicklung der spezifischen Elemente des kulturellen Erbes.

Dezidierte raumordnerische Aufgabenstellungen zu dem Handlungsfeld Freizeit und Erholung/Tourismus enthält das EUREK allerdings nicht.

Demgegenüber beinhalten die *Leitlinien für eine nachhaltige räumliche Entwicklung auf dem europäischen Kontinent* als Beschluss der Europäischen Raumordnungsministerkonferenz (CEMAT) im Jahr 2000 den Grundsatz zur Förderung eines qualitativen und nachhaltigen Tourismus: Qualitativ hochwertige Formen des Tourismus sind anzustreben und die sich hieraus ergebenden Entwicklungschancen durch eine entsprechend ausgerichtete Raumentwicklungspolitik insbesondere für benachteiligte Regionen zu nutzen (Punkt IV. 9.(46)).

Raumordnung des Bundes

Wesentliche Elemente der deutschen Raumordnungspolitik sind auf Bundesebene - entsprechend der gegebenen Rahmenkompetenz - der *Raumordnungspolitische Orientierungsrahmen* (Beschluss der Ministerkonferenz für Raumordnung (MKRO)) vom 14. Februar 1992 sowie der *Raumordnungspolitische Handlungsrahmen* (Beschluss der MKRO vom 8. Mai 1995). Leitvorstellung ist die nachhaltige Raumentwicklung, die die sozialen und wirtschaftlichen Ansprüche an den Raum mit seinen ökologischen Funktionen in Einklang bringt und zu einer dauerhaften, großräumig ausgewogenen Ordnung führt. Diese Leitvorstellung hat sich auch im 1997 novellierten *Raumordnungsgesetz* des Bundes (ROG) niedergeschlagen.

Grundlegendes raumordnerisches Modell ist die Verschneidung der Konzeptionen der funktionsräumlichen Arbeitsteilung einerseits sowie der ausgeglichenen Funktionsräume andererseits unter Einbeziehung der Ansätze einer endogenen, eigenständigen Regionalentwicklung.

Der Raumordnungspolitische Orientierungsrahmen kennzeichnet die künftige Raumstruktur an Hand von fünf Leitbildern:
- Leitbild Siedlungsstruktur
- Leitbild Umwelt und Raumnutzung
- Leitbild Verkehr
- Leitbild Europa
- Leitbild Ordnung und Entwicklung

Zur Umsetzung dieses Grundsatzes Nr. 14 (§ 2 (2) ROG) fordert der Raumordnungspolitische Orientierungsrahmen über die Differenzierung des Leitbildes „Umwelt und Raumnutzung" die Erhaltung von Natur- und Landschaftspotenzialen und die Schwerpunktbildung für überregionale Erholungsräume.

Der Raumordnungspolitische Handlungsrahmen als mittelfristiges Arbeits- und Aktionsprogramm stellt ab auf touristische Potenziale zur Entwicklung insbesondere ländlicher Räume über den Einsatz neuer Instrumente wie Regionale Entwicklungskonzepte und Regionalkonferenzen.

Dezidiert zum Handlungsfeld Freizeit und Erholung äußert sich die Ministerkonferenz für Raumordnung (MKRO) in ihren Entschließungen vom 12. November 1979 (Grundlagen der Ausweisung und Gestaltung von Gebieten für Freizeit und Erholung) und vom 14. Februar 1992 (Großflächige Freizeiteinrichtungen in der Raumordnung und Landesplanung). Während die MKRO in der erstgenannten Entschließung auf die wichtigsten Kriterien zur Bestimmung und Ausweisung von Gebieten für Freizeit und Erholung eingeht, benennt sie in der nachfolgenden Entschließung Arten von großflächigen Freizeiteinrichtungen und definiert einen Orientierungsrahmen für die Eignung von Standorten:

„In der Regel nicht in Betracht kommende Gebiete:
- Naturschutzgebiete und vergleichbare Teilgebiete von Nationalparken und von Naturparken,
- Vorranggebiete, z.B. für Natur und Landschaft, Trinkwasserschutz und für oberflächennahe Rohstoffe,
- Wald,
- Gebiete mit einem hohen Anteil an ökologisch und landschaftlich wertvollen oder gering belastbaren Flächen,
- Gebiete mit besonderer Bedeutung für das ruhige Landschaftserleben und die landschaftsorientierte siedlungsnahe Erholung,
- kulturhistorisch, geologisch und geomorphologisch besonders bedeutsame Gebiete.

In Ausnahmefällen in Betracht kommende Gebiete:
- Landschaftsschutzgebiete und vergleichbare Teilgebiete von Naturparken, wenn der Schutzzweck nicht in Frage gestellt wird und die landschaftlichen Gegebenheiten eine besondere Berücksichtigung finden,
- Gebiete mit ökologisch und landschaftlich wertvollen oder gering belastbaren Flächen, wenn diese in das Projekt integriert werden können, ohne daß eine Beeinträchtigung zu befürchten ist,
- struktur- und artenreiche Landschaften, wenn die landschaftstypischen Strukturen und das Artenpotential erhalten und gesichert werden können,
- Gebiete mit erheblichem Fremdenverkehr und Vorranggebiete für Erholung, wenn die allgemeine Zugänglichkeit gewährleistet bleibt.

Grundsätzlich in Betracht kommende Gebiete:
- nicht unbelastete Naherholungs-/Fremdenverkehrsgebiete,
- ehemals militärisch genutzte Flächen,
- aufgelassene Industrie- und Gewerbeflächen,
- Flächen, die zuvor dem großflächigen Abbau von oberflächennahen Rohstoffen dienten,
- landwirtschaftliche Flächen mit geringer wirtschaftlicher und landschaftspflegerischer Wertigkeit

sowie
- ökologisch verarmte Kulturlandschaften."

Abschließend empfiehlt die MKRO diesen Orientierungsrahmen auf Ebene der Landes- und Regionalplanung zu konkretisieren und entsprechende Festlegungen zu treffen.

Raumordnung auf Länderebene
Die nachfolgende Darstellung orientiert sich am beispiel des Landes Rheinland-Pfalz

Bereits das erste *Landesentwicklungsprogramm von Rheinland-Pfalz (LEP I)* von 1968 trifft differenzierte Aussagen zum Thema Erholung und Fremdenverkehr. Es unterscheidet folgende Erholungsräume
- Naturparks
- Naherholungsgebiete
- Landschaften mit besonderem Erholungswert

und regelt grundsätzlich den Ausbau der freizeitrelevanten Infrastruktur und Sicherung des Eignungspotenzials.

Das *LEP II* aus dem Jahre 1980 entwickelte diese Zielsetzungen und Ausweisungen weiter. Auf Basis eines wissenschaftlichen Gutachtens von Prof. Dr. d'Alleux, Universität Dortmund, werden die Erholungsräume neu abgegrenzt und funktional differenziert. Es werden zum einen besonders geeignete Gebiete für landschaftsbezogene Freizeit und Erholung, zum anderen Gebiete mit besonderer Bedeutung für Fremdenverkehr und/oder Naherholung unterschieden, wobei jeweils nochmals in Gebiete mit hervorragender und guter Eignung differenziert wird.[1]

Entsprechend der räumlichen Abgrenzung und funktionalen Differenzierung sind auch die Zielsetzungen unterschiedlich ausgerichtet. Zum einen sind die Gebiete mit besonderer Bedeutung für den Fremdenverkehr und/oder Naherholung zu sichern und zu erschließen; zum anderen soll insbesondere der infrastrukturintensive Fremdenverkehr vorrangig in den Gebieten gestärkt werden, die fremdenverkehrswirtschaftlich sowohl besonders geeignet als auch strukturpolitisch besonders förderungsbedürftig sind.

War die Festlegung im LEP I (1968) ausschließlich unter dem Gesichtspunkt der Erholung im engeren Sinne erfolgt, so sind die Zielsetzungen im LEP II (1980) darüber hinaus orientiert an Überlegungen wie Stärkung der wirtschaftlichen Entwicklung, Stabilisierung der Bevölkerungsentwicklung, Gewährleistung der Tragfähigkeit peripherer, ländlicher Räume. Damit rückte die Sicherung und Gestaltung von Gebieten mit besonderen Voraussetzungen für Freizeit und Erholung in eine zentrale Position der Landesentwicklungspolitik.

Das *LEP III* aus dem Jahre 1995 weist zum einen zur Sicherung der für den Fremdenverkehr unverzichtbaren landschaftlichen Voraussetzungen Erholungsräume aus; der Bewertungsansatz rückt dabei in den Mittelpunkt seiner Betrachtung den Grad der Übereinstimmung mit charakteristischen Landschafts-, Nutzungs- und Bewirtschaftungsformen auf Basis naturräumlicher Einheiten: Hohe Übereinstimmung signalisiert einen hohen Sicherungsanspruch.

Zum anderen weist das LEP III im Sinne differenzierender Handlungserfordernisse ein Leitbild für den Ressourcenschutz für landschaftsgebundene stille Erholung auf der Basis eines erweiterten, Umweltschutzgüter betrachtenden Bewertungsansatzes aus. Dementsprechend akzentuiert sind die hiermit vorhandenen Zielsetzungen:

- vordringliche Erhaltung der großen zusammenhängenden Waldgebiete für die landschaftsgebundene stille Erholung, Sicherung vor Zerschneidung, Nutzungsänderung, Verlärmung etc.;
- vordringliche Sicherung der raumtypischen Merkmale und charakteristischen Landschaftsformen sowie landschaftstypischen Nutzungs- und Bewirtschaftungsformen, vordringliche Sicherung vor Verlärmung;
- vordringliche Verbesserung der Landschaft als Erlebnisraum für die landschaftsbezogene stille Erholung durch Abbau vorhandener Belastungen (im Rahmen von Nutzungsänderung, -extensivierung oder -aufgabe);
- langfristige Verbesserung bzw. Sicherung der Landschaft als Erlebnisraum für die stille Erholung; Abbau vorhandener Beeinträchtigungen, Entwicklung von Bereichen mit Bedeutung als Erlebnisraum für landschaftsgebundene stille Erholung; Erhaltung der charakteristischen und kulturhistorischen Besonderheiten der Landschaftsräume.

Daneben regelt das LEP III die Problematik großflächiger Freizeiteinrichtungen und legt in Analogie zu der o. g. MKRO-Entschließung Standortkriterien fest. Während also im LEP I die Sicherung von Gebieten für die Erholung im engeren Sinne im Vordergrund des Regelungsansatzes stand, im LEP II dem Bereich Freizeit und Erholung umfassende Wirkungen zuerkannt wurden, tritt im LEP III neben dem Hinweis auf die regionalwirtschaftliche Bedeutung der Ressourcenschutzgedanke hinzu.

Ergänzend regelt das LEP III - wie auch schon das LEP II - die Vergabe der besonderen Funktion Fremdenverkehr an die Gemeinden (Gemeindefunktion E) im Rahmen der Regionalen Raumordnung. Danach soll diese Funktion Gemeinden zugewiesen werden, die aufgrund ihrer landschaftlichen Attraktivität und infrastrukturellen Ausstattung über Voraussetzungen für eine ökologische und sozialverträgliche Intensivierung des Fremdenverkehrs verfügen. Die Gemeindefunktion E kann auch zur inneren Differenzierung der landesweit ausgewiesenen Erholungsräume herangezogen werden.

Regionale Raumordnung

Die Darstellung orientiert sich am Beispiel der rheinland-pfälzischen Region West-Pfalz.

Der Regionale Raumordnungsplan (ROP)

Die sachliche und räumliche Ausformung der generellen Aufgaben und Leitvorstellungen erfolgt durch die Pläne und Programme auf der regionalen Ebene; dort erfahren die raumordnerischen Vorgaben ihre weitestgehende Konkretisierung: Damit wird die regionale Ebene zur zentralen Umsetzungsebene.

Ebenso wie sich die raumordnerische Aufgabenwahrnehmung im Kontext sich wandelnder Wertvorstellungen der Gesellschaft von LEP I zu LEP III veränderte, veränderten sich Art und Maß der Ausweisungen zur Schaffung der raumordnerischen Voraussetzungen für eine

Steuerung des Bereiches Freizeit und Erholung in den Regionalen Raumordnungsplänen (ROP) I aus dem Jahre 1974, ROP II aus dem Jahre 1990 und ROP III-Entwurf aus dem Jahre 2001.

In Konkretisierung und Differenzierung der Vorgaben des LEP I weist der *ROP I* für die Erholung besonders geeignete Gebiete aus und schützt sie so vor Beeinträchtigungen. Des Weiteren benennt der ROP I Schwerpunktgebiete und Schwerpunktgemeinden (Gemeinden mit der Funktion E) und legt so die Ausbauziele im Sinne von Konzentration und Spezialisierung fest.

Entsprechend der gestiegenen Bedeutung des Faktors Freizeit und Erholung für die räumliche Entwicklung verfeinert der *ROP II* die Ausweisungen. Dies geschieht auf der Grundlage einer Differenzierung der Landschaftsbildbewertung sowie einer Analyse des Ortsbildes von Gemeinden, der Infrastrukturausstattung, der Fremdenverkehrsorganisation sowie des Städtetourismus und der Stadterholung.

Während die Ergebnisse der differenzierenden Landschaftsbildbewertung (in Anlehnung an die V-Wert-Bestimmung[2]) einfließen in die Ausweisung von zu sichernden Erholungsräumen, werden die übrigen Analyseergebnisse herangezogen zur zielgenauen Bestimmung abgestufter Funktionszuweisungen

- **E:** Erholungsfunktion ist zu sichern
- **E̲:** Erholungsfunktion ist auszubauen
- **(E/E̲):** Erholungsfunktion ist im Verbund mit (benachbarten) Gemeinden zu sichern/auszubauen.

Mit dieser standortbezogenen Zuweisung soll zum einen über die Bauleitplanung die siedlungsstrukturelle Entwicklung beeinflusst werden, zum anderen Hinweise für die fördermittelvergebenden Stellen gegeben werden.

Im Folgenden wird zur Illustration der Ansatz zur Funktionsvergabe dokumentiert. Zunächst werden zum einen Standardnachfragegruppen definiert, zum anderen erfolgt eine Angebotseinteilung:

Standardnachfragegruppen

- Naturorientierte Naherholung (1tägig)
- Übernachtende Naherholung (2-bis 3tägig)
- Sporttourismus (2- und mehrtägig)
- Bewegungs- und Familienurlaub (3tägig bis mehrwöchig)
- Bustourismus (1- und mehrtägig)
- Infrastrukturorientierte Naherholung
- Kur- und Gesundheitstourismus (1tägig bis mehrwöchig)
- Seminar- und Tagungstourismus (mehrtägig)

Schwer veränderbares Angebot

- Landschaftsausstattung
- Ortsbild-Außenqualität
- Wanderwege und historische Anlagen
- Qualitativ hochwertige Sporteinrichtungen
- Beherbergungskapazität
- Freizeitwohnsitze
- Einkaufsmöglichkeit und Versorgung

Leichter veränderbares Angebot
- Umweltbelastung
- Ortsbild-Innenqualität
- Entspannung, Unterhaltung und Zerstreuung
- Möblierte Freiflächen
- Breitensport
- Kulturelles Angebot, Gästebetreuung
- Beherbergungsqualität
- Gastronomische Kapazität und Qualität

Darauf aufbauend wird die Funktionsvergabe vorgenommen:

E Die Funktion E kann an Orte vergeben werden, die
(1) bezüglich Naturraum alle Bedingungen für mindestens eine der Standardnachfragegruppen erfüllen und bezüglich
(2) Ortsbild,
(3) schwerer veränderbarem Angebot und
(4) leichter veränderbarem Angebot nur geringe Mängel aufweisen und
(5) sich durch spezifische Eignungen (Fremdenverkehrsbereitschaft, Freizeitwohnsitze, Einkaufsmöglichkeiten und Versorgung) auszeichnen.

Orte, die geringe Mängel bei (2), (3) und (4) aufweisen und zum Ausgleich keine gemeindespezifische Eignungen besitzen, können (E)-Orte werden, wenn sie im Verbund mit anderen (benachbarten) Gemeinden alle Bedingungen für mindestens eine der Standardnachfragegruppen erfüllen.

E Die Funktion E kann an Orte vergeben werden, die
(1) bezüglich Naturraum,
(2) Ortsbild und
(3) schwerer veränderbarem Angebot alle Bedingungen für mindestens eine der Standardnachfragegruppen erfüllen und
(4) sich durch spezifische Eignungen auszeichnen, wobei Fremdenverkehrsintensität und Auslastungsgrad in den letzten fünf Jahren tendenziell positiv gewesen sein müssen.
Geringe Mängel beim leichter veränderbaren Angebot können durch spezifische Eignungen oder im Verbund mit anderen (benachbarten) Gemeinden ausgeglichen werden.

Mit dem Übergang zu Plänen und Programmen der dritten Generation, den so genannten „schlanken" Plänen, die durch Konzepte ergänzt werden,
- rückt die Frage der Steuerungswirkung der Planelemente deutlich in den Vordergrund,
- gewinnt die ebenenspezifische Abschichtung der Lösungs- und Handlungsansätze (Subsidiaritätsprinzip) an Bedeutung,
- nimmt die Akzentuierung auf Zieladressaten weiter zu.

Dementsprechend galt es, zur Vorbereitung der Aufstellung des *ROP III* eine Abschätzung der Steuerungswirkung des beim ROP II eingesetzten Instrumentariums durchzuführen. Ergebnis war die ernüchternde Erkenntnis - vereinfachend festgestellt -, dass die Steuerungswirkung speziell der differenzierten und auch sehr aufwendigen Funktionsvergabe weit hinter den in sie gesetzten Erwartungen zurückblieb.

Konsequenterweise wurde deshalb auf die standortbezogene Funktionszuweisung verzichtet, die flächenhafte Zuweisung zur Sicherung des Eignungspotenzials beibehalten.

In Fortführung der Ausweisungen des fortzuschreibenden ROP III sowie in Umsetzung der LEP-Vorgabe wird die landschaftsgebundene Eignung der Räume für Freizeit und Erholung über die Ausweisung von *Vorbehaltsgebieten* gesichert. Vor allem die Großflächigkeit der Erholungsräume sowie die häufige Überlagerung mit anderen Freiraumfunktionen sprechen gegen eine Ausweisung als Vorrang, d.h. als endgültig abgewogenes Ziel. Die Ausweisung als Vorbehaltsgebiet sichert die besondere Bedeutung dieser Räume als Belange bei der Abwägung in nachgelagerten Verfahren.

Basis für die Ausweisung bilden die bestehenden Ausweisungen sowie die Angaben des landespflegerischen Planungsbeitrags in Vertiefung der LEP III-Vorgaben.

Das Regionale Entwicklungskonzept (REK)

Die Erkenntnis, dass sich räumliche Gesamtplanung nicht mehr nur auf räumlich-flächenhafte sowie standortbezogene Festlegungen beschränken kann, so sie denn erfolgreich Gestaltungsprozesse organisieren will, ist nicht neu. So formuliert bereits 1995 der schon o.g. Raumordnungspolitische Handlungsrahmen des Bundes: „Hat sich Landesplanung/Regionalplanung bisher auf die Aufstellung mittel- und langfristiger Pläne konzentriert, so gewinnt die Erarbeitung und konkrete Umsetzung von Leitbildern und Entwicklungskonzeptionen an Bedeutung. Raumordnung, Landesplanung und Regionalplanung sind heute gefordert, durch Projekte und Aktionen ihren Beitrag zur Kooperation und Moderation komplexer räumlicher Entwicklungen zu leisten und positive Anstöße für die Weiterentwicklung der Raum- und Siedlungsstruktur zu geben."

Regionalplanung wird also neben der Erstellung und Fortführung der Regionalpläne verstärkt Konzeptionen zur Lösung von Schwerpunktaufgaben erarbeiten und auf deren Umsetzung hinwirken müssen. In diesem Sinne wurde die Erstellung eines Regionalen Entwicklungskonzeptes (REK) für die Westpfalz vorbereitet.

Entsprechend der Konzept-Philosophie - Planung durch Projekte - erging ein schriftlicher Aufruf an die Region (kreisfreie Städte, Landkreise, Industrie- und Handelskammer, Handwerkskammer, Landwirtschaftskammer, Landesvereinigung Rheinland-pfälzischer Unternehmerverbände e.V., Deutscher Gewerkschaftsbund), Projektvorschläge einzureichen. Die Projektvorschläge sollten regional bedeutsam sein und Vorschläge zur Zielsetzung, zum Teilraum, zum Träger, zur Durchführung sowie zur Finanzierung enthalten. Es wurden ca. 70 Projektvorschläge eingereicht. Die Auswahl von Projekten und die Zusammenfassung zu Entwicklungsprogrammen orientieren sich an Handlungsfeldern, die das Ergebnis von Stärken-Schwächen-Analysen darstellten. Solche zentralen Handlungsfelder für die Westpfalz sind:

- Bestandsentwicklung in der Wirtschaftsförderung (besonders kleine und mittlere Unternehmen),
- Kooperation und Vernetzung,
- Stärkung der regionalen Identität,
- Qualifizierung und Weiterbildung,
- Verbesserung der Siedlungs-, Freiraum- und Infrastruktur,
- Nachhaltige Nutzung des Naturraumpotenzials, einschließlich Tourismusentwicklung.

Die Integration bestehender bzw. in Planung befindlicher Projekte hatte dabei Priorität. Die Identifikation der Leitprojekte ergab sich im Wesentlichen über das Kriterium der regionalen und strukturellen Bedeutsamkeit, die bestimmt wird durch:

- den zu erwartenden Entwicklungsimpuls (welcher festgemacht werden kann an der zu erwartenden Anschubfunktion für das jeweilige Entwicklungsprogramm),
- die zu erwartende synergistische Wirkung (welche sowohl nach innen - z. B. durch die Vernetzung von Projekten ähnlichen Charakters - als auch nach außen - z. B. durch Anregung weiterer Kooperationen - wirken kann),
- den innovativen Charakter (der nicht ausschließlich aus technologischer Sicht zu sehen ist, sondern z.B. auch Organisationsformen, gesellschaftliche und politisch-administrative Prozessabläufe umfassen kann).

Nachdem mit der Deutschen Bahn AG (Geschäftsbereich Netz) grundsätzliches Einvernehmen über die Umsetzung des Vorhabens erzielt werden konnte und nachdem die wesentlichsten Detailfragen (Bauart der Draisinen, Betriebsprogramm, Bahnübergangssicherung (vor allem in Lauterecken)) zufriedenstellend geklärt waren, konnte das Draisinen-

Beispiel(leit)projekt: „Touristische Nutzung der Glantalschienenstrecke durch Fahrraddraisinen"

Der Personenverkehr auf der 41 km langen Strecke Altenglan - Lauterecken - Staudernheim wurde von der damaligen Deutschen Bundesbahn in den Jahren 1985 bzw. 1986 stufenweise eingestellt. Spätestens mit der Einstellung des Gesamtbetriebes am 31. Mai 1996 stellte sich die Frage nach einer sinnvollen Folgenutzung für die Streckeninfrastruktur.
Mit der touristischen Nutzung einer stillgelegten Schienenstrecke durch Fahrraddraisinen können im Wesentlichen folgende Ziele erreicht werden:

1. Langfristiger Erhalt der Streckeninfrastruktur bei gleichzeitiger Verhinderung der Streckenentwidmung (gleichzeitig auch Zielsetzung des Regionalen Raumordnungsplans)
   - Das Draisinenprojekt ermöglicht eine Nutzung der vorhandenen Bahnanlagen.
   - Die Trasse bleibt in ihrer Grundstücksgesamtheit auf Dauer erhalten.
   - Die Option auf Reaktivierung ist gesichert.

2. Impulse für Fremdenverkehr und Wirtschaft
   - Das Draisinenprojekt kann als "Modellprojekt" überregionale Bedeutung entfalten und gleichzeitig als touristische Attraktion eines ganzheitlichen Tourismuskonzeptes vermarktet werden.
   - Durch eine erzeugbare verstärkte Nachfrage nach touristischen Einrichtungen kann das Projekt sich wirtschaftlich unmittelbar positiv auf Gastronomie, Beherbergungsgewerbe und Selbstvermarkter auswirken und zusätzliche Wirtschaftszweige indirekt stärken (z. B. Bauindustrie).
   - Eine neue „Marktpositionierung" im Fremdenverkehr ist möglich, da ein besonderes Produkt (USP, *unique selling proposition*) vorhanden ist, das auch neue Zielgruppen anspricht.

3. Stärkung und Belebung des ÖPNV
   - Durch Lage im Netz dreier verschiedener Bahnstrecken (Kaiserslautern - Kusel, Kaiserslautern – Lauterecken - Grumbach und Saarbrücken - Mainz) kann der Schienenverkehr als Zubringer genutzt werden und lassen sich zusätzliche Kunden gewinnen.
   - Der Buslinienverkehr (Regio-Linie Kusel - Lauterecken - Bad Sobernheim) kann ebenfalls als Zubringer dienen und eine Verbindung zwischen Ausgangs- und Zielpunkt einer Draisinenfahrt schaffen.

4. Arbeitsplatzbeschaffung und -sicherung
   - Zum Betrieb der Strecke ist entsprechendes Personal erforderlich, ebenso für das Projektmarketing.

5. Erhalt der Kulturlandschaft und intakten Natur
   - Durch behutsame Pflege der Gleisanlagen und des Bahnkörpers mit Bahndamm sowie des unmittelbaren Randbereichs kann ein Stück Kulturlandschaft erhalten bleiben.
   - Aus Naturschutzsicht vorhandene sensible Bereiche im gesamten Glantal-Bereich bleiben durch das Projekt weitestgehend unversehrt.

projekt im Frühjahr 2000 gestartet werden. Die Projektkonkretisierung und -umsetzung erfolgte in Zusammenarbeit der beteiligten Landkreise, von Vertretern der Bahn AG, einer Arbeitsgruppe der Universität Kaiserslautern und der Planungsgemeinschaft Westpfalz (die beiden Letztgenannten als Konzept-Erarbeiter).

Fazit

Zusammenfassend kann festgehalten werden:

- Die vielfältigen Freizeit- und Erholungsaktivitäten beanspruchen Raum und verändern ihn. Da es jedoch eine entsprechende fachspezifische Planung nicht gibt, ist umso mehr die räumliche Gesamtplanung gefordert, die Ansprüche an den Raum zu koordinieren und sich ergebende Konflikte zu lösen [3].
- Die Raumordnung nimmt diese Aufgabe wahr
  - auf europäischer und nationaler Ebene durch die Vorgabe von Leitvorstellungen und raumordnerischen Grundsätzen,
  - auf Ebene der Länder und Regionen durch die Definition von Ausweisungskriterien zur Gebietsabgrenzung und -binnendifferenzierung und zur Standortfestlegung großflächiger Freizeiteinrichtungen sowie durch flächenhafte Vorgaben und Kriterien zur standortbezogenen Festlegung (Vorbehaltsgebiete und Funktionsvergabe an die Gemeinden).
- Die Raumordnung schützt also im Wesentlichen die für eine landschaftsgebundene Erholung geeigneten Gebiete und sichert so das Landschaftspotenzial mit ausreichender Bindungswirkung. Eine weitere Differenzierung dieser raumordnerischen Steuerungsansätze erhöht allerdings ihre Steuerungswirkung nicht, sodass die jetzigen Festlegungskategorien ebenfalls ausreichen - zumal auch anderweitige gemeinschafts-, fach- und raumordnungsrechtliche Festlegungen wie beispielsweise FFH-Gebiete[4], Naturschutzgebiete oder Regionale Grünzüge das Landschaftspotenzial schützen.
  Ergänzend bleibt festzuhalten, dass mit der Ausweisung von Vorbehaltsgebieten diejenigen Räume benannt sind, die - unter Beachtung des Landschaftspotenzials - schwerpunktmäßig zu fördern sind.
- Vermehrt sollte dagegen - in Ergänzung dieser Festlegungen - im Rahmen der regionalen Kooperation über planerisch-konzeptionelle Ansätze zur Gestaltung des Funktionsbereichs Freizeit und Erholung beigetragen werden. Wie das Beispiel „Draisine" zeigt, können über die Erarbeitung Regionaler Entwicklungskonzepte mit innovativen Projekten Synergieeffekte erzielt werden, indem sich sowohl touristische Angebote etablieren als auch raumordnerische Ausweisungen umsetzen lassen.
- Verbesserungsfähig bleibt die Verknüpfung von Regional- und Strukturpolitik: Zur Erhöhung des Beitrages zur Regionalentwicklung sollte verbindlich festgelegt werden, dass das Regionale Entwicklungskonzept Grundlage ist für alle Förder- und Finanzmittel vergebenden Stellen im Lande, bzw. dass REK-Projekte prioritär gefördert werden.

Anmerkungen

1 *Methodische Grundlage dieser differenzierten Bewertung waren auf der Basis des so genannten „V-Wert"-Verfahrens von Kiemstedt weiterentwickelte Bewertungsansätze. Zur Bestimmung des Vielfältigkeitswertes werden im vorliegenden Fall folgende Kriterien herangezogen: Gewässerfläche, Waldfläche, Waldrand, Waldarten, Reliefenergie, Taldichte, Siedlungs- und Rebfläche.*

2 *Bestimmung des sogenannten Vielfältigkeitswertes der Landschaft über die Indikatoren Reliefqualität, Flächennutzung, Waldanteil, Ausstattung mit Gewässern, Ausstattung mit Wiesentälern, Ausstattung mitprägrnden Landschaften.*

3 *Auf den Beitrag der Raumordnung zur Einzelfallabstimmung im Rahmen von Raumordnungsverfahren sei an dieser Stelle nur verwiesen.*

4 *Ausgewiesene Gebiete gemäß der Richtlinie 92/43 EWG des Rates vom 21. Mai 1992 zur Erhaltung der natürlichen Umwelt sowie wildlebender Tiere und Pflanzen, Fauna – Flora - Habitat (FFH)*

Literatur

Europäische Kommission (Hg.) (1999): Europäisches Raumentwicklungskonzept (EUREK), Auf dem Wege zu einer räumlich ausgewogenen und nachhaltigen Entwicklung der Europäischen Union – Angenommen beim Informellen Rat der für Raumordnung zuständigen Minister in Potsdam. Brüssel

Europäische Raumordnungsministerkonferenz (CEMAT) (2000): Leitlinien für eine nachhaltige räumliche Entwicklung auf dem europäischen Kontinent – Verabschiedet auf der 12. Europäischen Raumordnungsministerkonferenz in Hannover. Brüssel

Bundesministerium für Raumordnung, Bauwesen und Städtebau (1993): Raumordnungspolitischer Orientierungsrahmen – Leitbilder für die räumliche Entwicklung der Bundesrepublik Deutschland. Bonn

Bundesministerium für Raumordnung, Bauwesen und Städtebau (1995): Raumordnungspolitischer Handlungsrahmen – Beschluß der Ministerkonferenz für Raumordnung. Bonn

Staatskanzlei Rheinland-Pfalz – Oberste Landesplanungsbehörde (1968): Landesentwicklungsprogramm Rheinland-Pfalz. Mainz

Staatskanzlei Rheinland-Pfalz – Oberste Landesplanungsbehörde (1980): Landesentwicklungsprogramm Rheinland-Pfalz. Mainz

Staatskanzlei Rheinland-Pfalz – Oberste Landesplanungsbehörde (1995): Landesentwicklungsprogramm Rheinland-Pfalz. Mainz

Planungsgemeinschaft Westpfalz (PGW) (1974): Regionaler Raumordnungsplan Westpfalz I. Kaiserslautern

Planungsgemeinschaft Westpfalz (PGW) (1990): Regionaler Raumordnungsplan Westpfalz II. Kaiserslautern

Planungsgemeinschaft Westpfalz (PGW) (1999): Regionales Entwicklungskonzept (REK) Westpfalz – Programmübersicht 1999. Kaiserslautern

Planungsgemeinschaft Westpfalz (PGW) (2001): Regionaler Raumordnungsplan Westpfalz III – Entwurf zur Beteiligung. Kaiserslautern

Evelyn Gustedt

Partizipation in der Tourismusplanung

Die Organisations- und Verwaltungsstrukturen des Tourismus in Deutschland, in Europa, aber auch weltweit betrachtet sind überaus komplex. Eine Vielzahl öffentlicher nationaler wie internationaler Stellen, Verbände und Vereine sind tätig, um die Lust am Reisen zu befriedigen und entsprechende Infrastrukturen, Buchungsmöglichkeiten, Marktforschungsinstrumente, Informationsmärkte etc. zu schaffen. Ein Besuch auf der jährlich wiederkehrenden Internationalen Tourismusbörse Berlin wird dies in vollem Umfang deutlich machen.

Neben diesen real existierenden Aktivitäten, die eher marktorientiert sind, befassen sich auch verschiedene Wissenschaftszweige mit dem System Tourismus. Ihre Erkenntnisse sollten letztlich denjenigen dienen, die Entscheidungen im politisch-administrativen Sinne zur Entwicklung touristischer Angebote zu treffen haben und solche planerisch vorbereiten. Aus verschiedenen Gründen ist eine Planung touristischer Entwicklung problematisch, zumal wenn negative Auswirkungen auf die Raumgestalt, den Naturhaushalt oder soziale Gefüge verhindert werden sollen.

Worin besteht das Problem der Tourismusplanung?

Für die Tourismusplanung stellt sich das Problem, dass einerseits die mit Tourismus befassten Wissenschaften bisher keine ganzheitlichen Problemanalysen in Angriff genommen haben, auf denen eine integrierte Tourismuspolitik aufbauen könnte. Andererseits fehlen ausreichende Anreize für entsprechende Forschungsansätze. Die betroffenen Politikfelder (Wirtschaft, Umwelt, Landwirtschaft etc.) müssen daher mit einem grundsätzlichen Kommunikationsproblem umgehen, denn sie werden von entsprechend divergierenden wissenschaftlichen und anwendungsorientierten An- und Absichten geleitet und in ihrer Argumentation bestimmt. Eine fortwährende Trennung des großen Tourismusgeschäftes von kleinen Nischenprojekten mit Modellcharakter ist die Folge.

Seit Jahren wird darüber hinaus kritisch konstatiert, dass es keine koordinierte Tourismuspolitik gebe, geschweige denn eine *Fach*politik Tourismus. Als Hauptursachen werden benannt:

- die Vielzahl der Akteure,
- die starke Aufsplitterung der Kompetenzen sowie
- die Schwäche der Koordinierungsinstrumente,

so dass sich Politik und Realität des Tourismus von einander entfernen (vgl. Petermann 1997). Die Konsequenz daraus ist, dass es keine fest definierte Tourismusplanung gibt. Sie soll hier verstanden werden als touristische Entwicklung eines Ortes (auch im Sinne großräumiger Betrachtung), die aufs Engste mit deren physischer Gestalt, also auch mit der räumlichen Planung, verknüpft ist bzw. sich darauf zum Teil massiv - und unter Umständen eben ungeplant - auswirkt.

Während sich die Ebene der großen Tourismusunternehmen oder der touristisch voll erschlossenen Regionen (z.B. die spanische Mittelmeerküste) im wirtschaftsorientierten Mainstream der Globalisierungsprozesse befindet und sich Partizipationsansätzen oftmals schon aufgrund ihrer Größe entzieht, besitzen die Modellprojekte auf lokaler Ebene meist keine ausreichende Umweltrelevanz, wenn sie im wirtschaftlichen Sinne der Förderung strukturschwacher Regionen dienen (vgl. Kraack et al. 1998: 15). Umgekehrt bleiben sie i.d.R. ohne wesentliche wirtschaftliche Relevanz, wenn sie umweltpolitisch akzentuiert sind. In beiden Fällen sind jedoch partizipative Entwicklungsprozesse eher zu beobachten, als in touristisch seit Langem ausgebauten Regionen. Seit geraumer Zeit lassen sich Ausnahmen erkennen, die allerdings ein äußerst spätes Umsteuern bisher fehlgeleiteter, einseitig gewinnorientierter Entwicklung bedeuten: So beispielsweise auf Mallorca – insbesondere in der Gemeinde Calvià - zu beobachten, wo ökologische und partizipativ ermittelte Überlegungen auch zu restriktiven Entscheidungen hinsichtlich touristischer Entwicklung führten. Dies geschah allerdings vor dem Hintergrund bisher negativer Wirkungen auf die Raumgestalt und die Umwelt in einem Maße, dass ein Rückgang der Nachfrage zu beobachten und in noch höherem Maße zu befürchten war. Das Erreichen von Wertschöpfungswachstum - ohne gleichzeitiges Anwachsen von negativen Umwelt- und Sozialauswirkungen durch Tourismus - erfordert daher eine ökologische und soziale Begrenzung und Lenkung des Tourismus durch die Anbieterseite, wofür zuallererst die Tourismuspolitik und ihre Planung verantwortlich zeichnen. Weil der Tourist als „vagabundierender Freizeitoptionsmensch" (Wöhler 1994: 293) keine fest berechenbare Größe ist, kann sein Verhalten nur marginal berücksichtigt und durch raumplanerische und wirtschaftliche Maßnahmen beeinflusst werden.

Bezogen auf die räumlichen und tourismuspolitischen Planungsprozesse muss also über neue Politikmodelle nachgedacht werden. Dies betrifft die Organisationsstruktur wie auch die Kompetenzzuweisungen an die Planungs- und Entscheidungsträger der verschiedenen Ebenen. Das Ziel solcher Reformen muss es sein, sie mit geeigneten Beteiligungsformen in die Lage zu versetzen, Kooperationen mit den verschiedenen Akteursgruppen - insbesondere der Akteursgruppe Wissenschaft - (weiter-) zu entwickeln, Vernetzungsleistungen im Sinne der Konformität von Einzelzielen für eine nachhaltige Entwicklung zu erbringen und dabei die Abkoppelung einzelner Regionen zu verhindern (vgl. Gustedt 2000: 96f.).

Was ist mit Partizipation gemeint und welche Fragen treten auf?

Im allgemeinen wissenschaftlichen Sprachgebrauch werden unter Partizipation die Tätigkeiten verstanden, mittels derer Bürger zielgerichtet Entscheidungen auf allen Ebenen des politischen Systems zu beeinflussen versuchen. Sie muss begleitet sein oder sich einbetten in transparente Kommunikationsprozesse und lässt sich ohne Koordination und Kooperation zwischen verschiedenen staatlichen und privaten Akteuren - also einer gemeinsamen Erarbeitung von Strategien, Maßnahmen, Leitbildern, Plänen usw. - nicht denken. Als zentrales politikwissenschaftliches Konzept verschiedener demokratietheoretischer Überlegungen spielen bezüglich der Partizipation immer wieder zwei grundlegende Fragen eine Rolle: Welche Bürger dürfen sich an der Politik beteiligen und welche Mittel stehen ihnen dazu zur Verfügung? (vgl. Kaase 1992: 682f.)

Im Hinblick auf eine touristische Planung bzw. touristische Entwicklung von Regionen stellt sich in besonderer Weise die Frage, welche Akteure bei den unterschiedlichen Planungsprozessen hinzuzuziehen sind bzw. hinzugezogen werden können, da die Gruppe der Reisenden oder Touristen ein zusätzliches Akteursfeld darstellt. Weitere Fragen bedürfen im Einzelfall einer Antwort: wer hat über den Kreis der Partizipierenden zu entscheiden und wer sieht sich überhaupt in einer Initiatorenrolle, partizipative Entscheidungsprozesse angesichts touristischer Entwicklungen zu veranlassen. Auch der Umfang der Partizipation ist keineswegs klar geregelt, ebenso wenig wie die mit einer Partizipation zusammenhängenden Verpflichtungen oder die zeitliche Dauer, Zielsetzung und Verbindlichkeit des Planungsprozesses und seiner Ergebnisse.

In der räumlichen Planung lässt sich mittlerweile auf eine Reihe von Erfahrungen auf allen Planungsebenen zurückgreifen, die etwa Mitte bis Ende der 70er Jahre ihren Ursprung haben. Seither sind vielfältige und sehr unterschiedliche Ansätze entwickelt worden, vor allem auf den kleinsten überschaubaren Ebenen räumlicher Entwicklung wie in der Quartiersplanung, wo eine direkte Betroffenheit der Bürger gegeben ist. Prominentestes Beispiel der vergangenen Jahre, das in der Regel den Quartierscharakter überschreitet, sind die Lokalen-Agenda-Prozesse. An ihnen wird allerdings auch die Problematik der Partizipation deutlich, auf die noch eingegangen wird. Dass auch in der Tourismusentwicklung und -planung zahlreiche Beispiele existieren, die auf einzelne Angebotssegmente (Freizeitparks, Städtetourismus u.ä.) oder auf bestimmte Destinationen (Emsland, Rhön, Provence u.a.) Bezug nehmen, zeigen die im zweiten und dritten Teil dieses Bandes geschilderten Fälle.

Die gestellten Fragen können hier nicht im Detail beantwortet werden, da dies jeweils nur für den konkreten Fall zu leisten ist. Jedoch kann hier eine theoretische Fundierung für die Ambivalenz partizipatorischer Planung gegeben werden, vor deren Hintergrund die Fallbeispiele in der vorliegenden Veröffentlichung betrachtet bzw. eigene Erfahrungen gespiegelt werden können.

Welche Ziele werden verfolgt und wer bestimmt sie?

Ein partizipativer Ansatz lässt sich in der Regel je nach damit verknüpfter Zielsetzung des Betrachters auf unterschiedliche Art und Weise begründen. Dabei ist in Einzelfällen nicht unbedingt ersichtlich, wessen Interessen mit welchen Zielen mit der Partizipation verfolgt werden. Neben einem Hebel, Macht und Entscheidungspotenziale aufbrechen zu können, wie sie noch heute gewerkschaftliche Arbeit bestimmen, wird darin mittlerweile seitens der Unternehmer selbst ein Instrument der Arbeitnehmer(selbst)disziplinierung, der Wahrnehmung von Führungsaufgaben aber auch der *Motivationsförderung* gesehen. (vgl. Fürst et.al. 2000). Gegenüber ihren Kunden, in diesem Falle den Touristen, wird Partizipation vornehmlich genutzt, um *Wettbewerbsvorteile* zu *erlangen*, indem sie sich den Kunden gegenüber aufgeschlossen und lernfähig präsentieren. Dies trifft für Lokal- oder Regionalvertreter ebenso zu wie für Tourismusunternehmen.

Die räumliche Planung ist für eine touristische Entwicklung von größter Bedeutung, weil durch sie notwendige Infrastrukturplanungen koordiniert werden. Dass diese Leistung vielfach unterbewertet, gar gänzlich ignoriert wird, stellt das langfristige Funktionieren touristischer Angebote insbesondere unter Nachhaltigkeitsaspekten in Frage. In einem der vorangehenden Beiträge in diesem Band ist bereits auf den Zusammenhang von räumlicher und touristischer Planung eingegangen worden. Die partizipativen Ansätze der räumlichen Planung richten sich zwar noch immer stärker auf die Interessen mit Schutz- oder Regulierungscharakter und stehen im Zusammenhang mit *wirtschaftlichem Wachstum* und *sozia-*

lem Ausgleich (vgl. Fürst et al. 2000). Gegenüber den unternehmerischen Belangen spielt allerdings auch das Auffangen der immer vielfältiger werdenden *Pluralität von Interessen und Bedürfnissen* eine Rolle. Gleichfalls müssen sie aufgrund vertraglicher und/oder gesetzlicher Rahmenbedingungen (Rio-Konvention, Aarhus-Konvention - ECE/CEP/43, Bürgerbegehren/Volksentscheide in einigen Landesverfassungen, Verfahren des Baurechts und verschiedener Fachplanungsrechte, Verwaltungsverfahrensgesetz - VwVfG, Gesetz über die Umweltverträglichkeit - UVPG etc.) zunehmend bestrebt sein, *Nachhaltigkeits- wie Beteiligungsaspekte* zu *respektieren*. Hierdurch versprechen sich die politischen Entscheidungsträger einen größeren Rückhalt für ihre Projekte und damit eine sich immer wieder aufs Neue beweisende *Legitimation* ihres Handelns. Ein weiterer wichtiger Aspekt ist auch hier die Motivationsförderung. Die spätere Trägerschaft ist leichter auf Partizipanten zu übertragen, wenn bereits die Entscheidung über Maßnahmen oder über den strategischen Rahmen mit vorbereitet werden kann, in den Einzelmaßnahmen sich einbetten sollen, mit vorbereitet werden sollen.

Dieser Aspekt spielt vor allem in den Regionen eine Rolle, in denen der Tourismus nicht den Haupterwerbszweig stellt, sondern wo durch touristische Entwicklung eher eine wirtschaftliche Diversifizierung erreicht werden soll und daher vornehmlich kleine Unternehmen und Individuen auch auf Nebenerwerbsbasis am Tourismus teilhaben, und wo wenig Chance auf den „großen Boom" besteht. Gerade in diesen Regionen und vor dem Hintergrund, dass mit touristischer Planung Ungewissheit, Komplexität und ein hohes Konfliktpotenzial einhergeht, wird Partizipation in hohem Maße befürwortet (vgl. Reed, 1999: 331).

Man findet in aufstrebenden Tourismusdestinationen oftmals eine Vielzahl am Tourismus interessierter oder bereits profitierender Gruppen und Individuen vor, die untereinander noch wenig vernetzt sind und denen es an einer zielorientierten Ausrichtung touristischer Entwicklung mangelt. Häufig sind die einsetzenden Wirkungen unvorhergesehen und unverträglich im Sinne einer nachhaltigen Entwicklung, da ungeplant und unkoordiniert. An solchen Orten, die sich in einer frühen touristischen Phase befinden, ist es keinem Individuum und keiner Organisation möglich, eine direkte Kontrolle über die touristische Entwicklung auszuüben. Insofern wird Partizipation im Sinne gemeinsamer Entscheidungsfindung als unabdingbares Element der Planung betrachtet (vgl. Reed 1999: 334).

Wenn die Interessen noch nicht kollektiv organisiert sind, stellt die Identifizierung von legitimierten Beteiligten eine schwierige Aufgabe dar. Die Festlegung, welches Individuum oder welche Gruppe von einer solchen Entwicklung betroffen sein wird und wer von ihnen tatsächliche Partizipationskapazitäten hat, kann zu einem Machtkampf ausarten. Insbesondere die konventionell Mächtigen werden versuchen, ihre Interessen bei der Herausarbeitung lokaler Werthaltungen und den damit verknüpften Annahmen bezüglich einer zukünftigen Entwicklung durchzusetzen. Die Herausarbeitung nur eines Entwicklungsmodells, auf dem die Planung aufbaut, wird die Interessen der schwächeren Gruppen erfahrungsgemäß eher unterdrücken (vgl. Reed 1999: 336 f.).

Im touristischen Akteursgeflecht, in dem grob die Gruppen unterschieden werden können, wie es die Abbildung 1 zeigt, sollte wohl überlegt werden, im Rahmen welcher Belange die Akteure, oder auch nur einige unter ihnen, hinzugezogen werden.

Die Erarbeitung eines touristischen Entwicklungsleitbildes oder einer Entwicklungsstrategie, die vornehmlich Standort- und Ausbaukapazitätsfragen thematisiert, schließt die Beteiligung von Touristen daran aus, da selbige die Konsequenzen ihrer Entscheidungen nie

Abb. 1: Grobstruktur des touristischen Akteursfeldes und Partizipationsmöglichkeit an einer Tourismusplanung

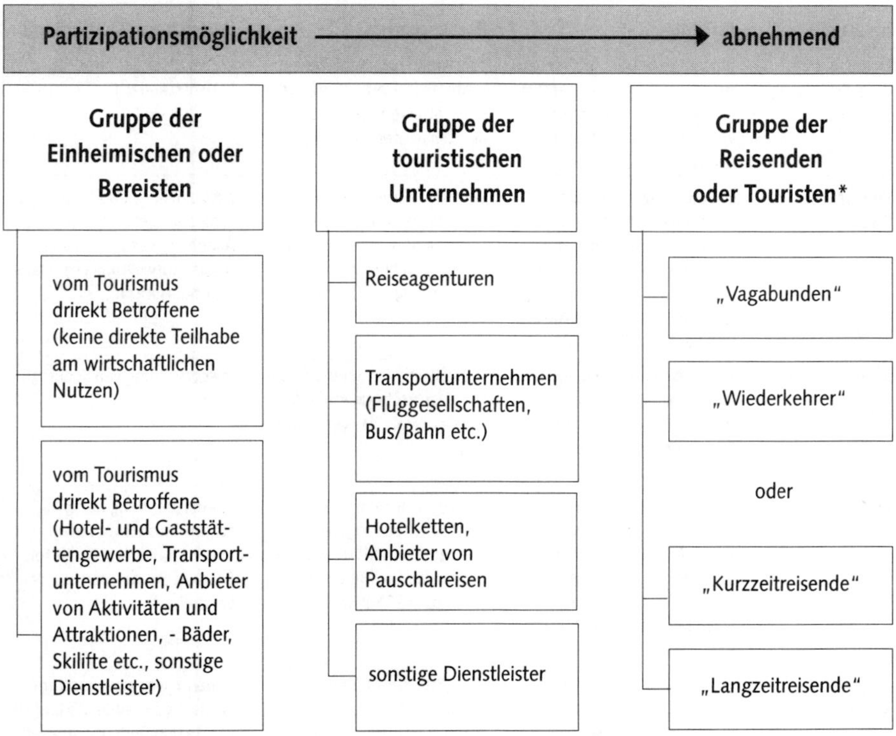

** andere Kategorienbildung möglich, in diesem Zusammenhang jedoch weniger bedeutend*
Quelle: Eigene Darstellung

oder allenfalls wiederkehrend für wenige Tage bis Wochen zu tragen haben. Im Sinne des Wortes Gast (statt Tourist) haben diese die identitätsstiftende Gestaltung und Erhaltung eines Ortes (im Sinne räumlicher Einheit) für deren Bewohner (oder die Bereisten, wie es in tourismuskritischen Schriften oftmals heißt) zu respektieren, zumal davon ausgegangen werden kann, dass auf der Basis starker Identifikation der Bewohner mit ihrer Heimat langfristig nachhaltiger gewirtschaftet werden kann.

Nicht von der Hand zu weisen sind allerdings auch die Erkenntnisse, dass Außenstehende, also die Gäste, häufig eine größere Wertschätzung für die Pflege und Erhaltung lokaler/regionaler Eigenarten oder natürlicher Ressourcen entwickeln. Verschiedene Gründe können dafür ausschlaggebend sein: Die Gäste erleben den Ort in zeitlichen Abständen (die Gruppe der Wiederkehrer), die ihnen Veränderungen besonders eindrücklich vor Augen führen. Sie selbst leben in Regionen, die (immer) weniger Kultur- und Naturgüter bieten, da diese von einem Konglomerat aus Wohnbebauung, Gewerbe- und Industrie- sowie ausufernden Verkehrsflächen verdrängt werden. In jedem Fall können Touristen dann sinnvoll partizipieren, wenn es darum geht, die touristische Entwicklung über eine Steigerung der Produktqualität zu erreichen, oder dann, wenn innovative Impulse benötigt werden; hier sind jedoch auch vornehmlich die Wiederkehrer oder Langzeittouristen von Bedeutung. Weniger sinnvoll erscheint ihre Hinzuziehung bei Fragen der Kulturraumstrategie, der Schutz- oder 4-Elemente-Strategie (s. Tab. 1).

Tab. 1: Tourismuspolitische Strategien - vornehmlich zu berücksichtigende Partizipanten und Bedeutung für die Region

Strategie	Definition	Partizipanten	Bedeutung für die Region
Qualitätsprodukt-Strategie	umweltverträgliche Erneuerung bestehender marktfähiger Angebote ergänzt durch weitere Wirtschaftsaktivitäten (z.B. Mallorca)	Touristen, Hoteliers, Restaurants, Leiter öff. u. privater Einrichtungen: Schwimmbäder, Kurhäuser, Freizeitparks etc.	entscheidender Motor für Lebensstandard
Kulturraum-Strategie	Entwicklung von neuen Tourismussegmenten, Nutzung möglicher Entwicklungschancen, Hervorhebung regionaler Besonderheiten, Berücksichtigung von Natur und Landschaft (z.B. Rhön)	Vereine, Bürgerinitiativen, Leitung von Museen, Volkshochschulen, Heimatverbände, Naturschutzorganisationen etc., ggf. Touristen	zusätzlicher Impuls zur Erhaltung oder geringfügigen Anhebung des Lebensstandards, Aufwertung regionaler Besonderheiten
Schutz-Strategie	touristische Nutzung unter starker Kontrolle und Eindämmung touristischen Wachstums (z.B. Nationalpark Harz)	Verwaltung von Schutzgebieten, Naturschutzverbände, Heimatverbände, ggf. Touristen	Inwertsetzung von Schutzgütern
Erneuerungs-Strategie	Schaffung von Alternativen zu schädigenden oder niedergehenden Wirtschaftsweisen, etwa der industriellen Landwirtschaft oder der Stahlindustrie (IBA Emscher Park, IBA Fürst-Pückler-Land)	Vertreter des Handwerks, des Dienstleistungssektors, der Landwirtschaft, Bürgerinitiativen und Bildungseinrichtungen, Touristen	Wiederbelebung der wirtschaftlichen Grundlagen durch Innovationsverhalten, ökologische Aufwertung der Landschaft
4-Elemente-Strategie	Schaffung qualitativ hochwertiger Produkte zur Inwertsetzung gefährdeter Kultur- und Naturräume unter Einbeziehung der Betroffenen (z.B. Ökotourismus in Entwicklungsländern)	Vertreter aller Belange: ökonomisch, ökologisch, sozial, institutionell, ggf. Touristen	Anhebung des Lebensstandards durch regionale Identifikation und Bedeutungsgewinn schutzwürdiger Arten und Biotope

Quelle: Eigene Darstellung

Die unterschiedliche Herkunft der Touristen an einem Urlaubsort lässt unterschiedlichste Wertvorstellungen über Schönes und weniger Schönes, über Erhaltenswertes und weniger Erhaltenswertes aufeinanderprallen. Die jeweils nur relativ kurzen Aufenthaltsdauer lässt von vornherein Bearbeitungskontinuität gar nicht erst zu. Um nicht mit einer Vielzahl sich diametral entgegenstehender Meinungen konfrontiert zu werden, verlangt die Einbeziehung von Touristen hinsichtlich langfristig räumlicher Entwicklungen eine besondere Sorgfalt.

Eine Einheimischen wie Fremden gleichermaßen offen stehende Einrichtung ist die Aktion „Quejaté!" („Beschwere Dich!") in der mallorquinischen Gemeinde Calviá, die mit einem Gemeindeblatt zur touristischen Situation und Entwicklung verknüpft ist. In erster Linie stellt diese Aktion aber wohl ein Ventil dar, das durch seine bloße Existenz Bürger wie Fremde beruhigen kann, da ihnen das Gefühl vermittelt wird, Gehör bei öffentlichen Stellen zu finden, die die eine oder andere Anregung in ihre jeweiligen Planungsabsichten einfließen lassen.

Die Hinzuziehung von Vertretern aus der Gruppe der touristischen Unternehmen gestaltet sich insoweit problematisch, als dass sie einen Ort zunächst „für sich entdeckt" haben müssen, um bei deren langfristiger Gestaltung beteiligt sein zu können. Auf den maßstäblich noch darüber liegenden Planungsebenen der Bundesländer oder der Nationalstaaten haben Unternehmen dieser Gruppe durch entsprechende Lobbyarbeit und politischen Rückenwind (der in der Regel mit Arbeitsplatzargumenten gestützt wird) Einflussmöglichkeiten, die nicht zwangsläufig im Sinne demokratischer Partizipation geltend gemacht werden.

Die vor Ort direkt vom Tourismus Betroffenen und solche der mittleren Gruppe, die bereits vor Ort tätig sind, sollten schon deswegen zur Partizipation ermuntert werden, um ihnen auf diesem Wege Raumverantwortung deutlich zu machen.

Im Hinblick auf die ökologische Nachhaltigkeitsdimension des Tourismus ist vor unüberlegten Partizipationsaktionen zu warnen. Der weltweite Wettbewerb wird in Zukunft noch härter werden - bedingt durch Reiseveranstalter, die nach Gewinnmaximierung streben, sowie durch Touristen, deren Konsumverhalten vorrangig auf Kostenreduzierung ausgerichtet ist und die gleichzeitig wachsende Ansprüche an Reiseentfernung, Abenteuer- und/ oder Luxuserlebnisse stellen. Einzelne Wissenschaftler vertreten deshalb die Ansicht, dass „Tourismusländer, die mit Auflagen und Steuern (...) Umweltpolitik betreiben, (...) (sich) einem tourismusbezogenen *Öko-Dumping* und meist auch einem *Sozial-Dumping*" aussetzen. Ein Abwandern in „umweltschutzresistente" Länder (Wöhler 1998: 104), wie es vom produzierenden Gewerbe bekannt ist, ist nur für die Veranstalter und Touristen möglich, nicht aber für die standortgebundenen Leistungsträger, die zu einem späteren Zeitpunkt 'die Suppe auszulöffeln' hätten, die sie sich womöglich durch zu willfährige Umsetzung touristischer und unternehmerischer Wunschvorstellungen erst 'eingebrockt' haben (vgl. Gustedt 2000: 96f.).

So bleibt vor allem die Gruppe der Einheimischen, die auf lokaler und regionaler Ebene sowie interregional partizipieren sollte. Hierfür bieten sich mittlerweile eine Vielzahl von Instrumenten und Verfahren an. Beispielhaft seien hier nur das *Offene Forum Tourismus*, Zukunftswerkstätten, Regionale Raumordnungskonzepte und deren tourismusrelevanten Bestandteile genannt, die jeweils spezifischen Regeln folgen und unterschiedlich professioneller Vorbereitung und Durchführung bedürfen, wie es zum Teil in den Beispielen des zweiten und dritten Teils dieses Bandes zum Ausdruck kommt.

Was ist bei partizipativen Planungsverfahren zu beachten?

Nachhaltigkeit wird dann erreicht, wenn Planungsinstitutionen und die übrigen Partizipanten eine hohe Lernfähigkeit und -bereitschaft in den Prozess mit einbringen. Es muss daher Partizipation mehr sein, als bloßes Ermutigen von öffentlichen Diskursen oder hinreichender Kommunikation. Management und die partizipative Einbeziehung unterschiedlicher gesellschaftlicher Gruppen/ Individuen kann als Lernexperiment bezeichnet werden. Die Praxis des Managements ist eine Abfolge von Experimenten, deren Erkenntnisse zu kontinuierlichen Anpassungs- und Veränderungsvorgängen führen, also einen fortgesetzten kollektiven Lernprozess darstellen. Ein solches 'Prozesslernen' beinhaltet nicht nur die Koordination von Interessen sowie die Identifizierung von Werthaltungen, sondern es beinhaltet darüber hinaus Mechanismen für kontinuierliche Lernprozesse, Innovationsentwicklung, Regelungsbedarfe und Integration. Zwischen verschiedenen Individuen und Gruppen entstehen auf der Basis legitimer unterschiedlicher Werthaltungen Interessenskonflikte. Wenn diese heterogenen Hoffnungen, Erwartungen und Prioritäten innerhalb eines solchen Managementprozesses auftreten, sollten sie daher eher als produktive Gelegenheiten wechselseitigen Lernens aufgefasst werden (vgl. Reed 1999: 332f.).

Für das Prozesslernen sind unterschiedliche Integrationsmethoden zu nutzen, da Individuen und Gruppen in unterschiedlicher Weise auf Lernprozesse reagieren. In einem gemeinsamen Planungsprozess mit den zuständigen Verwaltungsstellen haben sich in der Vergangenheit solche Beteiligungsformen als effizient und erfolgreich erwiesen, in denen Betroffene über Anwälte, gewählte Repräsentanten oder auch Experten vertreten werden, also indirekt partizipieren. Neben der Gewährleistung größerer Kontinuität und Legitimation wird der Prozess dadurch weniger schwerfällig und kann ein Verharren auf konservativen Positionen eher vermieden werden (vgl. Fürst et al. 2000).

Umsetzungsbemühungen eines reflexiven Lernprozesses leiden noch immer unter dem zu großen Vertrauen in rationale gesamträumliche Planungsmodelle, unter der Nicht-Achtung nicht-wissenschaftlichen Wissens und der so genannten *tacit knowledges* sowie unter einem mangelnden Blick für Planungsprozesse, die ein gemeinsames Verständnis unter Betroffenen zu fördern vermögen (vgl. Reed 1999: 338).

Ursache dafür mag auch sein, dass eine experimentelle Herangehensweise von den Entscheidungsträgern zum einen als zu kostspielig, zum anderen als politisch zu riskant eingeschätzt wird. Insofern ist der Schutz der Eigeninteressen durch beteiligte Individuen oder Gruppen ein ernstes Problem, welches Bezüge zu Fragen demokratischer Legitimität aufweist. Auf neue Lerninhalte reagieren zu können, setzt in der Tat voraus, dass die Institutionen bzw. Personen nicht nur gewillt und in der Lage sind, neue Informationen aufzunehmen und zu verarbeiten, sondern auch Zugang zu ihnen haben. Insofern sind institutionelle Veränderungskapazitäten ein wesentlicher Erfolgsfaktor partizipativer touristischer Entwicklung (vgl. Reed 1999: 338, 351). Dies bedeutet, dass Partizipation für eine nachhaltige touristische Entwicklung dann ungenügend ist, wenn nicht auch über Machtstrukturen nachgedacht wird.

Die Rekrutierung von Bürgerräten, Entwicklungskomitees, Urlauberparlamenten oder ähnlichem zeigt in der Praxis häufig, dass gerade Neubürger an solchen (zumeist) Ehrenämtern besonderes Interesse äußern, darunter vielfach Personen, die im Tourismus freiberuflich beschäftigt sind, sowie solche aus öffentlichen Ämtern. Sofern sie im Vorfeld noch nicht in Entscheidungsgremien eingebunden waren, kann dies ein Problem bezüglich des gemeinsamen Grundwissens darstellen (vgl. Reed 1999: 344f.). So haben fast alle sehr heterogen, d.h. aus Experten und Laien zusammengesetzten Gruppen zunächst die Mühlen gesetzlicher und institutioneller Regeln zu durchlaufen. Prozesslernen unterscheidet sich hierin am stärksten von einem professionellen angepassten Management (vgl. Reed 1999: 348). Kenntnisse über andere formalisierte Planungsverfahren sowie deren Anwendung, etwa der Regionalplanung oder der Umweltverträglichkeitsprüfung, sind wesentliche Elemente, die in einen integrativen und koordinierten Planungsprozess einzubringen sind.

Beispielsweise wirkt sich auch die EU-Ebene in erheblichem Maß auf die touristische Entwicklung der Länder aus, auch wenn die EU nicht über vertraglich festgelegte tourismuspolitische Kompetenzen verfügt. Wenige ordnungsrechtliche Maßnahmen wirken direkt, wie beispielsweise der Erlass der Pauschalreiserichtlinie (vgl. Will et al. 1998: 486). Erheblich mehr Aktivitäten der europäischen Ebene wirken hingegen indirekt auf nationale und regionale touristische Entwicklungen. Dazu zählen die Liberalisierung des Flugverkehrs, der

Erlass von Umweltrichtlinien sowie die diversen Förderprogramme der EU (Strukturfonds etc.), die zu einer touristischen Entwicklung vor allem in peripheren Gebieten beitragen.

Die größten Hürden einer nachhaltigen touristischen Entwicklung mögen insofern im Aufbau einer geeigneten Strategie sowie in der Formulierung zielführender Maßnahmen liegen oder in der Formulierung von Alternativlösungen, die all diese Rahmenbedingungen beachten. Für die am Planungsprozess partizipierenden Bürger ist unter Umständen die Kommunikation auf wissenschaftlich-technischer Ebene und deren jeweiliger Anwendungsbezug sowie das Verständnis und die Überwindung institutioneller Gegebenheiten eine womöglich größere Herausforderung (vgl. Reed 1999: 350).

Was ist die Aufgabe eines Moderators und wie sollte er sich verhalten?

Die Hinzuziehung eines Moderators beinhaltet bereits, dass eine Partizipationsform gewählt wurde, die auf zweiseitiger Kommunikation aufbaut. Es bleibt nicht nur bei Rundschreiben, Eingabemöglichkeiten, Informationsveranstaltungen oder Umfragen, die besonders im Hinblick auf die Meinung der Touristen über die Entwicklung ihres Urlaubsortes sinnvoll einsetzbar sind, sondern es wird ein organisierter, institutionalisierter Austausch durch Foren, Beiräte o.ä. zwischen Öffentlichen, Privaten und der Wirtschaft eingerichtet (s. Abb. 2).

Abb. 2: Schematische Darstellung eines Partizipationsverfahrens

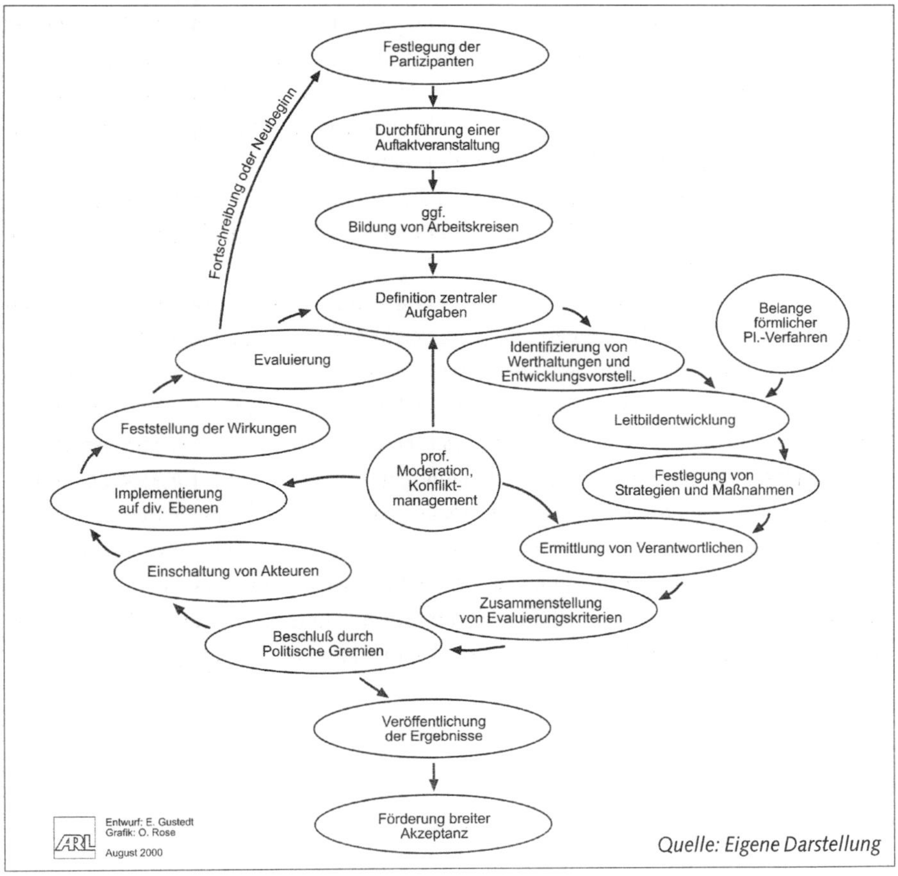

Quelle: Eigene Darstellung

'Rückgekoppelte' Partizipationsverfahren, in denen die Partizipanten mehrfach in einer Sache beraten und den Entwicklungsprozess optimieren, verlangen nach Organisationsformen mit Regeln, die einer Beliebigkeit des Handelns entgegenwirken, und die demokratischen Legitimationserfordernissen Rechnung tragen (Auswahl der Partizipanten, Darstellung der Entscheidungen nach außen etc.) sowie den Entscheidungsträgern verlässliche Ansprechpartner bieten (vgl. Fürst et al. 2000).

Das Interesse eines Moderators an einer vertrauensvollen Zusammenarbeit innerhalb der Gruppe mit dem Ziel, machbare Lösungen zu finden, muss den Beteiligten deutlich werden. Eigeninteressen des Moderators in der Sache haben in dem Prozess nur insoweit Berechtigung, als dass sie katalytische Funktion bei einem Stillstand der Diskussion haben. In keinem Fall sollte ein solcher Prozess durch den Moderator in seinem Eigeninteresse kontrolliert werden.

Als eine primäre Aufgabe kann die Vermittlung von Verfahrenskenntnissen bezüglich der bereits o.g. formalisierten Planungsverfahren gelten. Daneben wird u.U. die Vermittlung zwischen verschiedenen Gruppen von Beteiligten - vor allem zwischen Experten und Laien -von größter Bedeutung sein. Trotz allen Engagements seitens der Bürger - und ggf. auch der Touristen - sollte jedoch von Beginn an der Eindruck vermieden werden, dass die letzte Entscheidung in ihren Händen läge. Diese Verantwortung muss bei den dazu Legitimierten verbleiben.

Die Gewährleistung der kontinuierlichen Beteiligung ehrenamtlich tätiger Individuen und Gruppen am Planungsprozess verlangt die Fähigkeit, das Interesse der Partizipierenden über die Zeit am Leben zu erhalten oder neue Partizipanten zu finden. Erforderlich ist außerdem ein hohes Konfliktlösungspotenzial des Moderators, da kontinuierliches Lobbying für Einzelinteressen und die Langsamkeit des Planungsprozesses Partizipanten oftmals aufgeben lassen. Das Stecken kleinerer und zeitlich näherer Ziele führt zu einem wahrscheinlich höheren Zielerreichungsgrad und gibt so motivierende Impulse für die weitere Arbeit. Ebenso schwierig ist die Aufgabe, nicht kodifiziertes Wissen einzubeziehen (vgl. Reed 1999: 346, 351).

Als eine manches Mal unlösbare Aufgabe stellt sich letztlich die Verständigung über Werte dar. Man wird unglücklicherweise um so eher Gefahr laufen, während der Planung an einen solchen Punkt zu kommen, je mehr Beteiligte man zu integrieren wünscht. Hieraus sich ergebende Konflikte schmälern unweigerlich die Effizienz der Planungsbemühungen. Der Moderator muss dann zu einem Mediator werden oder durch einen solchen ersetzt werden. Soweit die Konflikte allerdings Gefahr laufen, gemeinwohlorientierte Aspekte der Planung zu konterkarieren, werden (soweit möglich) ordnungsrechtliche Mittel zum Einsatz kommen müssen. So darf trotz aller Sympathien für partizipative Planungsprozesse nicht verkannt werden, dass Einzelne durch ihr Wirken Prozesse und Organisationen zum Scheitern bringen können. Dies lässt sich letztlich umfassend nur durch die allmähliche Generierung einer Verantwortung für das Gemeinwohl verhindern (vgl. Reed 1999: 347ff.).

Fazit

Die Steuerung touristischer Entwicklung mittels partizipativer Vorgehensweisen setzt die Überwindung einer Reihe von Problemen voraus. Dies gilt umso mehr, wenn negative ökologische, ökonomische und soziale Auswirkungen verhindert werden sollen. Die hier beschriebenen bilden darüber hinaus nur einen Teil möglicherweise auftretender Probleme ab.

Nichtsdestotrotz kann und darf daraus nicht der Schluss gezogen werden, eine „Vogel-Strauß"-Politik zu betreiben. Eine Vielzahl von Beispielen, von denen einige in diesem Band Erwähnung finden, zeigt auf, dass Veränderungen durch bewusste partizipative Steuerungsansätze nicht nur möglich sind. Sie sind geradezu notwendig, denn auch die Rahmenbedingungen für touristisches Geschehen verändern sich kontinuierlich. Dazu zählen Aspekte wie gesellschaftliche Entwicklungsprozesse und demographische Veränderungen ebenso wie technologisch Machbares und dessen Verbreitung.

Angesichts des komplexen Systems Tourismus, vor allem auch bezogen auf seine Organisationsstrukturen, sind jeweils vor Ort viele verschiedene Bausteine anwendbar, um Zielsetzung, Strategie oder Maßnahmen für touristische Entwicklung partizipativ zu entwickeln. Eine überall anwendbare Rezeptur wird es dafür nicht geben. Die Beachtung einiger Schlüsselelemente scheint indes empfehlenswert. Hierzu zähle ich moderierte Kommunikation, Beachtung der eigenen Leistungsfähigkeit und Legitimation, Berücksichtigung gesetzlicher und politisch-administrativer Einflussfaktoren und Bestimmungsgrößen - und nicht zuletzt eine dauerhafte Lernbereitschaft, vor allem im Sinne eines Miteinander-Lernens.

Literatur

Fürst, D. et al. (2000): Gesellschaftswissenschaftliche Grundlagen. Planungsmethoden. Partizipative Planung; http://www.laum.uni-hannover.de/ilr/lehre/Ptm/Ptm_Part.htm.

Gustedt, E. (2000): Nachhaltige Regionalentwicklung durch intermediäre Organisationen? Erwartungshaltungen, Hemmnisse und Möglichkeiten - dargestellt vor dem Hintergrund intermediärer Organisationen in vier peripheren, touristisch orientierten Regionen. Hannover.

Kaase, M. (1992): Wertwandel. In Nohlen, D., Schultze, R.-O. (Hg.): Politikwissenschaft. Theorien - Methoden - Begriffe; Pipers Wörterbuch zur Politik; Bd. 1; 1141 f. München.

Kraack, M., Kahlenborn, W. (1998): Nachhaltig unkoordiniert, in: Politische Ökologie; Tourismus Special '98; 15-16.

Petermann, T., (1997): TA-Projekt „Entwicklung und Folgen des Tourismus". Bericht zum Abschluß der Phase I; in: Büro für Technikfolgen-Abschätzung beim Deutschen Bundestag (TAB, Hg.): Arbeitsbericht Nr. 52, Bonn.

Selle, K. (1987): Was heißt: Stadterneuerung mit den Bewohnern? Zur Notwendigkeit intermediärer Organisationen. Werkbericht Nr. 22 der AGB, Dortmund.

Selle, K. (Hg.) (1991): Mit den Bewohnern die Stadt erneuern. Der Beitrag intermediärer Organisationen zur Entwicklung städtischer Quartiere. Beobachtungen aus sechs Ländern, Bd. 1, Dortmund.

Reed, Maureen G. (1999): Collaborative Tourism Planning as Adaptive Experiments in Emergent Tourism Settings. In: Journal of Sustainable Tourism; Vol. 7:3&4; 331-355

Will, M.; Strothmann, M. (1998): Qualitätstourismus in Europa. Der Landkreis; (8-9); 485-488

Wöhler, K. (1994): Was läuft beim umweltverträglichen Tourismus ab? - Eine andere Bestandsanalyse: UVP report Nr. 5; 292-294

Wöhler, K. (1998): Mit Öko-Arroganz ist niemandem geholfen. Umweltschutz in den Zielgebieten muß auch auf arme Länder Rücksicht nehmen. fvw international; Zeitung für die deutsche Tourismuswirtschaft; H. 6 vom 05.03.1998; 102-104

Gerd Held

Ist eine Urbanisierung des Tourismus möglich?

Der Massentourismus ist eine relativ junge Erscheinung in der modernen Welt. Wir müssen daher davon ausgehen, dass er noch gar nicht die definitive Form gefunden hat, die der Moderne angemessen ist. Die typische Landschaft, die heute als touristisch gilt, und das typische Verhalten eines Touristen können in zwei, drei Jahrzehnten fundamental anders aussehen. Der folgenden Beitrag untersucht die Möglichkeiten, diese zukünftige Form dezidiert urban zu gestalten.

Urbanisierung der Welt - Urbanisierung des Tourismus?

Während sich das Arbeiten und Leben der Menschen in zunehmendem Maße in Städten, vor allem Großstädten und metropolitanen Regionen, vollzieht, überwiegt im Tourismus das Motiv des ländlichen Raums. Wir leben in einer „urbanizing world" (UN 1996, Hall/ Pfeiffer 2000), aber unsere freieste Zeit scheint unter antiurbanen Idealen zu stehen. Zwar kann man darauf verweisen, dass der Massentourismus das ländliche Ideal mit urbanen Bauweisen überformt - etwa in Gestalt mancher Küstenorte am Mittelmeer -, aber dies ist eher ein unfreiwilliger Sekundäreffekt. Die beiden touristischen Hauptmotive - der Badeurlaub an der Meeresküste und der Wanderurlaub in den Bergen - haben im Kern die Nähe zur evolutionär gewachsenen Umwelt („Natur") als Ziel und suchen daher ein ländliches (dörfliches, provinzielles) Ambiente. Betrachtet man im Verhältnis dazu den „Städtetourismus", so scheint die Stadt jedenfalls nicht die Form zu sein, die das touristische Interesse in seiner Hauptmasse zentralisieren könnte.

Für diejenigen, die den Tourismus als Kompensation von Arbeit und Alltag verstehen, ist diese Urbanisierungslücke keine Lücke, sondern logisch: je urbaner die Welt, desto antiurbaner muss die touristische Gegenwelt sein, damit sie Erholung und Entspannung gewährleistet. Allerdings ist die *Kompensationsthese* nicht das einzig mögliche Verständnis von Tourismus. Je weiter sich der Tourismus mit der Zeit entwickelt hat, und je mehr sich seine Formen differenziert haben, umso mehr wird die Logik der Kompensation relativiert. In Formen wie dem Aktiv-, Abenteuer- oder Bildungsurlaub tritt das Entdecken fremder Welten und das Erproben fremder Tätigkeiten in den Vordergrund. Der Tourismus dient hier der Steigerung des Lebens. Er kann daher durchaus anspruchsvoller, mühevoller, anstrengender, gefährlicher als der Alltag sein. Die zusätzlichen Freiheitsgrade, die in den Wochen ohne Arbeits- und Alltagspflichten liegen, werden zu Emanzipation und Welterweiterung genutzt. Tourismus ist dann nicht mehr nur die Kehrseite der Arbeit, sondern ein eigenständiges Feld der „vita activa" im Sinne H. Arendts (1981). Dieses Feld bietet viel größere Expansions- und Differenzierungsmöglichkeiten, und es liegt auch in der inneren Logik arbeits- und alltagsfreier Zeit, nicht schon bei der erholenden Reproduktion der Arbeitskraft („nach der Arbeit ist vor der Arbeit") stehen zu bleiben, sondern auf mehr zu drängen.

Zu einem tieferen Verständnis des Tourismus sollte daher der Kompensationsthese die *Steigerungsthese* entgegengestellt werden. Danach sind in den gegenwärtig sich entfaltenden Formen des Tourismus Keimformen eines allgemeinen touristischen Paradigmenwechsels angelegt, mit dem das massenhafte Reisen zu einem insgesamt größeren Feld einer Tätigkeitsgesellschaft zu rechnen ist. Im Reisen erweitert der Mensch seinen Horizont, indem er sich auf fremde Welten einlässt und sich ihnen damit auch jenseits utilitaristischer Aneignung aussetzt. Reisen vermehrt nicht nur den Umkreis verfügbarer Güter und unterwirft diese einem konsumierenden Subjekt, sondern es erweitert diesen Umkreis auch in unverfügbare Bereiche. Das reisende Subjekt muss sich den fremden Welten in einem gewissen Grade - aus freien Stücken - unterwerfen. Dieser mögliche Paradigmenwechsel ist heute sicher durch eine dicke Schicht arbeits- und konsumgesellschaftlicher Verhaltensweisen und Strukturen überlagert, aber im Freizeitbereich im Allgemeinen und im Massentourismus im Besonderen gibt es feine Verschiebungen vom „Angenehmen" zum „Spannenden" (vgl. Opaschowski 1997; Eggert 1997; Eggert 1998). Dies trifft sich mit einem neuen Interesse für die historischen Ursprünge des modernen Reisens. Kulturhistorisch gesehen enthalten Reisen wie die *Grand Tour* - im 18. und 19. Jahrhundert von exklusiven sozialen Gruppen wie der englischen Aristokratie regelmäßig nach Südeuropa unternommen - das Motiv säkularer Welterweiterung durch Erfahrung von Fremdheit (vgl. Bausinger et. al. 1991; Brilli 1997; Courbin 1990; Guerrero 1990; Kämmerlings 2000).

Der kompensatorische Tourismus der Arbeitsgesellschaft erscheint vor diesem Hintergrund nur als provisorisches Zwischenphänomen im Zuge der Demokratisierung der Reisefreiheit. Die zukünftige moderne Form massenhafter Reisefreiheit könnte sich dem Steigerungsmotiv wieder, und diesmal auf breiterer sozialer Basis, zuwenden. Diese Wende als Teil einer allgemein veränderten Motivationsbasis für freie Zeit könnte nun eine ganz andere, erweiterte Basis für eine Urbanisierung des Tourismus liefern und weit über eine Veränderung von Bauformen für Touristensiedlungen oder für vereinzelte Städtetouren hinausgehen. Um diese These zu erhärten, ist freilich ein genauerer Blick auf die räumlichen Grundkonfigurationen nötig, die dem Tourismus zu eigen sind.

Vier räumliche Grundkonfigurationen

Was ist der Gegenstand von Tourismus? Auf diese Frage wird gerne mit einer Aufzählung von einzelnen Gütern und Dienstleistungen geantwortet. In Reisekatalogen findet man die Qualität der Strände, die Sauberkeit des Wassers, Wanderwege, Skipisten, Lifts, Promenaden, Hotels und Restaurants, Spiel- und Sportplätze - es geht immer um einzelne Dinge. Die Aufmerksamkeit liegt eher auf der Ausstattung eines Raumes als auf seiner Struktur. Man kann den Gegenstand des Tourismus aber auch als *Welt* verstehen. Fremde Welten bedeuten komplexe fremde Situationen und nicht nur einzelne Produkte - das unterscheidet den Tourismus vom Konsum exotischer Waren oder vom Besuch ausländischer Restaurants. Die Fremdheit einer Welt misst sich an der Spannung, die sie als Bedingungsgefüge enthält. Dieses Bedingungsgefüge wird durch Raumstrukturen erschlossen, die daher auch eine touristische Strukturschicht aufweisen.

Tourismus heißt im Prinzip „Wegfahren". Tourismus basiert auf weiträumiger Mobilität, und eine Urbanisierung des Tourismus kann nicht auf das Zu-Hause-Bleiben der verstädterten Menschheit hinauslaufen. Dann würde man sich von der Besonderheit des Tourismus schlicht verabschieden. Sie kann auch nicht eine zeitliche Ausdehnung bedeuten, etwa im Sinn der Zweit-Wohnungen in touristisch attraktiven Gegenden, wo man sich im Fremden häuslich einrichtet. Diese Doppel-Urbanisierung hätte mit der besonderen Zeit des Ereignisses „Reise" nichts mehr zu tun und würde die Erfahrung der fremden Welt durch Überführung in eine eigene Welt erledigen. Der Tourist wäre nicht mehr Gast beim Fremden, sondern ein Einheimischer neuen Typs. Dies würde die Reichweite des Reisens ins Fremde, die ja mit der zeitlich engen Begrenztheit und dem Gaststatus zu tun hat, einschränken - zumindest für normale Sterbliche, die sich keine globale Mehrfach-Existenz mit zwei und mehr Appartments leisten können. Es ist aber auch fraglich, ob jene Global-Existenzen überhaupt die spezifische Spannung zu einer fremden Welt erfahren und aufbauen können, die in dem Ereignis „Reise" liegt. Sie richten sich ja im Fremden ein und dies beinhaltet einen Assimilierungsvorgang des Fremden. Die Erfahrung eines Landes aus einer Zweit-Wohnung ist eine ganz andere als vom Hotelzimmer, und nur das Hotelzimmer steht wirklich für die Spannung, die der Tourist als Gast des Fremden erfährt. Zwischen Einheimischem und Reisendem handelt es sich nicht um eine gleichgewichtige „multikulturelle" Situation, sondern um eine fundamentale Asymmetrie, in der sich der Tourist auf eine fremde Welt einlassen und sich von ihr leiten lassen muss. Dies kann paradoxerweise dazu führen, dass der Tourist einen Ort anders und spannungsreicher erlebt als ein Einheimischer. Und gerade auf diesem Wege kann er der Konstruktion eines Ortes oder einer Landschaft eine eigene Schicht hinzufügen. Die heutige Höhe der Alpen und die heutige Weite des Meeres sind nicht nur eine Entdeckung von Bergbauern und Fischern, sondern auch von Touristen.

Ist die besondere Raum-Zeit-Struktur des Tourismus einmal geklärt, kann man sie auf die gegebenen Grundformen der Besiedlung beziehen. Urbane und rurale Siedlungsstrukturen verkörpern die beiden grundlegenden Erschließungen von Welten. Urbanität zeichnet sich durch eine relativ hohe zivilisatorische Dichte und Dominanz menschlicher, also sozialer Fakten und Reibungen aus. Rurale Strukturen zeichnen sich bei aller kulturlandschaftlichen Überformung durch größere Abhängigkeit von der evolutionär gewachsenen Umwelt und durch soziale Dispersion und „Einsamkeit" aus. Die Frage, ob beide Idealtypen in jüngerer Zeit eher zum Ausgleich oder zur weiteren Polarisierung neigen, ist offen. In Bezug auf die hier gestellte Frage nach den Möglichkeiten einer Urbanisierung des Tourismus wären unterschiedliche Hypothesen möglich: Man könnte eine Stadt und Land *ausgleichende Wirkung* des Tourismus annehmen oder eine *polarisierende Wirkung*. Oder anders gesagt: Es wäre sowohl denkbar, dass der Tourismus den Gegensatz ruraler und urbaner Siedlungsstrukturen abschwächt und durchmischt, oder dass er sie jeweils in ihrer besonderen Form verstärkt und profiliert, also eine „extremere Urbanität" und eine „extremere Ländlichkeit" erzeugt.

Ansatzpunkte finden sich für beide Hypothesen. Im Folgenden werden in diesem Sinn die vom Tourismus beeinflussten Raumkonfigurationen idealtypisch in vier grundlegende Ausprägungen gegliedert:

- Die *Konfiguration A („Naturwildnis")* ist eine Raumstruktur mit starker Präsenz evolutionär gewachsener Elemente wie Wald, Bergmassiv, Wüste, Meer, Himmel, natürliche Flora und Fauna, mit einer stark zurückgenommenen, verstreuten, vereinzelten, schwach befestigten und ausgestatteten menschlichen Besiedlung und dünnen Verkehrswegen. Diese Konfiguration spielt an der Grenze von Ruralität und einer evolutionär gewachsenen Wildnis, die in ihrer Gefährlichkeit und Unendlichkeit zivilisatorisch nicht beherrscht wird. Der Tourismus ist nur sporadisch, relativ „arm" oder zumindest relativ verletzlich. Die Umwelt dominiert hier das Soziale.

- Die *Konfiguration B („Urbanisierte Landschaft")* besteht in einer Ruralität, die schon stark urban überformt ist. Die zivilisatorische Dichte und Bearbeitungstiefe ist größer, die Besiedlung und die Verkehrswege sind systematischer, sicherer, befestigter. Sie reichen vom Dorf bis zum Provinzort bzw. zur touristischen Simulation von Dörfern, Ortsteilen, „Centers". Die Platzierung bleibt in der Nähe starker Naturelemente, ist also „Stadt im Land" mit den entsprechenden sozialen Verhaltensstilen (Hotelbetrieb, Massensport, Festival, Popmusik, Massendienstleistungen, Animation, historizistische Inszenierung). Diese Form ist heute wohl touristisch dominierend.
- Die *Konfiguration C („Ruralisierte Stadt")* ist urban platziert, also in großstädtischen und metropolitanen Verdichtungsregionen, ist aber stark mit antiurbanen, ruralen Versatzstücken und Verhaltensweisen durchmischt und entschärft. Dazu gehören Parks und Grüngürtel, verträumte Ecken, ländlich-dörfliche Produkte, Feste und Stilelemente, historizistische Inszenierung von Provinzialität. Auch die touristischen Verhaltensangebote zielen auf eine zurückgenommene, beschauliche, handwerkliche, nicht-motorisierte, nicht-expressive Präsenz, auch wenn sie mancherorts Massenformen annehmen kann.
- Die *Konfiguration D („Metropolis")* ist dezidiert urban mit hoher zivilisatorischer Dichte, Inszenierung von Licht, Lärm, wuchtiger Architektur, Schaufenstern, Hallen, Brücken, Plattformen, Motoren und mit einem aktiven, expressiven, partizipativen Typus von Tourismus, der an der Animation von Boulevards, Plätzen, Veranstaltungen mittätig ist und sich auch körperlich, modisch, erotisch nicht zurücknimmt. Bei dieser Konfiguration führt die zivilisatorische Verdichtung zu neuen Formen spannungsreicher, unsicherer Wildnis, zum „Großstadtdschungel" oder „Babylon".

Die Konfigurationen „Urbanisierte Landschaft" und „Ruralisierte Stadt" sind als Resultate einer Stadt und Land ausgleichenden Wirkung des Tourismus zu verstehen, die Konfigurationen „Naturwildnis" und „Metropolis" als Resultate einer weiteren Verstärkung ihres Gegensatzes.

Diese raumstrukturellen Ausprägungen kann man nun wiederum in Beziehung zu der eingangs getroffenen Unterscheidung von Tourismus als Kompensation des Alltags und Tourismus als Steigerung des Lebens setzen. Die Ausprägungen "Urbanisierte Landschaft" und „Ruralisierte Stadt" lassen sich eher einem kompensatorischen Tourismus zuordnen, während die Ausprägungen „Naturwildnis" und „Metropolis" eher einem steigernden Tourismus zuzurechnen sind. Wenn also die innere Logik der Verbindung von Freiheit und Suche nach Fremdheit zu einer Verstärkung des steigernden Tourismus treibt, dann - so die These - wird sie sich auf die Konfigurationen „Naturwildnis" und „Metropolis" richten. Da die Konfiguration „Naturwildnis" nicht massentauglich ist, wird sich der Großteil der touristischen Aktivitäten - tendenziell - auf die Konfiguration „Metropolis" richten. Neben diesem Motiv der sozialen Offenheit weist auch die Notwendigkeit der ökologischen Entlastung der Umwelt in die Richtung dieser Konfiguration. Der Massentourismus wird so zum Faktor einer Intensivierung von Urbanität und zur Verstärkung metropolitaner Städtehierarchien - dies ist die Richtung, die in den folgenden Abschnitten näher betrachtet und begründet werden soll. Es geht dabei um die Erkundung einer hypothetisch erschlossenen Richtung und nicht um eine Prognose.

Extensität als touristische Grunderfahrung

Auf der einen Extremseite touristischer Erfahrungen (Konfiguration „Naturwildnis") finden sich Situationen, die man mit "Naturgröße und menschlicher Verlorenheit" umschreiben kann: der einsame Bergwanderer und Bergsteiger, dessen Blick auf ihm schroff gegenüberstehende Gipfel, Bergmassive, Felswände stößt oder sich in weit fortfließenden Ebenen im Dunstschleier verliert; der Segler, der sich in der Weite des Meeres treiben lässt; der einsame Strandgänger, das Bad im Mondlicht, der Blick in den Sonnenuntergang oder hinauf zum nächtlichen Sternenhimmel, der Rucksack-Tourist an einer einsamen Landstraße - sie alle betreiben (aus freien Stücken) in gewisser Weise Robinsonaden: Sie „setzen sich aus" - fremden Naturgewalten, die im Prinzip ungleich stärker als sie sind, gefährlich, potenziell todbringend, wenn man sich nur ein Stück weiter vorwagt. Zu diesem Sich-Aussetzen gehört auch die bewusste Schwächung und Entblößung der eigenen Person, der Verzicht auf sichere Behausung oder motorisierte Verkehrsmittel, die Preisgabe eigner Haut mit ihrer Verletzlichkeit, das Hängen des Selbst an die eigene Muskulatur, das Preisgeben des Bewusstseins an die Angstreflexe der Sinne und der Seele.

Es handelt sich im Grunde genommen um einen *Selbstverlust*, der durch ein besonders weitgehendes Eintauchen in eine fremde, unbeherrschbare, unendliche Umwelt herbeigeführt wird. Darin ist eine paradoxe Logik der Freiheit enthalten. Freiheit beweist sich hier nicht in einer utilitaristischen Aneignung , nicht in einer besonders schlauen Überlistung der Natur mit intelligenten Instrumenten, auch nicht in einer besonders weitgehenden und widerstandslosen Verfügung über fremde Objekte, sondern in einem Messen an fremder Übermacht. Die eigene Freiheit kommt also nicht im möglichst leichten, glatten Sieg zum Ausdruck (und zu einem schnellen Ende), sondern sie erprobt sich am starken Gegenstand, an einer gegenüber dem eigenen Selbst besonders schwierigen Bedingung und an einer gegenüber dem eigenen Bewusstsein besonders unfassbaren Welt. Dies bedeutet kein Aufgeben der Freiheit und keinen Rückfall in Fremdbestimmung, sondern liegt durchaus in der inneren Logik der Freiheit. Denn die Freiheit durchbricht hier auch die Herrschaft des anthropozentrischen Zwecks. Indem sie das eigene Selbst ein Stück weit zur Disposition stellt, gewinnt sie Zeit und Raum. Die oben beschriebenen Situationen der Verlorenheit sind im Prinzip unendliche Situationen, die zeitlich immer neue Kraftproben ermöglichen und die räumlich auf Felder vorstoßen, die einer ich-dominierten Freiheit versperrt wären.

Es ist eine kuriose Verwirrung, wenn die Kultursoziologie der Gegenwart solche Lebensäußerungen unter der Rubrik „Selbstverwirklichung" verstehen will (vgl. Schulze 1993: 33ff.). Damit wird die spezifische Logik des Selbstverlustes, die die Spannung, Würde und „Größe" solcher Tätigkeit des Menschen ausmacht, auf den Kopf gestellt. Diese Verwirrung kann eigentlich nur dadurch zustandekommen, dass die soziologische Perspektive - die „Soziologisierung der Welt" - prinzipiell jeden Bezug auf ein nichtmenschliches Objekt oder eine objektive Welt in einen binnensubjektiven Bezug und ein soziales Binnenverhältnis übersetzen muss.

Es liegt aber in der Logik menschlicher Freiheit, nicht bei subjektiv-sozialen Binnenwelten stehen zu bleiben. Die Probe auf die Freiheit liegt ja nicht in anthropozentrischen Situationen, in denen der eigene Wille möglichst widerstandslos freie Bahn hat. Freiheit wird gerade dort stark erfahren und gefordert, wo etwas auf dem Spiel steht, etwas geopfert werden muss, wo es Wahlzwänge gibt, die auf jeden Fall Verluste beinhalten. Würde man in seiner

Freizeit gerade auf jene Felder ausweichen, auf denen leicht Befriedigung zu erreichen wäre, wo also Bedürfnis und Befriedigung nur eine kurze utilitaristische Zweck-Mittel-Kette einzugehen brauchten, würde die Freiheit schnell ihren Endpunkt erreichen und im erfüllten Zweck erlöschen. Eine zeitlich und räumlich offenere, erweiterte Freiheit wird daher solche Felder suchen, die ihr Widerstand bieten. Die Erfahrung fremder, unverfügbarer Macht - die Erfahrung des „Anderen", von Differenz, von unreduzierbarer Pluralität - ist daher kein Gegensatz von Freiheit, sondern gerade ein höherer Ausdruck von Freiheit.

Foto: Gerd Held

Diese Freiheit ist freilich nur stückweise auszuhalten, und dies macht den Tourismus - in seiner spezifisch stückweisen Raum-Zeit-Ordnung - zu einer wichtigen Schlüsseltätigkeit der Moderne. Diesen Zusammenhang hat die historische Tourismusforschung gerade in den Ursprüngen des Tourismus nachgewiesen. Sie hat den Zusammenhang von Reisekultur und frühmodernen Freiheitserfahrungen und -bestrebungen gezeigt. A. Courbin (1990) hat dies am Beispiel der „Entdeckung der Küste" als einem ursprünglich feindlichen, abweisenden, gefürchteten und gemiedenen Ort gezeigt. I. Kant zeigte, dass die touristische Erfahrung weiter reichen kann als die Erfahrung des Einheimischen, der mit seiner Umwelt auf Dauer leben muss, und führte das Beispiel eines savoyischen Bergbauern an, der die Bergsteiger „allesamt für Narren" hielt (Kant 1790/1992: 190). A. Brilli (1997) schildert die „Grand Tour" als Veranstaltung der englischen Aristokratie, die den Sinn für Kräftevergleich und die Skepsis gegen allzu billige Naturbeherrschung mit Weltzugewandtheit verband. Zur Grand Tour gehörte es, „die Subjektivität des Reisenden einer imaginären Gefährdung auszusetzen" (Kämmerling 2000).

Die Philosophie der Aufklärung entwickelte für diese spannungsreiche Welterschließung auch eigene Kategorien, die viel weiter reichen als die „Selbstverwirklichung". I. Kant unterschied in seiner Ästhetik das Angenehme, das Schöne und das Erhabene. Während das Angenehme durch positive Sinnesreize befriedigt, gefällt das Schöne „ohne alles Interesse" und *das Erhabene* zeichnet sich schließlich dadurch aus, dass es „durch seinen Widerstand gegen das Interesse der Sinne" gefällt. Zum Verständnis von Erhabenheit zieht Kant dabei Naturerfahrungen heran (Bergmassive, Schluchten, Wasserfälle, heraufziehende Unwetter, sturmgepeitschte Meere), die unverkennbar der Erfahrungswelt der frühmodernen Reisekultur entstammen. „Das Schöne bereitet uns vor, etwas, selbst die Natur, ohne Interesse zu lieben; das Erhabene, es, selbst wieder unser (sinnliches) Interesse, hochzuschätzen." (Kant 1790/1992: 193). Kant unterstreicht dabei, dass es beim Erhabenen weder um Affekte „der schmelzenden Art" (199), noch um „falsche Demut" (200) geht, sondern um ein freies Gegenübertreten, obwohl die Erfahrung der größeren, fremden Macht "Aufopferung" und „Beraubung" darstellt: „Die Verwunderung, die an Schreck grenzt, das Grausen und der heilige Schauer, welcher den Zuschauer bei dem Anblicke himmelansteigender Gebirgsmassen, tiefer Schlünde und darin tobender Gewässer, tiefbeschatteter, zum schwermütigen Nachdenken einladender Einöden usw. ergreift..." Das romantische Bild des einsamen Landschaftsbetrachters ist eine Version dieser Erfahrung; der religiös-transzendentale Ausdruck, den Petrarca seinem Aufstieg auf den Mont Ventoux gegeben hat, eine andere. Es ist bezeichnend, dass in der aktuellen Freizeitforschung nur die Kategorien des Angenehmen und allenfalls des Schönen vorkommen, aber die Kategorie des Erhabenen keine Rolle spielt. Sie ist allerdings indirekt und unausgesprochen im Spiel, wenn heute von „spannenden", „geilen" oder „coolen" Erfahrungen die Rede ist.

In dem bisher Dargestellten besteht die fremde Größe in der Regel in der natürlich gewachsenen (und dadurch unverfügbaren) Umwelt. Sie wird in ihrer Weite und Unendlichkeit (Einöde, Himmel, Meereshorizont) erfahren. Die Konfiguration der Erhabenheit ist eine *extensive Konfiguration*. Spannung tritt als Extensität auf, ein besonders kleines isoliertes Subjekt begegnet einer besonders weit auseinandergezogenen Umwelt.

Von der Extensität zur Intensität

Nun gibt es eine zweite Möglichkeit, die hier die *intensive Konfiguration* genannt werden soll: Dazu können wir uns die Situation auf einem belebten großstädtischen Platz oder Boulevard vorstellen; es gibt eine Überfülle sich aufdrängender Eindrücke: Schaufenster, Fassaden, angebotene Waren und Dienste, Theater und Kinos mit berühmten Künstlern, monumentale Kirchen und Patrizierhäuser, staatliche Repräsentation, Lichtreklamen, Autos, Straßenbahnen, ständig wechselnde Geräusche, Gerüche, Bilder - und vor allem eine bunte Menschenmasse, die auf und ab wogt, sich berührt, sich mal hier und da zusammenballt. Vielleicht wird die Konstellation noch durch eine Ausstellung, eine Messe, ein Fest, einen Umzug, eine Trauer-Prozession, eine Kundgebung, einen Staatsakt, ein Wettrennen auf die Spitze getrieben. Bestandteil der intensiven Konstellation ist also auf der einen Seite eine besondere zivilisatorische Konzentration und Dichte, die sich dem Betrachter förmlich aufdrängt; und auf der anderen Seite ist der Betrachter nicht zurückgezogen und zurückgenommen, sondern verhält sich selber "expansiv" als aktiver Teilnehmer und Selbstdarsteller. Er drängt sich selber auf, zeigt expressives Verhalten, läuft, lacht, trauert oder kämpft mit. Er ist körperliche *res extensa*.

Während in der extensiven Konfiguration mit ihrer „Verlorenheit" eine zu großer Weite bis in die Unendlichkeit auseinandergezogene Umwelt spannungsvoll kombiniert ist mit einem zurückgezogenen, isolierten Betrachter, entsteht die Spannung in der intensiven Konfiguration in einer besonders dicht zusammengezogenen, sich aufdrängenden Umwelt und einem ebenso in sie hineindrängenden, aktiv sich ausbreitenden, massenhaft auftretenden Menschen. Die intensive Konfiguration besteht also aus zwei „aufeinanderzu drängenden" Seiten, während die extensive Konfiguration die beiden Seiten extrem voneinander entfernt und ihre Beziehung quasi überdehnt. Dies ist eine für Großstadtbewohner und -benutzer typische Situation, und sie wird vom Großstadt-Touristen gesucht, erlebt und nochmals gesteigert. Diese touristische Grunderfahrung der Intensität passt raumstrukturell zur Ausprägung „Metropolis".

Über diese intensive Konfiguration, über die in ihr enthaltene Erfahrung und Verhaltensweise haben Philosophen, Literaten und Urbanisten schon vielfältig nachgedacht, ohne ausdrücklich die touristische Perspektive einzubeziehen (obwohl sie vielfach ihrer tatsächlichen Situation entsprach). R. Sennett hat die Großstadt als Ort definiert, an dem die *Begeg-*

nung mit dem Fremden wahrscheinlich ist, und der deshalb theaterförmiges Rollenverhalten mit einem aktiv auftretenden Publikum erzeuge. Dabei sieht er einen Höhepunkt im späten 18. Jahrhundert (Sennett 1986). Für eine spätere Situation, die allgemeine Ausbreitung von Großstädten seit Ende des 19. Jahrhunderts, wurden Begriffe wie „nervöses Geistesleben" (Simmel 1903) oder „distanzierte Nähe" (Bahrdt 1961, Jacobs 1963) geprägt - beides Ausdrucks- und Verarbeitungsformen der intensiven Drucksituation, die moderne Urbanität auszeichnet. Ästhetisch hat diese Drucksituation in der Kunstrichtung des Expressionismus einen sehr typischen Ausdruck gefunden (vgl. Gerhardus 1976). W. Benjamin hat Im Anschluss an die - im 19. Jahrhundert datierende - schwarze Großstadt-Poetik Baudelaires den Begriff des „Choc" geprägt (Benjamin 1974).

Dass ein urban ausgerichteter Tourismus sich gerade auf diese intensive Konfiguration richtet und sie noch steigert, ist eigentlich naheliegend. In den Anfängen des modernen Reisens gibt es dafür auch zahlreiche Hinweise, da in dieser Anfangssituation die Erfahrung der großen Städte (Rom, Venedig, Paris, London) eine bedeutende Rolle spielte (vgl. Bausinger et. al. 1991; Brilli 1997; Brüggemann 1985; Ford 1988, Guerrero 1990). So finden sich in Goethes Schilderung des römischen Karnevals, dem er im Rahmen seiner „Italienischen Reise" begegnete, schon alle wesentlichen Ingredienzen der urbanen Intensität. Rom ist nicht nur der Inbegriff einer an einem Ort zusammengezogenen Welt und Weltgeschichte, sondern im Karneval wird diese Dichte nochmals durch die besondere Aktivität, Massenhaftigkeit und Expressivität der Menschen gesteigert. Es gibt hier eine urbane Form des Selbstverlustes: „...hier wird vielmehr nur ein Zeichen gegeben, daß jeder so töricht und toll sein dürfe, als er wolle, und daß außer Schlägen und Messerstichen fast alles erlaubt sei. Der Unterschied zwischen Hohen und Niedern scheint einen Augenblick aufgehoben: alles nähert sich einander, jeder nimmt, was ihm begegnet, leicht auf, und die wechselseitige Frechheit und Freiheit wird durch eine allgemeine gute Laune im Gleichgewicht gehalten." (zit. n. Brüggemann 1985: 42). Vielfach waren Feste und Feierlichkeiten, also repräsentative Verdichtungen von Leben und Tod, Anlass der urbanen Reiseerfahrungen. Urbane Intensität ist ein reibendes Zusammendrängen von „Fleisch und Stein" (Sennett 1995).

Wenn man sich die Kultur- und Tourismusprogramme verschiedener Städte - ganz unterschiedlicher Größe und Couleur - ansieht, so sind gewisse Ingredienzen der intensiven Konstellation durchaus erkennbar. Man streicht besonders verdichtete Orte heraus, setzt sie mit Licht in Szene, man veranstaltet Events, Festivals, Publikumsaktionen, Stadtsport etc. Auch die begleitenden Publikationen der Lebensstil-, Freizeit und Tourismusforschung liefern in dieser Hinsicht Indizien eines entsprechenden Publikumsverhaltens (vgl. Eggert 1997, 1998; Opaschowski 1994, 1997, Cazes 2000). Allerdings zeichnen sich die Programme auch durch eine gewisse Beliebigkeit aus. Intensität erscheint hier als „Gut" oder „Dienstleistung", die von jedermann verfügbar, unbegrenzt wiederholbar und an einem Ort jedweder Größenordnung aufbaubar sei. Fast jede mittelzentrale deutsche Stadt hat inzwischen ihr Event-Programm und ihre Inszenierung einer Fußgänger-Zone. Auch die Schwierigkeit der *Expo2000*, sich von der Konkurrenz der Freizeit-Parks zu unterscheiden, zeigt die Problematik einer zu platten Inszenierung der intensiven Konstellation. Auf Grundlage der oben erarbeiteten Präzisierungen und Typisierungen kann man jetzt das Problem solcher Veranstaltungen besser begreifen. Es ist die Problematik der urban-ruralen Mischformen „Urbanisierte Landschaft" und „Ruralisierte Stadt", die hier sichtbar wird.

Die beliebige Verpflanzung von Events, Freizeit- und Tourismusparks in die offene Landschaft entspricht der Mischform „Urbanisierte Landschaft", bei der zwar massenhafte soziale Aktion stattfindet, der Gegenpol einer städtebaulich konzentrierten Welt aber fehlt. Eine zu platte, banale Inszenierung von Events und virtuellen Landschaften kann zwar in hochverdichteten metropolitanen Innenstädten stattfinden, es fehlt jedoch der Gegenpol der massenhaften sozialen Aktivierung. Das Publikum bleibt eigentlich ein zurückgenommener, stillgestellter Eckensteher und Betrachter - im Sinn der Mischform "Ruralisierte Stadt". Es kommt also darauf an, die städtebaulichen und raumordnerischen Implikationen eines auf Intensität beruhenden urbanen Tourismus schärfer herauszuarbeiten.

Städtebauliche und raumordnerische Aufgaben

Foto: Gerd Held

Von W. Benjamin stammt die Bemerkung, das Kino und die Architektur seien die beiden ästhetischen Ausdrucksformen, die Gegenstand einer nicht-autoritativen, gelockerten Rezeption sein könnten (Benjamin 1972). Beim Kino sah er dieses Potenzial in der technischen Reproduzierbarkeit begründet, die die Macht des Einzelwerks und seines Schöpfers über das Publikum durchbrach. Das emanzipatorische Potenzial der Architektur liegt hingegen in der Begehbarkeit, in den Eintritts- und Austrittsmöglichkeiten, von denen urbane Menschenmassen auch in den einmaligsten architektonischen und städtebaulichen Schöpfungen immer wieder neuen Gebrauch gemacht haben und machen (vgl. Held 1988/89). Dieses pragmatische Gebrauchen gehört auch zur touristischen Intensität und macht bauliche Arrangements zu einem wesentlichen Bestandteil und Träger touristischer Erfahrung. Bei den baulichen Arrangements kommt es nicht auf die Einsamkeit eines einzelnen Bauwerks an, vor dem die Menschen andächtig stillstehen, sondern auf die Möglichkeit der Bewegung und aktiven Teilhabe des Publikums. Deshalb ist in modernen Zeiten der *Boulevard* zum Inbegriff einer „Bühne der Welt" und eines aktiv-expressiven Publikums geworden (Hartung 1997). Ein Boulevard stellt auf der einen Seite eine erhöhte, durch Hierarchisierung des öffentlichen Straßenraums gewonnene Plattform dar. Zugleich hat er auch ein tektonisches, dachförmiges Element, das ihn zur besonderen Sphäre gegenüber der natürlichen Umwelt abgrenzt. W. Benjamin hat dieses saalförmige Arrangement bei den Haussmannschen Boulevards in Paris nachgewiesen (Benjamin 1974, 1983). Das „Dach" kann dabei durch Stahl- und Glaskonstruktionen wie bei den Passagen hergestellt werden oder durch die künstliche Beleuchtung (Held 2001). *Bühne und Dach* können daher als städtebauliche Grundbestandteile eines modernen städtebaulichen Arrangements von Intensität angesehen werden, ganz in dem Sinn, in dem G. Simmel einmal „Brücke und Tür" als Grundbausteine von Urbanität zu bestimmen versuchte (Simmel 1957). Dies zeigt, dass ein urbanisierter Massentourismus keineswegs historizistisch auf die vormoderne Konfiguration von Stadt - exklusives Einzelbauwerk als Herrschersitz und Stadtmauer gegen das Umland - zurückgreifen muss und auch nicht auf eine traditionelle „europäische Stadt" festgelegt ist, die ebenfalls noch stark in Anlehnung an die vormoderne Konfiguration verstanden wird. Die bauliche Konstruktion der „Erlebniswelt Stadt" (BfLR 1996a) ist noch nicht zuende entwickelt. So weisen die Urban Entertainment Center gegenüber den traditionellen Fußgängerzonen durchaus Vorteile im Sinne der Bühne-Dach-Spannung auf, sind aber ihrerseits schon wieder durch offenere Konzeptionen in Frage gestellt. Dies gehört zu einem breiteren Trend, die großen urbanen Infrastrukturen wie Hafenanlagen und Bahnhöfe - mit ihren Hallen, Brücken, Plattformen und Türmen - als Freizeit-, Event- und Tourismusorte zu reaktualisieren (Held 1999).

Was für die mikroräumliche Ebene des Städtebaus gilt, gilt auch für die makroräumliche Ebene der *Städtehierarchie* (BfLR 1996b; Matejowski 2000). Ein Blick auf die beliebtesten städtetouristischen Ziele zeigt einen starken Vorsprung von Städten, die heute Metropolen sind oder es einmal waren. Der Grund für diese hohe Zentralität liegt darin, dass der Tourismus auf „Welten" gerichtet ist und nicht auf Einzelgüter und -dienste. Eine Stadt wie Venedig repräsentiert eine oberitalienische, italienische, adriatische, nah- und fernöstliche Weltenüberlagerung - und dies in verschiedenen historischen Schichten. Nur einer Metropole gelingt es, ganze Welten kleinräumig verdichtet aufzubauen. Diese Repräsentativität beinhaltet Auswahl und begrenzte Zahl der Repräsentanten. Die Zahl repräsentativer urbaner Konzentrationen lässt sich nicht beliebig vermehren. Eine polyzentrische Raumordnung mit jeweils spezialisierten Halb-Metropolen leistet die Repräsentation von Welten nur unvollkommen und kann sie sogar zerstören. Entweder wird die Welterfahrung dann zufällig oder vordergründig. Die Bedeutung der Metropole liegt also nicht in einer elitären Exzentrik - in der einzelnen seltenen Blüte, die man ja tatsächlich an den verschiedensten Orten auffinden kann -, sondern in der repräsentativen Zusammenziehung eines Landes oder eines Erdteils (Zimmermann 1996). Das gilt auch für die Seite des Publikums. Metropolen als Auftrittsbühnen für ein massenhaftes Aktiv-Publikum leben vom mehr oder weniger momenthaften Heranholen eines weiträumig wohnenden Publikums, und der Tourist bildet den Extrempunkt dieses passageren Publikums. Gerade der Tourismus führt also zu einer ausgeprägteren Städtehierarchie, und zwar nicht aus Gründen der Unterordnung des Publikums unter hohe Herrschersitze, sondern aus Gründen der Hebung des Publikums auf Bühnen nationaler und internationaler Begegnung. Das nachbarschaftliche Stadtteilfest und die provinzstädtische Identität dafür sind keine hinreichenden Ersatzveranstaltungen. Hier sinkt in sozialer Hinsicht die Breite der Teilnahme und die Möglichkeit massenhaften Erlebens fremder Welten, und es steigt in ökologischer Hinsicht die Belastung, da eine polyzentrische Weltrepräsentation höhere Bauaufwendungen, Flächenverbräuche, Unterhaltskosten etc. zur Folge hat.

Daraus ergeben sich schärfere Kriterien für die Bedingungen und Möglichkeiten einer Urbanisierung des Tourismus. So wie sich allgemein das Wachstum des Tourismus nicht beliebig fortsetzen wird, sind im Besonderen auch die Möglichkeiten einer Urbanisierung des Tourismus in Deutschland eher vorsichtig zu beurteilen. Denn das, was in städtebaulichen Berichten und raumordnerischen Leitlinien als besonderer Vorteil Deutschlands gilt - das polyzentrische Städtesystem mit flacher Hierarchie und die flächendeckende Gleichheit der Lebensbedinguingen zwischen urbanen und ländlichen Regionen (vgl. BfLR 1996c, BMBau 1996) -, ist aus touristischer Sicht nicht die attraktivste und belastungsärmste Konstellation. Ein Land wie Frankreich bietet hier - unabhängig von anderen kulturellen und geographischen Faktoren - günstigere raumstrukturelle Voraussetzungen durch seine ausgeprägte Städtehierarchie und durch seine schärfer ausgeprägte Stadt-Land-Profilierung. In Deutschland scheint gerade dort der Tourismus am stärksten ausgebildet, wo beides ansatzweise auch gegeben ist: Bayern mit der Metropole München, die Nordseeküste mit dem metropolitanen Kontrapunkt Hamburg. Mit der Wiedervereinigung ist Berlin zu einer Metropole neuen Typs mit hoher touristischer Attraktivität geworden. Es bleibt auch abzuwarten, ob sich mit der Europäisierung und Internationalisierung Deutschlands neue Hierarchiestufen im Städtesystem bilden und bestimmte Metropolen einen touristischen Attraktivitätsschub erfahren (Blotevogel 1998, Matejovski 2000).

Fazit

Dieser Beitrag enthält grundsätzliche Erwägungen, weil die Möglichkeit einer Urbanisierung des Tourismus sich nicht einfach aus der Perspektive der gegebenen Angebots- und Nachfragestrukturen ergibt . Daher mussten der spezifische Sinn des Tourismus und die raumstrukturellen Grundalternativen erörtert werden. Gerade städtebauliche und raumplanerische Akteure können sich auf diesem Feld - wie auf anderen Feldern - nicht auf eine „Raumausstattung" mit einzelnen Projekten beschränken. Sie müssen aufgrund des Rahmencharakters und der Langzeitwirkungen räumlich-baulicher Strukturen die vorgefundenen Phänomene tiefer durchdringen und in der Lage sein, Grundentscheidungen raumstrukturell zu formulieren und zu entwerfen, damit über sie politisch entschieden werden kann. Deshalb muss die planerische Behandlung aktueller Fragen den entsprechenden Tiefgang haben. Eine raumplanerische Behandlung des Tourismus darf sich weder an der (oft unvermeidlichen) pragmatischen Oberflächlichkeit von Marktanbietern orientieren, noch an ihrem Spiegelbild, der platten Kulturkritik, die eine oberflächliche „Festivalisierung" gerne als dominierende Realität unterstellt (vgl. Häußermann; Siebel 1993).

Die in diesem Beitrag entwickelten Unterscheidungen von kompensatorischem und steigerndem Tourismus und die Entwicklung der vier raumstrukturellen Arrangments von Tourismus können dazu dienen, die vielfältigen Phänomene des Tourismus für die spezifische Handlungsebene von Raumplanung lesbarer zu machen und einige strategische Grundentscheidungen zu skizzieren. Der Beitrag ist ein Plädoyer für ein Verständnis des Tourismus im Sinne der Steigerungslogik und für die beiden dezidiert ruralen bzw. urbanen raumstrukturellen Arrangements. Er ist auch ein Plädoyer für eine moderne, großstädtische Urbanisierung des Tourismus, die im Modell des Boulevards gut verkörpert wird. Eine historizistische Orientierung auf die vielzitierte und meistens vormodern verstandene „europäische Stadt" würde diesen Zweck verfehlen. In diesem Sinn ist die Urbanisierung des Tourismus eine strategische Option auf einem Feld, das noch jung ist und seine definitive moderne Form noch nicht gefunden hat.

Literatur

Arendt, H. (1981): Vita activa oder: Vom tätigen Leben. München
Bahrdt, H.P. (1961): Die moderne Großstadt. Reinbek
Bausinger, H. et. al. (Hg.) (1991): Reisekultur. Von der Pilgerfahrt zum modernen Tourismus. München
Benjamin, W. (1936/1972): Das Kunstwerk im Zeitalter seiner technischen Reproduzierbarkeit. Frankfurt/M.
Benjamin, W. (1937-39/1974): Charles Baudelaire. Frankfurt/M.
Benjamin, W. (1927-40/1983): Das Passagenwerk. Frankfurt/M.
BfLR (1996a): Die Stadt als Erlebniswelt (Informationen zur Raumentwicklung H. 6-96). Bonn
BfLR (1996b): Zentrale Orte im Wechsel der Anforderungen (Informationen zur Raumentwicklung H. 10-96). Bonn
BfLR (1996c): Nachhaltige Stadtentwicklung. Bonn
Blotevogel, H. (1998): Europäische Metropolregion Rhein-Ruhr (ILS-Schriften 135). Dortmund
BMBau (1996): Siedlungsentwicklung und Siedlungspolitik. Nationalbericht Deutschland zur Konferenz HABITAT II. Bonn
Brilli, A. (1997): Als Reisen eine Kunst war. Vom Beginn des modernen Tourismus: Die 'Grand Tour'. Berlin
Brüggemann, H. (1985): "Aber schickt keinen Poeten nach London!" Großstadt und literarische Wahrnehmung im 18. und 19. Jahrhundert. Reinbek
Camartin, I. et. al. (1997): Boulevards. Bühnen der Welt. Berlin
Cazes, G. (2000): Städtetourismus: Aktuelle Fragestellungen aus französischer Perspektive. In: Geographische Rundschau 2/2000, S. 46-50
Courbin, A. (1990): Meereslust. Das Abendland und die Entdeckung der Küste. Berlin
Diedrichsen, D. (2000): Was ist denn hier los? Pop und Stadt. In: Matejovski (Hg.), Metropolen. Laboratorien der Moderne. Frankfurt/M.
Eggert, U. (1997): Konsumententrends. Düsseldorf
Eggert, U. (1998): Der Handel im 21. Jahrhundert. Düsseldorf
Ford, R. (1846/1988): Las cosas de España. Madrid
Gerhardus, D.; Gerhardus, M. (1976): Expressionismus. Vom bildnerischen Engagement zur Kunstwende. Freiburg-Basel-Wien
Guerrero, A. (1990): Viajeros británicos en la España del siglo XVIII. Madrid
Häußermann, H.; Siebel, W. (Hg.) (1993): Festivalisierung der Stadtpolitik. Opladen
Hall, P.; Pfeiffer, U. (2000): Urban 21. Der Expertenbericht zur Zukunft der Städte. München
Hartung, K. (1997): Die Utopie des Boulevards. In: Camartin, I. et. al.: Boulevards. Bühnen der Welt. Berlin
Heineberg, H. (2000): Grundriß Allgemeine Geographie: Stadtgeographie. Paderborn
Held, G. (1988/1989): Pariser Bewegungen I - III. In: Kommune 1-1988; 1-1989; 8-1989
Held, G. (1999): Großer Bahnhof und neue Zentralität. In: AK Stadterneuerung (Hg.): Jahrbuch Stadterneuerung 1999. Berlin
Held, G. (2001): Stadtbeleuchtung. In: R. Bittner (Hg.), Künstliche Paradiese. Frankfurt/M, New York
Jacobs, J. (1963): Tod und Leben großer amerikanischer Städte. Braunschweig/Wiesbaden
Kämmerlings, R. (2000): Mein Resturlaub. Warum der Mensch auf Fahrt geht: Eine Tagung über die Entstehung des modernen Tourismus. In: FAZ vom 17.8.2000
Kant, I. (1790/1992): Kritik der Urteilskraft. Frankfurt/M.
Matejovski, D. (Hg.) (2000): Metropolen. Laboratorien der Moderne. Frankfurt/M.
Opaschowski, H.W. (1997): Deutschland 2010. Hamburg
Opaschowski, H.W. (1994): Einführung in die Freizeitwissenschaft. Freizeit- und Tourismusstudien. Opladen
Schulze, G. (1993): Die Erlebnis-Gesellschaft. Kultursoziologie der Gegenwart. Frankfurt/M.
Sennett, R. (1986): Verfall und Ende des öffentlichen Lebens. Die Tyrannei der Intimität. Frankfurt/M.
Sennett, R. (1995): Fleisch und Stein. Berlin
Simmel, G. (1903): Die Großstädte und das Geistesleben. In: T. Petermann (Hg.), Die Großstadt. Dresden
Simmel, G. (1957): Das Individuum und die Freiheit. Essais. Stuttgart
UN (Habitat) (Hg.) (1996): An Urbanizing World. Global Report on Human Settlements. Oxford
Zimmermann, C. (1996): Die Zeit der Metropolen. Frankfurt/M.

Jörg Borghardt

Raumbilder und „imaginäre Räume"

Eine Kategorie tourismusbezogener Raumanalyse

Es ist in der deutschsprachigen Tourismusforschung das Verdienst Enzensbergers (1958), in sozialhistorischer Perspektive verdeutlicht zu haben, dass mit den gesellschaftlichen Umbrüchen der bürgerlichen und industriellen Revolution nicht nur die materiellen und technischen Möglichkeiten für den Tourismus der Moderne entfaltet wurden, sondern auch die ihm zugrunde liegenden Bilder, Mythen, Sehnsüchte und Utopien, und zwar die „Bilder jenes Glücks, welche die Romantik aufgerichtet hat" (ebd. 168). Führt man sich die Radikalität und die für die Zeitgenossen ungewohnte Geschwindigkeit vor Augen, mit der der Rationalismus der Aufklärung in der beginnenden Moderne die Wahrnehmung des Selbst und der Umwelt veränderte und alle Lebensbereiche von der Umwälzung der Städte und Landschaften bis hin zur Kleidung erfasste, dann wird deutlich, dass die Reaktionen der englischen, französischen und deutschen Romantiker keine bloße Gefühlsduselei waren, wie Trivialisierungen des Begriffs suggerieren. Den Umwälzungen der beginnenden Moderne, den Prozessen der Uniformierung und Nivellierung in allen Lebensbereichen wurden Utopien von Individualität und Einmaligkeit, Utopien der zivilisationsfernen, „ursprünglichen" Natur, des ungebundenen Abenteuers und der folklorisierten Geschichte entgegengesetzt - Utopien, aus denen sich bis heute spezifische für den Tourismus relevante Gegenwelten, Motive und Bilder speisen, wie eben die romantische Verklärung von Natur, die Verklärung historisch vorgelagerter Epochen oder auch die Sehnsucht nach Abenteuern, wobei noch das Bedürfnis nach Kultur als Kompensation einer rationaler und komplexer werdenden Welt hinzutritt (Borghardt 1997a; Borghardt 1997b).

Auch über die Herausbildung neuer Wahrnehmungsweisen, neuer subjektiv-empfindsamer Formen des Sehens und eines neuen Bewusstseins von Geschichte als Kontrapunkt zum Alltäglichen sind Einflüsse der Romantik bis heute spürbar geblieben. Vor allem aber erfolgte in der Romantik eine Neubewertung des Reisens schlechthin. Die Romantiker nutzten räumliche Mobilität auf ihre Weise, um die rationale Verortung des eigenen Selbst und die rationale Sicht der Welt zu überwinden. „Wandern, Reisen, überhaupt Bewegung durch den Raum als Selbstzweck ist, wenn nicht durch die Romantik entdeckt, so doch durch sie populär geworden, und dies mit phänomenalen Folgen", schreibt Pikulik (1979: 391) und macht damit deutlich, dass Auswirkungen der Romantik bis heute als kulturelle Tiefenstrukturen fortwirken. Nicht zu Unrecht bezeichnet der Historiker Spode (1993) den Tourismus als „Struktur langer Dauer".

Von Mythen und Utopien zu Raumbildern und „imaginären Räumen"

Enzensberger (1958) hatte in seinem Ansatz auch bemerkt, dass die Romantik Utopien von Freiheit „in die Ferne der Imagination (entrückte), bis sie räumlich zum Bilde der zivilisationsfernen Natur, zeitlich zum Bilde der vergangenen Geschichte (...) gerann." (ebd. 156) Er wies damit indirekt darauf hin, dass Utopien räumlich gebunden sind bzw. stets auch versucht wird, Imaginationen auf konkrete Räume zu projizieren. Tatsächlich lässt sich empirisch sehr gut nachvollziehen, wie angesichts der Veränderungen in der städtischen Moderne beispielsweise Landschaften der Alpen Projektionsfläche für Sehnsüchte nach ganzheitlichen Harmonieräumen wurden. Eine Kategorie der Raumanalyse, die touristische Räume aber auch als „imaginäre Räume" analysiert, wurde im Kanon der etablierten deutschsprachigen tourismusbezogenen Raumanalyse allerdings lange nicht zur Kenntnis genommen.

Nun gärt im gewöhnlichen Leben immer ein Überschuss an Imaginärem (Castoriades 1984), welcher im Alltag nicht aufgeht. Dies betrifft nicht nur die Kultur der Moderne. Foucault (1967: 39) verweist darauf, dass es wohl in jeder Kultur wirkliche und wirksame Orte gibt, die - obwohl Bestandteil der Gesellschaft - gleichzeitig Gegenplatzierungen, Widerlager, tatsächlich realisierte Utopien sind, und nennt solche Orte „Heteropien". Auch aus anderen Kulturen und anderen Epochen ist geläufig, dass individuelle Träume und Utopien, die sich zu kollektiven Bildern verdichten können, auf Räume projiziert werden und versucht wird, solche Bilder im konkreten Raum zu lokalisieren. „Kollektive wie individuelle Imagination braucht ihre Orte, denn eine nicht-räumliche Welt vermögen wir uns kaum vorzustellen. Umgekehrt regen reale Landschaften oder Städte die Vorstellungskraft an und dienen ihr als Material. Phantasien und Wissen zusammen formen die unauflösbare und schwer durchschaubare Einheit der imaginierten Welt", schreibt der Tourismusforscher Hennig (1997: 94) und verdeutlicht damit auch, dass die „Geographie des Imaginären" (ebd. 95) mittlerweile in der deutschsprachigen Tourismusforschung zur Kenntnis genommen wird, auch wenn sie dort in den raumforschenden Disziplinen immer noch ein Schattendasein führt.

Angesprochen ist hiermit die analytische Ebene der „Semiotik des Raumes", der „iconography of landscape" (Cosgrove/ Daniels 1985), eine von vielen Perspektiven im komplexen Forschungszusammenhang sozial-räumlicher Dialektik, der im Beitrag „Tourismus und Raum - Eine kritische Bestandsaufnahme" des vorliegenden Bandes erläutert wird. Untersucht werden kann hier nun nicht nur, wie Räume über psychische und kulturelle Einstellungen gefiltert wahrgenommen und angeeignet werden, sondern eben auch wie individuell-psychische Dispositionen - historisch gewachsen und gesellschaftlich vermittelt - auf Objekte im Raum projiziert werden. Ein solcher Vorgang speist sich aus dem gemeinsamen kulturellen Hintergrundwissen einer Gesellschaft, welches historisch veränderbar ist und sich im Laufe der Moderne zunehmend ausdifferenziert hat. „Verdichten" sich solche individuellen Projektionen zu kollektiven Bildern und Utopien, und werden sie von einer größeren gesellschaftlichen Gruppe auf ein Objekt bzw. auf ein Arrangement von Objekten im Raum oder gleich auf ganze Regionen bezogen, kann man von „Raumbildern" (Ipsen 1986; 1997) sprechen.

Von solchen Raumbildern sind gerade im Tourismus räumliche Aktivitäten und Standortentscheidungen in erheblichem Maße abhängig. Von Landschaften, über ihre Bewohner bis hin zu architektonischen Details und Gegenständen des Alltags - die Semiotik des touristischen Blicks (MacCannell 1976) ist eine hochselektive, spezifische räumliche Gebrauchsanweisung, in der einzelne oder mehrere Objekte und ihr räumliches Arrangement als kristallisierte, vergegenständlichte Formen gesellschaftlichen Handelns oder Ikonen kultureller Utopien (vgl. Benjamin 1982: 218 und Barthes 1964: 59 ff.) erscheinen. Diese sind handlungsleitend - mit entsprechenden konkreten räumlichen Veränderungen, z.B. in Form neuer Infrastrukturen. So ermöglicht der Blick auf die historische Entwicklung touristischer Raumbilder ein erweitertes Verständnis gegenwärtiger touristischer Raumentwicklung, welches über den reinen Empirismus mancher Motivbefragungen und der daraus abgeleiteten Erforschung touristischen Verhaltens im Raum hinausreicht.

Raumbilder und touristische Praxis

Die praxisorientierte tourismusbezogene Raumplanung sollte sich dieses gesellschaftlichen Raums der kulturellen Gegenwelten und Utopien, der Zeichen und Symbole, sie sollte sich der „Semiotik des Raumes" bewusst sein, da sonst die Gefahr besteht, an dieser Bedürfnisebene vorbei zu planen. So hat beispielsweise die bisherige „rationale" Raum- und Landschaftsplanung infrastrukturell die Landschaft zwar für Freizeitnutzungen erschlossen, dabei jedoch die Natursehnsüchte eher gesteigert als befriedigt (Romeiß-Stracke 1988: 36). Ein Grund dafür war, dass sich Planung - wenn überhaupt - auf Befragungen stützte, in denen als Reisemotiv mehr oder weniger aufgeschlüsselt „Natur" angegeben wurde, ohne die kulturellen Tiefenstrukturen von Natursehnsüchten - wie romantisch verklärte Bilder - von Natur zur Kenntnis zu nehmen, die touristische Raumbilder letztlich zum Tragen bringen. Die Folge war eine Möblierung und Erschließung der freien Landschaft für Erholungszwecke, die Natursehnsüchte im wahrsten Sinne des Wortes verbaute.

Ob heute angesichts der immer stärker diversifizierten Vielfalt touristischer Raumbilder (Borghardt 1997b) der Einsatz verschiedener planerischer Instrumente zur räumlichen Ästhetisierung (wie beispielsweise der Landschaftsplanung, der städtebaulichen Rahmenplanung bis hin zu den Möglichkeiten von Gestaltungssatzungen) denn eher zur Schaffung „postmoderner" Erlebnis-Environments und künstlicher Ferienwelten und damit zur Räumung des konkreten Orts zwecks selbstreferenzieller Inszenierungen (Wöhler/ Saretzki 1996: 32) führen oder eine endogen motivierte Ortsleitbildplanung mit Betonung regionaler Eigenart eingeleitet oder wiederum die Ermöglichung nicht vorstrukturierter Erfahrung in einer sich selbst überlassenen Natur (Hasse 1993: 100 ff.) ermöglicht wird - dies ist eine politisch-normative Frage, die im Idealfall von den Betroffenen am Ort entschieden wird, wobei aber eben ein Bewusstsein für unterschiedliche touristische Raumbilder vorhanden sein sollte.

So lässt sich der Begriff des Raumbildes einerseits als Realbegriff verwenden, der tatsächliche, empirisch überprüfbare Sachverhalte beschreibt - nämlich u.a., dass eine bestimmte Gruppe von Menschen zu einer bestimmten Zeit ihre Wünsche, Hoffnungen und Utopien auf einen bestimmten Raum bezieht bzw. dass Objekte im Raum und ihr Arrangement sich zu Bildern mit „utopischen Energien" (Habermas 1985) verdichten, die interpretiert, analysiert und bewertet werden können - und andererseits als heuristischer Begriff, um Hypothesen über die Bedingungen eines bestimmten Verhaltens zu gewinnen (Ipsen 1997: 11). Zu betonen ist in jedem Falle: „Um Raumbilder zu begreifen, bedarf es (..) der Ebene gesellschaftlicher Entwicklungskonzepte. Zentral ist hier die These, dass sich in unterschiedlichen Räumen und zu verschiedenen Zeiten unterscheidbare Konzepte gesellschaftlicher Entwicklung herauskristallisieren lassen" (ebd. 17). Damit „bleibt nur der Weg, Theorien gesamtgesellschaftlicher Entwicklung auf konkrete räumliche Entwicklungen anzuwenden und durch diese Übertragung eine Plausibilitätsüberprüfung vorzunehmen." (Ipsen 1986: 922) Das heißt, die Analyse von Raumbildern ist unweigerlich mit Interpretamenten sozialen Wandels verknüpft, einer wesentlichen Grundlage auf dem Weg zu einer „Theorie des Tourismus" als auch zu einer „Theorie des Raumes".

„Imaginary Geography" und „l'espace imaginaire"

Die Einsicht, dass eine analytische Kategorie wie die der Raumbilder nur im gesellschaftstheoretischen Kontext von Konzepten sozialen Wandels gehaltvolle Erkenntnisse bringt und zudem auf touristische Entwicklungen bezogen werden sollte, ist außerhalb der deutschsprachigen Raumforschung schon seit längerem ein Thema. Im angloamerikanischen Sprachraum ist besonders die Arbeit von Rob Shields (1991) hervorzuheben, der theoretisch anspruchsvoll und systematisch klassische touristische Räume wie Brighton oder die Niagarafälle als Orte kollektiver Imagination analysiert. Vor einem fundierten gesellschaftstheoretischen Hintergrund überschreitet er bei der Untersuchung imaginärer Räume eine behaviouristische Geographie, die lediglich individuelles Verhalten verfolgt: „These images and stereotypes, an imaginary geography of places and spaces, are shown to have social impacts which are empirically specifiable and located not only at the level of individual proxemics (...) but also at the level of social discourses on space which 1) underpin the rhetoric of ideologues and politicians and (2) pervade and subvert even the rationalistic discourse of planning and regional development policy" (ebd. 6). Der französische Geograph Georges Cazes (1992: 82) differenziert bei der tourismusbezogenen Raumanalyse zwischen dem „espace réel" und dem mythenbehafteten und symbolorientierten „espace imaginaire du touriste". Zuvor hatte Chadefaud (1988) den gesellschaftlichen Zusammenhang von Mythen (Barthes 1964: 59 ff.), touristischer Produktion und Raum aufgeschlüsselt und u.a. die Bedeutung dominanter sozialer Klassen bezüglich der Prägung tourismusrelevanter Mythen verdeutlicht.

Das Raumbild des Ruhrgebiets, welches die offizielle Tourismuswerbung vermittelt...

Es sind meist solche dominanten sozialen Klassen und Gruppen, die Raumbilder prägen, die dann in andere gesellschaftliche Gruppen diffundieren (Ipsen 1986: 928). Setzte beispielsweise zu Beginn der Moderne das belesene Bürgertum mit der romantischen Verklärung der Natur Grundlagen für tourismuswirksame Raumbilder, diffundierten diese Vorstellungen bald in die Arbeiterschaft. Seit geraumer Zeit sind es „vor allem die jüngeren, gut ausgebildeten großstädtischen Teile der 'neuen' Mittelschichten, die in dieser 'Politik der

Lebensstile' Zeichen setzen, die - karrierebewusst, leistungsorientiert, hedonistisch, fortschrittskritisch und ökologisch sensibel in einem - Vollkornkost und schnelle Autos lieben, die Nutzung von High-Tech mit Natürlichkeitserfahrungen konnotieren" (Berking, Neckel 1988: 265). Die Analyse von Raumbildern sollte daher an die Analyse der Ausdiversifizierung von Lebensstilen gekoppelt sein und diese wiederum an die der strukturellen Veränderungen und des sozialen Wandels von Gesellschaften. Die Anbindung von Konzepten der Lebensstilforschung an Konzepte sozialen Wandels und gesamtgesellschaftliche Theoriebildung ist allerdings gerade in der Freizeitforschung bislang unbefriedigend.

Die Pluralisierung touristischer Raumbilder

Mit der Pluralisierung der Lebensstile ist die Hegemonie der romantisierenden bürgerlichen Bilder und Mythen, die Enzensberger 1958 beschrieb, schon lange einer „postmodernen" Vielfalt ästhetischer Symbolwelten gewichen (Borghardt 1997b). Insbesondere hat die massenmedial vermittelte Bilderwelt den Konsum von Zeichen und Symbolen und damit deren gewachsenen sozialen Gebrauchswert stark erhöht und zu einer inflationären Ausweitung touristischer Sehenswürdigkeiten geführt (Urry 1990: 82 ff.). Dem ausdifferenzierten und diversifizierten Tourismus entspricht mittlerweile eine Vielfalt touristischer Raumbilder.

„Klassische" Raumbilder, die von romantischen Utopien, dem „romantic gaze" wie Urry (1990: 64) es ausdrückt, geprägt sind, kommen vor allem noch bei der Erschließung neuer touristischer Räume in der Peripherie ärmerer Länder zum Tragen. Ähnliches gilt für die touristische Restrukturierung hiesiger ländlicher Räume, wo sich gezeigt hat, dass eine austauschbare Infrastruktur allein nicht erfolgversprechend ist und die Betonung regionaler „romantischer" historischer Eigenart wieder in den Vordergrund gerückt wird.

Demgegenüber haben für in ihrer Größenordnung nicht unerhebliche Ausprägungen des Tourismus die klassischen Sinngehalte, wie die romantische Verklärung von Natur und Geschichte, die Sehnsucht nach Abenteuern oder „gehobener" Kultur ihre Bedeutung ge-

...ist von klassischen touristischen Motiven der Moderne - zum Beispiel von Landschaft, ...

.... von Vergangenem, von Kultur) geprägt, wobei nunmehr aus der Perspektive ....

wandelt oder gar ganz verloren. Wo „Fun" und in kurzer Folge genossene Einzelerlebnisse das Erleben einer vermeintlichen oder tatsächlichen komplexen Gegenwelt ablöst haben, stört die künstliche Natur in Ferienarealen ebenso wenig wie eine buntgemischte Historiensemiotik, ist ein langfristiges Abenteuer weniger wichtig als kurzfristige, verdichtete und inflationär genossene Erlebnisse und hat Kultur ihre für den Tourismus bedeutsame „Aura" verloren. Wo das Fest zur Dauereinrichtung geworden ist, kann das Gegenweltprinzip nicht mehr funktionieren, so dass sich touristische Raumbilder zeigen, die durch Festivalisierung, Hyperrealitäten, Simulationen und Simulakra geprägt sind. Simulakra, wie der Schneeberg in Florida, der erst beim zweiten Hinsehen als Badelandschaft mit See und Wasserrutschen erkennbar wird, versinnbildlichen, wie bunt touristische Semiotik mittlerweile gemischt wird und Bilder, ästhetisch optimiert, betretbar geworden sind.

Gegenüber dem klassischen Tourismus der Moderne ist die Referenzlosigkeit von Zeichen und Symbolen damit noch einmal potenziert worden, wobei die raum-zeitliche Beliebigkeit der Bilder nochmals verstärkt zur Räumung des konkreten Orts zwecks selbstreferenzieller Inszenierungen führt (Wöhler/ Saretzki 1996: 32). Für die Analyse und die planerische Gestaltung solch touristischer Raumbilder bedeutet dies allerdings keineswegs ein „anything goes". Stattdessen korrespondieren hier Prozesse der Standardisierung, der McDonaldisierung (Steinecke/ Maier 1995), vom modernen Tourismus hinlänglich bekannt, mit offensichtlich gestiegenen Anforderungen hin zu ästhetisch geschlossenen Erlebnissituationen. Konsequenterweise gewährleisten mancherorts mittlerweile für Filmkulissen zuständige Architekturabteilungen die thematische Geschlossenheit und Inszenierung des Raumes (Morasch 1995: 56). Die Analogie von thematischer Spezialisierung solch inszenierter Szenarien zur Entwicklung des Spartenfernsehens, verweist erneut auf die mediale Prägung „postmoderner" touristischer Semiotik und Raumbilder, die zu Beginn der Moderne noch durch romantische Literatur geprägt wurden.

Abschließend sei der Versuch dem Ruhrgebiet ein neues touristisch relevantes Raumbild zu geben als weiteres Beispiel für die Pluralisierung touristischer Raumbilder ge-

... der computerisierten Dienstleistungsgesellschaft ...

nannt. Die Werbung des Ruhrgebiets auf der Internationalen Tourismusbörse in Berlin setzte ab 1997 vor allem mit dem Bezug auf den Landschaftspark Duisburg-Nord um das dortige stillgelegte und touristisch aufbereitete Eisenhüttenwerk auf wiederum klassisch moderne Paradigmen: „ErlebnisLandschaft Ruhrgebiet", „Neue Landschaft", „Eine Reise durch 2000 Jahre Geschichte", „Mythos Hüttenwerk Duisburg-Meiderich" sowie „KulTour" (vgl. Abbildungen in diesem Beitrag).

Der Bezug auf klassische touristische Leitmotive geschieht allerdings in dialektisch fortgeschrittener Form. Wurde aus der Perspektive der klassischen Industriegesellschaft beispielsweise die ländliche Natur der Alpen einschließlich der Kultur ihrer Bewohner romantisch verklärt und inszeniert, so erscheint mittlerweile aus der Perspektive der computerisierten Dienstleistungsgesellschaft und der mit ihr verbundenen Risiken und Unübersichtlichkeiten im Prozess erweiteter Globalisierung der inszenierte altindustrielle Raum und die mit diesem programmatisch versöhnte Natur in der „zweiten Moderne" (Beck 1997) als Ort kollektiver Imagination. Das strukturelle Prinzip des Tourismus der Moderne, historisch vorgelagerte Lebenswelten als „einfache", "natürlichere" und „wahre" romantisch zu verklären, wird, wie zu Beginn der Moderne auch, erst durch deren Bedeutungsverlust - in diesem Falle der schwerindustriell geprägten Wirtschafts- und Sozialstrukturen - ermöglicht. So werden im Ruhrgebiet Reservate, „Heteropien" im Sinne Foucaults, geschaffen, auf die Utopien vom „ehrlichen Malocher", von vergangenen „besseren Zeiten" etc. touristisch projiziert werden können, verbunden mit entsprechenden Raumbildern. Ganz nebenbei wird mit dieser fortgeschrittenen touristischen Dialektik auch deutlich, dass das, was von Touristen als „authentisch" erfahren wird, eine „Erfindung" der Moderne ist, welche historisch veränderbar ist und einem sozialen Wandel unterliegt (Cohen 1988).

Die Unterschiedlichkeit der angedeuteten Beispiele touristischer Raumbilder und imaginärer Räume zeigt vor allem eines: Für jeden konkreten Ort, in und für den touristische Planung betrieben wird, ist eine am Einzelfall orientierte Analyse von Raumbildern notwendig.

... die industrielle Moderne romantisch verklärt wird.
Fotos in diesem Beitrag: Jörg Borghardt. Ruhrgebietstourismuswerbung, ITB 1997.

Welches touristisch relevante Raumbild wird von außen auf den Raum projiziert? Welches Bild haben die Ortsansässigen von sich selbst? Welches Raumbild soll und kann vermittelt werden? Welche Lebensstil(ziel)gruppe soll letztlich angesprochen werden?

Dass dabei die von außen an einen Ort herangetragenen bzw. von der Tourismuswerbung produzierten Bilder in der Regel mehr über die Sehnsüchte und Wünsche der Reisenden aussagen und Reflex ihrer Lebensordnungen sind, als dass sie den Realitäten oder dem Selbstverständnis der ortsansässigen Bevölkerung entsprechen, ist in der Tourismusforschung seit längerem ein Allgemeinplatz, während sich die (deutschsprachige) semiologische Analyse touristisch relevanter Bildmythen - wie angedeutet - erst in jüngerer Zeit entwickelt (Brauen 2000; Oppitz 2000).

Die „Macht des Ortes (hat) ihren Ursprung in der Phantasie des Reisenden, dessen Kopf mit einer ganzen Welt von Bildern und Vorstellungen gefüllt ist" schreibt der Reisehistoriker Eric Leed (1991: 154) mit Blick auf antike Reiseziele und hat damit auch deutlich gemacht, dass die Analyse von Raumbildern und imaginären Räumen, die touristisches Handeln maßgeblich leiten, nun keineswegs nur Sache der Raumforschungsdisziplinen im engeren Sinne ist, wie die verschiedenen Beiträge aus Geschichts- und Sozialwissenschaften zeigen. Vielmehr kann bei der Untersuchung von imaginären Räumen auf Ansätze von wissenschaftlichen Disziplinen zurückgegriffen werden, die in diesem Zusammenhang auf den ersten Blick „exotisch" anmuten mögen, wie beispielsweise die Literaturwissenschaften (z.B. Hauser 1990). Im günstigen Fall können raumforschende Disziplinen mit einer Kategorie wie der der Raumbilder interdisziplinäre Forschungen anstoßen - eine notwendige Voraussetzung auf dem Weg zu einer „Theorie des Tourismus". Dass dabei die Kategorie der Raumbilder nur *eine* mögliche Perspektive unter anderen zur Erforschung von „Reise-Räumen" darstellt, versteht sich von selbst.

Literatur

Barthes, Roland (1964): Mythen des Alltags. Frankfurt a.M.

Beck, Ulrich (1997): Was ist Globalisierung? (Edition Zweite Moderne). Frankfurt a.M.

Benjamin, Walter (1982): Das Passagen-Werk (2 Bände). Gesammelte Schriften V. Frankfurt a.M.

Berking, Helmut; Neckel, Sighard (1988): Stadtmarathon. Die Inszenierung von Individualität als urbanes Ereignis. In: Scherpe, Klaus R. (Hg.): Die Unwirklichkeit der Städte. Großstadtdarstellungen zwischen Moderne und Postmoderne. S. 262-278. Reinbeck bei Hamburg

Borghardt, Jörg (1997a): Reisen: Utopien eines besseren Lebens? Vortrag im Rahmen der 21. Duisburger AKZENTE: Schöne Aussichten. Träume Visionen Utopien

Borghardt, Jörg (1997b): Die Entgrenzung des touristischen Blicks. „Postmoderne" Raumbilder und räumliche Planung. In: Tourismus Journal. Zeitschrift für tourismuswissenschaftliche Forschung und Praxis. 1. Jg. Heft 3/4. S. 405-418

Brauen, Martin (2000): Traumwelt Tibet - Westliche Trugbilder. Bern, Stuttgart, Wien

Castoriadis, Cornelius (1984): Gesellschaft als imaginäre Institution. Entwurf einer politischen Philosophie. Frankfurt a.M.

Cazes, Georges (1992): Fondements pour une géographie du tourisme et des loisirs. Rosny

Chadefaud, Michel (1988): Aux origines du tourisme dans les Pays de l'Adour. Du mythe à l'espace. Un essai de géographie historique. Cahiers de l'université de Pau

Cohen, Erik (1988): Authenticity and Commodization in Tourism. In: Annals of Tourism Research (ATR). A Social Sciences Journal. Vol. 15, 1988. S. 371-386

Cosgrove, D.; Daniels, St. (Hrsg.) (1985): The iconography of landscape. Essays on the symbolic representation, design and use of past environments. Cambridge

Enzensberger, Hans-Magnus (1958): Eine Theorie des Tourismus. In: ders. (1962): Einzelheiten. S. 147-168. Frankfurt a.M.

Foucault, Michel (1967): Andere Räume. In: Barck, Karlheinz u.a. (Hg.) (1990): Aisthesis. Wahrnehmung heute oder Perspektiven einer anderen Ästhetik. S. 34-46. Leipzig

Habermas, Jürgen (1985): Die Krise des Wohlfahrtsstaates und die Erschöpfung utopischer Energien. In: ders.: Die neue Unübersichtlichkeit. S. 141-162. Frankfurt a.M.

Hasse, Jürgen (1993): Ästhetische Rationalität und Geographie. Sozialräumliche Prozesse jenseits kognitivistischer Menschenbilder. Oldenburg

Hauser, Susanne (1990): Der Blick auf die Stadt. Semiotische Untersuchungen zur literarischen Wahrnehmung bis 1910. Berlin

Hennig, Christoph (1997): Reiselust. Touristen, Tourismus und Urlaubskultur. Frankfurt a.M., Leipzig

Ipsen, Detlev (1986): Raumbilder. Zum Verhältnis des ökonomischen und kulturellen Raumes. In: Bundesforschungsanstalt für Landeskunde und Raumordnung (Hrsg.): Informationen zur Raumentwicklung, Heft 11/12. 1986. S. 921-931

Ipsen, Detlev (1997): Raumbilder. Kultur und Ökonomie räumlicher Entwicklung. Pfaffenweiler

Leed, Eric J. (1991): Die Erfahrung der Ferne. Reisen von Gilgamesch bis zum Tourismus unserer Tage. Frankfurt a.M., New York

MacCannell, Dean (1976): The tourist. A New Theory of the Leisure class. London, Basingstoke

Morasch, Ludwig (1995): Neue Wege im Tourismus. Reale Erlebniswelten. In: Frank, Jochen u.a.: Kathedralen der Freizeitgesellschaft. Kurzurlaub in Erlebniswelten. Trends, Hintergründe, Auswirkungen. S. 51-63. Bergisch-Gladbach

Oppitz, Michael (2000): Semiologie eines Bildmythos. Der Flipper Shangri-La. Zürich

Pikulik, Lothar (1979): Romantik als Ungenügen an der Normalität. Am Beispiel Tiecks, Hoffmanns, Eichendorffs. Frankfurt a.M.

Romeiß-Stracke, Felizitas (1988): Zukünftige Bedingungen von Freizeit und Tourismus. In: Krippendorf, Jost; Zimmer, Peter; Glauber, Hans (Hg.): Für einen andern Tourismus. Probleme - Perspektiven - Ratschläge. S. 29-37. Frankfurt a.M.

Shields, Rob (1991): Places on the Margin. Alternative geographies of modernity. London, New York

Spode, Hasso (1993): Tourismusanthropologie. In: Hahn, Heinz; Kagelmann, H. Jürgen (Hg.): Tourismuspsychologie und Tourismussoziologie. Ein Handbuch der Tourismuswissenschaft. S. 30-35. München

Steinecke, Albrecht; Maier, Petra (1995): Freizeit - ein Risiko? Ausprägungen und Folgenabschätzung im Tourismus. Manuskript des Vortrags im Rahmen der Studienkonferenz „Zukunftsrisiko Freizeit. Ursachen und soziale Folgen. Wege einer Neuorientierung" der Thomas Morus Akademie, Bensberg in Bonn

Urry, John (1990): The Tourist Gaze. Leisure and Travel in Contemporary Societies. London, Newbury Park, New Delhi

Wöhler, Karlheinz; Saretzji, Anja (1996): Tourismus ohne Raum - Preise und Plätze als Reiseentscheidungsdeterminanten. In: Steinecke, Albrecht (Hg.): Der Tourismusmarkt von morgen - zwischen Preispolitik und Kultkonsum. S. 26-38. Trier

Hans-Christian Lippmann

Die Sommerfrische: Kulturbürgerliche Gegenwelt auf dem Lande

Inhaltliche Dimensionen zwischen 1900 und 1916

Der ländliche Raum wird in Deutschland zwar immer noch durch die Landwirtschaft entscheidend geprägt, seine ökonomische Basis hat sich aber in den vergangenen Jahrzehnten immer mehr von der Agrarwirtschaft gelöst, da diese als alleinige Erwerbsgrundlage für die Bevölkerung nicht mehr ausreicht. Dem trägt u. a. die Veränderung der EG-Förderziele Rechnung. Es wird verstärkt nach alternativen Einkommensmöglichkeiten unter der Annahme gesucht, dass die Landwirtschaft in „zunehmendem Maße bedeutende Umwelt- und Freizeitfunktionen zu erfüllen habe" (Kommission der Europäischen Union 1997: 25). Diese Politik ist nicht neu, denn schon im Jahr 1960 starteten Bauernverbände und staatliche Agrarverwaltung mit der Aktion „Urlaub auf dem Bauernhof" den Versuch, mehr Städter aufs Land zu ziehen, wobei bei der Entwicklung dieses Konzeptes auf die historische Ferienform der „Sommerfrische" zurückgegriffen wurde (vgl. Spode 1996: 192).

Der überwiegende Teil touristischer und raumplanerischer Programme sowie das Alltagsbewusstsein gehen dabei davon aus, dass der per se als „naturhaft" und „authentisch" wahrgenommene Agrarraum automatisch ein Ort ist, der Erholungssuchende anzieht, sofern er nicht dem Bild einer ausgeräumten, industriellen Agrarlandschaft entspricht.

Dieser Beitrag möchte die Ideen von „Natürlichkeit" und „Authentizität", die ausgesprochener oder impliziter Bestandteil tourismuspolitischer Konzepte sind, für den Bereich des Landtourismus in Frage stellen. Dabei soll die Historizität und soziale Konstruktion der touristischen Raumwahrnehmung in den Mittelpunkt gestellt werden.

Die Ferienkultur der „Sommerfrische" erlebte einen Höhepunkt zwischen der vorigen Jahrhundertwende und dem Ersten Weltkrieg, also von etwa 1900 bis 1916. An ihrer damaligen Kultivierung lässt sich erkennen, dass nicht die „authentische", „bäuerliche" oder im heutigen Sinn „ökologische" Agrarlandschaft im Mittelpunkt steht, sondern eine ästhetisierende und romantisierende Landschaftsrezeption des „Naturschönen" und „Naturerhabenen", welche sich im 18. und 19. Jahrhundert entwickelt hat und mit moralischen und ideologischen Vorstellungen gekoppelt ist. Insofern handelte es sich um eine vom Kulturbürgertum getragene Idealisierung der „natürlichen" Landschaft, welche die realen sozialen und kulturellen Lebensbedingungen auf dem Lande ignorierte.

„Ländlichkeit" als soziales Konstrukt

Der ländliche Raum ist als touristisches Zielgebiet eine kulturelle Fiktion - eine Traumlandschaft. Es sind die mit Affekten besetzten Vorstellungen der Erholungssuchenden, welche über die Nachfrage die „touristischen Produkte" formen und somit als treibende Kraft die physischen, gestalterischen und sozialen Strukturen der Zielgebiete fortwährend verändern. Wir sehen nicht Natur, Landschaft, Heimat etc., sondern wir erleben immer nur jeweils aktuelle Inszenierung von Natur (vgl.: Kos, Krasny 1995: 73).

Der touristische Raum ist zunächst ein semantisches Phänomen, welches als Zeichen und Bedeutungssystem kulturell generiert wird. Durch sprachliche und bildliche Vermittlung gelangen Vorstellungen, Bewertungen und Interpretationen sowohl erlebter wie erhoffter Reisen, Menschen und Räume medial über Reiseberichte, Filme und Erzählungen in die Vorstellungs- und Hoffnungswelt der Reisenden. Erst der Vergleich des geographischen Raumes im eigentlichen Reiseerlebnis vor Ort codiert die Zielregion als authentisch und echt, wenn sie dem Vergleich mit dem Ideal der Vorstellungswelt standhält (vgl. Deggau 1997). In einem Prozess der Wahrnehmungsselektion und -montage entschlüsseln Touristen ihre Reisegebiete nach bestimmten kulturell definierten Codes.

Der touristische Raum als Ausdruck von Lebensstil

Tourismusziele sind, in der Wahrnehmung der Reisenden, Plätze außerhalb der gewöhnlichen sozialen Ordnung. Man kann sie geradezu als gesellschaftlich konstruierte „Parallelwelten" begreifen. Der Urlauber kann hier folgenlos phantasieren, projizieren und wesentliche Aspekte des (Alltags-)Lebens ausklammern (vgl. Hennig 1998: 59). Der geographische Raum ist als Zielgebiet nur dann attraktiv, wenn wenn er als ein positives Raum-Image symbolisch geformt wurde. Meyer (1993: 321) definiert Image als, eine „Gesamtheit aller (richtigen und falschen) Vorstellungen, Einstellungen, Kenntnisse, Erfahrungen, Wünsche, Gefühle usw., die Menschen (Einzelpersonen oder Personengruppen) mit einem bestimmten Meinungsgegenstand verbinden".

Touristische Anbieter müssen die jeweils aktuellen Imaginationen ihrer Zielgruppe kennen und symbolisch bedienen sowie ihre Angebote entsprechend inszenieren. Images sind so nicht beliebig formbar, sondern sie greifen auf Vorstellungen zurück, die im Vorstellungsfeld der Zielgruppe bereits zirkulieren. So konnte beispielsweise aus einer eiszeitlichen Moränenlandschaft Brandenburgs erst dann eine „Märkische Schweiz" inszeniert werden, als in den Augen und Vorstellungen der Touristen das ikonographische Vorbild „Schweiz" als Image mit entsprechenden Konnotationen (z. B. natürlich, freiheitlich, wehrhaft) positiv besetzt war. Die mediale Repräsentanz der Zielorte und ihre aktuelle symbolische Formung und Verdinglichung als Text einer Annonce, als Bild einer Postkarte oder als Reisebeschreibung lässt wiederum Rückschlüsse auf Vorstellungen und Werte bestimmter Zielgruppen zu. Es wird davon ausgegangen, dass die Kultur der Sommerfrische als ein solcher Image-Code auch heute noch latent in der touristischen Nachfrage wirkungsmächtig ist.

Kulturbürgerliche Gegenwelten auf dem Lande - Die Sommerfrische

Die folgenden Ergebnisse basieren auf einer qualitativen Inhaltsanalyse von Reiseannoncen und Beiträgen im redaktionellen Reiseteil der *Berliner Morgenpost*, erschienen in den Jahren von 1900 bis 1916. Zeitgenössische Reisebeschreibungen geben die „Außensicht", die damalige „Anstandsliteratur" beleuchtet die „Innensicht" auf das Phänomen der Sommerfrische. Die inhaltlichen Dimensionen der Sommerfrische als Imaginationen von „Ländlichkeit", Natur und Landleben beziehen sich im Wesentlichen auf das Quellgebiet Berlin.

Die inhaltlichen Dimensionen der „Sommerfrische" lassen sich nur im Zusammenhang mit den anderen zeitgenössischen Destinationen bestimmen. In den Annoncen der *Berliner Morgenpost* lassen sich insbesondere zwei Hauptkategorien von Images unterscheiden: Bäder und Sommerfrischen. Beide Kategorien machen ca. 95% aller Anzeigen aus. Auch die Rubriküberschrift im Reiseteil der *Berliner Morgenpost* lautet „Aus Bädern und Sommerfrischen“ und unterscheidet damit explizit zwischen beiden Kategorien. In der Mehrzahl der zeitgenössischen „Anstandsbücher“ ist dem Badeleben und der Sommerfrische ein je eigenes Kapitel gewidmet.

Das „fashionable Bad“ - gesund und mondän

Inhaltlicher Kern des Kurbades ist die therapeutische Anwendung von Wasser, Licht, Luft und Bewegung unter ärztlicher Aufsicht. Entsprechend gibt es Sol-, Sonnen-, Lichtbäder und Terrainkurorte. Urlaub machen und Kuren scheinen um die Jahrhundertwende geradezu identisch zu sein, so als brauche der Urlauber um 1900 die moralische Begründung eines körperlichen oder zumindest „nervösen“ Leidens, um den Müßiggang und damit verbundene Ausgaben zu rechtfertigen. So schreibt Erhardt (o. J.: 473) in seinem Buch der Lebensart: „Aber nicht Kranke allein reisen in die Bäder. Jedermann weiß, daß es ebenso viele eingebildete wie wirkliche Kranke gibt; ... die gnädige Frau versäumt unter Umständen nicht, dem Hausarzt in zarter Weise rechtzeitig einen Wink zu geben, welches Bad sie in diesem Jahre am liebsten besuchen möchte, und ihr Wunsch ist ihm Befehl.“.

Im Spiegel dieser Annoncen differenzieren die Destinationen vom Typ „Bad“ in zwei Richtungen. Da sind zum einen die Sol-, Moor- , Eisen-, Schwefel- und Stahlbäder, welche akut Leidenden Linderung versprechen. Kern dieser Annoncen ist die Aufzählung verschiedenster körperlicher Leiden und Anwendungen (vgl. Abb. 1).

Abbildung 1 *Quelle: Berliner Morgenpost 9.5.1907*

Daneben wird das Bad auch als angenehmer und gesellschaftlicher Ort bestimmt. Das „elegante Badeleben“ wird dabei in den Kontext von Mondänität und Exklusivität gestellt. Dieses Leben in einem „fashionablen Bade“, sei es im Binnenland wie in Baden-Baden oder Karlsbad oder in den Seebädern der Nord- und Ostseeküste wie Norderney oder Ahlbeck stellt sich in den „Anstandsbüchern“ als ein Leben dar, wo Vergnügung und Zerstreuung mit Theatervorführungen, Reunions, Konzerten und Bällen geboten werden. Der Zeitgenosse Erhardt (ebd.: 473) schreibt: „Unendlich viele Menschen gehen ja in ein Bad zu keinem anderen Zweck, als einmal auf einige Wochen ihr gewöhnliches Lebenseinerlei mit dem denkbar rauschendsten Gesellschaftsleben zu vertauschen“.

Unter diesem Aspekt ist der Urlaub im Bade ein Leben, an das hohe gesellschaftliche Ansprüche gestellt werden, denn im Mittelpunkt steht das „Sehen und gesehen werden“. Es ist verbunden mit der Darstellung von Reichtum und dem Ringen um Prestige in einem permanenten Taxieren der Umgangsformen, der Garderobe etc. bei den gesellschaftlichen Auftritten am *table d'hôte*, bei den Promenaden und Abendgesellschaften. Der Badeort war damit auch ein „Heiratsmarkt“. Dies gilt jedoch nicht nur für „Höhere Töchter“, sondern für alleinstehende Damen allgemein, denn das Badeleben gilt insgesamt als gesellschaftlich ungezwungener. So war es möglich, bei Promenaden und Reunions Anschluss zu finden, ohne den „guten Ruf" zu verlieren. „Die größere Freiheit des Verkehrs ist für viele eine ebenso angenehme wie verlockende Seite des Badelebens. Man steht meist ausschließlich fremden Leuten gegenüber, auf die man nur soweit Rücksicht zu nehmen hat, wie es das Zusammentreffen gebildeter Menschen untereinander erfordert. Ob man ihnen näher treten oder abgeschlossen für sich allein leben will, ist in jedes Belieben gestellt." (Erhardt o. J.: 475)

Sommerfrische - einfach, natürlich, familiär

Die zentralen Momente der Sommerfrische in der Differenz zum Badeleben sind die Konnotationen „Stille", „Einfachheit" und familiärer Rückzug: So heißt es im redaktionellen Teil der *Berliner Morgenpost*: „... Der Bayerische Wald ... ist ein Gebiet, das sich als Sommerfrische besonders für solche eignet, die weniger Wert legen auf übertriebenen Luxus und lärmende Zerstreuung, als auf ländliche Stille und wirkliche Erholung" (Berliner Morgenpost: 23.5.1913).

Begriffe wie „Dorf", „Idylle" etc., welche „Ländlichkeit" denotieren, finden sich überwiegend in Annoncen, die für Sommerfrischen werben, wobei es inhaltliche Überschneidungen zwischen der Sommerfrische und dem Terrain- bzw. Luftkurort gibt. Die zeitgenössische „Anstandsliteratur" stellt zwei Motive für die Sommerfrische in den Mittelpunkt. Da ist zum einen die Flucht aus dem „rastlosen Getriebe" der Großstadt, das, wie ein Zeitgenosse schreibt, „ ... das ganze Nervensystem in einer Weise anspannt und in Aufregung setzt, daß der Körper über kurz oder lang erschlafft und eine zeitweise Veränderung der ganzen Lebensweise unbedingt notwendig wird" (Erhardt o. J.: 408).

Dieses Fluchtmotiv bezieht sich vor allem auf die Kinder: „Wer aber die Mittel dazu hat, für den wird und muß sich auch die Zeit finden, die nachteiligen Einflüsse des großstädtischen Lebens an seine Kinder während der Zeit, wo sie nicht von der Schule in Anspruch genommen werden, unschädlich zu machen ..." (Erhardt o. J.: 409).

Ziel des Sommerfrischens ist unter anderem die „Stärkung" als Motiv für den „Kampf" in der modernen Großstadt: „Alles muß so stark wie möglich sein, um Püffe auszuhalten und noch mehr auszuteilen und in der kämpfenden Welt das eigene oder das von anderen aufgetragene Wollen durchzusetzen." (Noe zit.n. Erhardt o. J.: 409).

Neben den Motiven der Gesundung und Stärkung durch Licht, Luft und Ruhe wird als zweites Motiv der ästhetische und pädagogische Wert der „freien Natur" bestimmt: „...wo treten dem Kinde mehr Anschauungen, mehr stets neue Wahrnehmungen entgegen, als in der freien Natur, ... Deshalb ist die Sommerfrische gerade für Kinder ein Segen (...), da ein solcher Aufenthalt von mehreren Wochen nicht nur den jugendlichen Körper kräftigt, sondern auch die Sinne in verdoppelte Tätigkeit setzt und die Anschauungen und Begriffe in ungemessener Weise erweitert." (Erhardt o. J.: 425).

Im Kontext des ländlichen Rückzugs in die Sommerfrische sind die Attribute „natürlich" bzw. „einfach" jedoch mehrdeutig und zwar im Sinne

- von ökonomisch „billig" im Gegensatz zum „teuren" Badeort,
- von „gesund" im Gegensatz zum „ungesunden" Leben in der Stadt,
- von „ungenierlich", als ein gesellschaftlicher Rückzug im Gegensatz zu den Zumutungen, Taxierungen und gesellschaftlichen Verpflichtungen des städtischen Lebens oder im Kurort.

Neben den Motiven Stille, Natürlichkeit und Einfachheit ist der Rückzug in die familiäre Privatheit ein zentrales Moment der Sommerfrische. Als gute Etikette wird um 1900 beschrieben, den gesellschaftlichen Konventionen entsprechend aus der Sommerfrische Einladungen an Daheimgebliebene auszusprechen, als Eingeladener diese jedoch „unter einem Vorwand" nicht anzunehmen, um die private Rückgezogenheit zu respektieren (vgl. Erhardt o. J.: 419).

Der Blick auf die Natur - Gebirge und Meer als Idylle und Panorama

Die Sehnsucht der Erholungssuchenden wird von zwei Raumtypen beherrscht: Meer und Gebirge. Umworbene Zielregionen der Berliner sind die deutschsprachige Schweiz und Tirol, die Mittelgebirge Schlesiens, der Harz und das Thüringer Bergland sowie eiszeitliche Höhen in der direkten Umgebung wie Fläming und „Märkische Schweiz". Es fällt auf, dass viele Urlaubsorte in den Mittelgebirgen ausdrücklich mit ihre Höhenlage in Meter über N.N. werben, als gelte es, jede eiszeitliche Grundmoräne als „alpine Schweiz" darzustellen. Auffallend ist, dass das Flachland sowie der agrarische Raum touristisch gesehen *terra incognita* sind.

Grundmuster des sommerlichen Erholungsortes ist seine Beschreibung als umgrenzter und geschützter Ort. Die attraktive Sommerfrische liegt wie ein Schutzraum vom Typus „Lichtung" oder „Tal" da: „idyllische Lage", „ruhige geschützte Lage", „vollständiger Schutz gegen scharfe Winde" sind typische Attribute in den Annoncen. Ein weiterer Topos der Naturschilderung ist die Aus- und Fernsicht auf „wilde" Naturszenen von einem sicheren, geschützten sowie bequem zu erreichenden Punkt aus. Dieser „panoramatische Blick" wird durch entsprechende Architekturen wie Türme, Plattformen, Veranden, Schutzhütten etc. unterstützt, welche bequemen Fußes entlang der befestigten Promenaden zu erreichen sind: „Infolge seiner außerordentlich günstigen Höhenlage, seiner herrlichen Umgebung, seines großartigen Panoramas, seiner Ländlichkeit und Einfachheit, erfreut Gatterfeld sich seit einigen Jahren eines regen Zuspruches als Sommerfrische. (...) Meilenweite, von Hochwild belebte Tannen und Fichtenwälder mit herrlichen Promenadenwegen, prächtigen Ruheplätzen und Schutzhütten, von denen man herrliche Fernsichten genießt, treten dich an den Ort heran, und die vielen im Umkreise gelegenen Badeorte und Sommerfrischen sind von hier aus auf bequemen, wenig steigenden, angenehmen Waldwegen in kurzer Zeit zu erreichen" (Berliner Morgenpost 23.5.1913).

Die Naturwahrnehmung der Sommerfrischenkultur erscheint insgesamt als eine, die auf Abstand gehalten wird. Sie ist eine bequem zurechtgemachte Welt, die nach dem ästhetischen Muster eines Landschaftsbildes konsumiert wird.

Waldesruh' - Luftige Kühle und Schatten

Das alles dominierende Naturmotiv in den Annoncen ist der Wald. Dieses Motiv gilt für das Binnenland ebenso wie für die Seebäder. : „Prerow hat den besten Badestrand der deutsch. Osts. Ausgedehnter Nadel und Laubwald., dicht a. Dorf u. Strand."

Überhaupt scheint Wald gleichbedeutend mit der Vorstellung von Land zu sein. In den Anzeigen werden auffallend oft Quartiere bei Förstern gesucht oder „idyllische Waldlagen" - nicht jdedoch „Bauernhof" oder „das Leben im Dorf". Das ländliche Arkadien des Berliner Bürgers zwischen 1900 und 1916 liegt nicht am sonnigen Feldrand oder neben der

Weide mit schwarzbunten Kühen, sondern an einem schattigen, bewaldeten Ort, unter Eichen, Buchen und Tannen.

Atmosphärisch steht das Kühle, Luftige und Schattige im Mittelpunkt der Erholungswahrnehmung. Licht und Bräunung sind nur durch medizinische Indikation als Lichtbäder gerechtfertigt. gibt eine mentale, wohl hygienisch motivierte Abwehr gegen alles „Schwüle", „Stickige" und „Stagnierende": „Weniger zuträglich für längeres Verweilen ist das von Touristen mit Vorliebe aufgesuchte geheimnisvolle Waldesdunkel der Laubwälder. Schließt ein zu dichtes Laubdach den belebenden Luftzug und Sonnenstrahl aus, so modert die Humusschicht, und dumpfe Schwüle herrscht in der Atmosphäre" (vgl. Kießling 1896: IV).

Sommerfrische - urbanes Leben unter Seinesgleichen

Das Urlaubsleben in der Sommerfrische ist für den längeren Aufenthalt ausgelegt. Gewohnt wird in eigens angemieteten Sommerwohnungen, Pensionen, Kurhäusern oder Hotels. In den Orten bildete sich eine eigene Gesellschaft jener, „die dazugehören". Die Sommerfrische war nur etwas für jene „Standesgemäßen", die es sich leisten konnten. Der Sommerfrischler „zieht" nicht umher, er wird in den Anzeigen explizit von „Passanten" und „Touristen" abgegrenzt. Letztere zählen nicht dazu und scheinen in gewisser Weise moralisch weniger wert zu sein.

Abbildung 2 *Quelle: Berliner Morgenpost 7.5.1907*

Die touristische Infrastruktur vor Ort organisierten z. T. „Verschönerungsvereine", deren Aufgabe es war, sowohl die Orte auszuschmücken, als auch die Zimmervermittlung zu organisieren. Sie waren somit frühe Institutionen touristischer Planung und Vermarktung.

Für die Kultur der Sommerfrische gilt zwar die Suche nach einem ungenierten Leben abseits gesellschaftlicher Konventionen, dies jedoch unter „Seinesgleichen" mit klarer Abgrenzung „nach unten": „Aber gerade vor der Bauersfrau sollte man sich am ehesten genieren, wie zu Hause vor dem Dienstmädchen, denn ungebildete Leute verlieren gar bald den Respekt, wenn nicht auch im Äußeren ein merkbarer Abstand zwischen ihnen beobachtet wird, ... Diese Schranke aufrecht zu erhalten sollte sich jeder Sommerfrischler ... zur Pflicht machen. Es ist eine durchaus verkehrte Ansicht, wenn man meint, sich dadurch populär zu machen, daß man angeblich zu den einfachen Leuten ... herabsteigt, indem man sich mit ihnen in allerhand Plaudereien einläßt." (Erhardt o. J.: 422 f.).

Bäuerlicher Alltag, Arbeit, Nutztiere und regionale Küche, heutige Kernmotive des Landurlaubes, sind aus der touristischen Wahrnehmung der Jahrhundertwende ausgeklammert. In den Annoncen wird hingegen besonders auf „gutbürgerliche Küche" und „eigenen Weinkeller" verwiesen. Milch erscheint nur im Kontext von „Molkekuren". Erst ab 1916 wird im Hinblick auf die Versorgungslage des Krieges mit „frischer Milch", „Obstgarten" bzw. „eigenem Gemüsegarten" geworben. Körperliche Arbeit und Kraftanstrengung sind verpönt und erscheinen lediglich im Kontext von Sanatorien als „Anwendungen". Die Be-

In der Sommerfrische, im Bade, auf der Reise, überall verlange man die „Berliner Morgenpost", die jeder Bahnhofsbuchhändler und Zeitungsverkäufer führt. Klagen, daß die Morgenpost immer schnell verkauft ist, können wir nur gerecht werden, wenn alle Freunde unseres Blattes die Station uns namhaft machen, wo die Berliner Morgenpost schon vormittags vergriffen war.

Abbildung 3
Quelle: Berliner Morgenpost 26.6.1913

wegung im Raum erfolgt über das Promenieren entlang angelegter Natur-Partien und nicht durch das Wandern.

Die Sommerfrische ist zwar ein Rückzug in die „einfache Natur", es wird jedoch nicht das Rustikale gesucht. Das „einfache Leben" beinhaltet durchaus die Vorteile der technischen Moderne: „ ... indes gehört zum behaglichen Stilleben auf dem Lande doch auch eine Wohnung, die wenigstens einen Schatten von Behaglichkeit bieten muß". (Erhardt o. J.: 421). Viele Annoncen weisen inhaltlich auf diesen Aspekt der Behaglichkeit sowie der schnellen Erreichbarkeit der Metropole hin: „modern eingerichtete Sommervilla", „moderner Neubau", Wasserleitung und Kanalisation, „aufs Beste eingerichtet", „modern eingerichtet", „Centralheizung", „elektrisch Licht", „Autogarage", „Telefon", „Omnibus am Bahnhof".

Lediglich günstige Preise bringen weniger Betuchte dazu, am „primitiven" Landleben teilzuhaben: „Dem an Komfort gewöhnten und mit Kleingeld wohl versehenen Sommergast präsentiert sich eine stattliche Reihe angemessen eingerichteter Kurorte; die Rücksicht auf minder bemittelte Beamte war für die Aufzählung all der kleinen ländlichen Zufluchtsorte primitiveren Charakters und mit vorläufig noch billigen Preisen maßgebend." (Kießling 1893: IV).

Der Interpretationsrahmen - Landschaft als gefühlte Idee

Hinter den Begriffen „Landschaft", „Heimat", „Naturliebe" und den sie darstellenden Symbolen steht der Wandel in der Aneignung von Natur. Die affektgeladene und dadurch erholungswirksame Natur entstand durch einen ästhetisierenden Blick. Sie entsteht erst durch „Interesselosigkeit", ohne die Erwartung von Ertrag: auf dem Lande bewegt der Städter sich als Tourist, der die Bestätigung dafür sucht, daß die Landschaft so aussieht, wie er sie sich vorstellt (vgl. Burckardt 1995: 152). Dieser ästhetisierende Natur-Blick, den wir als „Landschaft" bezeichnen, und als Reisende bewundern, entsteht mit der Aufklärung. Alles in der Landschaft, das Schöne, das Pittoreske und das Erhabene, wurde in dieser Zeit Gegenstand ästhetischen Interesses und regt seitdem das Gefühl an.

Landschaftsdichtung, -malerei und Landschaftserfahrung gingen eine unlösbare Symbiose eine und bildeten jene Wahrnehmungscodes, die nun als die „natürlichen" angesehen werden. (vgl. Löfgren 1986; Großklaus, Oldemeyer 1983; Eisel 1987).

„Natur" wurde mit der Aufklärung zur zentralen Metapher bürgerlicher Emanzipation, da sie für selbstgeregelte Ordnung und Harmonie stand. Als Symbolraum konnte sie, liberal gedacht, als Metapher für Selbstorganisation, selbstbestimmte Aneignung der Welt und

Freiheit stehen und polemisch gegen den Interventionismus der alten absolutistischen Zeit gewendet werden.

Diese schöne „Natur" verschmolz im Begriffes der „Kulturlandschaft", wobei ein Kulturbegriff zu Grunde gelegt ist, bei dem es um eine sittlich-intellektuelle Entwicklung geht, um mildere Sitten, einen reineren Gottesbegriff, vernünftige Gesetze usw. (vgl. Löfgren 1986: 132). In der intellektuellen und ästhetischen Hinwendung zur Natur bestand und besteht ein pädagogischer Aspekt der Erziehung zum humanen Menschen nach dem Motto: „wer die Natur liebt, kann kein schlechter Mensch sein".

Sanfter Tourismus –

Klassisch-philosophischer Idealzustand

„Ich weiß nicht, was sanfter Tourismus ist, aber ich fühle mich so am wohlsten."

Abbildung 4 *Quelle: Berliner Morgenpost 15.7.1907*

Parallel zum wissenschaftlichen Fortschritt, der die Natur zunehmend entmystifiziert, wird Landschaft in der Romantik mit einer neuen, bürgerlichen Naturmystik unterlegt, welche die verloren geglaubte Einheit mit Gott als ästhetische „Kunst-Religion" im sinnlichen Gefühl der bürgerlichen Subjekte verankert (vgl. Eisel 1987).

Die Naturschwärmer der Romantik ziehen nicht in die produktive Natur, d.h. in den agrarischen Raum, sondern suchen das Exotische, Wilde und im Gebirge und an den Meeresküsten Großartige; bzw. die Induzierung des entsprechenden Gefühls. Das Einfache, Ungezähmte und Einsame erhielt hohe moralische Werte zugesprochen, denn nur hier war die Einheit und Freiheit als ästhetisches Empfinden zu erspüren. Das Paradoxe daran war, daß diese frühe Form touristischer Aneignung der „wilden" Natur diese zugleich domestizierte und zu einer Konsumtionslandschaft machte, die mit Wanderwegen, Staffagen und Aussichtstürmen ausgestattet wurde, um ihre Wildheit, Unberührtheit etc. symbolisch zu inszenieren und küstlerisch zu überhöhen.

Der Topos der Freiheit in der „Landschaft" ist seitdem jedoch kulturelles Allgemeingut geworden und die „unberührte" Natur damit als Parallelwelt zur zivilisierten Stadt definiert, welche quasi „natürlich" Affekte in uns freisetzt.

Fazit

„Gerade dort, wo wir uns zuhause fühlen, verdanken wir dies ausgiebigster Reflexion. Seit wir schließlich gelernt haben, die Heimat zu lieben und ihre Schönheit bewußt und ausdrücklich wahrzunehmen, sind wir selbst Touristen geworden. Erschreckt entdecken wir ... daß das „Volk" nicht unsere Maßstäbe von Schönheit teilt." (Köstlin 1994: 22). Der Blick auf die Freizeitlandschaft „Ländlichkeit" ist als ästhetischer immer ein ganzheitlicher und jedes ästhetische Zugeständnis an die Alltagsrealität des produktiven Arbeits- und Sozialzusammenhangs „Dorf", das nicht in die Traumwelt des Reisenden passt, ist als Kompromiss eigentlich fehl am Platz. Andererseits bedeutet die touristische Inszenierung vor Ort immer eine Kolonisierung der Lebenswelt.

Dies ist das Dilemma, an dem auch der Architekt und Tourismusinvestor Wagenfeld im brandenburgischen Netzeband gescheitert ist: „Alles für den großen Traum gegeben und verloren", so lautet die Überschrift eines Artikels im Berliner *Tagesspiegel*, das vom Ende seines Tourismusprojektes berichtet, welches in Fachkreisen als touristisches Vorzeigeprojekt gehandelt wurde. Ein „Modelldorf" sollte es werden, mit Bio-Hof, Theatersommer, Ausstellungen und Teil der Expo 2000 (vgl. Steyer: 2000). Wagenfeld wollte Netzeband „zum Leben erwecken" und wenn er sein Scheitern mit den Worten: „Die Menschen ... konnten vielleicht gar nicht verstehen, was wir wollten", so ist dies das oben beschriebene Kernproblem räumlicher Tourismusentwicklung: Nicht alle teilen dieselbe Vorstellung vom guten, wahren und schönen Leben. In Netzeband prallten

Lebensstilmuster aus Parallelwelten aufeinander: Kunst und Kultur als moderne Interpretation des arkadischen Lebens in der Region auf der einen, Thermodämmung, sauberer Verbundsteinweg und Videoshop auf der anderen Seite als Teilhabe an städtisch-globaler Modernität.

Wagenfeld tröstet sich, so der Artikel, mit der Geschichte des Fürsten und Gartengestalters Pückler, auch der habe sich bei der Gestaltung der Parkanlage von Bad Muskau mit der Gemeinde überworfen. Wagenfeld sieht sich als Landschaftsarchitekt in der Ahnenreihe großer Landschaftsgestalter wie Franz v. Anhalt (Dessau-Wörlitzer Gartenreich) oder Lenné (Potsdamer Kulturlandschaft), welche „Landschaftsgärtnerei" als Kunstgattung betrieben. Der als „natürlich" gestaltete Landschafts- als Erholungsraum ist eine Überhöhung bestimmter Ideen von Natur, eine liberale-bürgerliche Projektion oder wie Kos es ausdrückt: „Nicht die Natur erleben wir, sondern immer nur die jeweils aktuelle Inszenierung von Natur" (Kos, Krasny 1995: 73). Wagenfeld schmückte Netzeband mit hohen Investitionen für das ästhetische Stilempfinden eines bestimmten, zahlungskräftigen Publikums, dessen moralische Werte er teilt. Als ambitionierter Architekt und humanistisch denkender Kulturbürger hatte er mit Sicherheit das Gespür für den „Geist des Ortes" und phantasievolle Ideen für den Ausdruck eines „Gesamtkunstwerks Landleben". Gescheitert ist er an dem Irrtum, seine Ideale wären Allgemein verständlich, von allen mitgetragen oder gar nachgeahmt.

Der liberale, bürgerliche Geschmack ist inzwischen nur ein Lebensstilmuster unter anderen. Im dörflichen Alltag wird die bestimmte Inszenierung von Natur eher als kulturelle Überfremdung interpretiert.

Der touristische Blick, der mit humanistischen Idealen daherkommt und von seinen Trägern als „sanft" bezeichnet wird, ist strukturell ein kolonisierender Blick, auch wenn er so „herrlich" erholend wirkt.

Literatur

Burckhardt, Lucius (1995): Spaziergangswissenschaft auf dem Vormarsch. In: Ders. Design = Unsichtbar. Ostfildern, 150-161.
Corbin, Alain (1994): Meereslust. Das Abendland und die Entdeckung der Küste. Frankfurt/M..
Deggau, Hans-Georg (1997): Zur Semantik der Reise. In: Voyage Jahrbuch für Reise & Tourismusforschung 1997. Köln, 54-61.
Eisel, Ulrich (1987): Das „Unbehagen in der Kultur" ist das Unbehagen in der Natur. Über des Abenteuerurlaubers Behaglichkeit. In: Konkursbuch Nr. 18. Tübingen, 22-38.
Erhardt, Fritz (o.J., ca. 1910): Das Buch der Lebensart. Ein Ratgeber für den guten Ton in jeder Lebenslage. Berlin.
Großklaus, Götz; Oldemeyer, Ernst (1983): Natur als Gegenwelt. Karlsruhe.
Hennig, Christoph (1998): Entwurf einer Theorie des Tourismus. In: Burmeister, Hans-Peter (Hg.) Auf dem Weg zu einer Theorie des Tourismus. Loccumer Protokolle 5/98. Loccum.
Kallmann, Emma (1913): Der gute Ton. Handbuch der feinen Lebensart und guten Sitte. Berlin.
Kießling, Alexius (1893): Märkische Sommerfrischen. 165 Erholungsorte in der Umgebung Berlins. Berlin.
Kommission der Europäischen Union (1997): Mitteilung: „Agenda 2000 Eine stärkere und erweiterte Union" Dokument Nr. IP/97/660 v. 16. Juli 1997. Straßburg/Brüssel.
Kos, Wolfgang; Krasny, Elke (Hg.) (1995): Schreibtisch mit Aussicht: österreichische Schriftsteller auf Sommerfrische. Wien
Köstlin, Konrad (1994): Reisen, regionale Kultur und die Moderne. Wie die Menschen modern wurden, das Reisen lernten und dabei die Region entdeckten. In: Pöttler, Burkhard und Kammerhofer-Aggermann, Ulrike (Hg.): Tourismus und Regionalkultur. Referate der Österreichischen Volkskundetagung 1992 in Salzburg. Wien.
Löfgren, Orvar (1986) Natur, Tiere und Moral. Zur Entwicklung der bürgerlichen Naturauffassung. In: Jeggle, Korff et al. Volkskultur in der Moderne. Probleme und Perspektiven empirischer Kulturforschung. Reinbek, 122-144.
Meyer, Wolfgang (1993) Touristische Images. In: Hahn, H.; Kagelmann, H.J. (Hg.) Tourismuspsychologie und Tourismussoziologie. Ein Handbuch zur Tourismuswissenschaft. München, 321-326.
Sieferle, R. P. (1986): Entstehung und Zerstörung der Landschaft. In: Smuda, M. 1986: Landschaft. Frankfurt/M., 238-266.
Spode, H. (Hg.) (1996) Goldstrand und Teutonengrill. Kultur- und Sozialgeschichte des Tourismus in Deutschland 1945 bis 1989. Berlin.
Steyer, Claus-Dieter (2000): Alles für den Traum gegeben und verloren. Der Tagesspiegel Nr. 17019 / Sonntag, 9. April 2000.

Nicole König

Nachhaltigkeit und Tourismus – "Sustainable Development" und „Carrying Capacity" im Tourismus

Das enorme Wachstum des Tourismus wird sich auch im 21. Jahrhundert fortsetzen. Nach Schätzungen der Welttourismusorganisation (WTO) wird sich die Zahl der internationalen Ankünfte pro Jahr bis zum Jahr 2020 verdreifachen. Dies würde eine Steigerung der internationalen Ankünfte auf 1,6 Mrd. in den nächsten 20 Jahren sowie eine Zunahme von Fernreisen, häufigeren und kürzeren Reisen bedeuten (WTO 1997: 1).

Dennoch hinterlässt die „weiße" Industrie, wie der Tourismus sehr oft bezeichnet wird, aufgrund der geringeren Belastung der Destination durch Freizeit und Erholung „gemessen an anderen raumbeanspruchenden Nutzungsformen wie Industrie- und Intensivlandwirtschaft und deren starken Auswirkungen auf Naturhaushalt und Landschaftsstruktur" (Fritz/Lassen 1977: 9), auch negative Spuren. Krippendorf (1996: 17) formuliert hierzu treffend: „Der Massenauszug stösst an Grenzen."

„Von den grenzen des Wachstums zum Nachhaltigen Tourismuns"

Savignac, der frühere Generalsekretär der WTO, forderte deshalb auf einer Tagung in Madrid 1995 ein Umdenken im Tourismusmanagement für Destinationen und wies darauf hin, dass die Tourismusverantwortlichen erkennen müssen, dass es Grenzen gibt: „Es gibt Grenzen für die Zahl der Besucher am selben Ort zur selben Zeit, Grenzen der Geduld und Gastfreundschaft unserer Gastgeber. Und es gibt Grenzen in der Zahl der Menschen, die die Naturschätze besuchen können. Wir können nicht länger annehmen, dass alle Forderungen erfüllt werden können mittels einer unbegrenzten Politik von Ausbau und Wachstum. Eine zunehmend besorgte und umweltorientierte Weltbevölkerung wird das nicht tolerieren - und auch nicht unsere zukünftigen Gäste." (Savignac zitiert nach Viegas 1998: 22). Meistens werden diese Grenzen erst entdeckt, wenn sie schon überschritten sind und es zu spät ist, die negativen Auswirkungen zu beseitigen. Für eine nachhaltige Tourismusentwicklung ist es deshalb notwendig, die optimale Tragfähigkeit einer Destination im Voraus zu bestimmen, um darauf aufbauend die richtigen Maßnahmen ergreifen zu können.

Deutliche Stresssymptome sind u. a. die Überbelastung der unberührten Natur und der historischen Kulturstätten, aber auch der touristischen Infrastruktur und die damit verbundene Beeinträchtigung der Lebensqualität, die wachsende Umweltsensibilität der Touristen, sowie der „Aufstand der Bereisten" (vgl. dazu genauer Krippendorf 1996, Hopfenbeck/Zimmer 1993, Steinecke 1995, Losang 2000). Das Problem liegt einerseits in den ständig ansteigenden Besucherzahlen, der unterschiedlichen räumlichen und zeitlichen Verteilung der Besucherströme, der Zunahme der Reisehäufigkeit und andererseits in der heutigen Ansprüchen nicht genügenden Planung und dem unzureichenden Management von touristischen Attraktionen. Es wird oft außer Betracht gelassen, dass der Tourismus ein dynamisches, komplexes und vernetztes Phänomen ist und deshalb eine ganzheitliche Sichtweise erfordert (Freyer 1998: 31f.).

Eine Umorientierung im Tourismus ist deshalb unumgänglich geworden. Es muss nach neuen Wegen gesucht werden, um die negativen Auswirkungen zu verringern, und dies sollte nicht „nur" für Nischenmärkte geschehen. Hopfenbeck formuliert hierzu treffend: „Die Zukunft des Tourismus liegt (...) in der Art und Weise, wie der Massentourismus durchgeführt wird." (Hopfenbeck/Zimmer 1993: 86).

Entstehung des Konzeptes der Nachhaltigkeit

Die Diskussion um das *Sustainable Development*, im Deutschen als nachhaltige, dauerhafte oder tragfähige Entwicklung bezeichnet, entstand vor dem Hintergrund der in den 70er Jahren vom Club of Rome ausgelösten Debatte über die „Grenzen des Wachstums." Hierbei wurden vor allem globale Probleme, wie das Bevölkerungswachstum, die Zukunft der Energieversorgung, der Verbrauch an natürlichen Ressourcen und die Regenerierbarkeit der Umwelt, angesprochen (Steinecke 1995: 7).

In vielen touristischen Zielgebieten sind die Grenzen der Belastbarkeit bereits erreicht oder sogar schon überschritten, d. h. die negativen Auswirkungen, insbesondere des Massentourismus, überwiegen die positiven Effekte. Der ständig wachsenden touristischen Nachfrage können vor allem sensible Ökosysteme nicht mehr standhalten. Die Natur, aber auch historische Kulturdenkmäler, Traditionen und Bräuche, können nicht, wie die touristische Infrastruktur, beliebig ausgebaut oder erweitert werden. Die natürliche Umwelt ist knapp, und Konflikte bezüglich der Nutzungsansprüche sind unausweichlich.

Die normale Regelung über den Marktpreis versagt hier, da die natürlichen Ressourcen als öffentliche Güter von jedermann kostenlos genutzt werden können (Hopfenbeck/Zimmer 1993: 42f.). Für die Erhaltung der Ressourcen ist es deshalb erforderlich, dass Belastungsgrenzen für eine touristische Entwicklung festgelegt werden. Wenn Kapazitätsgrenzen überschritten werden, kann es zur Zerstörung der für den Tourismus notwendigen Ressourcenbasis kommen. Dies kann wiederum zu einem Imageverlust für die gesamte Region führen und die Tourismusindustrie in dieser Destination vollständig zerstören (Apfel/Gross 1995: 44f.). Eine Begrenzung und Lenkung der quantitativen Entwicklung des Tourismus wird erforderlich (Hopfenbeck/Zimmer 1993: 255).

Das Erkennen dieser Tatsachen führte dazu, dass die Kritik am Massentourismus in den 80er Jahren erheblich zunahm und Forderungen nach neuen Formen des Reisens, aber auch nach neuen Entwicklungskonzepten immer zahlreicher wurden. Zu den führenden Tourismuskritikern, die sich um eine grundlegende Neuorientierung im Tourismus bemühten, gehören Jungk, der mit seiner Gegenüberstellung von „Harten und Sanften Reisen" (Jungk 1980: 154ff.) den Begriff „Sanfter Tourismus" prägte, und Krippendorf. In seinem bereits 1975 erschienenen Buch *Die Landschaftsfresser* zeigt Krippendorf die Gefahren einer ungehemmten Tourismusentwicklung auf. Etwa zehn Jahre später stellt er die „23 Thesen für eine Humanisierung des Reisens" vor, denen eine Vorreiterrolle bei der Umsetzung des sanften Tourismus zukommt. Krippendorf macht darauf aufmerksam, dass das Massenphänomen Tourismus erst akzeptiert werden muss, bevor man anhaltende Lösungskonzepte für dessen Probleme entwickeln kann. Außerdem verweist er darauf, dass Reiseströme entzerrt und besser verteilt werden müssen, gegebenenfalls durch ein Zonierungskonzept (Krippendorf 1996: 155ff.). Er spricht damit ansatzweise schon die Notwendigkeit für ein durchdachtes Besuchermanagement an.

Das Ziel einer Neuorientierung darf demzufolge nicht allein in der Suche nach neuen, alternativen Formen des Reisens liegen, um diese anschließend als Nischenangebote auszubauen, wie z. B. geschehen mit Alternativtourismus, Sanftem Tourismus im engeren Sinne, Ökotourismus, Natur- und Abenteuertourismus. Es geht vielmehr um die Entwicklung eines ganzheitlichen, auf Strukturwandel hinauslaufenden Konzeptes für touristische Destinationen, das dann von der Tourismuspolitik sukzessive vollzogen wird. Dabei sollen nicht nur die Belastungseffekte gemindert, sondern gleichzeitig die wirtschaftliche Rentabilität des Tourismus garantiert werden (WTO 1993: 10; Apfel/Gros 1995: 54). Hier setzt das Konzept des *Sustainable Development* an.

Sustainable Tourism Development

Der Begriff *Sustainable Development* wurde 1987 von der Weltkommission für Umwelt und Entwicklung geprägt und im Brundtland-Bericht festgeschrieben. Dieser definiert nachhaltige Entwicklung als: „Dauerhafte Entwicklung (...), die die Bedürfnisse der Gegenwart befriedigt, ohne zu riskieren, dass künftige Generationen ihre eigenen Bedürfnisse nicht befriedigen können." (Hauff 1987: 46).

Für die Umsetzung in die Praxis bedeutet Nachhaltigkeit „jene Zunahme der Lebensqualität, d. h. des wirtschaftlichen Wohlstandes und des subjektiven Wohlbefindens, die mit geringerem Einsatz an nicht vermehrbaren Ressourcen sowie einer abnehmenden Belastung der Umwelt und der Menschen erzielt wird." (Müller 1995: 12) Obwohl im Brundtland-Bericht und auch auf der Umweltkonferenz in Rio de Janeiro (1992) kein Bezug zum Tourismus genommen wurde, gewinnt dieses Konzept als Leitbild auch in dieser Branche immer mehr an Bedeutung.

Inskeep (1991: 461) überträgt das Konzept der Nachhaltigkeit auf den Tourismus folgendermaßen: „Sustainable Tourism Development can be thought of as meeting the needs of present tourists and host regions while protecting and enhancing opportunity for the future. Sustainable tourism development is envisaged as leading to management of all resources in such a way that we can fulfill economic, social, and aesthetic needs while maintaining cultural integrity, essential ecological processes, biological diversity and life support systems." Unter Nachhaltigem Tourismus wird folglich ein Tourismus verstanden, der seine Basis nicht zerstört, keine irreversiblen Schäden anrichtet, Ressourcen nicht verbraucht, sondern nur nutzt und somit für künftige Generationen erhält (Ender 1996: 15). Es handelt sich um ein sehr langfristiges, auf einen Planungszeitraum von 30 bis 50 Jahren angelegtes globales Konzept (Becker 1995: 22). Eine touristische Entwicklung kann nur dann von Dauer sein, wenn sie keine negativen ökologischen, sozialen und wirtschaftlichen Auswirkungen hinterlässt (Mihalic Kaspar 1996: 57). Auch im Aktionsprogramm für Reisen und Tourismus, der Agenda 21, wird die Wichtigkeit der Gleichberechtigung aller am Tourismus Beteiligten, vor allem auch der Einheimischen, in einer nachhaltigen Tourismusentwicklung herausgestellt (WTO/WTTC/Earth Council 1995: 48).

Ein bedeutendes Ziel einer solchen Entwicklung liegt folglich in einem ausgewogenen Verhältnis zwischen den Kosten und den Gewinnen des Tourismus, d. h.: „Sustainable tourism products are products which are operated in harmony with the local environment, community, and cultures, so that these become the permanent beneficiaries not the victims of tourism development." (ebd.: 30)

Zu den globalen Forderungen, den so genannten Mindestelementen des Dreiklanges einer nachhaltigen Entwicklung gehören: „die Erhaltung der ökologischen Integrität und Vielfalt, die Erfüllung menschlicher Grundbedürfnisse, die Sicherung von Optionen für künftige Generationen, die Reduzierung der Ungerechtigkeit und die Erhöhung der Selbstbestimmung" (Steinecke 1995: 8). Dabei sollte festgehalten werden, dass Nachhaltigkeit nicht als ein Ziel, sondern eher als ein Weg, d. h. als eine Wirtschaftsform betrachtet werden sollte (Ender 1996: 15).

Eine nachhaltige Tourismusentwicklung besagt, dass der Erfolg von langfristigen Investitionen in touristische Projekte und Programme vom erfolgreichen Management der natürlichen Umwelt, der kulturhistorischen Bauten, der Bereisten und der Touristen abhängig ist und umgekehrt (Hunter/Green 1995: 70). Nachhaltigkeit in diesem Sinne wird als ein strategisch orientiertes Ressourcen- und Qualitätsmanagement verstanden (Hopfenbeck/Zimmer 1993: 257). Das Konzept geht außerdem davon aus, dass ökonomischer Erfolg und Schutz der Umwelt im weiteren Sinne sich nicht gegenseitig ausschließen. Für den IUCN/UNEP/WWF (1991: 10) bedeutet Nachhaltigkeit, die Lebensqualität zu verbessern und innerhalb der Tragfähigkeitsgrenzen unseres Ökosystems zu leben. Ein zentraler Ansatzpunkt bei der Umsetzung des *Sustainable Tourism Development* ist demzufolge die Bestimmung von individuellen Belastungsgrenzen, innerhalb derer der Tourismus unter der Voraussetzung den größten Nutzen erbringt, dass er nachhaltig gemanagt wird.

Zusammenfassend kann festgestellt werden, dass das Ziel einer nachhaltigen Tourismusentwicklung im Gleichgewicht zwischen den drei Dimensionen des Dreiklanges liegt, d. h. „Typ und Ausmaß von touristischen Aktivitäten müssen dabei in Balance mit den Kapazitäten der Natur und Umwelt und den von Menschen geschaffenen ‚Ressourcen' sein." (WTO 1993: 23).

Grenzen des touristischen Wachstums: „Carrying Capacity" der Destination

Bereits 1975 machte Krippendorf darauf aufmerksam, dass bei einer unvermindert steigenden Besucherzahl und einer zunehmenden räumlichen Konzentration des Tourismus auf bestimmte Landschaftsteile und Regionen es immer häufiger zur Beeinträchtigung landschaftsgebundener Ressourcen sowie zu ökonomischen, sozialen und politischen Belastungserscheinungen kommt (Krippendorf 1975 zitiert nach Scharpf 1980: 345).

Belastungen entstehen, wenn es zu Konflikten zwischen Nutzungsansprüchen kommt. Jedoch entstehen Belastungen nicht nur in Bezug auf natürliche Potenziale, sondern auch bei „Beeinträchtigungen der ökonomischen und sozialen Situation (...) sowie der Qualitäten für anderweitige Nutzungen." (Job 1991: 113). Die Belastbarkeit dagegen wird als die „Empfindlichkeit eines Ökosystems gegen einen belastenden Faktor oder gegen eine Kombination von mehreren, einander mehr oder minder steigernden Faktoren, und seiner Regenerationsfähigkeit" (Ellenberg 1972: 21) definiert. Es geht demzufolge um die Bestimmung der Grenzen, innerhalb derer die Belastungen noch toleriert werden können.

Belastungen durch den Fremdenverkehr treten in vielen Bereichen und in sehr unterschiedlicher Intensität auf. Einen detaillierten Überblick über touristische und freizeitorientierte Belastungen ökologischer, ökonomischer und sozialer Art geben Becker/Job/Witzel 1996, Becker/Job/Koch 1991 sowie Maier/Strenger/Troeger-Weiß 1988. Allgemein kann festgehalten werden, dass Belastungen insbesondere durch hohe Besucherzahlen, verdichtete Bebauung, steigenden Landschaftsverbrauch, Überlastung der Fremdenverkehrseinrichtungen und des bestehenden Straßennetzes, Lärmbelästigung, Luftverunreinigungen etc., aber auch durch eine negative Einstellung der einheimischen Bevölkerung entstehen.

Für die Bestimmung, ob eine Entwicklung nachhaltig ist, müssen Ziele operationalisiert werden. Deshalb ist es für die Umsetzung einer tragfähigen Tourismusentwicklung fundamental, Belastungs- bzw. Kapazitätsgrenzen für die Bereiche Ökonomie, Ökologie und Gesellschaft festzulegen. Viegas (1998: 19) formuliert dies folgendermaßen: „Für ein Gebiet soll bezüglich einer bestimmten Belastung ein Grenzwert gefunden werden, eine ‚Belastungsgrenze' also, die die Natur (aber auch die Ökonomie und die Gesellschaft - Anm. d. Verf.) noch verkraften bzw. wieder ausgleichen kann ohne irreparablen Schaden aufzuweisen (im Englischen spricht man von *carrying capacity*).

Mieczkowski (1995: 310) bezeichnet diese Wendemarke als tatsächliche Belastungskapazität oder den Sättigungsgrad einer Ressource, bei der „the natural environment is likely to sustain damaged as a result of overuse and may reach the limits of its sustainability - a certain critical capacity threshold or the saturation point, called carrying capacity." Die Qualität des Tourismus bleibt ab diesem Grad auf der Strecke und die Belastungen für alle Beteiligten steigen. Für die Ermittlung von Belastungswerten und -grenzen für eine Destination ist demzufolge eine mehrdimensionale Betrachtung unter Berücksichtigung innerregionaler und lokaler Angebotsfaktoren und der spezifischen Aktivitäten und Ansprüche der Gäste und der Bevölkerung notwendig.

Die Umsetzung einer nachhaltigen Tourismusentwicklung ist nur innerhalb vorher festgelegter Grenzen möglich, d.h. die Kapazitätsgrenzen einer Destination sollten zu keinem Zeitpunkt überschritten werden. Letztendlich ist aber diese Festlegung von Schwellenwer-

Abb. 1: Modell der hypothetischen Entwicklung einer touristischen Destination nach Überschreiten der Kapazitätsgrenze

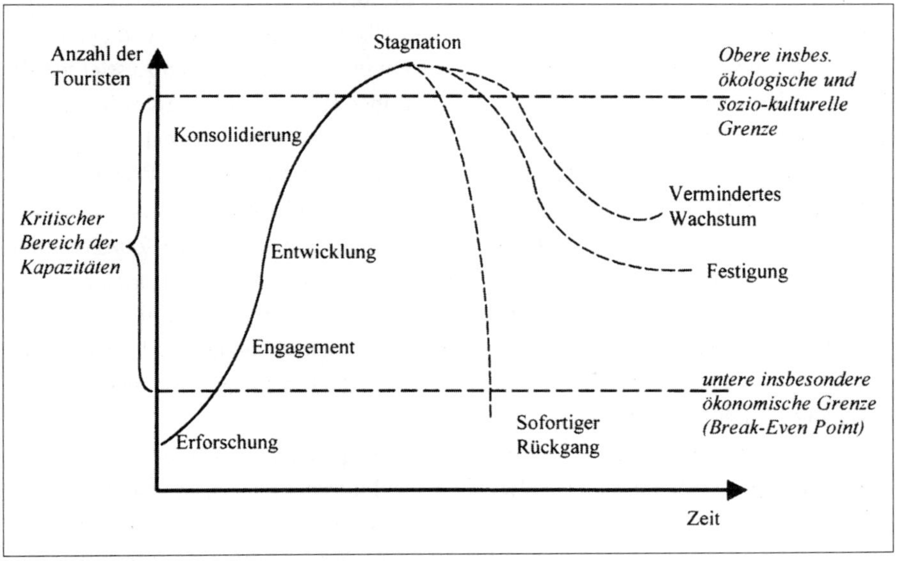

Quelle: Eigene Darstellung in Anlehnung an Butler 1980: 7

ten immer eine politische Entscheidung, ein auf Werturteilen beruhender Kompromiss zwischen den beteiligten Interessengruppen, da objektive Kriterien fehlen.

Butlers Lebenszyklus einer Destination veranschaulicht diesen Zusammenhang und leistet einen wichtigen Beitrag im Konzept der Kapazitätsplanung einer touristischen Destination, da es die Idee des Konzeptes der Nachhaltigkeit verinnerlicht. Jede Destination besitzt bestimmte von der Natur gesetzte Grenzen in Bezug auf die Aufnahmefähigkeit von Touristen. Werden diese überschritten, ist die Entwicklung der Region nicht mehr nachhaltig, d. h. die Destination ist nicht mehr fähig, die Erwartungen der Touristen in ausreichendem Maße zu befriedigen, und ein Rückgang der Gästezahlen ist abzusehen (Hunter/Green 1995: 63; Glasson/Godfrey/Goodey 1995: 28). Butler (1991: 6) beschreibt dies folgendermaßen „unless specific steps are taken, tourist destination areas and resources will in-evitably become over-used, unattractive, and eventually experience declining use".

Eine Modifikation des Modells von Butler erscheint allerdings notwendig, da Butler die Entwicklung der Touristenzahlen „nur" innerhalb der kritischen Bereiche der Kapazitäten betrachtet. Dies reicht jedoch nicht aus, da die Gründe für einen Rückgang oder eine Festigung der Tourismusentwicklung nicht erkennbar sind. Außerdem ist in Butlers Lebenszyklus sogar ein Wachstum oberhalb des kritischen Bereiches der Kapazitäten möglich, was jedoch dem Prinzip der Tragfähigkeit einer Destination widerspricht.

Am Anfang einer touristischen Entwicklung *(Erforschung)* werden nur wenige Besucher in die Destination kommen, da u. a. die touristische Infrastruktur erst aufgebaut werden muss und den Besuchern das regionale Wissen fehlt (Butler 1980: 6). Mit einer verbesserten Bereitstellung von touristischen Infrastruktureinrichtungen und einem größeren Bewusstsein der Bevölkerung über die positiven Effekte, die der Tourismus mit sich bringt, werden auch die Gästezahlen und das *Engagement* für den Tourismus steigen.

Die Popularität eines Gebietes wird schnell zunehmen, u. a. durch verstärkte Marketingaktivitäten, Informationsverteilung und den Ausbau der Freizeiteinrichtungen *(Entwicklung).* Diese Entwicklung ist jedoch nicht endlos möglich: „Eventually, however, the rate of increase in visitor numbers will decline as levels of carrying capacity are reached." (Butler 1980: 6) Wenn die Ressourcen einer Destination vollkommen zerstört sind und der Imageverlust nicht wieder hergestellt werden kann, kann es zu einem völligen Aussterben des Tourismus kommen *(Sofortiger Rückgang).* Es ist aber auch möglich, dass sich die Erholungsnachfrage wieder erholt und sich auf einem niedrigeren Niveau als dem Ausgangsniveau stabilisiert *(Festigung).* In manchen Fällen ist sogar ein *vermindertes Wachstum* wieder möglich, jedoch nur innerhalb des kritischen Bereiches der Kapazitäten.

Das modifizierte Modell zeigt, dass einerseits eine gewisse Anzahl von Touristen erforderlich ist, bevor sich die touristische Entwicklung einer Destination überhaupt lohnt, d. h. die ökonomische Grenze darf nicht unterschritten werden. Diese Grenze wird meistens mit dem *Break-Even Point* einer touristischen Entwicklung gleichgesetzt. Andererseits führt eine Überschreitung der ökologischen oder sozio-kulturellen Kapazitätsgrenze zu einem Rückgang der Erholungsnachfrage.

Eine nachhaltige Tourismusentwicklung ist demzufolge nur innerhalb festgelegter Grenzen möglich. Es ist eine qualitative Entwicklung des Tourismus im Einklang mit der Umwelt gefordert. Das Gleichgewicht einerseits zwischen Besuchern und Einheimischen und deren Umwelt sowie andererseits zwischen der Entwicklung des Tourismus und dem Schutz der Umwelt muss gewahrt werden. Erst mit Festlegung von Kapazitätsgrenzen lassen sich die

Ziele einer nachhaltigen Tourismusentwicklung sowie eines Besuchermanagements operationalisieren.

Definition und Bestimmung von Kapazitätsgrenzen im Tourismus

Das Konzept der Kapazitätsgrenzen leistet einen fundamentalen Beitrag für das Management eines nachhaltigen Tourismus, da es Ziele operationalisiert und außerdem als Leitprinzip fungiert. In seiner einfachsten Form bestimmt das Konzept der *Carrying Capacity* den Nutzungsgrad einer Ressource bzw. Destination, bei dem eine noch tragfähige Entwicklung möglich ist. Für den Tourismus bedeutet dies die Suche nach dem Grad der touristischen Nutzung, bei dem außerdem „ein hoher Grad der Befriedigung der Touristenbedürfnisse und gleichzeitig eine Minimierung der negativen Umwelteinwirkungen" (Hopfenbeck/Zimmer 1993: 269) erzielt werden kann.

In der Literatur sind sehr viele verschiedene Definitionen für das Konzept der *Carrying Capacity* zu finden. Heute wird in der Literatur sehr oft auf die Definition von Mathieson und Wall zurückgegriffen, da sie schon eine differenziertere Beschreibung von Kapazitätsgrenzen hergibt und außerdem beide Sichtweisen des Konzeptes vereinigt: „Carrying capacity is the maximum number of people who can use a site without unacceptable alteration in the physical environment and without an unacceptable decline in the quality of the experience gained by visitors." (Mathieson/Wall 1982: 21).

Inskeep (1991: 144) ist der Meinung, dass die vorherige Definition noch nicht vollständig ist und Folgendes hinzugefügt werden sollte: „without an unacceptable adverse impact on the society, economy, and culture of the tourism area". Damit kommt auch hier wieder der Dreiklang der nachhaltigen Tourismusentwicklung zum Ausdruck. Es reicht folglich nicht aus, für eine Destination nur ökologische Grenzen festzulegen, die Gesellschaft, die Wirtschaft und die Kultur müssen genauso in das Konzept mit einbezogen werden.

Die verschiedenen in der Literatur anzutreffenden Definitionen zeigen sehr deutlich, dass das Konzept der Kapazitätsplanung in den letzten Jahrzehnten weiter vertieft und differenziert wurde. Der Tourismus, als ein dynamisches und multidimensionales System, steht mit allen Bereichen der Gesellschaft in enger Beziehung. Diese Interdependenzen mit der Ökologie, Ökonomie, der Politik und der Gesellschaft müssen bei der Bestimmung von Kapazitätsgrenzen beachtet werden. Es ist unmöglich, alle diese Beziehungen in einer einzigen ultimativen Grenze, „die als objektives Kriterium, als Richtschnur für die Beantwortung aller Fragen heranzuziehen wäre" (Tschurtschenthaler 1986: 170), zu berücksichtigen. Folglich muss jede einzelne Dimension betrachtet und müssen verschiedene Grenzwerte ermittelt werden. Die Dimension mit dem niedrigsten Grenzwert stellt die limitierende Größe, den so genannten Engpassfaktor, für den weiteren Ausbau einer touristischen Destination dar.

Mit Hilfe der festgelegten Kapazitätsgrenzen kann der Rahmen für eine nachhaltige Entwicklung vorgegeben werden. Zu beachten dabei ist, dass sich die Grenzen ständig ändern und demzufolge regelmäßig überprüft werden müssen. Die Strategie- und Handlungspläne müssen sich an den vorgegebenen Rahmen orientieren, um sicherzustellen, dass die Belastungsgrenzen nicht überschritten werden (Apfel/Gros 1995: 59). Murphy (1985: 65) formuliert dies wie folgt: „Introduction of a carrying capacity concept, therefore will not provide exact figures for each and every development situation, but it will create a framework for analysis and assessment that could be used to make more informed decisions".

Die exakte Bestimmung der Kapazitätsgrenzen ist mit Schwierigkeiten verbunden, die aus der Komplexität und Dynamik des Tourismus hervorgehen. Die Kapazität einer touristischen Destination ist auf keinen Fall eine fixe Größe. Im Gegenteil: „Carrying Capacity varies according to season and, over time, factors such as tourists' behavioural patterns, facility design and management, the dynamic character of the environment, and the changing attitudes of the host community" (WTO 1993: 23). Aufgrund dieser Schwierigkeiten tendiert man in den letzten Jahren zu der Meinung, dass es besser wäre, z. B. die Art und Dauer von Aktivitäten zu bestimmen, die ein bestimmtes Gebiet vertragen kann, als eine exakte Festlegung der Anzahl von Touristen vorzunehmen (vgl. WTO 1996: 11).

Die Kapazitätsgrenzen müssen in das Management einer touristischen Destination von Anfang an mit integriert werden. Außerdem können Grenzen jeweils nur für den Einzelfall, das heißt für eine bestimmte Destination, ein bestimmtes Kulturdenkmal, einen bestimmten Nationalpark usw. festgelegt werden. Die Kapazitäten sind nicht übertragbar auf andere Gebiete, doch gibt es einige allgemeine Prinzipien für die Bestimmung dieser Grenzwerte. Das Konzept der Kapazitätsgrenzen stellt ein wichtiges Instrument für die Operationalisierung der festgelegten Ziele dar. Als Schlüsselkonzept der Planung für eine nachhaltige Tourismusentwicklung dürfen die Kapazitäten nicht losgelöst von den Zielen des Leitbildes einer Destination betrachtet werden. Die Grenzen müssen immer im Einklang mit den Zielen festgelegt werden (William/Gill 1994: 180), wobei die Bestimmung dieser Grenzwerte erst den Anfang in der Umsetzung einer nachhaltigen Tourismusentwicklung darstellt.

Die Kapazitätsgrenzen fungieren somit als Voraussetzung für die Bestimmung der Maßnahmen zur Konfliktlösung, wie z. B. das Besuchermanagement. Erst wenn die Ziele näher konkretisiert und operationalisiert sind, kann man dazu übergehen, Maßnahmen für ihre Umsetzung zu ergreifen, denn jetzt sind Ziele hinsichtlich ihres Erfolgsgrades überprüfbar.

Es kann folglich herausgestellt werden, dass die Komplexität des Ansatzes sich primär aus den unterschiedlichsten Wechselbeziehungen zwischen der Destination, den Touristen und den Einheimischen und ihrer Bewertungsproblematik ergibt. Für eine genaue Bestimmung der Kapazitätsgrenzen der touristischen Entwicklung müsste man fiktiv gesehen jeden Einzelfall untersuchen. Da dies in den meisten Fällen unmöglich ist, versucht stattdessen, wie bereits erwähnt, die Schlüsselbeziehungen in der touristischen Kapazität einer Destination herauszufinden.

Zusammensetzung der touristischen Kapazität - das Kapazitätennetz

In der Literatur sind verschiedene Ansätze für die Zusammensetzung der touristischen Kapazität zu finden. Allgemein lässt sich feststellen, dass sich die touristische Kapazität einer Destination ähnlich den Dimensionen der Nachhaltigkeit aus der ökologischen, der ökonomischen und der sozialen Kapazität zusammensetzt. „Carrying Capacity is commonly considered as the threshold of tourist activity beyond which facilities are saturated (physical capacity), the environment is degraded (environmental capacity), or visitor enjoyment is diminished (perceptual or psychological capacity)"(Pearce 1992: 169).

Mit dem Thema der Zusammensetzung der touristischen Kapazität haben sich vor allem Bezzola 1975, Scharpf 1980, O'Reilly 1986, Pearce 1992, Van der Borg/Costa 1993, WTO 1994, Apfel/Gros 1995, sowie Getz 1983, William/Gill 1994 und Glasson/Godfrey/Goodey 1995 ausführlich auseinandergesetzt. Die Autoren legen dabei auf unterschiedliche Aspekte bei der Bestimmung der Kapazitätsgrenzen für eine Destination Wert.

Die Literatur ist sich weitgehend darin einig, dass die physische und die soziale Kapazität auf jeden Fall dazugehören. In den letzten Jahren wird auch die ökonomische Belastungsgrenze als immer wichtiger angesehen und in die Kapazitätendiskussion mit einbezogen. Es wurde erkannt, dass der wirtschaftliche Aspekt bei der Kapazitätsplanung nicht ignoriert werden darf, weil sonst sind die Chancen für eine Umsetzung in die Praxis von vornherein sehr gering sind: So nützt beispielsweise die Beachtung aller Kapazitätsgrenzen einer Destination nichts, wenn die ökonomische Gewinnschwelle unterschritten und solch eine Tourismusentwicklung umrrentierlich wird. Es muss deshalb nach Kompromissen gesucht werden.

Der Punkt, an dem die Meinungen in der Literatur auseinander gehen, liegt im Grad der Einbeziehung der Touristen und der Einheimischen. Es ist bekannt, dass die Wirkungen des Tourismus immer in zwei Richtungen gehen. Erstens sind die Besucher für positive, aber auch für negative Auswirkungen in der Region verantwortlich. Zweitens dürfen aber auch die positiven oder negativen Wirkungen, die die Destination auf die Touristen hinterlässt, nicht ignoriert werden. Folglich müssen Belastungsgrenzen einer Tourismusentwicklung sowohl für die Einheimischen als auch für die Besucher festgelegt werden.

Aber auch der tourismuspolitische Aspekt darf bei der Bestimmung der Kapazitätsgrenzen nicht außer acht gelassen werden. Wie bereits angesprochen sind die einzelnen Belastungsgrenzen nicht fix, sondern können durch geeignete Maßnahmen der Tourismuspolitik und des Managements erweitert oder verringert werden, sodass die als optimal angesehenen Zustände, die sich immer an den obersten Zielen orientieren, erreicht werden können. Ausgangspunkt der Festlegung der optimalen Kapazitäten wird immer ein Zielkonflikt sein, der politisch gelöst werden muss, damit Prioritäten gesetzt werden können. An diesen wird sich dann die zukünftige touristische Entwicklung orientieren.

Den ausführlichsten Ansatz stellen die sechs verschiedenen Belastungsgrenzen nach Getz als Grundlage für die Bestimmung der touristischen Kapazität einer Destination dar, da somit die Einbeziehung aller wichtigen Aspekte gewährleistet wird. Glasson/Godfrey/Goodey (1995: 51) schlagen vor, das Konzept der Kapazitätsgrenzen als ein Netzwerk oder ein Netz aus allen diesen verschiedenen limitierenden Faktoren darzustellen, da alle einzelnen Belastungsgrenzen in einem engen Zusammenhang stehen.

Die einzelnen Module werden in drei „harte", objektive oder quantifizierbare Dimensionen und drei „weiche", mehr subjektive, qualitative Perspektiven unterteilt:

- Zur ersten („harten") Kategorie werden Aspekte der Ökologie, Ökonomie und der physischen Struktur gezählt, worunter auch die touristische Infrastruktur subsumiert wird.
- Zur „soften" Kategorie werden die Beziehungen zwischen den Touristen und den Einheimischen (Besucherzufriedenheit und Gesellschaft) und die Fähigkeiten der Manager zur Kontrolle der anderen fünf Elemente (Tourismuspolitik) zur „gezählt".

Die sechs Module des Kapazitätsnetzes sind eng miteinander verflochten. Für jeden Bereich können Belastungsgrenzen festgelegt werden, wobei sich alle anderen Kapazitäten ändern werden, wenn einer der Schwellenwerte heraufgesetzt wird, etwa durch den Ausbau des Verkehrsnetzes oder die Erweiterung des Wanderwegenetzes. Jedes Element hat, abhängig von der Destination, eine andere Gewichtung. Es ist folglich nicht von vornherein zu sagen, dass zum Beispiel die ökologische Tragfähigkeit stets den Engpassfaktor einer Region darstellt. Es ist jedoch wichtig, dass alle Elemente in die Kapazitätsbestimmung einer touristischen Region mit einfließen.

In der Diskussion der einzelnen Komponenten des Kapazitätennetzes kam schon zum Ausdruck, dass es kritische (in den meisten Destinationen die ökologische und die soziale Kapazitätsgrenze) und weniger kritische Module (z.B. die physische Belastungsgrenze) der touristischen Kapazität gibt, wobei diese jedoch immer vom jeweiligen Einzelfall abhängen.

Bezzola stellte bereits 1975 folgende bedeutende Forderung: „Die Erarbeitung des Kapazitätsmodells zeigte, dass es die wichtigste Aufgabe ist, die Hauptbeschränkungskomponente zu finden, die die übrigen Faktoren entsprechend eingrenzt" (Bezzola 1975). Im Allgemeinen kann nicht im Voraus bestimmt werden, welches Modul des Kapazitätennetzes den Engpass darstellt. Dies wird beeinflusst durch die Beschaffenheit der Region, vor allem auch der dortigen Entwicklungsstufe des Tourismus, und die Eigenschaften der Touristen sowie der Einheimischen. Zum Beispiel wurde für Venedig vorausgesagt, dass aufgrund der Überfüllung mit Tagesgästen die soziale Kapazitätsgrenze der lokalen Bevölkerung im Jahre 2000 an 216 Tagen im Jahr überschritten würde (Glasson/Godfrey/Goodey 1995: 115). Das wäre länger als ein halbes Jahr. Auch die ökonomische Kapazität wird aufgrund des *crowding out*-Effektes überschritten. Die Bodenpreise in der Stadt sind sehr hoch, und die touristischen Aktivitäten vertreiben fast alle anderen wirtschaftlichen Aktivitäten und Funktionen vom Zentrum an die Stadtränder von Venedig. Demzufolge stellen diese beiden Komponenten die Engpässe der touristischen Entwicklung in Venedig dar. Im indischen Goa dagegen wird eine weitere touristische Expansion durch die ökologische Kapazität des

Abb. 2: Das Kapazitätennetz

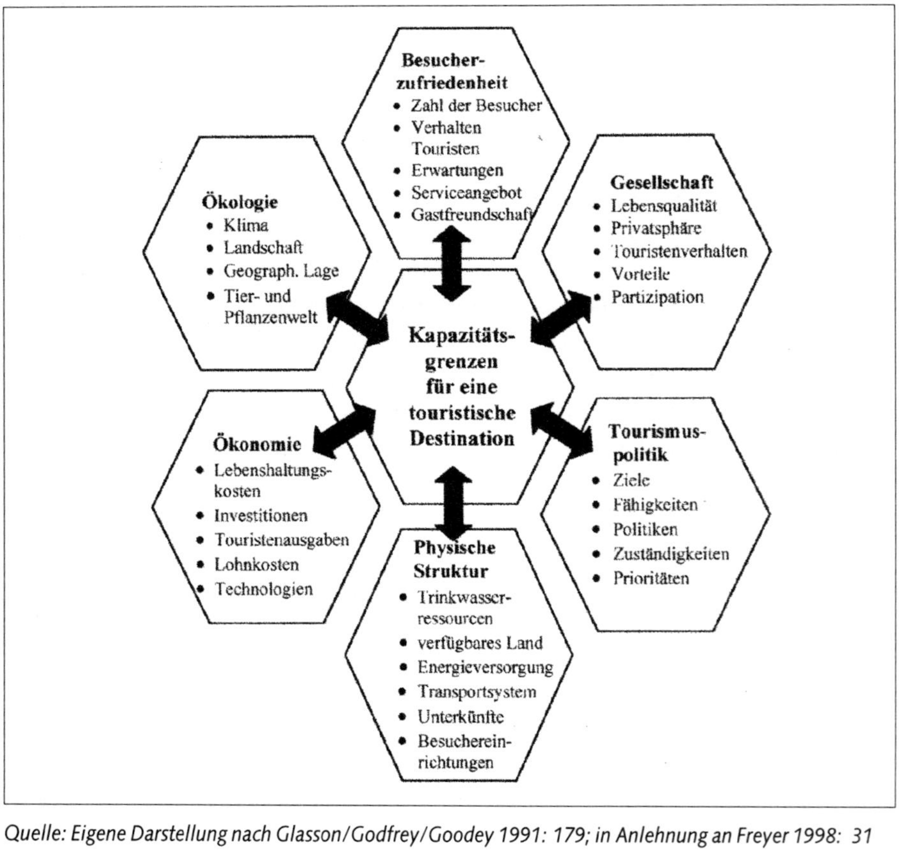

Quelle: Eigene Darstellung nach Glasson/Godfrey/Goodey 1991: 179; in Anlehnung an Freyer 1998: 31

Strandes, sowie durch die sozio-kulturelle Kapazität der lokalen Bevölkerung begrenzt (WTO 1994: 93ff.).

Im Endeffekt hängt es jedoch von der Nachfrage und den im Leitbild der Region festgelegten Zielen ab, ob und wie diese errechneten Kapazitäten ausgenutzt werden (Bezzola 1975: 115). Letztlich müssen von den Verantwortlichen Prioritäten gesetzt und die Grenzen politisch festgelegt werden. Da sich die Belastungen, die Indikatorenwerte und somit auch die Schwellenwerte, d. h. die Belastungsgrenzen saisonal und im Laufe der Jahre verändern, ist eine Langzeitforschung und eine hohe Flexibilität des Managements zur permanenten Anpassung der Tourismuskonzepte erforderlich (Scherzinger 1992: 17). Die Kapazitätsgrenzen einer touristischen Destination werden oft nur während der Hochsaison erreicht und überschritten die belastungen müssen deshalb für die Spitzenzeiten der Erholungsnutzung berechnet werden (WTO 1994: 65f.).

Eine Lösungsmöglichkeit des Problems ist die bessere zeitliche Verteilung der Besucher, um so die Saisonalität zu verringern und eine optimale Ausnutzung der Ressourcen zu erreichen. Verschiedene Strategien und Maßnahmen des Besuchermanagements laufen auf dieses Ziel hinaus, wobei unter Besuchermanagement „Maßnahmen zur Beeinflussung von Besuchern bezüglich ihrer räumlichen und quantitativen Verteilung sowie ihrer Verhaltensweisen, mit dem Ziel geringe oder gar keine negativen Auswirkungen auf das besuchte Objekt oder die bereiste Region auszuüben" (Deibler 1996: 21), zu verstehen sind. (vgl. ausführlicher zum Thema Besuchermanagement Job 1991, Glasson/Godfrey/Goodey 1995, König 1998, sowie Shackley 2000)

Um die aktuellen kritischen Belastungsgrenzen, die so genannten Engpässe, zu finden, muss eine ständige Überwachung der Auswirkungen des Tourismus gewährleistet sein, auch um der Dynamik der Kapazitätsgrenzen und des Tourismus genügend Beachtung zu schenken. Inskeep (1991: 148) fordert sogar noch zusätzliche Überwachungsmethoden: „Carrying capacity analyses does not replace environmental and socioeconomic impact assessment of destination areas or continuous monitoring of the impacts of tourism. Impact assessment should still be done as a complementary action to carrying capacity analyses, providing another technique of ensuring that capacities are not exceeded and especially to detect specific impact problems that may have been overlooked in the capacity analyses."

Scherzinger (1992: 17) stellt folgende Anforderungen an ein solches Monitoring: „Ein derartiges Monitoring muss über ein Dauerprogramm den steten Wandel an Belastungen und Bezugseinheiten berücksichtigen, zumal als Schwellenwerte nicht die durchschnittliche Belastung von Organismen oder Systemen gelten kann, sondern vielmehr die Extremwerte bzw. die Belastung während sensibler Perioden die Bezugsgröße stellen muss."

Mit der Bestimmung und Überwachung der Engpässe der touristischen Kapazität einer Destination ist es jedoch nicht getan. Mit Ausnahme der physischen Kapazität, begrenzt durch die vorhandenen Landschaftsressourcen, lassen sich alle anderen Komponenten beeinflussen, z. B. durch Informationsarbeit, Umweltinvestitionen, Arbeitsmarktpolitik (Tschurtschenthaler 1986: 47). Wenn folglich Kapazitäten für eine weitere Tourismusentwicklung fehlen, müssen „neue Gebiete bereitgestellt werden oder es muss versucht werden, die Kapazität der bestehenden Erholungsgebiete zu erhöhen (Verbesserungen, Nutzungsänderungen; Mehreinrichtungen etc.)" (Bezzola 1975: 115). Bei der Beeinflussung von Belastungsgrenzen muss jedoch beachtet werden, dass die verschiedenen Kapazitäten in gegenseitiger Abhängigkeit stehen. Die Erhöhung einer Kapazitätsgrenze verursacht auch Verschiebungen anderer Kapazitätslimits (Mihalic/Kaspar 1996). Es muss folglich nach Kompromissen gesucht werden, die meistens auf subjektiven Beurteilungen basieren (Lindberg/Stankey/McCool 1997: 462). In der Praxis neigt man dazu, die ökologische und die sozialpsychologische Kapazität als die begrenzenden Komponenten anzusehen, weil eine weitere Ausdehnung der Kapazitäten oftmals ineffizient wird oder physische Barrieren zu groß werden, sodass keine Maßnahmen mehr greifen (Tschurtschenthaler 1986: 175).

Abschließend kann festgestellt werden, dass das Konzept der Kapazitätsgrenzen einer touristischen Destination trotz aller Probleme bei der Anwendung einen bedeutenden Beitrag für die Umsetzung einer nachhaltigen Tourismusentwicklung leistet. Das Konzept der Kapazitätsgrenzen zeigte, dass die negativen Auswirkungen des Tourismus in einer Destination begrenzt werden müssen, um eine nachhaltige Tourismusentwicklung gewährleisten zu können. Auch wenn die quantitative, absolute Bestimmung der Grenzwerte in vielen Fällen aufgrund der Bewertungsproblematik, vor allem bei den „soften" Modulen, sehr schwierig und sogar in vielen Fällen unmöglich ist, so werden mit dem Konzept Engpässe und Probleme aufgedeckt und somit Hinweise auf „Ansatzpunkte für Maßnahmen" (Becker/Job/Witzel 1996: 112) gegeben. Majer (1995: 224) spricht in diesem Zusammenhang von der Aufdeckung von „Nachhaltigkeitslücken".

Aufbauend auf diesen Erkenntnissen über die optimale Kapazität von touristischen Destinationen muss ein entsprechendes Management entwickelt werden, das sich an den Zielen eines nachhaltigen Tourismus und an den Grenzwerten orientiert. Zu den Maßnahmen, die eine touristische Entwicklung innerhalb der Belastungsgrenzen sichern, zählen u. a. das Besuchermanagement, die Zonierung, Maßnahmen zur Erweiterung von Engpässen, d. h. ein Ausbau der entsprechenden Kapazitätsgrenzen, Maßnahmen zur Saisonverlängerung und Diversifizierung des Angebotes usw. (Becker/Job / Witzel 1996: 112).

Fazit

Eine touristische Entwicklung kann nur dann von Dauer sein kann, wenn sie keine negativen ökologischen, ökonomischen oder sozialen Auswirkungen hinterlässt und somit die Ressourcen für zukünftige Generationen erhält. Da aber jede touristische Entwicklung zwangsläufig mit Belastungen für eine Destination verbunden ist, muss für die praktische Umsetzung dieses globalen Konzeptes der tolerierbare Belastungsgrad des Tourismus festgelegt werden, bei dem die lebenserhaltende Kapazität der Umwelt und die Bedürfnisbefriedigung zukünftiger Generationen nicht beeinflusst werden. Die Ermittlung der Belastungen und ihrer Ursachen ist dabei unumgänglich.

Bei der Diskussion um die Belastungen des Tourismus wurde herausgestellt, dass die Belastbarkeit einer Destination begrenzt ist. Anhand des Lebenszyklus einer touristischen Destination wurde erkannt, dass bei Überschreiten der Kapazitätsgrenzen einer Destination die Zahl der Touristen erheblich sinkt. Mit dem Konzept der Kapazitätsgrenzen können folglich die Ziele einer nachhaltigen Tourismusentwicklung operationalisiert und Grenzen bestimmt werden, innerhalb derer Nachhaltigkeit gewährleistet ist. Probleme bei der Bestimmung dieser Belastungsgrenzen ergeben sich dabei aus der Dynamik und den zahlreichen Wechselwirkungen des Tourismus. Die Kapazität einer touristischen Destination wird im Wesentlichen von den Eigenschaften der Touristen und der Einheimischen sowie der Charakteristik der Destination beeinflusst und kann somit nur für den Einzelfall bestimmt werden. Es wurde herausgestellt, dass es jedoch möglich ist, Schlüsselbeziehungen herauszufinden, die die Kapazität jeder touristischen Destination beeinflussen. Dafür muss die Zusammensetzung der touristischen Kapazität einer Destination bekannt sein. Es wurden verschiedene Möglichkeiten einer Unterteilung vorgestellt, wobei festgestellt wurde, dass Engpässe für eine touristische Entwicklung in den Bereichen Ökologie, Ökonomie, Physische Struktur, Besucherzufriedenheit, Gesellschaft und Tourismuspolitik auftreten können.

Die Grenze der touristischen Entwicklung für eine Destination bestimmt sich dabei nicht aus der Summe der einzelnen Grenzen der sechs Module, sondern durch die niedrigste Kapazitätsgrenze in einem der Bereiche, den so genannten Engpassfaktor. Obwohl sich eine quantitative Bestimmung von Kapazitätsgrenzen vor allem für die „weichen" Module - die Grenzen der Toleranzbereitschaft der Einheimischen, die soziale Grenze der Touristen und die Grenzen der Fähigkeiten von Tourismuspolitik und Management - sehr schwierig gestaltet, sollten dennoch Aussagen getroffen werden, auch wenn diese „nur" qualitativer Art sind. Die Kapazitätsgrenzen geben wichtige Hinweise auf mögliche Probleme einer weiteren Tourismusentwicklung und fungieren als Richtlinien. Dabei darf nicht vergessen werden, dass diese Grenzen nicht fix sind, sondern die Kapazitäten durch verschiedenste Maßnahmen erweitert werden können. Die Bestimmung der Kapazitätsengpässe stellt somit nur den Anfang für die Umsetzung einer nachhaltigen Tourismusentwicklung dar.

Im nächsten Schritt müssen Wege gesucht werden, die eine rentable Tourismusentwicklung innerhalb dieser Kapazitätsgrenzen garantieren. Eine Möglichkeit stellt das Besuchermanagement dar, da es die Probleme des Massentourismus anspricht und somit für eine nachhaltige Tourismusentwicklung sehr wichtig ist. Das Besuchermanagement verfolgt das Ziel, die räumliche und quantitative Verteilung sowie das Verhalten der Besucher zu beeinflussen, um die negativen Auswirkungen des Tourismus in Destinationen zu minimieren, den Zufriedenheitsgrad der Besucher auf diese Weise zu erhöhen und die Ressourcen der Destination für zukünftige Generationen zu erhalten.

Literatur

Apfel, F./Gros, M. (1995): Operationalisierung im Sustainable Tourism Development - Eine Anwendung des European Community Model of Sustainable Tourism (ECOMOST) auf die Baleareninsel Ibiza. Trier

Becker, C./Job, H./Koch, M. (1991): Umweltschonende Konzepte der Raumordnung für Naherholungsgebiete - Belastungen, Lösungs- und Planungsansätze, Verwaltungsstrukturen. Trier

Becker, C./Job, H./Witzel, A. (1996): Tourismus und nachhaltige Entwicklung - Grundlagen und praktische Ansätze für den mitteleuropäischen Raum. Darmstadt

Becker, C. (1995): Nachhaltige Regionalentwicklung mit Tourismus: ein Strategierahmen; in: Becker, C. (Hg.): Ansätze für eine nachhaltige Regionalentwicklung mit Tourismus. Berlin, 21-32

Bezzola, A. (1975): Probleme der Eignung und der Aufnahmekapazität touristischer Bergregionen der Schweiz. Winterthur

Butler, R.W. (1980): The concept of a tourist-area cycle of evolution and implications for management; in: The Canadian Geographer, H. 24, 5-12

Deibler, M. (1996): Kulturtourismus - Auswirkungen und Lenkungsmöglichkeiten; in: DSF- Deutsches Seminar für Fremdenverkehr: Kulturtourismus - „Besucherlenkung versus Numerus Clausus". Berlin, 7-80.

Ellenberg, H. (1972): Belastung und Belastbarkeit von Ökosystemen, Tagungsbericht der Gesellschaft für Ökologie I, Göttingen, 19-26.

Ender, W. (1996): Umwelt und Tourismus - Vom Fremdenverkehr zum Sustainable Tourism; in: Fischer, G./ Laesser, C. (Hg.): Theorie und Praxis der Tourismus- und Verkehrswirtschaft im Wertewandel. Bern u. a., 13-33

Freyer, W. (⁶1998): Tourismus - Einführung in die Fremdenverkehrsökonomie. München/Wien.

Fritz, G./Lassen, D. (1977): Untersuchungen zur Belastung der Landschaft durch Freizeit und Erholung in ausgewählten Räumen, Schriftenreihe für Landschaftspflege und Naturschutz, H. 15, Bonn - Bad Godesberg

Getz, D. (1983): Capacity to absorb Tourism - Concepts and Implications for Strategic Planning; in: Annals of Tourism Research, Vol. 10, 239-263
Glasson, J./Godfrey, K./Goodey, H. (1995): Towards Visitor Impact Management - Visitor Impacts, Carrying Capacity and Management Responses in Europe's Historic Towns and Cities. Aldershot
Hauff, V. (Hg.) (1987): Unsere gemeinsame Zukunft - Weltkommission für Umwelt und Entwicklung. Greven.
Hopfenbeck, W./Zimmer, P. (1993): Umweltorientiertes Tourismusmanagement - Strategien, Checklisten, Fallstudien. Landsberg/Lech
Hunter, C./Green, H. (1995): Tourism and the Environment - A sustainable relationship?. London/New York.
Inskeep, E. (1991): Tourism Planning - An integrated and sustainable development approach. New York.
IUCN/UNEP/WWF (Hg.) (1991): Caring for the earth - A strategy for sustainable living, Gland
Job, H. (1991): Freizeit und Erholung mit oder ohne Naturschutz? - Umweltauswirkungen der Erholungsnutzung und Möglichkeiten ressourcenschonender Erholungsformen, erörtert insbesondere am Beispiel Naturpark Pfälzerwald, Pollichia-Buch Nr. 22, Bad Dürkheim
Jungk, R. (1980): Wieviel Touristen pro Hektar Strand?; in: GEO, Nr. 10, 154-156
König, N.(1998): Besuchermanagement als Instrument einer nachhaltigen Tourismusentwicklung in Destinationen, unveröffentl. Diplomarbeit, Fakultät Verkehrswissenschaften an der TU Dresden. Dresden
Krippendorf, J. (1996): Die Ferienmenschen - Für ein neues Verständnis von Freizeit und Reisen, Neuausgabe. Bern
Krippendorf, J. (1975): Die Landschaftsfresser, Tourismus und Erholungslandschaft - Verderben oder Segen?. Bern/Stuttgart
Lindberg, K./McCool, S./Stankey, G. (1997): Rethinking Carrying Capacity; in: Annals of Tourism Research Vol. 24(2), 461-465
Losang, E. (2000): Tourismus und Nachhaltigkeit. Trier
Maier, J./Strenger, R./Troeger-Weiß, G. (1988): Wechselwirkungen zwischen Freizeit, Tourismus und Umweltmedien - Analyse der Zusammenhänge. Karlsruhe
Majer, H. (1995): Nachhaltige Entwicklung - Vom globalen Konzept zur regionalen Werkstatt; in: WSI-Mitteilungen, 48 (4), 220-230
Mathieson, A./Wall, G. (1982): Tourism - economic, physical and social impacts. Harlow
Mieczkowski, Z. (1995): Environmental Issues of Tourism and Recreation. Lanham
Mihalic, T./Kaspar, C. (1996): Umweltökonomie im Tourismus. Bern u. a.
Müller, H. (1995): Nachhaltige Regionalentwicklung durch Tourismus: Ziele - Methoden - Perspektiven; in: Steinecke, A. (Hg.): Tourismus und nachhaltige Entwicklung - Strategien und Lösungsansätze. Trier, 11-18
Murphy, P. E. (1985): Tourism - A community approach. London/New York
O'Reilly, A. M. (1986): Tourism Carrying Capacity - Concepts and issues; in: Tourism Management, Vol. 7, Nr. 4, 254-258
Pearce, D. (1992): Tourist Development, 2. Aufl. Harlow u. a.
Scharpf, H. (1980): Die Belastungsproblematik im Rahmen der Freizeitplanung; in: Buchwald, K./Engelhardt, W.: Handbuch für Planung, Gestaltung und Schutz der Umwelt, Band 3 - Die Bewertung und Planung der Umwelt. München u. a., 345 - 360
Scherzinger, W. (1992): Kapazitätsgrenzen für Tourismus in Schutzgebieten; in: FÖNAD - Föderation der Natur- und Nationalparke Europas (Hg.): Nationalparke in Deutschland: Naturschutz trotz Tourismus?. Grafenau, 12-21
Shackley, M. (2000): Visitor Management, Butterworth-Heinemann. Nottingham
Steinecke, A. (1995): Tourismus und nachhaltige Entwicklung: Strategien und Lösungsansätze - Einführung in das 4. Europäische Wissenschaftsforum; in: Steinecke, A. (Hg.): Tourismus und nachhaltige Entwicklung - Strategien und Lösungsansätze. Trier, 7-10
Tschurtschenthaler, P. (1986): Das Landschaftsproblem im Fremdenverkehr dargestellt anhand der Situation des Alpenraums - Eine ökonomische Analyse. Bern/Stuttgart
Van der Borg, J./Costa, P. (1993): The management of tourism in cities of art; in: Tourist Review; 48 (2), 2-10.
Viegas, A. (1998): Ökomanagement im Tourismus. München/Wien
Wall, G. (1982): Cycles and capacity - incipient theory or conceptual contradiction; in: Tourism Management, 3 (3), 188-192.
William, P. W./Gill, A. (1994): Tourism carrying capacity management issues; in: Theobald, W. F. (Hg.): Global Tourism - The next decade. Oxford, 174-187.
WTO - World Tourism Organization (1994): National and Regional Planning - Methodologies and Case Studies. London/New York
WTO - World Tourism Organization (1997): News - 1.6 Billion Tourists by 2020, May Nr.2, 1.
WTO - World Tourism Organization (1996): News - Carrying Capacity and Environmental Indicators: What Tourism Managers Need to Know, May-June Nr.2, 9-12.
WTO - World Tourism Organization (1993): Sustainable Tourism Development - A Guide for Local Planners. Madrid
WTTC - World Travel & Tourism Council/WTO - World Tourism Organization/ Earth Council (1995): Agenda 21 for the Travel & Tourism Industry - Towards Environmentally Sustainable Development. London

Carsten Grashoff

Destinationsmanagement als neues Steuerungsmodell der Tourismusentwicklung

Für viele traditionelle Feriengebiete Deutschlands - wie auch anderer mitteleuropäischer Länder - stellt die Sicherung der Wettbewerbsfähigkeit in einem nicht oder nur schwach wachsenden Markt gegenwärtig die größte Herausforderung dar. Dies erfordert nicht nur von den einzelnen touristischen Anbietern, zu denen auch Kommunen gehören, sondern von der gesamten Tourismuswirtschaft eines Ortes bzw. einer Region neue Formen von Planung und Management. Damit spielen die Organisation des Tourismus sowie Planungs- und Entscheidungsstrukturen und -prozesse eine wichtige Rolle.

In diesem Zusammenhang taucht in der tourismuswissenschaftlichen Diskussion seit geraumer Zeit der Begriff „Destinationsmanagement" auf, der für eine Neuausrichtung von Planung und Organisation des Tourismus steht. Dieser Ansatz wird zwar zurzeit viel diskutiert, ist allerdings inhaltlich noch wenig abgesichert und entspringt unterschiedlichen normativen Grundlagen. Trotz variierender Inhalte der Ansätze, die bisher eher ökonomisch dominiert sind, verfolgt Destinationsmanagement grundsätzlich das Ziel, durch eine kooperative Problembearbeitung die Wettbewerbsfähigkeit von Ferienregionen zu stärken.

Abb. 1: Destination als Holding

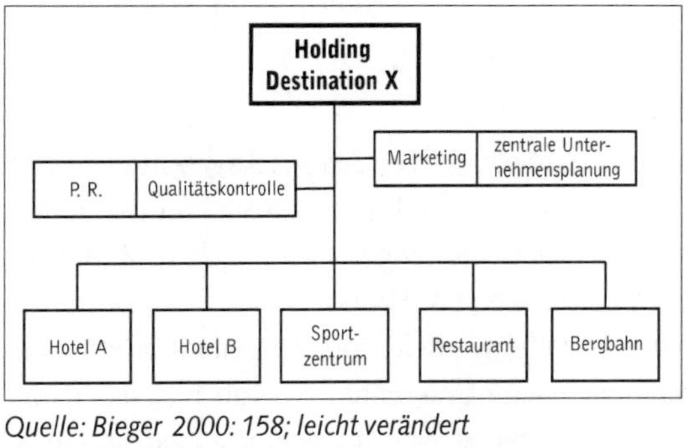

Quelle: Bieger 2000: 158; leicht verändert

Seinen Ursprung hat Destinationsmanagement in Nordamerika. Aufgrund der Struktur und Organisation der dortigen Urlaubsorte kann in diesem Fall durchaus von einem Management im betriebswirtschaftlichen Sinne gesprochen werden, denn diese sind dort häufig wie ein Unternehmen bzw. eine Holding organisiert, d. h. ein dominierendes Unternehmen besitzt die wichtigsten Leistungsträger wie Hotels, Sportanlagen, Freizeiteinrichtungen usw. Einzelne Anbieter innerhalb dieser Ressorts fungieren wie Tochterunternehmen der Holding, die die Unternehmensstrategie vorgibt, deren Einhaltung überwacht, die Produktion des Angebots koordiniert und dieses vermarktet (vgl. Bieger 2000: 157).

Mit der Übernahme derartiger Konzepte in Europa haben sich in den letzten Jahren vor allem die Schweiz und Österreich hervorgetan. Seit kurzem schmücken sich auch einige deutsche Feriengebiete mit dieser vermeintlich innovativen Entwicklungsstrategie. Dabei beinhalten die Konzepte - genauer: die Handlungsansätze und Maßnahmen, die als Destinationsmanagement bezeichnet werden - sehr verschiedene Sachverhalte mit unterschiedlichen Reichweiten.

Sicherlich kann das ursprüngliche nordamerikanische Modell von Destinationsmanagement nicht ohne Weiteres auf deutsche Verhältnisse übertragen werden. Eine derart zentralisierte Führung wird hierzulande aufgrund der seit Jahrzehnten gewachsenen Akteursstrukturen nicht möglich sein. Neben der ungleich höheren Zahl kleiner und mittlerer Betriebe haben sich vor allem vielfältige politische Konstellationen gebildet, die zentrale Funktionen im Tourismus wahrnehmen. Anstelle einer hierarchischen Steuerung wird es vielmehr darum gehen müssen, ein institutionen- und unternehmensübergreifendes Managementverständnis zu entwickeln.

Hintergründe und Anforderungen neuer Steuerungsmodelle

Ausdifferenzierte Steuerungssysteme

Tourismus ist ein äußerst facettenreicher und fragmentierter Wirtschaftszweig, der die Summe aus unabhängigen, aber doch miteinander verknüpften Aktivitäten darstellt und in vielfältigen Wechselbeziehungen zu anderen Wirtschaftsbereichen steht. Damit stellt Tourismusplanung ein komplexes Handlungsfeld dar, an dem viele öffentliche und private Entscheidungsträger beteiligt sind, von denen keiner weder die alleinige Kontrolle über die Entwicklung hat, noch über umfassende Möglichkeiten verfügt, diese zu lenken. Damit sich die vielfältigen Planungen und Projekte öffentlicher und privater Planungsträger nicht gegenseitig beeinträchtigen, bedarf es einer querschnittsorientierten und Ressorts übergreifenden Koordinierung, um eine optimale Gesamtentwicklung des jeweiligen Standortes zu erreichen.

Durch die ausdifferenzierten Steuerungssysteme wächst der Koordinationsbedarf, um Kompetenzprobleme zu vermeiden: Häufig ist unklar, wer für welche Fragen zuständig ist, was entweder zu Doppelarbeiten und ineffizientem Ressourceneinsatz führt oder inhaltliche Defizite entstehen lässt.

Komplementarität touristischer Leistungen

Es ist ein Charakteristikum des touristischen Angebots, dass es sich aus Angebotselementen diverser Anbieter zusammensetzt, aber nur in seiner Gesamtheit einen Sinn für den Touristen ergibt. Da Urlauber aber nicht einzelne isolierte Leistungen nachfragen (z. B. nur das Bettenangebot eines Hotels oder nur den Spazierweg am Strand), sondern ein Leistungsbündel, muss das Angebot als ein solches gestaltet werden. Komplementaritätsbeziehungen müssen dabei sowohl zu den Angeboten anderer Unternehmen als auch zu den natürlichen und kulturellen Ressourcen bestehen. Damit ist eine teilleistungs- und unternehmensübergreifende Koordination notwendig. Die eigentliche touristische Leistung besteht also aus der Synthese vorhandener Angebotselemente und ihrer Ergänzung zu einem harmonischen Gesamtbild.

Strukturwandel der Branche

Der Tourismusmarkt ist durch einen grundsätzlichen Paradigmenwechsel auf der Nachfragerseite geprägt. Während bis in die 80er Jahre hinein Reisen vor allem als Gegenwelt zum Alltag erlebt und als Regeneration von der Arbeit angesehen wurde, wird dem Urlaub heute zunehmend ein Eigenwert beigemessen: Er wird zum Höhepunkt des Freizeitlebens, in dem Lebensstil und Freizeitinteressen weiterentwickelt werden (vgl. Becker/Job/Witzel 1996: 18). Als

Faktoren des Strukturwandels, der neue Anforderungen an einzelne Orte und Betriebe stellt und deren enge Zusammenarbeit erfordert, sind zu nennen:

- Zunehmender Wettbewerbsdruck: Im Tourismus ist eine wachsende Kluft zwischen dem ständig wachsenden Angebot und der Nachfrage, die gerade in älteren Zielgebieten oft stagniert, festzustellen. Als Folge beherrscht ein Überangebot an Kapazitäten den Markt. Im übersättigten Markt mit großer Konkurrenz wird es für einzelne Orte immer schwieriger, wahrgenommen zu werden, eine spürbare Resonanz auf den Märkten zu erzeugen und so letztendlich wettbewerbsfähig zu bleiben.
- Wachsende Ansprüche der Kunden: Urlauber von heute sind aufgrund ihrer Reiseerfahrung gut informiert, anspruchsvoll und preissensibel. Touristische Basisleistungen werden als Selbstverständlichkeit erwartet, ebenso ein breites Angebotsspektrum. Darüber hinaus erwarten viele Reisenden ergänzende Zusatzleistungen mit hohem Erlebniswert, denn erst jenseits des Erholens beginnt für viele das Erlebnis (vgl. Opaschowski 1996: 158). Die Erwartungen der Urlauber an Freizeiteinrichtungen und Veranstaltungen sind aber oft von schnell wechselnden Moden beeinflusst und stellen damit die touristische Angebotsplanung vor große Herausforderungen. Erschwert wird die Angebotsplanung, weil es keine eindeutigen Mega-Trends gibt, sondern eine Vielzahl von Trends mit unterschiedlicher Intensität. Außerdem verliert Urlaub als solcher immer mehr seinen Ereignischarakter, sodass Urlaub als schönste Zeit des Jahres neu inszeniert werden muss. Die angebotenen Urlaubswelten werden daher in vielen Fällen künstlicher und perfekter, Urlaubserlebnisse werden inszenierter und arrangierter.
- Diversifizierung der Zielgruppen: Individualisierung ist einer der entscheidenden Trends in der Gesellschaft, was auch auf den Urlaub übertragen wird. So ist festzustellen, dass das Reiseverhalten Einzelner immer vielfältiger wird. Kennzeichnend für den „multi-optionalen" Gast ist, dass einzelne Personen vielfach grundverschieden strukturierte Reisen unternehmen. Auch bei der Urlaubsgestaltung sind oft mehrere Motive gleichzeitig aktiv, sodass die Angebote, die die meisten Möglichkeiten und Alternativen bieten, den Vorzug erhalten. Je mehr Möglichkeiten also dem Gast angeboten werden können, um so attraktiver ist das Angebot. Dabei muss dieses auf eine bestimmte Urlaubsform abgestimmt sein, was zielgruppenspezifische Angebote erforderlich macht.

Stellenwert der öffentlichen Hand

Zahlreiche touristische Teilleistungen sind öffentliche Güter, d. h. die Leistungen stehen allen offen - ob sie dafür bezahlen oder nicht -, wie z. B. die öffentliche örtliche Infrastruktur. Da keine verursachergerechte Belastung möglich ist und folglich kein privatwirtschaftliches Unternehmen bereit wäre, diese Leistungen bereitzustellen, muss dies von der öffentlichen Hand übernommen werden. Allerdings muss die Haushaltslage bei Bund, Ländern und Gemeinden als restriktive Rahmenbedingung berücksichtigt werden.

Gleichzeitig steigen die Ansprüche an die Kommunen und die Kosten für die Bereitstellung und Unterhaltung von Freizeitanlagen. In diesem ursprünglich rein kommunalen Bereich gewinnen private Investoren zunehmend an Bedeutung. Viele Gemeinden stehen nun vor der Herausforderung, möglichst viele Investitionen in den privaten Bereich zu verlagern, ohne gleichzeitig die politische Verantwortung aufzugeben. Außerdem müssen öffentliche Träger angesichts der Ausdifferenzierung der Zielgruppen wesentlich kritischer prüfen, welche Maßnahmen ein besonderes öffentliches Anliegen und daher förderungswürdig sind.

Defizite traditioneller tourismusplanerischer Instrumente

Als eine weitere Notwendigkeit für eine Neuausrichtung von Tourismuspolitik und -planung müssen auch einige Schwächen konventioneller Planungsverfahren und -instrumente, wie z. B. Regional- und Bauleitplanung, Fachplanungen, Tourismusentwicklungskonzepte sowie die Strukturpolitik und Wirtschaftsförderung, genannt werden. Die Schwächen lassen sich auf vier Kernaspekte verdichten:

- Unflexibilität und Durchsetzungsschwäche: Die Verfahren zur Aufstellung von Plänen ziehen sich z. T. über mehrere Jahre hin. Dadurch besteht die Gefahr, dass ursprünglich sinnvolle Maßnahmen der in der Zwischenzeit veränderten Situation nicht mehr gerecht werden. Weiterhin definiert Planung in der Regel einen mittel- bis langfristigen Rahmen, der von anderen Akteuren ausgefüllt werden kann. Die aufstellenden Behörden selbst aber haben meist wenig Kompetenzen, Projekte durchzuführen, die zur Realisierung der Ziele beitragen können. Planungen leider daher immer unter einer gewissen Durchsetzungsschwäche. Damit ist Planung auf Kooperationspartner angewiesen, die zur Erreichung der anvisierten Ziele beitragen. Anzustreben ist folglich, dass planende und ausführende Instanzen über den gesamten Prozess hinweg in enger Abstimmung agieren und ihre Aktionen stärker aufeinander beziehen.
- Mangelnde überörtliche Perspektive: Auf kommunaler Ebene fehlt oft der Blick für die notwendige Zusammenarbeit mit Nachbargemeinden, die u. a. dadurch notwendig wird, dass der Aktionsradius der Urlauber über die Wirkungsbereiche einzelner Kommunen hinausgeht und größere Freizeiteinrichtungen überörtliche Auswirkungen haben. Eine Zusammenarbeit wird oft durch vermeintliche Rivalitäten zwischen den Gemeinden belastet. Stellenweise erschwert oder verhindert sogar ein ausgeprägtes Konkurrenzdenken der Tourismusorte untereinander um Urlauber oder Investoren eine Kooperation schon im Ansatz.
- Eingeschränktes Zielspektrum: „Offizielle" Tourismuspolitik wird in der Regel von Wirtschaftsressorts betrieben, dadurch werden tourismuspolitische Zielsetzungen oft auf wirtschaftspolitische Aspekte reduziert. Gerade auf Bundes- und Landesebene werden die Kräfte des Marktes und die Eigeninitiative der Tourismuswirtschaft stark betont (vgl. z. B. Bundeswirtschaftsministerium, div. Jg.). Innerhalb der Strukturförderung wird oft einseitig der Ausbau der Kapazitäten gefördert, während Möglichkeiten zur qualitativen Tourismusentwicklung vernachlässigt werden. So können z. B. organisatorische und institutionelle Maßnahmen, wie der Aufbau effizienter Organisationsstrukturen und Akteursnetzwerke sowie die Initiierung von Kooperationsprozessen, nur selten gefördert werden.
- Mangelnde Einbindung von Betroffenen: Tourismusplanung führte in der Vergangenheit immer wieder zu Fehlentwicklungen, die u. a. in Umwelt- und Landschaftsschäden, Überlastungserscheinungen und unangemessenen Bauvorhaben zum Ausdruck kommen. Einige Autoren (so z. B. Klemm 1998: 89) führen dies auf eine mangelhafte Einbeziehung Beteiligter und Betroffener zurück. Förmliche Beteiligungsverfahren, z. B. die Bürgerbeteiligung im Rahmen der Bauleitplanung, sind in dieser Hinsicht allerdings problematisch: Bei den Stellungnahmen überwiegen Einzelinteressen, kurzfristiges ökonomisches Denken siegt über die Berücksichtigung längerfristiger Auswirkungen, Informationen über Entwicklungsalternativen fehlen häufig. Hier müssen neue Möglichkeiten gefunden werden, Interessenkonflikte frühzeitig auszuräumen und auch solche Akteure einzubinden, die durch formale Verfahren nicht erreicht werden können. Dazu gehören vor allem privatwirtschaftliche Akteure, die als Investoren für neue Einrichtungen auftreten.

Wollen einzelne Regionen unter diesen Prämissen Tourismus als Wirtschaftszweig dauerhaft sichern und daraus eine angemessene Wertschöpfung erzielen, bedarf es eines umfassenden konzeptionellen und querschnittsorientierten Ansatzes. Notwendig ist dazu die Überwindung des Neben- und teilweise auch Gegeneinanders der Orte und Unternehmen sowie der sektoralen Sichtweise einzelner Fachplanungen. Vielmehr müssen die vorhandenen Kräfte auf gemeinsame Entwicklungsziele konzentriert und die zur Verfügung stehenden Ressourcen und Instrumente koordiniert eingesetzt werden.

Eine Lösungsmöglichkeit, die den skizzierten Anforderungen gerecht werden kann, ist das Konzept des Destinationsmanagements, das im Folgenden definiert und erläutert wird.

Begriffsdefinitionen von Destinationsmanagement

Der Begriff „Destination" wird im allgemeinen Sprachgebrauch oft synonym zum Begriff „Tourismusregion" verwendet. Er wäre damit zunächst der allgemeine Ausdruck für Regionen, die von Urlaubern als Reiseziel ausgewählt werden und die anhand bestimmter Merkmale zusammengehörende Räume bilden.

Der Begriff ist allerdings noch weiter gefasst als ausschließlich räumliche Zusammenhänge. Destination bezeichnet auch die verschiedenen Anbieter, die für den Aufenthalt notwendige Einrichtungen und Dienstleistungen bereitstellen und ist damit sowohl als Reiseziel als auch als Tourismusprodukt zu verstehen (vgl. Bieger 2000: 73). Destinationen werden damit zum zentralen Element im Tourismussystem, da sie die aus Nachfragersicht homogenen Angebotseinheiten darstellen, die die Leistungen für den Urlauber erbringen, wobei die Leistungserstellung zwar kollektiv, aber auch unabhängig voneinander erfolgt. Da eine Destination mit ihrem vielfältigeren Angebot eher der Erwartungshaltung der multi-optionalen Gäste entsprechen kann, spielt sie eine wesentlich kaufentscheidendere Rolle als ein einzelner Ort oder Betrieb, die ja jeweils nur einen Teil zum Gesamtprodukt beitragen. Das Angebotsspektrum darf dabei aber nicht aus einem unverbundenen Nebeneinander von Produkten verschiedener Leistungsträger in unterschiedlicher Qualität bestehen, denn der Kunde differenziert in der Regel nicht nach den verschiedenen Unternehmen, sondern schreibt die Qualität der Destination insgesamt zu. Sie benötigen also eine gewisse Organisation, um wirklich als Wettbewerbseinheit auftreten und agieren zu können.

Management ist definiert als das „Gestalten und Lenken zweckorientierter sozialer Systeme" (Haedrich 1998: 33) und entstammt der betriebswirtschaftlichen Organisations- und Führungslehre. „Gestalten" bedeutet die Konzipierung des Unternehmens bzw. der Organisation als handlungsfähige Einheit; die „Lenkung" eines Systems zielt darauf ab, es nach bestimmten Verhaltensweisen - einem übergeordneten Leitbild - zu führen. Management bedeutet dann „Koordination von Handlungsträgern (...) und Regieführung, um die verschiedenen Handlungen zielorientiert zu Ergebnissen zu führen" (Fürst 1998: 237).

Destinationen können durchaus als ein soziales System begriffen werden, das mit anderen Systemen und seinen Subsystemen in vielfältigen Beziehungen steht. Eine Übertragung des betriebswirtschaftlichen Managementgedankens kann aber nur mit Einschränkungen vorgenommen werden. Zwar mag das primäre Ziel - die dauerhafte Existenz der Unternehmung - identisch sein; bei der Steuerung der Tourismusentwicklung kann es aber nicht um die machtpolitische Durchsetzung von Entscheidungen des Managements wie in einem Unternehmen gehen. Dies schon allein deshalb nicht, weil betriebswirtschaftliche Führungs- und Kontrollinstrumente nur eingeschränkt oder gar nicht zur Verfügung stehen.

Darüber hinaus wird oft nicht klar, wer bzw. welche Institution die führende Rolle in einer Destination einnimmt.

Management im Tourismus wird damit zu einer kontinuierlichen Gestaltungsaufgabe mit dem Ziel, durch eine horizontale und vertikale Integration der Leistungsträger und vor- und nachgelagerter Bereiche die Wertschöpfung zu erhöhen und dauerhaft zu sichern. Destinationsmanagement lässt sich somit definieren als die gemeinsame Planung und Steuerung von Entwicklung, Organisation und Vermarktung des touristischen Angebots einer Region, die sich um einen Interessenausgleich der an Tourismusentwicklung beteiligten bzw. davon betroffenen Gruppen bemüht. Es hat eine umfassende und vernetzende Sichtweise und betont die Kooperation der Akteure und Leistungsträger bei der Gestaltung regionaler touristischer Entwicklungsprozesse. Durch die Bündelung der Ressourcen sollen Synergien genutzt und damit die Destination insgesamt weiterentwickelt werden.

Inhalte und Aufgaben von Destinationsmanagement

Aus den oben skizzierten Zielen lassen sich die Aufgaben, die im Rahmen des Destinationsmanagements behandelt werden müssen, ableiten. Die Hauptaufgabenfelder sind:

- Leitbild und Planung,
- Interessenausgleich und Interessenvertretung,
- Angebotsentwicklung und
- Marketing.

Als wichtige Voraussetzung dafür müssen effiziente Organisationsstrukturen zur Koordination der Aufgaben vorhanden sein. Dabei fungiert eine Tourismusorganisation als Instanz, die die Kommunikations- und Kooperationsstrukturen evaluiert und ggf. umbaut, einen koordinierten Einsatz der Ressourcen sicherstellt und die Umsetzung verabredeter Maßnahmen überwacht und forciert. Sie stellt den Überbau des Destinationsmanagements dar und fungiert quasi als dessen Geschäftsstelle.

Abb. 2: Inhalte und Aufgaben im Destinationsmanagement

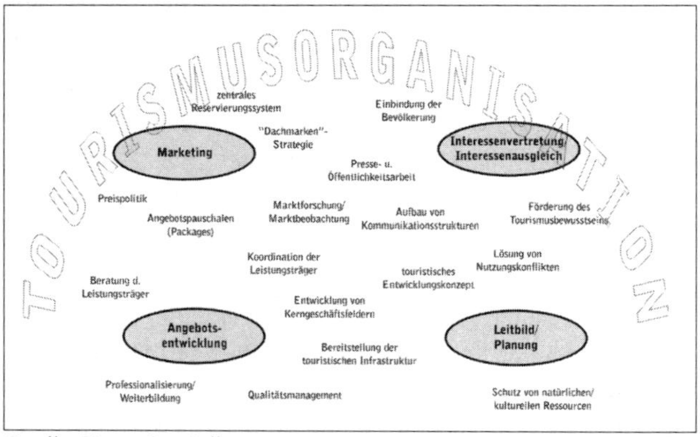

Quelle: Eigene Darstellung

Unter der Regie der Tourismusorganisation werden ferner Leitbild und Entwicklungsstrategie für das „Unternehmen Destination" erarbeitet und deren Umsetzung vorangetrieben. Weiterhin übernimmt sie eine vermittelnde Rolle zwischen Leistungsträgern, Öffentlichkeit, Politik und Interessengruppen.

Eine Tourismusorganisation, die die Aufgaben des Destinationsmanagements übernehmen soll, muss in aller Regel nicht neu gebildet werden. In den meisten Regionen gibt es schon heute überörtlich agierende Institutionen, deren Aufgabenspektrum allerdings entsprechend angepasst werden muss - sowohl inhaltlich als auch räumlich -, damit sie Aufgaben einer „Destinationsmanagement-Organisation" wahrnehmen kann.

Leitbild und Planung

Da im Tourismus private Unternehmen und öffentliche Institutionen gemeinsam das Produkt gestalten, sollten sie sich auch über das anzustrebende Entwicklungsziel einig sein. Dabei ist ein gemeinsam erarbeitetes Leitbild als Planungsinstrument hilfreich. Dieses stellt eine langfristig gültige Orientierungslinie dar und gibt eine Art „Marschroute" für alle weiteren Handlungen vor, d. h. alle nachfolgenden Entscheidungen orientieren sich am normativen Rahmen des Leitbildes. Es dient somit als Handlungsrahmen für die öffentliche Hand und als Orientierungsrahmen für die Tourismuswirtschaft. Da ein Leitbild selbst aber meist noch zu abstrakt bleibt, muss es ergänzt und konkretisiert werden durch Tourismusentwicklungskonzepte, in der die beteiligten Fachdisziplinen vernetzt werden.

Seine Wirkung als richtungsweisende Zielvorgabe wird ein Leitbild nur dann sinnvoll entfalten können, wenn es von allen Verantwortlichen der Destination mitgestaltet und mitgetragen wird. Es sollte ferner von den politischen Gremien auf Gemeinde- und Kreisebene verabschiedet werden, um einen verbindlicheren Charakter zu bekommen.

Im Zusammenhang mit der Leitbild- und Planungsfunktion müssen auch einige grundsätzliche Aussagen zu regionalplanerischen Aspekten getroffen werden. Hier geht es in erster Linie um die Gebiete, in denen Tourismus entwickelt bzw. gesichert werden soll. Tourismus muss dorthin gelenkt werden, wo aufgrund der naturgeografischen, landschaftlichen und infrastrukturellen Gegebenheiten eine verträgliche und effiziente Entwicklung möglich ist.

Interessenausgleich und Interessenvertretung

Wie jede andere Wirtschaftsbranche auch agiert der Tourismus im Umfeld verschiedener Interessen- und Anspruchsgruppen, die entweder selbst direkt zur Entwicklung der Destination beitragen und/oder von deren Auswirkungen betroffen sind. Diese Gruppen lassen sich den Bereichen Leistungsträger, marktliche Anspruchsgruppen und öffentliche Anspruchsgruppen zuordnen, wobei die Tourismusorganisation im Schnittbereich zwischen Leistungsträgern und öffentlichen Anspruchsgruppen anzusiedeln ist.

Zielkonflikte bestehen oft nicht nur zwischen den Anspruchsgruppen, sondern durchaus auch innerhalb einzelner Gruppen, z. B. innerhalb der Hotellerie (je nach Größe des Betriebs und Umfang des eigenen Angebots variieren die Erwartungen an die Kommune), bei der Gruppe der Touristen (z. T. sehr unterschiedliche Ansprüche und Erwartungen der verschiedenen Gästegruppen) oder innerhalb der einheimischen Bevölkerung (deren Einstellung hängt wesentlich davon ab, ob Einwohner wirtschaftlich profitieren oder eher Belastungen ausgesetzt sind). Aufgabe des Destinationsmanagements ist es, die einzelnen Interessen so zu einem Ausgleich zu bringen, dass die Gruppen an einer weiteren Partizipation am Tourismus interessiert und bereit sind, ihren Beitrag dazu zu leisten.

Aufgabe der Tourismusorganisation als Schnittstelle zwischen Leistungsträgern, Öffentlichkeit und Kommune ist weiterhin, gegenüber der Gemeinde und anderen öffentlichen Anspruchsgruppen als Interessenvertretungsorgan des Tourismus aufzutreten. Da die touristischen Leistungsträger z. T. erheblich von politischen und administrativen Entscheidungen beeinflusst werden, sollte die Tourismusorganisation die Politik aus fachlicher Sicht beraten. Eine Mitsprache der Tourismusorganisation bei der Festlegung der allgemeinen Entwicklungsziele für den Ort bzw. die Region sollte von beiden Seiten angestrebt werden. Denn letztendlich sind es die politischen Gremien, die aufgrund ihrer demokratischen Legitimierung die normativen und strategischen Entwicklungsziele der Destination festlegen.

Abb. 3: Anspruchsgruppen im Tourismus

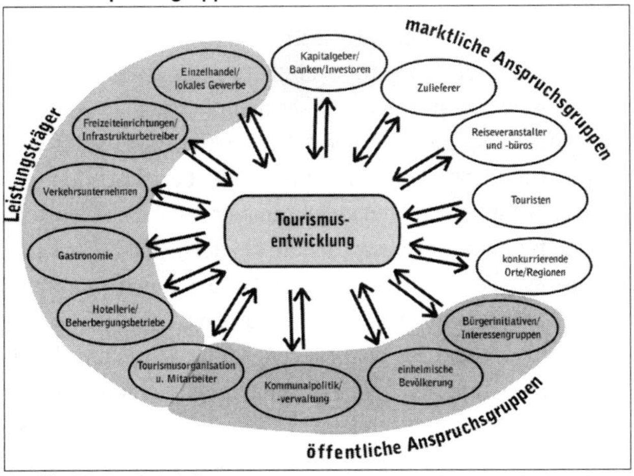

Quelle: Eigene Darstellung

Trotz eventueller Fokussierung auf den Tourismus müssen dabei übergeordnete lokale und regionale Bedürfnisse berücksichtigt werden.

Angebotsentwicklung

Eine der wichtigsten Aufgaben des Destinationsmanagements ist die Bereitstellung öffentlicher Güter und Angebote, wie z. B. der Unterhalt von Spazierwegen, Stadtbild- und Landschaftspflege, der Betrieb eines Informationsbüros, die Organisation von Veranstaltungen und Festen etc. Diese Leistungen lassen sich nicht durch die Nutzer finanzieren, umgekehrt profitiert aber die gesamte Destination allein schon durch den Bereithalteeffekt.

Da die reine Addition touristischer Angebotsfelder (also Übernachtung, Verpflegung, Sport, Unterhaltung usw.) kaum ein gesteigertes Aufenthaltsinteresse auslösen wird, müssen Angebotskombinationen und Leistungsketten organisiert und auf die besonderen Wünsche bestimmter Gästegruppen abgestimmt werden. Destinationsmanagement muss daher Einfluss nehmen auf Art, Umfang und Qualität der Teilleistungen, damit ein ausgewogener Angebots-Mix entstehen kann.

Eine Destination - und erst recht nicht jeder Ort - kann und muss nicht alle Angebote für alle Gäste bieten: Denn wer es jedem recht machen will, kann letztendlich keine Zielgruppe voll und ganz zufrieden stellen. Die Herausforderung besteht darin, die Angebotsgestaltung auf Dienstleistungsketten für bestimmte Gästesegmente auszurichten. Neben einem breiten Basis-Angebot sollte sich eine Destination um besondere Profilierung in mindestens *einem* Bereich, in dem besondere Stärken liegen, bemühen, d. h. in diesem Bereich genau das bieten, was eine ausgewählte Zielgruppe sucht. Erstes Ziel im Bereich der Angebotsentwicklung in einer Destination sollte daher die Weiterentwicklung und der Ausbau bereits vorhandener Angebotsstärken bzw. vorhandener Potenziale zu solchen Kerngeschäftsfeldern sein.

Marketing

Marketingmaßnahmen sollen dazu beitragen, das touristische Angebot an den Erfordernissen des Marktes auszurichten und eine optimale Auslastung der verfügbaren Kapazitäten zu erreichen. Von allen genannten Aufgaben des Destinationsmanagements sind die Marketingmaßnahmen die, die in hohem Maße unternehmerisch und professionell erfüllt werden müssen, um flexibel und nahe am Markt agieren zu können. Da sich Tourismusmarketing auf verschiedenen Ebenen vollzieht - einzelner Betrieb, Ort, Destination -, sollte ein umfassendes Marketingkonzept erarbeitet werden, das gemeinsame Ziele und Strategien festlegt und den Einsatz der Marketinginstrumente koordiniert. Zu diesen gehören:

- Marktforschung: Tourismus kann nur dann erfolgreich gestaltet werden, wenn ein möglichst präzises Bild von den Urlaubern besteht. Aus der Erhebung von Motiven, Verhalten, Wünschen und Bewertungen der Gäste lassen sich Konsequenzen für die Angebotspolitik ableiten, z. B. Entwicklung marktfähiger Produkte und Komplettierung von Infrastrukturen.
- Produktpolitik, also die Entwicklung eines Angebots zur gezielten Ansprache eines spezifischen Marktsegments, z. B. die Zusammenstellung von Pauschalarrangements und deren vertriebsgerechter Bündelung.
- Preispolitik: Damit steht den Anbietern ein wichtiges Instrumentarium zur Lenkung der Nachfrage zur Verfügung, was in erster Linie zur Nachfrageverlagerung in die Vor- bzw. Nachsaison genutzt wird.
- Kommunikationspolitik: Ziel ist es, die Destination als attraktives Reiseziel im Bewusstsein der Bevölkerung zu verankern und ihre unverwechselbaren Potenziale und Produkte so herauszustellen, dass eine im Vergleich zu den Wettbewerbern möglichst weitgehende Alleinstellung erreicht wird. Dies hat den größten Erfolg, wenn es gelingt, eine so genannte Dachmarke aufzubauen, die bestimmte Assoziationen auslöst und einen einheitlichen Marktauftritt ermöglicht.
- Distributionspolitik: Parallel zur Produkt- und Kommunikationspolitik müssen im Marketing die organisatorischen und technischen Voraussetzungen zum Vertrieb und Verkauf der Leistungen geschaffen werden. Von Bedeutung sind hier die Direktbuchung beim jeweiligen Leistungsträger, die Vermittlung durch die Tourismusorganisation, der Zwischenverkauf über Reisebüros sowie Online-Buchungen über das Internet oder ein destinationsweites Reservierungssystem.

Der Prozess des Destinationsmanagements

Wie die Definition des Begriffs Management („zielgerichtete Lenkung sozialer Systeme") nahe legt, ist Destinationsmanagement eine permanente Aufgabe und sollte von Anfang an als eine solche konzipiert werden. Dabei passen sich natürlich die Inhalte an sich verändernde Problemlagen an. Hierin liegt die Chance, durch die Einbindung breit gefächerten Know-hows Gefahren für die Tourismusentwicklung frühzeitig zu erkennen und darauf zu reagieren. Destinationsmanagement sollte daher nicht auf Projektmanagement reduziert werden, d. h. auf die Koordinierung und Durchführung von zeitlich, räumlich und sachlich begrenzten Aufgaben. Auch wenn einzelne Projekte wichtig sind, kann die kooperative Aufgabenbearbeitung nicht eingestellt werden, nachdem beispielsweise ein Freizeitpark realisiert oder ein Reservierungssystem aufgebaut ist.

Damit Destinationsmanagement diesen Anforderungen gerecht werden kann, spielt die Art und Weise, wie - und von wem - es durchgeführt wird, eine wichtige Rolle. Bei der Implementierung sind eine Vielzahl von Aspekten zu berücksichtigen, die sehr dynamisch sind (d. h. sie unterliegen wechselnden Problemkonstellationen) und oft in engen Wirkungszusammenhängen stehen. Unabhängig von den unmittelbaren inhaltlichen Aufgaben müssen oft Planungs- und Entscheidungsstrukturen modifiziert werden, was immer auch mit einer Phase der „Selbstfindung" verbunden ist. Wichtige Punkte sind vor allem:

- Initiator: Es bedarf mindestens einer Institution oder Organisation, die die Initiative ergreift, um den Prozess des Destinationsmanagements in Gang zu setzen. Den nötigen Anforderungen an Legitimität und breite Akzeptanz werden vor allem bestehende Tourismusorganisationen oder Landkreise gerecht werden können, die bereits heute wichtige koordinierende Funktionen ausüben und für viele destinationsweite Maßnahmen die ausführenden Organe sind.

- Beteiligung von Interessengruppen: Die für die Entwicklung einer Destination verantwortlichen Schlüsselakteure müssen identifiziert und zusammengebracht werden. Dies wirft die Frage auf, ob eine umfassende Beteiligung angestrebt wird, oder nur repräsentative Vertreter bzw. nur die größten Akteure eingebunden werden. Die Priorität würde dabei auf eine hohe Effizienz und Handlungsfähigkeit gelegt. Dagegen würde die breite Einbindung beteiligter Institutionen, von deren Vielfalt Tourismus lebt, mit einer größeren demokratischen Legitimation verbunden sein. Dem stehen zeitaufwändigere Abstimmungsprozesse und weniger Flexibilität gegenüber. Die Inhalte und Aufgaben von Destinationsmanagement haben eine sehr unterschiedliche Bedeutung hinsichtlich ihres Konkretisierungsgrades, der Tragweite der Entscheidungen und des Zeithorizonts. Bieger (2000: 119) unterscheidet hier eine normative, eine strategische und eine operative Ebene des Managements von Destinationen. Daher sollte ja nach Aufgabe eine wechselnde Zusammenarbeit der Akteure gesucht werden. Verfehlt wäre sicherlich, alle in irgendeiner Art und Weise von Tourismusentwicklung betroffenen Gruppen an allen Entscheidungen mitwirken zu lassen. Schlüsselakteure sind in jedem Fall Kommunalpolitik und -verwaltung, touristische Branchenverbände, Handelskammern, Tourismusorganisationen, Einwohnergruppierungen, Interessengruppen sowie überörtliche Planungs- und Marketingträger.
- Zweck-Definition: Den Beteiligten muss vor einer Kooperation klar sein, welche Zwecke damit angestrebt werden. Geht es nur um Informationsaustausch? Sollen gemeinsame Strategien entwickelt oder auch gemeinsame Projekte in Angriff genommen und umgesetzt werden? Hier kann eine erste Definition der Handlungsfelder oder ggf. eine inhaltlich-fachliche Einschränkung vorgenommen werden (spätere Modifikationen sind ja durchaus möglich). Mit der Definition des Vorhabenzweckes wird sichergestellt, dass alle Beteiligten das gleiche Verständnis des Prozesses und seiner Inhalte haben.
- Organisationsform: Notwendig ist eine Evaluierung bestehender Strukturen, d. h. es sollte überlegt werden, ob das Destinationsmanagement an eine bereits bestehende Institution angebunden werden kann. Wenn dies nicht der Fall ist, sollten mögliche Organisationsformen ebenfalls in der Startphase diskutiert werden. Nahe liegt die Gründung einer GmbH durch die jeweiligen Gemeinden bzw. bestehenden Tourismusorganisationen, da eine GmbH aufgrund der hohen Bindungsintensität gut für dauerhafte Kooperationen geeignet ist und die Möglichkeit bietet, die Tourismuswirtschaft einzubinden. Alternativ bietet sich die Gründung eines eingetragenen Vereins an, gerade vor dem Hintergrund, dass für einen langfristig lebendigen Prozess eine gewisse Offenheit für neue Beteiligte wichtig ist, was bei einer GmbH aus gesellschaftsrechtlichen Gründen schwierig ist. Ein Verein kommt einer breit angelegten Beteiligung von Organisationen entgegen. Unabhängig von der angestrebten Organisationsform sollten für Teilaufgaben Arbeits- bzw. Projektgruppen gebildet werden, in die fallweise Experten einbezogen werden können.
- Verfügbare Ressourcen: Am Anfang muss auch geklärt werden, welche Akteure welche Ressourcen zur Umsetzung einbringen können. Dabei geht es nicht nur um Finanzmittel; weitere Ressourcen, die in den Prozess eingebracht werden können, sind z. B. Personalkapazitäten, Handlungskompetenzen und -instrumente sowie Know-how.

- Anreize zur Kooperation: Die Bereitschaft zur Zusammenarbeit muss meistens erst geweckt werden. Dabei wird es notwendig zu vermitteln, dass mit der Kooperation individuelle und/oder gemeinsame Vorteile verbunden sind. Kooperationen beruhen immer auf Gegenseitigkeit, d. h. sie müssen für alle Nutzen bringend gestaltet werden. Dieser Nutzen könnte darin bestehen, für die Beteiligten gewisse Serviceleistungen, wie z. B. Marktforschungsuntersuchungen, zu erbringen.

Nachdem organisatorische und methodische Vorklärungen erfolgt sind, sollte der erste Schritt sein, ein gemeinsames Leitbild zu erarbeiten und sich auf Ziele für die Entwicklung der Destination zu einigen. Erst darauf aufbauend kann mit der Ausgestaltung durch konkrete Maßnahmen begonnen werden. Damit diese Maßnahmen auch effizient umgesetzt werden können, muss im Rahmen des Destinationsmanagement-Prozesses geklärt werden, welcher Träger bzw. Institution für die Umsetzung verantwortlich ist. Hierbei geht es um die Aufgabenteilung zwischen öffentlichen und privaten Trägern der Tourismusentwicklung, kommunaler und regionaler Ebene und den einzelnen Orten der Destination. Gerade am Anfang ist es wichtig, Handlungsbereiche zu identifizieren, bei denen ein gemeinsamer Grundkonsens besteht, von dem aus Projekte in Angriff genommen werden können. Es sollte also vermieden werden, dass sich die Diskussion schon zu Beginn zu sehr auf Streitpunkte beschränkt, was eventuell Fronten verhärten und den gesamten Prozess blockieren könnte. Daher sollten zunächst kleinere Schritte bzw. Maßnahmenpakte in Angriff genommen werden, die auf allgemeine Zustimmung stoßen. Dadurch können wichtige Anfangserfolge erzielt werden, auf denen aufbauend allmählich stärkere Verbindlichkeiten erreicht werden und so der Prozess insgesamt an Überzeugungskraft gewinnt.

Fazit

Betrachtet man die hier dargestellten Inhalte und Aufgaben von Destinationsmanagement, mag die Frage aufkommen, ob es wirklich ein neues Konzept in der Tourismusentwicklung ist, oder ob sich nicht allgemein bekannte Schritte und Notwendigkeiten zur Weiterentwicklung des Tourismus hinter einem neuen, abstrakteren Begriff verbergen. Ein neues Element ist sicherlich die konsequente Ausrichtung des Planens und Handelns auf die Destination, also einen Raum, der mit herkömmlichen (raum-)planerischen und betriebs- bzw. tourismuswirtschaftlichen Ansätzen kaum greifbar ist. Mit der Planung, Gestaltung und Organisation überfachlicher, überörtlicher und überbetrieblicher Systeme betritt Destinationsmanagement Neuland und stellt damit einen wichtigen Beitrag zur Abkehr von der vorherrschenden kommunalen Sichtweise und der Perspektive sektoraler Fachplanungsansätze dar.

Neu ist auch die Erweiterung und die enge Vernetzung der relevanten Aufgabenbereiche und Handlungsfelder. Angestrebt wird eine integrierte Betrachtung aller Parameter, die die touristische Entwicklung bestimmen. Denn Destinationsmanagement ist mehr als Projektmanagement und mehr als Tourismusmarketing. Beides sind zwar wichtige Bestandteile für eine erfolgreiche Tourismusentwicklung, können allein aber nicht dem Anspruch gerecht werden, die Destination als Einheit zu führen. Destinationsmanagement stellt somit eine neue Qualität der Steuerung dar, da Angebotsbündel und Dienstleistungsketten für spezifische Gästesegmente im Mittelpunkt stehen.

Seine volle Wirkung wird Destinationsmanagement nur entfalten können, wenn es sich zu einem dauerhaften Kooperations- und Steuerungsprozess entwickelt mit einer engen Verzahnung planender und ausführender Institutionen.

Dies kann aber nur gelingen, wenn der politische Wille zur Stärkung überörtlicher Kooperationen, informeller Planungen und gemeinsamer Problemlösungen vorhanden ist. Darin ist auch ein wichtiges potenzielles Umsetzungsproblem zu sehen, denn wenn dieser Wille nicht vorhanden ist, bedarf es viel Gespür und Überzeugungskraft der Verantwortlichen, damit wichtige Entscheidungsträger nicht den gesamten Prozess durch Nichtbeteiligung oder gar Konterkarrieren blockieren.

In diesem Zusammenhang muss darauf hingewiesen werden, dass das Maßnahmen- und Handlungsprogramm, das im Rahmen des Destinationsmanagements erarbeitet wird, rechtlich betrachtet nicht verbindlich ist. Es dürfte der zentrale kritische Punkt bei der Umsetzung sein, dass die Bindungswirkung gering bis nicht vorhanden ist. Weder Gemeinde- bzw. Kreisverwaltungen noch kommunale Tourismusorganisationen und noch weniger private Leistungsträger sind an ein derartiges Maßnahmen- und Aktionsprogramm gebunden. Von der Destinationsmanagement-Organisation selbst kann kein hoheitlicher Druck ausgeübt werden (z. B. in Form fiskalischer Instrumente), sie kann nur durch Überzeugungsarbeit und Fachautorität auf die Institutionen einwirken, die die Maßnahmen letztendlich umsetzen. Hier bedarf es noch einer Weiterentwicklung von Destinationsmanagement. Dabei muss es dann verstärkt darum gehen, wie der Output eines Destinationsmanagement-Prozesses in die Bauleitplanung, die Finanz- und Haushaltsplanung der Kommunen oder in individuelle unternehmerische Entscheidungen umgesetzt werden kann.

Problematisch ist auch, dass es bisher zur Messung der Wirksamkeit von Destinationsmanagement keine objektiven Erfolgskriterien und -indikatoren gibt. In dem Fehlen allgemein akzeptierter Indikatoren liegt die Gefahr, dass der gesamte Ansatz und der gesamte Prozess auf Legitimationsprobleme stoßen. Wenn Destinationsmanagement als innovatives Instrument einer kooperationsorientierten Tourismusentwicklung auf Dauer überzeugen soll, müssen Kriterien definiert werden, an denen es sich messen lassen kann. Im Mittelpunkt eines derartigen Indikatorensystems müssen Kriterien wie die Wertschöpfung für die Region, die Zufriedenheit der Gäste und der Einwohner, der Umweltverbrauch und ähnliche Größen stehen, die die Nachhaltigkeit der Tourismusentwicklung abbilden können.

Ein weiterer Erfolgsfaktor ist, dass bei den Interessengruppen eine gemeinsame Identifizierung als Destination vorhanden ist. Der Aufbau eines Gefühls der Zusammengehörigkeit und eines Bewusstseins der Destinationszugehörigkeit ist für die Kompromiss- und Kooperationsbereitschaft unabdingbar. Entscheidend wird somit sein, ob die relevanten Akteure bereit sind, sich auf einen regionalen Dialog und eine regionale Zusammenarbeit einzulassen. Dazu muss sich die Erkenntnis durchsetzen, dass auf Abgrenzung und Konkurrenz beruhende Handlungsmuster ungeeignet sind, zu einer langfristigen Sicherung des gemeinsamen Standortes beizutragen.

Eng mit der Notwendigkeit zur Kooperation ist die vielerorts geführte Diskussion neuer Planungs- und Organisationsstrukturen verknüpft, um die Leistungsträger enger zu vernetzen und gleichgerichtetes Agieren zu fördern. Nur: so notwendig Strukturveränderungen auch sein mögen - sie allein bringen keinen einzigen zusätzlichen Gast. Entscheidende Grundlage des touristischen Erfolgs einer Destination ist und bleibt das touristische Angebot und dessen Akzeptanz durch die Gäste. Daher wird auch Destinationsmanagement nur bei einem engen Zusammenspiel von Infrastruktur- und Angebotsplanung und Marketing erfolgreich sein können.

Diese kritischen Anmerkungen, die noch weiteren Forschungsbedarf aufzeigen, sollen aber keinesfalls das Konzept und die grundsätzlich mit ihm verbundenen Chancen in Frage stellen. Abschließend muss darauf verwiesen werden, dass es keinen idealtypischen Entwurf von Destinationsmanagement gibt; vielmehr wird die konkrete Ausgestaltung und Umsetzung in einzelnen Regionen sehr unterschiedlich ausfallen. Daher wird sich auch eine umfassende Bewertung immer auf konkrete Einzelfälle beziehen müssen, was angesichts der Komplexität und der spezifischen Handlungsfelder angebracht ist.

Literatur

Becker, Christoph/Job, Hubert/Witzel, Anke (1996): Tourismus und nachhaltige Entwicklung. Darmstadt

Bieger, Thomas (2000): Management von Destinationen und Tourismusorganisationen. München

Bundesministerium für Wirtschaft (1994): Bericht der Bundesregierung über die Entwicklung des Tourismus, BMWi-Dokumentation 349. Bonn

Ders. (1998): Tourismusbericht der Bundesregierung, BMWi-Dokumentation 448. Bonn

Ders. (2000): Tourismuspolitischer Bericht der Bundesregierung, BMWi-Dokumentation 474. Berlin

Bratl, Hubert/Schmidt, Franz (1998): Destination Management, ÖAR Regionalberatung. Wien

Fürst, Dietrich (1998): Projekt- und Regionalmanagement. In: Akademie für Raumforschung und Landeskunde (Hg.): Methoden und Instrumente räumlicher Planung. Hannover

Grashoff, Carsten (2000): Destinationsmanagement als Steuerungsinstrument regionaler Tourismusentwicklung - dargestellt am Beispiel Ostfrieslands. Diplomarbeit an der Fakultät Raumplanung der Universität Dortmund. Dortmund

Haedrich, Günther (1998): Tourismus-Management und Tourismus-Marketing. In: Ders. et al. (Hg.): Tourismus-Management. Berlin

Klemm, Kristiane (1998): Umwelt- und sozialverträglicher Tourismus - Rahmenbedingungen von Raumordnung, Regional- und Bauleitplanung. In: Haedrich, Günther et al. (Hg.): Tourismus-Management. Berlin

Opaschowski, Horst W. (1996): Tourismus - eine systematische Einführung. Opladen

Andreas Freundt

Tourismuspolitik der Europäischen Union

Europa ist bis heute der Spitzenreiter im weltweiten Tourismus, da zahlreiche europäische Mitgliedsstaaten zu den beliebtesten Ferienzielen zählen. Von den 40 führenden Tourismusländern sind allein zwölf Mitgliedstaaten der Europäischen Union (EU) und im Jahre 1996 entfielen auf Europa rund 40% der weltweiten Gästeankünfte. Bezogen auf Ankünfte/Ausreisen, Einnahmen und den internationalen Handelsverkehr ist die EU das bedeutendste Quell- und Zielgebiet der internationalen Tourismusströme (vgl. COM SEC 1997: 6). Im Folgenden wird ein Überblick über die Politik der Europäischen Union[1] auf diesem Gebiet gegeben.

Die beiden zentralen Institutionen auf der europäischen Bühne, die EU und der Europarat, haben die Rolle und die Tragkraft des Tourismus seit den 80er Jahren erkannt und fördern diese in zunehmendem Maße. Der Europarat setzt sich seit vielen Jahren mit Fragen des Tourismus und dessen Rolle für Stadt und Region auseinander und leistet mit seinen Kampagnen, Konferenzen, Komitees und vor allem Konventionen einen wichtigen Beitrag zur europäischen Integration und nimmt auch Stellung zum Tourismus[2]. Im Mittelpunkt dieses Textes soll allerdings die Tourismuspolitik der EU als der wesentlich einflussreicheren Akteurin stehen (siehe in diesem Zusammenhang auch den Artikel von Helge Mehrtens in diesem Band). Neben den direkten und indirekten Maßnahmen der EU-Politiken, die sich auf den Tourismus auswirken, wird ein Überblick über die Entwicklungsgeschichte geliefert und ein kurzer Ausblick in die Zukunft gewagt.

Existiert überhaupt eine Tourismuspolitik der EU? Welche Ziele verfolgt die EU im Hinblick auf den Tourismus? Ein erster kurzer Blick auf die im Jahr 2000 neu formierten Generaldirektionen der EU-Kommission, Motor der EU und Initiatorin politischer Maßnahmen, ist eher ernüchternd: Tourismus taucht in den Politikfeldern eher nur am Rande auf. Eine tiefergehende Recherche führt schnell zu dem Ergebnis, dass der Tourismus in eines der Handlungsfelder (KMU, Handel und Vertrieb, *Tourismus*, Sozialwirtschaft) der neuen Generaldirektion „Unternehmen" fällt. Diese umfasst die früheren Generaldirektionen für Industrie und KMU sowie die Direktion „Innovation" der Generaldirektion Informationsgesellschaft. Seit 1989 liegt die Zuständigkeit für Tourismus / Fremdenverkehr bei der Generaldirektion XXIII „Unternehmenspolitik, Handel, Tourismus und Sozialwirtschaft", die aus der ‚Task Force' für kleine und mittlere Unternehmen (KMU) hervorging. Hinter dem Begriff der Sozialwirtschaft verbergen sich die Genossenschaften und gemeinnützige Vereine. Diese Zuordnung des Tourismus innerhalb der EU-Kommission erklärt sich nach Ansicht von Heinrich von Moltke, damaliger Leiter der Generaldirektion XXIII, dadurch, dass auch der Tourismus ein Querschnittsbereich sei, in dem viele Sparten aufeinander träfen und der sich deshalb politisch nicht klar artikulieren könne. Die negative Folge war lange Zeit, dass es für den Tourismus in Brüssel keinen Ansprechpartner gab (vgl. Moltke 1992: 75). Die Erkenntnis, dass der Tourismus als Mittel zur Schaffung von Arbeitsplätzen und zur Förderung des wirtschaftlichen Wachstums und damit als ein Faktor regionaler Entwicklung gesehen werden kann, führt auf EU-Ebene zu einer ökonomischen Ausrichtung des Tourismus. Tourismuswirtschaft ist der Fokus, auf den die EU-Kommission abzielt - ein Sektor, der die Kohäsion zwischen den Regionen Europas fördern und das größte Problem, die Arbeitslosigkeit, abbauen helfen soll.

Einordnung der EU-Tourismuspolitik

Für die EU war der Tourismus lange Zeit kein unmittelbares Anliegen und bis heute gehört er nicht zu den vertraglich festgelegten Kompetenzen der Gemeinschaft. Diese Feststellung ist wichtig, weil mit ihr dem möglichen Vorwurf die Grundlage entzogen wird, dass die EU im Tourismussektor untätig sei. Die EU kann immer nur dort starken Einfluss nehmen, wo die EU-Mitgliedstaaten ihr Kompetenzen übertragen haben. Der Tourismus kann auf nationaler und insbesondere regionaler Ebene besser gestaltet werden, da es die kulturellen Unterschiede, die vielfältigen Landschaftsbilder, Traditionen und Klimaverhältnisse sind, die den europäischen Tourismus ausmachen. Der Grundsatz der Subsidiarität gilt, d.h. die EU kann nur dann im Tourismus tätig werden, wenn ein Handlungsbedarf besteht und dieser nicht besser durch nationale oder regionale Maßnahmen befriedigt werden kann.

Die EU-Kommission hat auf Grundlage des Vertrages von Amsterdam keine eigenen Zuständigkeiten im Tourismussektor. Nach Art. 3 t des EG-Vertrages sind allerdings erstmals Maßnahmen im Fremdenverkehr auch ein Tätigkeitsfeld der Gemeinschaft. Diese Rechtsgrundlage schafft jedoch noch keine europäische Tourismuspolitik. Der Tourismus als *Querschnittsbereich* berührt hingegen viele Politikbereiche der Europapolitik und ist heute Subjekt vieler Interventionen und Unterstützungsmaßnahmen durch die EU mittels verschiedenster Gemeinschaftspolitiken (insbesondere mit Mitteln der Strukturfonds).

Die EU-Kommission hat seit Beginn der 1980er Jahre die Rolle des Tourismus für die Europäische Gemeinschaft bewusst gefördert. Direkte Maßnahmen der EU, die sich auf den Tourismus beziehen, müssen von den anderen Maßnahmen unterschieden werden.

Direkte Maßnahmen der EU

Ein Überblick über die Entscheidungen im Tourismusbereich von Seiten der EU zeigt, dass seit Mitte der 1980er Jahre vor allem Entscheidungen mit empfehlendem Charakter gefasst wurden. Einer sehr allgemein gehaltenen Entschließung im Jahre 1984 folgten Ende 1986 eine Ratsentschließung über eine bessere geographische Tourismusverteilung, eine Empfehlung über standardisierte Informationen in Hotels sowie über den Feuerschutz in Hotels. Drei Beschlüsse sind im Jahr 1990 gefallen: eine Richtlinie über Pauschalreisen, eine Entscheidung über die Durchführung eines Statistikprogramms im Bereich des Tourismus und der Beschluss, das Jahr 1990 zum „Europäischen Jahr des Tourismus" zu erklären. Mit dem Tourismusjahr gelang es, Ideen für die Verbesserung des europäischen Tourismusangebots und Erkenntnisse im Bereich grenzüberschreitender Kooperation zu gewinnen. (vgl. Moltke 1992: 76)

Die Europäische Kommission hat im Jahr 1992 mit der Verabschiedung des ersten Aktionsplans zur Förderung des Tourismus mit dreijähriger Laufzeit (1993-1995) einen wichtigen Meilenstein gesetzt[3]. Erste Lösungsansätze für kurz- und mittelfristige Probleme des

Tourismus in Europa wurden angesprochen und führten zur Ableitung von Maßnahmen der Gemeinschaft zur Tourismusförderung. Zur *Durchführung* der geplanten Maßnahmen wurde jedoch nur ein geringes jährliches Finanzvolumen in Höhe von 9 Mio. ECU bereitgestellt. Die einzelnen Aktionsbereiche umfassten grenzüberschreitende Vorhaben, Verbraucherschutz, Kulturtourismus, Tourismus und Umwelt, ländlichen Tourismus, Sozialtourismus, Jugendtourismus und Werbung in Drittländern.

In den 1990er Jahren sind Dokumente zu den zahlreichen direkten Aktionen der Gemeinschaft zur Tourismusförderung veröffentlicht worden. Der 1994 vorgelegte so genannte erste Jahresbericht *Aktionen der Gemeinschaft zur Förderung des Tourismus* stellt die direkten Maßnahmen der Gemeinschaft vor. Im folgenden Jahr hat die Kommission ein Grünbuch über die Rolle der EU im Bereich des Tourismus (KOM (95) 97 endg. vom 04.04.1995) vorgelegt, das als Einstieg in die Debatte über die europäische Tourismusförderung dienen sollte. Das Grünbuch diente dem Gedankenaustausch über die Rolle der EU bei der Tourismusförderung und sollte zudem das Interesse bei allen interessierten Sektoren wecken. Die Ergebnisse wurden Ende 1995 im Rahmen des Europäischen Tourismusforums in Brüssel vorgestellt und diskutiert. Schwerpunkte der Diskussion waren die Themen:

- Wettbewerbsfähigkeit der Tourismuswirtschaft,
- Bedürfnisbefriedigung der Touristen,
- und die Entwicklung eines nachhaltigen Tourismus.

Die EU-Kommission nahm die Beratungsergebnisse über das Grünbuch zum Anlass, im Jahr 1996 einen Ratsbeschluss über ein ‚Erstes Mehrjahresprogramm zur Förderung des europäischen Tourismus „PHILOXENIA" (1997-2000) herbeizuführen. Die Qualität und die Wettbewerbsfähigkeit des europäischen Tourismus sollten mittels des Programms gesteigert werden, wobei die Rolle des Tourismus in der europäischen Wirtschaft und der Beitrag zur Beschäftigungssteigerung in den europäischen Regionen eindeutig im Vordergrund standen.

Dieses globale Ziel wurde in vier mittelfristige und sieben kurzfristige Zielsetzungen unterteilt (siehe Abb. 1). PHILOXENIA ist ein spezielles Aktionsprogramm der EU, das mehrere ein- oder mehrjährige Förderinstrumente zu unterschiedlichen Themen beinhaltet. Es orientiert sich am Handlungsfeld „Klein- und Mittelunternehmen" (KMU), da die Unternehmen der Tourismusbranche weitgehend dieser Gruppe zuzurechnen sind. Für das Pro-

Abb. 1: PHILOXENIA

A Verbesserung der Kenntnisse im Bereich des Tourismus:

1. Produktion tourismusrelevanter Daten;
2. Zusammenstellung tourismusrelevanter Informationen aus anderen Quellen;
3. Bewertung von Gemeinschaftsmaßnahmen, die den Tourismus betreffen;

B Verbesserung des rechtlichen und finanziellen Umfelds für den Tourismus:

4. Ausbau der Zusammenarbeit mit den Mitgliedstaaten, der Wirtschaft und anderen Beteiligten;

C Verbesserung der Qualität im europäischen Tourismus:

5. Förderung eines sanften Tourismus;
6. Beseitigung von Hindernissen für die Tourismusentwicklung;

D Steigerung der Zahl der Besucher aus Drittländern:

7. Werbung für Europa als Reiseziel.

Quelle: ÖROK 1997: 114

gramm waren Mittel in Höhe von insgesamt 25 Mio. ECU vorgesehen. Die Arbeiten der EU-Kommission im Tourismussektor generell werden von anderen europäischen Institutionen - zu nennen sind das Europäische Parlament, der Wirtschafts- und Sozialausschuss und der Ausschuss der Regionen - in Form von Stellungnahmen zum Programm PHILOXENIA unterstützt. Die Bemühungen der EU-Kommission wurden vom Rat aber nicht mitgetragen, sodass die Annahme des Programms PHILOXENIA durch den Rat in der vorgelegten Form nicht erfolgte. Im Juni 1999 hat der Rat hingegen den von der damaligen deutschen Ratspräsidentschaft vorgelegten Entwurf für Schlussfolgerungen zu Tourismus und Beschäftigung / Tourismuswirtschaft einvernehmlich angenommen. Darin werden die EU-Mitgliedstaaten und die EU-Kommission aufgefordert, den Beitrag des Tourismus zu mehr Beschäftigung und Wachstum durch besseren Informationsaustausch, Qualitätsverbesserung, Ausbildungsmaßnahmen und höheren Umweltschutz in höchstem Maße auszubauen (vgl. BMWI, B, 2000: 60).

Welche EU-Institutionen fördern den europäischen Tourismus und nehmen Einfluss, wie erfolgt die Zusammenarbeit für die Ausübung der direkten Maßnahmen (siehe Abb. 2)? Im Verwaltungsausschuss für den Fremdenverkehr sitzen die Vertreter der EU- und EWR-Mitgliedstaaten[4], der im Wesentlichen zur Unterstützung der Durchführung des Aktionsplanes (Artikel 3.2 von Beschluss (92/421/EWG) des Rates) gegründet wurde und bei weiteren Treffen über die Aktionen der Gemeinschaft zur Förderung des Tourismus berät. Der Beratende Ausschuss für den Fremdenverkehr wurde 1986 gegründet und dient der Diskussion über relevante touristische Themen und dem Informationsaustausch über die nationalen Tourismuspolitiken in Europa. Eine weitere Zusammenarbeit erfolgt in den Treffen mit Vertretern der Tourismuswirtschaft und der Zusammenarbeit mit der jeweiligen EU-Ratspräsidentschaft. Wichtige Formen der Kooperation bilden die Konsultationen innerhalb der EU-Kommission und mit anderen Institutionen der Gemeinschaft und die Expertengruppen, die thematisch unterschiedliche Schwerpunkte setzen: 1994 gründete sich die Arbeitsgruppe „Ländlicher Tourismus", in der die Notwendigkeit der Definition und Harmonisierung freiwilliger Qualitätskriterien und Symbole dargelegt wurde; 1995 befasste sich eine Expertengruppe mit dem Sozialtourismus, der im Wesentlichen der Tourismusförderung für behinderte Menschen dient. (vgl. COM SEC 97)

Abb. 2: Direkte Maßnahmen der EU

- Sammlung und Verbesserung von Kenntnissen durch Programme und Aktionen zur Förderung des Tourismus in Form von Statistiken, Studien, Konferenzen, Fachmessen und Broschüren;
- Grenzüberschreitende Aktionen;
- Verbraucherschutz;
- Förderung des Kulturtourismus;
- Tourismus und Umwelt;
- Tourismus im ländlichen Raum;
- Sozialtourismus;
- Jugendtourismus;
- Aus- und Weiterbildung;
- Werbung in Drittländern.

Quelle: vgl. COM SEC 1997

Indirekte EU-Maßnahmen mit Auswirkungen auf den Tourismus

Indirekte Maßnahmen wie die Abschaffung der Binnen- und Steuergrenzen führten beispielsweise zu einer Verbesserung der Bewegungsfreiheit des Touristen in Europa. Weiterentwicklungen des Verbraucherschutzes oder Projekte zur Unterstützung von Behinderten oder Senioren kamen auch der touristischen Entwicklung zugute, indem nun mehr Menschen reisen können. Auch die Realisierung der europäischen Gemeinschaftswährung im Bargeldumlauf hat im Jahr 2002 das Reisen innerhalb der Mitgliedstaaten der Währungsunion wesentlich erleichtert.

Die Tourismuswirtschaft, die nach Ansicht der EU-Kommission zentralen Stellenwert in der Diskussion besitzt, wird in großem Maße durch die Unternehmenspolitik in Europa beeinflusst. Fast alle der im Tourismussektor tätigen Unternehmen (95%) zählen in der EU zur Kategorie der KMU, Familienunternehmen oder Kleinstunternehmen mit weniger als 9 Angestellten. Auswirkungen auf diesem Gebiet - wie beispielsweise rechtliche, steuerliche und finanzielle Rahmenbedingungen - haben deshalb direkte Auswirkungen auf die Tourismuswirtschaft (vgl. COM SEC 97: 51).

Die Diskussionen im Zusammenhang mit einer europäischen Strategie zur Beschäftigungsförderung legen einen ihrer Schwerpunkte auf den Dienstleistungssektor. Der Tourismus wird als einer der Bereiche aufgeführt, die auf den aktuellen Bedarf schnell reagieren und Arbeitsplätze schaffen können, auch wenn diese mitunter zeitlich befristet oder saisonabhängig sind (vgl. COM SEC 97: 58). Zentral für die Regional- und Strukturpolitik der EU sind die Stärkung des wirtschaftlichen und sozialen Zusammenhalts und die Förderung einer nachhaltigen Entwicklung in den Städten und Regionen. Der Tourismus spielt für die lokale und regionale Entwicklung eine bedeutende Rolle, was auf seine Beschäftigungseffekte und die Diversifizierung der regionalen Aktivitäten zurückzuführen ist. Initiativen für den Tourismus werden durch die Strukturfonds finanziert, allerdings von den einzelstaatlichen oder regionalen Ebenen festgelegt. Die EU-Kommission hat gewisse Befugnisse hinsichtlich des Monitoring, der Evaluierung und der Untersuchung der Maßnahmen. Fast 6% aller Strukturfondsmittel sind in der letzten Förderperiode in den Tourismussektor geflossen (mit Ausnahme der zweiten Phase von Ziel 2, d.h. in den Gebieten mit Strukturproblemen) (vgl. COM SEC 1997: 69), allerdings bestehen große Unterschiede hinsichtlich der Zielgebiete und der Gemeinschaftsinitiativen. Die Gemeinschaftsinitiative LEADER II, die lokale und innovative Ansätze für die Entwicklung ländlicher Regionen fördern und unterstützen will, ist von besonderer Relevanz, da die Unterstützung des Tourismus zu den bedeutendsten förderungswürdigen Maßnahmen gehört. Verschiedene Arten von Direktmaßnahmen wurden finanziert: die Verbesserung des Angebotes an touristischen Unterkünften, die bessere Qualifikation von Tourismusfachkräften, die Unterstützung bei differenzierten Entwicklungsstrategien für den Tourismus. Hauptquelle für die Finanzierung der touristischen Entwicklung ist der Europäische Fonds für regionale Entwicklung (EFRE), aus dem schwerpunktmäßig Mittel für Infrastrukturprojekte und produktive Investitionen fließen.

Fazit

Der Tourismus ist ein Querschnittsbereich, der viele Berührungspunkte mit einzelnen Politikfeldern der EU hat und auf der europäischen Bühne als ein Subjekt zahlreicher Interventionen und Förderungsmaßnahmen in den verschiedensten Gemeinschaftspolitiken gilt. Die EU-Kommission hat in den letzten Jahren neue Ansätze für eine europäische Tourismuspolitik definiert, die sie als integralen Bestandteil einer aktiven Politik für Wachstum und Beschäftigung formuliert. Tourismus*wirtschaft* ist hier das Stichwort. Doch das darf und kann nicht alles sein. Tourismus sollte heute bei gleichwertiger Berücksichtigung der ökonomischen, ökologischen, sozialen und kulturellen Aspekte entwickelt werden. Mit dieser breiteren Definition von Tourismuspolitik werden ihre (raum)planerischen Komponenten sichtbar, wie es in allgemeinen Projekten der Regionalentwicklung selbstverständlich ist.

Für die Zukunft des Tourismus in Europa stellen sich viele dringliche Fragen, die vor allem um die Osterweiterung der EU und die Förderung einer Nachhaltigen Entwicklung kreisen. Der europäische Tourismus wird mit der EU-Erweiterung zunehmend an Bedeutung gewinnen, da die Beitrittskandidaten ein großes ökonomisches Interesse an der touristischen Vermarktung ihrer landschaftlichen Reize haben, insbesondere im ländlichen Raum. Touristische Projekte in grenzüberschreitender Kooperation - etwa im Bereich des Infrastrukturausbaus, wie bei Rad- und Wanderwegenetzen - stellen heute schon eine mögliche Förderaktivität der EU zugunsten der Beitrittskandidaten dar. Da der Tourismus nicht nur ein wirtschaftliches Phänomen ist, sondern auch der Völkerverständigung dient, sollte die EU an der Verbesserung der Rahmenbedingungen für den Tourismus weiterarbeiten, damit die integrative Politik auf einem dauerhaften Wege gelingen kann.

Anmerkungen

1 *Die Ziele und Programme der EU-Tourismuspolitik sind aktuell und sehr umfangreich auf den Internetseiten der Europäischen Union verfügbar, die spezielleren Texte allerdings häufig nur in einer englischen Version. Es empfiehlt sich als Einstieg die folgende Adresse: http://europa.eu.int/comm/enterprise/services/tourism/tourismeu.htm.*
Im Frühjahr 2002 ist ein neuer „Bericht über Gemeinschaftsmaßnahmen mit Auswirkungen auf den Tourismus (2000)" erschienen, der in diesen Beitrag noch keinen Eingang finden konnte; im Internet auch in Deutsch verfügbar unter: http://europa.eu.int/comm/enterprise/services/tourism/tourism-publications/documents/cammmeas_de.pdf.
Eine weitere wichtige (auch in deutscher Version verfügbare) Basisadresse im Internet gibt detaillierten Einblick in die Regionalpolitik der EU: http://europa.eu.int/comm/regional_policy/objective2/index_de.htm.

2 *So ist auf einem Seminar des Europarats in Palma de Mallorca im Mai 1999 über eine Nachhaltige Entwicklung im Fremdenverkehr diskutiert worden (Empfehlungen sind nachlesbar unter http://www.baunetz.de/bmvbw/cemat_2000/de_index.htm). Siehe auch: Bernhardt, S. (1993) Die Arbeiten des Europarats auf dem Gebiet des Bildungs- und Kulturtourismus; in: Becker, C., Steinecke, A.: Kulturtourismus in Europa: Wachstum ohne Grenzen? ETI-Studien Band 2; Trier; 79-86*

3 *Beschluss des Rates vom 13. Juli 1992 über einen Aktionsplan der Gemeinschaft zur Förderung des Tourismus (92/421/EWG), Abl. Nr. L 231 vom 13.8.1992, S.26.*

4 *EWR ist der Europäische Wirtschaftsraum, der die EFTA-Staaten Norwegen, Island und Liechtenstein seit 1994 institutionell mit den fünfzehn EU-Staaten verbindet. Der wichtige EFTA-Staat Schweiz nimmt daran nicht teil.*

Literatur

Amtsblatt der EG (1999): Das Beschäftigungspotential der Tourismuswirtschaft; Amtsblatt C 178/03 vom 23.6.1999. Brüssel

BMWi, Bundesministerium für Wirtschaft und Technologie (2000): Tourismuspolitischer Bericht der Bundesregierung; BMWi-Dokumentation Nr. 474. Bonn

COM SEC, EU-Kommission (1997): Maßnahmen der Gemeinschaft, die sich auf den Tourismus auswirken; Arbeitsunterlage der Kommissionsdienststellen; (http://europa.eu.int/comm/dg23/tourism-publications/measures.html am 30.8.00)

Moltke, Heinrich von (1992): Europäische Gemeinschaft und Tourismus; In: ETI Europäisches Tourismusinstitut GmbH an der Universität Trier: Perspektiven des Tourismus im Zentrum Europas; ETI-Studien Band 1: 75-79. Trier.

ÖROK, Österreichische Raumordnungskonferenz (1997): Aktionsprogramme und transnationale Netzwerke der Europäischen Union; Schriftenreihe Nr. 132. Wien

Joachim Scheiner, Gernot Steinberg

Mit dem Flugzeug zum Wandern - Tourismus und Verkehr

Der Urlaub ist die schönste Zeit im Jahr: Endlich lässt es sich leben, wie man wirklich will - im Einklang mit der Familie, den Menschen, der Natur und mit sich selbst. Zu Hause scheint dies allerdings schwierig zu sein. Deshalb ist die Erholung mit Verkehr verbunden, und die eigene Harmonie mit Kultur und Natur muss mit den Folgen des Verkehrs erkauft werden. So sind auf einer Flugreise von 3.500 bis 4.000 km zunächst einmal 500 kg CO_2 zu emittieren, bevor der ‚sanfte' Tourist am Zielort lokale Wirtschaftskreisläufe mittels Einkauf beim Ökobauern unterstützen kann. Tourismus ohne Mobilität gibt es nicht, und doch sind genauere Aussagen über die Zusammenhänge von Tourismus und Verkehr nicht ganz so einfach, wie es scheint.

Verursacht Tourismus Verkehr? - Notwendige Begriffsklärungen

Eine Aussage über den durch Tourismus bedingten Verkehr ist aus mindestens zwei Gründen schwierig. Zum einen ist bereits der Begriff der Freizeit, in deren Rahmen ein Teil des Tourismus sich vollzieht, lediglich negativ, d. h. als Residualkategorie, definiert: Freizeitverkehr ist der Verkehr, der nicht Berufs-, Ausbildungs-, Geschäfts-, Einkaufs- oder Wirtschaftsverkehr ist. Als Subkategorie des Freizeitverkehrs wird der Urlaubsverkehr definitorisch abgegrenzt. Üblicherweise geschieht dies über die Zeitkategorie. In der offiziellen Verkehrsstatistik werden z. B. Freizeitaktivitäten von mindestens fünf Tagen Dauer als Urlaub definiert (BMVBW 1999: 207).

Die zweite Schwierigkeit besteht im Begriff des Tourismus selbst, denn dieser ist nicht funktional - z. B. als Verkehrszweck oder Aktivität - definiert, sondern räumlich (und zeitlich). Dies führt dazu, dass Tourismus in verkehrlicher Sicht sowohl als Freizeit- und Urlaubsverkehr als auch als Geschäfts- und Dienstreiseverkehr auftritt. In jüngerer Zeit tritt zunehmend auch touristischer Einkaufsverkehr auf, etwa als Wochenend- oder Tagestrip nach London oder Paris.

Ab welcher Distanz dabei von Tourismus zu sprechen ist, kann nicht pauschal beantwortet werden. In der gebräuchlichen Definition des Tourismus durch die Welttourismusorganisation WTO ist von Orten „außerhalb der gewöhnlichen Umgebung" („usual environment") einer Person die Rede (Hüther 1998: 133). Sinnvollerweise wird man also eine Distanzgrenze ansetzen, die den Nahverkehr überschreitet und über alltägliche räumliche Beziehungen wie z. B. Pendeldistanzen hinausreicht. In der Regel wird die räumliche durch eine zeitliche Abgrenzung nach oben und/oder unten ergänzt. So wird in der WTO-Definition der Tourismus nach oben auf zwölf Monate Aufenthalt am Zielort beschränkt (Hüther 1998: 133), nach unten hin können etwa nur Reisen, die mit einer Übernachtung verbunden sind, als Tourismus definiert werden (DGF 1998: 68). Andernfalls würde es sich dann um - nicht-touristische - Tagesausflüge handeln. Auch Flugreisen über große Entfernungen (z. B. Tages-Shopping-Reisen) wären dann kein Tourismus. Andererseits spricht man jedoch auch von ‚Tagestourismus'.

Unter den vielfältigen ökonomischen, ökologischen, sozialen und kulturellen Wirkungen des Tourismus spielt der Verkehr insofern eine Sonderrolle, als er im engeren Sinne keine Wirkung des Tourismus darstellt, da der Tourismus selbst bereits Verkehr *ist*, wie es der ältere Begriff ‚Fremdenverkehr' zum Ausdruck bringt. Obwohl der Verkehr aus ökologischer Sicht neben Lärm, Abfall, Wasser, Energie, Boden, Flora und Fauna einen wesentlichen Problembereich des Tourismus darstellt, wird er häufig in beachtlichem Maß ignoriert. Insbesondere die mit der An- und Abreise verbundenen Umweltbelastungen werden häufig systematisch aus den Überlegungen zur ökologischen und sozialen Verträglichkeit und Nachhaltigkeit ausgeklammert, indem die Betrachtung auf die regionale Situation im Zielgebiet beschränkt wird (z. B. Buchwald/Engelhardt 1998, als Detailstudie z. B. Domrös 2000).

Dies verdeutlicht, dass sowohl analytisch als auch in Bezug auf verkehrsplanerische Konzepte die An- und Abreise vom Verkehr am Zielort differenziert werden müssen. Neben einer funktionalen Sichtweise (Verkehr als Mittel zum Zweck) ist als weiterer Aspekt, der im Freizeitbereich allgemein und beim Reisen im Besonderen eine erhebliche Rolle spielt, der intrinsische Verkehr zu beachten, d. h. diejenige Mobilität, die nicht Mittel zur Erreichung eines Zielortes ist, sondern selbst bereits ein Ziel darstellt. Offensichtlich dominiert das intrinsische Moment beispielsweise bei Kreuzfahrten, auf kleinräumiger Ebene auch bei Rundflügen, Autofahrten ins Blaue oder Radtouren ins Grüne. Aber auch die Anreise zum Urlaubsort, die doch scheinbar nur Mittel zum Zweck ist, besitzt ein intrinsisches Moment, insofern sie bereits Bestandteil des Urlaubs ist - kann doch schon das Verlassen des Wohnortes einen Erholungswert besitzen, zum Symbol werden für das Zurücklassen oder ‚Abschütteln' des Alltags. Verstärkt wird der Selbstzweck der Fortbewegung durch themenbezogene Routen wie die Deutsche Ferienstraße oder die Deutsche Alpenstraße etc. Die Bahn hat hier insoweit das Nachsehen, als sie ähnliche Attraktionen nur in Nischen bieten kann. Bahnstrecken mit hohem Erlebniswert sind weitgehend auf Hochgebirgsregionen und historische (Museums-)Bahnen beschränkt (Demhardt 2000).

Wenn jedoch das Reisen als eine ‚anthropologische Konstante' angesehen wird (Keitz 1997: 9 ff.) - „so alt wie der Mensch ist die Sehnsucht nach der Ferne" - dann verdeutlicht dies auch, dass dieser Art Verkehr besonders schwer mit planerischen Maßnahmen beizukommen ist, will der Nachfrager doch gerade der Beplanbarkeit und/oder Verplantheit seines Lebens zumindest zeitweise entfliehen.

Mobil ohne Grenzen - Verkehrliche Entwicklungen im Tourismus

Nach der Klassifikation der amtlichen Verkehrsstatistik ist lediglich der Urlaubsverkehr ein rein touristischer Verkehrszweck. Freizeit- sowie Geschäfts- und Dienstreiseverkehr sind dagegen nur in Teilen touristisch[1]. Nach dieser Statistik ist zunächst festzuhalten, dass die Freizeit der verkehrsintensivste Verkehrszweck ist (Tab. 1). Hier waren in den vergangenen Jahrzehnten auch die größten Zunahmen zu verzeichnen, gefolgt von Geschäfts- und Dienstreisen. In den neunziger Jahren waren allerdings die Distanzzunahmen im Urlaubsverkehr deutlich höher als bei den Geschäfts- und Dienstreisen. Man beachte auch, dass

Tab. 1: **Distanzen im Personenverkehr Deutschlands 1976 bis 1997**

	Distanzen 1997 (in Mrd. Pkm)	Veränderung 1976-1997* (in Mrd. Pkm)
	Nicht-touristische Verkehrszwecke	
Summe Beruf	194,4	29,6
Summe Ausbildung	47,4	2,4
Summe Einkauf	113,7	20,4
	Touristische Verkehrszwecke	
	Geschäfts- und Dienstreisen	
Fußwege	0,3	0,0
Fahrradverkehr	0,3	0,1
ÖSPV	3,1	1,0
Eisenbahnverkehr	7,3	5,1
MIV	131,1	36,6
Luftverkehr	12,8	5,6
Summe Geschäft/Dienst	155,0	48,4
	Freizeit	
Fußwege	16,9	-0,3
Fahrradverkehr	11,6	4,1
ÖSPV	24,7	0,7
Eisenbahnverkehr	22,5	4,4
MIV	324,9	50,6
Luftverkehr	0,9	0,2
Summe Freizeit	401,4	59,7
	Urlaub	
Fußwege	-	-
Fahrradverkehr	0,0	0,0
ÖSPV	4,4	2,5
Eisenbahnverkehr	4,9	-2,0
MIV	44,6	8,5
Luftverkehr	18,6	14,5
Summe Urlaub	72,5	23,4

** Die Veränderungen sind um die Bevölkerungsentwicklung bereinigt. Es wird also von den Veränderungen ausgegangen, die sich bei Konstantsetzung des Bevölkerungsstandes von 1976 ergäben.*
ÖSPV: Öffentlicher Straßenpersonenverkehr (Bus, Straßenbahn, U-Bahn); MIV: Motorisierter Individualverkehr; Eisenbahn inkl. S-Bahn.

Quelle: BMVBW (1999)

die *relative* Zunahme der Distanzen bei Urlaubsreisen weitaus höher war als in der Freizeit. Im Vergleich aller Verkehrszwecke nehmen damit die zumindest teilweise touristischen Zwecke Spitzenpositionen in Verkehrsaufwand und -entwicklung ein.

Nach Verkehrsmitteln betrachtet zeigt sich, dass in allen touristisch relevanten Verkehrszwecken (aber auch im Berufs- und Einkaufsverkehr) der motorisierte Individualverkehr (MIV) an der Spitze liegt. Auch vom Verkehrswachstum der vergangenen Jahrzehnte profitierte vor allem der MIV, ausgenommen im Urlaubsverkehr, wo die stärksten Zuwächse auf Flugreisen entfallen. Die *prozentualen* Veränderungen sind weitaus differenzierter. So haben sich die bei Geschäfts- und Dienstreisen mit der Bahn zurückgelegten Entfernungen von 1976 bis 1997 mehr als verdreifacht (was den Alltagseindruck erklären mag, Züge seien voller Geschäftsreisender), allerding von sehr niedrigem Niveau ausgehend. Deshalb gilt die Aussage, dass die Bahn vom allgemeinen Zuwachs der zurückgelegten Distanzen praktisch nicht profitiert hat.

Dabei unterliegen die offiziellen Verkehrsstatistiken aufgrund der Methodik der KONTIV[2] wahrscheinlich einer erheblichen Unterschätzung. So führt die Stichtagsmethode zur Untererfassung mehrtägiger - und damit touristischer - Reisen (Heinze/Kill 1997: 22f.).

Der Flugverkehr wird zudem aufgrund des den Berechnungen zugrunde liegenden Territorialprinzips, bei dem nur Flugbewegungen über dem nationalen Territorium einbezogen werden, noch erheblich stärker unterschätzt[3]. So hat der Flugverkehr nach der offiziellen Verkehrsstatistik einen Anteil von 2,4% am gesamten Verkehrsaufwand. Legt man das Inländerprinzip zugrunde, bei dem der Verkehrsaufwand der Inländer eines Landes veranschlagt wird, unabhängig davon, wo er stattfindet, kommt man auf einen sechs bis sieben mal so hohen Wert (16%, Knisch/Reichmuth 1996). Dies ist im hier thematisierten Zusammenhang besonders relevant, da praktisch der gesamte Flugverkehr als Tourismus bezeichnet werden kann.

Im innerdeutschen Flugverkehr dominieren dabei mit 85% der Flüge Dienst- und Geschäftsreisen, während im gesamten Flugverkehr der Deutschen 58% der Wege und 69% der Distanzen auf Urlaubsreisen zurückgehen. Die zeitliche Entwicklung zeigt, dass hohe Distanzen, also vor allem Interkontinentalflüge, überproportional zunehmen[4]. Ein Drittel aller Urlaubsreisen der Deutschen werden mit dem Flugzeug unternommen, die Tendenz ist steigend (F.U.R. 2000). Wahrscheinlich wird inzwischen - bei Zugrundelegung des Inländerprinzips, entgegen dem in der Tabelle ausgewiesenen Wert - mehr als die Hälfte der Distanzen im Urlaubsverkehr per Flugzeug zurückgelegt (Knisch/Reichmuth 1996: 48).

Mit dem Flugzeug zum Wandern - Entwicklungen im Bereich Urlaub

Im ‚klassischen' Tourismussektor, der Urlaubsreise, sind die beschriebenen Verkehrsentwicklungen vor dem Hintergrund einer stetig gestiegenen Reiseintensität der Deutschen zu sehen: Während 1980 nur 58% der Bevölkerung eine Urlaubsreise unternahmen, lag der entsprechende Wert 1995 bei 78% (Urbatzka/Focke/Stader/Wilken 1999: 42, ähnlich F.U.R. 2000, abweichende Werte bei DGF 1999: 37). Seit Anfang der neunziger Jahre stagniert der Wert (DGF 1999: 137). Des Weiteren spielt die zunehmend globale Erschließung immer abgelegenerer Regionen bis hin zur Arktis und Antarktis (Bronny/Hegels 1992) eine große Rolle. Auch wenn das Haupt-Urlaubsreiseziel der Deutschen noch immer Deutschland ist, gefolgt von Spanien und Italien (F.U.R. 2000), ist eine langfristige Tendenz zur Dispersion der Urlaubsziele erkennbar. Während 1970 noch 84% aller Urlaubsausgaben der Deutschen auf die zehn führenden Zielländer entfielen, waren es 1997 nur noch 73%. Besonders starke Zunahmen weisen Entwicklungsländer auf (Filip-Köhn 1998). Auch in zeitlicher Sicht wird ein Trend zur größeren Streuung in Form kürzerer, dafür aber häufigerer Urlaubsreisen konstatiert (DGF 1998: 54, Geißler 1998: 12). Dies lässt sich für die neunziger Jahre allerdings nicht mehr belegen (DGF 1999:141f, F.U.R. 2000).

Die räumliche Dispersion findet ihre Entsprechung in einer zunehmenden thematischen Differenzierung. Ob Safari, Wüstenreise oder ‚Canyoning', Schönheitsfarm, ‚Workcamp' oder Trekking - der Individualisierung scheinen keine Grenzen gesetzt. Auch Freizeitaktivitäten, die nicht klassisch ‚touristischen' Charakter besitzen, wird durch Optimierung des räumlichen Rahmens ein perfektes Ambiente verpasst: mit dem Flugzeug zum Wandern (z. B. nach Mallorca, DGF 1999: 134). Die An- und Abreise kann dabei im krassen Widerspruch zum ansonsten gepflegten nachhaltig orientierten Bewusstsein stehen (vgl. das einleitende Beispiel).

Die ökologischen Auswirkungen des touristischen Verkehrs sind vielfältig: Abgas- und Lärmemissionen, Veränderungen des Landschaftsbildes, Flächenverbrauch, Energieverbrauch, Unfälle. Neben der An- und Abreise spielt dabei die Mobilität am Zielort eine wichtige Rolle. In einigen touristischen Gebieten konzentrieren sich die Beeinträchtigungen und Schäden so massiv, dass inzwischen vielfach Widerstand der örtlichen Bevölkerung aufkommt, beispielsweise in den Alpen (Meurer/Müller 1996). Betroffen sind die Alpen nicht nur als Reisegebiet, sondern auch als Transitregion, wie an den massiven Belastungen entlang der Brenner-Autobahn deutlich wird, auf der jährlich 13 Mio. PKW und 1,5 Mio. LKW fahren (Schneider 2000).

Problematisch ist häufig auch der so genannte Sekundärverkehr in Reisegebieten außerhalb der öffentlichen Verkehrsflächen, vor allem wenn er in naturnahen Räumen stattfindet, etwa auf Wanderwegen, Loipen oder Mountainbiking-Pfaden (Heinze/Kill 1997:

24ff.). Schäden an Flora und Fauna, Bodenerosion und wilde Müllansammlungen treten auch im touristischen Fußverkehr auf, besonders in ökologisch sensiblen Gebieten, deren Sensibilität häufig gerade die Voraussetzung für die Konzentration der touristischen Nachfrage ist. Hier bieten sich planerische Ansatzpunkte, durch geeignete Leitsysteme und Wegekonzepte die Belastungen zu kanalisieren.

Neben solchen eigens für den Tourismus geschaffenen Wegen ist natürlich die klassische Verkehrsinfrastruktur in Reisegebieten von erheblicher Bedeutung für eine verträgliche Abwicklung des Verkehrs. Dabei ist neben der Ausgestaltung des Verkehrsangebotes selbst auch die Information über das Angebot im *Quell*gebiet *vor* Antritt der Reise von zentraler Bedeutung. Eine Verlagerung der Anreise vom PKW auf Bahn oder Bus kann nur gelingen, wenn der Tourist bereits vor der Reise weiß, dass er am Zielort ein adäquates Mobilitätsangebot vorfinden wird. Andernfalls wird er vorsichtshalber doch das Auto benutzen, um nicht am Zielort auf seinen fußläufigen Aktionsradius beschränkt zu sein.

Venedig im Ruhrgebiet - San Marco kann auch zum Touristen kommen. Oder: Sind virtuelle Welten weniger real?

Der fußläufige Aktionsradius stellt allerdings keine Einschränkung dar, wenn gewissermaßen nicht der Tourist zum Berg geht, sondern der Berg zum Touristen kommt. Dieses Prinzip ist in zweierlei Hinsicht längst verwirklicht: (1) durch die moderne Informations- und Kommunikationstechnologie (‚kommunikative Virtualisierung'), wobei zu unterscheiden ist zwischen computergesteuerten Simulationen touristischer Ziele und Aktivitäten einerseits sowie e-mail- und internet-basierten Sozialkontakten andererseits, (2) in gebauter Form als Erlebniswelten wie Freizeitparks, Ferienparks und Einkaufszentren samt ihren Mischformen (‚gebaute Virtualisierung'). Das Ergebnis kann in Form einer amerikanisch-venezianischen Piazza, Typ ‚San Marco', im Oberhausener CentrO beobachtet werden oder als tropischer Regenwald in Ferien- und Freizeitparks. In themenorientierten Erlebnisparks findet sich auch ‚kommunikative Virtualisierung' in Form von Computersimulationen.

Gebaute Virtualisierung - ‚neue' Erlebniswelten?

Aus verkehrlicher Sicht sind die häufig dezentral gelegenen, aber zentral orientierten (großer Einzugsbereich) Freizeit- und Ferienparks nicht *notwendigerweise* negativ zu bewerten. Zwar scheint auf den ersten Blick klar zu sein: Bei der Mehrzahl der Freizeitparks reisen 80 bis 90% der Besucher mit dem Pkw an (Küchler 1997)[5]. Mitte der neunziger Jahre waren von 51 deutschen Freizeit- und Erlebnisparks nur 17 mit dem ÖPNV erreichbar, davon acht mit Eisenbahn oder Straßenbahn (Heinze/Kill 1997: 57). Völlig ungeklärt ist jedoch die Frage, was die Nachfrager tun würden, wenn diese Einrichtungen nicht existieren würden. Zumindest ist der Schluss, dass sie verkehrsvermeidend ihre Wochenenden im eigenen Garten verbringen würden, kaum zwingend. Im (Kurz-)Urlaub würden sie vielleicht vielmehr den Regenwald in den Tropen suchen statt im Ferienpark. Fehlende Exotik, fehlender Kontrast zum Alltag sind für 29% der Auslandsreisenden ein Motiv dafür, ihren Urlaub nicht in Deutschland zu verbringen (DGF 1998:69). Insofern ist der Versuch, solche Kontraste zu ‚importieren', im Hinblick auf die Reduktion von Reisedistanzen durchaus positiv zu bewerten.

Andererseits gibt es diverse Anzeichen für die Existenz besonders entfernungsintensiver Lebensstile und Freizeitgewohnheiten. So werden nach einer Stuttgarter Untersuchung im

Freizeitverkehr etwa 50% der MIV-Distanzen von nur 10% der Nachfrager zurückgelegt (Holz-Rau/Kutter 1995: 42). Ähnliche Ergebnisse zeigen sich auch in Köln (Holz-Rau et al. 1999: 65f.). Somit ist es zumindest nicht von der Hand zu weisen, dass gerade Ferienpark-Kunden vorwiegend Personen sein könnten, die nicht *statt* in die echten in die virtuellen Tropen des Ferienparks fahren, sondern diese als *zusätzliches* Angebot nutzen.

Empirische Kenntnisse darüber, ob hier eher Substitutions-, Verstärker- oder gänzlich andere Effekte produziert werden, sind jedoch nicht vorhanden. Als Chance zentraler Einrichtungen ist es in jedem Fall zu begreifen, dass sie zum einen ökologisches Gefährdungspotenzial an wenige, von der Außenwelt gut abgeschirmte Einrichtungen binden können, und zum anderen aus verkehrlicher Sicht aufgrund der großen Nachfrage auch bei dezentraler Lage die Chance für eine modale Verlagerung auf öffentliche Verkehrsmittel bieten, auch wenn diese Chance bisher kaum genutzt wird. Dies gilt insbesondere, wenn sie innerhalb oder in der Nähe von Verdichtungsräumen als kompakte, gut anzubindende Quellgebiete liegen.

Für das Begreifen der Tendenz zur Virtualisierung im Tourismus ist die Einsicht entscheidend, dass sie keineswegs neu ist. Bereits zu Beginn der siebziger Jahre wurde in der Geographie vereinzelt thematisiert, dass auch ‚echte' Landschaften keineswegs ‚real' sind, sondern gleichsam virtuell - nicht objektive Entitäten, sondern ästhetische Konstruktionen: keine Landschaft ohne Betrachter (Hard 1970). Nirgendwo wird das deutlicher als in der Figur des die Bergwelt durchfahrenden Touristen, der sein Landschaftserlebnis anhand der im Reiseführer beschworenen landschaftlichen Qualitäten bemisst, sodass sogar der Tunnel im Gebirge zum Symbol des Malerischen wird, auch wenn man in ihm gar nichts sieht (Barthes 1964: 59ff.). Die Virtualisierung findet also stets im Kopf des Touristen statt[6].

Aber erst die jüngeren ‚inszenierten Welten' und ‚Erlebniswelten' gelten allgemein als *mindscapes*, die somit als Gegensatz zu ‚realen (geographischen) Landschaften' erscheinen (Steinecke 2000: 45). Wenn aber Tourismus immer schon auf *mindscapes* beruhte, stellen die Inszenierungen lediglich Perfektionierungen derselben dar. Welchen Touristen interessiert es schon, ob hinter seinem ‚Natur'-Erlebnis ‚ursprüngliche' Natur steht oder eine stark übernutzte und herunter gewirtschaftete Region wie die Alpen oder die Lüneburger Heide? Und wenn Mallorca mit bayerischen Biergärten durchsetzt ist, ist dies ohnehin genau im gleichen Sinne virtuell wie die mediterrane Piazza im Oberhausener *CentrO* (vielleicht ist die Piazza gar mediterraner als der Biergarten?). Weiteres Beispiel: In der Wüste von Nevada steht ein komplettes Double des Ortes Bellagio am Comer See. Sowohl Bellagio-1 als auch Bellagio-2 werden überwiegend von Amerikanern besucht (Zips 2000).

Vielleicht ist dem Touristen die ‚inszenierte' sogar lieber als die ‚echte' Welt, denn im Dschungel einer *Center Park*-Anlage muss er nicht mit gefährlichen Überraschungen rechnen, sondern nur so tun als ob: „Und immer daran denken: Sie wissen niemals, was Sie wirklich erwartet, wenn Sie eine Hängebrücke überqueren" (Selbstdarstellung, vgl. http://www.centerparks.de). Reproduziert wird nicht der reale Dschungel, sondern die Indiana Jones-Filme, die der Tourist im Kopf hat. Die Reproduktion solcher Mythen ist aber nicht mehr und nicht weniger real als die Mythen selbst.

Die Perfektion von *mindscapes* kann (und soll) natürlich unter gleichzeitiger Verfolgung verkehrlicher Strategien erfolgen, und für diese gibt es bei hinreichend starker räumlicher und zeitlicher Bündelung der Ströme durchaus die Chance zu einer Verlagerung auf öffentliche Verkehrsmittel und möglicherweise auch zu einer Reduktion von Distanzen. Dies würde jedoch eine entsprechende Steuerung der Verkehrserschließung durch die betroffenen Gebietskörperschaften voraussetzen, d. h.: kein Autobahn-, sondern ein Bahnanschluss für den Ferienpark (vgl. dazu FGSV 1998: 94ff.).

Zumindest in Teilbereichen der beschriebenen Entwicklung ist allerdings eine stark verkehrserzeugende Wirkung kaum von der Hand zu weisen. Die zunehmende ‚Eventisierung' ist ja ebenfalls eine Spielart solcher ‚inszenierter' Erlebnisse, und die Mobilität von Angebot und Nachfrage hat sich hier umgedreht: „Niemand muss heute mehr mit einem Musical auf Tournee gehen. Der Eventtourismus ersetzt die Tournee" (Opaschowski 2000: 20). So verzeichnete das Musical *Cats* in Hamburg von 1986 bis 1999 rund 5,6 Mio. Besucher in 5.500 Vorstellungen. Etwa die Hälfte der Besucher reist aus einer Entfernung von über 250 km an (Juchelka 2000). In Deutschland einmalige Events wie die *Expo* (im Jahr 2000) oder die liebevoll „SoFi" genannte Sonnenfinsternis (im Jahr 1999) bieten weitere Beispiele.

‚Kommunikative Virtualisierung'

Bleibt die Frage: Wenn das touristische Erlebnis ohnehin auf Simulation beruht, warum surft der Tourist dann nicht per Internet zum Zielort? Störende Einflüsse einer allzu ‚realen' (physischen) Außenwelt wären dann gänzlich ausgeschlossen. ‚Simulationstourismus' gibt es bereits, beispielsweise an der Technischen Universität Berlin, wo man im Flugsimulator selbst Jetpilot spielen kann (Heinze/Kill 1997: 31), oder in verschiedenen Themen-Freizeitparks, in denen man interaktiv virtuelle Abenteuer erleben kann. Dazu zählen beispielsweise *Space Parks*, in denen Raumflüge, Schwerelosigkeit oder Astronauten-Trainingscamps erlebt werden können (Ronneberger/Lanz/Jahn 1999: 105-125). Der nächste Schritt könnten realitätsnahe Simulationen im häuslichen Wohnzimmer sein.

Allerdings scheint sowohl der kollektive als auch der sinnliche Charakter von Erlebnissen einer Substitution von physischem durch virtuellen Tourismus entgegen zu stehen. Das körperliche Erleben, die Begegnung mit Menschen und die Er*fahrung* der nicht-alltäglichen Umgebung oder der schieren Entfernung sind offenbar von zentraler Bedeutung und werden dafür sorgen, dass auch in der absehbaren Zukunft der Urlaub in der Regel nicht zu Hause vor dem Monitor verbracht werden wird.

Dennoch ist die Virtualisierung im engeren Sinn (die auf Kommunikation, nicht auf gebauten Objekten ‚am falschen Ort' basiert) eine zwar noch in den Anfängen steckende, gleichwohl aber bereits als zentral erkennbare Dimension des zukünftigen Tourismus. Die sozialen Netzwerke, die sich durch Internet und E-mail entwickeln, werden in Zukunft neue Verkehrsströme zur Folge haben, deren Ausmaß noch nicht abzuschätzen ist. *Chat Groups* mit hoch spezialisierten Interessen aller Art ergänzen lokale und regionale Netzwerke. Verkehrlich ist von Bedeutung, dass diese Gruppen - so ließe sich spekulieren - früher oder später direkten Kontakt aufnehmen wollen, dass auf diese Weise räumlich weit ausgreifende, diffuse Netze von sozialen Kontakten und gemeinsamen Aktivitäten entstehen, die sich nahtlos in die Eventisierung einfügen: Kennen lernen mittels Internet, Treffen auf der *Love Parade*, der *Expo 2000* oder der internationalen Sammlertauschbörse für Beatles-Singles. Der virtuelle Kontakt würde somit zum Auslöser verstärkter physischer Verkehre, die auch touristischen Charakter annehmen.

Auch hierüber liegen praktisch keine empirischen Kenntnisse vor. Sofern jedoch die potenziellen Zielorte in der Regel Großstädte sind, besteht auch hier die Chance, durch adäquate Verkehrsangebote einen Großteil der Nachfrage an öffentliche Verkehrsmittel zu binden. Aufgrund der Enthierarchisierung räumlicher Verflechtungen durch Internet-Kontakte stellt sich dies allerdings bei privaten Besuchen wesentlich schwieriger dar.

Nicht zu vergessen ist auch, dass bei großen Entfernungen auch öffentliche Verkehrsmittel nicht mehr ohne weiteres als umweltverträglich bewertet werden können. Bei einer 400 km weiten Reise zweier Personen mit dem ICE verbrauchen diese (bei durchschnittlicher Auslastung des Zuges) immerhin so viel Energie wie bei einer 300 km-Fahrt mit dem PKW[7]. Die ökologischen Folgen des immer weiteren Ausgreifens räumlicher Verflechtungen werden also durch öffentliche Verkehrsmittel nicht unbedingt kompensiert; vom Flugzeug ohnehin nicht.

Verkehrliche Maßnahmen für den Tourismus

Die vorangegangenen Kapitel verdeutlichen die verschiedenen Dimensionen touristischer Mobilität. Um wirksame Strategien und Konzepte für touristische Verkehre zu entwickeln bzw. auch in der Praxis umzusetzen, ist eine Einteilung nach Art des Tourismus (Urlaub, Geschäfts- und Dienstreise), Zweck (Bildungs-, Tagungstourismus), Raum (Städtetourismus, Urlaub auf dem Bauernhof) und Zeit (Tages-, Wochenendtourismus etc.) sinnvoll[8]. Weitere Differenzierungen können nach Personengruppen (FGSV 1998: 18ff.) sowie einer Systematisierung von Dimensionen des Freizeitverkehrs (Rauh/Regner/Zellmann 1998: 8) in: geplant - spontan; zielgerichtet - Selbstzweck-orientiert; räumlich konzentriert - dispers; Spitzenzeiten - Schwachlastzeiten erfolgen. Während geplante, zielgerichtete und räumlich konzentrierte Fahrten Konzeptionen für öffentliche Verkehrsmittel erleichtern, stehen die gegenübergestellten Begriffe eher für eine individuelle Mobilität, die grundsätzlich nur wenig Verlagerungsmöglichkeiten auf den Umweltverbund bietet. Klar definierte Zielorte, wie sie beispielsweise im Tagungs- oder Städtetourismus vorhanden sind, erleichtern die Umsetzung von Maßnahmen, deren Ziel eine modale Verlagerung von Verkehrsströmen ist. Hier liegt bereits eine Vielzahl unterschiedlichster Maßnahmen vor (FGSV 1998: 58ff., siehe Tab. 2).

Von großer Bedeutung für die Gestaltung von Verkehrsangeboten, jedoch kaum bekannt, sind Art und Ausmaß der Aktivitätenkopplung und der Wegeketten bei touristischen Reisen. Das Verbinden eines Wochenendes in Berlin mit einem Besuch bei den Verwandten, die auf halber Strecke auf dem Land wohnen, oder mit einem Großeinkauf im Outlet-Center im Berliner Speckgürtel kann die Nutzung der besten Bahnverbindung praktisch unmöglich machen. Derartige Aktivitätenkopplungen sind praktisch unerforscht, da Tourismusbefragungen sich meist auf einfache Kennziffern des Tourismus beschränken, Verkehrsbefragungen dagegen meist überregionale Reisen ausklammern.

An- und Abreise

Trotz der räumlichen, zeitlichen und thematischen Ausdifferenzierung des Reisens darf nicht übersehen werden, dass der klassische räumlich, zeitlich und thematisch standardisierte Urlaub nach wie vor weit verbreitet ist, wie sich an hochsommerlich überfüllten Mittelmeerstränden unschwer ablesen lässt. Die Urlaubsverkehre zeigen deutlich, dass räumliche und zeitliche Bündelungen extreme Überlastungserscheinungen (Staus, Warteschlangen etc.) hervorrufen können. Häufig wird daher bei Urlaubsverkehren versucht, die Nachfragespitzen abzubauen oder vorhandene Kapazitäten besser zu nutzen, ohne gleichzeitig

Tab. 2: Instrumentenlogik des Freizeit-, Ausflugs- und Urlaubsverkehrs

Vermeiden	Verlagern	Entschärfen
- Nähe als Lebensqualität - Alternativen in Herkunftsräumen - Differenzierung von Märkten, Qualitäten und Preisen (z.B. Substitution von Tagestourismus durch Urlaub)	- Zeitliche Entzerrung - Motorisierten Verkehr auf Fußwege und Fahrrad - Unerwünschten PKW-Verkehr auf ÖPNV - Luftverkehr auf Eisenbahn - Beliebte Langsamkeit - Räumliche Verlagerung auf Verkehrswege mit Kapazitätsreserven - Räumliche Verlagerung auf Randzonen	- des PKW-Verkehrs - neuer Raumüberwindungsformen - Replika und virtuelle Ziele - Deregulierung (Ladenschluss, Öffnungszeiten von Freizeiteinrichtungen) - räumliche Steuerung in Kerngebieten - Preis und Steuerpolitik - Mengenpolitik

Quelle: Heinze/Kill (1997: 143), verändert

den Versuch zu unternehmen, die Nachfrage zu verringern (Heinze/Kill 1997: 130). Die Verlagerung bei mittleren und großen Distanzen vom Flugzeug bzw. bei kurzen bis mittleren Distanzen vom PKW auf den bodengebundenen öffentlichen Verkehr gelingt jedoch selten. Ein ambitioniertes Verkehrskonzept in der Region Schwarzwald mit attraktiven Anreisemöglichkeiten mit der Bahn und Ausflugsmöglichkeiten ohne PKW vor Ort führte nur begrenzt zu einem Umsteigen vom PKW auf die Bahn; allerdings erhöhte sich insgesamt die Gästezahl durch neue Bahnreisende (Geißler 1998: 27). Angebote in der Schweiz, bei denen Verwaltung, Hoteliers, Gastronomie etc. der Ferienregion die Anreise mit der Bahn innerhalb der Schweiz zu 100% subventionieren (Abb. 1), erzielen ebenfalls nur geringe Verlagerungserfolge[9]. Demnach fällt die Entscheidung für eine bestimmte Reise offenbar weniger zwischen konkurrierenden Verkehrsmitteln bei feststehendem Zielort, sondern zwischen konkurrierenden Zielorten bei feststehendem Verkehrsmittel (Abb. 1).

Wettbewerbsverzerrungen, insbesondere zugunsten des Flugverkehrs durch von der Mehrwert- und Mineralölsteuer befreites Kerosin, stehen nicht nur einer Verlagerung auf umweltverträgliche Verkehrsmittel entgegen, sondern fördern geradezu die Flucht von überfüllten Mittelmeerstränden auf menschenleere Karibikinseln. Dabei trägt eine Flugreise nach Amerika etwa 35 bis 45% zur CO_2-Jahresbilanz eines Haushalts bei (vgl. Frehn/Holz-Rau 1999: 12). Die räumliche Lenkung von Verkehrsströmen als Ansatzpunkt einer Problemlösungsstrategie im Freizeitverkehr greift im Urlaubsverkehr somit zwar gut, steht dem eigentlichen Ziel einer nachhaltigen Verlagerung auf kleinräumige Reisen jedoch entgegen. Diese ist eher durch Berücksichtigung von „Kostenwahrheiten" zu erzielen. Hierzu müsste in die individuelle Berechnung der privaten Alternativkosten nicht nur der Benzinpreis einfließen, sondern die tatsächlichen Kilometerkosten eines PKW müssten durch Internalisierung externer Kosten berücksichtigt werden: „Wenn der PKW-Kilometer eine Zahlung für die ausgelöste Umweltbelastung beinhalten würde, dann wäre die Bahn konkurrenzlos preisgünstig" (Geißler 1998: 25).

Auch die Förderung kleinräumiger Mobilitätsformen durch Aufwertung der näheren Umgebung des Wohnortes kann ein Baustein zur verträglichen Abwicklung touristischer Bedürfnisse sein, zumindest soweit Freizeitmobilität eine Kompensationsstrategie gegenüber Defiziten der Wohnumgebung ist (Fuhrer/Kaiser/Steiner 1993). Dabei darf jedoch nicht übersehen werden, dass die dem Reisen zugrunde liegenden Motive dieser Strategie partiell entgegen stehen. An vorderster Stelle der Motive für Auslandsreisen steht die Sonnengarantie, gefolgt von den günstigen Preisen sowie dem Bedürfnis nach Kontrast und Exotik (DGF 1998: 69). Zumindest Sonnengarantie und Exotik dürften in Deutschland kaum zu

Abb. 1: Vermarktung der Bahnanreise im Unteren Engadin

Die kostenfreie An- und Abreise mit der Bahn ist in der Hotelrechnung inbegriffen. Der potentielle Gast wird an zentraler Stelle der Homepage darauf hingewiesen. Seit der Einführung dieses Angebots sind die Gästezahlen in Scuol um 36,9% gestiegen; in den nicht teilnehmenden Hotels blieb das Niveau des Vorjahres konstant. Autolawinen aufgrund des Zuwachses blieben zwar aus, allerdings sind die mit der Bahn anreisenden Gäste vorwiegend neue Gäste, während die ‚alten' Gäste wohl mehrheitlich ihr Verkehrsmittel nicht gewechselt haben.

Quelle: http://www.scuol.ch und briefliche Mitteilung der Scuol Tourismus AG, 16.1.2001.

verwirklichen sein. Am ehesten könnten künstliche Erlebniswelten diese Bedürfnisse und damit die eine oder andere Kurzurlaubsreise an sich binden.

Kurzurlaubsreisen in Mittel- und Großstädte mit einem gut ausgebauten öffentlichen Nahverkehr werden eher mit der Bahn durchgeführt als Reisen in den ländlichen Raum. Hintergrund sind die Unsicherheiten über die Mobilitätsmöglichkeiten vor Ort in Ferienregionen des ländlichen Raums mit verschiedenen räumlich auseinander liegenden touristischen Attraktionspotenzialen. Neben einem optimierten ÖPNV (Wanderbusse, flexible Bedienungsformen, Anruf-Sammeltaxi etc.) vor Ort, der neben dem Alltagsverkehr die touristische Nachfrage berücksichtigt, muss dem Urlauber schon vor Antritt der Reise durch ein entsprechendes Marketing die Möglichkeit gegeben werden, sich über die gute Erreichbarkeit der touristischen Ziele in der Zielregion mit dem ÖV, dem Rad oder zu Fuß zu informieren. Als weiteres Argument gegen die Anreise mit der Bahn wird häufig der aufwändige Gepäcktransport (sowohl der Koffer als auch verschiedene Sportgeräte) angeführt, obwohl bei Flugreisen erstaunlicherweise weder das zeitaufwändige Einchecken und die anschließende Gepäckannahme noch der Transport zur Unterkunft problematisch zu sein scheint. Für die spezialisierte Nachfrage (beispielsweise im Fahrradtourismus) sind daher Paketangebote erforderlich, die keinesfalls mit dem Service für den Rad- und Gepäcktransport enden dürfen, sondern in Kooperation mit Gebietskörperschaften, Privatwirtschaft (z. B. Hotels, Gaststätten, Reisebüros, Reiseveranstalter, Einzelhandel) weitere Angebote wie Infos über Routen, Unterkunftsmöglichkeiten etc. vorhalten müssen. Ergänzt werden könnten diese Angebote durch eine vermehrte Vermietung von Sportgeräten vor Ort, wie es beispielsweise in der Region Unteres Engadin geschieht.

Das Argument der Unbequemlichkeit einer Bahnfahrt gegenüber der Fahrt mit dem eigenen PKW von Tür zu Tür kann jedoch nur schwer widerlegt werden. Häufig erfordert die Urlaubsreise in ländliche Regionen, wie den deutschen Mittelgebirgen, mehrere Umsteigevorgänge aufgrund der sowohl vom Urlaubsort als auch vom Wohnort entfernt liegenden Fernbahnhöfe. Selbst wenn am Urlaubsort kein PKW genutzt werden kann - beispielsweise auf einigen deutschen Nordseeinseln - überwiegen scheinbar die Nachteile einer Anreise mit der Bahn, wie die in der Hauptsaison überfüllten Dauerstellplätze auf dem Festland zeigen[10]. Ansätze, um bereits die Anreise mit öffentlichen Verkehrsmitteln zu fördern, liegen in der positiven Vermittlung der Verkehrsangebote (Erholung schon auf der Anreise), z. B. durch die Werbung für ein Verkehrsmittel in direkter Verbindung mit dem Ziel, wie es durch den Slogan „mit der Bahn zur Expo" geschehen ist, oder in der Vermarktung der Anreise als

Erlebnis. Dies erfolgt beispielsweise durch den Einsatz von Dampfzügen an Wochenenden von Berlin in den Harz oder durch den Urlaubsexpress der Deutschen Bahn aus Nordrhein-Westfalen an die mecklenburg-vorpommersche Ostseeküste.

Verkehrskonzepte am Zielort

Die planerischen Handlungsmöglichkeiten vor Ort sind um ein Vielfaches höher als bei der Anreise. Es sollen und können hier nicht sämtliche Maßnahmen aufgezeigt werden, dies ist an anderer Stelle schon wesentlich umfangreicher und detaillierter dargestellt (vgl. Heinze/Kill 1997: 142 ff., FGSV 1998, Geißler 1998: 25f, Rauh/Regner/Zellmann 1998). Vielmehr soll im Folgenden näher auf die Notwendigkeit der Kombination von restriktiven Maßnahmen und attraktiven Angeboten im Umweltverbund eingegangen werden.

Die wesentlichen Bausteine einer nachhaltigen touristischen Mobilität sind - neben *soft policies* wie Information, Marketing etc. - ein funktionierender ÖPNV auf der einen sowie ein restriktiver Umgang mit dem MIV auf der anderen Seite. Restriktionen für den MIV allein lösen nicht die Verkehrsprobleme in den Ferienorten und -regionen; allenfalls führen sie zur Verlagerung der Nachfrage in andere Regionen (und damit möglicherweise sogar zur Erhöhung der durchschnittlich zurückgelegten Entfernungen bei der Anreise). Die Erhöhung der Raumwiderstände in den Zielgebieten führt nicht zur Verringerung der Verkehrsbelastungen für Einheimische und Touristen, sondern lediglich zu einer Kappung der Verkehrsmenge an den Kapazitätsgrenzen der Wege. So bildet beispielsweise die Verkehrsbelastung auf den Straßen rund um den Bodensee oder auf vielen mediterranen Küstenstraßen eine starke Restriktion für den MIV, ohne dass von einer Entlastung für die Anwohner die Rede sein kann.

Die Implementierung von ÖPNV-Angeboten allein bietet ebenso wenig einen Ausweg, da sie zwar einen wichtigen Faktor für Nicht-Autofahrer darstellt, der zusätzliches Nachfragepotenzial erschließen kann, der allerdings kaum eine Attraktion für Autofahrer ist, wie das erwähnte Beispiel des Schwarzwaldes zeigt.

Erforderlich sind also integrierte Maßnahmenbündel, bei denen die Raumplanung nur in Kooperation mit Gebietskörperschaften, tourismusorientierter Wirtschaft und Verkehrsunternehmen ihre Rolle einnehmen kann. Damit kommt ihr eine doppelte Aufgabe zu: einerseits die Erarbeitung von Analysen und Konzepten, andererseits die Vermittlung zwischen häufig widerstreitenden Interessen und deren Integration in konsens- bzw. kompromissorientierten Maßnahmen.

Konkrete Maßnahmen lassen sich im weitesten Sinne als (Versuche der) Besucherlenkung umschreiben (Abb. 2). Sie umfassen einerseits die konzeptionelle raum- und verkehrsplanerische Arbeit, andererseits Einzelmaßnahmen auf Objektebene. Zu den konzeptionellen Arbeiten gehört zum einen die allgemeine Gestaltung der Verkehrs- und Tourismusinfrastruktur in Bezug auf die räumliche Zuordnung der verschiedenen Einrichtungen und Verkehrsangebote, ihre Qualität und die Bemessung ihrer Kapazität. Die Infrastruktur umfasst auch Angebote, die zwar tourismusrelevant, aber nicht tourismusspezifisch sind[11]. Zum anderen ist darunter die Zonierung zu verstehen, d. h. die räumliche Funktionstrennung, die von Bereichen intensiver touristischer Nutzung bis zu Tabu-Räumen reicht. Dies schließt auch verkehrsmittelspezifische Zonen ein.

Einzelmaßnahmen lassen sich in ‚harte' Zwangsmaßnahmen und ‚sanfte' Maßnahmen gliedern. Letztere umfassen Abschreckungs- und Anreizmaßnahmen. Aufgrund der großen

Abb. 2: Maßnahmen zur Besucherlenkung

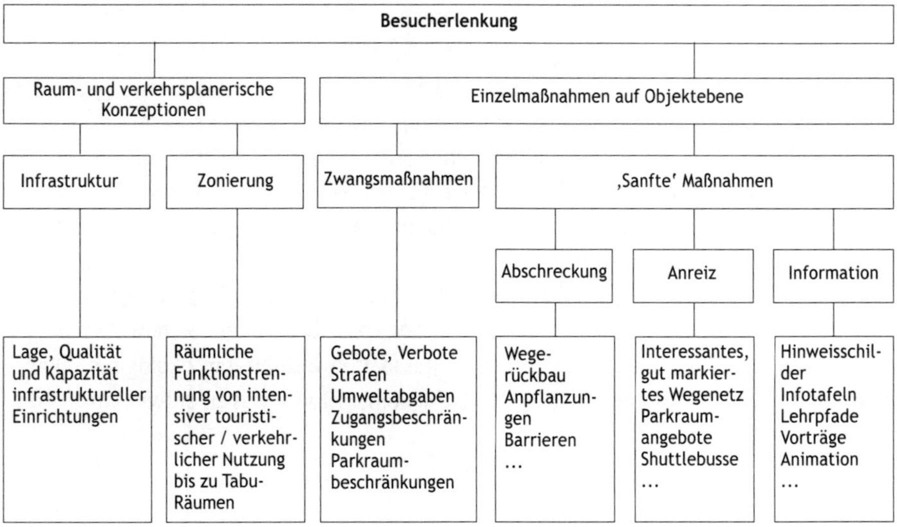

Quelle: Job (1995: 156), verändert

Bedeutung der Informationsmaßnahmen sind diese in der Abbildung gesondert aufgeführt, obwohl man Information auch als Abschreckung bzw. Anreiz verstehen kann.

Bei restriktiven Maßnahmen darf das Augenmaß für die Bedürfnisse der Einheimischen nicht verloren werden, die beispielsweise von Zufahrts- oder Zugangsbeschränkungen ebenfalls betroffen sein können. Möglichkeiten des Umgangs bestehen in Ausnahmeregelungen für Anwohner sowie darin, auch unter dieser Personengruppe Akzeptanz für restriktive Maßnahmen zu erzielen. Hierfür ist die Partizipation der Betroffenen bei der Implementierung von Maßnahmen von großer Bedeutung. Verkehrsbezogene Probleme, denkbare Lösungsmöglichkeiten sowie Vor- und Nachteile verschiedener Maßnahmen(bündel) - gerade auch für die Betroffenen selbst - sind zu vermitteln und zu diskutieren.

Fazit

Vom Tourismus verursachte Verkehrsprobleme in den Zielgebieten sind nur in Zusammenarbeit von Raum- und Verkehrsplanern mit tourismusorientierter Wirtschaft, Gebietskörperschaften und einheimischer Bevölkerung verhandelbar. Die Crux besteht darin, die aus dem Verkehr resultierenden Belastungen für Einheimische und Gäste zu reduzieren, ohne gleichzeitig den Tourismus als regionalwirtschaftliches Standbein zu schwächen.

Insgesamt werden jedoch die aus dem Tourismus resultierenden Verkehrsbelastungen in erster Linie durch die weiten An- und Abreisen verursacht. Daraus wird auch deutlich, dass die regionale Perspektive, die sich auf die Zielgebiete beschränkt, einen stark eingeschränkten Blickwinkel darstellt. Zur Reduktion der im Tourismus zurückgelegten Entfernungen wäre in erster Linie eine verursachergerechte - d. h. nachfragebezogene - Internalisierung externer Kosten des Verkehrs erforderlich, insbesondere im Flugverkehr. Im MIV könnte daneben bereits eine stärkere Verlagerung der für den Nutzer anfallenden Kosten von den Fixkosten hin zu den variablen, streckenbezogenen Kosten Wirkung entfalten.

Eine Anreise mit öffentlichen Verkehrsmitteln wird jedoch vielfach nur bei Angeboten möglich sein, die auf die Bedürfnisse des Tourismus abgestimmt sind. Am Zielgebiet sollte gleichzeitig ein attraktives ÖPNV-Angebot sowie ein restriktiver Umgang mit dem MIV gegeben sein. Beides muss für den Reisenden bereits im Vorfeld der Reise erkennbar sein.

Trotz einer Nachfrage, die zunehmend räumlich, zeitlich und thematisch ausdifferenzierter wird, treten touristische Verkehrsbeziehungen nach wie vor räumlich und zeitlich stark gebündelt auf. Die Chance für eine Verlagerung auf bodengebundene öffentliche Verkehrsmittel ist damit aus verkehrssystemischer Sicht prinzipiell gegeben. Zumindest aus ökologischer Sicht ist die Konzentration einer massenhaften Nachfrage auf relativ wenige Areale und Strecken bei gleichzeitiger Freihaltung anderer Gebiete sinnvoller als eine gleichmäßige Verteilung in der Fläche.

Insbesondere bei der Identifikation von Zeitstrukturen, von Zielgruppen sowie individueller Bestimmungsgründe und Einflussfaktoren des Freizeitverhaltens besteht Forschungsbedarf. Nur so können zielgenaue Angebote geschaffen werden, um ökologisch, ökonomisch und sozial nachhaltige Mobilitätsmöglichkeiten im Tourismus zu entwickeln.

Anmerkungen

1 *Konkret: Die von Kunde zu Kunde fahrende Handwerkerin oder Geschäftsfrau ist nur dann eine Touristin, wenn sie hinreichend weit und lange unterwegs ist. Für die Freizeitreise gilt dies analog.*

2 *Kontinuierliche Erhebungen zum Verkehrsverhalten. Die KONTIV wird in mehr oder weniger regelmäßigen Abständen im Auftrag des Bundesverkehrsministeriums durchgeführt.*

3 *Vgl. Knisch/Reichmuth (1996: 32 und 37) und Urbatzka/Focke/Stader/Wilken (1999: 31). Dies kommt auch in der Tabelle zum Ausdruck. So entfallen im Urlaubsverkehr 31,9% aller Wege, aber nur 25,7% der Distanzen auf Flugreisen. Mithin müssten bei Urlaubsflugreisen im Mittel geringere Entfernungen zurückgelegt werden als bei anderen Urlaubsreisen!*

4 *Seit 1990 ist allerdings bemerkenswerterweise die mittlere Reiseweite im Flugverkehr abnehmend (Knisch/Reichmuth 1996: 20): Auch kurze Distanzen werden zunehmend geflogen.*

5 *Dies wird auch von Anbietern für selbstverständlich erklärt: „So leisten wir mit unseren Parks einen Beitrag zum Umweltschutz und haben trotzdem dabei Ihre Mobilität nicht aus den Augen verloren. Bei Ihrer Ankunft und Abreise bringen Sie Ihr Gepäck mit dem Auto zu Ihrem Bungalow und nutzen dann einen der Parkplätze. Aber anschließend gibt es nur noch ein Fortbewegungsmittel: das Fahrrad" (Selbstdarstellung, www.centerparks.de).*

6 *Bemerkenswerterweise beschäftigen sich dennoch auch heute noch Planer damit, wie „Schönheit" und andere Eigenschaften der Landschaft als solcher gemessen werden können. Voraussetzung dafür ist die Vergegenständlichung der Landschaft (mit Humboldt) als „Totalcharakter einer Erdgegend" (Wöbse 1998:167). In der Sozialgeographie hat man diese Reifikation der Landschaft respektive des Raums als ‚Ganzheit' zumindest weitgehend exorziert (vgl. die Beiträge in Meusburger 1999).*

7 *Schätzung nach Gers/Hübner/Otto/Stiller (1997).*

8 *Eine besondere Rolle spielen Reisen zu Zweitwohnsitzen, soweit sie nicht in typisch touristischen Zielgebieten liegen. In diesen Fällen sind auf den Tourismus zugeschnittene Verkehrskonzepte kaum möglich. Dieser Fall bleibt hier aus Platzgründen ausgeklammert.*

9 *Diskussion zum Vortrag von W. Glünkin: Tourismus, Einkauf und Freizeitverkehr in Städten und Bergregionen, Tagung Nachhaltiger Freizeitverkehr, Zürich, 16. August 2000.*

10 *Nach einer Untersuchung auf den vier Inseln Norderney, Juist, Föhr und Langeoog liegt der Anteil der mit dem PKW anreisenden Gäste bei 61%, gegenüber 72% bei den inländischen Urlaubsreisen in Deutschland insgesamt (Boss/Boss/Fetzer/Thäte 1996: 9f). Damit ist der ÖPNV-Anteil bei der Anreise auf die Inseln zwar relativ hoch, allerdings angesichts dessen, dass auf Juist und Langeoog die PKW-Nutzung gänzlich ausgeschlossen ist, nicht allzu hoch - insbesondere wenn man sich vor Augen hält, dass gerade auf Langeoog die Anreise mit dem PKW kaum unter dem bundesdeutschen Mittelwert liegt (ebd.).*

11 *Touristische Angebote werden ja nicht nur von Gästen, sondern auch von Einheimischen als Freizeitangebote genutzt. Die Verkehrsinfrastruktur steht ebenfalls allen offen.*

Literatur

Barthes, Roland (1964): Mythen des Alltags. Frankfurt am Main.
BMVBW (Bundesministerium für Verkehr, Bau- und Wohnungswesen, Hg.) (1999): Verkehr in Zahlen 1999. Hamburg
Boss, Anja / Boss, Claudia / Fetzer, Karin / Thäte, Ingo (1996): Nachhaltiges Verkehrskonzept als Chance zur Realisierung eines Qualitätstourismus mit Zukunft. Gästebefragung über die Akzeptanz der Verkehrs- und Tourismuskonzepte ausgewählter Nordseeinseln als Voraussetzung für neue Wege in der Planung. In: Geoid 1/2:4-17
Bronny, Horst M. / Hegels, Friederike (1992): Tourismusentwicklungen in Arktis und Antarktis. In: Geographische Rundschau 44/4: 209-216
Buchwald, Konrad / Engelhardt, Wolfgang (Hg.): Freizeit, Tourismus und Umwelt (= Umweltschutz - Grundlagen und Praxis 11). Bonn
Demhardt, Imre Josef (2000): Verkehrslinien als touristische Attraktionen. In: Institut für Länderkunde (Hg.): Nationalatlas Bundesrepublik Deutschland. Band 10: Freizeit und Tourismus. Heidelberg / Berlin. S. 64-67
DGF (Deutsche Gesellschaft für Freizeit, Hg.) (1998): Freizeit in Deutschland 1998. DGF-Jahrbuch. Erkrath
DGF (Deutsche Gesellschaft für Freizeit, Hg.) (1999): Freizeit in Deutschland 2000. DGF-Jahresgutachten. Erkrath
Domrös, Manfred (1998): Fremdenverkehr auf den Malediven: Nachhaltige Entwicklung durch Touristen-Isolate? In: Geographische Rundschau 50/12: 714-721
FGSV (Forschungsgesellschaft für Straßen- und Verkehrswesen, Hg.) (1998): Öffentlicher Personennahverkehr. Umweltfreundlicher Freizeit- und Fremdenverkehr (= FGSV-Arbeitspapier 47). Köln
Filip-Köhn, Renate (1998): Wirtschaftsfaktor Tourismus: Internationaler Reiseverkehr Deutschlands. In: DIW-Wochenbericht 65/50 (www.diw.de/diwwbd/98-50-2.html, 9.6.2000)
Frehn, Michael / Holz-Rau, Christian (1999): In kleinen Schritten zu kurzen Wegen. In: Brunsing, Jürgen / Frehn, Michael (Hg.): Stadt der kurzen Wege (= Dortmunder Beiträge zur Raumplanung 95), S. 10-17. Dortmund
Fuhrer, Urs / Kaiser, Florian G. / Steiner, Jürg (1993): Automobile Freizeit: Ursachen und Auswege aus der Sicht der Wohnpsychologie. In: Fuhrer, Urs (Hg.): Wohnen mit dem Auto. Ursachen und Gestaltung automobiler Freizeit, S. 77-93. Zürich
F.U.R. (Forschungsgemeinschaft Urlaub und Reisen e.V., Hg.) (2000): Die Reiseanalyse RA 2000. Urlaub und Reisen. Erste Ergebnisse, vorgestellt auf der ITB 2000 in Berlin. (www.fur.de, 28.7.2000)
Geißler, Harald (1998): Entlastung verkehrlich hoch belasteter Fremdenverkehrsregionen (= Forschungsbericht 86 des Bundesamtes für Bauwesen und Raumordnung). Bonn
Gers, Volker / Hübner, Heinz / Otto, Peter / Stiller, Hartmut (1997): Zur Ressourcenproduktivität von spurgeführten Hochgeschwindigkeitssystemen: Ein Vergleich von ICE und Transrapid. (= Wuppertal Papers 75). Wuppertal
Hard, Gerhard (1970): Die „Landschaft" der Sprache und die „Landschaft" der Geographen. Semantische und forschungslogische Studien zu einigen zentralen Denkfiguren in der deutschen geographischen Literatur (= Colloquium Geographicum 11). Bonn
Heinze, G. Wolfgang / Kill, Heinrich H. (1997): Freizeit und Mobilität. Neue Lösungen im Freizeitverkehr. Hannover
Holz-Rau, Christian / Kutter, Eckhard (1995): Verkehrsvermeidung. Siedlungsstrukturelle und organisatorische Konzepte (= Materialien zur Raumentwicklung 73). Bonn
Holz-Rau, Christian et al. (1999): Nutzungsmischung und Stadt der kurzen Wege: Werden die Vorzüge einer baulichen Mischung im Alltag genutzt? (= Bundesamt für Bauwesen und Raumordnung (Hg.): Werkstatt Praxis 7/1999). Bonn
Hüther, Karin (1998): Auswirkungen des Tourismus auf die Verkehrsnachfrage und die Umwelt. Internationales Verkehrswesen 50/4: 133-136
Job, Hubert (1995): Besucherlenkung in Großschutzgebieten. In: Moll, Peter (Hg.): Umweltschonender Tourismus - Eine Entwicklungsperspektive für den ländlichen Raum (= Material zur angewandten Geographie 24). S. 153-160. Bonn
Juchelka, Rudolf (2000): Der Musical-Markt in Deutschland. Standortkonzepte und Entwicklungsperspektiven. In: Geographische Rundschau 52/2: 34-40
Keitz, Christine (1997): Reisen als Leitbild. Die Entstehung des modernen Massentourismus in Deutschland. München
Knisch, Harald / Reichmuth, Matthias (1996): Verkehrsleistung und Luftschadstoffemissionen des Personenflugverkehrs in Deutschland von 1980 bis 2010 unter besonderer Berücksichtigung des tourismusbedingten Flugverkehrs. Zwischenbericht im Rahmen des Vorhabens „Maßnahmen zur verursacherbezogenen Schadstoffreduzierung des zivilen Flugverkehrs", ifeu-Institut Heidelberg. Berlin
Küchler, Rüdiger (1997): Öffentlicher Personennahverkehr bei Freizeitanlagen und Großveranstaltungen. In: Fachgebiet Verkehrswesen, Universität Kaiserslautern (Hg.): Verkehr aktuell: Freizeitmobilität (Grüne Reihe 38). S. 39-58. Kaiserslautern

Meurer, Manfred / Müller, Hans-Niklaus (1996): Tourismus und Verkehrsbelastung in den Schweizer Alpen. In: Geographische Rundschau 48/3: 136-144

Meusburger, Peter (Hg.) (1999): Handlungszentrierte Sozialgeographie. Benno Werlens Entwurf in kritischer Diskussion (= Erdkundliches Wissen 130). Stuttgart

Opaschowski, Horst W. (2000): Jugend im Zeitalter der Eventkultur. In: Aus Politik und Zeitgeschichte B 12: 17-23.

Rauh, Wolfgang / Regner, Karl / Zellmann, Peter (1998): Freizeitmobilität - Umweltverträgliche Angebote und Initiativen. Wien

Ronneberger, Klaus / Lanz, Stephan / Jahn, Walter (1999): Die Stadt als Beute. Bonn

Schneider, Christian (2000): Ökopunkte stoppen Transportverkehr über Brenner. In: Süddeutsche Zeitung vom 26.7.2000, S. 44

Steinecke, Albrecht (2000): Erlebniswelten und Inszenierungen im Tourismus. In: Geographische Rundschau 52/2: 42-50

Urbatzka, Eckhard / Focke, Horst / Stader, Andrea / Wilken, Dieter (1999): Szenarien des Luftverkehrs Deutschlands im Jahr 2010 vor dem Hintergrund kapazitätsbeengter Flughafeninfrastruktur (Deutsches Zentrum für Luft- und Raumfahrt e. V., Forschungsbericht 1999-43). Köln

Wöbse, Hans-Hermann (1998): Die Erlebniswirksamkeit der Landschaft - methodischer Ansatz für eine flächendeckende Bewertung und Entwicklungsperspektiven. In: Buchwald/Engelhardt 1998: 166-193

Zips, Martin (2000): Das Bergdorf im Zeitalter seiner Reproduzierbarkeit. In: Süddeutsche Zeitung vom 8.8.2000, S. V2/1

Teil 2

Stefanie Roeder

Potenziale des differenzierten Städtetourismus

Stadtplanung und Stadtteiltourismus im Frankenberger Viertel in Aachen

Die Nutzung des Wirtschaftsfaktors Städtetourismus erfordert eine gezielte Strategie zur Ausschöpfung seines gesamten Potenzials. Städtetourismus wird bisher oft nur als Gesamtstadttourismus - und dabei vor allem unter dem Aspekt Sightseeing - verstanden. Jede Stadt birgt jedoch Qualitäten, welche nicht auf den ersten Blick erkennbar sind. Die Vielfalt der Stadt bietet einem weiten Spektrum von Tourismusarten eine Destination, so z. B. dem Kultur-, Veranstaltungs-, Architektur-, Alternativ- oder dem informellen Tourismus. In diesem Sinne hängt die Stadtplanung als Initiator und als Bewahrer der städtischen Vielfalt und Attraktivität mit dem Städtetourismus als „Nutzer" derselben zusammen. Die Stadtplanung soll den Tourismus sinnvoll in das Gesamtsystem der Stadt integrieren und ihn in Einklang mit weiteren Ansprüchen an den Raum bringen.

Ebenso wie die Stadtplanung nicht nur auf gesamtstädtischer Ebene agiert, muss eine Tourismusplanung differenziert, das heißt stadtteilgenau, durchgeführt werden, um verstecktes Tourismuspotenzial aufdecken, entwickeln und nutzen zu können. Dieser Beitrag präsentiert den Stadtteiltourismus als neue Aufgabe der Tourismusplanung.

Die Hypothese, dass in Stadtteilen Tourismuspotenziale aufgegriffen und entwickelt werden können, das gesamtstädtische Tourismuspotenzial dadurch angehoben wird und die gezielte touristische Stadtteilgestaltung Vorteile für die Entwicklung des Quartiers bringt, ist die Ausgangsfrage dieses Beitrags.

Stadtteiltourismus als neue Aufgabe der Tourismusplanung

Bisher ist Stadttourismus auf der Ebene der Gesamtstadt diskutiert und realisiert worden, was teilweise Defizite für die Zukunftsfähigkeit des Tourismus ergab, da auf dieser Ebene die betroffenen Einheimischen nicht in ausreichendem Maße beteiligt werden konnten. Die Ebene des Stadtquartiers bietet dafür mehr Möglichkeiten und Ansatzpunkte. Dieser Beitrag berücksichtigt die Notwendigkeit und die Vorteile der kleinräumigen Betrachtungsweise als einen neuen Bereich der Tourismusforschung.

Die Förderung Stadtteiltourismus bedeutet nicht, dass Stadtteile in Konkurrenz zueinander treten sollen. Vielmehr soll das Tourismuspotenzial der Stadt auf allen Ebenen untersucht werden, um Maßnahmen sinnvoll auszuwählen. Das gesamtstädtische Tourismuspotenzial setzt sich aus allen besonderen Teilaspekten und Facetten der Stadt zusammen. Erst eine verträgliche und zukunftsfähige Nutzung Potenziale sichert langfristig den Tourismus als Wirtschaftsfaktor und den Erhalt der Einzigartigkeit der Stadt - nicht nur als dessen Grundlage, sondern auch zur Steigerung der Lebensqualität sowohl der Besucher, die auf den Tourismus als wichtigen Aspekt ihres Lebens nicht verzichten möchten, als auch der Bewohner, die das Bewusstsein erfreuen kann, an einem besonderen Ort zu leben.

Wie schon zu Anfang angedeutet, muss der im Städtetourismus aufkommende Zielkonflikt zwischen der Qualität des Tourismus, der Lebensqualität der Bewohner und der Zukunftsfähigkeit der Kommune gelöst werden. Auch hier ist in der Tourismusplanung als Möglichkeit der Stadtentwicklung die Stadtteilebene gut geeignet, die Konsequenzen des Handelns zu überblicken (Ringler 1991: 42 f.).

Direkte Beiträge zum gesamtstädtischen Tourismuspotenzial leisten die Stadtteile mit dem Angebot der Vielfalt, die sich aus den Eigenheiten der Quartiere ergibt, und der Möglichkeit, in kleinen Schritten auf das Image der Gesamtstadt einzuwirken, indem man Aspekte wie das Flair des Quartiers oder die im Stadtteil vorhandene Szene hervorheben und in das Gesamtgefüge des Stadttourismus aufnehmen kann.

Die Bewohner eines Stadtviertels haben nicht von vornherein das Bewusstsein, einer touristischen Destination anzugehören. Oft werden sie aufgrund des fehlenden Mitspracherechts gezwungen, in inszenierten Kunstwelten zu leben, obwohl für die Bewohner die Eigenart und das Flair ihres Quartiers viel wichtiger sind, als den Besuchern eine Performance zu bieten. Die von den Touristen gewünschten und von den Veranstaltern mit Hilfe der Kommune umgesetzten Eingriffe in die Lebenswelt der Stadtbewohner können als „soziale Umweltverschmutzung" angesehen werden. In diesem Konflikt muss im Sinne des zukunftsfähigen Städtetourismus eine gerechte Lasten- und Nutzenverteilung erreicht werden.

Stadtplanung und Stadtteilplanung

Planung auf Stadtteilebene beschäftigt sich hauptsächlich mit verbindlicher Flächennutzung, Bebauungsplanung und dem Erstellen von Stadtbereichsplänen (auch „Stadtteilpläne"), die die klassischen Planungsebenen mit einbeziehen. Hier kann der Tourismus in den verschiedenen Bereichen, etwa als wirtschaftliches (gewerbliches) Sondergut, als System zentraler Orte im Quartier, Entwicklungsförderer oder als Grund für Sanierungsmaßnahmen oder Denkmalpflege ebenso einbezogen werden wie die üblichen Faktoren, die in solche Planungen hineinspielen.

Neben der planerischen Unterscheidung von möglichen Betrachtungsebenen des Tourismus innerhalb der planerischen Vorbereitung der allgemeinen Stadtentwicklung, Regionalplanung, Stadtplanung, Stadtbereichsplanung sowie Einzelprojekt-Planung bestehen für die Fremdenverkehrsstellen anders unterschiedene räumliche Betrachtungsebenen, wie z. B. die Aktionsbereiche der einzelnen „Tourismusformen", im Folgenden synonym „Tourismusarten" genannt (Sightseeingtourismus: historische Stadtbereiche, Kongress- und Tagungstourismus: Kongresszentren, Hotels usw.). Die Diskussion über den Tourismus erfordert zu jedem Zeitpunkt die Kenntnis der jeweiligen räumlichen Bezugsebene. Tourismusforscher stehen in der Gefahr, gleichzeitig verschiedene Ebenen zu diskutieren und die Übertragbarkeit der Erkenntnisse vorauszusetzen. Man kann jedoch nicht davon ausgehen, dass die Betrachtungen von Gesamtstadttourismus und Stadtteiltourismus die gleichen Untersuchungen erfordern.

Die Notwendigkeit, Planungen für Teilräume von Städten zu betreiben, ist heute unbestritten. Aktionsschwerpunkte der Kommunalpolitik wie Sanierung, Modernisierung und Verkehrsberuhigung bedürfen der kleinräumig bezogenen planerischen Vorbereitung. Die Einbeziehung der betroffenen Menschen in diese Maßnahmen ist auf der Stadtteilebene besonders erfolgreich, da für die Bürger, die in den letzten Jahren ein immer stärker werdendes „Stadtteilbewusstsein" entwickeln, das heisst eine Identität zu ihrem näheren Umfeld aufbauen, die Komplexität der Gesamtstadt kaum mehr überschaubar ist.

Auf dieser Planungsebene umfasst die Ausarbeitung von Stadtteilplänen - auch Stadtteilentwicklungsplan, Bereichsplan, Stadtteilkonzept, Städtebaulicher Rahmenplan genannt - Teilkonzepte und die Erarbeitung der Planungsgrundlagen und des Entwicklungskonzeptes. Der Stadtteilplan geht von den spezifischen Gegebenheiten der einzelnen Stadtteile innerhalb einer Gesamtstadt aus und enthält Vorgaben zur Flächennutzung, Modernisierung und Wohnumfeldverbesserung, Infrastruktur, Verkehr, Stadtgestalt und zu Erholung und Freizeit. (Ringler 1991: 42 f.).

In einer Stadt, für die Städtetourismus ein nicht unbeträchtlicher Wirtschaftszweig ist, kann dieser einen Platz in der „planerischen Vorbereitung" auf allen Planungsebenen erhalten, zum Beispiel im Rahmen der Stadtteilpläne als „Teilkonzept Fremdenverkehr". So kann gewährleistet werden, dass in einem Stadtbereich Tourismuspotenziale entdeckt oder ausgeschlossen und schließlich in das Tourismusangebot der Stadt aufgenommen werden können. Ein weiterer Vorteil dieser Vorgehensweise ist die Möglichkeit, auf diese Art die Entwicklung des Stadttourismus zukunftsfähig gestalten zu können.

Der Umgang mit Tourismus in der Stadt muss auf eine geordnete Art und Weise stattfinden, um die größtmögliche Effizienz, die sich natürlich auch durch Verträglichkeit und Zukunftsfähigkeit auszeichnet, zu erreichen. Die Betrachtungs- und Planungsebenen (Region, Stadt, Stadtteil) müssen definiert werden, die sich bietenden Möglichkeiten in Bezug zu den anderen Ebenen, also in das Gesamtkonzept, eingebettet und die erwarteten Vor- und Nachteile für Veranstalter, Tourist und Bürger untersucht und kontrolliert werden. Dies gilt für alle Akteure (Ämter, Fremdenverkehrsstelle, Veranstalter, private Veranstalter, Einzelhändler). Der Umgang mit Tourismus im Stadtteil erfolgt niemals losgelöst, Ansatzpunkte für die Kommune sind zum Beispiel der Rahmen- oder Stadtteilplan oder „public private partnership".

Der Aspekt, neben Sightseeing- und Rundgangtourismus auch nicht direkt sichtbare Eigenarten der Stadt als Ziel anzubieten, liegt im Moment im Trend des alternativen Stadttourismus, in vielen Städten durch den Veranstalter „Stattreisen" vertreten. Dies ist eine Form des Tourismus, die viel mit Lebensweisen und der Geschichte kleiner abgrenzbarer Gebiete innerhalb der Stadt zu tun hat und mit diesem Potenzial ebenfalls am besten in den Kontext der Stadtteilebene zu stellen ist.

Bei der Betrachtung des Tourismus auf Stadtteilebene besteht die Gefahr, das Gesamtbild des Tourismus der Stadt zu vernachlässigen. Man muss abwägen, inwieweit das Tourismuspotenzial des Quartiers den Gesamtstadttourismus bereichert, oder ob die Eigenart des möglichen Stadtteiltourismus das Image des Stadttourismus stört. Der Tourismus soll an Vielfalt gewinnen, die einzelnen Stadtteile dürfen dabei jedoch keine Konkurrenzhaltung einnehmen.

An dieser Stelle beeinflusst das Image des Quartiers die Qualität des Tourismusangebots. Hier kann Vielfalt erreicht werden, wenn man die Eigenarten der Quartiere in das Angebot aufnimmt und es damit abrunden kann. Wenn allerdings lediglich ein weiterer Rundgang hinzukommt, ändert sich nichts an der Qualität des Tourismusangebots, sondern nur an der Anzahl. Eigenarten von Quartieren ergeben sich aus den unterschiedlichen Identitäten der Quartiere und werden deutlich durch die Abgrenzungsmöglichkeiten derselben, den Kriterien zur Beschreibung der Identität eines Raumes und den Stadtteiltypen, nach denen das Stadtquartier von den anderen unterschieden wird.

Die Identität eines Raumes kann durch folgende *Kriterien* beschrieben werden:
- räumlich erfahrbare Grenzen (wie Hauptverkehrsbänder, Gewässer, Brachflächen, monostrukturierte Zonen wie Parkanlagen, Industrieflächen)
- historisch bedingte Grenzen von Gebietseinheiten, oft Eigennamen
- statistische Grenzen und die damit verbundene Zuordnung von Einzugsbereichen für öffentliche Einrichtungen
- politische Autonomie eines Raumes (Bezirke und politische Gremien)
- Funktionen eines Raumes
- Bevölkerungshomogenität
- lokale Kultur (Stadtteilveranstaltungen, Vereinsleben)
- Wirtschaftsstruktur
- Homogenität der Baustruktur (Baualter, Bebauungsdichte und -formen)
- signifikante Merkmale der Stadtgestalt (dominierende öffentliche Bauten, Platzanlagen, stadtbildprägende Ensembles)
- städtebauliche Problemzonen (Sanierungsbedarf).

Stadtteiltypen:
- die historische Innenstadt
- die Stadterweiterungsgebiete früherer Jahrhunderte, insbesondere des späten 19. Jahrhunderts
- ehemalige, in den innenstadtnahen Zonen aufgegangene Dörfer
- ehemalige Vorstadtgebiete, Villenviertel
- Großsiedlungen, die meist nach dem Zweiten Weltkrieg entstanden sind
- Dörfer, die im Zuge der kommunalen Neugliederung in den siebziger Jahren zu Stadtteilen wurden.

Konzepte für den Stadtteiltourismus

Tourismuskonzepte sollen dabei helfen, das spezifische Tourismuspotenzial des entsprechenden Gebiets derart zu nutzen, dass es für alle Beteiligten (Stadt, Bewohner, Veranstalter und Touristen) Vorteile bringt. Im Folgenden soll die Möglichkeit der Stadt(-teil) Entwicklung durch gezielte Tourismusentwicklung untersucht und bewertet werden, unter Berücksichtigung der Anwohner und des notwendigen Aufwandes.

Man könnte meinen, dass die direkten Berührungspunkte zwischen Stadtteilentwicklung und Stadtteiltourismus lediglich in Kleinigkeiten Ausdruck finden, wie z. B. in dem Verbot für überdimensionierte Neonreklamen oder allgemein in den positiven Auswirkungen auf die Denkmalpflege, die die Ensembleerhaltung und Stadterhaltung für einen betrachtenden Tourismus voraussetzt, in der Zulässigkeitsregelung für Tourismusgewerbe, den Öffnungszeiten der Gaststätten und Restaurants und deren Anliegen, Tische und Stühle auf dem Bürgersteig zu plazieren, oder auch in der Anzahl der benötigten Parkplätze im Quartier. Für die öffentliche Hand und den planenden Berufsstand ist es jedoch erfreulich zu erkennen, dass verschiedene Strategien in der Tourismusentwicklung weit mehr Auswirkungen auf die Stadtentwicklung haben als angenommen, und konzeptionelle Überlegungen in diesem Bereich auch strukturelle Entwicklungen beeinflussen können. Mit verschiedenen Strategien der konzeptionellen Tourismusentwicklung können verschiedene Entwicklungsbereiche angesprochen werden, die durch die Oberbegriffe „Soziales und Kultur", „Ökonomische Entwicklung", „Städtebau und Denkmalpflege", „Image und Stadtmarketing" und „modellhafte Entwicklung" beschrieben werden.

Ausgangspunkt des Interesses ist die soziale und kulturelle Qualität der Begegnung zwischen den Touristen und Bewohnern der Stadt, insbesondere die Wahrnehmung des Tourismus und der Touristen durch die Bewohner. Auch in Aachen ist der touristische Alltag nicht frei von jenen Kollisionen zwischen der Erlebniswelt der Touristen und der Lebenswelt von Stadtbewohnern, die die Tourismuskritik als das „Leid des Bereistwerdens" diagnostiziert. Eine eindeutige Bewertung ist auch für diesen Blickwinkel auf touristische Konzepte - die Kultur- und Sozialverträglichkeit bzw. -unverträglichkeit des Tourismus - nicht möglich; dafür kann man aber die Themenbereiche und Schnittstellen des Konfliktpotenzials „Reisende gegen Bereiste" relativ überschaubar eingrenzen.

Der kulturwissenschaftliche Standpunkt erkennt einen Tourismus, der sich als ein Reisen in die Vergangenheit präsentiert, und bezeichnet ihn als „Histourismus". Die Reisenden und Bereisten befinden sich hierbei in völlig unterschiedlichen Wirklichkeiten, es besteht auch die Gefahr der Überlagerung historischer Räume durch die Urlauber. Die Nähe zwischen Denkmalpflege, die nicht als Konservierung eines ehemaligen Zustands zu verstehen ist, und Tourismus in einer musealisierten Welt ist ebenfalls ein Stein des Anstoßes. Eine Form der Erlebniskonstruktion, wie zum Beispiel die Stadtrundfahrt für Sightseeing, hat nur wenig mit der Lebenswelt einer Stadt zu tun. Hier können Vermittler, z. B. Stadtführer, zwischen Touristen und Stadtbewohnern zu einer positiven Auseinandersetzung mit Geschichte und Gegenwart anregen. Altstädte präsentieren sich oft als historisches Ambiente, das sich - als Wohnraum unbezahlbar geworden - für die Mehrheit der Stadtgesellschaft längst in eine Urlaubslandschaft verwandelt hat. Bürgerinitiativen fordern, den Tourismus konsequenter als bislang gesehen zum Gegenstand kommunalpolitischer Planung zu machen und diese der allgemeinen Diskussion zu öffnen. (Regensburger Verein für Volkskunde (Hg.) 1994: 7-10) Die Konfliktbereiche sind in Abbildung 1, Konfliktbereiche zwischen Reisenden und Bereisten, veranschaulicht.

Abb. 1: Konfliktbereiche zwischen Reisenden und Bereisten

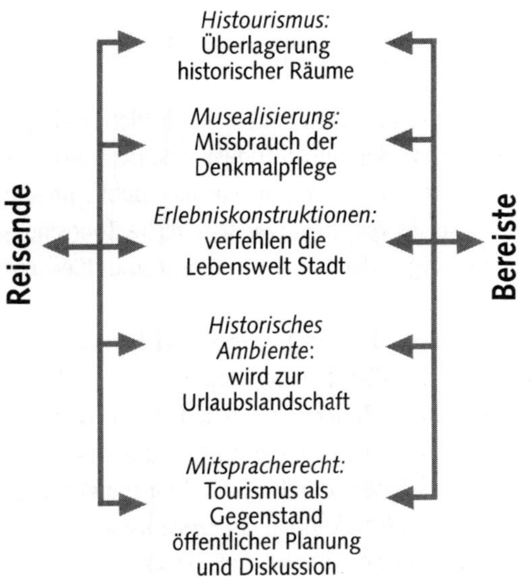

Quelle: Eigene Darstellung

Die Entscheidung für ein Tourismuskonzept als Instrument zur Stadtentwicklung sollte nicht einseitig, vor allem nicht nur aus ökonomischen Beweggründen heraus getroffen werden. Sobald man die Tourismusbranche für Stadtentwicklungszwecke einsetzen will, muss man sich an Planungsgrundsätze, wie zukunftsfähige Gestaltung, Beteiligung der Bürger und Integration der drei Bereiche Soziales, Ökonomie und Ökologie halten. Gerade bei der Betrachtung auf Stadtteilebene werden Defizite der Entwicklungsstrategien gut und schnell sichtbar:

Man kann untersuchen, ob die einzelnen Strategien auf die jeweiligen Entwicklungsbereiche einwirken, ob sie weiterhin Auswirkungen auf die Identifikationsmöglichkeiten der Bewohner zu ihrem Stadtquartier haben, ob tatsächlich ein außergewöhnlicher Geldfluss einsetzt und wer letztlich davon profitiert, ob Aufwand und Wirkungskraft ein positives Ergebnis offenbaren und ob die Mitbestimmung der Betroffenen genügte, ob eine künstlich inszenierte Welt entstanden ist. Die Prioritäten sollten feststehen: Sozialverträglichkeit geht ökonomischen Effekten vor, sonst wird kein zukunftsfähiger Zustand erreicht werden. Ein Tourismuskonzept hört nicht mit der Umsetzung auf, sondern beinhaltet auch Kontrolle und Nachbesserung.

Der Zustand des gegenseitigen Nutzens für Reisende, Bereiste, Veranstalter und Stadtteilentwicklung muss langfristig gesichert sein. Probleme treten bei den wenig flexiblen Strategien, z. B. Ein-Punkt-Strategien wie Events oder Modellprojektstrategien auf, die nach einem vorgefertigten Schema ablaufen müssen. Sie können nicht im Nachhinein verbessert, ihre Wirkungen nicht beeinflusst werden, was die notwendige Flexibilität im Bereich der sozialen Komponente nicht bietet (langfristige Projekte, bei denen es Betroffene gibt, müssen immer flexibel und veränderbar sein). Fest steht, dass ein planloser Tourismus, der nicht dem Nutzen aller Beteiligten dient, auch keine zukunftsfähige Entwicklung des Quartiers fördert. Wenn eine strukturelle Verbesserung eintreten soll, sind eine stärkere Rolle der kommunalen Planung und eine öffentliche Diskussion über eine touristische Entwicklungsstrategie unabdingbar. Die Ebene des Stadtteils ist hierfür besonders gut geeignet. Im Folgenden werden Sachverhalte am Fallbeispiel des Frankenberger Viertels in Aachen dargestellt. Das Untersuchungsgebiet wurde zum einen aufgrund seiner Lage in einer klassischen Städtetourismusdestination und zum anderen aufgrund der bisher geringen Beachtung des Gebietes im Gefüge des Aachener Städtetourismus ausgewählt.

Tourismus in Aachen

Aachen ist schon lange eine internationale touristische Destination. Auch hier erschöpft sich der Umgang mit Tourismus im Stadtteil nicht in der Betrachtungsebene der verbindlichen öffentlichen Planung. Weitere Möglichkeiten liegen im Bereich der „public private partnership", die wahrscheinlich effizienter sind als rein privatwirtschaftliche Tourismusprojekte im Quartier, da die notwendige Einbettung in den Gesamtstadttourismus hier sehr einfach ist.

Der Stadttourismus in Aachen wird hauptsächlich vom Verkehrsverein Aachen und dem Presse- und Werbeamt beeinflusst. Es ergeben sich außer den Zielsetzungen des Leitbildes zur Stadtentwicklung Aachen, das auch den Bereich Tourismus tangiert, keine weiteren Vorgaben für den Verkehrsverein oder andere Veranstalter, die die Ausformung des Stadttourismus betreffen. Der Verkehrsverein bietet auf dieser Grundlage ein Tourismuskonzept an, das sich patchworkmäßig aus den verschiedenen Attraktionen der Gesamtstadt zusammensetzt. Andere Aachener Veranstalter geraten in Konkurrenz zum Verkehrsverein, da kein Integrations- oder Kooperationsmodell angewendet wird.

Bisher wird keine Methode angewendet, die den Städtetourismus Aachens in entsprechende Tourismusarten, Gästekategorien oder Tourismusteilgebiete einteilt. Die Stadtteilebene wird nicht explizit berücksichtigt, nur die touristischen Destinationen Burtscheid und Kornelimünster finden sich im Reiseführer als Orte des Stadtteiltourismus mit einem Rundgang wieder. Eine Einteilung in Tourismusarten könnte zum Beispiel eine Untersuchung der Auswirkungen der Arbeit des Verkehrsvereins ermöglichen. In Aachen geht der Verkehrsverein davon aus, dass es sich „aufgrund der geringen Größe der Stadt nicht lohnt, mit nur einem Stadtteil zu werben". Die Möglichkeit, (auch mehrere) Stadtteile und ihre Eigenarten in das Tourismusprogramm aufzunehmen, wurde nicht überprüft. Nur für zwei Stadtteile wurden Rundgangbroschüren angefertigt, nachdem aus den schon von den Touristen erschlossenen Quartieren Anfragen nach Werbematerial getätigt worden sind. Für den Aachener Städtetourismus existieren ausser der Hotelbettenbelegung keine weiteren Statistiken. Stadtteilgenaue Daten, die zum Beispiel Angaben zum Tagestourismus enthalten könnten, wären von Vorteil für eine Untersuchung des Tourismuspotenzials auf Stadtteilebene.

Tourismus im Frankenberger Viertel

Die touristische Anziehungskraft des Frankenberger Viertels ist nicht vergleichbar mit der der Aachener City. Der Tourismus im Viertel ist nicht sofort zu erkennen, man muss ihn suchen. Im Folgenden werden Spuren des Tourismus im Frankenberger Viertel verfolgt und untersucht, daraus ergibt sich letztendlich ein umfassendes Bild der touristischen Situation im Quartier.

Das Quartier bietet die Voraussetzungen zur Abgrenzung gegenüber anderen Quartieren und der Stadt und verfügt über eine nachvollziehbare Geschichte seiner Bewohner und Gebäude. Der bereits existierende Tourismus im Viertel passt sich gut in den Tourismus der Stadt und der Region ein, außerdem findet man Spuren eines „Binnentourismus" (Aachener Bürger zählen zu den Teilnehmern der Rundgänge und Veranstaltungen). Die Kapazitäten des Quartiers sind nicht erschöpft, sie können die bereits vorhandenen Touristen innerhalb der bestehenden Infrastruktureinrichtungen integrieren. Eine Stadtteilentwicklung durch Tourismusentwicklung scheint aufgrund des schon bestehenden gegenseitigen Nutzens von Tourismus und Bewohnern möglich, Anzeichen der Zukunftsfähigkeit sind im Umgang mit dem Tourismus im Viertel zu erkennen. Durch das Interesse und die Beiträge der Bewohner ist die Entwicklung eines „Konzeptes von unten" und damit ein besonders sozialverträglicher Tourismus realisierbar. Die sich als vorherrschend und ausbaufähig erweisenden Tourismusarten sind der Veranstaltungstourismus (Events) und der alternative Stadttourismus in Form von thematischen Rundgängen mit Kontakt zu Bewohnern des Quartiers.

Tourismusforum zur Tourismusentwicklung im Frankenberger Viertel

Um das gesamtstädtische Tourismuspotenzial zu vergrößern, ohne die zentralen Örtlichkeiten touristischen Interesses in Aachen zusätzlich zu belasten, muss das in einzelnen Stadtteilen vorhandene Tourismuspotenzial aufgegriffen und entwickelt werden. Eine gezielte touristische Stadtteilgestaltung ist für eine entsprechende „Aufbereitung" und Entwicklung des Quartiers zu nutzen. Im Folgenden wird eine *mögliche* Vorgehensweise dargestellt, wie - unter Nutzung der Szenestruktur als zentralem Aspekt des Tourismus im Frankenberger Viertel - ein Konzept zur Tourismusentwicklung in diesem Aachener Stadtteil aussehen könnte.

Verschiedene Expertengespräche mit Vertretern des Aachener Städtetourismus und Akteuren des Frankenberger Viertels ergaben übereinstimmend, dass ein Tourismuskonzept im Frankenberger Viertel keinesfalls ohne Beteiligung der einzelnen betroffenen Gruppen Erfolg haben kann.

Um touristische Angebote in ein Konzept zu integrieren, gibt es Tourismusexperten, die Tourismusprogramme entwerfen. Neue touristische Angebote werden in Aachen vom Verkehrsverein erstellt oder durch Veranstalter in den Stadttourismus eingebracht. Eine Möglichkeit, die dadurch auftretenden Konfliktbereiche zu vermeiden, wäre der Einsatz von Tourismusmanagern oder Arbeitsgruppen auf Stadtteilebene, die die Rolle einer Interessenvertretung übernehmen. Als Ansprechpartner für die Programmentwickler könnten sie Probleme durch unabgestimmte Konzepte von vornherein vermeiden helfen. In einem Stadtteil wie dem Frankenberger Viertel, in dem schon ein Gemeinschaftsbewusstsein existiert, ist ein Zusammenschluss der einzelnen Vertreter möglich, in anderen Stadtteilen könnte ein Einzelner versuchen, diese Kooperation zu initiieren und zu managen.

Aufgabe einer solchen „interdisziplinären" Arbeitsgemeinschaft ist es, ein Forum für alle Fragen des Stadtteiltourismus zu bieten und die Interessen der einzelnen Gruppen in Einklang zu bringen. Die bisher unabhängig voneinander existierenden tourismusrelevanten Angebote des Frankenberger Viertels sollen hier zusammengefasst werden, um durch Kooperation und gemeinsame Werbung einen größeren gemeinsamen Nutzen zu erbringen. So kann auch eine bessere Anbindung des Quartierstourismus an den der Gesamtstadt erreicht werden. Neue Konzepte werden hier vorgestellt, diskutiert und bewertet, unter Umständen auch entwickelt. Die Position der Bereisten gegenüber den Touristen wird gestärkt.

Mitglieder des Forums sind Vertreter von Stadt, Stadtteil und Tourismusveranstaltern, die direkt mit einem Quartierstourismus in Berührung geraten (siehe Abb. 2). Die Arbeitsgruppe übernimmt außer der koordinierenden Funktion auch die Aufgabe der Kontrolle des touristischen Programms und dokumentiert Fortschritte der mit dem Tourismus zusammenhängenden Stadtteilentwicklung, um eine stetige Weiterentwicklung zu gewährleisten.

Ein integratives Tourismuskonzept der Stadt Aachen kann die Idee eines solchen Tourismusforums im Frankenberger Viertel aufgreifen und damit die Stadtteilentwicklung begünstigen. Basis für solch ein kleinräumiges Konzept ist die bestehende Szenestruktur des Quartiers als herausragender touristischer Aspekt im Viertel; die „Szene" produziert permanent neue Substanz, die touristisch interessant wird. Das Tourismusforum in Fragen des

Abb. 2: Mögliche Struktur eines Tourismusforums im Frankenberger Viertel

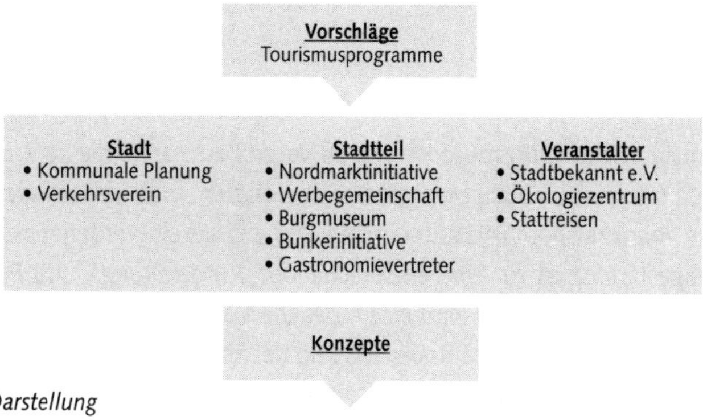

Quelle: Eigene Darstellung

Stadtteiltourismus käme zum Einsatz, wenn der Aachener Verkehrsverein im Rahmen einer Angebotserweiterung das Frankenberger Viertel explizit in den Gesamtstadttourismus aufnehmen wollte. Innerhalb des Tourismusforums würden die Interessen des Veranstalters, der Reisenden und der Bereisten für einen langfristigen Erfolg des Stadtteiltourismus ins Gleichgewicht gebracht. Der Verkehrsverein als Initiator des neuen Tourismusangebots könnte in dieser Vorgehensweise auf ein bereits existierendes Wissen und eine Basis für das neue Tourismuskonzept zurückgreifen.

Ein solcherart entwickeltes touristisches Erlebnisprogramm würde bestehende Varianten des Stadtteiltourismus im Quartier aufgreifen. Durch die Integration in ein Rahmenprogramm können die Defizite behoben werden, die sich in der Vergangenheit vor allem aus der mangelnden Anbindung an den Gesamtstadttourismus und zu wenig Werbung ergeben haben.

Bewertung eines stadtteilbezogenen Tourismuskonzeptes für Aachen

Das Frankenberger Viertel bietet einerseits ein großes touristisches Potenzial im räumlichen Bereich. Der schon vor der konzeptionellen Tourismusentwicklung vorhandene Stadtteiltourismus wurde von den Kapazitäten der im Quartier befindlichen Läden und Einrichtungen abgedeckt, was eine weitergehende touristische Nutzung problemlos ermöglicht. Andererseits bietet das Viertel auch ein touristisches Potenzial durch die aktive Mitarbeit der Bewohner, die dazu beitragen, einen sozialverträglichen Stadtteiltourismus zu ermöglichen. Diese Bereitschaft zur Kommunikation ist nicht selbstverständlich und macht einen großen Teil des Tourismuspotenzials des Stadtteil aus. Das von Bewohnern ausgehende Potenzial ist auf der Ebene der Gesamtstadt nur schwer nutzbar, was als ein Vorteil der Stadtteiltourismusentwicklung innerhalb einer Tourismusentwicklung angesehen werden kann. Im Frankenberger Viertel ist durch die Entwicklung von Konzepten auf Stadtteilebene eine tiefergehende Präsentation des stadtteilspezifischen Tourismusangebots möglich, da der Tourismus aus seiner oberflächlichen Betrachtungsweise zum Zentrum des Geschehens gelenkt wird.

Im Frankenberger Viertel bedingen sich Tourismus und Szenestruktur des Quartiers, diese ist der zentrale touristische Aspekt des Viertels. Die Szene ist die Basis für den Quartierstourismus, sie schafft durch ihre Aktivität einen großen Teil des touristischen Angebotes. Die Berücksichtigung dieses stadtteilspezifischen Tourismuspotenzials im gesamtstädtischen Tourismuspotenzial ergibt eine größere Vielfalt des städtischen Tourismusangebots.

Das touristische Potenzial von Stadtteilen begründet sich auch auf der Möglichkeit der Abgrenzbarkeit der Räume, innerhalb derer sich eine spezifische Identität des Raumes ausbildet. Im Frankenberger Viertel hat sich, wie die Bewohner betonen, ein besonderes Gefühl der Urbanität gebildet, das sich auf die aktive Gemeinschaft im Viertel zurückführen lässt. Das gesamtstädtische Tourismuspotenzial, das auch den Bereich der „lebendigen Stadt Aachen" umfasst, wird damit um die Möglichkeit bereichert, den Besuchern eine weitere Facette des Aachener Flairs zeigen zu können.

Das Frankenberger Viertel trägt mit seinem besonderen Image, das auch den Stadtteiltourismus prägt, zum Image der Gesamtstadt bei. Besonders positiv wirkt sich hier die Dynamik des Quartiers aus, die dem etwas verstaubten Aachener Image mit seinem Kur- und Sightseeing-Tourismus entgegenwirkt. Vorsicht ist jedoch bei imagebildenden Maßnahmen geboten, bei denen nur zum Gesamtstadttourismus passende Tourismusformen hervorgehoben werden sollten, z. B. der Kulturtourismus, der sich auf die Kulturszene im Viertel stützt. Eine zu starke Konzentration auf die alternative Szene, die im Frankenberger Viertel nicht nur eine soziale, sondern auch eine politische Ausprägung hat, könnte das angestrebte Image der Gesamtstadt stören, das auch auf Kongress- und Tagungstouristen anziehend wirken soll, die wenig Wert auf die alternative Szene einer Stadt legen. Durch Förderung von bestimmten Tourismusformen, die als Tourismuspotenzial vorhanden sind, kann man das Image beeinflussen, allerdings sind in Aachen die einzelnen Tourismusformen bisher nicht unterschieden worden (bis auf die Entscheidung zur Förderung des Kongresstourismus).

In Aachen kann eine gezielte Verbindung von Stadtteilentwicklung und Tourismusentwicklung durch das Angebot eines Integrations- oder Kooperationsmodells, wie dem hier modellhaft entwickelten Tourismusforum, forciert werden. Dieses Beispiel zeigt die positiven Auswirkungen der gezielten Stadtteiltourismusentwicklung auf die Stadtteilentwicklung, besonders im sozialen Bereich die Festigung der Szenestruktur, im ökonomischen Bereich die gerechte Nutzenverteilung zwischen Reisenden, Veranstaltern und Bereisten und im räumlichen Bereich den Erhalt der Authentizität und die Vermeidung von Inszenierung.

Eine zukunftsfähige, verträgliche Nutzung des Tourismuspotenzials sichert nicht nur langfristig den Tourismus als Wirtschaftsfaktor, sondern auch den Erhalt der Einzigartigkeit der Stadt. Vor der Entscheidung, die Stadtteilentwicklung durch Tourismusentwicklung zu beeinflussen, sollten Prioritäten gesetzt werden, um nicht einen einseitigen Effekt, etwa die alleinige Begünstigung der Entwicklung im ökonomischen Bereich, zu erhalten. Eine zukunftsfähige Entwicklung ist nur nach der Definition von Planungsgrundsätzen möglich, die die Stadtteilentwicklung in den Bereichen Soziales, Ökonomie und auch im städtebaulichen Bereich enthalten.

Die Konfliktbereiche von Reisenden und Bereisten verdeutlichen die Problematik der aufeinanderprallenden Lebenswelt der Bewohner mit der Erlebniswelt der Touristen. Es darf nicht zu einer „soziokulturellen Umweltverschmutzung" kommen; die Bewohner, die ihre Kultur für den Tourismus bereitstellen, dürfen nicht die Kontrolle über ihre eigene Lebenswelt verlieren. Im Fall des Tourismuskonzeptes für das Frankenberger Viertel bekleidet das Tourismusforum - mit Vertretern des Stadtteils, der Stadt und der Veranstalter - eine Art Wächterfunktion. Die notwendige Prüfung des Nutzens für die Betroffenen - und damit der Entwicklung des Stadtteils im sozialen Bereich - ist dadurch gewährleistet.

Der Einsatz eines Tourismusforums bestimmt auch die Gewichtung der Strategien der Tourismusentwicklung, die Einfluss auf die strukturelle Entwicklung des Stadtviertels haben. Im ausgearbeiteten Konzept werden alle Strategien abgedeckt, besonderer Wert wird aber auf den Beitrag der Strategie der Modellprojekte gelegt, die die Besonderheit des Frankenberger Viertels in seinem Umgang mit aktuellen Problemen der heutigen Zeit hervorhebt, etwa den funktionierenden Zusammenhalt der Bewohner, der dem aktuellen Trend der Individualisierung und der daraus folgenden Isolierung von Stadtbewohnern entgegen wirkt. Solche lokalen Besonderheiten sprechen sicherlich nur eine kleine Zielgruppe von Städtetouristen an, rücken aber immer mehr in das Zentrum der Aufmerksamkeit (Kramer 1993: 37). Langfristiger Nutzen ergibt sich meist aus flexiblen Strategien, die immer wieder der aktuellen Situation angepasst werden können, deshalb sollte man bei der Stadtentwicklung durch Tourismusentwicklung die Probleme von nicht flexiblen „Ein-Punkt-Strategien" (Veranstaltungen, Events) berücksichtigen.

Die Kooperation der Beteiligten und Betroffenen ist bei der Tourismusentwicklung außerordentlich wichtig, damit bereits bestehenden Formen von Stadtteiltourismus nicht die Existenzgrundlage entzogen wird. Das Tourismusforum im Konzept für das Frankenberger

Viertel sichert die Angebote von Veranstaltern besonders durch die Werbemaßnahmen des Verkehrsvereins.

Nicht zuletzt ermöglicht die Tourismusentwicklung auch den Erhalt von städtebaulichen Besonderheiten im Stadtteil. Eine Verwahrlosung von Gebäuden oder Plätzen würde dem Tourismus die Grundlage entziehen. Auch in Kleinigkeiten, die im Konzept für die Tourismusentwicklung im Frankenberger Viertel nicht ins Gewicht gefallen sind, kann der Tourismus auf die Stadtteilentwicklung wirken, z. B. durch längere Öffnungszeiten von Geschäften und Gastronomie, in Verboten für überdimensionierte Neonreklamen an Gründerzeitfassaden, der Anzahl der Parkplätze im Quartier usw.

Fazit

In Anbetracht des Trends zum Deutschlandtourismus, der sich durch Städtekurztripps im Zweiturlaub auszeichnet, sind die vorliegenden Untersuchungsergebnisse für jede touristisch ambitionierte Stadt von Interesse. Innerhalb vom Freizeittrend der erlebnisorientierten Angebote ist ein Stadttourismus anzusiedeln, der den Besuchern ein „besonderes Stadterlebnis" bietet, indem er sie am Stadtteilleben teilnehmen lässt.

Die besondere geographische Randlage des Untersuchungsgebiets innerhalb der Stadt Aachen bietet zum einen Nachteile aufgrund der schlechteren Erreichbarkeit, zum anderen Vorteile aufgrund der Nähe zum Dreiländereck und der Funktion der Euregio Maas-Rhein, die grenzüberschreitende Konzepte in Bezug auf Tourismus und andere Bereiche anbietet. Man kann aber davon ausgehen, dass andere Regionen auch ihre besonderen Vorteile haben, weshalb in dieser Hinsicht eine Übertragbarkeit der Anbindung an regionale Tourismusformen möglich ist.

Die spezielle touristische Ausrichtung der Stadt Aachen, die als ausgesprochen alte Stadt eine touristische Destination von internationaler Bedeutung ist, ergibt eine breite Grundlage für die Ausarbeitung von Konzepten im Bereich Stadt- und Stadtteiltourismus, da innerhalb der Konzepte vom bereits bestehenden Tourismus Teile aufgenommen und umgelenkt werden können. Städte ohne ausgeprägten Tourismus müssen mit ihrem Konzept die Touristen erst anlocken. Hier sind die Ideen zu einem alternativen Stadttourismus übertragbar, für den z. B. der „Arbeitskreis Neue Städtetouren ANS" Werbemaßnahmen anbietet (Roeder 1999, Expertengespräche).

Die Tatsache, dass keine differenzierten Vorgaben für die Tourismusentwicklung existieren, wirkt sich in einer gewissen „Freiheit des konzeptionellen Ansatzes" aus, welcher sich im vorliegenden Fall an Leitlinien und Planungsgrundsätzen der Raumplanung orientiert.

Auch die Besonderheit des Untersuchungsraumes, in diesem Fall ein gut abgrenzbares Gründerzeitviertel mit ausgeprägter Szenestruktur, beeinflusst das Konzept. Quartiere, für welche auch eine detaillierte Spurensuche kaum touristische Relevanz ergibt, die z. B. reine Wohngebiete sind, wären für einen Stadtteiltourismus kaum geeignet. Man muss jedoch erwähnen, dass auch dem Frankenberger Viertel nicht auf den ersten Blick eine touristische Relevanz zugeschrieben wird. In Städten, in denen sich der Stadttourismus nicht auf eine kleine Fläche der Innenstadt beschränkt, können die Besonderheiten der Stadtteile vermutlich einen selbstverständlicheren Eingang in ein Tourismuskonzept finden, das die Ebene des Stadtteils berücksichtigt (die Touristen müssen nicht erst „umgelenkt" werden).

Stadtteiltourismus ist eine Alternative zu überfüllten historischen Innenstädten, sowie eine Möglichkeit, den Anteil von Übernachtungsgästen durch zusätzliche, räumlich verteilte Angebote zu erhöhen. Die Entdeckung der Stadtteilebene für den Tourismus eröffnet einen Zugang zu neuen und innovativen Formen des Tourismus und erweitert die touristische Angebotspalette einer Stadt. Der Stadtteiltourismus ist in der Lage, aus sich heraus neue touristisch interessante Substanz zu bilden, deren Entwicklung und Förderung den Touristen Anreize verschafft, die Stadt auch in Zukunft öfter zu besuchen.

Literatur

Brandner, B., Luger, K., Mörth, I. (Hg.) (1994): Kulturerlebnis Stadt - Theoretische und praktische Aspekte der Stadtkultur. Wien

Brauerhoch, Frank-Olaf (1994): Die Festivalisierung des Museums; in: Brandner, B., Luger, K., Mörth, I. (Hg.); Kulturerlebnis Stadt - Theoretische und praktische Aspekte der Stadtkultur. Wien

Cosler, Gabriele (1998): Städtetourismus in NRW am Beispiel von Aachen und Münster; Magisterarbeit am Geographischen Institut der Rheinisch Westfälischen Technischen Hochschule Aachen. S. 96

Haag, Hedwig (1999): Gleisbiotop ohne Gleise. In: Aachener Umwelt Rundbrief, Nr. 41; Ökologiezentrum Aachen e.V. (Hg.). Aachen. S. 10-14

Häußermann, Hartmut (1994): Urbanität; in: Brandner, B., Luger, K., Mörth, I. (Hg.); Kulturerlebnis Stadt - Theoretische und praktische Aspekte der Stadtkultur. Wien

Häußermann, Hartmut, Siebel, Walter (1993): Die Politik der Festivalisierung und die Festivalisierung der Politik; in: Häußermann, Hartmut, Siebel, Walter (Hg.); Festivalisierung der Stadtpolitik - Stadtentwicklung durch große Projekte. Opladen

Hollmann, Birgitta (1999): Der Moltkebahnhof - Bürgerpark und/oder Trockenrasenbiotop. In: Aachener Umwelt Rundbrief, Nr. 41; Ökologiezentrum Aachen e.V. (Hg.). Aachen. S. 7-9

Jähner, Harald (1988): Tour in die Moderne; in: Scherpe, Klaus R. (Hg.); Die Unwirklichkeit der Städte - Großstadtdarstellungen zwischen Moderne und Postmoderne. Hamburg

Kaspar, Claude (1988): Die Struktur der Tourismusnachfrage unter besonderer Berücksichtigung der Bundesrepublik Deutschland. In: Storbeck, Dietrich (Hg.); Moderner Tourismus; 2. Auflage. Trier. S. 279

Kramer, Dieter (1993): Urbane Kultur und Städtetourismus - ein kritischer Ansatz. In: Becker, Christoph, Steinicke, Albrecht; Kulturtourismus in Europa - Wachstum ohne Grenzen? Europäisches Tourismus Institut GmbH ETI (Hg.). Universität Trier. Trier

Meyer-Schwickrath, Martina (1990): Perspektiven des Tourismus in der Bundesrepublik Deutschland. Göttingen. S.38

Ministerium für Wirtschaft, Mittelstand und Technologie des Landes NRW (Hg.) (1994): Tourismus in Nordrhein-Westfalen. Leitlinien und Handlungsfelder. Düsseldorf

Regensburger Verein für Volkskunde (Hg.) (1994): Stadttourismus und Stadtalltag; Regensburger Schriften zur Volkskunde, Band 10. Regensburg

Reuber, Paul (1993): Heimat in der Großstadt - Eine sozialgeographische Studie zu Raumbezug und Entstehung von Ortsbindung am Beispiel Kölns und seiner Stadtviertel; Geographisches Institut der Universität zu Köln (Hg.). Kölner geographische Arbeiten. Heft 58. Köln

Ringler, Harald (1991): Der Stadtteil als Planungsebene. In: Stadt in der Geschichte - Stadtkern und Stadtteile; Kirchgässner, Bernhard u. Schmitt, Heinz (Hg.). Veröffentlichungen des Südwestdeutschen Arbeitskreises für Stadtgeschichtsforschung, Band 17. Sigmaringen

Roeder, Stefanie (1999): Tourismuspotenzial im Stadtteil - das Frankenberger Viertel in Aachen. Diplomarbeit; Fakultät Raumplanung, Universität Dortmund

Römhild, Regina (1994): Der fremde Alltag als Sehenswürdigkeit - Aspekte des touristischen Kulturkontaktes. In: Regensburger Verein für Volkskunde (Hg.); Stadttourismus und Stadtalltag; Regensburger Schriften zur Volkskunde Band 10. Regensburg

Schulze, Gerhard (1992): Die Erlebnisgesellschaft - Kultursoziologie der Gegenwart. Frankfurt a.M.

Helge Mehrtens

Das LUCANO-Projekt in Pisa - Wege aus dem Ein-Tages-Tourismus

Hinter dem Titel LUCANO-Projekt verbirgt sich die gemeinsame Suche der europäischen Kommunen Córdoba, Lille und Pisa nach Strategien, um den Ein-Tages-Tourismus zu überwinden und die Touristen länger am Ort zu halten. Während im Allgemeinen mit dem Tourismus eine große Anzahl an Arbeitsplätzen entstehen können und er ein bedeutender Wirtschaftszweig in einer Stadt sein kann, fällt das Verhältnis von kommunalen Aufwendungen zu Einnahmen auf diesem Sektor bei einer kurzen Aufenthaltsdauer der Touristen ungünstiger aus. Die schlechteste Bilanz entsteht, wenn Touristen in Bussen auf extra für sie bereit gestellten Parkplätzen aussteigen, das touristische Highlight „überfluten", fotografieren, vielleicht noch ein Souvenir von (illegalen) Händlern kaufen, ihr mitgebrachtes Lunchpaket essen und sich auf den Weg zum nächsten touristischen Zielort machen.

Deshalb werden im LUCANO-Projekt Strategien entwickelt und erprobt, einen möglichst großen Teil der Ein-Tages-Touristen dafür zu interessieren, das reiche kulturelle Erbe der Städte länger zu entdecken und zu erleben. Das Projekt ist im Rahmen eines Förderprogramms der Europäischen Kommission entstanden. Die EU hat sich in den letzten Jahren dem Themenfeld „Arbeitsplätze durch die Kultur" genähert und erhofft sich neue grundlegende Erkenntnisse aus den Erfahrungen, die die Teilnehmerstädte im Umgang mit der Problematik machen, um so die Wissenslücke in diesem Feld zu füllen.

Die EU-Politik zur Förderung von Beschäftigung durch Kultur

Die Kultur mit ihren wirtschaftlichen Potenzialen ist das zentrale Anliegen bei diesem europäischen Förderprogramm - und nicht der Tourismus. Die thematischen Überschneidungen sind jedoch offensichtlich. Das Programm wurde 1995 von der für Regionalpolitik und Kohäsion zuständigen Generaldirektion XVI aufgelegt. Doch wie kommt die auf wirtschaftliche Entwicklung ausgerichtete Generaldirektion dazu, sich mit dem Thema Kultur zu beschäftigen?

Der europäische Gedanke und die Idee von einem geeinten Europa sind von Beginn an mit dem Thema Kultur verknüpft. Die gemeinsame europäische Geschichte, aber auch die kulturellen Unterschiede innerhalb des Kontinents, sowie die Möglichkeit den Begriff Kultur auf verschiedenste Arten zu interpretieren, lassen das Thema jedoch nicht zwangsläufig zu einem Aktionsbereich der Europäischen Union werden. Erst durch den Artikel 128 des Maastrichter Vertrags von 1993 erhält das Thema Kultur Einzug in die weitere Arbeit auf europäischer Ebene. Der Vertrag schreibt einerseits fest, dass spezifische Maßnahmen das gemeinsame europäische Kulturerbe betonen sollen, andererseits muss der Kulturaspekt bei allen weiteren politischen Entscheidungen der Europäischen Union berücksichtigt werden (vgl. Bardouin o .J.: 3).

Palazzo in der Innenstadt von Pisa
Foto: Lutz Meltzer

Seit Mitte der 90er Jahre wird vermehrt diskutiert, dass das kulturelle Erbe und die kulturelle Vielfalt Europas auch wirtschaftliche Ressourcen darstellen. Die Diskussion wurde durch eine Reihe von Beiträgen aus den Mitgliedsländern ausgelöst. Beispielsweise brachte das Land Nordrhein-Westfalen 1992 seinen ersten Kulturwirtschaftsbericht heraus und unter der italienischen Ratspräsidentschaft wurde die Thematik für ein halbes Jahr ins Zentrum der Diskussionen gerückt. Auf mehreren Fachtagungen wurde bereits über die Thematik diskutiert[1].

Von der Europäischen Kommission wurde im Herbst 1996 eine Mitteilung mit dem Titel „Kohäsionspolitik und Kultur – Ein Beitrag zur Beschäftigung" herausgebracht. Diese erklärt die zunehmende Bedeutung der Kultur als Wirtschaftsfeld mit der bekannten Entwicklung von der Industrie- zur Dienstleistungsgesellschaft und durch die geänderte Lebensweise mit mehr Freizeit und größerer Mobilität. Die Mitteilung bezieht sich auf eine Reihe von Wirtschaftsbereichen. Tourismus und insbesondere der Kulturtourismus stellen eines der wichtigen Betätigungsfelder dar (vgl. Kommission der EG 1996).

Da das Themenfeld bisher wenig erforscht ist, Zahlen über den Beitrag der Kultur für Wirtschaft und Beschäftigung kaum vorliegen und Strategien zur Inwertsetzung des kulturellen Erbes bisher kaum bekannt sind, hat sich die Kommission zum Ziel gesetzt, „ein Netzwerk, das den Erfahrungsaustausch, gegenseitige Bereicherung, den Transfer von Knowhow oder die Entwicklung neuer Projekte ermöglicht", ins Leben zu rufen (Bardouin o. J.: 4). Die Förderung erfolgt über den Artikel 10 des Europäischen Fonds für Regionalentwicklung (EFRE). Laut diesem Artikel können „innovative Pilotprojekte gefördert werden, die speziell die Zusammenarbeit und den Erfahrungsaustausch zwischen Regionen und lokalen Einrichtungen ermöglichen sollen" (Kommission der EG 1996: 3).

Auf dieser Gesetzesgrundlage erfolgte 1995 der Aufruf für Projektvorschläge speziell mit einem kulturwirtschaftlichen Inhalt. Die folgenden Anforderungen werden im offiziellen *call for proposals* neben der inhaltlichen Kulturausrichtung gestellt:

- Mobilisierung lokaler bzw. regionaler Akteure, sowohl aus dem öffentlichen als auch aus dem privaten Bereich;
- Erfahrungsaustausch und Zusammenarbeit in neuen Kooperationsformen zwischen den Akteuren;
- Verbreitung der neuen Informations- und Kommunikationstechnologien.

Neue Organisationsstrukturen und breite Beteiligung lauten somit die Anforderungen, die die Kommission an die Projektvorschläge stellt. Damit der europäische Charakter des Projektes gewahrt ist, müssen mindestens drei Regionen aus verschiedenen Mitgliedsstaaten beteiligt sein. Die Beiträge aus den EU-Fördergebieten werden bevorzugt berücksichtigt (vgl.: http://www.inforegio.cec.eu.int./wbpro/prord/art10/cult/cult2_en.htm).

Von den 265 bei der Kommission eingereichten Anträgen wurden von einer Expertenkommission 32 Projekte ausgewählt und im Zeitraum von 1995 bis einschließlich 1999 mit einer Gesamtsumme von 15 Mio. ECU gefördert. „Die Projekte lassen sich folgenden Bereichen zuordnen:

- Aufwertung des kulturellen Erbes;
- Integrierte Entwicklung kultureller Aktivitäten, insbesondere traditioneller Aktivitäten;
- Kulturelle Entwicklung unter Einsatz neuer Technologien;
- Kulturelle Innovationen und lokale Entwicklung durch Netzwerkarbeit, die sich auf gemeinsame wirtschaftliche und soziale Ziele stützt" (Bardouin o. J.: 5).

Eines dieser Pilotprojekte ist das von der spanischen Kommune Córdoba entwickelte und gemeinsam mit Lille und Pisa eingereichte LUCANO-Projekt.

Das LUCANO-Projekt

Das LUCANO-Projekt ist im Januar 1997 in seine erste Phase gestartet und wurde über eine Laufzeit von zwei Jahren von der Europäischen Union begleitet und gefördert. Das Finanzbudget betrug ca. 0,75 Mio. ECU, von denen 58 % aus Fördermitteln der EU stammten; der Restbetrag waren öffentliche Mittel der beteiligten Regionen.

Ziel des Projektes ist es, neue Wege aus dem Ein-Tages-Tourismus aufzuzeigen. Man will die Aufenthaltsdauer der Besucher verlängern und die Zahl der Übernachtungen erhöhen, um so einen größeren wirtschaftlichen Nutzen aus den Besuchermassen zu ziehen. Die Zusammenarbeit der drei europäischen Städte soll ermöglichen, dass Erfahrungen und Ergebnisse ausgetauscht werden und die beteiligten Städte so eine Möglichkeit haben, die Wirksamkeit ihrer eigenen Maßnahmen mit denen der Partnerstädte zu vergleichen. Darüber hinaus verlangt die EU die Erstellung eines Erfahrungsberichts, der auch von anderen Kommunen mit einer ähnlichen Problemlage als Empfehlung genutzt werden kann.

Die gemeinsame Problemlage der Städte Córdoba und Pisa liegt auf der Hand, denn in beiden Kommunen konzentriert sich das touristische Interesse auf jeweils *ein* einmaliges und von der UNESCO als Weltkulturerbe ausgezeichnetes Baudenkmal: In der andalusischen Großstadt Córdoba ist es die Moschee und in der toskanischen Mittelstadt Pisa der berühmte Schiefe Turm, die innerhalb eines nach wenigen Stunden zählenden Tagesbesuches besichtigt werden können - und die Touristen danach weiterreisen lassen. Auch die nordfranzösische Projektpartnerstadt Lille hat unter einem hohen Ansturm von Kurzzeitbesuchern zu leiden. Ausschlaggebend sind hier der Einkaufsverkehr in der Altstadt und der enorme Durchgangsverkehr, den die Stadt als wichtiger Bahnknotenpunkt der TGV-Strecke Paris-London bzw. Brüssel-London hat.

Potenziale sehen alle drei Städte in ihrem reichen kulturellen Erbe. Sie verfügen in der Tat über Einzelobjekte hinaus (bzw. im Falle von Lille unabhängig davon) über eine Vielzahl kulturell interessanter und bedeutsamer Elemente, die derzeit von den Touristen nicht wahrgenommen werden: Córdoba, die alte Hauptstadt des maurischen Emirats in Spanien, besitzt eine große Altstadt, in der sich islamische und christliche Architekturelemente verbinden und die einzigartig ist. Pisa hat als ehemaliges Macht- und Handelszentrum einer der großen italienischen Stadtrepubliken neben dem *Campo dei Miràcoli* - dem „Platz der Wunder", an dem der Schiefe Turm steht - noch viele weitere sehenswerte Beispiele aus allen Epochen der italienischen Kunstgeschichte zu bieten. Die Vielfalt reicht von den archäologischen Ausgrabungen, wie dem aus der Römerzeit stammenden Hafen, bis zu einer jüngst vom Künstler Keith Haring gestalteten Mauer. Die Handels- und Industriestadt Lille in der französischen Region Nord Pas-de-Calais ist dort die kulturell reichste Stadt mit einer bedeutenden Geschichte. „Es gibt noch mehr zu sehen, es lohnt sich zu bleiben." Dies ist die Botschaft, die den Touristen nahe gebracht werden soll.

Auf den ersten Blick erscheint es vielleicht merkwürdig, dass man ausgerechnet in dermaßen stark frequentierten Reisezielen Schwierigkeiten damit hat, befriedigende wirtschaftliche Effekte zu erzielen. Doch die gemeinsame Situationsanalyse hat die Problematik bestätigt, denn es wird festgestellt, „dass das Vorhandensein eines einzigen außergewöhnlichen Monumentes oder einer Veranstaltung zu einem Verlust an Entwicklung führt" (Bardouin o. J.: 40). Dieser Verlust an Entwicklung äußert sich in den folgenden gemeinsamen Problembereichen:

- schlechte Information der Touristen über andere Stätten und Veranstaltungen,
- mangelnde Kulturvermittlung,
- Schwerfälligkeit bei der Erweiterung des touristischen Angebotes,
- unzureichende Hoteleinrichtungen,
- zu wenige Pauschalangebote der Beherbergungsbetriebe, die zum Verweilen auffordern würden.

Als zwei Hauptbrennpunkte lassen sich somit das touristische Angebot, bzw. dessen Vermittlung, und das Übernachtungsangebot ermitteln (Bardouin o. J.: 40).

Gemeinsame Strategien der LUCANO-Städte

Wie versuchen die Kommunen nun, gemeinsam Strategien zu entwickeln, diesen Entwicklungsrückstand aufzuholen?

Zunächst erfolgt die Festlegung der gleichen Arbeitsschritte mit zeitlichem Horizont. Sie ist für ein gemeinsames und vergleichbares Ergebnis eine grundlegende Voraussetzung. Im Fall des LUCANO-Projektes haben sich die Kommunen auf Folgendes verständigt: Am Beginn steht eine sechsmonatige Vorbereitungs- und Analysephase; danach soll innerhalb von drei Monaten die strategische Grundstruktur entwickelt werden; in den darauf folgenden elf Monaten werden in einer Demonstrationsphase erste Maßnahmen exemplarisch durchgeführt. Auf dieser Erfahrungsbasis beruht die abschließende Evaluation, für die vier Monate veranschlagt werden. Die angestoßenen Prozesse sollen auch nach der zweijährigen Förderung weiter verfolgt werden. Die Evaluation dient dazu, das bisher erreichte zu bewerten und das langfristige weitere Vorgehen den neuen Erkenntnissen entsprechend zu verbessern (Comune di Pisa 1999: 13).

- In der *Vorbereitungs- und Analysephase* werden zunächst die Linien der Zusammenarbeit festgelegt und ein gemeinsamer methodischer Rahmen erstellt. Die Analyse umfasst eine Untersuchung der Stärken und Schwächen der touristischen Angebote der Stadt und der Frage, wie sich dies auf die Nachfrage auswirkt. Bisher ungenutzte Potenziale sollen ermittelt werden.
- In der *strategischen Phase* entwickelt jede Kommune eine auf ca. fünf Jahre angelegte Entwicklungsstrategie und benennt die notwendigen Maßnahmen. Dabei wird Wert gelegt auf die Formulierung von sowohl langfristig wünschenswerten als auch sofort umsetzbaren Maßnahmen.

- Es folgt eine *Demonstrationsphase*, in der die ersten Maßnahmen umgesetzt und deren Wirkung beobachtet werden. Dies schließt auch eine Effektivitätsanalyse sowie das Etablieren weiterer Mechanismen ein, die einen langfristigen Fortbestand erfolgreicher Maßnahmen garantieren.
- In der vierten Phase erfolgt die vergleichende *Evaluation* des bis dahin Durchgeführten. Da die Kommunen unterschiedliche Maßnahmen implementiert haben, kann die Wirksamkeit der eigenen Strategie anhand der Ergebnisse der anderen Partner kritisch beurteilt werden. Die Erfahrungen aus den anderen Städten dienen als Lösungen zur Verbesserung der bisherigen eigenen Arbeit. Auf diesem Weg soll die Verbreitung der Erfolg versprechenden Ansätze gewährleistet werden. (vgl. http://www.aeidl.be/art10/culture/128.html).

Erfahrungen mit dem LUCANO-Projekt aus Pisa

Für Pisa werden einige besonders signifikante und interessante Aspekte herausgegriffen. Dieser Teil stützt sich auf die im November 1999 von der Kommune Pisa herausgegebene Publikation über das LUCANO-Projekt und auf Interviews, die im April 2000 in Pisa durchgeführt wurden.

In Pisa hat die Stadtverwaltung für die Durchführung von LUCANO eine ämterübergreifende Arbeitsgruppe eingerichtet. Beteiligt sind die Ämter mit den Zuständigkeitsbereichen Tourismus, Kultur, Europaangelegenheiten und Städtebau. In dieser Arbeitsgruppe steht das verwaltungsinterne Lernen im Vordergrund. Grundidee ist es, durch die interdisziplinäre Vorgehensweise eine breite Wissensbasis zu schaffen, auf deren Grundlage eine prozessuale Arbeitsmethode etabliert werden kann. Eine ämterübergreifende Arbeitsgruppe ist für die Mitarbeiter der Stadtverwaltung eine neue Erfahrung der Interdisziplinarität (vgl. Comune di Pisa 1999: 17).

Auch mit ihrer Zusammenarbeit mit Privaten hat die Kommunalverwaltung in Pisa Neuland betreten. Das LUCANO-Projekt dient in diesem Bereich als Experimentierfeld. Die öffentlichen Vertreter sollen wichtige Erfahrungen sammeln, die auch auf andere Arbeitsbereiche übertragen werden können. Zunächst wurde eine umfassende Bestandserhebung und -darstellung von den Mitarbeitern der Kommunalverwaltung durchgeführt. Die gesamte touristische Infrastruktur und die Serviceleistungen wurden in ihrer Qualität erfasst. Die weitere Analyse wurde vom staatlichen Institut für Tourismusforschung ISNART (Istituto Nazionale di Ricerche Turistiche) übernommen. Verglichen wurden die Übernachtungszahlen von Pisa mit denen anderer Städte der Toskana und ganz Italiens, darüber hinaus wurde ein nationales Ranking der Ausstattung der Tourismusorte entwickelt und speziell für Pisa vor Ort eine Touristenbefragung durchgeführt.

Auf dieser Analyse basierend, werden sowohl von ISNART, als auch von Mitarbeitern der Kommune Handlungsfelder aufgezeigt. Um das Bild zu vervollständigen, hat man auch im Tourismus tätige Personen, wie den Präsidenten des Pisaner Gaststättenverbandes, um eine Einschätzung gebeten. Die gewonnenen Informationen werden von ISNART zu einem strategischen Rahmen verdichtet. Die Pilotmaßnahmen initiiert.

Ergebnisse aus der Analyse für Pisa

Zunächst die wichtigsten Ergebnisse der Besucherbefragung: An drei Terminen (Weihnachten, Ostern und im Juni während des Pisaner Festmonats *Giugno Pisano*) wurden 1200 Be-

Tab. 1: Besucherzahlen der meistfrequentierten Plätze Pisas in %

Besuchte Plätze	Besucherzahlen in % der Gesamtbesucher (Mehrfachnennungen möglich)
Piazza dei Mirácoli	92,7
Camposanto Monumentale	34,3
Andere Plätze des historischen Kerns	26,7
Museo delle Sinopie	14,8
Museo dell'Opera	13,4
Botanischer Garten	8,5
Mostra di Leopardi	7,7
Museo di San Matteo	7,1
Keith Haring Mural	4,9
Anderes	8,3

Quelle: Comune di Pisa 1999: 160. Eigene Darstellung

sucher an drei verschiedenen Orten der Stadt und weitere 1300 direkt in den Hotels und Herbergen befragt.

Die Tabelle 1 mit den Angaben zur Frequentierung der Orte macht die herausragende Rolle des „Platzes der Wunder" (Piazza dei Mirácoli) deutlich, auf dem sich auch der mit 34% am zweithäufigsten besuchte Monumentalfriedhof befindet. Mit 92,7% hat fast jeder Tourist in der Stadt den Platz besucht, in den historischen Kern begeben sich von dort aus jedoch nur noch 26,7% aller Pisabesucher. Diese Zahlen korrespondieren mit den Angaben zur Verweildauer. Pro Jahr wird die Stadt von ca. einer Million Menschen besucht, von denen jedoch nur ein Drittel wenigstens eine Nacht in der Stadt verweilt. Fast die Hälfte der Besucher (45,9%) bleibt sogar nur wenige Stunden (vgl. Comune di Pisa 1999: 116). Das Resultat wird u. a. auf einen Mangel an unterschiedlichen Beherbergungsmöglichkeiten zurückgeführt. Dies betrifft sowohl Hotels als auch private Quartiere und Campingplätze (vgl. Comune di Pisa 1999: 39ff.).

Als Nächstes wurde um eine Bewertung des Angebotes gebeten. Die Befragten konnten verschiedenen Teilbereichen Punkte von 1 bis 10 geben. Die maximale Punktzahl von 10 entspricht der Note „sehr gut" (siehe Tabelle 2). Besonders gut bewertet werden im Schnitt die Sicherheit und Ruhe, wohingegen der Unterhaltungswert die schlechtesten Noten bekommt. Diese Bewertung entspricht dem Klischee der italienischen Bevölkerung über die Stadt, dass sie - obwohl Universitätsstadt - eher ruhig und langweilig sei. Auffällig ist, dass

Tab. 2: Bewertung des touristischen Angebotes der Stadt Pisa (10 = sehr gut)

	Ø Punktzahl der im Hotel Befragten	Ø Punktzahl aller Befragten
Unterhaltung	5,4	6,1
Shopping	6,7	7,0
Kultur	6,9	7,6
Verkehr	5,0	6,4
Touristeninformation	6,3	6,7
Zustand der Monumente	6,7	7,4
Sauberkeit und Ordnung	6,3	7,4
Gastlichkeit	7,1	7,6
Beschilderung	5,7	6,7
Ruhe und Sicherheit	7,6	7,8

Quelle: Comune di Pisa 1999: 161. Eigene Darstellung

die Beurteilung des Angebotes durch die Hotelgäste - also durch diejenigen, die tatsächlich in der Stadt verweilen - ausnahmslos schlechter ausfällt, als es beim Durchschnitt aller Besucher der Fall ist.

Die Analyse des Angebotes hat große Mängel ergeben. Die unzureichenden Öffnungszeiten und die schlechte Vermarktung der Museen werden kritisiert (vgl. Comune di Pisa 1999: 93ff). Welche Potenziale in einer besseren Vermarktung liegen können, soll an einem Beispiel verdeutlicht werden: Während die Besucherzahlen des Nationalmuseums San Matteo im Durchschnitt bei 15.000 Menschen im Jahr liegen, konnten während einer nur dreimonatigen Ausstellung eines Teiles der Exponate im Schloss Cappenberg im westfälischen Kreis Unna ca. 25.000 Menschen angelockt werden (mündliche Auskunft der Direktorin des Museums Mateo Dr. Maria-Giulia Burresi).

Der Titel des Buches, in dem die Ergebnisse des LUCANO-Projektes dargelegt werden - *Città delle Isole* (Stadt der Inseln) - verrät ein Hauptproblem der Stadt, denn die Struktur der Stadt ist durch vier kaum miteinander verbundene Quartiere geprägt. Es handelt sich dabei um die Einkaufszone, das Universitätsviertel, das Militärgebiet mit dem wichtigen Luftwaffenstützpunkt und den berühmten Platz der Wunder, auf dem der Schiefe Turm steht. Wer diese weltbekannte Sehenswürdigkeit besuchen will, kann in der Nähe parken oder vom Bahnhof direkt mit dem Bus dort hinfahren, sodass man mit den anderen Vierteln nicht zwangsläufig beim Durchqueren in Berührung kommt. Ein Anreiz, die Stadt dennoch zu besuchen, besteht somit derzeit kaum. In diesem Handlungsfeld will die Stadt aktiv werden.

Pisas strategische Bausteine

Auf die hier nur in Teilen wiedergegebene Analyse aufbauend, wird von den Mitarbeitern des ISNART die mögliche Neuausrichtung der Stadt mit den dafür notwendigen Handlungsfeldern aufgezeigt. Diese werden als die „Strategischen Bausteine" bezeichnet.

Es soll eine Diversifikation des Angebotes über die Kultur hinaus erzielt werden. Als wichtiges Handlungsfeld werden dafür eine verbesserte Kommunikation und Information identifiziert. Es soll ein touristisches „Produkt Pisa" entwickelt werden. Die Stadt soll nicht nur für Kulturtouristen interessanter werden. Gemäß diesem grundlegenden Ansatz wird eine verstärkte Betätigung in den Bereichen Kongress-Tourismus, Event-Tourismus, Gastronomie-Tourismus und Grüner Tourismus angestrebt.

Wichtigstes Standbein ist jedoch immer das kulturelle Erbe - sei es für den klassischen Kulturtouristen oder als wichtige Ergänzung auch für die anderen benannten Formen des Tourismus. Hier heißt es Aufwertung des Angebotes durch interessante Rundwege, bessere Beschilderung, bessere Ausstattung, längere Öffnungszeiten der Museen, mehr Informationen, bessere und gemeinsame Vermarktung bzw. Promotion, Durchführung notwendiger Restaurationsarbeiten (vgl. Comune di Pisa 1999: 296ff).

Im *Kongress-Tourismus* sieht man Chancen, da die Stadt über den Flughafen und die Lage an einer der wichtigsten Bahnverbindungen des Landes sehr gut zu erreichen ist, die entsprechenden Hotels vorhanden sind und die kulturellen Angebote der Stadt, sowie die Sport- und Bademöglichkeiten der Küstenorte das Angebot ideal ergänzen. Ein Kongresszentrum besteht bereits, die Zusammenarbeit mit der Universität soll ausgebaut werden, sodass auch deren Räume genutzt werden können. Es wird weiterhin vorgeschlagen, eine Zentrale für die bessere Koordination und Vermarktung einzurichten (vgl. Comune di Pisa 1999: 251).

Events sollen als Anziehungsmagnet verstärkt durchgeführt werden. Bisher lockt vor allem der jährlich im Juni gefeierte zweiwöchige *Giugno Pisano* mit einer historischen Bootsregatta auf dem Arno Zuschauer in die Stadt.

Eno-gastronomia ist ein weiteres wichtiges Stichwort. Die Toskana ist berühmt für ihren Wein und hat auch kulinarisch Einiges zu bieten. Hinzu kommt, dass die Nachfrage nach typischen lokalen Produkten boomt. Die Restaurants und Gastwirtschaften sollen verstärkt auf diesen Bereich aufmerksam gemacht werden, eine Zusammenarbeit mit den Produzenten der Provinz gestärkt werden. Eine Schlüsselrolle kommt auch in diesem Bereich dem gemeinsamen Marketing und der Werbung zu. Vorgeschlagen wird, spezialisierte Führer auszubilden, die über die lokalen Produkte informieren und Rundwege zu Verköstigungen auch in der Provinz anbieten (vgl. Comune di Pisa 1999: 266).

Der *Grüne Tourismus* oder Ökotourismus stellt einen idealen Partner für die *eno-gastronomia* dar. Beispielsweise erfreuen sich Ferien auf dem Bauernhof in ganz Italien immer größerer Beliebtheit. Auch der Grüne Tourismus verlangt eine Zusammenarbeit mit der Provinz, insbesondere mit den Badeorten und den Ortschaften der Pisaner Berge. Eine Schlüsselrolle kommt dem Naturschutzgebiet Parco San Rossore zu. Die Ausbildung qualifizierter Führer, die Ausarbeitung von Rundwegen und die Aufwertung einiger Landstriche sind hier die Haupthandlungsfelder (vgl. Comune di Pisa 1999: 256 f.).

Schiefer Turm von Pisa; Platz der Wunder
Foto: Lutz Meltzer

Bei der *Organisation* und Durchführung der benannten Bereiche sollen neue Wege gegangen werden. Puplic-Private-Partnership heißt auch für Pisa das Schlüsselwort bei der Durchführung der notwendigen Maßnahmen. Große öffentlichen Projekte und Finanztransfers zur Entwicklung rückständiger Regionen, wie sie vor allem mit dem so genannten *intervento straordinario*[2] in Verbindung gebracht werden, reichen nicht mehr. Deren Unzulänglichkeit habe man in vielen Orten Süditaliens verfolgen können (vgl. Comune di Pisa 1999: 268). Beschränkung auf wenige signifikante Großinvestitionen und Förderung vieler Mikroinvestitionen unter hoher Beteiligung privater Investoren lautet deshalb die Zielvorgabe. Die Aufgabe besteht darin, Investitionen zu stimulieren und in diesem Zusammenhang soll sich auch das Denken und Handeln der Verwaltung stark ändern. Schnelle und flexible Strukturen werden gefordert. Vorgeschlagen werden gemischte Organisationsformen für die Tätigkeitsfelder Werbung, Information, Förderung und Entwicklung von touristischen Angebotspaketen (vgl. Comune di Pisa 1999: 298 f..). Darüber hinaus stehen eine bessere Qualifikation der im Tourismussektor Beschäftigten und die Entwicklung neuer Berufsfelder im Tourismus an.

Für die Kommune Pisa hat sich durch die Situationsanalyse und die Benennung der strategischen Bausteine ein breites Handlungsfeld geöffnet. In der anschließenden Demonstrationsphase werden erste Maßnahmen erprobt. Die Auswahl entspricht nicht zuletzt aufgrund der leeren Kassen dem o. g. Prinzip, Mikroinvestitionen unter hoher privater Beteiligung zu fördern.

Stand der Umsetzung

Über die Pilotmaßnahmen liegen noch keine Publikationen vor, sodass sich die Darstellung auf die Interviews und Beobachtungen vor Ort stützt.

Eine Aktion, von der sich die Stadt große Erfolge verspricht, ist die Vermarktung der mittelalterlichen Stadttürme. Die Idee ist, auf die weiteren Stadttürme aufmerksam zu machen und ihnen bei der touristischen Aufwertung eine Schlüsselrolle zukommen zu lassen. Über einen der Stadttürme kann jetzt die mittelalterliche Stadtmauer betreten werden, von der aus man einen ganz neuen Blick auf den Platz der Wunder hat. Auf der Stadtmauer werden auch vereinzelte Führungen angeboten. Allerdings ist sowohl die Besichtigungszeit als auch das Angebot an Führungen zeitlich sehr begrenzt.

Zur Wiedernutzung eines der wichtigsten Stadttürme, mitten im historischen Zentrum der Stadt gelegen, wurde durch einen öffentlich ausgeschriebenen Wettbewerb eine Nutzungslizenz vergeben. Gewonnen hat ein städtischer Verein, dessen Konzept vorsieht, kleinere Ausstellungen im Turm zu organisieren, Informationsmaterial über den Turm zu erarbeiten, ein Café im Turm und auf einem kleinen Platz vor dem Turm zu betreiben und Maßnahmen für den Erhalt des Baudenkmals einzuleiten. Im Gegenzug erhält der Verein das Recht, Postkarten anzufertigen und diese in einem Andenkenladen beim Turm zu vertreiben. Die Lizenzvergabe an diesen Verein begründet die Verwaltung damit, dass es sich um Pisaner Bürger und Bürgerinnen handelt, denen der Erhalt der historischen Bausubstanz am Herzen liegt, und damit, dass mit dem Nutzungskonzept auch das Umfeld des Turmes profitiert.

In der Provinz gibt es noch eine Vielzahl an Türmen, die in Zukunft katalogisiert werden sollen. Versucht wird, ein Turmnetzwerk zu etablieren, in dessen Rahmen die Kooperation mit umliegenden Gemeinden weiterentwickelt werden soll. Außerdem ist ein Informationsheft für Touristen geplant, um die Türme der Region gemeinsam zu vermarkten. Dieser Ansatz scheitert jedoch bisher am Desinteresse der benachbarten Kommunen.

Für eine attraktivere Stadt und um das nötige Engagement aus der Bevölkerung zu stimulieren, sind die Pisaner Bürgerinnen und Bürger in einer neuen Tourismusstrategie direkt anzusprechen. Von Seiten der Stadtverwaltung wird betont, dass es ein aus mehrfacher Hinsicht entscheidender Schritt ist, den Menschen ihre Stadt (wieder) näher zu bringen:

- Belebte Plätze und Straße sind für Touristen attraktiver, die städtischen Inseln werden durch die Menschen miteinander verbunden.
- Die Bereitschaft der Bevölkerung, in die Stadt zu investieren oder zumindest den Verfall aufzuhalten, wird erhöht.
- Die Kenntnis über die Stadt und ihre Potenziale ist die Voraussetzung für die notwendigen Initiativen aus der Bevölkerung.

In Pisa werden deshalb jetzt für die Einwohner geführte Stadtrundgänge angeboten, die auch weniger bekannte Bereiche einschließen. Besichtigungen normalerweise verschlossener Gebäude werden organisiert. Hinzu kommen Aktionstage, wie das autofreie Pisa. Ein weiteres Projekt ist, dass Kinder ihre Eltern durch die Stadt führen. Hierfür wurde ein kindergerechter Stadtführer entwickelt.

Derzeit wird um ein gemeinsames Eintrittsticket der sich in unterschiedlicher Trägerschaft befindenden Museen verhandelt, wie es in vielen Städten bereits praktiziert wird. Die Stadt führt zudem weitere Verhandlungen um gemeinsame Maßnahmen auf regionaler Ebene. Kooperiert wird hauptsächlich mit den Städten entlang der Küste, vor allem mit der Stadt

Livorno, da diese über einen Hafen verfügt; so werden beispielsweise Bootstouren auf dem Arno veranstaltet.

Lehren aus dem LUCANO-Projekt

Die Europäische Kommission hat sich durch die Förderung der Pilotprojekte neue Erkenntnisse zur wirtschaftlichen Bedeutung der Kultur für die Entwicklung von Städten und Regionen erwartet. Die beteiligten Städte äußern ihre Zufriedenheit mit den Ergebnissen der Kooperation. Der Projektleiter Juan Caballero Gomez betont, dass es sich bei LUCANO um kein Strohfeuer handele, sondern um ein Städtenetzwerk, in dem schon bald erste Früchte zu ernten seien. In seinen Augen verpflichtet der Grundgedanke des Konzeptes zu einer über die Projektlaufzeit hinausgehenden Zusammenarbeit, mit einer zweiten Evaluation in ca. fünf Jahren nach Beginn der ersten Maßnahmen (vgl. Comune di Pisa 1999: 13 f.).

Palazzo in der Innenstadt von Pisa
Foto: Lutz Meltzer

Für Pisa war das LUCANO-Projekt Anlass zur grundlegenden Erforschung der eigenen Potenziale. Wichtige Erfahrungen wurden durch die neue Zusammenarbeit in einer ämterübergreifenden Arbeitsgruppe gesammelt und erste Erfahrungen in der Zusammenarbeit mit privaten Akteuren gemacht. Allein die *Teilnahme* am Projekt wird von der Kommune deshalb als wichtiges Ereignis bewertet.

Auch wenn durch die Beteiligten das große Vertrauen in den Erfolg des Projektes betont wird (vgl. Comune di Pisa 1999: 14), so werden am Beispiel der Stadt Pisa auch die Probleme und Grenzen deutlich. Die Stadt Pisa scheint den gesteckten Zeitplan nicht eingehalten zu haben. Obwohl die Veröffentlichung *Pisa La Città delle Isole* (Comune di Pisa, 1999) ein halbes Jahr nach offiziellem Ende des LUCANO-Projektes herausgegeben wurde, schließt sie lediglich mit einer Kurzdarstellung möglicher Projekte ab. Diese entsprechen nicht den tatsächlich durchgeführten Pilotmaßmahmen. Die Betrachtung der durch das staatliche Institut ISNART vorgeschlagenen Strategischen Bausteine und der tatsächlich durchgeführten Pilotmaßnahmen führt eine enorme Diskrepanz zwischen dem Geforderten und dem Machbaren zutage.

Gegenüber stehen sich auf der einen Seite die Forderung nach einer schnelleren, flexibleren, nach modernen Managementmethoden arbeitenden Verwaltung und auf der anderen Seite die Realität, in der die Bildung von ämterübergreifenden Arbeitsgruppen schon eine Neuheit darstellt. Und diese Diskrepanz ist nicht nur in Pisa bzw. in Italien, sondern europaweit zu beobachten.

Die angesprochene Diskrepanz beruht weithin auf der desolaten Finanzsituation der Kommune, die ebenfalls keinen Einzelfall darstellt. Es werden die Aufwertung einiger Landstriche, Beschilderungen oder die Ausbildung qualifizierter Touristenführer gefordert, während in der Stadt teilweise das Geld fehlt, um den Verfall öffentlicher Gebäude aufzuhalten, die Museen kein Geld für Informationsbroschüren haben und die Öffnungszeiten nach der Verfügbarkeit des knappen Personals gestalten. Die ehrgeizigen Forderungen des Institutes ISNART erscheinen bei der derzeitigen Finanzsituation kaum erreichbar. Doch wären gerade die langfristigen Investitionen notwendig, um sich im zunehmenden Konkurrenzkampf um die Touristen durchzusetzen.

Der Druck auf die einzelne Kommune wächst, denn die Nachfrage nach europäischen Touristenzielen scheint (wenn auch auf hohem Niveau) zu stagnieren. Dem individuellen Kunden wird ein zunehmendes Qualitätsbewusstsein nachgesagt, sodass selbst die etablierten Destinationen mit immer besseren Angeboten aufwarten müssen, um ihren Marktanteil zu halten. Die Reiseanbieter sind straff organisiert und bei Gruppenreisen werden die Touren angeboten, die sich bereits bewährt haben (vgl. Heinze 1999). Ob das konzeptionelle Vorgehen und die Durchführung der Maßnahmen der Stadt Pisa ausreichen, sich in dieser Konkurrenz zu behaupten, erscheint durchaus fraglich.

Aus dieser Sicht reduziert sich das Wunderheilmittel Städtetourismus auf *ein* mögliches Handlungsfeld zur wirtschaftlichen Entwicklung, in dem die Städtekonkurrenz ebenso groß ist wie in anderen Wirtschaftsfeldern auch. Somit zeigt das Beispiel die Diskrepanz zwischen den großen Hoffnungen und Potenzialen, die im städtischen Tourismus als Wirtschaftsfaktor liegen, und ebenso großen Hürden, von diesem verlockenden Kuchen etwas abzubekommen.

Anmerkungen

1 *Vgl. zur Diskussion um die Kulturwirtschaft: Associazione Economia per la Cultura (Hg.) 1997, Dipartimento per l'informazione e l'editoria (Hg.) 1996, Ministerium für Wirtschaft, Mittelstand und Technologie des Landes Nordrhein-Wesfalen 1992*

2 *Mit dem Begriff intervento straordinario wird die von 1950 an betriebene Strategie zur Entwicklung des strukturschwachen italienischen Südens bezeichnet. Mit der Auflösung der eigens für diese Aufgabe eingerichteten unabhängigen Entwicklungsagentur (Cassa per il Mezzogiorno) im Jahr 1993 gilt das Kapitel des intervento straordinario als abgeschlossen. Die Entwicklungsagentur verfügte autonom und unabhängig von den Behörden über einen eigenen Fonds zur Entwicklung des Südens. Fast einstimmig wird nach jahrzehntelanger Subventionspolitik das Scheitern dieses Ansatzes festgestellt (siehe hierzu Loda 1997).*

Literatur

Associazione Economia per la Cultura (Hg.) (1997): New frontiers for employment in Europe: The Heritage, The Arts and Communication as a Laboratory for New Ideas, Rom

Bardouin, J. (Herausgeber im Auftrag der EU Generaldirektion für Regionalpolitik (GD XVI)) (o. J.) Broschüre über Pilotprojekte im Rahmen des Artikel 10 des EFRE, Brüssel

Comune di Pisa (Hg.) (1999): Pisa – la città delle isole: Il sistema turistico urbano e la sua dimensione culturale. Pisa

Dipartimento per l'informazione e l'editoria (Hg.) (1996): Ministerial Meeting on Regional Policy and Spatial Planning: European Spatial Planning, Venice, 3rd and 4th May 1996. Rom

Kommission der Europäischen Gemeinschaft (1996): Mitteilung der Kommission: Kohäsionspolitik und Kultur – Ein Beitrag zur Beschäftigung. Brüssel

Heinze, Thomas (Hg.) (1999): Kulturtourismus: Grundlagen, Trends und Fallstudien. München/Wien

Loda, Mirella (1997): Neue regionale Entwicklungsstrategie für den Mezzogiorno: Von der Cassa per il Mezzogiorno zu den patti territoriali. In: Geographische Zeitschrift, 85. Jg. 1997, Heft 2 + 3. Stuttgart, S. 174-186

Mehrtens, Helge (2001): Kultur – Tourismus – Stadtentwicklung. Stadtentwicklung durch Tourismus am Beispiel von zwei Kulturstädten Europas; Diplomarbeit an der Fakultät Raumplanung der Universität Dortmund. Dortmund

Ministerium für Wirtschaft, Mittelstand und Technologie des Landes Nordrhein-Wesfalen (Hg.) 1992: 1. Kulturwirtschaftsbericht: Dynamik der Kulturwirtschaft Nordrhein-Wesfalen im Vergleich. Bonn 1992

Birgit Nolte, Wilhelm Steingrube

Entwicklung des Tourismus in Mecklenburg-Vorpommern

Die Ostseeküste ist ein traditionelles Urlaubsgebiet, das schon von Kaisern, Königen und Fürsten gerne aufgesucht wurde. Bis zum Zweiten Weltkrieg entwickelten sich vor allem die Seebäder zu einem beliebten Reiseziel für alle gesellschaftlichen Schichten. In den Jahrzehnten nach dem Krieg ist die Entwicklung durch die - im Vergleich zum marktwirtschaftlich organisierten Massentourismus der westlichen Industrieländer - grundlegend andere Organisation des Tourismus in der DDR geprägt. Fremdenverkehr wurde als eine soziale Funktion und nicht als wirtschaftlicher Erwerbszweig angesehen.

Nach dem politischen Umbruch 1989 fand eine Phase der Umstrukturierung statt, die in vielerlei Hinsicht einen Kraftakt darstellte. 1993 gab es eine erste Tourismuskonzeption für Mecklenburg-Vorpommern und eine strukturierte Entwicklung konnte auf den Weg gebracht werden, sodass diese Phase als abgeschlossen gelten kann. Seit einigen Jahren verzeichnet Mecklenburg-Vorpommern zweistellige Zuwachsraten und konnte sich einen festen Platz unter den deutschen Reisegebieten erarbeiten.

Von den Anfängen bis zum Zweiten Weltkrieg

Tourismus in seiner heutigen Form ist ein relativ junges Phänomen, für das sich aber durchaus ältere Wurzeln finden lassen, die an dieser Stelle nicht näher ausgeführt werden sollen. Tourismus ist stets verknüpft mit der Tätigkeit des Reisens, wobei der Übergang vom Reisen zum touristischen Geschehen fließend ist und zudem regional sehr unterschiedlich vollzogen wurde.

Für Mecklenburg-Vorpommern lässt sich der Einstieg in den organisierten Fremdenverkehr exakt datieren: Im Jahr 1793 ernannte Friedrich Franz, Großherzog von Mecklenburg-Schwerin, das nahe bei Rostock liegende Heiligendamm zum ersten deutschen See- und Heilbad. In den folgenden Jahren kamen weitere Orte an der Nord- und Ostseeküste hinzu. Die bürgerliche Oberschicht nahm diese Bäder sofort an, denn hinzugewonnene naturwissenschaftliche und medizinische Erkenntnisse halfen im Zeitalter der Aufklärung den gesundheitlichen Nutzen der Bäder zu verbreiten. Zu den Gesundheitsinteressen der Badegäste gesellten sich im Laufe des 19. Jahrhunderts schnell wirtschaftliche Interessen der einheimischen Seebadbetreiber. Der Aufenthalt im Seebad wurde zum gesellschaftlichen Ereignis. An den Küsten von Nord- und Ostsee traf sich, was zu dieser Zeit Rang und Namen hatte.

Um 1825 wurde auf Usedom mit der Errichtung eines Seebades in Heringsdorf begonnen, welches sich später mit den benachbarten Seebädern Ahlbeck, Swinemünde und Bansin zu den bevorzugten Bädern der Berliner entwickelte. Die Frühformen des Fremdenverkehrs beschränkten sich auch in Mecklenburg-Vorpommern auf wenige Orte, deren Ausstrahlung gering war. Gegenwärtig werden einige dieser Plätze „wiederentdeckt“ und die (Rest-) Bauwerke als Ziele eines neuen Kulturtourismus in Wert gesetzt (vgl. Abb. 1).

Abb. 1: Seebäderarchitektur in Bansin/Usedom
Foto: Lutz Meltzer

Gegen Ende des 19. Jahrhunderts vergnügten sich Menschen an den Küsten Mecklenburgs und Vorpommerns in einer der heutigen Art und Weise schon ähnlichen Form. Die Erwartungshaltung war allerdings zunächst mehr durch die Hoffnung auf medizinische Heilwirkungen und die gesellschaftlichen Moden geprägt als durch das bloße Badevergnügen. Gefördert durch die anfänglich hauptsächlich von Familien wahrgenommene „Sommerfrische" konnte sich auch im Binnenland eine touristische Entwicklung bemerkbar machen. Um die Mitte des 19. Jahrhunderts entstanden hier „Kneipp-Bäder", die diese Anfänge untermauerten.

Bis weit in das 20. Jahrhundert blieb die Erholung an der Küste Mecklenburg-Vorpommerns vorrangig ein Privileg der oberen Gesellschaftsschichten. Dies änderte sich in den 1930er Jahren, als das nationalsozialistische System begann, mit der „Kraft durch Freude"-Bewegung (KdF) Freizeit und Urlaub staatlich zu organisieren. Mit ihrer Freizeitorganisation und geplanten Massenreisen stellen die „KdF"-Reisen eines der historischen Vorbilder des modernen Massentourismus dar. Nur der Kriegsausbruch im Jahre 1939 verhinderte die Fertigstellung des planerischen Höhepunktes: des „KdF"-Bades in Prora bei Binz auf Rügen. Auf einer Länge von 5 km erstreckt sich auch heute noch der Rohbau aus Beton, der für 20.000 Besucher und eine Rundum-Betreuung konzipiert war (vgl. Bütow 1996).

Das Erholungswesen in der DDR

Nach dem Zweiten Weltkrieg teilten sich die deutsche Wege auch im Tourismus. Unter realsozialistischen Bedingungen wurde das Erholungswesen in der DDR staatlich organisiert. Die größeren Pensionen und Hotels wurden zum Tiel enteignet und in den Besitz des Feriendienstes des Freien Deutschen Gewerkschaftsbundes (FDGB) gebracht. In Verbindung mit angemieteten Betten dienten sie als Ferienheime. Instandhaltungsmaßnahmen an den Gebäuden beschränkten sich auf das unbedingt Notwendige. Erst in den 70er und 80er Jahren entstanden neue Ferienheime in größerer Zahl. Doch insgesamt wurde die touristische Infrastruktur zu DDR-Zeiten nicht in dem Maße ausgebaut, wie es die hohe Frequentierung eigentlich erfordert hätte.

Durch die stark eingeschränkte Reisefreiheit konzentrierte sich die Bedürfnisbefriedigung der Erholungssuchenden auf die DDR selber und hierbei vor allem auf die Ostseeküste, wo der Besucherandrang durch Urlauber aus Ungarn und der Tschechoslowakei noch verstärkt wurde.

Erholung wurde in der DDR als soziale Funktion und nicht als Wirtschaftszweig betrachtet. Damit besaß das Erholungswesen einen extrem geringen Stellenwert in der so genannten Territorialplanung, was allerdings in direktem Widerspruch zu den realen Erfordernissen

- zumindest im Bereich der Ostseeküste - stand. Die touristische Entwicklung wirkte hier in einem erheblichen Maße struktur- und raumprägend. Aufgrund der quantitativen Zunahme der Reiseströme drang das Erholungswesen im Laufe der Zeit verstärkt auch in das Binnenland ein. Dort entstanden durch die gezielte Ansiedlung von Ferienanlagen, Campingplätzen und Freizeithaussiedlungen neue Ferienzentren.

Die quantitative Absicherung des Bedarfs stand in der DDR weit vor einer qualitativen Entwicklung des touristischen Angebots. Im Jahre 1989 wies das heutige Mecklenburg-Vorpommern ca. 400.000 Betten mit 37 Mio. Übernachtungen auf; dies entsprach ca. 40% des Gesamtvolumens der DDR. (vgl. Benthien 1996: 12)

Die Umbruchphase nach 1989

Die Umstellung vom zentral gesteuerten und staatlich organisierten Erholungswesen auf einen marktwirtschaftlichen Tourismus bedeutete eine gewaltige inhaltliche, organisatorische und eigentumsrechtliche Umstrukturierung der gesamten Branche. Die fehlende Freizügigkeit war eine der Hauptantriebskräfte des politischen Umbruchs in der DDR, sodass 1989 mit dem Öffnen der Mauer eine Reisewelle ostdeutscher Bürger in zuvor nicht zugängliche Länder (insbesondere in Richtung Mittelmeer) ausgelöst wurde. In den Gebieten des heutigen Mecklenburg-Vorpommern blieben die vormals durch den staatlich organisierten Tourismus gesicherten Feriengäste aus. Westdeutsche Bürger fuhren vor allem durch Neugier und Nostalgie getrieben „in den Osten", doch konnte der Einbruch in der Nachfrage dadurch nur geringfügig abgemildert werden.

Es folgten unmittelbar gravierende quantitative Einbrüche auf der Nachfrage-, besonders aber auf der Angebotsseite. Und dies, obwohl von vielen Gästen diverse Unzulänglichkeiten bereitwillig in Kauf genommen wurden, da alle Beteiligten sich der Ausnahmesituation bewusst waren. Im Beherbergungswesen verzeichneten betriebliche Erholungseinrichtungen und insbesondere ehemalige Kinderferienlager die größten Einbrüche. Die Erholungsheime des FDGB wurden vielfach in anderer Trägerschaft fortgeführt, doch auch sie reduzierten ihre Kapazitäten.

Hinsichtlich der Nachfrage muss zwischen der Anzahl der Reisenden (Ankünfte) und den Übernachtungen unterschieden werden: Die Zahl der Touristen ging nur vorübergehend zurück, denn bereits 1993 übertrafen die Gästezahlen wieder den Stand von 1989 (vgl. Bütow 1997: 7). Aufgrund der kürzeren Aufenthaltsdauer liegen aber die Übernachtungszahlen auch heute noch unterhalb des 1989 realisierten Volumens. Während zu Zeiten der DDR ein Erholungsurlauber ca. 10 Tage in den drei Nordbezirken Rostock, Schwerin und Neubrandenburg (das entspricht in etwa dem Gebiet des heutigen Bundeslandes Mecklenburg-Vorpommern) verweilte, lagen die Werte in der Umbruchphase nur bei durchschnittlich etwa 3 bis 4 Tagen.

Der durch die „Treuhand" betriebene Privatisierungsprozess im Beherbergungswesen galt bereits 1993 als weitestgehend abgeschlossen und schuf damit - im Vergleich zu vielen anderen Branchen - relativ früh die Voraussetzungen für einen konstruktiven Neuaufbau.

Die Erfolgsstory der 90er Jahre

Im Jahre 1993 wurde das erste landesweite Tourismuskonzept verabschiedet, und die seit 1992 vorliegenden, verlässlichen statistischen Daten belegen eine seither erfolgreich verlaufende Entwicklung, mit der die schwierige Phase der Umstrukturierung überwunden zu sein scheint.

Von Beginn an hat die Landespolitik hinreichend Weitsicht besessen, um sich - allerdings in Ermangelung anderer Alternativen - der besonderen Bedeutung des Tourismus im Lande als Wirtschaftsfaktor bewusst zu sein. So bezeichnete 1992 der erste Jahreswirtschaftsbericht nach der Wende den Tourismus als wichtiges Standbein mit hohen Multiplikatoreffekten. Dementsprechend sind auch - aus allen nur erdenklichen Fördertöpfen - finanzielle Hilfen für den Tourismus bereitgestellt worden. Von 1990 bis 1998 sind im Rahmen der so genannten Gemeinschaftsaufgabe (GA) fast 7,6 Mrd. DM zur Entwicklung des Tourismus in die östlichen Bundesländer (ohne Berlin) transferiert worden, die ihrerseits Investitionen mit einem Gesamtvolumen von fast 20 Mrd. DM initiierten. Das strukturschwache Mecklenburg-Vorpommern hat von dieser Förderung den größten Anteil erhalten, und hier sind dann auch die meisten Arbeitsplätze neugeschaffen oder gesichert worden (OSG 1999: 6).

Beherbergungsangebot

Ausgehend von einem „absoluten" Tiefstand im Jahre 1991 erfolgte ein rascher und stetiger Ausbau des Angebotes (vgl. Tab. 1). Dabei entwickelte sich die Bettenrate noch stärker als die Bettenanzahl (von fast 30 auf 78 Betten je 1.000 Einwohner), da zeitgleich mit dem quantitativen Ausbau der Bettenkapazitäten ein starker Bevölkerungsverlust zu verzeichnen war.

Das Beherbergungswesen gilt als mittelständisch geprägt. Die zunächst rückläufige durchschnittliche Betriebsgröße beruhte zum einen darauf, dass einige große „Altbetriebe" den Anpassungsprozess nicht schafften und schließen mussten, und dass zum anderen

Tab. 1: Entwicklung der Beherbergungskapazitäten und Übernachtungen in Mecklenburg-Vorpommern 1992 bis 2001 (inclusive Camping*)

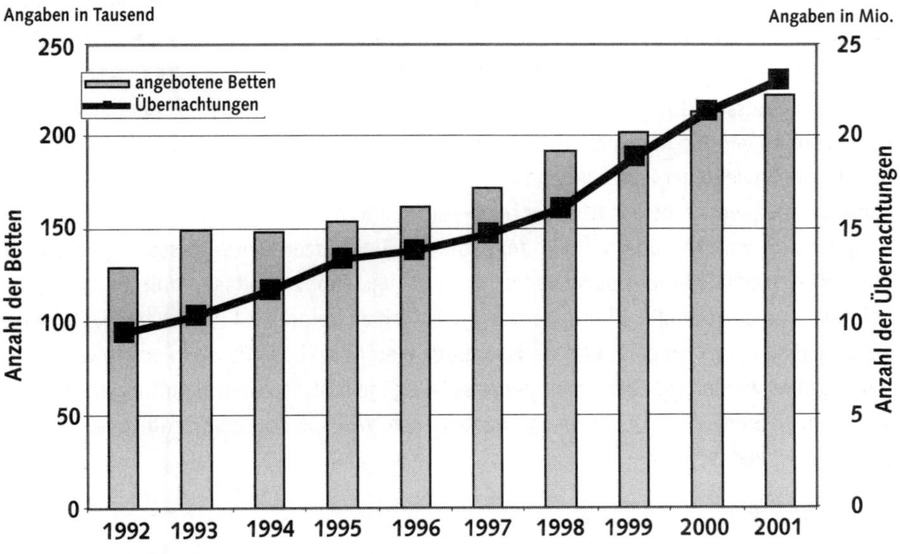

* Bettenzahl der Campingplätze: angebotene Stellplätze x 2,5

Quelle: Staatliches Landesamt Mecklenburg-Vorpommern

Tab. 2: Bettenangebot und Übernachtungen nach Betriebsarten in Mecklenburg-Vorpommern 2001

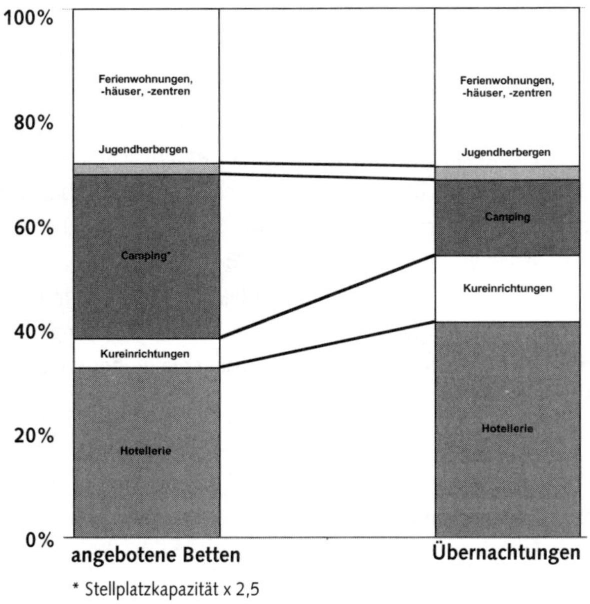

Quelle: Staatliches Landesamt Mecklenburg-Vorpommern

während der anfangs bestehenden „Goldgräberstimmung" etliche neue Kleinanbieter auf den Markt kamen. Seit 1996 steigt die mittlere Betriebsgröße stetig. Infolge auslaufender Förderprogramme fielen zahlreiche Kleinbetriebe den darauffolgenden marktwirtschaftliche Mechanismen zum Opfer. Diese „Marktbereinigung" ist noch nicht abgeschlossen, das Sterben kleiner Betriebe wird in den nächsten Jahren weiter zunehmen.

Neben den von der amtlichen Statistik erfassten Betrieben erreicht der „graue Beherbergungsmarkt" mit seinen Ferienwohnungen, Privatzimmern und Kleinbetrieben mit weniger als 9 Gästebetten ein ganz erhebliches Volumen. Eine landesweite Erhebung hatte schon im Jahre 1993 für Mecklenburg-Vorpommern ausgewiesen, dass auf zwei statistisch erfasste Gästebetten (in Betrieben mit 9 und mehr Betten) eines in Kleinbetrieben und bei Privatanbietern kommt. Um diesen wichtigen Bereich der Beherbergungsbetriebe angemessen in Planungen und Berechnungen berücksichtigen zu können, sollen in diesem Marktsegment ab dem Jahr 2002 regelmäßige Erhebungen durchgeführt werden. Aktuell wird dieses Volumen für Mecklenburg-Vorpommern auf 36% des in der offiziellen Beherbergungsstatistik erfassten Bettenbestandes geschätzt (OSG 2000: 41).

Die Angebotsstruktur wirkt recht ausgeglichen: In Ferienwohnungen, Ferienhäusern und Ferienzentren werden mit einem Anteil von 28% in einer ähnlichen Größenordnung Betten bereitgestellt wie in der Hotellerie mit 33% (1999).

Im Campingwesen belegt Mecklenburg-Vorpommern nach Bayern und Niedersachsen Rangposition drei. Mit über 25.000 angebotenen Stellplätzen bietet dieses Segment über 30% aller Übernachtungsmöglichkeiten im Land (vgl. Tab. 2) und ist damit für die Angebotsseite von auffallend großer Bedeutung. Deutlich zu betonen ist die sehr starke Wetterabhängigkeit beim Camping, was die Nachfrage wesentlich beeinflusst. In einem verregneten Sommer werden die Stellplätze geringer belegt sein als in einem Jahrhundertsommer. Vor allem im Binnenland ist der Campinganteil hoch, weshalb dort eine deutlich höhere Saisonabhängigkeit besteht.

Nachfragestruktur

Seit 1992 haben die Ankünfte von Reisenden in Mecklenburg-Vorpommern stetig zugenommen und die Übernachtungen sind infolge einer langsam ansteigenden mittleren Aufenthaltsdauer auf mehr als das Doppelte angewachsen. Wegen der geringeren saisonalen Auslastungsschwankungen können die Kur- und Rehabilitations-Einrichtungen ebenfalls einen überproportionalen Anteil erzielen.

Im Zuge der Umstrukturierungsmaßnahmen ist zunächst offensiv das Gastgewerbe gefördert worden. Mittlerweile zeigt sich jedoch, dass das Beherbergungswesen eine hinreichende Anzahl von Gästebetten bereitstellen kann. Trotz zweistelliger jährlicher Zuwachsraten auf der Nachfrageseite ist die Angebotsseite rascher gewachsen. Damit ergibt sich automatisch eine rückläufige Auslastungsquote (vgl. Tab. 3).

Der synchrone Verlauf der Auslastung in Mecklenburg-Vorpommern gegenüber den jeweiligen Bundeswerten - Einbruch bis 1998 und anschließender Anstieg - belegt zunächst, dass die Entwicklung in Mecklenburg-Vorpommern durch äußere Bedingungen beeinflusst wird. Die in den letzten Jahren durchgängig geringere Jahresauslastung ist zu einem gewissen Grad mit der etwas einseitigen Ausrichtung zu erklären: In einem Küstenland mit vorrangig maritimen Angeboten fällt die Bade- und Strandurlaub-Saison doch recht kurz aus. Die zweite Junihälfte, Juli und August bilden die Hauptsaison (vgl. Tab. 4). In dieser Zeit sind die Küstenorte und Inseln fast vollständig ausgebucht. Die Auslastung in den angrenzenden Zeiträumen ist stark wetterabhängig, Ausflügler und Kurzentschlossene prägen die Vor- und Nachsaison. Weihnachten/Silvester und je nach Terminierung auch die beiden Frühlingsfeste (Ostern, Pfingsten) bilden noch einmal auslastungsstärkere Perioden.
Andere Tourismusformen, insbesondere der Geschäftsreiseverkehr und der Städtetourismus, spielen in Mecklenburg-Vorpommern eine (noch) sehr untergeordnete Rolle. Der weitestgehend saisonneutrale Kur-Tourismus kommt vorrangig den spezifischen Einrichtungen zugute. Der Anteil an ausländischen Touristen, die in Mecklenburg-Vorpommern Urlaub machen, ist im Vergleich zu anderen Bundesländern extrem niedrig (2,1% im Sommer 1999). Hauptquellgebiet mit über 50% sind die Neuen Bundesländer, wobei Gäste aus Mecklenburg-Vor-

Tab. 3: Auslastungsquote 1992 bis 1999 Mecklenburg-Vorpommern und BRD (ohne Campingwesen)

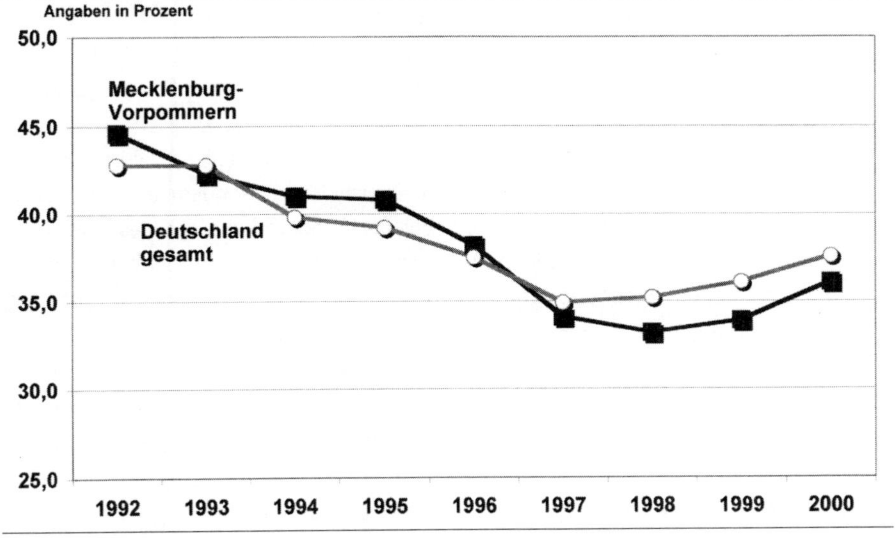

Quelle: Staatliches Bauamt, Statistisches Landesamt Mecklenburg-Vorpommern

Tab. 4: Auslastungsquote im Jahresgang 199 (ohne Campingwesen)

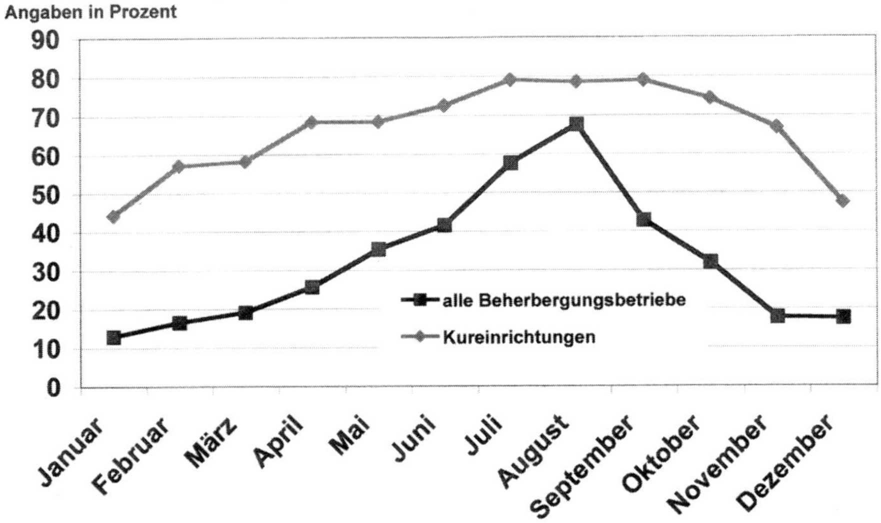

Quelle: Statistisches Landesamt Mecklenburg-Vorpommern

pommern selbst einen großen Anteil daran haben. Mit 12,1% der Gäste nimmt Berlin den Spitzenplatz in der Rangfolge der Quellgebiete ein. (vgl. Sperling 2000: 9 ff.)

Vor diesem Hintergrund ist es verständlich, dass in Mecklenburg-Vorpommern wie in vielen anderen Destinationen auch die meisten Marketingstrategien darauf abzielen, die Betten in den auslastungsschwachen Monaten zu füllen. „Saisonverlängernde Maßnahmen" heißt das Schlüsselwort. Nachdem ein quantitativ hohes Niveau in der Ausstattung erreicht wurde, steht nun eine Qualitätsverbesserung im Vordergrund.

Neben der saisonalen Unausgewogenheit bereitet die räumlich ungleiche Verteilung des touristischen Geschehens im Lande den Landes- und Regionalplanern Probleme (vgl. Abb. 6). Es herrscht derzeit eine deutliche Zonierung:

- Der Tourismus findet auf den Inseln und entlang der Ostseeküste statt.
  - Rügen, die größte deutsche Insel, bildet unangefochten ein wichtiges Ziel. In der Gemeinde Binz werden mit 1,4 Mio. Übernachtungen (1999) bereits 9% des gesamten Landesaufkommens realisiert.
  - Ihr folgt Usedom, die zweitgrößte Insel. Statistisch wird die Stellung dieser Insel in aller Regel etwas „heruntergerechnet", weil sie nicht isoliert, sondern als Teil des Landkreises Ostvorpommern bzw. des Reisegebietes Vorpommern ausgewiesen wird.
  - Einen wichtigen Anteil an der touristischen Entwicklung in Mecklenburg-Vorpommern tragen die Inseln und Halbinseln des Nationalparks Vorpommersche Boddenlandschaft und die Küstenräume mit Hansestädten wie Wismar und Stralsund.
- Im Binnenland sind vor allem Bereiche der Mecklenburgischen Seenplatte als Zielgebiete gefragt. Quantitativ stellen sie zwar eine weniger stark frequentierte Schwerpunktregion des Tourismus dar, die Übernachtungszahlen sind in den letzten Jahren aber stark gestiegen.
- Die übrigen Regionen des Landes fallen demgegenüber deutlich ab.

Wirtschaftliche Bedeutung

In Mecklenburg-Vorpommern weist der Tourismus volkswirtschaftlich eine sehr große Bedeutung auf (vgl. Tab. 5). Der Erwerbstätigenanteil von über 15% liegt weit über dem bundesdeutschen Wert (etwa 8%; WIMI 2000: 2). Der Tourismus nimmt für ein im Allgemeinen eher strukturschwaches Bundesland eine herausragende wirtschaftspolitische Stellung ein. Die Arbeitsmarkt-Effekte sind vor dem Hintergrund hoher Arbeitslosenquoten besonders wichtig. Gleichwohl werden die verloren gegangenen Arbeitsplätze in Landwirtschaft, Industrie und Verwaltung nur zu einem geringen Teil durch eine touristische Entwicklung kompensiert werden können.
Maßnahmen zur Verbesserung der Qualifikationsstruktur - wie sie aus anderen Regionen bekannt sind, die sich einem Strukturwandel haben unterziehen müssen - werden nicht alle freigesetzten Arbeitskräfte in die neue Wachstumsbranche integrieren können. So liegt beispielsweise im touristisch stark geprägten Landkreis Rügen die Arbeitslosenquote auch in der Hauptsaison mit 16% (August 2000) noch sehr hoch. Dennoch wird der Tourismus gerade durch seine Personalintensität an wirtschaftlicher Bedeutung zunehmen und weiterhin Hoffnungsträger für einen allgemeinen wirtschaftlichen Aufschwung sein.

Tab. 5: Die volkswirtschaftliche Bedeutung des Tourismus in Mecklenburg-Vorpommern (1999)

Anteil am Bruttoinlandsprodukt	10,1%
Anteil an den Erwerbstätigen	15,1%
Anteil am Gesamtumsatz der Wirtschaft	12,5%

Quelle: WIMI 2000

Letztendlich soll hier aber nicht diskutiert werden, ob diese vergleichsweise sehr hohe wirtschaftliche Bedeutung positiv als „Eigenleistung" der Branche zu werten ist oder ob sich darin nicht doch die gravierende wirtschaftsstrukturelle Schwäche dieses Landes zeigt. Für Mecklenburg-Vorpommern bleibt die Feststellung, dass der Tourismus sich mittlerweile zum wichtigsten Wirtschaftszweig entwickelt hat.

Perspektiven

In den vergangenen Jahren konnte sich Mecklenburg-Vorpommern innerhalb Deutschlands als ein wichtiges und bedeutendes Reisegebiet etablieren. Die Zuwachsraten waren und sind höher als die anderer Bundesländer. Dies darf aber nicht darüber hinweg täuschen, dass die absoluten Zahlen noch weit hinter dem deutschen Spitzenreiter Bayern liegen. Als besonderer Erfolg wird allerdings gewertet, dass Mecklenburg-Vorpommern erstmals im Jahre 2000 mit 2,4 Mio. Ankünften das Bundesland Schleswig-Holstein überholt hat und somit auf Platz 2 der Liste der binnenländischen Urlaubsziele steht (vgl. F.U.R. 2001, erste Ergebnisse).
Die allgemeinen Trends im Tourismus kommen der Destination Mecklenburg-Vorpommern durchaus entgegen:
- die Zunahme des Zweit- und Dritturlaubs sowie
- des Kurzurlaubs,
- immer kurzfristigere Reiseentscheidungen,
- Diversifizierung der Aktivitäten,

- Anstieg des Alters der Reisenden (als Folge der Überalterung der Bevölkerung),
- gestiegenes Gesundheitsbewusstsein und
- wachsende Umweltsensibilisierung, zunehmende Bedeutung der „schönen Landschaft, der intakten Natur".

Für die Zukunft ist es wichtig, diesen Trends und den damit verbundenen Urlauberansprüchen gerecht zu werden. Die touristische Grundausstattung dafür ist geschaffen. Jetzt gilt es, qualitätsverbessernde Maßnahmen zu ergreifen und auf vorhandene Potenziale aufbauend zielgruppenorientiert Marktsegmente zu besetzen.

Abb. 2: Historische Häuserzeile in der Mühlerstraße in Stralsund
Foto: Lutz Meltzer

Die Perspektiven für die künftige touristische Entwicklung in Mecklenburg-Vorpommern sind günstig.

- Das naturräumliche Potenzial bietet alle Voraussetzungen, um einen hochwertigen *Natur-Tourismus* etablieren zu können.
  - Landschaft sowohl als erholsame Kulisse als auch als Voraussetzung für entsprechende Tourismusformen (Gesundheit, Wandern, Reiten, Rad fahren, Wassersportarten, Golf, ...)
  - Großschutzgebiete (3 Nationalparke, 2 Biosphärenreservate, 5 Naturparke) als Garant für unverwechselbare Naturlandschaft und Naturerlebnis.
- Kulturhistorische Grundlagen zur Intensivierung des *Kultur-Tourismus* (Backsteingotik, Schlösser und Herrenhäuser) sind vorhanden. Komplettiert werden sollten sie weiterhin durch kulturelle Großveranstaltungen (Usedomer Musikfestival; Störtebeker Festspiele auf Rügen u.ä.) sowie auch durch dezentrale, lokal oder regional bedeutsame Kulturereignisse (z.B. die „Bachwoche" in Greifswald).
- Die lange Zeit sehr kritisch bewerteten *Großprojekte* können bei einer sinnvollen, an die regionalen Strukturen angepassten Planung durchaus im Sinne von Entwicklungspolen Kräfte freisetzen und über das eigene Projekt hinaus positiv ausstrahlen (wie z.B. das neue offene Ressort in Göhren-Lebbin auf Rügen oder die Anlage „Land Fleesensee" in der Nähe von Waren/Müritz).

Abb. 2: Reiseziel Bachsteingoik: Dom St. Nicolai in Greifswald
Foto: Lutz Meltzer

- (Künstliche) *Events*, sowohl als Großveranstaltungen ausgelegt („Hanse Sail" in Rostock, „7-Seen-Lauf" in Schwerin u.ä.), als auch auf lokaler oder regionaler Ebene agierend (z.B. Heringswochen auf Rügen und Usedom), lassen sich durchaus „kreativ vermehren". Dieses Potenzial ist bei weitem noch nicht ausgeschöpft.

Der Fortsetzung der bisherigen Erfolgsstory stehen auch einige Hemmnisse entgegen. Als nicht zu unterschätzende Problemfelder sind zu nennen:

- die *verkehrstechnische Erreichbarkeit*; Mecklenburg-Vorpommern ist innerhalb Deutschlands peripher gelegen, das Autobahnnetz erschließt diese Region bislang noch sehr unzureichend und die Bundesbahn dünnt ihr Angebot - mit dem Verweis auf das geringe potenzielle Fahrgastaufkommen in diesem gering besiedelten Gebiet - weiterhin aus;
- die potenziellen *Konflikte mit dem Naturschutz*: Tourismus und Naturschutz bilden nicht automatisch Raumnutzungskonkurrenten; es bedarf allerdings frühzeitig raumplanerischer Eingriffe und Lenkungsmaßnahmen, damit die Masse der Touristen nicht genau das niedertrampelt", was sie eigentlich sucht, die „heile, intakte Natur";
- *Konkurrenz im Osten*; die Ostseeküste setzt sich nach Osten hin in der gleichen Qualität und naturräumlichen Attraktivität fort, wie sie in Mecklenburg-Vorpommern anzutreffen ist; wegen gleichfalls fehlender wirtschaftlicher Alternativen werden Polen und die drei baltischen Länder ebenfalls offensiv den Tourismus entwickeln; spätestens mit dem Beitritt zur EU - de facto aber bereits heute - werden erhebliche Fördermittel zum infrastrukturellen Ausbau (insbesondere Straßen) und zum Aufbau der Tourismuswirtschaft in diese Region fließen;
- *fehlende kleinbäuerliche Strukturen*; von den aktuellen Problemen in der Massentierhaltung wird nicht nur die ökologisch orientierte Landwirtschaft, sondern vermutlich auch der auf diese Strukturen ausgerichtete Tourismus (Ferien auf dem Bauernhof; Landtourismus) profitieren; allerdings gibt es in Mecklenburg-Vorpommern wegen der vor dem Zweiten Weltkrieg (Güter und Domänen) und in der DDR (LPG's) betriebenen Landwirtschaft auch heute noch vorwiegend Großbetriebe und entsprechende Raumstrukturen; die großflächige Bewirtschaftungsform und die Betriebsstrukturen entsprechen nicht dem verklärten Bild der Gäste, die ein kleinbäuerliches Idyll erwarten.

Fazit

Mecklenburg-Vorpommern zählt in Deutschland zu den traditionellen Tourismusregionen. Nach einer erfolgreichen (Wieder-) Aufbauphase von nunmehr zehn Jahren, in der - nicht zuletzt aufgrund des doch sehr niedrigen Ausgangsniveaus - jährlich zweistellige Zuwachsraten zu verzeichnen waren, nimmt das Ostseeküstenland infolge seiner sehr geringen Einwohnerzahl hinsichtlich der Tourismusintensität seit 1999 Rang eins unter allen Bundesländern ein.

In der jetzigen Konsolidierungsphase werden intern noch einige strukturelle Anpassungsmaßnahmen vollzogen werden müssen, die wie in vielen anderen Destinationen auch bereits unter dem Motto „Qualitätsoffensive" in Angriff genommen worden sind.

Die Chancen zur dauerhaften Etablierung des Tourismus als wirtschaftlich bedeutsames Standbein stehen gut, denn Potenziale sind vorhanden: eine hervorragende naturräumliche Grundausstattung, eine kulturlandschaftlich und -historisch gute Substanz, und mit den Agglomerationen Hamburg und Berlin ein bevölkerungsstarkes Hinterland, das als Quellgebiet für einen intensiven Ausflugs- und Naherholungsverkehr genutzt werden kann.

Konzentration wird zum zentralen Schlüsselbegriff werden, und zwar in zweierlei Hinsicht:

- Konzentration auf Zielgruppen; zur Komplettierung im Bereich der längeren Aufenthalte müssen neben dem einfachen Bade- und Strandurlaub zunehmend zielgruppenbezogen neue Marktsegmente erschlossen, entwickelt und gesichert werden (z.B. Gesundheits-, Kultur-, Natur-, maritimer Tourismus);
- räumliche Konzentration; nachdem eine hinreichende, flächendeckende infrastrukturelle Grundversorgung im Tourismus erreicht worden ist, gilt es die Zentren zu stärken, damit diese im schärfer werdenden Konkurrenzkampf um die Gäste bestehen können: Weg vom Gießkannenprinzip, mit dem das gesamte Land zu einem Urlaubsland entwickelt werden soll, hin zum qualitätsvollen Tourismus in entsprechend ausgestatteten Regionen.

Wenn es dem Land gelingt, äußere Rahmenbedingungen zu verbessern, die nicht ausschließlich in seinem Kompetenzbereich liegen, wie z.B. die unzulängliche verkehrstechnische Erreichbarkeit, wird sich Mecklenburg-Vorpommern zweifellos auch in einer ost-erweiterten EU als wichtige touristische Destination einen festen Platz sichern können.

Literatur

Benthien, Bruno (1996): Die Bäderlandschaft der südlichen Ostseeküste - ein Teil der zirkumbaltischen Erholungszone. In: Albrecht, Wolfgang (Hg.): Mecklenburg-Vorpommern: Standbein (?) Tourismus. = Greifswalder Beiträge zur Freizeit und Tourismusforschung, Band 7, S. 7-13

Bütow, Martin (1996): Aktuelle Bedeutung und Probleme des Tourismus in Mecklenburg-Vorpommern. In: Albrecht, Wolfgang (Hg.): Mecklenburg-Vorpommern: Standbein (?) Tourismus. Greifswalder Beiträge zur Freizeit und Tourismusforschung, Band 7, S. 34-42

Bütow, Martin (1997): Grundzüge der touristischen Entwicklung in MV nach 1990. In: Albrecht, Wolfgang (Hg.): Tourismus in Mecklenburg-Vorpommern: Die sieben Jahre nach der Wende. Greifswalder Beiträge zur Freizeit und Tourismusforschung, Band 8, S. 5-11

F.U.R. (Hg.) (2001): Erste Ergebnisse der Reiseanalyse 2001, ITB 2001. Hamburg

Leupolt, Bärbel (2000): Hochwertiger Natur- und Kulturtourismus. In: Zeitschrift für Wirtschaftsgeographie, Jg. 44, Heft 2, S.113-123.

OSG (Ostdeutscher Sparkassen- und Giroverband) (Hg.) (1999): Das Tourismusbarometer. Berlin.

OSG (Ostdeutscher Sparkassen- und Giroverband) (Hg.) (2000): Das Tourismusbarometer. Berlin.

Sperling, Werner (2000): Gäste in Mecklenburg-Vorpommern. In: Mecklenburg-Vorpommerns Gäste. Struktur, Aktivitäten und Zufriedenheit. = Beiträge und Informationen aus dem Ostseeinstitut für Marketing, Verkehr und Tourismus an der Universität Rostock, Heft 8, Rostock.

WIMI (Wirtschaftsministerium Mecklenburg-Vorpommern) (1998): Tourismuskonzeption für das Land. Schwerin. Selbstverlag.

WIMI (Wirtschaftsministerium Mecklenburg-Vorpommern) (2000): Wirtschafts- und Arbeitsmarktfaktor Tourismus in Mecklenburg-Vorpommern. Schwerin. Selbstverlag.

Lutz Meltzer

Kurorte und Heilbäder

Impulse für die Modernisierung traditionsreicher Urlaubsorte nach der „Kurkrise"

Heilbäder, Kur- und Erholungsorte stellen im Spektrum der deutschen Urlaubsziele ein besonderes Marktsegment dar, weil es sich in der Regel um Orte handelt, die in ihrer ganzen Struktur auf Erholung und Gesundheitsfürsorge ausgerichtet und in hohem Maße vom Wirtschaftsfaktor Tourismus abhängig sind. Etwa 320 Orte bieten medizinisch anerkannte Heilmaßnahmen an, und nur diese klassischen Heilbäder und Kurorte waren in den 1990er Jahren von der so genannten „Kurkrise" betroffen. Nur hier gab und gibt es in Ergänzung zum „normalen" Tourismus den so genannten „Kurverkehr", der aus Gästezuweisungen im Rahmen einer medizinisch verordneten Heilbehandlung resultiert und infolge mehrerer drastischer Leistungskürzungen der Krankenversicherungsträger damals stark zurückgegangen war. Veränderte Reisegewohnheiten und -wünsche der Touristen, ein starker Wettbewerbsnachteil in der Konkurrenz mit sonnensicheren Destinationen im Ausland sowie unterbliebene Strukturanpassungen haben die Marktanteile der deutschen Heilbäder und Kurorte am Tourismusgeschäft ohnehin schrumpfen lassen, doch hat die insgesamt gestiegene Reiseintensität der Deutschen diesen für die Kurorte negativen Trend verdeckt. Inzwischen haben sich die Buchungen und Einnahmen zwar auf niedrigerem Niveau stabilisiert, doch gilt es Marktanteile zu sichern und auszubauen, Nachfrageveränderungen zu beachten und auch eigene Impulse zu setzen.

Abb.: 1 Kulturveranstaltung im Ostseebad Bansin
Foto: Lutz Meltzer

Die „Kurkrise" war insofern heilsam, als sie die Verantwortlichen in den Kommunen, die Leistungsanbieter vor Ort und die Interessensverbände dazu gebracht hat, sich den Anforderungen des freien Tourismusmarktes zu stellen. Trends der touristischen Entwicklung müssen für die Kurorte nutzbar gemacht und eigene, spezifische Angebote auf dem Markt platziert werden - orientiert an passgenauen Zielgruppen. Ein effektives Außenmarketing ist allerdings nur möglich, wenn auch die internen *Strukturen* auf den Prüfstand kommen: Welche Angebotsstärken und -schwächen liegen vor, sind die öffentlichen und privaten Dienstleistungen effizient und nachfragegerecht, werden sie kundenorientiert erbracht? Geht der Blick über den eigenen Kirchturm hinaus, um regionale Angebote zu vernetzen und Infrastrukturen besser auszulasten? Wie steht es mit nachbarschaftlichen Kooperationen des Kurbetriebs und beim Marketing? Das Innenmarketing steht am Anfang der Restrukturierung, die Erarbeitung eines Leitbildes unterstützt die effiziente Nutzung der vorhandenen Ressourcen von Heilbädern und Kurorten und führt im Idealfall zu umsetzbaren Kurortentwicklungskonzepten, die für ein regionales Destinationsmanagement genutzt werden können. Im Folgenden werden Elemente dieser Gesamtstruktur angesprochen, die teilweise miteinander verknüpft sind.

Merkmale von Heilbädern und Kurorten

Ein besonderes Merkmal der in diesem Beitrag betrachteten Urlaubs- und Erholungsorte besteht darin, dass die scheinbar beliebigen Bezeichnungen der verschiedenen Typen von Bade- und Kurorten aus einem Anerkennungsverfahren resultieren. Nach einem vorgegebenen Kriterienkatalog des Deutschen Heilbäderverbandes, erstmals für ganz Deutschland aufgestellt im Jahre 1937 und zuletzt aktualisiert im Jahre 1998, können sich Erholungsorte entsprechend ihren besonderen Standorteigenschaften und ihrem Qualitätsstandard klassifizieren lassen (vgl. DHV 1999). Erst auf der Grundlage dieser so genannten Prädikatisierung sind sie berechtigt, bestimmte Titel zu führen wie „Seeheilbad" oder „Kneippkurort". Wichtige Elemente der Klassifizierung sind nicht nur die „standortgebundenen Heilmittel", also z. B. Solen oder Moore, sondern auch die Umweltqualität (Luft, Lärm) und der „Kurortcharakter", also z. B. die innerörtliche Ausstattung mit Grünanlagen und Kureinrichtungen oder auch das Ortsbild. Mit der staatlichen Anerkennung als Kur- oder Erholungsort (Regelung in Kurortgesetzen der Länder) sind die Gemeinden zu bestimmten Leistungen verpflichtet und gleichzeitig z. B. zur Erhebung einer zweckgebunden einzusetzenden Kurtaxe berechtigt (vgl. Brittner/Kolb/Steen 1999: 10f.). Einige Kurorte in Ostdeutschland besitzen nur eine „vorläufige Anerkennung", weil ihnen aufgrund des starken Entwicklungsrückstands ihrer Infrastruktur ein Substandard zugebilligt wurde, der innerhalb bestimmter Fristen überwunden werden muss. In Deutschland gibt es etwa 4200 anerkannte und in Tourismusverbänden organisierte Kur- und Erholungsorte, wobei die 326 so genannten „hochprädikatisierten" Heilbäder und Kurorte (d. h. jene mit medizinisch überprüften Heilerfolgen) daran nur einen Anteil von 8% haben:

Typen von „hochprädikatisierten" Heilbädern und Kurorten mit Kurverkehr

Kategorie	Anzahl	%
Mineral- u. Moorheilbäder	159	48,8
Kneippheilbäder, -kurorte	67	20,5
Heilklimatische Kurorte	52	16,0
Seeheilbäder u. Seebäder	48	14,7
alle Orte mit Kurverkehr	326	100,0

Quelle: Brittner 1999 (eigene Darstellung)

Nachfolgend sollen die besonderen Qualitäten der Kurorte angesprochen werden, die unabhängig von den standortgebundenen Heilmitteln eine wichtige Rolle bei der Positionierung dieser Orte am touristischen Markt spielen.

Historische Potenziale der Kurorte

Für die Heilbäder und Kurorte stellt bis heute die besondere Atmosphäre ein wesentliches Unterscheidungsmerkmal zu anderen Orten mit Gesundheits- und Fitnessangeboten dar.

Diese geht zurück auf einen Prozess, der in Mitteleuropa seit dem Beginn des 19. Jahrhunderts ein dichtes Netz von Kurbädern, in der Regel im Zusammenhang mit vorhandenen Heilquellen, hat entstehen lassen. Ursprünglich an den Bedürfnissen einer nach Kurzweil, Erholung und Gesundheitspflege verlangenden Oberschicht orientiert, entwickelten sich einige Kurbäder zu Treffpunkten der internationalen Gesellschaft, prägten so das Bild der mondänen Bäderkultur und machten dadurch Kuren zu einem gesellschaftlichen Ereignis. Orte wie Bad Kissingen oder Baden-Baden erlangten internationale Beachtung, sorgten aber vor allem für ein attraktives Image der Heilbäder und Kurorte im Allgemeinen. Die gesellschaftliche Nachfrage führte letztlich dazu, dass sich mondäne Kurbäder, aber auch einfache Luftkurorte entwickeln und ihr Erscheinungsbild und Angebot entsprechend ausgestalten konnten. Kurorttypische Einrichtungen wie Kurparks, Kurpromenaden, Konzertsäle, Bäder und Wandelhallen, die Bäderarchitektur und eine bewusste Pflege des Ortsbildes gehen auf diesen historischen Kontext zurück. Diese gebauten Strukturen ergeben den unverwechselbaren Kurortcharakter und gehören neben den standortgebundenen Heilmitteln zu den wichtigsten Elementen einer Positionierung am Markt.

Historisch begründete Defizite der Kurorte

Noch bis zum Ersten Weltkrieg lebten Kurorte und Heilbäder wie alle Erholungsorte ausschließlich von freiwillig anreisenden Gästen, die es zu umwerben und zu verwöhnen galt, damit sie wiederkamen und - nicht unerheblich - auch neue Gäste warben. Örtliche Einrichtungen und erbrachte Dienstleistungen orientierten sich an den Wunsch- und Idealvorstellungen der Gäste, die nicht *per se* mit den infrastrukturellen und soziokulturellen Strukturen vor Ort übereinstimmten, sondern erst entsprechend entwickelt oder angepasst werden mussten.

Im Laufe des 20. Jahrhunderts entstand in Deutschland die ärztlich verordnete und aus Geldern der Krankenversicherungsträger bezahlte so genannte „Sozialkur", die die Differenziertheit medizinischer Kureinrichtungen erhöht und die Auslastung der zahlreichen Heilbäder und Kurorte auf eine breitere Basis gestellt hat. Mit dieser Entwicklung war aber eine Sonderstellung der Kurorte gegenüber anderen Orten verbunden, die vom Fremdenverkehr leben: Kurorte mussten ihre Gäste nicht mehr ausschließlich durch eigene Anstrengungen für sich gewinnen, sie wurden vielmehr in wesentlichem Maße durch Zuweisungen der Versicherungsträger versorgt. Dieser so genannte „Kurverkehr" entkoppelte in den Kurorten den Zusammenhang von Angebotsentwicklung und Nachfrageorientierung, ließ das Verständnis für die Qualität der erbrachten Dienstleistungen verkümmern - und brachte natürlich auch starke Verschiebungen der Sozialstruktur und damit einhergehend eine verringerte Zahlungsfähigkeit der Gäste mit sich.

Der wachsende Kurverkehr infolge eines immer besseren Leistungsangebotes der Krankenversicherungsträger hat in den Jahrzehnten nach dem Zweiten Weltkrieg dafür gesorgt, dass die (west-)deutschen Heilbäder und Kurorte ihre Gästezahlen ausbauen konnten, obwohl zeitgleich ein Massentourismus entstand, der ganz andere Ziele verfolgte als den Urlaub in einem Kurort. Veränderte Konsumwünsche der Gäste, aber auch falsche und unterbliebene Modernisierungsmaßnahmen am Ort ließen Missklänge entstehen - nicht nur im Leistungsangebot, sondern auch im Erscheinungsbild. Die Prädikatisierung blieb trotzdem ungefährdet, weil die Kriterien des Deutschen Heilbäderverbandes sich nicht an Aspekten wie „zeitgemäß", „kundengerecht", „regionstypisch" oder „effektiv" orientieren. In der damaligen DDR wiederum stellte die staatlich reglementierte Versorgung mit Urlaubsquartieren ebenfalls eine Art „Kurverkehr" dar, indem die historisch gewachsenen Beherbergungskapazitäten alter Kurorte und Heilbäder vor allem vom Gewerkschaftsbund (FDGB) und von Volkseigenen Betrieben (VEB) genutzt wurden, ohne dass die Anbieter von Dienstleistungen nach den Wünschen und der Zufriedenheit der Gäste fragen mussten. Unterbliebene Investitionen in die Infrastruktur, zerstörerische Eingriffe in die historische Bausubstanz und eine vielerorts geringe Servicebereitschaft verstärkten die desolate Situation, in der sich die ostdeutschen Kurorte und Heilbäder nach der Vereinigung befanden.

Die deutsche Kur(ort)krise in den 90er Jahren

Die ostdeutschen Bäder mussten ab 1990 - bei schlechtesten ökonomischen Grundvoraussetzungen - ihre Modernisierung in Angriff nehmen und hatten, wie die westdeutschen Kurorte auch, ab Mitte der 90er Jahre stark rückläufige Zahlen bei ärztlich verordneten Kuren zu verkraften. Der Tiefpunkt wurde im Jahre 1997 erreicht, als in kürzester Zeit ein Drittel der bisher gebuchten Übernachtungen wegfiel (so z. B. in Bad Pyrmont, vgl. Krohn 1999), gerade in Orten mit hohen Bettenkapazitäten und konzentriert in den klassischen Kurkliniken - mit der Folge von Klinikschließungen und Arbeitsstellenabbau. Seit 1999 steigen die Gäste- und Übernachtungszahlen wieder, vor allem in den See- und Mineralbädern. Es werden mehr ausländische Gäste und mehr klassische Urlauber gezählt und die Zahl der beantragten und bewilligten Kuren steigt trotz höherer Eigenleistungen der Versicherten[1].

Aktuelle Übernachtungszahlen der Heilbäder und Kurorte[2]

Betriebe >8 Betten in den 311 im Deutschen Heilbäderverband organisierten Heilbädern und Kurorten	Zahlenwerte im Jahr 2000	Anteil am Gästeaufkommen (Vergleichsebene)	Veränderung 2000/1999	Veränderung 2000/1998
Gäste insgesamt	16,67 Mio.	15,4% (Deutschland)	+ 6,58%	+ 12,74%
Übernachtungen insgesamt	103,83 Mio.	32,0% (Deutschland)	+ 5,45%	+ 9,49%
- Mineral- und Moorheilbäder	41,55 Mio.	40,0% (311 Kurorte)	+ 5,89%	+ 11,31%
- Heilklimat. Kurorte	18,30 Mio.	17,6% (311 Kurorte)	+ 4,35%	+ 4,56%
- See- und Seeheilbäder	33,14 Mio.	31,9% (311 Kurorte)	+ 5,74%	+ 10,92%
- Kneippheilbäder und -kurorte	10,84 Mio.	10,4% (311 Kurorte)	+ 4,76%	+ 7,07%
Aufenthaltsdauer	6,23 Tage			

Quelle: DHV 2001; eigene Darstellung

Es gibt auch heute noch kleine Kurorte in Deutschland, die nahezu völlig vom Betrieb einer einzigen großen Kurklinik abhängen und entsprechend mehr mit der betriebswirtschaftlich geprägten Standortentscheidung des Klinikträgers als mit den Wunschvorstellungen der Kurgäste konfrontiert sind. Für die meisten deutschen Kurorte gilt jedoch inzwischen, dass Art und Qualität des eigenen Angebots sich an grundsätzlich dynamischen Nachfragestrukturen orientieren müssen. Denn die überwiegende Zahl der Gäste entscheidet sich heute freiwillig für einen Aufenthalt in einem Kurort, um ein Wellness-Wochenende zu verbringen, um Gesundheitsvorsorge und Entspannung mit einem vielseitigen Urlaub zu verbinden oder auch, um einen erholsamen Ausgangsort für touristische oder sportliche Aktivitäten zu haben. „Um die Kurkrise zu bewältigen, müsse der Selbstzahler zum wichtigsten Gast werden. Ihn gelte es davon zu überzeugen, daß er sich Gesundheit etwas kosten lassen muß und daß Kur nicht mit Krankheit in Verbindung steht" (Seidemann 1998). Diese

Gäste zu gewinnen und zu binden setzt Konzepte voraus, mit denen sich die Kurorte unter den Bedingungen einer europaweiten Konkurrenz mit anderen Heilbädern und sonstigen Urlaubsdestinationen profilieren und behaupten können.

Ein großes Problem, das allein mit einer Veränderung der Gästestruktur nicht gelöst werden kann, besteht in der saisonal schwankenden Auslastung der Kureinrichtungen und Beherbergungsbetriebe. Während die so genannten "Sozialkuren" eine mehr oder weniger gleichmäßig übers Jahr verteilte Kapazitätsauslastung bedeuten, decken sich die Beherbergungen von selbst zahlenden Gästen stark mit der touristischen Reisesaison - und die verläuft in Deutschland mit regional und nach der Jahreszeit sehr unterschiedlichen Spitzen. Unter diesem Aspekt haben Heilbäder und Kurorte mit einem hohen Anteil an Kurverkehr also bessere Bedingungen, wie z. B. die Werte für Sachsen-Anhalts sieben Kur- und Luftkurorte zeigen, in denen im Jahr 2000 immerhin noch 80% aller Übernachtungen in Kur- und Rehabilitationskliniken gezählt wurden und zu einer relativ günstigen Relation von etwa 1:2 zwischen dem stärksten Monat (Juni) und dem schwächsten Monat (Januar) führten (vgl. MWT Sachsen-Anhalt 2001: 21).

Ansatzpunkte einer Kurortentwicklung

Die Konkurrenz mit anderen Urlaubszielen ist der wichtigste Grund für Kurorte und Heilbäder, stabilisierte Gästezahlen nicht als Ende der Krise zu deuten, sondern daraus die Notwendigkeit abzuleiten, die eigene Situation zu analysieren, ein Anforderungsprofil aus Gästesicht zu erstellen, Handlungsfelder zu identifizieren, Kooperationspartner zu suchen, Umsetzungskonzepte zu entwickeln und zu finanzieren. Eine Modernisierung der Strukturen bleibt jedoch Stückwerk, wenn sie nicht durch ein *permanentes* Marketing begleitet wird, das *zusätzlich* Kommunikation nach innen *und* außen gewährleistet: Ein Angebotsprofil will vermittelt sein – natürlich den Zielgruppen, die dafür gewonnen werden sollen, aber auch denen, die es entwickeln und verkaufen sollen. Dabei geht es nicht nur um die qualitative Weiterentwicklung touristischer Angebotspaletten und -standards, um Werbung, Imagepflege und Vermarktung, sondern auch um die Einbindung planerischer Maßnahmen, z. B. in den Bereichen Flächennutzungs- und Bebauungsplanung, Ortsbildpflege und Denkmalschutz, verkehrliche Erschließung und Infrastruktur, Freiraumgestaltung und Landschaftspflege. Dieses komplexe Aufgabenfeld wird heute mit dem Stichwort Destinationsmanagement beschrieben; hierzu siehe den Beitrag von C. Grashoff in diesem Band.

Neue Gästeprofile - neue Angebote

Aus einem veränderten Gesundheitsbewusstsein in der Gesamtbevölkerung sowie der demographischen Entwicklung mit ihrem wachsenden Anteil älterer Bürger - die zwar gesundheitsorientiert, aber nicht als kranke und immobile Patienten die Kurorte aufsuchen - erwächst den Kurorten ein neues Gästepotenzial, das die Verluste im klassischen Kurverkehr wettmachen kann. Für überregional bekannte Kurbäder wie Baden-Baden oder Bad Kissingen sieht die Zielgruppe dabei anders aus als für ländlich geprägte Kurorte mir regionaler Ausstrahlung. Heilbäder mit herausragender historischer Bedeutung oder medizinisch einzigartigen Therapieangeboten können europaweit um Gäste werben, Kurorte mit regionalem Bekanntheitsgrad sollten ihre Angebote eher an den Bedürfnissen dieses heimischen Marktes ausrichten. Nur wenn Angebots- und Gästestruktur stimmig sind, kann sich der Kurort behaupten. Die Bedienung allgemeiner Trends (z. B. des Golftourismus) macht wenig Sinn, wenn die dazugehörige Klientel nicht angemessen versorgt werden kann. Jüngere Gesundheitstouristen, die Gesundheitsvorsorge oder auch nur Wellness und Erholung mit „normalen" touristischen Interessen verbinden wollen, suchen mehr als nur Kureinrichtungen. Elemente eines Aktivurlaubes (Wander- und Fahrradwegenetze, Sport- und Fitness-Einrichtungen), aber auch Freizeitangebote des eigenen *und benachbarter* Orte, die der Unterhaltung (Ausstellungen, Kinos, Konzertsäle) dienen oder kulturgeschichtliche Interessen befriedigen (Kulturstätten, historische Stadtzentren) müssen mit dem Kurort infrastrukturell verknüpft und im Bewusstsein der ansässigen Bevölkerung (Selbstwahrnehmung und Marketing) als Teil der eigenen Angebotspalette verankert sein. Auch die regionale Gastronomie kann in dieses Leistungspaket einbezogen werden, um die spezifischen Eigenarten des Kurortes und seiner Region zu betonen.

Abb.: 2 Kurhaus in Bad Schmiedeberg
Foto: Lutz Meltzer

Kurorte konkurrieren untereinander auf nationaler und auf europäischer Ebene, aber auch mit anderen Urlaubsregionen, die Entspannung und Wellness verheißen. Neue Angebote in diesem Bereich sollen Gesundheits*urlauber* gewinnen lassen und die rückläufigen Zahlen bei Kur*patienten* ausgleichen. Der inflationäre Bau von Spaß- und Erlebnisbädern, Thermen und Hotels mit integrierten Wellness-Einrichtungen hat jedoch in den 1990er Jahren dazu geführt, dass Gesundheitsurlaub geradezu ubiquitär angeboten wird. Die Attraktivitätssteigerung der klassischen Kurorte durch Modernisierung und Ausbau der gesundheitsspezifischen Infrastruktur reicht deshalb nicht aus: Die Kurorte müssen darüber hinaus das Einzigartige, d. h. ihr so genanntes „Alleinstellungsmerkmal" (USP *Unique Selling Proposition*) stärker herausstellen und das Ortsspezifische (Architektur, Kulturgeschichte, Atmosphäre, Flair) pflegen. Dieses unverwechselbare Profil zu analysieren und zu stärken ist eine zentrale Aufgabe des Innenmarketings. Liegt das „Einzigartige" (leider nur) im Nachbarort, kann auch dieser Umstand für die eigene Positionierung genutzt werden.

Qualitätsstandard und Service

Kurzzeitgäste im Wellness-Bereich interessieren sich weniger für das Umfeld des Kurortes und auch nur bedingt für Flair und Stadtbild, weil sie den kurzen Aufenthalt konzentriert für ihre Gesundheitspflege nutzen. Sie fragen aber in stärkerem Maße, als dies viele Kurorte ursprünglich bieten, Übernachtungsgelegenheiten in gehobenerem Standard nach, sodass Kurkliniken und Privatanbieter parallel zum Ausbau von Wellness-Einrichtungen Qualität und Struktur ihrer Beherbergungsangebote der veränderten Nachfrage anpassen müssen. Anders als für den klassischen, in Einzelzimmern untergebrachten Kurgast müssen für die neue Zielgruppe der Gesundheitsurlauber Doppelzimmer geboten werden, was aufwändige Umbauten, besser noch attraktiv gestaltete Neubauten erforderlich macht. Investitionen in den Sanitär- und Ausstattungsstandard sind kostspielig und ohne Fremdkapital kaum zu erbringen. Gastronomische Zusatzangebote machen nur Sinn, wenn das Gästepotenzial in Anzahl und Kaufkraft ausreicht; ein Problem, das auch für die Struktur und Dimension des Einzelhandels gilt.

Kurzurlauber im Bereich der Gesundheitsvorsorge können über weiterreichende Urlaubsangebote im Bereich Wandern, Fahrrad, Natur und Kultur dazu gebracht werden, auch für einen längeren Urlaub den Kurort als Standquartier zu wählen. In diesem Bereich liegt der Anteil der Paar- oder Familienurlauber besonders hoch, muss die Übernachtungsinfrastruktur also entsprechend leistungsfähig sein.

Die Servicequalität in deutschen Kurorten muss berücksichtigen, dass nicht mehr von den Versicherungsträgern zugewiesene Patienten zu versorgen sind, sondern freiwillig anreisende Gäste, die zuvorkommend bedient werden wollen, die sich so wohl fühlen müssen, dass sie gern wiederkommen. Abgesehen von der Breite und Qualität der Dienstleistungsangebote muss also dem sozialen und kommunikativen Element im Kontakt zwischen Urlaubern/Kurgästen und Anbietern von Dienstleistungen im Kurort große Beachtung geschenkt werden. Entsprechende Personalschulungen - unter dem Aspekt der europaweiten Kundenwerbung sicher auch solche in Fremdsprachen - müssen die thematischen und städtebaulichen Profilierungen der Kurorte begleiten.

Marketing

Der Deutsche Heilbäderverband (gegründet im Jahr 1892 als „Allgemeiner Deutscher Bäderverband") widmet sich den wirtschaftlichen Interessen der Bäder und Kurorte und nimmt unter anderem deren Qualitätsbestimmung (Prädikatisierung) vor[3]. Darüber hinaus unterstützen die zahlreichen Tourismusverbände auf Länder- und Regionsebene mit 4200 darin organisierten Fremdenverkehrsorten[4] die Vermarktung deutscher Reiseziele. Für die Kurorte und Heilbäder gilt dabei wie für alle anderen Urlaubsorte auch, dass sie sich regional vernetzt unter einer gemeinsamen Dachmarke besser vermarkten lassen, weil der Urlauber in den regionalen Kategorien seines Aktionsradius denkt. Sich unter der „Dachmarke" einer allgemein bekannten und positiv besetzten Region zu präsentieren garantiert einem einzelnen Ort mehr Aufmerksamkeit als jeder noch so aufwändig erstellte individuelle Werbeprospekt. Ein lokales Marketing, das die eigene Region nicht positiv einbindet, ist kostspielig und ineffektiv.

Die Deutsche Zentrale für Tourismus unterstützt die deutschen Urlaubsziele mit Werbekampagnen im Ausland, um vermehrt ausländische Touristen für das Reiseziel Deutschland zu gewinnen. Die Statistik des Deutschen Heilbäderverbandes zeigt, dass der Anteil ausländischer Gäste an den Übernachtungen in deutschen Heilbädern und Kurorten im Jahre 1999 nur gut 1 % ausgemacht hat (vgl. Wilms-Kegel 2000) und belegt die Wichtigkeit, auf diesem Sektor aktiver zu werden. Allein die in über hundert Jahren gewachsene kurmedizinische Kompetenz und der hohe Spezialisierungsgrad in den deutschen Kurbetrieben stellt ein wichtiges Qualitätsmerkmal dar, das es bewusst einzusetzen gilt.

In der Konkurrenz mit anderen Destinationen liegt es an den Kurorten selber, ihre einzigartigen Qualitäten durch eine entsprechende Profilierung in der Gästewerbung einzusetzen. Hierbei kommt es auf eine realistische Beschreibung an, sollen Gäste nicht enttäuscht werden - Negativerfahrungen werden in weit größerem Maße weitergegeben als positive! Ein zeitgemäßes Marketing schließt die Nutzung des Internets ein, wobei die Pflege einer Website größere Aufmerksamkeit verlangt als der (i.d.R. extern vorgenommene) Aufbau.

In Zeiten einer immer stärkeren Dienstleistungsorientierung erhalten touristische Leistungspakete, die so genannten Pauschalangebote, einen immer größeren Stellenwert. Unabhängig von den vielfältigen Möglichkeiten der Vermarktung solcher „Pakete" und den kalkulatorischen Konsequenzen für die lokalen Anbieter (Reservierungen, Rabatte usw.) sind hier Marketinginstrumente entstanden, mit denen - entsprechend den Möglichkeiten des Reiseveranstalters - zielgruppengerecht geworben werden kann. Auch ansonsten vielleicht schwer vermittelbare lokale Angebotselemente lassen sich hierin integrieren.

Stadtplanung und Stadtgestaltung

Im Rahmen der Prädikatisierung für Kurorte stellt der so genannte „Kurortcharakter" eine wichtige Größe dar, die aber in ihrer Auslegung sehr unpräzise bleibt. Das städtebauliche Erscheinungsbild eines Kurortes gehört in jedem Falle in diesen Kontext, wird aber unter dem Aspekt eines Alleinstellungsmerkmals (USP) oft nicht genügend gewürdigt. Städtebaulich attraktive oder/und sensible Bereiche müssen planerisch abgesichert werden (Denkmal- und Ensembleschutz, Gestaltungssatzungen, Verkehrsberuhigung, Grünflächenplanung), ortsprägende Elemente auch der ansässigen Bevölkerung als Wert vermittelt werden (Beratung bei Modernisierung und Neubauvorhaben, Akzeptanz von Gestaltungsauflagen, Nutzungseinschränkungen und Pflegeaufwendungen). Historische Kureinrichtungen, die im Zusammenhang mit ortsgebundenen Elementen (etwa mit Solequellen) entstanden sind, heute aber keine Nutzung im ursprünglichen Sinne mehr erfahren, durch Modernisierungen der 60er und 70er Jahre entstellt oder in ihrer Raumwirkung (Ensemble) beeinträchtigt sind, müssen unter dem Gesichtspunkt der ortsbildprägenden Wirkung gepflegt und ggf. mit neuen Funktionen gefüllt werden. Neu zu errichtende zentrale Kureinrichtungen sollten nicht nur funktional, sondern auch stadtbildprägend sein. Alle Neubauvorhaben - wie auch innerörtliche Brachen - können sich in kleinen Kurorten verhängnisvoll auf das Image und die Aufenthaltsqualität der Gäste auswirken und müssen deshalb planerisch intensiv begleitet bzw. entwickelt werden. Gerade in finanzschwachen Kommunen besteht eine wichtige Aufgabe für die Planung auch darin, potenzielle und potente Investoren zu ortsverträglichen Projekten hinzuführen - eine diffizile Angelegenheit, wenn persönliche Interessen oder ein kurzer Planungshorizont die Politik bzw. die Entscheidungsträger bestimmen.

Ein Urlaubsort ist - wegen des Erlebniswertes für die Gäste - auf eine lebendige, kleinteilige Einzelhandelsstruktur noch stärker angewiesen als eine Kommune, der es „nur" um die soziale und ökonomische Belebung ihres Ortskerns geht. Einzelhandelseinrichtungen müssen deshalb im Bereich der Kurpromenaden und Flaniermeilen gehalten, Einkaufszentren auf der grünen Wiese verhindert werden. Die Flächennutzungsplanung kann hier unterstützend wirken, hängt aber wie jede Planung davon ab, ob ein politischer Konsens besteht - und das über die kommunalen Grenzen hinweg.

Kurparks und Kurpromenaden - zwei weitere typische Ausstattungsmerkmale von Kurorten - gilt es als besonderen Wert zu pflegen und mit der freien Landschaft zu verknüpfen, wobei verkehrliche Erschließungskonzepte die erforderlichen Wegebeziehungen schaffen und den Kurortcharakter stützen. In den Mittelgebirgslagen mit ihren topographischen Einschränkungen gestaltet sich die Verkehrsführung des Durchgangsverkehrs besonders schwierig, stellt aber angesichts des immer noch zunehmenden Straßenverkehrs ein dringendes Planungs- und Investitionsvorhaben dar. Linien- und Zubringerbusse, Sammeltaxen, Radwegenetze und Leihstationen, Bäderbahnen usw. stellen Angebote dar, die einen Verzicht auf den eigenen Pkw erleichtern und die Aufenthaltsqualität verbessern. Das innerörtliche Verkehrsaufkommen sinkt und das Ortsbild wird infolge des verminderten „ruhenden Verkehrs" weniger beeinträchtigt. Auch intelligente Liefersysteme können helfen, die Beeinträchtigung des Erholungswertes durch Warenanlieferungsverkehr zu reduzieren.

Kurortentwicklung durch Kooperation

Gerade in touristisch geprägten Orten kommt dem Zusammenspiel *aller* Leistungsträger eine große Bedeutung zu, weil das „Produkt" nicht nur die individuellen Anforderungen einzelner Nachfrager (etwa Unternehmen) befriedigen muss, sondern der gesamte Ort mit seinen Attraktionen und Störfaktoren von den „Investoren" auf den Prüfstand gestellt wird. Und Gäste investieren schließlich ihr Geld in ihre Erholung. Die für sie erbrachten Dienstleistungen müssen sie überzeugen, wenn sie wiederkommen und den Ort weiterempfehlen sollen. Image und Realität vor Ort, Servicequalität und Servicebereitschaft stellen wichtige sozial beeinflussbare Faktoren dar.

„Offene Foren" - Tourismus und Leitbildentwicklung

Ein kooperativer statt konkurrierender Umgang der einzelnen Anbieter am Ort sorgt nicht nur für höhere Effizienz, sondern führt auch zu mehr Kundenzufriedenheit. Im Arbeitsalltag der „Anbieter" - privater wie öffentlicher - muss das Bewusstsein für das „System" touristischer Dienstleistungen häufig erst noch „ankommen": In so genannten „Offenen Foren Tourismus" (OFT) lassen sich derartige Zusammenhänge vermitteln, die Treffen wirken vertrauensbildend und können aus konkurrierenden Gemeinden oder Unternehmen Verbündete machen. In den grundsätzlich partizipativ angelegten Foren lassen sich endogene Potenziale und Netzwerke besser mobilisieren und steigt gleichzeitig die Akzeptanz von Beschlüssen - was bei einer konventionellen Politik und Planung weniger wahrscheinlich ist. Ein erstes wichtiges Arbeitsziel solcher Diskussionsrunden besteht im Allgemeinen darin, für den Tourismusort und seine Region ein Leitbild zu formulieren, das für alle Beteiligten eine verlässliche Orientierungshilfe bei der Verfolgung eigener Ideen und Maßnahmen gibt.

Auf der Grundlage eines Leitbilds lassen sich verbindliche Kommunalbeschlüsse fassen, Richtlinien und Satzungen formulieren und konkrete Projekte verfolgen, etwa zur Verbesserung des Marketing oder zur Neustrukturierung kurörtlicher Einrichtungen. Der Kreis der Beteiligten an solchen „Offenen Foren" ist offen und hängt ab von den besonderen Problemlagen vor Ort. Eine zentrale Rolle in der Organisation und Auswertung der OFT *kann* die lokale Tourismusstelle übernehmen - die Moderatorenposition sollte jedoch extern besetzt werden. Zu diesem Thema sei zur Vertiefung auf den Beitrag von Sven Groß in diesem Band verwiesen.

Kurortentwicklungskonzepte

Wenn es im weiteren Prozess - auf der Grundlage zuvor entwickelter Leitbilder und vorgenommener Bestandsanalysen - darum geht, die zukünftige Entwicklung eines Kurortes zu steuern, sind Kurortentwicklungskonzepte gefragt. Sie gehen über die Sanierung und Rekonstruktion eines Kurortes hinaus, und es ist offensichtlich, dass die Formulierung und Fixierung kurörtlicher *und* touristischer Entwicklungs*ziele* eine (raum)planerische Herange-

Abb.: 3 Promenade im Ostseebad Bansin *Foto: Lutz Meltzer*

hensweise impliziert. Im offiziellen Konzept des südbrandenburgischen Kurortes Bad Liebenwerda liest sich dieser Zusammenhang z. B. so, wobei dort das Entwicklungsziel darin bestand, ein Kurkonzept zu erstellen, „...das die Entwicklungen und Trends im Gesundheitsmarkt berücksichtigt und auf die Bedürfnisse von Privatkurgästen ausgerichtet ist. (...) Der konzeptionelle Teil II wird von dem Kur- und Tourismusleitbild für Bad Liebenwerda bestimmt. Daraus abgeleitet werden sowohl die kurörtlichen und touristischen Entwicklungsziele, die daraus resultierenden Marketingziele und -maßnahmen als auch die planerische Darstellung und zur Umsetzung notwendige Maßnahmen in den Bereichen Infrastruktur, Städtebau, Grünflächen und Verkehr" (Bad Liebenwerda 2000).

Interkommunale und regionale Kooperation

Benachbarte und gerade auch kleine Kurorte können mit gemeinsamen, sich ergänzenden, aufeinander abgestimmten Angeboten mehr Interesse auf sich ziehen, als wenn sie sich allein vermarkten; Werbegemeinschaften und Angebotskoordinierung stellen die leichteste und häufigste Form der Kooperation dar, weil sie mehr informellen Charakter tragen und keine Rechtsvereinbarungen zwischen den Beteiligten voraussetzen. Derartigen lockeren Formen der Abstimmung und Zusammenarbeit kommt eine wichtige Funktion zu, nämlich die der Vertrauensbildung. Selbst der „einfache" Erfahrungsaustausch zwischen benachbarten Kurorten und das Anerkennen der jeweiligen besonderen Qualitäten setzt schon ein gegenseitiges Vertrauen voraus. Gute Erfahrungen und regelmäßige informelle Zusammenkünfte wirken vertrauensbildend und können als Bewährungsfeld für interkommunale Kooperationen den Schritt zu weiteren, verbindlicheren Formen der Zusammenarbeit ebnen, etwa im Bereich der gemeinsamen Finanzierung öffentlicher Einrichtungen und Infrastrukturen, der Entwicklung gemeinsamer Entwicklungsleitbilder, der gemeinsamen Akquirierung von Fördermitteln und einer koordinierten Bauleitplanung, die über die vorgeschriebene Beteiligung benachbarter Gebietskörperschaften an eigenen Planungen hinausgeht.

Wichtig im Zusammenhang mit notwendigen Umstrukturierungsprozessen und Marketingaktivitäten zur Erschließung neuer Kunden und Märkte (Gesundheitstouristen aus dem In- und Ausland) ist die im Verbund größere Handlungsfähigkeit - sei es als interkommunaler Zweckverband oder als Public Private Partnership. Es ergeben sich größere Chancen, neue Profile und neue attraktive Angebote zu entwickeln; ein qualitativ besseres und breiteres Angebot dank besserer Auslastung kostengünstiger betreiben zu können; konkurrenzfähig mit anderen Anbietern im In- und Ausland zu bleiben. Gemeinsame Einrichtungen (*eine* große Erlebnis-Therme, *ein* Konzertsaal, *ein* Kino, *ein* Casino usw.) sind für den Urlauber attraktiver zu gestalten als mehrere kleine Einrichtungen, und Zweckverbände im Bereich der kommunalen Infrastruktur (*ein* Nahverkehrsunternehmen, *ein* Fuhrpark, *ein* Wasserwerk) arbeiten kostengünstiger und sind leistungsfähiger als parallel betriebene Einrichtungen. Die steuerlichen Aspekte der verschiedenen Kooperationsmodelle können in diesem Beitrag nicht behandelt werden (siehe hierzu z. B. Kolb 1999: 102 f.).

Eine regional abgestimmte Siedlungsentwicklung fördert die Attraktivität für Bewohner und Gäste und dient darüber hinaus den Zielen einer nachhaltigen Raumentwicklung. Planungen mit Gemeindegebiet übergreifenden Auswirkungen *müssen* formal abgestimmt werden, das Planungsrecht regelt die Beteiligung sehr detailliert. Dennoch kann Kommunalpolitik Planungsabsichten aus reiner Konkurrenzhaltung verbergen oder behindern. Erst wenn die Region als Bezugsgröße für Investoren und touristische Zielgruppen erkannt ist, lassen sich interkommunal wirksame Planungen *offen und engagiert* miteinander entwickeln.

Wie stark zunächst trotz aller guten Gründe das Misstrauen oder auch nur die gewohnte Konkurrenzpolitik sind, zeigt die Tatsache, dass erst mit der fortschreitenden Kurkrise verstärkt derartige Übereinkünfte entstehen: J. Kolb (1999: 97) ermittelt für Kooperationsvereinbarungen unter Beteiligung von mindestens einem Kurort, dass in den Jahren 1949 bis 1998 immerhin 59% erst nach 1989 begründet wurden. „Im Sinne des Konzeptes der Nachhaltigen Regionalentwicklung müssen auch im Tourismus regionale Netzwerke entwickelt werden, um zum einen die Synergien der Leistungsträger zu bündeln und zum anderen dem Gast ein vielseitigeres und übersichtlicheres Leistungsangebot zu bieten" (Kolb 1999: 89).

An regionalen Entwicklungskonzepten wird heute in vielen Regionen gearbeitet, die Strukturprobleme haben. Meist handelt es sich um ländliche Räume, oft stellt der Tourismus ein wichtiges Element der ökonomischen Belebung dar und immer geht es darum, nachhaltige Strukturen zu schaffen. Bundesweite Impulse gegeben hat das vom Bundesamt für Bauwesen und Raumordnung (BBR) durchgeführte Modellvorhaben „Regionen der Zukunft", das zum Ende des Jahrtausends einen zweijährigen Ideenwettbewerb um nachhaltige Entwicklungskonzepte gefördert hat und an dem auch mehrere Regionen mit Erfolg teilgenommen haben, die in starkem Maße auf die touristische Entwicklung setzen (siehe: http://www.zukunftsregionen.de). Gefördert wurde dabei die dauerhafte Etablierung regionaler Netzwerke aus Politik, Wirtschaft und Kultur. Projekte in zwei beteiligten Regionen werden an anderer Stelle in diesem Band behandelt (Barbara Reddig zur Rhön und Susanne Wittek zur Eider-Treene-Sorge-Niederung).

Maßnahmen, mit denen speziell in den mit mehreren benachbarten Kurorten ausgestatteten Gebieten der Republik *Gesundheitsregionen* etabliert werden können, liegen im Bereich der Imageprofilierung, der Partizipation breiter Bevölkerungskreise (Identitätsstiftung, Mobilisierung endogener Potenziale für innovative Impulse), der Vermarktung regionaler Produkte, der nachhaltigen Entwicklung, der Verbindung von Kurverkehr und Kurtourismus (vgl. Stauch 1998: 23). Sie können Elemente der touristischen Vermarktung einer Kurregion beinhalten oder auch solche einer gezielten gewerblichen Schwerpunktsetzung im Bereich des Gesundheitswesens durch Förderung von Forschungs- und Produktionseinrichtungen auf diesem Gebiet. Vorhandene medizinische und medizintechnische Einrichtungen, qualifiziertes Personal und Know-how in Kurorten können hierfür genutzt werden. Im Zusammenhang mit der Vermarktung als „gesunde" Region sind die mit der Prädikatisierung des Deutschen Heilbäderverbandes bereits existierenden Qualitätsmerkmale von Kurorten einzusetzen und im Sinne einer nachhaltigen Regionalentwicklung weiterzuentwickeln. Positive Beispiele derartiger Kurortkooperationen gibt es an der Saale (Bad Kösen, Bad Sulza, Bad Bibra), entstanden um die *Toscana-Therme*, oder auf Usedom mit der Werbegemeinschaft der Ostseebäder Ahlbeck, Bansin und Heringsdorf (*Die drei Kaiserbäder*) oder in Ostwestfalen (Bad Salzuflen, Bad Oeynhausen, Horn-Bad Meinberg u. a.; *Bäderdreieck; Heilgarten OWL*).

Interkommunale Kooperationen und Public Private Partnerships entstehen meist erst, wenn die bisherige Politik an ihre Grenzen stößt bzw. gescheitert ist (z. B. Finanzknappheit in der Kurkrise). Sie müssen aber betreut und moderiert werden, um die Partnerschaft tragfähig werden zu lassen: Neben der Kommunikation zwischen den Beteiligten mit ihrer wichtigen psychologischen Funktion kommt der Organisation der gemeinsam beschlossenen Projekte eine entscheidende Rolle zu. So genannte „Runde Tische", die die Konsensfindung zwischen gleichberechtigten Partnern erleichtern, funktionieren nur, wenn *alle* relevanten Gruppen eingebunden sind, und mobilisieren unter dieser Voraussetzung umso stärker die Potenziale einer ganzen Region, die vorhandenen Probleme zu lösen. Bei der organisatorischen Umsetzung ist dann zu beachten, dass die beteiligten Funktionsträger handlungsfähig (politische und damit finanzielle Unterstützung) sind und ihre gemachten Zusagen zur Umsetzung eines Projektes einhalten (können).

Fördergelder zur Kurortwicklung

Örtliche Entwicklungsdefizite oder anerkannte regionale Strukturmängel eröffnen vielen Gemeinden und Regionen vielfältige Möglichkeiten, öffentliche Gelder zur Unterstützung von Entwicklungsmaßnahmen in Anspruch zu nehmen. Je nach Zugehörigkeit zu großräumigen Subventionsgebieten können Fördermittel der Europäischen Union[5] oder der deutschen Bundesebene[6] in Frage kommen, können Subventionen aus Landesentwicklungsprogrammen oder thematischen Förderprogrammen beantragt werden. Adressaten sind nicht nur die Gebietskörperschaften, sondern auch Gemeindeverbände und private Investoren der gewerblichen Wirtschaft. Die Mehrdimensionalität der Kurortförderung zeigt sich beispielsweise in Maßnahmen zur ländlichen Entwicklung, zur Strukturförderung, zur Tourismus- oder Kulturförderung, in der Bezuschussung des Infrastrukturausbaus oder der Stadtsanierung, der Pflege des kulturellen Erbes (Bäderarchitektur, Kurparkanlagen), der Denkmalpflege, der Landschaftspflege und des Naturschutzes. Auch Entwicklungsmaßnahmen im Zusammenhang mit der Prädikatisierung eines Kurortes oder Kosten zur Erarbeitung von Regionalen Entwicklungskonzepten und/oder Kurortentwicklungsplänen, von Verkehrs- oder Einzelhandelskonzepten sind häufig förderfähig. Günstige Effekte auf die

Förderwürdigkeit hat die Einbeziehung in regionale oder lokale *Modell*projekte zu einer innovativen und nachhaltigen Entwicklung.

Der Tourismus und seine Förderung fällt in Deutschland in den Aufgabenbereich der Länder und ist in der Regel den jeweiligen Wirtschaftsministerien zugeordnet. Sie koordinieren den Einsatz der verschiedenen Förderprogramme und -gelder - auch der EU-Mittel - und sind somit die wichtigsten Anlaufstellen für Körperschaften und Unternehmen, die im Bereich der Kurortentwicklung aktiv werden und Fördermittel beantragen wollen. Aber auch andere Bundes- und Landesministerien, etwa in den Bereichen Raumordnung, Städtebau, Wohnen, Landwirtschaft, Gesundheit oder Verkehr, fördern Entwicklungsmaßnahmen. Sie alle in diesem Beitrag vorzustellen ist nicht möglich. Eine erste Orientierungshilfe bietet der von den Bundesministerien für Wirtschaft und Technologie (BMWi) und Bildung und Forschung (BMBF) gemeinsam im Internet bereitgestellte Förderkatalog (http://oas.ip.kp.dlr.de/foekat/foekat/foekat). Alle Bundesländer informieren auf den Web-Seiten ihrer Ministerien über Fördermöglichkeiten, der Freistaat Thüringen listet auf den Seiten des Wirtschaftsministeriums explizit die Modalitäten zur Förderung des Kur- und Bäderwesens auf (http://wirtschaft.th-online.de).

Die Möglichkeiten einer Inanspruchnahme von Mitteln aus Förderprogrammen lassen sich nicht pauschal beantworten. Räumliche Ausschlüsse von der Förderung, zeitliche Begrenzungen, unzulässige Doppelförderungen oder auch erwünschte Maßnahmenpakete, nicht vorhandene Eigenmittel zur Finanzierung einer vorgeschriebenen Selbstbeteiligung (Kofinanzierung), komplizierte Antrags- und Ausführungsvorschriften lassen es nicht zu, in diesem Beitrag das Thema umfassend zu behandeln. Jeder potenzielle Antragsteller muss das Förderinstrumentarium auf die für ihn geltenden Bedingungen hin analysieren.

Fazit für die Kurortentwicklung

Die Kur(ort)krise der 1990er Jahre hat zweifelsohne zu starken Beschäftigungseinbrüchen in vielen deutschen Heilbädern und Kurorten geführt, die jahrzehntelang ihre Gäste vor allem als *Patienten* zugewiesen bekommen hatten und nach den „Reformen" der Krankenversicherungsleistungen plötzlich ohne *Gäste* dastanden. Inzwischen haben sich die Verhältnisse *im Durchschnitt* wieder gebessert, doch kämpfen weiterhin etliche Kurorte mit ihrem nicht mehr zeitgemäßen Profil oder/und unzulänglichen Angebotsstrukturen. Die große Chance in der Krise besteht darin, sich neuen Strategien und Denkweisen zu öffnen und die eingefahrenen Strukturen in Frage zu stellen.

Eine grundlegende Neupositionierung vieler Kurorte lässt sich nur erreichen, wenn alle Beteiligten am „Unternehmen Kurort" bereit sind, gemeinsam zu agieren, effizient und kundenorientiert vorzugehen. „Zu den notwendigen Maßnahmen auf kommunaler und regionaler Ebene zählen: ein konzeptionelles, mittelfristiges Denken, der gesellschaftliche Dialog, planerische Vorgaben und die interkommunale Zusammenarbeit" (Steinecke/ Maier 1995: 42). Der touristische Gast - sei er aus Gründen der Gesundheits*vorsorge*, als klassischer Kurgast oder als vielseitig interessierter Urlauber am Ort - sieht die ganze *ihm erreichbare* Urlaubsregion und ihre Angebote. Dementsprechend können Heilbäder und Kurorte nur gewinnen, wenn sie sich als Element ihrer Region vermarkten.

Destinationsmanagement ist angesagt, und die großräumige Konkurrenz um Urlauber zwingt dazu, eigene und regionale Potenziale und Defizite rechtzeitig zu analysieren, um mit nachhaltigen Entwicklungskonzepten „am Markt" Bestand zu haben. Verbindliche

Leitbilder dienen dabei nicht nur der Orientierung, wohin „die Reise" der jeweiligen „Leistungsgemeinschaft Kurort" gehen soll, sondern wirken schon während ihrer Entwicklungsphase für die Beteiligten vertrauensbildend und machen endogene Potenziale sichtbar.

Interkommunale und regionale Kooperationen, bei denen benachbarte Kurorte ihre Potenziale eingebunden in das ökonomische und kulturelle Profil ihrer Region entwickeln und präsentieren, können die Chancen erhöhen, sich erfolgreich zu positionieren. Unter planerischen Gesichtspunkten sind derartige Kooperationen unabdingbar, um zu effizienten und nachhaltigen Lösungen zu kommen - die formal vorgeschriebene Abstimmung kommunaler Planungen führt unter Konkurrenzbedingungen erfahrungsgemäß nicht unbedingt zu regional sinnvollen Planungsentscheidungen. Fördermittel gibt es aus verschiedensten Etats für alle möglichen Planungsvorhaben; am Geld muss eine *nachhaltige* Kurortentwicklung nicht scheitern, wenn die Klaviatur der Förderinstrumente beherrscht wird.

Außerdem kann ein „regionales Milieu" innovative Impulse für die ökonomische Entwicklung einer Region hervorbringen (vgl. Stauch 1998: 14). Gerade in den klassischen Bäderregionen sollten die beteiligten Kommunen ihre Angebotsstruktur gemeinsam entwickeln und dabei Synergien nutzen. Eine „Gesundheitsregion" kann sich auf dem deutschen und europäischen Markt mehr Gewicht verschaffen als drei kleine, auf gegenseitige Abgrenzung bedachte Kurorte. Die deutschen Kurorte haben von ihrem kurmedizinischen Standard und ihrer Differenziertheit her grundsätzlich eine sehr gute Position am internationalen Markt. Je nach Charakter der Heilbäder und Kurorte sollte sich das individuelle Marketing - unter Nutzung eingeführter regionaler „Dachmarken" - aber an den realen eigenen Chancen auf dem europäischen Tourismusmarkt orientieren und die regionale Bedeutung akzeptieren und zu einem Standortvorteil wenden, wenn es denn keine entsprechenden überregional gültigen Alleinstellungsmerkmale gibt.

Anmerkungen

1 *Der Ostdeutsche Sparkassen- und Giroverband (OSGV) veröffentlicht jährlich ein so genanntes Tourismusbarometer mit aktuellen Zahlen aus den ostdeutschen Ländern. Der Jahresbericht 1999 enthält zusätzlich einen Schwerpunkt zum Thema Kurorte und Heilbäder. Die Berichte der Jahre 1999 und 2000 sind vollständig, der Bericht 2001 größtenteils ins Internet gestellt; s. auch Literaturverzeichnis.*

2 *Aus der amtlichen Beherbergungsstatistik des Statistischen Bundesamtes gehen für das Jahr 2000 diese Zahlen hervor, wobei Erhebungsabgrenzungen dazu führen, dass kleine Betriebseinheiten mit weniger als neun Betten statistisch nicht erfasst werden, obwohl sie erfahrungsgemäß weitere 25 % an Übernachtungen erbringen.*

3 *Der Deutsche Heilbäderverband hat im Jahr 2000 ein 15-Punkte-Programm „Der Kurort der Zukunft" verabschiedet, das im Internet verfügbar ist (http://www.deutscher-heilbaederverband.de/body_kurinformationen4.html). Die Web-Seite enthält weitere nützliche Informationen und Links (http://www.deutscher-heilbaederverband.de).*

4 *Es gibt verschiedene Definitionen für den Begriff Fremdenverkehrsort, die sich vor allem daran orientieren, dass solch ein Ort Attraktionen, Strukturen und ein Leistungsangebot unterhält, das ihn als touristisches Reiseziel erkennbar und erlebbar macht. Das Selbstverständnis der Bereisten in einem Fremdenverkehrsort, ihren Ort quasi als touristischen Dienstleistungsbetrieb wahrzunehmen, zu organisieren und zu vermarkten, wird z. B. von Krippendorf als zusätzliche Eigenschaft angenommen (vgl. Iwersen-Sioltsidis 1967: 111).*

5 *Die Europäische Union setzt mit ihren verschiedenen Strukturfonds zur Herstellung gleichwertiger Lebensbedingungen in den Teilräumen der Union beträchtliche Fördermittel ein. Sie verfolgt im neuen Förderzeitraum (2000-2006) integrative Ansätze der Förderung, was eine Konzentration des Mitteleinsatzes verschiedener Förderprogramme für komplexe regionale oder lokale Entwicklungsprojekte eher ermöglicht, als dies früher der Fall war. Der Europäische Fonds für regionale Entwicklung (EFRE) setzt bei einer Förderung der gewerblichen Wirtschaft und der wirtschaftsbezogenen Infrastruktur an,*

der Europäische Ausrichtungs- und Garantiefonds für Landwirtschaft (EAGFL) bei der Entwicklung des ländlichen Raumes und der Landwirtschaft, der Europäische Sozialfonds (ESF) bei der beruflichen Qualifizierung. Aus diesen Fonds werden z. B. die Gemeinschaftsinitiativen INTERREG (zur Förderung der überregionalen Zusammenarbeit) und LEADER+ (zur Entwicklung des ländlichen Raumes durch innovative Projekte) sowie diverse Förderprogramme finanziert. Alle Programme müssen nachhaltig sein und die Chancen- und Geschlechtergerechtigkeit fördern.

6 *Auch die in Deutschland etablierte, von Bund, Ländern und Gemeinden getragene „Gemeinschaftsaufgabe zur Verbesserung der regionalen Wirtschaftsstruktur" (GA) verfolgt die Beseitigung regionaler struktureller Ungleichgewichte in Ausstattung und Lebensqualität. Sie entspricht damit dem raumordnerischen Grundsatz der Herstellung gleichwertiger Lebensbedingungen in Deutschland, fördert aber seit einigen Jahren mit dem Höchstsatz nur noch Vorhaben in den ostdeutschen Ländern.*

Literatur

Albrecht, Wolfgang (Hg.) (1995): Tourismus, Regionalentwicklung, Nachhaltigkeit. Greifswalder Beiträge zur Rekreationsgeographie, Freizeit- und Tourismusforschung 6. Greifswald

Bad Liebenwerda (2000): Kurkonzept; http://www.badliebenwerda.de/Sites/kurkonzept/index.htm; 01.12.2001

Bieger, Thomas (1996): Management von Destinationen und Tourismusorganisationen. München/Wien

Brittner, Anja (1999): Kurverkehr. In: Becker, C.; Löb, H. (Hg.): Nationalatlas Bundesrepublik Deutschland – Freizeit und Tourismus. Berlin/Heidelberg 1999, S. 32f

Brittner, Anja/ Kolb, Joachim/ Stehen, Antje/ Weidenbach, Nicole (1999): Kurorte der Zukunft. Neue Ansätze durch Gesundheitstourismus, Interkommunale Kooperation, Gütesiegel Gesunde Region und Inszenierung im Tourismus. Materialien zur Fremdenverkehrsgeographie 49. Trier

DHV; Deutscher Heilbäderverband e.V. (Hg.) (¹¹1999): Begriffsbestimmungen – Qualitätsstandards für die Prädikatisierung von Kurorten, Erholungsorten und Heilbrunnen. Bonn

DHV; Deutscher Heilbäderverband e.V. (Hg.) (2001): Kur-Informationen; Wirtschaftszahlen 2000... In: www.deutscher-heilbaederverband.de/body_kurinformationen5.html; 09.03.2002

Iwersen-Sioltsidis, Sabine/Iwersen, Albrecht (1997): Tourismuslehre, UTB Nr. 1968, Bern/Stuttgart/Wien

Kaspar, Claude (1996): Gesundheitstourismus im Trend. Jahrbuch der Schweizerischen Tourismuswirtschaft 1995/96, S. 53-61

Kolb, Joachim (1999): Interkommunale Kooperation als strategischer Erfolgsfaktor im Kurverkehr. In: Brittner u.a. (1999): Kurorte der Zukunft..., S. 86-131

Krohn, Olaf: Bald ein Medical Valley? Bad Pyrmont sucht neue Wege. In: DIE ZEIT vom 07.10.1999

May-Ries, Jörg Friedrich (Hg.) (1998): Kooperation in der Region- Ein Ansatz für nachhaltige Entwicklung. Loccumer Protokolle 71/97. Rehburg-Loccum

MWT Sachsen-Anhalt; Ministerium für Wirtschaft und Technologie des Landes Sachsen-Anhalt, Referat Tourismuspolitik, und Heilbäder- und Kurorteverband Sachsen-Anhalt e.V. (Hg.) (2001): Handbuch des Gesundheitstourismus in Sachsen-Anhalt. Magdeburg

OSGV; Ostdeutscher Sparkassen- und Giroverband (Hg.) (1999): Das Tourismusbarometer. Berlin; auch im Internet: http://195.90.248.13/osgv/Guests/1999/index.htm; 09.03.2002

Schiner, Sabine (2000): Was einigen Bädern noch fehlt, ist das Ambiente. In: Ärzte-Zeitung vom 11.10.2000

Seidemann, Gerd W. (1998): Eine Roßkur für die deutschen Kurorte. In: Tagesspiegel vom 15.3.1998

Stadtfeld, Frieder (Hg.) (1993): Europäische Kurorte. Fakten und Perspektiven. Limburgerhof

Stauch, Alexandra /Kunzmann, Klaus R. (1998): Gesundheit und Regionalentwicklung. Gesundheitsregionen in Europa. Report 4, Fachgebiet Europäische Raumplanung der Fakultät Raumplanung, Universität Dortmund. Dortmund

Steinecke, Albrecht/ Maier, Petra (1995): Strukturkrise in traditionellen Tourismusregionen: Merkmale, Steuerfaktoren, Perspektiven. In: Albrecht, Wolfgang (1995), S. 25-45

Wilms-Kegel, Heike (2000): Heilbäder und Kurorte in Zahlen 1999. In: http://www.deutscher-heilbaederverband.de/body_kurinformationen5.html, Zugriff: 27.12.2000

Sebastian Müller

Die Inszenierung der österreichischen Alpen für den Wintertourismus

Schilift, Pistenbau und Kunstschnee in Saalbach-Hinterglemm

Die europäischen Alpen stellen auf dem internationalen Reisemarkt heute die zweitgrößte Tourismusdestination der Welt dar. Die spektakuläre Geographie dieser Berge beflügelt schon seit Jahrhunderten Literaten und Reisende. In diesem zentraleuropäischen Gebirge sind nicht nur verschiedene Klimate und Naturräume anzutreffen, hier stoßen auch mehrere Kulturräume aufeinander. Die enge Nachbarschaft unterschiedlicher Sprachen, Nationalitäten und Identitäten, sowie einer mitunter stark differierenden Wirtschafts- und Bevölkerungsstruktur zeigt sich heute in der Vielfalt von Kulturlandschaften, Städten und Dörfern, von armen Bergbauerngegenden und reichen Handelsniederlassungen, in Landwirtschaft und Industrie und nicht zuletzt auch in der Vielfalt der touristischen Angebote. Insbesondere der Wintertourismus schien in den Alpen seit Beginn des 20. Jahrhunderts nahezu Alleinstellung erreicht und eine Wertschöpfungskette in Gang gesetzt zu haben, die in den alpinen Berglagen ein neues Zeitalter des ökonomischen Erfolgs und des materiellen Wohlstands einleiteten. Eine ungehemmte touristische Inanspruchnahme der Berge und Täler hat den Alpenraum allerdings spätestens zu Beginn des 21. Jahrhunderts als ein zerbrechliches ökologisches und ökonomisches System offenbart und den Wintertourismus als Leitwirtschaft in Frage gestellt. Der Beitrag will diese Entwicklung am Fallbeispiel von Saalbach-Hinterglemm, einem klassischen Wintersportort im salzburgischen Teil der Kitzbüheler Alpen, verdeutlichen.

„Welcome to fun, welcome to snow - Saalbach-Hinterglemm, that's show", so warb die größte Winterdestination des österreichischen Bundeslandes Salzburg in der Saison 2000/2001 um englischsprachige Gäste (Saalbach-Hinterglemm 2000: 2). Doch ist die Auslastung der Bettenkapazität und Gaststätten, der über 60 Lifts und Pisten, des gemeindeeigenen Parkhauses und all der anderen touristischen Infrastruktur längst kein „fun" mehr. Saalbach-Hinterglemm kämpft wie die große Mehrheit der traditionellen Schigebiete in den europäischen Zentralalpen nun mit dem Strukturwandel des Wintertourismus und gegen die globale Konkurrenz.

Etwa zeitgleich mit dem Strukturwandel sieht sich der Wintertourismus in den europäischen Alpen mit dem Treibhauseffekt konfrontiert: Der Schnee bleibt aus. Selbst wenn er nicht ganz ausbleibt, so verringern sich doch die Schneehöhen und verkürzt sich die Saison. Nun ragen unbenutzbare Schiliftanlagen nicht nur in den Voralpen und Mittelgebirgen wie dem Schwarzwald als Fossile einer vergangenen Zeit in den schneelosen winterlichen Himmel, auch die Zentralalpen verlieren in dramatischer Weise Touristen an „die Sonne", d. h. an die Destinationen in den Tropen und auf der Südhalbkugel der Erde. Für Saalbach-Hinterglemm bedeutet das, dass die Übernachtungszahlen unaufhaltsam zurückgehen.

Die Übernachtungszahlen sind seit der zweiten Hälfte der 1980er Jahre kontinuierlich rückläufig und auch von der Wintersaison 1999/2000 auf 2000/2001 abermals gesunken:

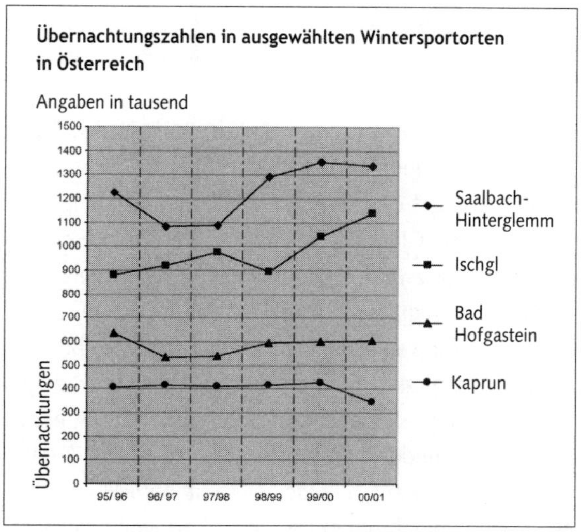

Abb. 1: Die Inszenierung der österreichischen Alpen für den Wintertourismus mit Schilift, Pistenbau und Kunstschnee
Quelle: Sebastian Müller

um etwa 1,1% auf 1,338 Mio. Dies ist keine Sonderentwicklung, wie beispielsweise folgende Nachricht zeigt: „Der Wintertourismus in Österreich musste auch im Winter 1996/1997 abermals Einbußen hinnehmen. Nach Angaben des Wirtschaftsministeriums in Wien lag der reale Umsatz 3,5% unter dem Vorjahreswinter (Nov. 96 - April 97). Er betrug 91 Mrd. ÖS. Die Zahl der Übernachtungen (49 Mio.) ist gegenüber dem Vorjahr um 3,4% zurückgegangen" (FR 1997: 9). Wie konnte das geschehen? Was - umgekehrt gesehen - hat überhaupt zum Aufstieg einer Wintersportgemeinde geführt?

Schifahren - ein Sport des demonstrativen Konsums

Wintertourismus in den Alpen ist an die Entwicklung des Schifahrens als Sport gekoppelt. Als Sport verloren, so wissen wir von Pierre Bourdieu, die körperlichen Betätigungen ihre vormodernen sozialen, meist beruflichen Zwecke. Sie wurden in eine neue gesellschaftliche Funktion, nämlich in körperliche Übung, umgewandelt, „in Aktivitäten, die ihren Zweck in sich selbst tragen, eine l'art pour l'art des Leibes, die je eigenen Regeln unterworfen und einem besonderen Kalender eingefügt" werden (Bourdieu 1997: 106). Das 19. und 20. Jahrhundert machten daraus Freizeitbeschäftigungen, die zunächst Soldaten, Lehrer, Schulkinder, Ärzte, Freiberufler und Pensionisten ausübten. So wurde auch alpines Schifahren ab 1900 nicht als eine Arbeitstechnik von Jägern oder Bauern weiter entwickelt, sondern als reiner Sport. Saalbach-Hinterglemm hat daran seinen Anteil, wenn auch nicht in der gleichen Weise wie St. Anton am Arlberg, wo 1901 der erste „Skiclub" der Welt gegründet und von Hanns Schneider der „Pflugbogen" entwickelt wurde (vgl. SZ 2001: R3), der bis heute zum ABC-Programm jeder Schischule gehört. Die alsbald einsetzende Professionalisierung des Schifahrens durch Schilehrer und Rennfahrer machte auch aus dem aktiven Schifahren einen Sport zum Zuschauen, zur Repräsentanz der geübten Körper und beendete rasch die laienhafte Umnutzung von Bergstöcken, Viehriemen, Arbeitsstiefeln, Abfallholz oder Fassdauben zu Schimaterial. Es bildete sich ein Produktions- und Dienstleistungskomplex des Wintersports heraus mit Aktiven, Clubfunktionären, Zuschauern und Kommentatoren, mit Wintersportartikelherstellern und -verkaufspersonal und mit dem spezialisierten Wintertourismus. Insbesondere die moderne Schischule mit ihrer Identifikationsfigur, der besoldeten Schilehrerin oder dem Schilehrer, in Kombination mit der aufkommenden Sportfotografie, der Textilwerbung und dem medialen Interesse an der Schickeria brachte demonstrative und extrovertierte Stile jeder Art, Moden, Schitechniken, Lifestyles am laufenden Band hervor. Zwar ebnete das Aufkommen der Massenherstellung die zur

Schau zu tragende Differenz ein wenig ein. Schisport und Schitourismus blieben aber bis heute aufwändig. Und sie fragen Räume der Repräsentanz der Körper und für die Wintersportökonomie laufend nach.

Die Historiker Saalbachs sind sich einig: Ohne Entwicklung des Schisports in den Alpen hätte es keine wirtschaftlich bedeutsame Entwicklung des Saalbacher Tals im 20. Jahrhundert gegeben. „Zwei Glücksfälle sind es", so übertreibt Siegfried Weitlaner ein wenig, „die den wirtschaftlichen Erfolg ... einleiten. Der erste Glücksfall ist das vom Herrgott geschenkte Schigelände der Pinzgauer Grasberge ... Der zweite Glücksfall war, dass ausgerechnet ein Saalbacher ... als ausgedienter gräflicher Revierjäger in Mürzzuschlag, der Geburtsstätte des Schilaufens in Österreich, 1898 wieder in seine Heimat Saalbach zurückkehrte ..." und seine Schi mitbrachte, „die er in der Steiermark bei seinen Pirschgängen stets benützt hatte" (Weitlaner o. J.: 356). Peter Einhorn zeigt sich ebenfalls überzeugt: „Die Anfänge des Fremdenverkehrs liegen im Schisport begründet." (Einhorn 1988: 160). Der Zusammenhang zwischen der Entwicklung des Schifahrens und der Gesamtentwicklung Saalbach-Hinterglemms ist überdeutlich. Nachdem Jahrhunderte lang die Bevölkerungsentwicklung rückläufig war, stieg die Einwohnerzahl zwischen 1901 und 1939 um etwa einhundert auf 1101 an, um dann in nur drei Jahren (1948 bis 1951) um wiederum hundert auf 1200 Menschen anzuwachsen (vgl. Weitlaner o. J.: 172 f., Einhorn 1988: 163). Seitdem wuchs die Bevölkerung fast auf das Dreifache und stagniert seit dem Ende der 1980er Jahre bei etwa 3000 Einwohnern.

Der Schitourismus entwickelte sich vom Beginn an als Lifestyle-Tourismus, als eine Ökonomie, in der kulturelle Distinktion und Zeichen der Zugehörigkeit durch Sportmaterial, Kleidung, Après-Schi, Hotelkategorien und Sportstile eine große Rolle spielten. Der Schisport entfachte ein Feuerwerk demonstrativen Konsums, bei dem die Inszenierung der Körper, das Sehen und Gesehenwerden von grundlegender Bedeutung sind. Raumbilder, imaginierte und erträumte Räume der Repräsentanz lassen sich historisch und in ihrer Bandbreite am eindrücklichsten in der Werbung der Wintersportorte ablesen. Sie reichen vom einsam eingeschneiten Dorfkirchlein (gemalt) bis zum Blitzlichtschnappschuss aus der mondän-urbanen Diskothek. Solche Räume der Repräsentanz werden aber auch ganz real in den Schiorten für die Schifahrer/innen vorgehalten. Die Hauptstraße ist in Saalbach und in Hinterglemm fast lückenlos durch Hotels, Restaurants, Innen- und Außengastronomie, Bars und Diskotheken besetzt, allesamt Nutzungen des Genusses und der Selbstdarstellung. Auch liegt beispielsweise der Aufstellungsort für die Schischulkurse in Saalbach seit je her am Dorfhang direkt hinter der Kirche, in bester Zentrumslage. Auch Schiabfahrten, die Speziallandschaften des Wintertourismus, führen so nah wie möglich und so einsehbar wie möglich ans Zentrum heran und halten andere Flächennutzungen auf Distanz. Obwohl heutzutage leistungsfähige Bahnen in jede Höhe gebaut werden können, findet Schifahren - wegen der Repräsentanzwünsche - keineswegs hauptsächlich in abgelegenen Winkeln, sondern weniger schneesicher, aber dorfnah statt.

Landschaftliche Spezialräume wurden in den letzten fünf Jahren insbesondere für das Snowboarden platziert und konstruiert. Snowboarden ist risikoreicher, Sprünge, Saltos und Turns sind Teil dessen und insbesondere unter Jugendlichen „in". Saalbach-Hinterglemm stellte seinen jugendlichen Gästen insgesamt 12 Kilometer besonders für Snowboarder geeigneter Pisten, sowie Pipes, Hangovers, Halfpipes, Pro Jump-Sprungschanzen und Slide-Balken zur Verfügung. Zwar machten Snowboarder unter den Liftbenutzern vor fünf Jahren nur ca. 5% aus, doch die Zuwachsrate von 25% jährlich trieb schon damals die Werbung um sie an. Umworben wurden die Jungkunden mit einem Anglizismen-Stakkato aus dem Snowboarder Slang. Eine für „Freerider“ ausgewiesene Piste am Zwölferkogel wurde so angepriesen: „Lift up mit der Zwölferkogelbahn. Find the way - down under the Bergstation left hand - just follow the CIRC-US Logos“ (Auth 1996: M1). Zur Repräsentanz ihrer Körper fielen die Antworten von Snowboardern spärlich aus: „Hip Hop, House und Hardrock fahren einfach mit in die verschneiten Berge. Auch zu einer speziellen Kleidermode bekennen sich Snowboarder nur ungern. (...) Sie geben sich lieber cool, zurückhaltend, keineswegs trendy. Der junge Selbstverwirklicher besteht auf seiner Einzigartigkeit und nimmt Events ganz nebenbei cool mit“ (Audt 1996: M1). Aber der Extra-Folder Saalbach-Hinterglemms für Snowboarder weiß um ihre Räume der Repräsentanz: „Der CIRC-US ist die Welt des Snowboardens. Da gibt es ausgewiesene Snowboard-Pisten, Fun Park und Half Pipe. Jeder findet hier seine Bühne. CIRC-US heißt Shredding ohne Grenzen. .... Also auf zum Dance on Board“ (Saalbach-Hinterglemm 1996/97). Das ist Inszenierung und Postmodernisierung der Alpen, pur.

Abb. 2: „Das Skidorf“
Plakat: F. Reichel, Saalbach-Hinterglemm, 1997

Moderner Alpenraum, fürs Schifahren umgearbeitet

Die aktuellen Probleme des alpinen Wintertourismus resultieren aus der historischen Konstellation, die den Aufstieg hervorgebracht hat. Ohne die Ausbreitung des alpinen Abfahrtslaufs hätte es keine umfangreiche wintertouristische Entwicklung gegeben; ohne den nord- und zentraleuropäischen Winter mit Eis und Schnee und ohne die langen, steilen Hänge, die die bäuerliche Almwirtschaft über Jahrhunderte baumfrei gemacht hatte, wären nicht einmal die naturräumlichen Grundbedingungen für Wintertourismus gegeben gewesen. Ohne Schnee kein Schifahren. Die Alpen veränderten das Schifahren, weil sie die „Erfindung“ von Schisport und Wintertourismus ermöglichten, der Wintertourismus aber wandelte vor allem die Alpen. In den Tälern entstanden komplexe Siedlungskerne und Bevölkerungsschwerpunkte, wo es früher Dörfer mit wenigen Familien oder saisonale Siedlungen gegeben hatte.

Auch das Glemmtal brach mit seiner alm- und bergbäuerlichen Vergangenheit. Saalbach-Hinterglemm wollte für den Wintertourismus erreichbar gemacht werden, was durch autogerechten Ausbau der Talstraße seit 1952 und durch Autobusanbindung an die nächstgelegenen Bahnhöfe Saalfelden, Maishofen und Zell am See gelang. Gäste mussten untergebracht und versorgt werden, was eine stürmische Baukonjunktur ins Leben rief. Insbesondere aus der Tallage wurden nach und nach bäuerliche Betriebe verdrängt und durch Hotels, Gastronomie und Pensionen ersetzt, die sich in den Ortsmitten verdichteten. Aus Bauern wurden Dienstleister für den Bau und für die touristische Infrastruktur. Sie errichteten spezielle Gewerbe- und Handelsimmobilien, die seit den 1970er Jahren begannen, die Ortsränder auszufransen. Ein Grundnetz öffentlicher Wasserversorgung, Abwasser- und Müllentsorgung entstand und die elektrische Energieleistung wurde nachhaltig verstärkt. Kurz, es setzte ein umfassender Urbanisierungsprozess ein, der bis heute ein fast lückenloses Siedlungsband von ca. 10 km Länge im Talboden des Glemmtals entstehen ließ. Dass diese Entwicklung von einer anderen Rationalität gesteuert worden wäre als der des Schisports, seiner technischen und räumlichen Justierung im Raum und von tourismuswirtschaftlichem Wachstumswillen, lässt sich nicht erkennen. Die bergbäuerlichen und almwirtschaftlichen Primärstrukturen des Raumes wurden zurückgedrängt oder umgewertet (vgl. Einhorn 1988). Fast ausnahmslos alle Höfe erweiterten sich um Jugendheime oder Pensionsbetriebe, und die Almen statteten sich mit Schankkonzessionen aus. Sie wurden später zu Stützpunkten im Schiabfahrtennetz mit Essen und Trinken auf halber Berghöhe, meist ohne die traditionelle Funktion.

Die Pionierrolle der Schilifts

Sprunghafte Veränderungen der Raumstruktur setzten ein, wo Technik und Anlagenbau das Schifahren ein Stück weit von gegebenen Naturbedingungen abkoppeln konnten; eine spezifische Struktur der Moderne. An die Stelle des simplen Berghangs trat die immer stärker durch Erdbewegung nachbearbeitete Schipiste, ein Ingenieurbauwerk, zugeschnitten auf sich diversifizierende Abfahrtsstile der Schitouristen. Hänge und Berggipfel wurden durch „Lifts" erschlossen, also durch motorgetriebene Aufstiegshilfen, die den anstrengenden Aufstieg wesentlich erleichterten. Und das war entscheidend: Erst diese technische Überformung des alpinen Winters macht den Wintertourismus in den Bergen als Massentourismus möglich, ohne allerdings die natürlichen Schranken des Winters, der Berge und der individuellen sportlichen Fähigkeiten je ganz überwinden zu können. Darum war auch für Saalbach das „vom Herrgott geschenkte Schigelände der Pinzgauer Grasberge, die das Glemmtal umgeben" (Weitlaner o. J.: 346), nur eine notwendige, aber keine hinreichende Bedingung für ein Wachstum des Wintertourismus in Dimensionen, wie wir sie heute kennen.

Mit dem Schlepplift wurde eine erstklassige, neue Aufstiegshilfe erfunden. Schon der ältere Bergbahnbau auf Schienen hatte den Kraft raubenden Aufstieg zu Fuß ersetzt und mühelos gemacht. Es konnte gefahren werden, hinauf wie hinunter. Der Lift wies jedoch gegenüber den Bahnen den großen Vorteil auf, dass er dem Zeitplan der Schifahrer und vor allem dem Gelände und der unterschiedlichen Finanzkraft der Investoren flexibel anzupassen war. So konnten 1948 die damals noch armen Saalbacher das Grundmaterial für ihren ersten Lift am Kohlmaiß aus den Beständen einer ehemaligen Seilbahnversuchseinrichtung der Deutschen Wehrmacht im Felbertal nutzen (vgl. Einhorn 1988: 161). Der Bau des Kohlmaißlifts wurde aber trotzdem nur durch eine Gemeinschaftsanstrengung möglich. Saalbacher Gastwirte und Bauern gründeten die „Skiliftgesellschaft Saalbach", ein Modell, das 1950 durch eine „Zwölferlift Personengesellschaft" der Bauern am Berg des ersten Hinter-

Abb. 3: Der erste Sessellift *

Abb. 4: Der erste Schi-Lift *

glemmer Lifts, dem „Zwölfer", wiederholt wurde. Diese beiden Gesellschaften leiteten eine ursprüngliche Akkumulation ein und besorgten bis heute einen raschen, Komfort und Beförderungskapazitäten steigernden, räumlich ausgedehnteren Ausbau der technischen Aufstiegshilfen.

Übernachtungszahlen und Baufertigstellungen zeigen, dass diese erste umfassende technische Ausrüstung der Glemmtaler Berge den entscheidenden Auslöser für einen Wintertourismus als Massentourismus darstellte. 1949 wurden im Winter knapp 17.000 Übernachtungen gezählt. Bis zum Winter 1958/59 hatte sich die Zahl bereits auf 160.000 nahezu verzehnfacht. Im Winter 1974/75 wurde mit 1,065 Mio. Übernachtungen die Millionengrenze überschritten. Ab 1980/81 pendelten sich die Übernachtungszahlen bei 1,3Mio. ein (Weitlaner, o. J.: 377, 388, 405). Der Bau der Liftanlagen leistete schließlich etwa seit den frühen 1970er Jahren auch einen bedeutenden Beitrag zur Regionalisierung des Schitourismus, seiner institutionellen Strukturen und der Siedlungsentwicklung durch die Anlage so genannter Schischaukeln, in Saalbach-Hinterglemm mit dem „Skizirkus Saalbach-Hinterglemm-Leogang". „Skizirkus", das sind Verbundtickets, Verbindungslifts und Pistenverbünde, die es den Schifahrern erlauben, in einem Aktionsradius von 200 Pistenkilometern (Winter 2000/2001) von einer Liftanlage zur nächsten umzusteigen und im gesamten Glemmtal bis Viehhofen und darüber hinaus im Leoganger Nachbartal abzufahren.

Die Entwicklung wurde jedoch gebremst durch den allgemeinen Rückgang des österreichischen Schitourismus einerseits, der sich seit Mitte der 1980er Jahren abzeichnete, und durch die Richtlinie zur Schi-Erschließung des Landes Salzburg aus dem Jahr 1990 andererseits. „Um einen Einklang zwischen den ökonomischen Notwendigkeiten und den sensiblen alpinen Ökosystemen zu schaffen", werden Neuerschließungen seither abgelehnt, Modernisierung, Abrundung, Ergänzung und Erweiterung „unter bestimmten Voraussetzungen" zugelassen und einer zusätzlichen Raumverträglichkeitsprüfung unterworfen

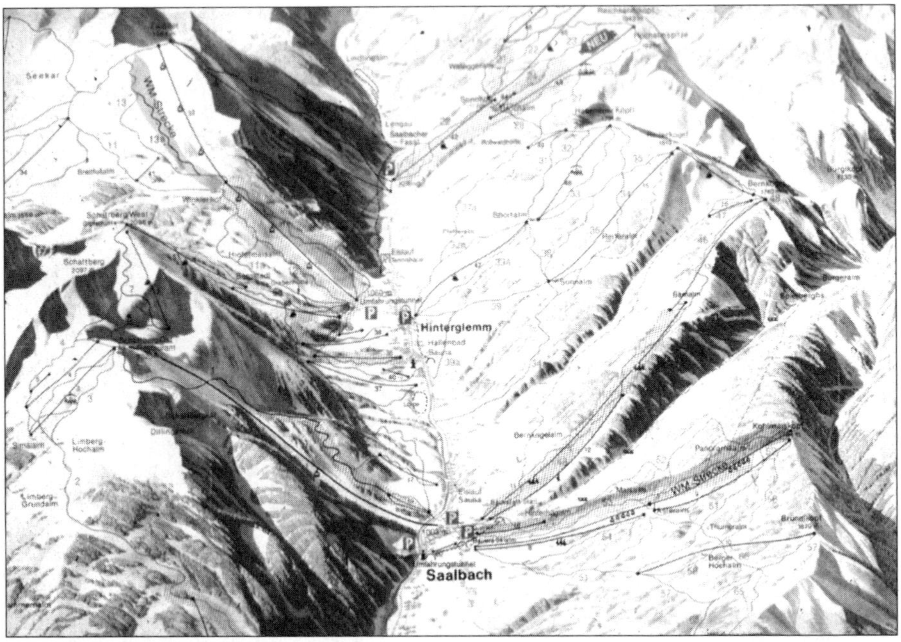

Abb. 5: Schiliftplan, Saalbach-Hinterglemm **Quelle: Tourismusverband Saalbach-Hinterglemm*

(Schönegger 2000: 29). In Saalbach-Hinterglemm blieb nach 1990 die „Zwölfer-Nord" der einzig bemerkenswerte Lückenschluss zwischen der Nord- und der Südseite des Tales. Freilich haben die Saalbach-Hinterglemmer Bergbahnen damit ihre Technologieentwicklung nicht abgeschlossen. Ersatzbauten, Kapazitätsvergrößerungen und Komfortverbesserungen werden jährlich neu angestoßen und genehmigt.[1]

Winterlicher Wegbereiter „downhill": Pistenbau

Mit einer Verzögerung von etwa zehn Jahren gegenüber der ersten, folgenreichen Umrüstung der winterlichen Alpen durch Lifts begann der zweite technische Umbau an den Berghängen. Der Pistenbau, bis dahin nur für Rennstrecken auf kurzen Teilstücken eingeführt, wurde nun für alle Schiabfahrten üblich. Es reichte nicht mehr, dass die Liftgesellschaften den Schneebelag für die Abfahrt mechanisch glatt hielten und das Glätten technisch perfektionierten, um den Schifahrern die Abfahrt zu erleichtern und gefahrlose Routen ins Tal zu weisen. Die Liftgesellschaften gewannen die Bergbauern und die staatlichen Genehmigungsbehörden für bodenmechanische Maßnahmen zur Anpassung von Bodenprofilen und Berghängen an den Schisport. Der Pistenbau zielte zunächst auf die Beseitigung von Gefahrenquellen und Hindernissen wie Felsen, einzeln stehenden Bäumen oder querenden Bachtälern und dann auf den Bau von Abfahrtsrouten und eine umfassende Glättung der Hänge. Im Unterschied zum Liftbau bedeutete der Pistenbau den schwereren Eingriff in Natur und Landschaft, denn er erzeugte längere und breitere, streifenförmige und nicht mehr nur punktuelle Veränderungen in der Landschaft. Durch die Verantwortung für den Transport der Schifahrer bergwärts und nun auch für die Abfahrt wuchs bei den Liftgesellschaften ein systemisches Verständnis des Wintertourismus und das Interesse, die Berge als Gesamtes ingenieurtechnisch so zu sichern und umzugestalten, dass der Schisport sie massenhaft unter den Pflugbogen nehmen konnte.

Abb. 6: Werbung für Snow-Boards, 1997
Quelle: Tourismusverband Saalbach-Hinterglemm

Mit dem Ausbau der Pisten in Saalbach-Hinterglemm bis in die 2000 Meter hohe Gipfelregion wurden in den 1960er Jahren erstmals umfangreiche Rodungen im Bergwald notwendig, um per Lift und Piste Talwiesen und Almwiesen zu verbinden. Die Verbreiterung der Abfahrten folgte, um sie der wachsenden Leistung der Lifts anzupassen. Es folgten die ausgebauten Hangquerungen, das Pistenäquivalent zu den Verbindungslifts der 1970er und 1980er Jahre. „Gerade diese lassen sich nur schlecht den natürlichen Gegebenheiten anpassen. So kommt es zu breiten Schrägfahrtschneisen, die manchen Almboden zerschneiden und nicht selten wichtige Abflussregime kappen" (Einhorn 1998: 185). Auch Kunstbauten wie Brücken oder Unterführungen entstanden. Seit den 1980er Jahren wurden Abfahrtspisten mit Geländekorrekturen größeren Ausmaßes in allen Höhenlagen errichtet, oft in Kombination oder in der Nachfolge der sommerlichen Modernisierungsmaßnahmen an den Lifttrassen. Landschaftspflegemaßnahmen wie die Drainierung von Oberflächenwasser und die systematische Wiederbegrünung mit Kulturböden und alpinen Rasenmischungen setzten ein, um die immer offensichtlichere Denudation und Erosion durch Wege- und Pistenbau aufzuhalten.

200 km an Lift- und Abfahrtstrassen - und das bedeutet 1200 bis 1300 ha der Kulturlandschaft Saalbach-Hinterglemms außerhalb des Siedlungsraums (Einhorn 1988: 186) - werden nun für den Winter dominant von Liftgesellschaften bewirtschaftet, die noch dazu die einzig finanziell potenten Akteure darstellen, die die Berglandschaft großräumig umgestalten, aber auch pflegen oder schützen können. Almbauern, Forstbehörden, Gemeinderat und Genehmigungsbehörden auf Landes- und Bundesebene sind durch die dynamischen Liftgesellschaften in einen ständigen Umrüstungs- und Genehmigungsdialog hineingeraten, in dem Pistenbau oder Wegebau für die Umrüstung der Lifts, die Verbesserung der elektrischen Versorgung erreicht oder zwischen dem Ausbau der Lifteinrichtungen und der Alm- oder Waldwirtschaft oder dem Aufbau eines öffentlichen Kanalisationssystems und zwischen Baugebietsentwicklung und Freiraumschutz abgewogen werden soll.

Schneekanonen - die letzte winterliche Aufrüstung der Alpen?

Die derzeit letzte, flächenhafte Umgestaltung der Alpen in der Höhe zwischen 1000 und 2000 m findet durch so genannten Beschneiungsanlagen statt. Wenn den Wintertouristen etwas überhaupt keinen „fun" macht, dann sind es braune Hänge und steinige Pisten. Für 96 % der alpinen Wintertouristen ist ein Winterurlaub ohne Schnee nicht vorstellbar (vgl. Fakultät Raumplanung 1997: 18). Genau dieses Szenario droht aber in der Folge globaler Klimaänderungen für das 21. Jahrhundert. Die Winter wandeln sich bereits seit längerem, die Gletscher schmelzen ab. Bis 1985 zählte man beispielsweise im schweizerischen Mittelland pro Jahr im Durchschnitt 60 Schneetage, von da an bis 1987 jedoch nur 46. Zwischen

Abb. 7: Einsatz einer Schneekanone in Saalbach-Hinterglemm
Foto: Sebastian Müller, 1997

1987 und 1994 schrumpfte der Durchschnitt auf 20 Tage (Arbeitsgemeinschaft Zukunft Skitourismus 1995: 3). Urlauber/innen und Tourismusplaner/innen müssen damit rechnen, dass die Winter in Zukunft weniger Schnee bescheren und sich verkürzen. Schon in wenigen Jahren wird der Treibhauseffekt im gesamten Alpenraum wahrscheinlich für mittlere Temperaturerhöhungen zwischen ein und zwei Grad sorgen (Elsasser 1998: 45). Die Schneefallgrenze wird im Durchschnitt um 200 bis 400 Meter steigen. Die Folgen sind für das Gros der Wintersportorte, die in 1000 bis 1200 m Höhe liegen, wenig erfreulich. Während noch bis vor kurzem 1200 m als schneesicher galten, kann bei einer durchschnittlichen Erwärmung um zwei Grad mit Schneesicherheit erst ab einer Höhe von ca. 1500 m gerechnet werden.

Saalbach-Hinterglemm reagierte auf dieses Drohszenario mit Schneekanonen und Kunstschnee, um den natürlichen Schneefall zu ersetzen und den traditionellen Wintertourismus zu retten. Waren noch Mitte der 1990er Jahre einzelne wenige Kanonen im Einsatz, so wurde seit 1997 der Aufbau von Beschneiungsanlagen mit stationären Wasserleitungen, Zapfstellen und elektrischer Ausrüstung entlang der Pisten systematisch in Angriff genommen. Alle Hauptpistenanlagen bekamen eine bis ins Tal künstlich beschneite Abfahrtstrecke. Insgesamt konnten im Winter 2000/2001 50 km Piste beschneit werden. 14 Turmschnee-Erzeuger, 65 Beschneiungslanzen und 85 mobile Schneekanonen, von denen 28 auf Pistenraupen montiert sind, sind im Einsatz. Um die Schneekanonen mit Eigenwasser füttern zu können, wurden mittlerweile drei künstliche Speicherseen mit einem Fassungsvermögen von 190.000 cbm angelegt. Am „Hochalm-Lift" laufen die Vorbereitungen für einen nächsten auf Hochtouren. Das Gelände ist gekauft und gerodet, die Genehmigung wird fachlich gesichert und vorbereitet.

Die Wirkungen solcher lokalen oder regionalen Beschneiungssysteme auf Umwelt und Raum, wie sie sich z. B. in Saalbach-Hinterglemm herausbilden, sind in ihrer Neuartigkeit noch unerforscht. Genehmigungen für Einzelkomponenten (vgl. Land Salzburg 1998) haben schon erkennen lassen, dass die Aufrüstung der Alpen durch Schneekanonen Konsequenzen in der Raumordnung und Änderungen in lokalen und regionalen Naturkreisläufen herbeiführen werden, die einerseits dem Pistenbau vergleichbar, andererseits aber von neuer Qualität sind. Entlang den Pisten und mit den Pisten werden die Leitungen für Strom und Wasser bandförmig vom Tal bis in die empfindlichen Böden der Strauch- und Krautregion oberhalb der Baumgrenze verlegt, heutzutage mit schwerem bodenmechanischen Gerät. Werden die Böden nicht wieder sorgfältig geschlossen, ist die Gefahr der Erosion groß. Darüber hinaus werden die regionalen Wassereinzugs- und Abflusssysteme tiefgreifend tangiert. Sie sind bereits Thema der Genehmigungen zum Bau der Wasserreservoirs auf halber Berghöhe.

Abb. 8: Schikurse in Saalbach-Hinterglemm
Foto: Sebastian Müller, 1997

Jetzt sind nicht nur, wie beim Pistenbau, Landschaftseinbindung, Lawinenschutz, Oberflächenabflüsse und oberflächliche Erosionen der Bodendecke ein Problem, während die traditionelle agrarische Nutzung im Prinzip weiter existieren kann. Nun werden im Einzugsbereich der Wasserreservoirs der Stauraum in den Böden durch das Sammeln von Hochquellen und Gerinnen, durch bewusste oder unbewusste Drainierung der Almwiesen, von Vernässungsbereichen oder Hochmooren wertvolle Biotope und die bäuerliche Almkultur angegriffen. Die bodenmechanischen Folgen des Anlagenbaus und die Risiken, die von den zu erwartenden Klimaveränderungen auf die Vegetation und die Wasserabfluss-Regime ausgehen, müssen bedacht werden. Eine tiefergreifende Veränderung der Vegetation auf den Alm- und Flurwiesen droht; unten am Hang liegende Quellen, die die meisten Hausbrunnen außerhalb der Ortslagen speisen, und Zuflüsse zur Saalach können zeitweilig oder dauerhaft trocken fallen. Damit wird sich auch die Vorflut ändern, sodass dafür Sicherungsmaßnahmen ergriffen werden müssen. Möglicherweise müssen um die Stauseen Schutzzonen gegenüber dem Almvieh und den Touristen ausgewiesen werden, damit das Wasser keimfrei bleibt und der Kunstschnee keine Krankheitserreger mit den Kristallen in die Landschaft verstreut.

Das alles wird der traditionellen Grünlandnutzung des Freiraumes im Glemmtal neue Regeln auferlegen. Ohne vertieftes Begreifen dieser dritten Generation technischer Eingriffe in den Naturraum und ohne komplexere und dynamische Planung für Ökosysteme, wasserwirtschaftliche Einzugsbereiche und Landschaftskultur sind Raum und Naturbedingungen nur noch höchst unzureichend gegenüber den neuen Ansprüchen des Wintertourismus zu sichern.

Ein tourismuswirtschaftlicher Ausblick

Die weitere Manipulation der Naturgrenzen in der Form von Wintersimulation mit Beschneiungsanlagen ist nicht unproblematisch. Sie steht in der Tradition von Machbarkeitserfahrungen und der technischen Utopien der Moderne, könnte aber an Temperaturgrenzen, an der finanziellen Belastbarkeit in den bisherigen Produktionseinheiten des Wintersports der österreichischen, italienischen, französischen und Schweizer Alpen scheitern - und an Grenzen der Akzeptanz bei den Nachfragern, den Alpin-SchifahrerInnen.

Im Zeitalter der Globalisierung kommt es außerdem zu einer räumlichen Neuhierarchisierung der Winterdestinationen, an denen alle europäischen Schiregionen unter und über 2000 m Höhe, aber auch die kanadischen und US-amerikanischen Rocky Mountains teilnehmen. In der *Süddeutschen Zeitung* bot die kanadische CANUSA-Touristik im Winter 2000/2001 „8 Tage Ski total Silver Star ab DM 1.649,- inkl. Linienflug, Hotel, Transfer und Skipaß" an (vgl. SZ 2000, S. 44). Ob dagegen Systembeschneiung und eine Strategie des postmodernen Erlebnismarketing hilft, wie sie Saalbach-Hinterglemm durch einen Kalender voller „Events" und anglophoner Sprachfetzen eingeschlagen hat, ist fraglich. Das Verschwinden des Schnees aus der Urlaubskulisse und die absichtsvolle Zuspitzung und Entdifferenzierung der kulturellen Komponente des modernen Schisports hin zu einem Spektakel der Bewusstseinsindustrie könnten sich als Zeichen für die einsetzende Endzeit des alpinen Massen-Winter-Tourismus erweisen.

Anmerkungen

1 *Ein völlig überraschender Sprung über die örtlichen Grenzen hinaus und in postmoderne Kunstwelten des Schifahrens hinein fand vor zwei Jahren statt: Die vereinigten Saalbach-Hinterglemmer Bergbahnen beteiligten sich im Jahr 2000 finanziell an der „Allrounder Winterworld", einer Kunstschnee basierenden, geschlossenen Schihalle von 300 m Länge mit Sessellift und 10 Schneekanonen - im alpenfernen niederrheinischen Flachland, nämlich in Neuß bei Düsseldorf (Ski-Circus 2000/2001: 4; Hümmler 2001: 3).*

Literatur

Arbeitsgemeinschaft Zukunft des Skitourismus (Hg.)(1995): Skitourismus: von der Analyse zur Strategie, Nationales Forschungsprogramm 27, Reihe Kurzberichte. Bern

Auth, E. (1996): Down under the Bergstation left Hand. In: Frankfurter Rundschau Nr. 274 vom 23.11.1996, M5

Bourdieu, P. (1997): Historische und soziale Voraussetzungen modernen Sports. In: Caysa, V. (1997): Sportphilosophie, S. 101-127. Leipzig

Elsasser, H. (1998): Winter ohne Schnee? In: Karrasch, H., Gameritz, W. u. a. (Hg.) Globaler Wandel - HGG Journal Nr. 13, S. 45-56

Einhorn, P. (1988): Der Strukturwandel der Almwirtschaft im Glemmtal (Salzburg) unter besonderer Berücksichtigung des Fremdenverkehrs insbesondere des Massenschisports als dynamischer Faktor, Dissertation an der Naturwiss. Fakultät der Universität Salzburg. Salzburg

Fakultät Raumplanung (1997): Projekt A 13, Landschaftsschutz im Glemmtal, Endbericht, Universität Dortmund. Dortmund

FR (1997): Weniger Wintergäste in Österreich. In: Frankfurter Rundschau vom 31.07.1997, S. 9

Hümmler, Ch. (2001): Wedeln im ewigen Pulverschnee. 800 Kilometer Anreise gespart: Warum die Skihallenbetreiber in NRW an den Erfolg glauben. In: Kölner Stadtanzeiger Nr. 6, 8.1.2001, S. 3. Köln

Land Salzburg (1998): Überprüfungsfeststellung Beschneiungsanlage Hochalm, Bescheid vom 16.06.1998, 1/01-32. 288/55-1998

Saalbach-Hinterglemm (1996/ 1997): Information für Snowboarder. Saalbach-Hinterglemm

Saalbach-Hinterglemm (2000): More Fun, more Drive, more Action, Tourism Association. Saalbach-Hinterglemm

Schönegger, C. (2000): Rahmenbedingungen für die Planung und Errichtung von Freizeitanlagen im Land Salzburg, in: Forum Raumplanung Nr. 2/ 2000, S. 26-31

SZ (2000): Skijournal. In: Süddeutsche Zeitung Nr. 299 vom 29. 12. 2000

Weitlaner, S. (o. J.): Heimatbuch Saalbach-Hinterglemm. Vom armen Bergbauerndorf zum internationalen Fremdenverkehrsort. Gemeinde Saalbach-Hinterglemm

Ingo Mose

Nationalpark Hohe Tauern - Tourismusentwicklung und Schutzgebietsplanung im Alpenraum

Die Schaffung des Nationalparks Hohe Tauern gilt als das größte raumordnungspolitische Vorhaben in der Geschichte Österreichs. Zugleich wird der Nationalpark Hohe Tauern heute vielfach als ein „Lehrstück", gelegentlich sogar als ein „Glücksfall" der alpinen Raumordnung insgesamt angesehen (Haßlacher 1998). Im Vordergrund stand und steht dabei die Frage der Vereinbarkeit von Naturschutz und wirtschaftlicher Entwicklung im Einzugsbereich des Schutzgebietes. Unter der Prämisse des gleichzeitigen Schützens und Förderns, wie sie auch in den Nationalparkgesetzen der beteiligten Bundesländer Kärnten, Salzburg und Tirol verankert ist, wird im Nationalpark beispielhaft für ein Teilgebiet des Alpenraumes der Versuch unternommen, den dauerhaften Schutz der alpinen Natur- und Kulturlandschaft in Einklang mit einer Stärkung der regionalen Wirtschaft zu bringen und deren jeweilige Interessen auszugleichen bzw. miteinander zu verknüpfen.

Eine zentrale Rolle spielt in diesem Zusammenhang der Tourismus, der im Gebiet des Nationalparks bereits über eine lange Tradition verfügt und dessen Entwicklung es mit dem Aufbau des Schutzgebietes zu verbinden galt. Die konzeptionellen Vorstellungen orientieren sich dabei an der Idee eines nationalpark-konformen, umweltverträglichen Tourismus, der ein Minimum an infrastrukturellen Eingriffen verlangt, wenig Nutzungsschäden hinterlässt und selbst ein großes Interesse an einer intakten Hochgebirgslandschaft hat, die den Besuchern auf geeignete Weise nahe gebracht werden soll.

Der vorliegende Beitrag zielt darauf ab, überblickartig Entwicklung, Strukturen und Probleme des Tourismus im Nationalpark Hohe Tauern zu skizzieren. Vor dem Hintergrund eines kurzes Abrisses der Nationalparkgeschichte und der konzeptionellen Überlegungen für die Entwicklung des Tourismus in diesem Raum soll anschließend auf die praktische Umsetzung entsprechender Modellvorhaben eingegangen werden. Ausgewählte Beispiele erlauben, die bisherige Entwicklung auf charakteristische Weise zu illustrieren. Über die Darstellung konkreter Initiativen und Projekte hinaus, soll im Weiteren kurz auch auf die Fragen eingegangen werden, inwieweit die einheimische Bevölkerung in die Gestaltung der touristischen Entwicklung einbezogen werden konnte und auf welche Resonanz die „neuen" touristischen Angebote unter den Gästen des Nationalparks stoßen. Ein kritischer Ausblick unter besonderer Berücksichtigung aktueller raumplanerischer und regionalpolitischer Aspekte rundet den Beitrag ab.

Nationalparkentwicklung und Tourismus

Vorstellungen zur Schaffung eines Nationalparks im Gebiet der Hohen Tauern datieren zurück bis an den Anfang dieses Jahrhunderts. Jedoch erst mit der Vereinbarung von Heiligenblut zwischen den Landeshauptmännern von Kärnten, Salzburg und Tirol aus dem Jahre 1971 wurden die politischen Weichen endgültig zugunsten der Einrichtung eines hochrangigen, länderübergreifenden Schutzgebietes gestellt. Ziel dieser Vereinbarung war es, einen der größten zusammenhängenden, noch weitgehend intakten naturnahen Landschaftsräume des Ostalpengebietes – die Gebirgsgruppe der Hohen Tauern - unter dauerhaften Schutz zu stellen.

Die vollständige gesetzliche Verankerung des Nationalparks gelang erst in mehreren, insgesamt zwei Jahrzehnte umspannenden Schritten. Zuvor mussten in dem traditionell strukturschwachen, teilweise extrem peripher gelegenen Raum unzählige Interessenkonflikte und Ängste der ansässigen Bevölkerung sowie vor allem der betroffenen - vielfach privaten - Grundbesitzer ausgeräumt werden. So konnte der Nationalpark erst 1981 in Kärnten, 1984 in Salzburg und - mit großer Verspätung - 1991 in Tirol offiziell eingerichtet werden. Insgesamt umfasst das Schutzgebiet heute eine Fläche von 1786 qkm und bildet damit den größten Nationalpark Mitteleuropas (vgl. Abb. 1).

Abb. 1: Nationalpark Hohe Tauern und Vorfeldregion

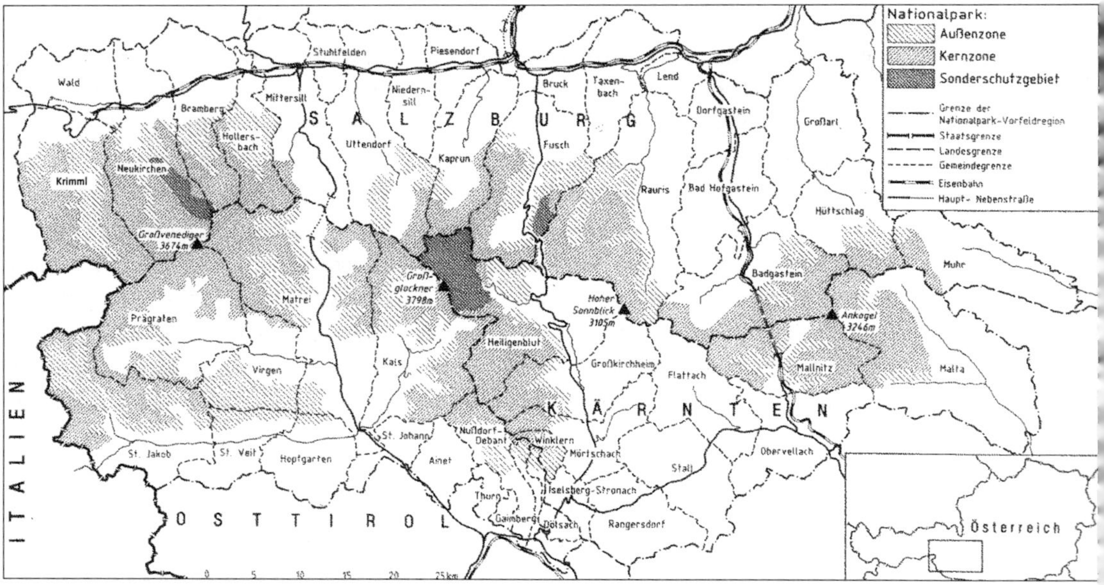

Quelle: Nationalparkrat Hohe Tauern 1998, Fally 1994

Nach Haßlacher (1998: 11) ist es nicht vorstellbar, dass im Ostalpenraum noch einmal ein ähnlich großes Projekt des Gebietsschutzes verwirklicht werden kann. Allein von seiner Ausdehnung her ist der Nationalpark daher als einzigartig für die Ostalpen anzusehen und rechtfertigt deshalb sicherlich die Bewertung als „gewaltige naturschützerische Leistung" (Haßlacher 1999: 318).

Darüber hinaus kann aber auch die raumordnerische Gestaltung des Schutzgebietes zweifellos als gelungen angesehen werden: Unter Berücksichtigung der Belange des Natur- und Landschaftsschutzes auf der einen und der Belange diverser wirtschaftlicher Interessengruppen (Landwirtschaft, Tourismus, Energiewirtschaft etc.) auf der anderen Seite gelang es, zu einer räumlichen Zonierung des Nationalparkgebietes zu kommen, die neben Zonen intensiver Landschaftsbeanspruchung großräumige Vorranggebiete der Ruhe und des ökologischen Ausgleichs vorsieht (Außenzone, Kernzone, Sonderschutzgebiete). Dieses Konzept wird heute allgemein als akzeptabel und tragfähig angesehen.

Die letztlich erfolgreiche raumordnerische Umsetzung des Nationalparks basiert auf einer Konzeption, von der zu Beginn der konkreten Nationalparkplanungen noch keine Rede war. Diese beruht auf dem Prinzip des gleichzeitigen Schützens und Förderns. Dahinter verbirgt sich der Versuch, im Gebiet des Nationalparks nicht nur zu einer sinnvollen Zonierung unterschiedlicher Nutzungsansprüche zu kommen, sondern darüber hinaus den Gebieten im Vorfeld des Nationalparks, d. h. den Gemeinden mit Gebietsanteilen am Schutzgebiet, eine gezielte regionalpolitische Förderung zuteil werden zu lassen. Ziel der von Bund und Ländern gemeinsam getragenen Förderung ist es, die grundsätzliche Vereinbarkeit von Naturschutz und wirtschaftlicher Entwicklung unter Beweis zu stellen. Der Schwerpunkt der Förderung liegt dabei auf Maßnahmen zur Erhaltung und Entwicklung der Berglandwirtschaft einerseits sowie der Gestaltung eines nationalpark-konformen Tourismus andererseits. Letzterer wird als eine wichtige Grundlage für die dauerhafte Absicherung des Schutzgebietes angesehen (vgl. Haßlacher 1984a u. 1987).

Damit ist die zentrale Bedeutung des Tourismus im Hinblick auf die Planungen zur Schaffung des Nationalparks bereits angesprochen: In historischer Perspektive stellt dieser für die betroffenen Regionen sowohl einen wichtigen Motor der wirtschaftlichen Entwicklung als auch ein andauerndes Konfliktpotenzial im Verhältnis zum Naturschutz dar. Dies spiegelt sich nicht zuletzt auch in der Entwicklung eines tragfähigen Zonierungskonzeptes sowie in der Implementierung eines regionalspezifischen Förderinstrumentariums wider.

Die ersten Anfänge des Tourismus im Gebiet der Hohen Tauern reichen zurück bis in die zweite Hälfte des vorletzten Jahrhunderts. Sie wurden maßgeblich bestimmt durch die alpinistisch motivierte Erschließung der Hohen Tauern, die mit einigen der höchsten Gipfel des gesamten Ostalpenraumes (Großglockner, Großvenediger etc.) eine besondere Anziehungskraft ausübten. In Teilgebieten der Hohen Tauern führte dies schon frühzeitig zur Schaffung entsprechender Infrastruktureinrichtungen. Neben dem Bau zahlreicher Hütten und Wege unter Regie der alpinen Vereine gehörte dazu auch die Entwicklung einer regionalen Gastronomie in den bis dahin rein landwirtschaftlich geprägten Ortschaften des Gebietes, die sich schrittweise als alpine „Sommerfrische" etablierten. Tiefgreifendere Einschnitte waren mit der Realisierung mehrerer technischer Erschließungsprojekte verbunden, wie sie insbesondere in der Glocknergruppe verfolgt wurden. Deren herausragendstes Beispiel stellt zweifellos die 1935 fertiggestellte Großglockner-Hochalpenstraße dar. Nach Ende des Zweiten Weltkrieges markierte der Bau der Kraftwerksgruppe Kaprun einen neuen Meilenstein der Entwicklung. Weitere hochrangige Erschließungsvorhaben, vor allem für den Skitourismus, gerieten jedoch zunehmend in Konflikt mit dem Naturschutz, der im Gebiet der Hohen Tauern ebenfalls bereits frühzeitig präsent war. Als „Schlüsselereignis" ist in diesem Zusammenhang eine Grundschenkung des Villacher Industriellen Albert Wirth im Gebiet des Großglockners an den Österreichischen Alpenverein anzusehen (1918), die ausdrücklich als Grundstock für die Errichtung eines Schutzgebietes dienen sollte und *den* Ausgangspunkt für alle weiteren naturschützerischen Pläne bis zur tatsächlichen Einrichtung des Nationalparks Hohen Tauern darstellt (vgl. Haßlacher 2000).

Für die Diskussion um die Schaffung des Nationalparks im Verlauf der 1970er und 1980er Jahre spielten vor allem Pläne für verschiedene weitere Großprojekte seitens der Energiewirtschaft sowie daran geknüpfte touristische Erschließungsvorhaben (Sommerskigebiete) im Gebiet der Glockner- und Venedigergruppe eine zentrale Rolle. Wenngleich diese Pläne lange Zeit heftig umstritten waren und vielfach als Alternative zur Verwirklichung eines Nationalparks angesehen wurden, gelang in den Bundesländern Kärnten und Salzburg Anfang der 1980er Jahre eine politische Weichenstellung zugunsten des Naturschutzes. Eine, wenn nicht die wesentliche Voraussetzung hierfür stellte die oben genannte, bereits 1982 verankerte Förderung der Gemeinden des Nationalparks als Kompensation für die großtechnischen Erschließungsvorhaben dar. Damit war der Weg für die Verabschiedung der Nationalparkgesetze geebnet. In Tirol dagegen blieb der Konflikt um das Großspeicherkraftwerk Dorfertal/Matrei in Osttirol bis Anfang der 1990er Jahre virulent und gefährdete bis dahin weiterhin die Gesamtkonstruktion des länderübergreifend konzipierten Nationalparks (vgl. Stonjek 1985, Haßlacher 1987 u. 1990). Für die Lösung des Konfliktes war hier am Ende - ebenso wie in den beiden anderen Ländern - die Verankerung eines auf die spezifischen Bedürfnisse der Region abgestimmten regionalpolitischen Förderkonzepts von ausschlaggebender Bedeutung.

Vor diesem Hintergrund wird verständlich, dass der Tourismus von vornherein als ein zentrales Element der regionalen Entwicklung angesehen wurde, das es mit dem Aufbau des Nationalparks zu verbinden galt. Dies umso mehr, als dem Nationalpark neben seinen verschiedenen anderen Aufgaben vom Gesetzgeber ausdrücklich auch die Funktion eines Erholungsraumes zugeschrieben wurde. Im Nationalparkgesetz des Landes Salzburg heißt es hierzu beispielhaft: „Der Nationalpark Hohe Tauern soll einem möglichst großen Kreis von Menschen ein eindrucksvolles Naturerlebnis ermöglichen (...). Die Maßnahmen zum Schutz und zur Erschließung des Nationalparks haben (...) auch den Bedürfnissen der Erholungssuchenden zu dienen" (Landespressebüro 1984: 22).

Für die Entwicklung des Tourismus im Gebiet des Nationalparks wurde bis heute kein verbindliches Leitbild formuliert. Gleichwohl lassen sich aus den Ausführungen der Nationalparkgesetze sowie aus den konzeptionellen Überlegungen für die Nationalparkförderung Kriterien für die Gestaltung eines spezifischen Nationalparktourismus ableiten. Danach wird dieser als ein umweltfreundlicher Tourismus verstanden, der ein Minimum an infrastrukturellen Eingriffen verlangt, wenig Nutzungsschäden hinterlässt und selbst ein großes Interesse an einer intakten Hochgebirgslandschaft hat. Darüber hinaus sollen spezifische touristische Angebote die natur- und kulturlandschaftlichen Besonderheiten des Nationalparks erschließen und die Besucher allgemein für die Belange des Naturschutzes sensibilisieren. Dieses „Leitbild" eines nationalpark-konformen, umweltverträglichen Tourismus wurde vor allem in der Gründungsphase des Nationalparks zu Anfang der 1980er Jahre von verschiedener, insbesondere wissenschaftlicher Seite immer wieder mit dem Schlagwort des „sanften Tourismus" in Verbindung gebracht (vgl. Haßlacher 1984b, auch Mose 1988 u. 1998). Gleichwohl blieb der Begriff im Kontext der Nationalparkplanung - ähnlich wie in der tourismuspolitischen Diskussion allgemein - umstritten und hat sich in der Region als möglicher Leitbildbegriff nicht durchzusetzen vermocht. Allerdings finden in der regionalen Tourismuswerbung verschiedene Konnotationen des Begriffs „sanfter Tourismus" immer wieder Verwendung.

Modellhafte Tourismusprojekte in den Regionen des Nationalparks

In verschiedenen Regionen und Gemeinden des Nationalparkgebietes wurden bereits frühzeitig Modellprojekte zur Erprobung eines nationalpark-konformen Tourismus initiiert. Deren Anfänge datieren z. T. schon vor die Gründung des Nationalparks und unterstreichen die Vorbildrolle, die diese Vorhaben für die Umsetzung der Strategie des gleichzeitigen

Schützens und Förderns übernehmen sollten. So wurde z. B. schon 1978 vom Amt der Salzburger Landesregierung ein Handlungskatalog zur Diskussion gestellt, der konkrete Maßnahmenvorschläge für die Entwicklung eines nationalpark-orientierten Tourismus im Gebiet des Ober- und Untersulzbachtales in der Gemeinde Neukirchen am Großvenediger (Region Oberpinzgau) beinhaltete. Diese fanden später Eingang in das Konzept einer „modellhaften Entwicklungsplanung", das 1982 von der Nationalparkkommission Hohe Tauern und dem Österreichischen Alpenverein in Kooperation mit einzelnen Gemeinden der Region erarbeitet wurde und auf dessen Grundlage mit ersten Versuchen zur praktischen Umsetzung exemplarischer Modellvorhaben begonnen wurde (vgl. Haßlacher 1984a). Weitere Gemeinden wurden ebenso zu Zielgebieten entsprechender Maßnahmen. Heute sind in nahezu allen Gemeinden Initiativen zur Entwicklung eines nationalpark-konformen Tourismus ergriffen worden, wobei neben der Bund-Länder-Förderung seit dem EU-Beitritt Österreichs in zunehmendem Maße auch die europäische Regionalförderung (Ziel-5b bzw. -2, LEADER, Interreg) für die Finanzierung entsprechender Maßnahmen in Anspruch genommen wurde bzw. weiterhin wird (vgl. Mose 2000, auch Fidlschuster 1998, Slatosch 2000).

Unterschiedliche Akteure treten als Träger von touristischen Maßnahmen auf. Neben den Nationalparkverwaltungen gehören dazu vor allem die Gemeinden bzw. örtlichen Verkehrsvereine mit Gebietsanteilen am Nationalpark, aber auch Organisationen wie der Österreichische Alpenverein oder lokal bzw. regional organisierte Bildungsträger spielen eine wichtige Rolle. Während der letzten Jahre haben überdies die so genannten Lokalen Aktionsgruppen in den LEADER-Regionen im Einzugsbereich des Nationalparks als potenzielle Träger von Projekten zunehmend an Bedeutung gewonnen.

Die bisher durchgeführten Vorhaben lassen sich inhaltlich in folgender Weise differenzieren: Sie zielen einerseits auf eine qualitative, nationalpark-konforme Verbesserung der bereits bestehenden touristischen Infrastruktur, andererseits umfassen sie auch die Schaffung neuer Angebote, die speziell auf das Freizeit- und Erholungspotenzial des Nationalparks ausgerichtet sind. In räumlicher Hinsicht konzentrieren sich die Vorhaben zunächst einmal auf das Gebiet des Nationalparks selbst, schließen darüber hinaus aber auch dessen weiteres Vorfeld mit den dazugehörigen Ortschaften mit ein. Auf diese Weise wird versucht, die Entwicklung des Tourismus in einen umfassenderen regionalen Kontext - den Lebens-, Wirtschafts- und Erholungsraum der „Nationalpark-Vorfeldregion" - zu stellen (vgl. Fally 1994).

Bedingt durch die jahreszeitlich begrenzte Zugänglichkeit des Nationalparks ist der Großteil der bisher durchgeführten Projekte auf die Sommersaison ausgerichtet. Darüber hinaus sind verschiedene Maßnahmen zur Entwicklung von ganzjährig nutzbaren Einrichtungen realisiert worden. Spezielle Angebote für die Wintersaison fehlen bislang weitgehend. Während dieser Zeit dominiert nach wie vor der alpine Pistenskilauf in den lokalen Schizentren, die vom Nationalparkgebiet räumlich aber klar abgetrennt sind.

Zur Veranschaulichung der bisherigen Entwicklung sollen im Folgenden einige ausgewählte Handlungsfelder und Projekte vorgestellt werden. Hierbei sollen sowohl Initiativen im Parkgebiet selber als auch in dessen Vorfeld berücksichtigt werden. Ausgewählt wurden Beispiele aus der Region Oberpinzgau, die zum Salzburger Teil des Nationalparks zählt, und der Region Großglockner im Dreiländereck Kärnten-Salzburg-Tirol, die besonders anschaulich den Versuch einer Neuorientierung in Richtung eines umweltverträglichen Tourismus im Nationalpark illustrieren.

Autofreies Wandern im Nationalpark

Seit der Einrichtung des Nationalparks sind verschiedene Maßnahmen ergriffen worden, um das vorhandene Netz von Wanderwegen mit den dazugehörigen Gasthäusern und Schutzhütten im Hinblick auf einen nationalpark-konformen Tourismus weiterzuentwickeln und durch verschiedene Elemente in geeigneter Weise zu ergänzen bzw. zu verbessern.

In der Region Oberpinzgau (vgl. Abb. 2) wurden in diesem Zusammenhang einige besonders weitreichende Maßnahmen zur Unterstützung eines autofreien Wanderns im Nationalpark ergriffen. Hierzu zählt die Sperrung aller Tauerntäler für den privaten Autoverkehr durch die Nationalparkverwaltung. An unterschiedlichen Stellen im Eingangsbereich der Täler wurden Wegsperren errichtet, die eine Zufahrt verhindern. Gleichzeitig wurden an diesen Stellen Sammelparkplätze angelegt, die das wilde Parken in der Landschaft verhindern sollen. Auf diese Weise ist das gesamte Nationalpark-Wandergebiet heute grundsätzlich autofrei und ermöglicht dem Besucher einen weitgehend ungestörten Zugang zum Nationalpark. In einem weiteren Schritt wurden für ausgewählte Täler Konzessionen an lokale Taxiunternehmen vergeben, die zu bestimmten Tageszeiten Taxi-Zubringerdienste zu den Gasthäusern und Schutzhütten anbieten. Hierdurch soll möglichst vielen Gästen die Möglichkeit gegeben werden, auch den hinteren und besonders attraktiven Teil der Tauerntäler mit Blick auf die Gletscher ohne die Notwendigkeit zur Übernachtung im Tal zu er-

Abb. 2: Touristische Infrastruktur im Nationalpark Hohe Tauern - Region Oberpinzgau

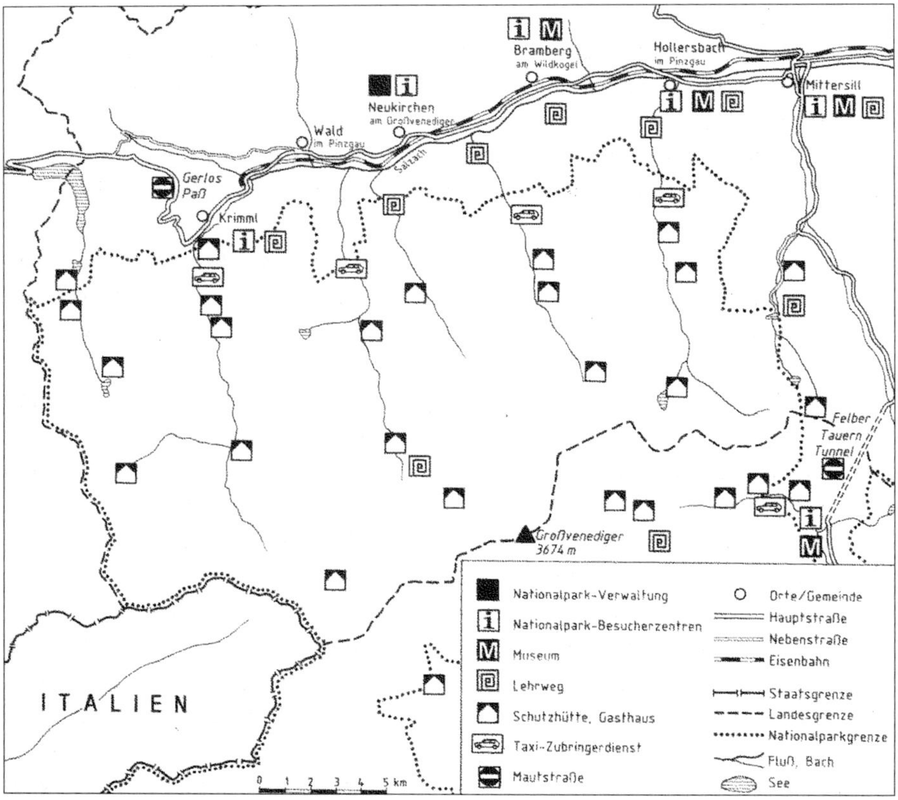

Quelle: Nationalparkrat Hohe Tauern 1998

reichen. Zumindest anfänglich war dieses Angebot unter den Gästen nicht unumstritten (vgl. Mose 1988: 90ff.); inzwischen gehört es jedoch zum festen Bestandteil des touristischen Angebots. Seitens der Nationalparkverwaltung wird für die Zukunft der Einsatz von Elektrobussen erwogen.

Sperrungen für den privaten Autoverkehr wurden auch in anderen Teilen des Nationalparks verfügt. Ebenso wurden verschiedene Straßenabschnitte als Mautstrecken deklariert, wodurch ebenfalls eine gewisse Beschränkung des Verkehrsaufkommens angestrebt wird. Zur Wirksamkeit dieser Maßnahmen liegen keine Untersuchungen vor.

Abb. 3: Touristische Infrastruktur im Nationalpark Hohe Tauern - Region Großglockner

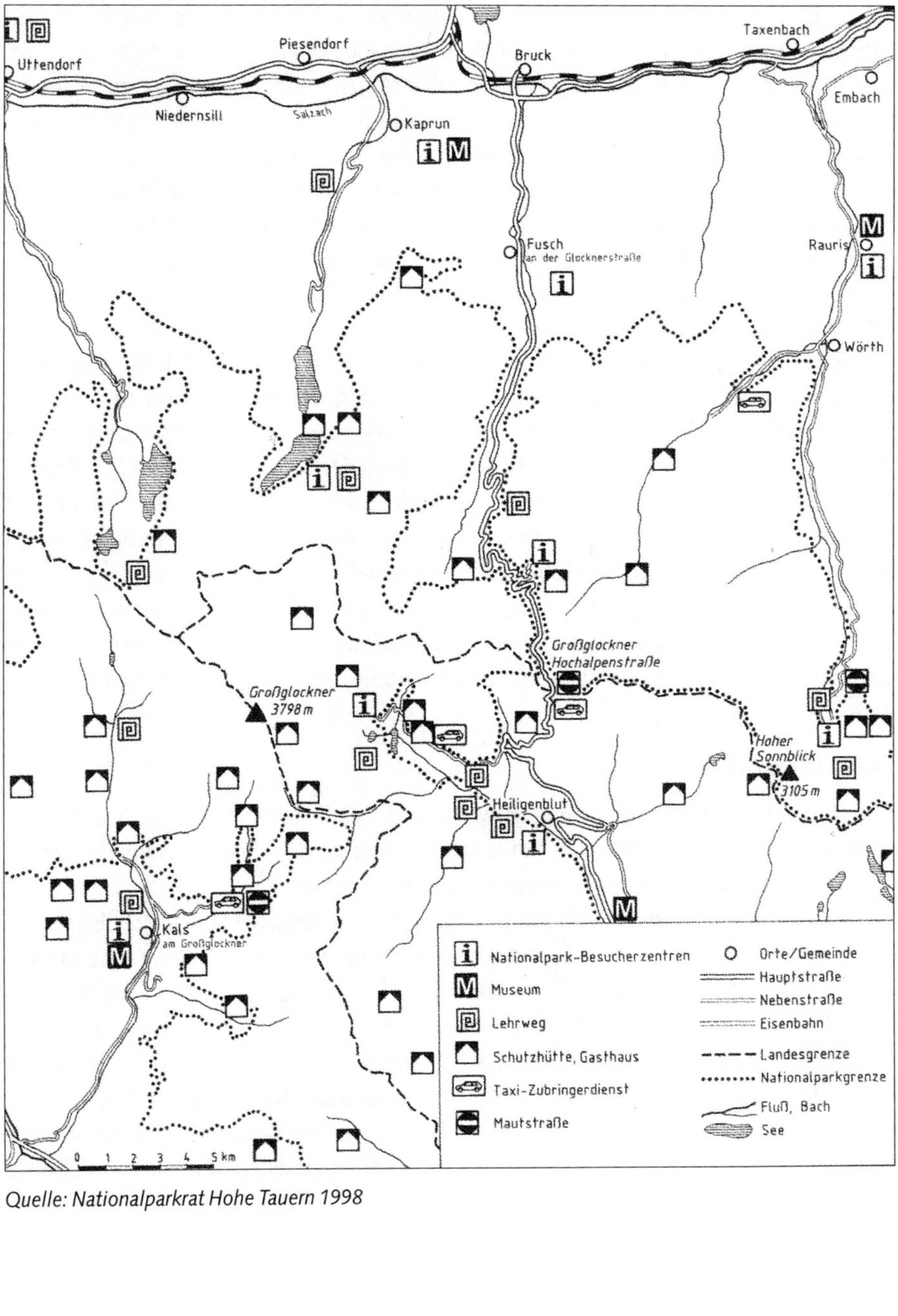

Quelle: Nationalparkrat Hohe Tauern 1998

Lehrwege

Ein besonderes Element der Weiterentwicklung der lokalen Tourismusangebote stellt die Anlage von Lehrwegen im Gebiet des Nationalparks und seines Vorfeldes dar. Diese übernehmen eine wichtige Rolle hinsichtlich der Ergänzung und qualitativen Neuakzentuierung der traditionellen Wanderangebote, wie dies bereits in frühen Projektskizzen zur Entwicklung einer nationalpark-konformen Tourismusinfrastruktur formuliert wurde. Ziel der Lehrwege ist es dabei, das naturkundliche Interesse für den Nationalpark und seine Besonderheiten zu wecken, Besucher darüber auf anschauliche Weise zu informieren und ihnen ein eindrucksvolles Naturerlebnis zu ermöglichen.

Noch vor der gesetzlichen Verankerung, vor allem aber in der unmittelbaren Gründungsphase des Nationalparks entstanden erste Lehrwege als „Demonstrationsobjekte" eines nationalpark-konformen Tourismus. Eine entscheidende Vorreiterrolle übernahm dabei der Österreichische Alpenverein, auf dessen Initiative Anfang der 1980er Jahre an mehreren Standorten des Kärntner und Salzburger sowie des zukünftigen Tiroler Nationalparkgebietes Lehrwege zur Erschließung repräsentativer Naturlandschaftsausschnitte angelegt wurden. Beispiele sind die Gletscherwege Innergschlöß (1978), Pasterze (1983) und Obersulzbachtal (1986), die alle den Gletscher als landschaftsprägendes Element der alpinen Hochgebirgslandschaft thematisieren. Eine entsprechende Beschilderung und eigens erstellte Broschüren, die als Führer zu den Lehrwegen dienen, unterstützen den Besuch dieser Einrichtungen (vgl. u.a. Slupetzky 1986).

Zahlreiche weitere Lehrwege erschließen inzwischen nach ähnlichem Muster verschiedene andere Ausschnitte der Natur- und Kulturlandschaft des Nationalparks (u. a. zu den Themen Wasserfall, Wald, Blumen, Bergbau). Ein besonders dichtes Netz entsprechender Angebote besteht dabei heute in den Regionen Oberpinzgau (vgl. Abb. 2) und Großglockner (vgl. Abb. 3). Im engen Zusammenhang mit der Schaffung von Lehrwegen steht auch die Durchführung von geführten Wanderungen, wie sie seitens der Nationalparkverwaltungen angeboten werden. Jährlich führen eigens dafür ausgebildete Nationalparkwarte interessierte Gäste zu ausgewählten Zielen im Gebiet des Nationalparks und vermitteln ihnen Grundkenntnisse über Flora und Fauna, Gletscherkunde, Umweltprobleme usw. Ein spezielles Programmheft informiert den interessierten Gast über die verschiedenen Angebote.

Besucherzentren und Infostellen

Eine herausragende Funktion für die Entwicklung des Nationalparktourismus übernehmen Besucherzentren und Infostellen im Nationalpark und seinem Vorfeld. Sie wurden dezentral in mittlerweile fast allen Nationalparkgemeinden eingerichtet.

Die Besucherzentren dienen als Hauptanlaufstellen für Besucher des Nationalparks. Sie sind von ihrer Konzeption her in der Regel multifunktional angelegt: Im Vordergrund steht dabei die Bereitstellung mündlicher Auskünfte durch dauernd präsentes Personal. Daneben besteht ein breites Angebot von Literatur, Broschüren, Karten etc., die der Besucher teils kostenlos, teils käuflich erwerben kann. Darüber hinaus bieten die Zentren auch speziellere Informationen zu den einzelnen Gemeinden und besonderen Attraktionen „vor Ort". Diese werden in der Regel im Rahmen regionalkundlicher Dauerausstellungen thematisiert. Nicht zuletzt dienen die Zentren auch als Veranstaltungsstätten für unterschiedlichste Zwecke (Vorträge, Workshops etc.).

Ein typisches Beispiel für den Aufbau eines Nationalpark-Besucherzentrums liefert die Gemeinde Neukirchen, die als erste Gemeinde der Region Oberpinzgau zum Standort einer dezentralen Informationseinrichtung wurde (vgl. Abb. 2). Ein bis dahin leerstehendes Stallgebäude in Nähe des Ortszentrums, der so genannte „Samerhofstall", wurde Mitte der 80er Jahre auf Initiative der Gemeinde restauriert und als Besucherzentrum adaptiert. Das Gebäude verfügt über einen Ausstellungsraum sowie einen Veranstaltungssaal, in dem regelmäßig Vorträge, Kurse und Ausstellungen stattfinden. Träger solcher Veranstaltungen, die Gäste wie Einheimische gleichermaßen ansprechen, sind die Nationalparkverwaltung, der örtliche Verkehrsverein, die Bildungseinrichtungen in der Gemeinde und andere Institutionen. Mit der zunehmenden Nachfrage nach entsprechenden Angeboten wurde später der benachbarte „Kammerlanderstall" als weiteres Veranstaltungszentrum in Neukirchen adaptiert.

Hauptträger dieses Projektes ist der Verein *Tauriska*, ein Zusammenschluss zahlreicher Kulturschaffender und sonstiger Interessierter aus der ganzen Nationalparkregion, die es sich zur Aufgabe gestellt haben, das kulturelle Leben in den Gemeinden des Nationalparks mit neuen Impulsen zu versehen. Die Aktivitäten des Vereins umfassen eine breite Palette unterschiedlichster Aktivitäten in den Sparten Musik, Literatur, Brauchtumspflege, Handwerk, Kunst und Umweltschutz (vgl. Mose 2000).

Die insgesamt 29 Besucherzentren werden ergänzt durch ein weitverzweigtes Netz zahlreicher dezentraler Infostellen, die dem Besucher des Nationalparks kurze Informationen zu ausgewählten Standorten des Nationalparks vermitteln.

Museen und ähnliche Informationseinrichtungen

Einen weiteren Baustein des touristischen Angebots stellen diverse Museen und ähnliche Informationseinrichtungen im Vorfeld des Nationalparks dar. Sie bilden eine wichtige Ergänzung der Informationsangebote, die Besucherzentren und Infostellen bereithalten. In verschiedenen Gemeinden bestehen kleine Museen, die bereits vor die Entstehung des Nationalparks datieren. Sie präsentieren in der Regel ausgewählte Ausschnitte aus der regionalen Natur- und Kulturgeschichte und entsprechen weitgehend dem Typ des traditionellen „Heimatmuseums".

Über dieses Angebot hinaus sind seit Beginn der 1990er Jahre gezielte Initiativen zur Schaffung moderner Museumseinrichtungen mit „Erlebnischarakter" ergriffen worden. Eine Vorreiterrolle hat hierbei die Großglockner Hochalpenstraßen AG (GROHAG) übernommen. Die GROHAG ist Betreiber der gleichnamigen Mautstraße im Glocknergebiet, die mitten durch den Nationalpark führt; ebenso unterhält sie die Straße über den Gerlos Pass mit dem Übergang vom Oberpinzgau ins Zillertal. Für den Nationalpark spielt die Großglockner Hochalpenstraße in mehrfacher Hinsicht eine bedeutende Rolle: Sie ist nach wie vor Anziehungspunkt für ein hohes Verkehrsaufkommen, das aufgrund der damit verbundenen Lärm- und Abgasemissionen sowie des Flächenbedarfs (Parkplätze, Parkhaus) im Konflikt mit dem Schutzgebiet steht. Zugleich bildet die Straße jedoch ein, wenn nicht *das* wichtigste „Tor" zum Nationalpark und führt zahlreiche Besucher unmittelbar in den spektakulärsten und berühmtesten Teil des Parks (u. a. mit dem höchsten Berg Österreichs). Mit der Schaffung neuartiger Informationseinrichtungen, die es bisher an der Straße nicht gegeben hat, unternimmt die GROHAG den Versuch, die Großglockner Hochalpenstraße gezielt mit den Zielsetzungen des Nationalparks zu verbinden.

Das herausragendste Ergebnis dieser Bemühungen ist das *Wilfried-Haslauer-Haus* mit dem 1993 eingerichteten Museum *Alpine Naturschau* auf der Salzburger Seite der Großglockner Hochalpenstraße. Es gilt als ein weltweit einzigartiges Museum der alpinen Ökologie. Die Anlage setzt sich aus verschiedenen „Stationen" zusammen: dem eigentlichen Museum mit Multi-Visions-Show, interaktivem Panorama-Relief, Satellitenpanorama und anderen Ausstellungselementen, ferner einem botanischen Lehrweg sowie einer Gesteins- und Flechtenausstellung im Freien. Im Gegensatz zu den herkömmlichen Museumseinrichtungen wird in der *Alpinen Naturschau* besonderer Wert auf eine interaktive Gestaltung der Ausstellung unter Nutzung modernster technischer Präsentationsformen gelegt (vgl. Winding 1995).

Im Sommer 2000 wurde eine weitere Einrichtung der GROHAG eröffnet, die *WasserWunderWelt* in Krimml. Die nach dem Muster eines Themenparks konzipierte Einrichtung entstand an der Straße über den Gerlos Pass, unmittelbar am Fuße der Krimmler Wasserfälle, den höchsten Wasserfällen Europas, und eröffnet dem Besucher Einblicke in das Thema Wasser. Das *Haus des Wassers* mit verschiedenen Ausstellungselementen zur Thematik, ein Multi-Visions-Kino mit audiovisueller Multi-Media-Show sowie der *Aqua-Park* mit zahlreichen wasserbezogenen Attraktionen im Freien stellen die „Bausteine" des neuen touristischen Angebots dar (vgl. WasserWunderWelt Krimml).

Integration der einheimischen Bevölkerung

Von entscheidender Bedeutung für die praktische Umsetzung der Nationalparkidee sowie aller damit zusammenhängenden Projektvorhaben ist die Integration der einheimischen Bevölkerung, die als eigentlicher Träger der Entwicklungsarbeit vor Ort anzusehen ist. Dies gilt auch und gerade im Hinblick auf den Tourismus, der *das* wirtschaftliche Standbein der Nationalparkgemeinden darstellt.

Wie eine vom Verfasser im Herbst 1984 durchgeführte Befragung in der Region Oberpinzgau ergab, war schon zu diesem frühen Zeitpunkt die Akzeptanz des Nationalparks unter der einheimischen Bevölkerung auffällig hoch (vgl. Mose 1988: 61ff.). Danach belief sich die Zustimmung zum Nationalpark auf durchschnittlich 63,6% der Bevölkerung, bei 17,2% Ablehnung und 19,2% unentschiedenen Stimmen.

Die insgesamt sehr positive Einstellung der Bevölkerung zum Zeitpunkt der offiziellen Gründung des Nationalparks mag auf den ersten Blick überraschend erscheinen, ist tatsächlich jedoch relativ leicht zu erklären. Entscheidend für die Herstellung einer breiten Akzeptanz dürfte danach sicherlich die zügige Bereitstellung umfangreicher projektgebundener Fördermittel gewesen sein, durch die der Region sehr schnell die Entwicklungschancen, die mit der Einrichtung des Nationalparks verbunden sind, vor Augen geführt wurden. Dieses Bild wurde bei einer im Jahr 1990 vom Institut für Kommunikationsplanung in allen Salzburger Nationalparkgemeinden durchgeführten Umfrage neuerlich bestätigt. Danach sprachen sich mittlerweile 90% der Befragten für eine Beibehaltung oder sogar einen weiteren Ausbau des Nationalparks aus, zwei Drittel waren der Meinung, dass das kulturelle Leben in der Region durch den Nationalpark attraktiver und reichhaltiger geworden sei (vgl. Institut für Kommunikations-Planung 1991). Nicht ganz so überwältigend fiel die Zustimmung in den Kärntner Nationalparkgemeinden aus, für die eine Akzeptanzstudie im Jahre 1989/90 eine Zustimmung von gut 77% für den Nationalpark ergab (vgl. Langer 1991).

Trotz der insgesamt zweifellos hohen Akzeptanz des Nationalparks sollten einige potenzielle Probleme nicht übersehen werden. Hiermit ist insbesondere die Partizipation der lokalen Bevölkerung bei der Entwicklung des Nationalparks angesprochen, die für die langfristige Sicherstellung und Entwicklung der Akzeptanz eine wichtige Rolle spielt.

Das Beispiel der Gemeinde Neukirchen zeigt einen möglicherweise charakteristischen Verlauf des Partizipationsverhaltens. So war es in der Gemeinde bereits frühzeitig möglich, zahlreiche interessierte Bürger für eine aktive Mitarbeit zu mobilisieren. Es entstanden mehrere lokale Arbeitskreise, die sich mit verschiedenen Fragen der Nationalparkentwicklung befassten und eigene Vorschläge für die Planung unterbreiteten. Mit der Gründung des Vereins *Zukunftskollegium Nationalpark Hohe Tauern* wurden diese Arbeitsgruppen zu Mitte der 1980er Jahre organisatorisch zusammengefasst. Zugleich wurde das Zukunftskollegium zu einem Forum nationaler und internationaler Experten aufgewertet, die die einheimische Bevölkerung bei ihrer Arbeit vor Ort innovatorisch unterstützen sollten. Euphorie und Kreativität der ersten Aufbaujahre sind inzwischen einer deutlichen Degression der Beteiligungsbereitschaft gewichen. Die meisten Arbeitsgruppen treten nur noch sporadisch zusammen, einige haben sich ganz aufgelöst. Ursache hierfür könnte einerseits eine gewisse Ermüdung der Beteiligten sein, andererseits die zunehmende „Professionalisierung" der Planungsarbeit, die Teile der Bevölkerung zunehmend von der Entwicklungsarbeit ausschließt.

Im Vergleich zu Neukirchen entwickelten sich in anderen Gemeinden des Oberpinzgaus ähnliche Formen der Bürgerbeteiligung deutlich geringer. Vielfach konnten ein Mangel an Informationen, aber auch eine schwächer entwickelte Erwartungshaltung bzw. Skepsis der Bevölkerung gegenüber den Entwicklungschancen des Nationalparks für dieses Defizit verantwortlich gemacht werden (vgl. Mose 1988: 71). So war lange Zeit ein ausgesprochenes Informations- und Erwartungsgefälle für die Region Oberpinzgau charakteristisch, wie zuletzt durch Erhebungen des Salzburger Instituts für Grundlagenforschung (1988) zur Einschätzung der wirtschaftlichen Bedeutung des Nationalparks nochmals bestätigt wurde. Zum Verhältnis von Nationalpark und Tourismus im Meinungsbild der einheimischen Bevölkerung liegen spezielle Erhebungen nicht vor. Jedoch wurden im Rahmen einiger Untersuchungen auch Aspekte der Tourismusentwicklung angesprochen. Diese betreffen vor allem die möglichen Auswirkungen des Nationalparks auf den Tourismus. Nach Mose (1988) erwartete Anfang der 1980er Jahre in den Gemeinden des Oberpinzgaus etwas weniger als die Hälfte der Bevölkerung (45%) eine Steigerung der Gästezahlen als Folge des Nationalparks, eine gleich große Anzahl vermutete das Gegenteil. In einigen Gemeinden war die positive Erwartungshaltung jedoch deutlich stärker ausgeprägt, wobei insbesondere die Faktoren „Natur" und „Naturerlebnis" als Pull-Faktoren des Nationalparktourismus angesehen wurden (vgl. Mose 1988: 66ff.). Ähnlich konnte Langer (1991: 91ff.) für den Kärntner Teil des Nationalparks Hohe Tauern entsprechende Erwartungen hinsichtlich der touristischen Bedeutung des Schutzgebietes ermitteln. Dabei wurde speziell die Hoffnung zum Ausdruck gebracht, „daß der Nationalpark auf den Tourismus selektiv wirkt. Also Besucher anzieht, die zum Angebot passen. Gleichzeitig aber ein Angebot (...) verhindert, das den Druck des Massentourismus auf die Alpen noch verstärken würde" (Langer 1991: 92f.). Implizit dürfen Äußerungen wie diese zweifellos als Akzeptanz der eingeleiteten Umstrukturierung und Weiterentwicklung des touristischen Angebots im Sinne eines „sanften Tourismus" interpretiert werden.

Resonanz der Gäste des Nationalparks

Neben der Integration der einheimischen Bevölkerung ist die Resonanz der Gäste von mindestens ebenso entscheidender Bedeutung für die langfristige Absicherung der touristischen

Angebote im Nationalpark. Ein naheliegendes, gleichwohl rein quantitatives Instrument zur Erfassung der Gästeresonanz ist die Entwicklung der Gäste- und - vor allem - der Übernachtungszahlen in einer Region. Letztere sind insbesondere im Hinblick auf die ökonomischen Effekte des Tourismus von vorrangigem Interesse. Wie die Beispiele der Region Oberpinzgau (vgl. Tab. 1) und der Region Großglockner (vgl. Tab. 2) zeigen, hat sich die Entwicklung der Übernachtungen in der relevanten Sommersaison seit Gründung des Nationalparks in den betreffenden Regionen anfänglich sehr zögerlich bzw. wechselhaft gestaltet, während sie spätestens seit Mitte der 1990er Jahre eine ausgesprochen problematische Wendung erkennen lässt. Nach durchweg hohen Spitzenwerten im Sommer 1990 sind die Übernachtungen seither in allen Gemeinden rückläufig und haben im Sommer 1999 in einigen Gemeinden einen absoluten Tiefstwert für den Verlauf der letzten zwanzig Jahre erreicht. Diese Entwicklung wird als ausgesprochen alarmierend angesehen, da sie die offensichtlichen Schwierigkeiten der betroffenen Gemeinden und des Nationalparks zum Ausdruck bringt, sich auf einem immer stärker internationalisierten und globalisierten Tourismusmarkt erfolgreich zu positionieren. Für viele Gemeinden war es bislang möglich, die Defizite der Sommersaison durch die Entwicklung der Wintersaison mit Angeboten für den Skitourismus auszugleichen, jedoch sind inzwischen teilweise auch die Winter-Übernachtungen erstmals rückläufig.

Neben den Übernachtungszahlen gibt es weitere geeignete Kriterien zur Erfassung der Resonanz auf das touristische Angebot. Hierzu zählen Befragungen der Gäste im Hinblick auf die Akzeptanz der vorhandenen Angebote. Entsprechende Erhebungen liegen leider nur punktuell vor. Wie die Ergebnisse einer Umfrage des Verfassers unter den Gästen der Sommersaison 1985 in der Region Oberpinzgau zeigten, stießen die dortigen touristischen Angebote im Nationalparkgebiet grundsätzlich auf breite Resonanz (vgl. Mose 1988: 72ff.). Diese betraf keineswegs nur das traditionelle Angebot der vielfältigen Wan-

Tab. 1: Entwicklung der Übernachtungszahlen in ausgewählten Gemeinden der Region Oberpinzgau

Gemeinde	Saison 1979/80		Saison 1984/85		Saison 1989/90		Saison 1994/95		Saison 1998/99	
	Winter	Sommer	Winter	Sommer	Winter	Sommer	Winter	Sommer	Winter	Sommer
Krimml	100.923	72.317	100.474	45.767	114.272	63.674	131.464	53.654	132.877	42.856
Wald	65.098	81.771	82.637	66.284	115.359	79.120	121.577	82.214	170.090	77.585
Neukirchen	131.892	191.106	159.697	146.068	158.539	160.272	195.240	149.178	202.302	129.090
Bramberg	33.183	91.378	59.169	76.268	70.240	87.327	82.743	74.197	76.990	67.184
Hollersbach	13.284	48.850	19.798	38.820	24.185	47.196	23.516	37.733	18.709	34.789
Mittersill	104.655	175.080	138.070	151.889	141.894	180.449	138.248	149.812	131.319	144.726

Quelle: Salzburger Land Tourismusgesellschaft

Tab. 2: Entwicklung der Übernachtungszahlen in ausgewählten Gemeinden der Region Großglockner

Gemeinde	Saison 1979/80		Saison 1984/85		Saison 1989/90		Saison 1994/95		Saison 1998/99	
	Winter	Sommer	Winter	Sommer	Winter	Sommer	Winter	Sommer	Winter	Sommer
Kaprun	326.388	347.733	376.696	241.764	432.691	286.511	436.424	243.993	412.883	228.691
Fusch	36.873	83.282	32.998	78.544	42.993	84.495	46.501	75.479	52.865	73.462
Kals	54.288	127.025	37.279	107.016	37.723	99.281	45.039	88.493	55.779	76.480
Heiligenblut	137.609	123.489	111.969	98.474	117.390	102.177	141.419	118.163	136.939	110.68

Quelle: Amt der Tiroler Landesregierung - Abteilung Raumordnung/Statistik, Gemeinde Heiligenblut, Salzburger Land Tourismusgesellschaft, Tirol Werbung dermöglichkeiten, die bereits vor der Einrichtung des Nationalparks vorhanden waren. Die Zustimmung der Gäste galt darüber hinaus ausdrücklich auch der Schutzkonzeption des Nationalparks und den damit verbundenen Regelungen. Hierzu zählt insbesondere das Verbot des privaten Autoverkehrs in den Nationalparktälern, das zum Zeitpunkt der Befragung bereits von rund 85 % der Gäste eindeutig begrüßt wurde. Eine gleich große Zahl von Gästen lehnte gleichzeitig die Schaffung von Taxi-Zubringerdiensten in die Tauerntäler ab. Gleichwohl ist es wenig später, wie bereits erwähnt, in fast allen Tauerntälern zur Einrichtung entsprechender Angebote gekommen, die vor dem Hintergrund der damaligen Umfrageergebnisse nur schwer nachvollziehbar war.

Langsamer entwickelte sich dagegen anfänglich die Annahme einiger neuer Angebotssegmente mit „Experimentcharakter". Hierzu gehören insbesondere die im Nationalpark entstandenen Lehrwege sowie das Angebot an geführten Exkursionen seitens der Nationalparkverwaltungen, die zunächst auf eher zögerlichen Zuspruch stießen. Dies lag aber offensichtlich weniger im grundsätzlichen Desinteresse der Gäste begründet als vielmehr in der mangelnden Werbung bzw. fehlenden Information sowie in der Häufung zu vieler verschiedener, z. T. auch nur vorübergehend vorhandener Angebote. Inzwischen stößt vor allem das vielfältige Angebot an geführten Wanderungen auf eine ständig steigende Resonanz. So wurden im Jahr 1992 von der Salzburger Nationalparkverwaltung 287 Exkursionen in das Nationalparkgebiet mit insgesamt 5234 Teilnehmern durchgeführt. Im Jahr 1999 belief sich die Zahl der Exkursionen bereits auf 379 mit insgesamt 8103 Teilnehmern. Deutlich rückläufig entwickelte sich dagegen die Frequentierung von Vortragsveranstaltungen der Nationalparkverwaltung, eines eher traditionellen Angebotselements, das anfänglich noch hoch in der Gunst der Gäste rangierte. Gegenüber 299 Vorträgen mit 10.458 Besuchern im Jahre 1992 wurden im Jahre 1999 nur noch 229 Vorträge mit 5584 Besuchern durchgeführt. Diese Entwicklung belegt offensichtlich eine Tendenz zu naturnahen, teilnehmeraktiven Veranstaltungsformen „vor Ort", wie sie im Nationalpark ausdrücklich intendiert sind.

Fazit

Aussagen zum touristischen „Erfolg" des Nationalparks Hohe Tauern dürfen auch heute, mehr als zwanzig Jahre nach der Verabschiedung des ersten Nationalparkgesetzes, nur mit entsprechender Vorsicht getroffen werden. So befindet sich der Nationalpark nach wie vor „im Aufbau" und kann seine Entwicklung keineswegs als abgeschlossen angesehen werden. Gleichzeitig ist der Entwicklung des europäischen und weltweiten Tourismus eine derartige Dynamik und Schnelllebigkeit zueigen, dass viele Aussagen kaum mehr als vorläufig sein können. Gleichwohl ist es möglich, zusammenfassend einige charakteristische Strukturen der bisherigen touristischen Entwicklung des Nationalparks zu skizzieren und, darauf aufbauend, einige raumplanerische und regionalpolitische Probleme anzusprechen, die für die weitere Entwicklung des Tourismus im Schutzgebiet von zentraler Bedeutung sind.

Wie die vorangehenden Darstellungen gezeigt haben, lassen sich für den Nationalpark und sein Vorfeld zahlreiche Beispiele für eine deutliche Umorientierung bei der touristischen Angebotsgestaltung hin zu einem nationalpark-konformen - „sanften" - Tourismus (vornehmlich der Sommersaison) erkennen (vgl. Mose 1993). Die skizzierten Handlungsansätze sind dabei schwerpunktmäßig geprägt durch:

- die gezielte Anpassung der touristischen Infrastruktur an die Belange von Natur und Umwelt im Allgemeinen und die spezifischen Bedingungen und Anforderungen des Nationalparks im Besonderen;
- die Ergänzung der traditionellen Angebotselemente im Bereich des Wandertourismus durch moderne Einrichtungen mit „Erlebnischarakter", die als Besucherattraktionen fungieren;
- die Versuche zur stärkeren Einbindung der einheimischen Bevölkerung in die konkrete Planung und Realisierung touristischer Entwicklungsvorhaben in der Region;
- die Bemühungen zur Sensibilisierung der Gäste für die regionalen Eigenarten ihres Urlaubsortes und ein umweltverträgliches Urlaubsverhalten, vornehmlich durch Einrichtungen der Information und Bildung.

Eine wichtige Voraussetzung für die Realisierung entsprechender Vorhaben war die Akzeptanz des Nationalparks unter der einheimischen Bevölkerung. Wie das Beispiel des Oberpinzgaus zeigt, war diese in einigen Gemeinden bereits frühzeitig sehr hoch und führte zu einer Vielzahl von Aktivitäten interessierter Bürger, die sich über verschiedene Arbeitskreise unmittelbar an der Planungsarbeit beteiligten. In anderen Gemeinden war die Mobilisierung einer solchen „Entwicklung von unten" dagegen weniger erfolgreich. Ergebnis war eine Tendenz zur innerregionalen Hierarchisierung, die einige Gemeinden besonders begünstigt hat, während andere dagegen (zunächst) weniger integriert werden konnten. Wenngleich die Akzeptanz nach wie vor hoch ist, nimmt die Bereitschaft zur aktiven Mitwirkung an konkreten Projektinitiativen heute tendenziell eher ab.

Ähnlich differenziert muss auch die Resonanz unter den Urlaubern betrachtet werden. So stoßen die bisher durchgeführten Maßnahmen allgemein auf reges Interesse unter den Besuchern der Region. Trotz der insgesamt positiven Resonanz lässt die rückläufige Entwicklung der Gästezahlen in wichtigen „Zentren" des Nationalparktourismus (z. B. Regionen Oberpinzgau und Großglockner) während der letzten Jahre jedoch erhebliche Probleme hinsichtlich der Vermarktung des Schutzgebietes erkennen. Dies erscheint umso schmerzlicher, als mit dem deutlichen Wachstum der Übernachtungszahlen im Verlauf der 1980er Jahre eine erfolgreiche Positionierung der Nationalparkgemeinden angedeutet schien und entsprechende Erwartungen in der Region geweckt wurden. Diese Entwicklung hat sich inzwischen deutlich relativiert, wobei allerdings unklar ist, inwieweit die rückläufigen Übernachtungszahlen u. U. durch eine Umschichtung der Gästegruppen und ein verändertes Ausgabeverhalten kompensiert werden könnten. Im Sinne einer umweltverträglichen Gestaltung des Tourismus wäre eine entsprechende Umorientierung von vorrangig quantitativ hin zu stärker qualitativ orientierten Maßstäben der Tourismusentwicklung jedenfalls zweifellos wünschenswert.

Solche und ähnliche Fragen im Hinblick auf die zukünftige Entwicklung des Tourismus bedürfen der Klärung im Rahmen einer raumordnungs- und regionalpolitischen Gesamtkonzeption für den Raum des Schutzgebietes. Tatsächlich wurde es jedoch lange Zeit versäumt, eine solche Konzeption zu formulieren. Erst 1995 wurde ein „Leitbild" beschlossen, das jedoch ausschließlich das Management des Schutzgebietes betrifft (vgl. Nationalpakrat 1995). Dagegen besteht weder für die Entwicklung des Tourismus noch die gesamträumliche Entwicklung des Nationalparks und seines Vorfeldes ein entsprechender Orientierungsrahmen. Dieses Defizit, das einer klaren Orientierung bei zukünftigen Entscheidungsfindungen im Wege steht, erklärt sich aus verschiedenen Zusammenhängen.

So ist es bis heute nicht gelungen, für das länderübergreifende Schutzgebiet eine gemeinsame Verwaltung zu installieren, da es offensichtlich an der notwendigen Einsicht in die Vorteile einer gemeinsamen Verwaltungsstruktur fehlt. Die Nationalparkverwaltungen können also nur bedingt für sich in Anspruch nehmen, mit *einer* Stimme für *einen* Nationalpark und *eine* Nationalparkkonzeption zu sprechen - so ähnlich die Intentionen der einzelnen Länderverwaltungen auch sein mögen. Abgesehen davon konzentrieren sich diese in ihren Aktivitäten ohnehin primär auf das Schutzgebiet im engeren Sinne und nicht auf die Entwicklung der Regionen als Ganzes. Hierfür liegt die primäre Zuständigkeit bei der Regionalplanung der Länder, die jedoch ebenfalls erhebliche Defizite aufweist. So ist es bislang in fast allen Nationalparkgebieten Kärntens, Salzburgs und Tirols versäumt worden, die gesetzlich erforderlichen Entwicklungsprogramme für die jeweiligen Teilräume fortzuschreiben bzw. überhaupt zu erstellen (vgl. Haßlacher 1999: 321f.). Dadurch fehlt es auch auf dieser Ebene an klaren Zielvorgaben für die zukünftige Entwicklung im Einzugsbereich des Nationalparks - auf teilräumlicher ebenso wie auf gesamträumlicher Ebene.

Wichtige Impulse für die Formulierung und Umsetzung einer nationalpark-konformen, umweltverträglichen Entwicklungsstrategie - nicht zuletzt auch im Hinblick auf den Tourismus - gingen dagegen von Initiativen im Rahmen der EU-Gemeinschaftsinitiative LEADER aus. Hierbei sind drei LEADER-Regionen relevant, die Anteile am Nationalpark Hohe Tauern haben: die Nationalparkregion Hohe Tauern (Salzburg), die Region Großglockner/ Mölltal (Kärnten) und die Region Virgental (Osttirol)(bis 2000). Die zukunftsweisende Rolle der so genannten Lokalen Aktionsgruppen (LAG) und der von ihnen initiierten Projekte für die regionale Entwicklung in den betreffenden Gebieten ist insbesondere von Fidlschuster (1998) gewürdigt worden. Ein Beispiel hierfür stellt die in der Salzburger Nationalparkregion entwickelte Regionalmarke „Nationalpark Hohe Tauern" dar, die neben zahlreichen landwirtschaftlichen und handwerklichen Betrieben auch von 24 gastronomischen „Partnerbetrieben" in der Region verwendet wird. Obschon die LAG's und die sie unterstützenden LEADER-Manager sich in ihrer Arbeit vorrangig auf die eigene Region konzentrieren, haben sich auch einige überregionale Austauschbeziehungen entwickeln können, die den Gesamtraum des Nationalparks in den Blick zu nehmen versuchen. Dass diese Kooperationen zustande kamen, liegt aber offenbar weniger in einer gezielten Kooperationsstrategie als in der Selbstorganisationskraft der jeweiligen Projektträger begründet, da ein regelmäßiger Austausch zwischen den LAG's in den drei LEADER-Programmen nicht vorgesehen ist. Allerdings planen die drei Lokalen Aktionsgruppen für die Zukunft ein gemeinsames Projekt, in dessen Mittelpunkt ein modernes touristisches Destinations-Management für den gesamten Nationalpark stehen soll (vgl. Fidlschuster 1998: 14). Der Wert der LEADER-Aktivitäten für die Entwicklung der Nationalparkregionen darf insofern nicht unterschätzt werden, wenngleich von einer ganzheitlichen Konzeption der „Nationalpark-Vorfeldregion" im Sinne von Fally (1994) in der räumlichen Planung nach wie vor nur bedingt gesprochen werden kann.

Anlass zu übertriebener Euphorie gibt es deshalb nicht. Erst jüngst hat Haßlacher (1998) erneut davor gewarnt, die Entwicklung des Nationalparks Hohe Tauern allzu rosig zu beurteilen. Für ihn ist „der große Entwicklungswurf, mit dem sich eine europaweite Aha-Assoziation mit unverwechselbarem Vorzeigecharakter verbinden ließe, (...) bisher nicht gelungen" (Haßlacher 1998: 12). Keine einzige Nationalparkgemeinde nimmt am Gemeindenetzwerk „Allianz in den Alpen" teil, auch ist keine Gemeinde Mitglied der „Interessengemeinschaft für Sanfte Mobilität" geworden. Mehr noch: Unter dem Eindruck eines verschärften Wettbewerbs der (Tourismus-)Regionen im Alpenraum werden andauernd neue

Vorstellungen einer touristischen „Nachrüstung" an die Region herangetragen, denen mit entsprechender Vorsicht begegnet werden sollte. In den betroffenen Gemeinden wird auf solche Skepsis nach wie vor häufig mit Unverständnis reagiert, obgleich die Erfahrungen anderer Regionen mehr als deutlich zeigen, wie leicht die Spirale der Erschließungen überdreht werden kann. Auch dreißig Jahre nach der Vereinbarung von Heiligenblut bleibt die Entwicklung des Nationalparks Hohe Tauern deshalb eine Gratwanderung in schwierigem Gelände!

Literatur

Amt der Salzburger Landesregierung (Hg. 1978): Nationalparkmodell „Sulzbachtäler und Vorfeld". Neukirchen am Großvenediger. Diskussionsgrundlage. Salzburg.

Fally, W. (1994): Die Region „Nationalpark und Vorfeld" als Funktionsraum. In: Floimair, R. (Hg.): Umdenken. Zehn Jahre Nationalpark Hohe Tauern in Salzburg - eine Bestandsaufnahme. - Salzburg Diskussionen, Nr. 19. Salzburg, S. 107-120.

Fidlschuster, L. (1998): Nationalpark Hohe Tauern - Ein Katalysator für innovative LEADER-Projekte. In: Raum, H. 32, S. 13/14.

Haßlacher, P. (1984a): Praxisbezogene Entwicklungsplanung im Nationalpark Hohe Tauern. In: Lendl, M./ Reith, W.J. (Hg.): Regionalentwicklung im Berggebiet. Schweiz - Österreich: Strategien im Vergleich. Wien, S. 177-190.

Haßlacher, P. (1984b): Sanfter Tourismus - Virgental. Hg. vom Österreichischen Alpenverein. Innsbruck.

Haßlacher, P. (1987): Fortgang der Arbeiten am Nationalpark Hohe Tauern. In: Natur und Landschaft 62, Heft 7/8, S. 275-279.

Haßlacher, P. (1990): Nationalpark Hohe Tauern - Fortgang der Arbeiten in Kärnten und Salzburg und der Realisierung in Tirol. In: GW-Unterricht, Nr. 40, 35-39.

Haßlacher, P. (1998): Nationalpark Hohe Tauern: Ein Lehrstück alpiner Raumordnung. In: Raum, Heft 32, S. 10-12.

Haßlacher, P. (1999): Die Entwicklung des Nationalparks Hohe Tauern - eine raumordnungspolitische Zwischenbilanz. In: Weber, G. (Hg.): Raummuster - Planerstoff. S. 317-326. Wien

Haßlacher, P. (2000): Großglockner - Nationalparkregion auf zu neuen Ufern? Vortrag gehalten auf dem Internationalen Symposium „Bergtourismus - Fluch oder Segen?" in Altenmarkt-Zauchensee am 15./ 16. April 2000.

Institut für Grundlagenforschung (1988): Einstellungen zum Nationalpark Hohe Tauern. Repräsentative Telefonumfrage in den Nationalparkgemeinden des Bundeslandes Salzburg. Salzburg.

Institut für Kommunikations-Planung (1991): Nationalpark und Nationalparkverwaltung. Repräsentative Bevölkerungsumfrage in den Nationalparkgemeinden des Bundeslandes Salzburg. Salzburg.

Landespressebüro Salzburg (Hg.) (1984): Nationalpark Hohe Tauern. Gesetzliche Grundlagen und Ziele. Salzburg. - Schriftenreihe des Landespressebüros, Serie „Salzburg Dokumentationen", Nr. 79.

Langer, J. (1991): Nationalparks im regionalen Bewußtsein – Akzeptanzstudie „Hohe Tauern" und „Nockberge" in Kärnten. Kärntner Nationalpark-Schriften, Bd. 5. Klagenfurt.

Mose, I. (1988): Sanfter Tourismus im Nationalpark Hohe Tauern. Probleme und Perspektiven - am Beispiel des oberen Oberpinzgau (Land Salzburg). Vechtaer Arbeiten zur Geographie und Regionalwissenschaft, Bd. 6. Vechta.

Mose, I. (1993): Nationalpark Hohe Tauern – Modellfall für einen „sanften Tourismus"? Erfahrungen mit Projekten in der Region Oberpinzgau. In: Wissenschaftliche Mitteilungen aus dem Nationalpark Hohe Tauern, Bd. 1, S 192-208.

Mose, I. (1998): Sanfter Tourismus. – Gesellschaft, Raum, Umwelt, Bd. 1. Amsterdam.

Mose, I. (2001): Nationalpark Hohe Tauern – Lehrstück einer „regionalisierten Regionalentwicklung" im Alpenraum? In: Europa Regional, H. 2, S. 89-98.

Nationalparkrat Hohe Tauern (1995): Nationalpark Hohe Tauern - Leitbild. Beschluß des Nationalparkrates vom 10.08.1995. Salzburg.

Nationalparkrat Hohe Tauern (1998): Nationalpark Hohe Tauern. Offizielle Information. Matrei in Osttirol.

Slatosch, N. (2000): Die EU-Gemeinschaftsinitiative LEADER II. Förderung einer eigenständigen Entwicklung in ländlichen Regionen dargestellt am Beispiel der Region Großglockner/Mölltal. Diplomarbeit an der Universität Wien. Wien.

Slupetzky, H. (1986): Gletscherweg Obersulzbachtal. Naturkundliche Führer zum Nationalpark Hohe Tauern, Bd. 4. Innsbruck.

Stonjek, D. (1985): Ein Wasserkraftwerk im Hochgebirgsraum Osttirols? In: Geographie und Schule 7, H. 37, 20-21.

WasserWunderWelt Krimml: http://www.wawuwe.at

Winding, N. (1995): Hochgebirge sehen und verstehen. Eine Entdeckungsreise in die alpine Ökologie. Führer zum Museum „Alpine Naturschau" an der Großglockner Hochalpenstraße. Salzburg.

Christian Horny

Touristische Großprojekte als Allheilmittel für strukturschwache Räume?

Die Auswirkungen von Ferienparks in Ostdeutschland [1]

Die Ferienparkbetreiber und die Fachwelt sind sich einig darüber, dass der Boom der Ferienparks keineswegs abgeschlossen ist. Gerade in Deutschland scheint ein großer Bedarf an touristischen Großprojekten zu bestehen. Mit der Wiedervereinigung Deutschlands hat sich ein wachsender Markt in den Neuen Bundesländern erschlossen (vgl. Katz 1995: 49f).

Standortüberlegungen zielen in Ostdeutschland meist auf strukturschwache Räume in Nachbarschaft zu Verdichtungsräumen. Es handelt sich hierbei oftmals um traditionelle Fremdenverkehrsregionen, die in der DDR durch den „verordneten Urlaub" bereits eine gewisse Abhängigkeit vom Tourismus erreicht haben. Während es einige Regionen relativ schnell geschafft haben, sich den Bedingungen des Marktes anzupassen (z.B. Rügen, Harz), herrscht in anderen Regionen noch eine große Rat- und Konzeptionslosigkeit, was die zukünftige Bedeutung des Tourismus in der Region angeht. Diese Konzeptionslosigkeit wird von potenziellen Investoren oftmals ausgenutzt, um den Gemeinden völlig überzogene Planungen und dubiose Finanzierungsmodelle für touristische Großprojekte aufzudrängen.

Für die potenziellen Standortgemeinden scheinen diese Großprojekte jedoch ein Allheilmittel zu sein, die wirtschaftlich angespannte Situation zu entschärfen und Arbeitsplätze zu schaffen. Und nachdem die Investoren ihnen „blühende Landschaften" versprochen haben, lassen sich die Gemeinden nur schwer von der Idee abbringen, dieses Großprojekt zu verwirklichen. Auch bei der Planung von touristischen Großprojekten in der Region Erzgebirge/Erzgebirgsvorland war auffällig, dass die Standortgemeinden sich nicht darüber im Klaren waren, welche Auswirkungen die geplanten Großprojekte auf die Gemeinden bzw. auf die Region haben.

Entwicklung des Tourismus- und Freizeitverhaltens

Ferienparks in ihrer heutigen Ausprägung sind das Ergebnis einer langjährigen Entwicklung. Die Entwicklung bestimmter Urlaubsformen ist immer auch ein Spiegelbild der Gesellschaft, die diese Urlaubsformen hervorbringt.

Die zunehmende Freizeit und die Arbeitszeitverkürzung bewirkte eine gewandelte Einstellung zur Reise und zum Tourismus. Wurde der Urlaub bei seiner gesetzlichen Verankerung noch als Weg zur Regeneration der Arbeitskraft angesehen, verlor die Urlaubsreise bald ihre ursprüngliche Bedeutung. Untersuchungen zeigen, dass das Motiv für eine Urlaubsreise nicht mehr nur „Erholung" ist (vgl. Reiseanalyse 1988).

In den letzten Jahren geht der Trend in der Bevölkerung dahin, nicht mehr nur eine große Urlaubsreise im Sommer, sondern mehrere Kurzurlaube über das Jahr verteilt durchzuführen. Möglich wurde diese Entwicklung u. a. durch die steigende Mobilität, die es ermöglicht, auch entfernte Ziele relativ schnell zu erreichen. War vor einiger Zeit die Entfernung des Zielortes abhängig von der insgesamt zur Verfügung stehenden Urlaubszeit, spielt die für die Anreise aufzuwendende Zeit heute fast keine Rolle mehr.

Das Freizeit- und Tourismusverhalten wird durch verschiedene Determinanten beeinflusst. Veränderungen einzelner Determinanten tragen zu starken Veränderungen im gesamten Freizeit- und Tourismusverhalten bei. Krippendorf (1984: 39) nennt vier Boomfaktoren, die für die Tourismusentwicklung der Nachkriegszeit verantwortlich sind:

- Verkürzung der Arbeitszeit (d.h. mehr Freizeit und längeren Urlaub; vgl. z.B. Agricola 1989: 23 ff.);
- Entwicklung des Wohlstandes (d.h. höhere Ausgaben für Freizeitgestaltung und Tourismus; vgl. z.B. Opaschowski 1995);
- Zunahme der Motorisierung (d.h. individuelle Reisen und Erschließung früher unzugänglicher Naherholungsgebiete mit dem privaten Pkw);
- Zunahme der Verstädterung (d.h. mit der Wohnortgröße steigende Reiseintensität aufgrund fehlender Naturnähe und höherer Einkommen, insbesondere in Naherholungsgebiete).

Mit dem gesellschaftlichen Wandel hat sich auch das Freizeit- und Urlaubsverhalten entscheidend geändert. Die Boomfaktoren des Tourismus haben nicht nur zu einer qualitativen Zunahme des Tourismus geführt, sondern wirken sich auch auf die Form des Urlaubs aus. Der Freizeitkonsument von heute steht ständig unter dem Zwang „in" sein zu müssen. Dabei spielen die gesellschaftlichen Rahmenbedingungen eine wichtige Rolle. Reisen ist während der Urlaubszeit zu einer Notwendigkeit geworden. Während vor einiger Zeit die Urlaubsreise ein Statussymbol und ein Zeichen für einen gewissen Wohlstand war, ist die Reise heute etwas Selbstverständliches. So muss man heute eher begründen, warum man nicht in den Urlaub fährt.

Ferienparks als Urlaubsform

Betrachtet man die Reisemotive, so erkennt man einen Wandel weg vom naturgebundenen, hin zum erlebnisorientierten Urlaub. Abhängig vom neuen Typ des Freizeitkonsumenten, der immer alles und sofort haben möchte, ergeben sich Änderungen im Urlaubsverhalten. Es ergibt sich ein wachsender Freizeitdruck, der sich in Zeitmangel und „Erlebnis-Hopping" ausdrückt. Das (Freizeit-)Leben wird im Zwei-Stunden-Takt abgewickelt (Opaschowski 1995: 125 ff.). Neben dem „Tele-Hopping" und dem „Party-Hopping" rechnet Opaschowski in Zukunft verstärkt mit dem „Urlaubs-Hopping". Der Urlauber wechselt nach kurzen Aufenthalten möglichst oft den Urlaubsort.

Da im Bereich des Tourismus in der Regel erst die Nachfrage nach bestimmten Urlaubsformen entsprechende Angebote nach sich zieht, kann mit der Änderung des Freizeit- und Urlaubsverhalten auch ein Bedarf an Ferienanlagen beobachtet werden, die

- relativ schnell erreichbar sind,
- eine familiengerechte Ausstattung aufweisen,
- über kurze Zeiträume buchbar sind,
- möglichst viele Freizeitaktivitäten anbieten,
- einen gewissen Komfort bieten und
- es erlauben, seinen Urlaub so zu verbringen, wie man es möchte.

Seit den 1970er Jahren werden in Deutschland Ferienanlagen gebaut, die diesem Nachfrageverhalten entsprechen. Die ersten Ferienparks waren von ihrer Ausstattung und ihrem

Angebot her sehr einfach ausgelegt (vgl. Mielke 1993: 18). Die heutigen Ferienparks weisen eine vielfältige Ausstattung und ein sehr großes Freizeitangebot auf. Strasdas bezeichnet diese Ferienanlagen deshalb als „Ferienzentren der 2. Generation" (Strasdas 1992: 3).

Bei Ferienparks müssen zwei verschiedene Betreiberformen unterschieden werden. Die großen Betreibergesellschaften *Center Parcs* auf der einen und *Gran Dorado* und *SunPark* auf der anderen Seite verfolgen mit ihren Anlagen unterschiedliche Betriebskonzepte. Andere kleinere Ferienparkbetreiber arbeiten nach denselben Konzepten wie die drei oben genannten Gesellschaften oder realisieren Mischformen daraus.

Innenorientiertes Konzept für Ferienparks

Das innenorientierte Konzept der Firma *Center Parcs* ist gekennzeichnet durch zwei Merkmale. Zum einen ist nicht vorgesehen, dass die Gäste den Ferienpark verlassen, zum anderen sind Tagesbesucher nicht bzw. nur in geringer Zahl zugelassen.

Die Tatsache, dass die Besucher innerhalb des Ferienparks ihre Freizeit verbringen sollen, erfordert eine vielfältige und qualitativ hochwertige Ausstattung. Diese Ausstattung besteht aus drei wesentlichen Elementen:

a) qualitativ hochwertige Ferienwohnungen, überwiegend in Bungalowform,
b) breit gefächertes Freizeit- und Konsumangebot mit dem ‚subtropischen Schwimmparadies' als zentraler Attraktion,
c) ‚Natur' und ‚Landschaft' als wichtige Gestaltungselemente der Anlagen" (Strasdas 1992: 4).

Die Ferienwohnungen sind hochwertig und komplett eingerichtet. Neben einer modernen Kücheneinrichtung und zentraler Heizungsanlage gibt es ein geräumiges Wohnzimmer mit offenem Kamin und Farbfernseher. Die Größe der Wohnungen in den Bungalows beträgt z. B. 31 m^2 für zwei Personen und 103 m^2 für acht Personen.

In einem zentralen Gebäudekomplex konzentrieren sich die Freizeit- und Konsumeinrichtungen. Unter einer gläsernen Kuppel befindet sich das „Herz" der Anlage, das Badeparadies. Neben verschiedenen Schwimm-, Plansch- und Sprudelbecken gibt es Saunabereiche und teilweise medizinische Einrichtungen (Massage, Thermalbecken). Bei einer Wassertemperatur von 27°C und einer Lufttemperatur von 29°C bieten sich hier verschiedene Freizeitangebote.

Weiterer Schwerpunkt der Freizeitaktivitäten der Besucher sind sportliche Betätigungen. In verschiedenen Hallen und Außenbereichen können eine Vielzahl von Sportarten ausgeübt oder auch nur ausprobiert werden. Für die weitere Freizeitgestaltung stehen Restaurants, Bistros, Shops, Boutiquen und Cafés zur Verfügung. Alle diese Einrichtungen sind in der überdachten und geheizten *Parc Plaza*, einer Art Ladenstraße, untergebracht. Außerdem werden noch Unterhaltungs- und Animationsprogramme angeboten (Sportkurse, Shows). Der Bereich des Konsums stellt neben der Vermietung von Ferienwohnungen mit ca. 40% den größten Anteil des Umsatzes. Die *Parc Plaza* (Ladenstraße und Restaurationsbetriebe) hat ganzjährig eine Temperatur von 22 bis 23°C. Ebenso wie das Erlebnisbad ist sie mit „exotischen Pflanzen, Wasserläufen, Natursteinen und sogar mit lebenden Tieren ausstaffiert."(Strasdas 1992: 4).

Die Gesamtanlage ist eingebunden in eine natürlich wirkende Landschaft. Die Firma *Center Parcs* bevorzugt für ihre Anlagen Standorte in oder an weiträumigem Nadelwald (vgl. Westerlaken 1995: 183 ff.). Da die „Flucht ins Ferienghetto" (Krippendorf 1984:

82 ff.) gleichzeitig eine Flucht aus dem grauen Alltag ist, ist das Bedürfnis nach „intakter Natur" in den letzten Jahren immer mehr gestiegen. Die Besucher erwarten eine Gegenwelt zu ihrem Alltag. Dementsprechend spielen Baumbestände und Wasserflächen im Konzept der Firma eine große Rolle. Der Anteil der überbauten und versiegelten Fläche beträgt je nach Ferienpark ca. 25% bis 32%. Darin eingeschlossen sind Wasserflächen, die durch eine Folie abgedichtet sind und somit keine Verbindung zum Grundwasser besitzen. Die restliche Fläche der Anlage wird so hergerichtet, dass Aktivitäten im Freien, wie Spazierengehen oder Radfahren, eine zusätzliche Attraktion darstellen. Radfahren zählt zu den am meisten ausgeübten Freizeitaktivitäten in einer *Center Parc*-Anlage. Erforderlich ist dazu eine relativ große Fläche, die bei neueren Parks etwa 100 ha beträgt. Die Gesamtanlage ist autofrei, lediglich am An- und Abreisetag sind Fahrzeuge zugelassen.

Den Standort eines Ferienparks wählt *Center Parcs* bewusst an Orten, die relativ unattraktiv sind und wenig touristische Infrastruktur aufweisen. Lediglich der Makrostandort, also die für einen Ferienpark ausgewählte Region, soll in den Vorstellungen der Urlauber eine gewisse Attraktivität besitzen.

Ein wichtiger Effekt der Innenorientierung ist, dass die Nebenausgaben der Gäste im Park bleiben und somit die firmeneigenen Konsumbetriebe einen hohen Anteil an den Einnahmen erzielen.

Außenorientiertes Konzept für Ferienparks

Auf den ersten Blick unterscheiden sich die Ferienparks mit außenorientiertem Konzept nicht sehr stark von den zuvor beschriebenen Ferienparks mit innenorientiertem Konzept. Das Angebot innerhalb der Anlagen scheint gleich zu sein. Das Kernstück der Anlage ist auch hier ein subtropisches Erlebnisbad und ein überdachter Zentralbereich mit einer Reihe verschiedener Einrichtungen. Allerdings ist die Gesamtanlage weniger aufwendig und kostenintensiv gestaltet.

Der Urlauber findet also auch hier vielfältige Möglichkeiten zur Freizeitgestaltung. Es ergeben sich jedoch erhebliche konzeptionelle Unterschiede bezüglich der Wahl des Standortes und damit in der Einbeziehung der Umgebung, sowie in der Größe und Gestaltung der Anlagen (vgl. Strasdas 1992: 17). So liegen die Ferienparks der Firmen *Gran Dorado* und *SunPark* an Standorten, die entweder zusätzliche attraktive Freizeitaktivitäten ermöglichen oder besondere touristische Sehenswürdigkeiten aufweisen.

Die Nähe zu Ausflugszielen zeigt sich auch beim Ausflugsverhalten der Gäste. Auch in der Werbung verweist *Gran Dorado* auf attraktive Ziele in der Umgebung. Durch die Außenorientierung ist der Urlauber nicht gezwungen, seine gesamte Freizeit in der Anlage zu verbringen. So unterscheidet sich der Flächenbedarf erheblich von dem der innenorientierten Anlagen. Der Flächenbedarf innenorientierter Anlagen ist etwa dreimal so hoch wie der außenorientierter Anlagen. Vergleicht man die Bettenzahlen und Wohneinheiten der verschiedenen Anlagenformen, sind diese bei beiden Konzepten ähnlich hoch. In den außenorientierten Anlagen ergibt sich so eine dichtere Bauweise.

Dementsprechend müssen auch die Freiflächen nicht so aufwendig gestaltet werden wie bei innenorientierten Anlagen. Oftmals dient der Freiraum lediglich als Abstandsgrün.

Das außenorientierte Konzept bezieht auch ganz bewusst Tagesgäste mit in die Angebotsvielfalt ein. In den Ferienparks sind Tagesgäste unbegrenzt zugelassen. Die Ferienparks stellen somit eine Bereicherung des Angebotes einer Region dar.

Ökologische Auswirkungen von Ferienparks

Ein Ferienpark ruft aufgrund seiner Anlage und seines Betriebs Eingriffe in Natur und Landschaft hervor. Neben dem Verbrauch von Grund und Boden werden weitere Ressourcen, wie Wasser oder Energie, verbraucht. Auch die indirekte Beanspruchung, z. B. durch Immissionen, stellt eine Belastung für den Naturhaushalt dar.

Energieverbrauch
Der Energieverbrauch in Ferienparks entsteht durch den Verbrauch in den Ferienhäusern (Beleuchtung, Elektrogeräte, Warmwasserversorgung, Heizung usw.) und durch den Verbrauch des Zentralkomplexes und der Sportanlagen.

Der Energieverbrauch in den Ferienhäusern unterscheidet sich aufgrund seiner haushaltsüblichen Ausstattung von dem eines durchschnittlichen Haushaltes nicht wesentlich. Dagegen erreicht der Energieverbrauch für den Zentralkomplex erhebliche Ausmaße. Das besondere Angebot der Ferienparks, eine ganzjährig gleichmäßige Temperatur zu bieten, erfordert einen hohen Energieaufwand. So soll beim geplanten Ferienpark *Loreley* mit 500m^3 Gas/h ca. 40% der gesamten benötigten Gasmenge für den Zentralkomplex verbraucht werden. Der Stromverbrauch ist vor allem im Winter durch die intensive Beleuchtung des Zentralkomplexes sehr hoch. Beim Energieverbrauch der Ferienparks ist damit zu rechnen, dass der Pro-Kopf-Energieverbrauch höher liegt als bei anderen Fremdenverkehrsformen (vgl. Herrmann 1990: 90 und Mielke 1993: 45).

Wasserverbrauch
Man kann von einem mittleren täglichen Wasserbedarf pro Tourist und Übernachtung von 250 bis 300 Litern ausgehen, während ein Durchschnittshaushalt in Deutschland täglich ungefähr halb so viel verbraucht. Dabei sind externe Duschen einbezogen, nicht aber das Schwimmbadwasser und die zu befüllenden Wasserflächen. Während der Betriebsphase eines Ferienparks geht Herrmann (1990: 87) von einem täglichen Wasserverbrauch von 1000 cbm (=1 Mio. Liter) aus, was bei einer Belegung mit 3.200 Personen einem durchschnittlichen täglichen Wasserverbrauch von 313 Litern pro Person entspricht. Ein erhöhter Wasserverbrauch entsteht durch die „naturnah" angelegten Grünanlagen. Um den Besuchern auch bei längerer Trockenheit ein grüne Anlage bieten zu können, ist eine Bewässerung unumgänglich.

Verbrauch von Grund und Boden
Bei der Anlage eines Ferienparks wird, wie bei allen Baumaßnahmen, Grund und Boden verbraucht. Der Boden wird somit einer anderweitigen Nutzung entzogen. Der Flächenverbrauch unterscheidet sich hinsichtlich der Betriebskonzepte (innen-, außenorientiert) z. T. sehr stark voneinander. Die Größen eines Ferienparks liegen in Deutschland zwischen 26 ha (*Gran Dorado Heilbachsee*) und 88 ha (*Center Parc Bispingen*). Der Versiegelungsgrad innerhalb der Ferienparks beträgt je nach Anlage zwischen 19% und 64%. Je nach Größe der Anlage entspricht dies 6 bis 70 ha versiegelter Fläche.

Abwasser-/Abfallaufkommen
Das Abfallaufkommen der Ferienparks ist einerseits von der Palette der vom Betreiber angebotenen Waren, andererseits vom Konsumverhalten der Gäste abhängig. Die angebotenen Waren können das Abfallaufkommen am nachhaltigsten beeinflussen. So ist in den derzeit bestehenden Anlagen ein Trend zur Müllvermeidung nicht zu erkennen. Vielfach werden im Gastronomiebereich zusätzliche Abfallmengen erzeugt, indem Wegwerfgeschirr und Porti-

onspackungen verwendet werden. In den übrigen Geschäften der Ferienparks werden in den seltensten Fällen Pfandbehälter und Mehrwegverpackungen angeboten.

Das Abwasseraufkommen in den Ferienparks ist zu unterscheiden nach dem Verbrauch durch die Feriengäste, die Tagesgäste - soweit diese als Besucher zugelassen werden - und das Personal. Durch die Verbrauchsstruktur des Wassers wird das Abwasseraufkommen entscheidend beeinflusst. Sowohl im Schwimmbadbereich als auch bei Reinigungsarbeiten sind die größten Abwassermengen festzustellen. Daten zum Abwasseraufkommen sind nicht verfügbar.

Verkehrsaufkommen

Ferienparks erfordern einen hohen Erschließungsaufwand. Die geplanten Ferienparks sollen zwar alle in der Nähe von Autobahnen errichtet werden und keine Ortsdurchfahrten erforderlich machen, die Anbindung der Ferienparks an übergeordnete Verkehrswege und die innere Erschließung der Parks erfordern jedoch eine gut ausgebaute Verkehrsinfrastruktur. Neben Belastungen durch Versiegelung ergeben sich durch verkehrliche Anlagen weitere Belastungen.

Die Lage der Ferienparks in ländlichen Gebieten, mit wenig ausgebauten öffentlichen Verkehrsmitteln, bedingt eine *An- und Abreise* der Gäste mit dem Automobil. Laut Aussage der Betreiber liegen die Ferienparks in einer Entfernung von ca. zwei Stunden Fahrzeit zu Ballungsgebieten.

Der überwiegende Teil der Ferienparkbesucher nutzt diesen für einen Kurzurlaub von drei bis vier Tagen Dauer. Durch feste Buchungsintervalle ergeben sich zwei Tage pro Woche, an denen ein Gästewechsel stattfindet. Der Anteil der Gäste, die mit dem eigenen PKW anreisen, beträgt mehr als 90% (vgl. Mielke 1993: 43).

Bei der Untersuchung des *Ausflugsverkehrs* muss zwischen Ferienparks mit innenorientiertem und außenorientiertem Konzept unterschieden werden: Bei Anlagen mit innenorientiertem Konzept ist aufgrund des Standortes mit einer geringen Zahl von Ausflügen zu rechnen. So wurde bei einer Untersuchung festgestellt, dass lediglich 4% der Besucher der britischen *Center Parcs Sherwood Forest* und *Elveden Forest* ein Interesse an der Region hatten; dementsprechend gering ist dort die Ausflugshäufigkeit (vgl. Strasdas 1992: 44). Bei Ferienparks mit außenorientiertem Konzept ist die Ausflugshäufigkeit größer. Die Firma *SunParks* nimmt als Erfahrungswert eine Ausflugshäufigkeit von 25% an (vgl. BfLR 1994: 84). Dabei ist zu berücksichtigen, dass sich diese Zahl auf Belgien bezieht und mit den derzeitigen Planungen für Deutschland nicht unbedingt vergleichbar ist[2]. Die Firma *Gran Dorado* nennt für ihre Anlage *Heilbachsee* aufgrund „einer nicht repräsentativen Umfrage (3000 Fragebögen) ... während der Hochsaison ca. zwei Ausflüge bei einer durchschnittlichen Aufenthaltsdauer von drei bis dreieinhalb Tagen" (BfLR 1994: 84). Strasdas (1992: 47) nennt für denselben Park eine „Ausflugshäufigkeit von 50% pro Tag und mindestens 80% bezogen auf den Gesamt-Aufenthalt".

Bei Ferienparks mit außenorientiertem Konzept ergibt sich ein zusätzlicher Effekt, der hier unter dem Gesichtspunkt Ausflugsverkehr betrachtet wird, obwohl er nicht durch die Feriengäste des Ferienparks verursacht wird. Aufgrund des Konzeptes ist ein außenorientierter Park für Tagesgäste offen und stellt wegen seiner Ausstattung und der vielfältigen Möglichkeiten zur Freizeitgestaltung ein attraktives Ziel für Tagesbesucher dar, die ihren Urlaub in der Region verbringen. Der dadurch zusätzlich erzeugte Fahrzeugverkehr er-

Discovery Dome *Quelle: Center Parcs GmbH, Public Relations*

reicht, je nach Einzugsgebiet, teilweise die gleichen Dimensionen wie der Ausflugsverkehr der Feriengäste und übersteigt diesen an Spitzentagen sogar noch.

Die *Versorgung eines Ferienparks* mit Ver- und Gebrauchsgütern für Gastronomie und Handel erfolgt per LKW. Aufgrund der großen Anzahl an Gästen ist mit einem hohen Aufkommen des Lieferverkehrs zu rechnen. Für den *Center Parc Hergenrath* errechnete die RWTH Aachen ein LKW-Aufkommen von 150 Fahrzeugen pro Woche oder 30 LKW pro Tag (vgl. Mielke 1993: 44).

Der *Bedienstetenverkehr* kann erhebliche Dimensionen erreichen. Bedenkt man, dass je nach Ferienpark 400 bis 600 Arbeitskräfte beschäftigt sind, ist mit einem starken Verkehrsaufkommen durch die Bediensteten zu rechnen. Die Betreiber der Ferienparks sind bemüht, vorwiegend Arbeitskräfte aus den umliegenden Orten zu beschäftigen, die Lage der Ferienparks in ländlichen Gebieten und in einiger Entfernung zu Ortschaften lässt aber auf einen großen PKW-Anteil am Bedienstetenverkehr schließen.

Veränderung des Landschaftsbildes

Die Ferienparks werden vorwiegend in ländlichen, peripheren Regionen errichtet. Oftmals handelt es sich dabei um großräumige Kulturlandschaften, wie z. B. die Eifel oder die Lüneburger Heide. Die notwendige Attraktivität des Standortes, hinsichtlich der Qualität der Landschaft, lässt Auswirkungen auf das Landschaftsbild erwarten.

Das Konzept von *Center Parcs* ist, zumindest in den neueren Anlagen, auf eine geringe landschaftliche Störung ausgerichtet, wobei die Bungalows in die Landschaft hineingesetzt werden. Die Gebäudehöhe richtet sich nach der Höhe der vorhandenen Bäume und bleibt grundsätzlich unterhalb der Wipfellinie. Dadurch wird sichergestellt, dass die Gebäude von außerhalb des Parks nicht (ein)gesehen werden können (vgl. Westerlaken 1995: 184). Die

geringe Bebauungsdichte und die Größe der Parks lassen den Erhalt der vorhandenen Vegetation zu. So sind Beeinträchtigungen des Landschaftsbildes auf einsehbare Bereiche des Parks begrenzt. Großflächige asphaltierte Parkplätze am Rand der Parks stellen jedoch, abhängig von ihrer landschaftlichen Einbindung, eine weithin sichtbare Beeinträchtigung dar. Bei Parks mit außenorientiertem Konzept sind aufgrund der höheren Bebauungsdichte und der geringeren Größe der Anlagen Einbindungen in vorhandene Vegetationsbestände nicht möglich oder vorgesehen. Der Charakter dieser Anlagen ist mit Feriendörfern vergleichbar, bei denen nicht der Park selbst die Attraktion darstellt, sondern die (landschaftliche) Umgebung. Dementsprechend weniger aufwendig ist die Gestaltung der Anlagen und die landschaftliche Einbindung. Vor allem bei Standorten in Holland und Belgien fällt die oft eintönige Gestaltung der Anlage auf. Grünflächen sind lediglich als monotones Abstandsgrün ausgebildet.
Da die Umgebung der Parks als Kulisse dient, die dem Ferienpark seine Attraktivität geben soll, werden diese Parks, zumindest in Deutschland, an und in landschaftlich exponierten Stellen geplant und errichtet.

Ökonomische Auswirkungen von Ferienparks

Die Auswirkungen auf die ökonomischen Gegebenheiten der Region kann man in Beschäftigungseffekte, Auswirkungen auf Fremdenverkehrsbetriebe sowie direkte und indirekte wirtschaftliche Effekte auf den kommunalen Haushalt, Handel, Gewerbe und Gastronomie unterscheiden. Touristische Großprojekte stellen einerseits ein großes ökonomisches Potenzial dar, andererseits lassen sie Auswirkungen auf traditionelle Freizeiteinrichtungen und die kommunale Unabhängigkeit erwarten. Großeinrichtungen gelten als Risikoinvestition. Die Höhe der Investitions- und Betriebskosten erfordern eine Mindestauslastung von 80% bis 90%, um Gewinne zu erzielen. Es besteht die Gefahr einer relativ kurzen Nutzungsdauer (vgl. ILS 1994: 23).

Beschäftigungseffekte
Während der *Bauphase* hat z. B. das Unternehmen *Center Parcs* spezielle Anforderungen an die beauftragte Baufirma. Man kann deshalb davon ausgehen, dass nur größere Firmen Bauaufträge erhalten, da kleinere Firmen mit diesen Anforderungen überfordert sind. Nach Mielke (1993: 30) werden beim Bau von Ferienparks auswärtige Großunternehmen eingesetzt, „die ihre Arbeitskräfte jedoch nur z. T. mitbringen, und z. T. vor Ort anwerben."

Während der *Betriebsphase* der Ferienparks entstehen in relativ kurzer Zeit neue Arbeitsplätze. Die Anzahl der Arbeitsplätze ist dabei abhängig von „der Größe und dem Freizeit- und Dienstleistungsangebot innerhalb eines Ferienparks" (BfLR 1994: 71). Außerdem gibt es unterschiedliche Strukturen bei der Durchführung von Serviceleistungen und Instandhaltungen: In einigen Ferienparks wird hierfür eigenes Personal beschäftigt, andere Ferienparks vergeben diese Arbeiten an Fremdfirmen.
Die direkt im Ferienpark geschaffenen Arbeitsplätze sind hinsichtlich ihrer Quantität von verschiedenen Faktoren abhängig. Dabei spielt auch die Qualität der Arbeitsplätze eine große Rolle. Die Bandbreite der angebotenen Arbeitsplätze ist als sehr groß zu bezeichnen. Neben einfachen Stellen, wie z. B. Reinigungspersonal, werden hoch qualifizierte Stellen angeboten, „die insbesondere in ländlichen Räumen ansonsten kaum vorhanden sind." (BfLR 1994: 72). Durch die Ansiedlung eines Ferienparks und den damit verbundenen Ar-

Aqua Mundo *Quelle: Center Parcs GmbH, Public Relations*

beitskräftebedarf kommt es zu einem Konflikt mit der traditionellen Fremdenverkehrswirtschaft: Während dort eine hohe Saisonalität zu verzeichnen ist, werden die Ferienparks aufgrund ihrer Wetterunabhängigkeit ganzjährig betrieben und bieten dementsprechend ganzjährige Stellen.

Gedeckt wird der Bedarf durch Arbeitskräfte, die vorher schon einen Arbeitsplatz im Dienstleistungs- oder Fremdenverkehrsbereich hatten. Man kann davon ausgehen, dass „in Fremdenverkehrsgebieten mit einer gewissen Abwanderung von Saisonarbeitskräften zu den ganzjährigen Stellen bei den neuen Ferienzentren zu rechnen" (Strasdas 1992: 66) ist.

Neben der Konkurrenz im Bereich der Arbeitskräfte entstehen vor allem Konflikte durch das Nachfrageverhalten bei den Gästen. Die Ferienparkbetreiber gehen davon aus, dass die Ferienparks in Deutschland eine ähnlich hohe Auslastung aufweisen wie die Ferienparks in Holland. Dies bedeutet für die Ferienregion je nach Größe des Ferienparks eine zusätzliche Gästezahl von 2000 bis 3000 pro Buchungsintervall. Dadurch werden „die Bettenzahlen selbst von intensiv entwickelten Fremdenverkehrsgemeinden [erreicht] und ... diese (durch den ganzjährigen Betrieb) meist noch mit ihren Übernachtungszahlen [übertroffen]." (ebd.: 70)

Während Strasdas (1992: 70ff.) von diesen Kapazitätsausweitungen der Bettenzahlen erhebliche Auswirkungen erwartet, gehen Mielke und BfLR davon aus, dass sich die Auswirkungen „in Grenzen halten" (Mielke 1993: 29) bzw. „keine Konkurrenzsituation zwischen der Ferienanlage und dem Beherbergungs- und Gaststättengewerbe vor Ort" (BfLR 1994: 77) besteht.

Auch die Ferienparkbetreiber und Fremdenverkehrsverbände gehen von geringen Auswirkungen und Ergänzungen im Angebot der Ferienregion aus. So geht der Fremdenverkehrsverband Lüneburger Heide davon aus, dass die traditionelle Fremdenverkehrswirtschaft vom *Center Parc Bispingen* profitieren wird, wobei laut Verbandsstatistik für das Jahr 1995 in der Region Nördliche Lüneburger Heide nach Inbetriebnahme dieser *Center Parc*-Anlage in den Monaten Juli und August[3] ein Zuwachs der Übernachtungszahlen von 9,1% bzw. 18,3% zu verzeichnen gewesen ist. Der gleichzeitig zu verzeichnende Rückgang der

Übernachtungen in den traditionellen Fremdenverkehrsbetrieben von 1,9% liegt im langjährigen Trend und ist somit nicht unbedingt durch den Ferienpark verursacht.

Die Ergänzungen im Angebot einer Region ergeben sich hauptsächlich durch die unterschiedlichen Zielgruppen, die durch die verschiedenen Betreiber (Ferienpark und traditioneller Fremdenverkehrsbetrieb) angesprochen werden.

Ergänzung des regionalen Angebotes und Imagegewinn
Die Mitbenutzung von Einrichtungen des Ferienparks durch Tagesgäste ist lediglich in außenorientierten Anlagen möglich. Können die Einrichtungen eines Ferienparks jedoch von Tagesgästen aus der Region mitbenutzt werden, wirkt sich dies auf die Attraktivität einer Ferienregion positiv aus. Bei Einbeziehung des Ferienparks in ein regionales Fremdenverkehrskonzept können Gemeinden erhebliche finanzielle Mittel einsparen, da sie nicht ihrerseits diese Freizeitangebote bereitstellen müssen. Die damit eingesparten Mittel können in andere Projekte zur Attraktivierung der Region investiert werden.

Kommunaler Haushalt und Handel
Direkte Effekte auf den kommunalen Haushalt entstehen durch mögliche Steuereinnahmen und durch Ausgaben für Erschließungsanlagen für die Ferienparks.

Die Kommunen sind aufgrund der zu erwartenden Steuereinnahmen bereit, einen Ferienpark auf ihrem Gemeindegebiet anzusiedeln. Da das Steuersystem ständigen Änderungen und regionalen Unterschieden unterworfen ist, kann im Rahmen dieses Beitrags keine allgemeingültige Bewertung der Steuereinnahmen vorgenommen werden. Eine Abschätzung der Auswirkungen auf den kommunalen Haushalt ist jeweils im Einzelfall zu prüfen.

Ferienparks liegen meist peripher zu bestehenden Siedlungen. Die notwendigen Erschließungsanlagen (Zuwegungen, Ver- und Entsorgungseinrichtungen) sind meist nicht vorhanden und müssen errichtet werden. Dadurch muss die Gemeinde z. T. erhebliche Vorleistungen erbringen. Müssen als Folge der Ansiedlung eines Ferienparks bestehende Infrastruktureinrichtungen erweitert oder neu gebaut werden, überfordert dies oft den finanziellen Rahmen des gemeindlichen Haushaltes. Vor allem bei der technischen Ver- und Entsorgung, z. B. beim Neubau einer Kläranlage, die auf die zu erwartende Abwassermenge ausgelegt ist, können erhebliche Kosten auf die Gemeinde zukommen.

Allerdings kann die Kommune die Kosten bestimmter Infrastrukturmaßnahmen senken, indem sie Fördermittel in Anspruch nimmt oder indem sich der Investor an den Kosten beteiligt. Neben den direkten Kosten für die Erweiterung oder den Neubau von Infrastruktureinrichtungen muss die Gemeinde mit Ausgaben für die planerische Ausarbeitung der Maßnahmen rechnen. Dabei bleibt es dem Verhandlungsgeschick der Gemeinde überlassen, den Investor an den Kosten für planerische Vorleistungen und Maßnahmen zur Verbesserung der Infrastruktur zu beteiligen.

Direkte Auswirkungen für den Handel (Einzel- und Großhandel) in einer Region mit Ferienpark bestehen durch den großen Bedarf an Konsumgütern für den täglichen und mittelfristigen Bedarf. Da der Bedarf an Gütern für die Gastronomie in der Regel durch den Großhandel gedeckt wird, kann man davon ausgehen, dass die Ausgaben für diesen Bereich aus der Region abfließen, wenn kein Großhändler der Region den Bedarf decken kann. Bei Waren, die aus der landwirtschaftlichen Produktion kommen und frisch angeliefert werden, ergeben sich Möglichkeiten für regionale Händler, diese Waren zu liefern. Bei den englischen

Center Parcs-Anlagen haben Untersuchungen ergeben, dass 18% bzw. 27% der Ausgaben an Anbieter in einem Umkreis von 40 Meilen gehen (vgl. Mielke 1993). Diese Ferienparks befinden sich im Gegensatz zu den in Deutschland geplanten Parks in urbanisierten Stadtregionen, wo regionale Betriebe in der Lage sind, die speziell benötigten Dienstleistungen und Warenmengen zu liefern (vgl. Strasdas 1992: 67 und Mielke 1993: 29).

Die Höhe der direkten Auswirkungen auf den Handel durch Ausgaben des Ferienparks ist abhängig von der regionalen Wirtschaftsstruktur und der Konkurrenzfähigkeit der regionalen Betriebe gegenüber Großhändlern. Daneben spielt auch das Betriebskonzept eines Ferienparks eine Rolle. Die Komplexität der wirtschaftlichen Zusammenhänge einer Region erlaubt keine allgemein gültigen Aussagen. Die Auswirkungen sind im Einzelfall projektbezogen zu untersuchen.

Soziale Auswirkungen von Ferienparks

Die sozialen Auswirkungen durch die Ansiedelung eines touristischen Großprojektes können durch verschiedene Faktoren dargestellt werden. Mit „sozialen Auswirkungen" sind Effekte von außen gemeint, die die regionale Identität, „die regionalen oder örtlichen Verhaltensmuster, Wertvorstellungen und Sozialgefüge verändern." (Mielke 1993: 26)

Zu den sozialen Auswirkungen durch die Ansiedlung eines touristischen Großprojektes gehört vor allem die Überfremdung und damit das Gefühl, Auswärtigen und Fremden ausgeliefert zu sein. Dieses Ausgeliefertsein kann durch zwei Merkmale konkretisiert werden: Zum einen besteht eine direkte Abhängigkeit, zumindest eines großen Teils der regionalen Bevölkerung und der Standortgemeinde, vom Tourismus und dessen wirtschaftlichen Folgen; zum anderen entsteht oftmals das Gefühl, die regionale Identität zu verlieren, sodass die traditionelle Kultur lediglich musealen Charakter erhält und als Kulisse für den Tourismus dient.

Regionale Identität

Bei der Betrachtung der soziokulturellen Auswirkungen ist zunächst von einer regionalen Identität der Bevölkerung auszugehen. Aufgrund der historischen Entwicklungen ergeben sich Räume mit mehr oder weniger stark ausgeprägten regionalen Eigenarten und Kulturen. Die kulturräumliche Gliederung spiegelt sich in manchen Regionen, z. B. dem Allgäu, dem Schwarzwald oder der Rhön, auch heute noch sehr stark wider. Man kann dabei davon ausgehen, dass die Auseinandersetzung mit der regionalen Identifikation und der regionalen Kultur für die Einwohner solange keine große Rolle spielt, wie keine äußeren Einflüsse auf die Region einwirken (vgl. Kühn 1994: 27f.).

Der Tourismus spielt bei der Aufwertung der regionalen Identität eine wichtige Rolle. So werden bei der Angabe von Reisezielen meistens keine Stadt- oder Ortsnamen genannt, sondern die Namen der Zielregion, z. B. „Allgäu", „Schwarzwald", „Harz", „Ostsee". Diese Regionsnamen stellen eine symbolische und virtuelle Raumproduktion dar. Durch mediale Produktionen sind mit diesen Regionen bestimmte Bilder verbunden. Diese Bilder reduzieren die regionalen Eigenarten und Kulturmerkmale auf allgemein bekannte Symbole. Durch die symbolhafte Darstellung sind regionale Identitäten leichter fass- und erlebbar.

Der Verlust der regionalen Identität der Einwohner ist von der Stärke der äußeren Einflüsse abhängig. Für die Ansiedlung eines Ferienparks bedeutet dies, dass die Akzeptanz der Bevölkerung für einen Ferienpark von seiner Wirkung auf soziale Strukturen und damit auf die regionale Identität abhängig ist.

Die Errichtung der Anlagen an bisher wenig touristisch erschlossenen Standorten lässt eine bislang gering ausgebildete Fremdenverkehrsintensität erwarten. In traditionellen Fremdenverkehrsgemeinden ist die Bevölkerung an den Umgang mit Urlaubern gewohnt, da sich der Fremdenverkehr in der Regel über einen längeren Zeitraum entwickelt hat. Bei der Ansiedlung eines Ferienparks erhöht sich dagegen die Fremdenverkehrsintensität schlagartig. Dies wird um so problematischer gesehen, je kleiner die Standortgemeinde im Verhältnis zum Ferienpark ist (vgl. Mielke 1993: 26).

Fremdbestimmung
Das zahlenmäßige Verhältnis zwischen Einwohnern der Standortgemeinde und den Urlaubern im Bereich der Standortgemeinde ist ausschlaggebend für die Beurteilung der Fremdbestimmung. Dabei sollte nicht die Einwohnerzahl der Gesamtgemeinde betrachtet werden, sondern die Einwohnerzahl des Gemeindeteils, der in räumlicher Nähe zum Ferienpark liegt.

Im Unterschied zum traditionellen Fremdenverkehr weisen die Ferienparks eine ganzjährig hohe Auslastung auf. Was in ökonomischer Hinsicht ein Vorteil ist, kann aus soziokultureller Sicht als nachteilig bewertet werden. Die ganzjährige Anwesenheit einer großen Anzahl Fremder stellt eine Dauerbelastung für jene Bevölkerungsschichten dar, die gezwungenermaßen Umgang mit den Fremden haben. So ist für Anwohner von Hauptzufahrtswegen zu touristischen Attraktivitäten eine erhebliche verkehrliche Belastung zu verzeichnen.

Aufgrund der großen Bettenzahlen der Ferienparks und der hohen Auslastung ergibt sich eine ganzjährig hohe Anzahl an Fremden. Die soziokulturellen Auswirkungen sind um so höher zu bewerten, je größer der zahlenmäßige Unterschied zwischen den Einwohnern des angrenzenden Standortes und den Gästen des Ferienparks ist (vgl. Mielke 1993: 26).

Arbeitsplätze und Sozialgefüge
Durch die Ansiedlung eines Ferienparks werden innerhalb kurzer Zeit relativ viele Arbeitsplätze geschaffen. Die Deckung dieses Arbeitskräftebedarfs ist nicht in allen Fällen durch Beschäftigung von Einheimischen möglich. Dadurch ergibt sich ein Zuzug von ortsfremden Arbeitskräften. Dem so entstehenden quantitativen Bevölkerungswachstum folgt ein qualitativer Strukturwandel der Bevölkerung. Der Zuzug z. T. hochqualifizierter Arbeitskräfte wirkt sich einerseits auf die lokale und kommunale Altersstruktur aus, andererseits erfordert er bestimmte Infrastruktureinrichtungen, wie z. B. Bildungseinrichtungen.

Auch hier ergeben sich z. T. große Unterschiede zum traditionellen Fremdenverkehr. Durch die hohe Saisonalität des traditionellen Fremdenverkehrs ergibt sich ein saisonaler Arbeitskräftebedarf. Während in den hochsaisonalen Zeiträumen oft der Bedarf an Arbeitskräften aus dem regionalen Arbeitsmarkt nicht gedeckt werden kann, ist während den nebensaisonalen Zeiten eine hohe Arbeitslosenquote zu verzeichnen. Die Deckung des Arbeitskräftebedarfs während der Hauptsaison erfolgt durch den Zuzug saisonaler Arbeitskräfte. Diese Arbeitskräfte lassen sich nur schwer in soziale Strukturen einbinden, haben selbst auch oft kein Interesse am Umgang mit Einheimischen, da sie nur wenige Wochen im jeweiligen Ort verbringen (vgl. Mielke 1993: 26ff.). Diese Arbeitskräfte bilden eine in sich geschlossene Randgruppe, die sich nicht in vorhandene Strukturen einbinden lässt, aber auch keine Anforderungen an das soziale Netz der Gemeinde stellt.

Im Gegensatz dazu bietet ein Ferienpark eine ganzjährige Beschäftigung. Der nicht aus dem regionalen Arbeitsmarkt zu deckende Arbeitskräftebedarf wird auch hier in der Regel durch auswärtige Arbeitskräfte gedeckt. Durch die ganzjährige und langfristige Beschäftigung erfolgt aber meist ein mehr oder weniger endgültiger Zuzug in die Standortgemeinde bzw. -region. Die Bereitschaft dieser Zugezogenen, sich in die sozialen Strukturen des neuen Wohnortes zu integrieren, ist dabei sehr groß.

Fazit

Durch die Veränderung des Freizeit- und Urlaubsverhaltens werden seit einigen Jahren Urlaubsformen nachgefragt, die den gegenwärtigen gesellschaftlichen Gegebenheiten entgegenkommen. Nachgefragt werden vermehrt Ferienanlagen, die ein breites Angebot an Freizeitaktivitäten aufweisen und einen, den individuellen Bedürfnissen angepassten, Urlaub ermöglichen. Die zunächst in Holland und Belgien errichteten Ferienparks entsprachen in ihrer Ausstattung, dem Service und Image der Nachfrage.

Nachdem diese Ferienparks eine sehr hohe Akzeptanz seitens der Urlauber aufweisen konnten, werden seit Anfang der 1990er Jahre auch in Deutschland Ferienparks geplant, gebaut und betrieben.

Ferienparks haben als touristische Großprojekte zum Teil erhebliche Auswirkungen auf die Standortgemeinde oder -region. Da in Deutschland erst seit einigen Jahren Ferienparks betrieben werden, kann derzeit nur schwer überprüft werden, ob die genannten Auswirkungen tatsächlich wie beschrieben eingetreten sind oder eintreten werden. Die ökologischen Auswirkungen können relativ leicht anhand von Parametern überprüft werden. Bei den ökonomischen Auswirkungen lassen sich die kurzfristigen positiven Effekte herausstellen. Die langfristigen Effekte auf Gemeindehaushalt und Handel (Was passiert, wenn ein Ferienpark wegen Unrentabilität schließen muss?) sind aber ebenfalls noch nicht abzusehen.

Bei der Planung von Ferienparks ist wegen den vielfältigen und raumbedeutsamen Auswirkungen eine raumordnerische Steuerung unumgänglich, um Fehlentwicklungen zu vermeiden. Dabei kommt der Regionalplanung die entscheidende Bedeutung zu, auf der Grundlage der Grundsätze und Ziele der Raumordnung und Landesplanung, die sich auch auf die touristische Entwicklung beziehen, eine Abwägung der verschiedenen Belange vorzunehmen.

In den Neuen Bundesländern wurden an verschiedenen Standorten Planungen zur Errichtung von Ferienparks aufgenommen. Die teilweise dubiosen Betreibermodelle lassen sich in einigen Fällen auf die „Goldgräberstimmung" nach der Wiedervereinigung zurückführen. Bei einigen Vorhaben in Sachsen wurden die Planungen nach einer gewissen Zeit eingestellt, wobei die potenziellen Standortgemeinden auf den Planungskosten und Vorleistungen sitzen blieben. Festzustellen ist in diesen Fällen auch eine fehlende Koordination durch die Regionalplanung, die bei fragwürdigen Vorhaben die Gemeinden nicht bereits im Vorfeld unterstützen und beraten konnten.

Eine allgemeingültige Empfehlung, ob der Bau eines Ferienparks in einer Gemeinde sinnvoll ist, kann aufgrund der Komplexität der Thematik nicht ausgesprochen werden. Es sollte bei jedem einzelnen Vorhaben eine gründliche und umfassende Beurteilung der Auswirkungen erfolgen. Vorallem in strukturschwachen Räumen können die Aussichten auf positive ökonomische Effekte nicht das alleinige Kriterium zum Bau eines Ferienparks bilden.

Grundsätzlich sollte ein Ferienpark in ein Tourismuskonzept eingebunden werden, um negative Auswirkungen auf den traditionellen Fremdenverkehr auszuschließen und z. B. kommunale Infrastruktur-Investitionen zu koordinieren. Durch das Tourismuskonzept kann verhindert werden, dass sich alle touristischen Bemühungen nur auf dieses eine Großprojekt beschränken und zu einer monostrukturierten Wirtschaft führen.

Anmerkungen

1 *Dieser Beitrag basiert auf der Diplomarbeit des Autors an der Universität Dortmund, Fakultät Raumplanung: „Regionale Auswirkungen und Steuerungsmöglichkeiten von touristischen Großprojekten am Beispiel von Ferienparks", Dortmund 1996.*

2 *So lässt an den geplanten Standorten (Manderscheid/Eifel und Häse/Brandenburg) eine attraktive landschaftliche Umgebung eine hohe Ausflugshäufigkeit erwarten. (BfLR 1994: 84).*

3 *Der Center Parc Bispingen wurde am 14. Juli 1995 eröffnet. Die vorliegenden Zahlen geben aufgrund ihres kurzen Beobachtungszeitraumes deshalb lediglich einen Trend an.*

Literatur

Agricola, Sigurd/ Wehr, Peter (1989): Entwicklung landschaftsbelastender Freizeitgroßeinrichtungen. In: UVP-Report 1/89, S. 24-27

BfLR (1994), Bundesforschungsanstalt für Landeskunde und Raumordnung: Freizeit- und Ferienzentren. Umfang und regionale Verteilung, Materialien zur Raumentwicklung Heft 66. Bonn

Deutsches Fremdenverkehrspräsidium (1994) (Hg.): Deutscher Tourismusbericht. Bonn, Frankfurt/Main

Freyer, Walter: Tourismus (1995): Einführung in die Fremdenverkehrsökonomie. München/ Wien

Herrmann, Stephan/Lambrecht, Heiner/Wagner, Rolf (1990): Feriengroßprojekte unter UVP-Gesichtspunkten - Das Fallbeispiel „Center Parc Bispingen", Schriftenreihe des Instituts für Landschaftspflege und Naturschutz am Fachbereich Landespflege der Universität Hannover, Arbeitsmaterialien 13. Hannover

ILS (1994), Institut für Landes- und Stadtentwicklungsforschung: Kommerzielle Freizeit-Großeinrichtungen, Bausteine für die Planungspraxis in Nordrhein-Westfalen. Düsseldorf

Katz, Martin (1995): Sun Parks. Konzepte, Angebote, Zielgruppen. In: Thomas-Morus-Akademie: Kathedralen der Freizeitgesellschaft. Kurzurlaub in Erlebniswelten. Trends, Hintergründe, Auswirkungen, Bensberger Protokolle 83. Bergisch-Gladbach, S. 47-50

Krippendorf, Jost (1984): Die Ferienmenschen. Für ein neues Verständnis von Freizeit und Reisen. Zürich/ Schwäbisch Hall

Kühn, Manfred (1994): Fremdenverkehr und regionale Entwicklung. Perspektiven der Regionalisierung ländlicher Kultur durch „Sanften Tourismus", Gesamthochschule Kassel, Schriftenreihe des Fachbereichs Stadt- und Landschaftsplanung 18. Kassel

Kulinat, Klaus/ Steinecke, Albrecht (1984): Geographie des Freizeit- und Fremdenverkehrs. Darmstadt

Maier, Jörg/ Troeger-Weiß, Gabi (1989): Großflächige Freizeitprojekte in der Diskussion. In: UVP-Report 1/89, S. 29-33

Maier, Jörg/ Strenger, Rüdiger/ Tröger-Weiß Gabi (1988): Wechselwirkungen zwischen Freizeit, Tourismus und Umweltmedien. Analyse der Zusammenhänge. Karlsruhe

Mielke, Bernd/ Sander, Helga/ Koch, Hartmut (1993): Großflächige Ferienzentren, in: Institut für Landes- und Stadtentwicklungsforschung (Hg.): Großflächige Freizeiteinrichtungen im Freiraum. Freizeitparks und Ferienzentren, ILS Schriften Nr. 75. Dortmun.

Müllenmeister, Horst-Martin (1988): Sanft reisen - pauschal reisen ? Der sanfte Tourismus und der organisierte Tourismus. In: Steinecke, Albrecht (Hg.): Tourismus - Umwelt - Gesellschaft. Wege zu einem sozial- und umweltverträglichen Reisen, IFKA-Schriftenreihe 8. Bielefeld, S. 43-62

Opaschowski, Horst W. (²1995): Freizeitökonomie. Marketing von Erlebniswelten. Opladen

Statistisches Bundesamt (1962ff): Statistisches Jahrbücher 1962 - 1994 für die Bundesrepublik Deutschland. Wiesbaden (versch. Jahrgänge)

Strasdas, Wolfgang (1992): Ferienzentren der zweiten Generation. Ökologische, soziale und ökonomische Auswirkungen, Kurzfassung des Forschungsberichtes 108 06 006 BFANL 53411-1/90. Bonn

Strasdas, Wolfgang (1994): Auswirkungen neuer Freizeittrends auf die Umwelt, Forschungsbericht der TU Berlin, Institut für Landschafts- und Freiraumplanung, im Auftrag des Bundesumweltministeriums. Aachen

Voßebürger, Petra/ Weber, Andrea (1998): Planerischer Umgang mit Freizeitgroßprojekten. Bausteine zum Konfliktmanagement eines „Center Parcs"-Projektes. Dortmunder Beiträge zur Raumplanung 86. Dortmund

Westerlaken, Henk (1995): Gebaute Ferienwelten. Architektur. Wünsche, Angebote, Folgerungen. In: Thomas-Morus-Akademie: Kathedralen der Freizeitgesellschaft. Kurzurlaub in Erlebniswelten. Trends, Hintergründe, Auswirkungen, Bensberger Protokolle 83. Bergisch-Gladbach, S. 183-186

Jan große Beilage

Planungsgrundlagen für den Fahrradtourismus

Entwicklung eines Konzepts für den Raum Drôme/Provence[1]

Das Bild des Reisens im ausgehenden zwanzigsten Jahrhundert ist im Wesentlichen vom Massentourismus geprägt. Fremdenverkehr und insbesondere Massentourismus bergen häufig ökologische Probleme und sind oftmals von sozialen bzw. kulturellen Beeinträchtigungen der Bevölkerung im Reisegebiet begleitet. Die im Zusammenhang mit Tourismus angeführten positiven wirtschaftlichen Effekte kommen dabei oft nur zu einem kleinen Teil den Fremdenverkehrsregionen selbst zugute.

Seit Mitte der 70er Jahre entstanden in Deutschland alternative Tourismusformen, die sich mit Konzepten des sanften Reisens, des sanften Tourismus und der nachhaltigen Entwicklung durch Tourismus neben dem Massentourismus etablierten. Mit dem *tourisme doux* und dem *tourisme durable* bildeten sich auch in Frankreich ähnliche Konzepte heraus, mit denen eine Entwicklung hin zu einem ökologisch und sozial verträglicheren Tourismus beschrieben wird.

Der Fahrradtourismus kann dabei eine Form des ökologisch und sozial verträglichen Reisens darstellen, der zusammen mit dem neuen Trend zum Radfahren zunimmt. In Deutschland sind diesem Trend entsprechend etliche Fahrradtourismuskonzepte erstellt worden. Die beschriebene Entwicklung ist Teil eines erweiterten Umwelt- und Gesundheitsbewusstseins breiter Schichten der Bevölkerung. Auch in Frankreich erfreut sich der Fahrradtourismus wachsender Beliebtheit. Allerdings wird die Ausübung des Fahrradtourismus hier durch die fehlende radtouristische Infrastruktur beeinträchtigt.

Von Seiten der Politik wird diesem Trend mittlerweile Rechnung getragen. Auf verschiedenen Ebenen werden flächendeckend Radwegenetze geplant bzw. ausgebaut und Fahrradtourismuskonzepte aufgestellt. Dieses geschieht zurzeit auch im Raum Drôme/Provence. Mit den beiden Angeboten *La Drôme à vélo* und *Le Lubéron en vélo* ist der Raum Drôme/Provence im Vergleich zum übrigen Frankreich überdurchschnittlich gut mit Fahrradtourismuskonzepten ausgestattet. Die *Agence Française de l'Ingénierie Touristique* (AFIT) konstatiert ansonsten einen landesweiten Mangel an Fahrradtourismuskonzepten.

Die Entwicklung und Ausarbeitung eines Fahrradtourismuskonzeptes kann nicht losgelöst von den existierenden organisatorischen und rechtlichen Rahmenbedingungen erfolgen, unter denen das jeweilige Konzept umgesetzt werden soll. Dabei lassen sich Unterschiede zwischen der französischen und der deutschen Situation feststellen. Fahrradtourismusplanung ist in Deutschland in der Regel auf Länderebene angesiedelt. Es bestehen jedoch in den einzelnen Ländern unterschiedliche Vorgehensweisen. In Frankreich laufen Planung und Förderung des Fahrradtourismus projektbezogen und sind landesweit noch nicht so verbreitet wie in Deutschland. Hinsichtlich der Gebietskörperschaften übergreifenden Planung besteht gerade in Frankreich ein großes Potenzial an Erfahrung, welche für die Erstellung eines Fahrradtourismuskonzepts genutzt werden kann. Förderungsmöglichkeiten für den Radtourismus bestehen in Deutschland für Radwege auf nationaler Ebene und für Fahrradrouten auf Länderebene. Des Weiteren stehen zur Förderung des Fahrradtourismus EU-Fonds zur Verfügung.

Aus Fahrradtourismuskonzepten lassen sich spezifische Anforderungen an die Planung ableiten, welche nach der Projektorganisation bzw. der Projektbetreuung zum einen und den Planungsinhalten zum anderen differenziert werden können. Bei der Projektorganisation liegt die Problematik hauptsächlich in der unzureichenden Koordinierung der für den Fahrradtourismus relevanten Akteure und Institutionen. Als Problem der Projektbetreuung tritt der mangelnde Unterhalt der Infrastruktur touristischer Radrouten auf. In Frankreich spielt zusätzlich die Problematik der unzureichenden Information bzw. Sensibilisierung der tourismus-relevanten Akteure für das Thema Fahrradtourismus eine Rolle. Bei der inhaltlichen Konzeptausgestaltung wird die Trennung der Fahrradtouristen vom Autoverkehr sowie ein für die Radtouristen leicht verständliches Wegweisungssystem oft nicht genügend berücksichtigt.

Die angesprochenen Probleme, die häufig auf das Fehlen einer wissenschaftlich fundierten Grundlage während der Planungsphase zurückzuführen sind, stellen sich auch bei der Planung eines Fahrradtourismuskonzepts für den Raum Drôme/Provence. Ein systematisiertes Vorgehen anhand eines Kriterienkataloges ist für den Erfolg derartiger Planungen wichtig. Für die Erstellung eines Kriterienkataloges wurden Bestände an Literatur ausge-

Tab. 1: Kurzbeschreibung der untersuchten Beispielkonzepte

Fahrradtourismus-konzept	Erschließung	Verlauf/Höhe über NN in m	Länge in km*
Altmühltal	Linienförmig	Gunzenhausen (410) - Kehlheim (390)**	ca. 150
La Loire à vélo	Linienförmig	Marseille-lès-Aubigny (160) - Saint-Nazaire (0)**	ca. 500
Moseltal	Linienförmig	Thionville (290) - Koblenz (180)*	250
Tauernradweg (Salzachtal/Inntal)***	Linienförmig	Krimml (1.200) - Passau (300)**	320
Le Lubéron en vélo	Flächig	Cavaillon (70) - Forcalquier (520) - Cavaillon / (bis 700)	ca. 300
Mecklenburgische Seenplatte	Flächig	- / (bis 100)	ca. 2.000
100-Schlösser-Route im Münsterland	Flächig	- / (bis 120)	2.000
Rundkurs Ruhrgebiet	Flächig	- / (bis 200)	350
Österreichische Donau und die angrenzende Region Mühlviertel***	linienförmig /flächig	Passau (300) - Hainburg (160) / Mühlviertel (300-700)	ca.350/420

*: Froitzheim (1997) gibt eine Ideallänge einer radtouristischen Route von ca. 250 bis 350 km an.

**: In den Flusstälern wird in der Regel der Fließrichtung folgend, also bergab gefahren.

***: Die Konzepte aus Österreich werden für die Untersuchung herangezogen, da sie als grundlegend gelten und deshalb für die Kriterienauswahl eine wichtige Datenbasis liefern.

Quelle: Eigene Darstellung

wertet und neun bestehende Fahrradtourismuskonzepte aus Frankreich bzw. dem deutschsprachigen Raum auf Planungskriterien zur Organisationsstruktur, Routenplanung, radtouristischer Suprastruktur[2] etc. hin untersucht. Die Heranziehung von Beispielen aus dem deutschsprachigen Raum lag zum einen in der dort relativ fortgeschrittenen Entwicklung im Bereich des Fahrradtourismus begründet. Zum anderen konnte auf diesem Wege besser auf die angestrebte Übertragbarkeit der Kriterien hingearbeitet werden. Die Auswahl der Konzepte ergab sich aus der Verfügbarkeit von Daten und damit verbunden auch aus dem Bekanntheitsgrad. Zur Auswertung herangezogen wurden vier linienförmige, an Flussläufen orientierte Konzepte, vier flächenförmige und ein kombiniertes Konzept (s.Tab. 1).

Potenziale des touristischen Radfahrens

Für die Erarbeitung und die Aufstellung eines Fahrradtourismuskonzepts ist es unabdingbar, die jeweilige Zielgruppe genauer einzugrenzen und zu bestimmen, die mit diesem Konzept erreicht werden soll. Denn Radfahren wird von unterschiedlichen Radtouristen mit einem differenzierten Zielgruppenverhalten in vielfältiger Weise ausgeübt (vgl. Abb. 1 bis Abb. 4).

Die verschiedenartigen Motivationsstrukturen der Zielgruppen: gemütliche Feierabend- und Wochenendradler, Familien mit Kindern, Genussradler, Kulturradler, Erholungsradler, Naturradler, passionierte Radler und Individualisten haben bestimmte zielgruppenspezifische Verhaltensmuster zur Folge, denen ein Fahrradtourismuskonzept gerecht werden muss.[3] Diese Verhaltensmuster unterscheiden sich z. B. in der zurückgelegten Tagesdistanz oder in der Priorität für Naherholung (Tagesausflügler), Strecken- bzw. Schleifenradeln (Radurlauber) (s. Tab. 4).

Abb. 1: Altersverteilung der Fahrradtouristen in Deutschland: Vergleich Gesamtbevölkerung, Schleifen- und Streckenradler in Prozent (für 1994)

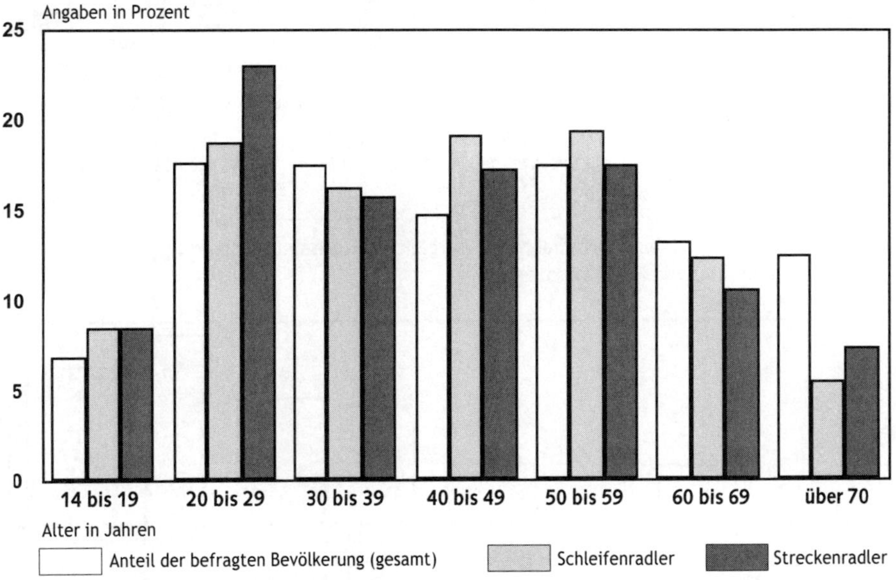

Quelle: Forschungsgemeinschaft Urlaub und Reisen: unveröffentlichte Tabellensammlung 'Interessenten Radurlaub/Radfahren' des Landesfremdenverkehrsverbandes Baden-Württemberg. Stuttgart 1995: 19. Eigene Darstellung.

Abb. 2: Altersverteilung der Fahrradfahrer im Vergleich zur Gesamtbevölkerung in Frankreich für 1995 in Prozent

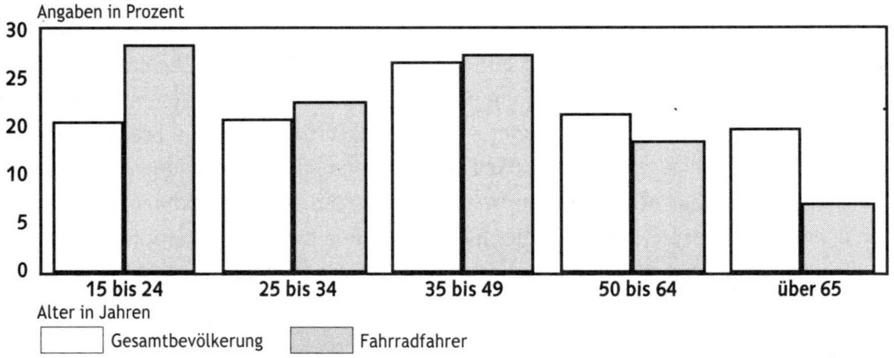

Quelle: Agence Française de l'Ingénerie Touristique (AFIT) (Hrsg.): Rapport exloratoire Synthèse „La Loire à vélo. Faisabilité d'un axe cyclable le long de la Loire". Paris 1995: 6. Eigene Darstellung.

Abb. 3: Bildungsgrad der Fahrradtouristen in Deutschland: Vergleich Gesamtbevölkerung, Schleifen- und Streckenradler für 1994 in Prozent

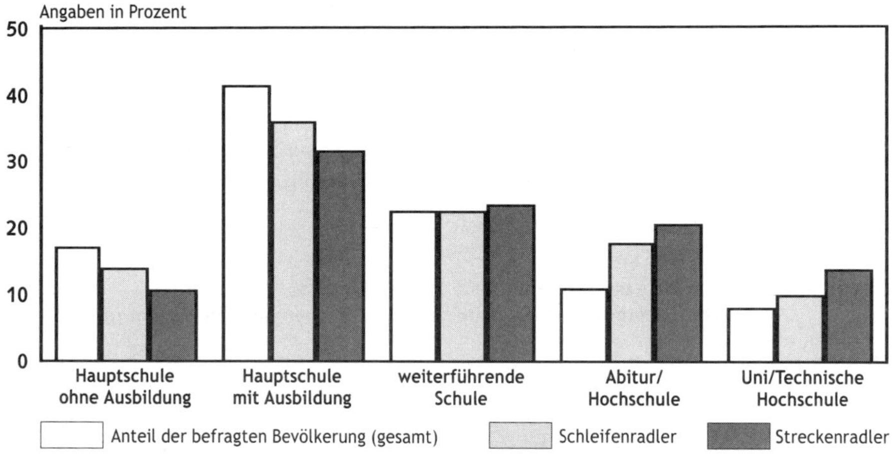

Quelle: Forschungsgemeinschaft Urlaub und Reisen: unveröffentlichte Tabellensammlung 'Interessenten Radurlaub/Radfahren' des Landesfremdenverkehrsverbandes Baden-Württemberg. Stuttgart 1995: 20. Eigene Darstellung.

Abb. 4: Bildungsgrad der Fahrradfahrer im Vergleich zur Gesamtbevölkerung in Frankreich für 1995 in Prozent

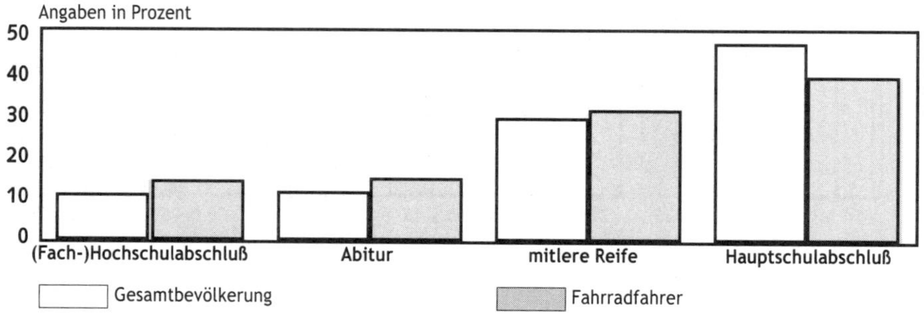

Quelle: Agence Française de l'Ingénerie Touristique (AFIT) (Hrsg.): Rapport exloratoire Synthèse „La Loire à vélo. Faisabilité d'un axe cyclable le long de la Loire". Paris 1995: 6. Eigene Darstellung.

Tab. 2: Zielgruppenspezifische Ansprüche an eine Etappenlänge

Zielgruppenkategorie	Etappenlänge
Gemütliche Feierabend- und Wochenendradler	< 40 km
Familien mit Kindern (ca. 6-14 Jahre)	< 40 km
Genussradler	ca. 30 - 50 km
Kulturradler	ca. 30 - 50 km
Erholungsradler	ca. 40 - 60 km
Naturradler	ca. 60 - 90 km
Passionierte Radler	ca. 80 - > 100 km
Individualist	ca. 60 - 90 km

Quelle: Eigene Darstellung

Räumliche Bedeutung des Fahrradtourismus

Die fahrradtouristische Aktivität ist immer mit einer Ortsveränderung verbunden und besitzt in zweierlei Hinsicht Raumrelevanz. Einerseits besitzt der Raum selbst eine hohe Relevanz für den Radtourismus und andererseits werden durch den Fahrradtourismus Effekte sowohl in der Zielregion selber als auch in den Räumen zwischen Quell- und Zielgebieten hervorgerufen.

Für die erfolgreiche Planung eines Fahrradtourismuskonzeptes ist die Frage nach den Erwartungen des Fahrradtouristen an den Raum unabdingbar. Denn für den Tourismus insgesamt stellt das Landschaftserlebnis die entscheidende Grundlage dar. Hierbei muss jedoch berücksichtigt werden, dass die Landschaft je nach Betrachter unterschiedlich wahrgenommen wird. Gerade die - nicht motorisierten - Radfahrer sind zum einen aufnahmefähig für Erlebnisqualitäten von Räumen, sie sind jedoch zum anderen auch besonders anspruchsvoll in bezug auf die Qualitäten und die Diversität dieser Landschaftsräume. Aufgrund dieses bidirektionalen Verhältnisses stellt das Radfahren und somit auch der Fahrradtourismus ein besonders geeignetes Mittel dar, die Landschaft intensiv kennen zu lernen und wahrzunehmen.

Ausgehend vom Fahrradtourismus lassen sich wichtige ökologische Auswirkungen (z. B. durch den Radwegebau verursachter Flächenverbrauch und Oberflächenversiegelung, Beeinträchtigungen von Fauna und Flora, Emissionen bei der Anreise), kulturelle und soziale Auswirkungen (z. B. Steigerung der regionalen Identifikation und Eigenverantwortung der einheimischen Bevölkerung, mögliches Konfliktpotenzial zwischen Fußgängern und Radfahrern) sowie wirtschaftliche Auswirkungen auf den Raum feststellen (z. B. Steigerung der Übernachtungszahlen, Schaffung von Arbeitsplätzen). Im Rahmen der Aufstellung eines Fahrradtourismuskonzeptes muss somit darauf hingewirkt werden, die negativen Effekte (ökologische, soziale und kulturelle Beeinträchtigungen in der Zielregion sowie in den Anreiseregionen) möglichst gering zu halten und im Gegenzug die positiven Effekte zu stärken, die sich insbesondere durch eine Steigerung der wirtschaftlichen Einnahmen in der Region, aber auch durch soziale Vorteile für die Reisenden und die Bereisten ergeben. In der Folge sind diese Zusammenhänge bei der Aufstellung und Erarbeitung der Kriterien zu berücksichtigen.

Kriterienkatalog für die Erstellung von Fahrradtourismuskonzepten

Das Ziel der Kriterien ist es, die Entwicklung eines raumverträglichen Fahrradtourismuskonzepts zu ermöglichen, also ein sozial, kulturell, ökologisch und wirtschaftlich verträgliches

Konzept. Um die Chancen für den Erfolg eines Fahrradtourismuskonzepts zu erhöhen, müssen gemäß AFIT drei Elemente bei der Organisationsstruktur beachtet werden (vgl. AFIT 1997: 122f.):

- gesicherte Organisation in der Planungsphase,
- gesicherte Organisation in der Unterhalts- und Betriebsphase,
- Akzeptanzsicherung bei lokalen Touristikakteuren (Fremdenverkehrsvereine, Gemeinden, Hotel- und Gaststättengewerbe) und ortsansässiger Bevölkerung.

Für die Organisationsstruktur eines Fahrradtourismuskonzepts ist es allerdings nicht sinnvoll, eine idealtypische Form vorzuschlagen, da bei jedem Konzept von unterschiedlichen Rahmenbedingungen und Voraussetzungen ausgegangen werden muss. Deshalb hat sich die Projektorganisation den Gegebenheiten vor Ort anzupassen. Die Verantwortung für die Planung eines Fahrradtourismuskonzepts kann sowohl in die Hand eines einzelnen Akteurs gelegt als auch einem Arbeitskreis unter Vorsitz eines hauptverantwortlich Handelnden übertragen werden. Beide Muster können erfolgreich verlaufen wie die österreichischen Beispiele Tauernradweg und Donauland-Strudengau zeigen. Es ist jedoch in jedem Fall wichtig, Akteure zu benennen, die für die Planungs- und Umsetzungsphase sowie für die Betriebsphase verantwortlich sind.

Wird eine Gebietskörperschaften übergreifende Planung angestrebt, welche für ein Fahrradtourismuskonzept sehr sinnvoll sein kann, ist eine Kooperation mit den benachbarten Akteuren in der Planungsphase notwendig. Koordinationsbedarf mit allen relevanten Akteuren besteht insbesondere hinsichtlich der Betriebsphase, um die Zuständigkeiten für die Vermarktung und den Unterhalt der Infrastruktur eindeutig festzulegen. Weiterhin spielt spätestens für die Betriebsphase die Akzeptanzsicherung bei den regionalen bzw. lokalen Tourismusakteuren sowie in der Bevölkerung eine wichtige Rolle für den langfristigen Erfolg eines Fahrradtourismuskonzepts.

Radrouten bilden das Grundgerüst eines fahrradtouristischen Konzepts (vgl. Miglbauer 1995: 350). Damit sie dieser Aufgabe gerecht werden können, müssen sie den Hauptanforderungen der touristischen Radroutennetzplanung an Sicherheit, Zusammenhang, Attraktivität und Komfort gerecht werden. Dies bedeutet für die Routenführung eine Nutzung von Strecken mit geringer Kfz-Verkehrsbelastung und eine Vermeidung bzw. Entschärfung

Tab 3: Grundvoraussetzungen

VERLAUF

- Vorhandensein eines gewissen Maßes an für Radrouten nutzbaren Wegeelementen
- Möglichkeiten zum Umstieg auf den ÖPNV im Verlauf der Route

ZIELPUNKTE

- Erschließung von Ortschaften, kulturellen und naturräumlichen Sehenswürdigkeiten
- Anbindung der touristischen Supra- und Infrastruktur in zielgruppenspezifischer Entfernung

STEIGUNGEN

- Einbindung zielgruppenspezifischer Steigungsgrade und -längen, da die unterschiedlichen Zielgruppen der Radtouristen verschiedenartig empfindlich auf Anstrengungen beim Radfahren reagieren

ANBINDUNG

- Übergangspunkte zum öffentlichen Verkehrsnetz an den Ausgangs- und Zielpunkte einer touristischen Radroute, um einen Zusammenhang mit dem öffentlichen Verkehrsnetz herzustellen
- Anbindung an das überörtliche Straßennetz

Quelle: Eigene Darstellung

Tab. 4: Planbare Kriterien

ORGANISATIONS-STRUKTUR	• Benennung eines für die Planung hauptverantwortlichen Akteurs • Klärung der Zuständigkeiten für den Betrieb (Vermarktung, Unterhalt der Infrastruktur)
ANBINDUNG	• Gegebenenfalls Erweiterung der Möglichkeiten zum Umsteigen auf den öffentlichen Verkehr • Gegebenenfalls Bereitstellung von zusätzlichen Flächen für den ruhenden Verkehr
STRASSEN- UND WEGEINFRASTRUKTUR SOWIE KFZ-BELASTUNG	• Streckenführung möglichst abseits des Autoverkehrs, da die Routen hierdurch an Attraktivität, Sicherheit und Komfort gewinnen • Generelle Überlegung bei der Planung von touristischen Radrouten: ein komplett von Kfz-Verkehrswegen unabhängiges Radwegenetz aufbauen oder die Radrouten auf existierenden Wegeelementen führen und nur an einigen Stellen Netzergänzungen vornehmen • Unabhängiges Radroutennetz; Vorteil: vollständig autofreie Radrouten; Nachteil: extrem hohe Kosten • Radrouten auf existierenden Wegeelementen; Vorteil: mit weitaus geringeren Mitteln zu realisieren; Nachteil: eine vollständig autofreie Führung häufig nicht möglich; in der Regel besteht hingegen die Möglichkeit, auf wenig von Kraftfahrzeugen befahrene Wege und Straßen zurückzugreifen • Möglichkeit der Einbeziehung folgender Wegeelemente in eine touristische Radroute: - Eigens angelegte Radwege, entweder selbstständig geführt oder entlang von klassifizierten Straßen - Kombinierte Geh- und Radwege, entweder selbstständig geführt oder entlang von klassifizierten Straßen - Wirtschaftswege (befestige Feld- und Waldwege für den land- und forstwirtschaftlichen Verkehr) - Öffentlich nutzbare Privatwege - Deichwege - Verkehrsarme Straßen • Ergänzungen innerorts: - Tempo-30-Zonen - Fahrradstraßen - Fußgängerbereiche - geeignete Wege durch Parks und Grünanlagen • Homogenität der Kfz-Belastung anstreben • Bei der Zielgruppe der Familien mit Kindern aus Gründen der Verkehrssicherheit weitestgehend Führung getrennt zum Autoverkehr • Für gemütliche Feierabend- und Wochenendradler, Genussradler, Kulturradler und Erholungsradler maximal zumutbare Belastungsgrenze von 1500 Kfz (DTV) • Für Naturradler, passionierte Radler und Individualisten auf kurzen Abschnitten zumutbare geringfügig höhere Belastung • Integration der zu planenden Radroute in ein Radroutennetz; z. B. können Radroutennetze auch durch die Anbindung benachbarter touristischer Routen geschaffen werden
ZIELPUNKTE	• Gegebenenfalls: Ergänzung der unter den Grundvoraussetzungen genannten Einrichtungen der touristischen Supra- und Infrastruktur entsprechend der zielgruppenspezifischen Bedürfnisse (siehe auch Tab. 2)
STEIGUNG	• Umgehung von Steigungsstrecken: kann ein Grund zur Einrichtung von Alternativrouten sein [1]
ROUTEN-INFRASTRUKTUR	• Breite: Größere Radwegbreiten von 2,50 m bis 3,50 m, wo es die landschaftlichen Gegebenheiten zulassen, da radtouristische Routen in aller Regel im Zweirichtungsverkehr genutzt werden und Radtouristen vorzugsweise nebeneinander fahren • Oberfläche: Asphaltoberflächen bieten hohe Sicherheit und großen Fahrkomfort, sind günstiger herzustellen als Betonwege und in der Unterhaltung wesentlich unproblematischer als wassergebundene Decken. Letztere sollten nur in landschaftlich sensiblen Räumen zum Einsatz kommen.

WEGWEISUNG	• Anforderungen: durchgängig, selbsterklärend, gut sichtbar und leicht verständlich • Umfang: auf das Notwendige reduziert, damit Radfahrer und andere Verkehrsteilnehmer in ihrer Orientierung nicht irritiert werden • Wartung und Pflege: wichtiges Element eines Fahrradtourismuskonzepts; Beschilderungsplan mit Schilderverzeichnis und -standort empfehlenswert; koordinierende Trägerschaft für Aufbau und Wartung eines Wegweisungssystems • Ausführung der Schilder: ein gut lesbares wiederkehrendes Fernziel (wichtigste Angabe für den Radfahrer), maximal zwei Nahziele mit Entfernungsangabe in Kilometern; Wiedergabe von Fahrradpiktogramm, Routennamen und/oder Signets; keine Routennummerierungen; Hinweise auf Sehenswürdigkeiten oder öffentliche Einrichtungen • Wegweisertypen: verschiedenartige kleinräumige Umfelder im Straßenraum erfordern die Auswahl eines der jeweiligen Situation angemessenen Wegweisertyps: Vorwegweiser an unübersichtlichen Kreuzungen, Pfeilwegweiser bei überschaubaren Knotenpunkten, Zwischenwegweiser ohne Zielangabe auf freier Strecke
SUPRASTRUKTUR	• Die wichtigsten Anforderungen an Unterkünfte und Gastronomie sind: - Sichere Einstellmöglichkeit für Fahrräder - Trockenmöglichkeit - Bereithalten radtouristischer Informationen - Lage an oder nahe an der Route in zielgruppenspezifischer Etappenlänge • Zusätzliche Anforderung an Beherbergungsbetriebe: Aufnahme von Gästen auch für nur eine Nacht • Einführung eines Gütesiegels für die Bekanntmachung bzw. die Durchsetzung dieser Anforderungen in einer radtouristischen Region
FAHRRADVERLEIH	• Einheitlicher Standard der offerierten Leihräder • Qualitativ hochwertige Räder im einheitlichen Design; in verschiedenen Ausführungen mit unterschiedlichen Rahmenhöhen; regelmäßige Wartung • Fahrradrückgabemöglichkeit an allen Ausleihstellen
ABSTELLANLAGEN	• Möglichkeiten für Fahrradabstellanlagen: • Anlehnbügel und Schließfächer in Innenstädten und im Umfeld von Sehenswüdigkeiten • Fahrradboxen, bewachte Parkplätze, Servicestationen an Bahnhöfen
INFORMATIONS- UND SERVICE-EINRICHTUNGEN	• Radtouristische Informationsstellen bieten: kurzfristige Zimmerbuchung, touristische Auskünfte zur Region und Verkauf von Radkarten und -führern; evtl. Kombination mit Fahrradverleih und -parkplatz einer Fahrradstation • Gepäcktransportservice zwischen Übernachtungsorten • (mobiler) Fahrradreparaturservice, evtl. in Kombination mit einer Radler-Service-Hotline für Pannen und Notfälle • Verein zur Koordination aller mit dem Radtourismus verbundenen Leistungen, wie Übernachtung, Abholservice, Gepäcktransport, Fahrradverleih und -reparatur, Informations- und Telefonservice, bis hin zu Routenvorschlägen und geführten Radtouren
TOURISTISCHE RADKARTEN UND -FÜHRER	• Radtourenkarten (Maßstab 1:100.000 bis 1:200.000) für die Planung einer Radreise von Streckenradlern • Radwanderkarten (Maßstab 1:50.000 oder 1:75.000) für Naherholungsradler und Schleifenradler • Radwanderführer mit zusätzlichen Informationen über die Routen, aber ungenauerer kartographischer Darstellung des Zielgebiets

[1] Die Festlegung und Quantifizierung der verschiedenen Steigungsgradienten und -längen für eine Radroute stellt sich aufgrund der aufzunehmenden Datenmenge als nicht durchführbar heraus (Klassifizierung nach zielgruppenspezifischen Schwierigkeitsgraden (vgl. große Beilage 1997: 57).

Quelle: Eigene Darstellung

von Konfliktpunkten mit dem Kfz-Verkehr, die zielgruppenspezifische Einbindung von Zielpunkten, Steigungen und von Anreisemöglichkeiten, eine ausreichende Breite und ebene Oberfläche der Straßen und Wege, eine gute Wegweisung, sichere Abstellmöglichkeiten und radtouristisch-spezifische Angebote der Suprastruktur (Beherbergung und Gastronomie) sowie der Serviceinfrastruktur (Fahrradverleihe, Informationsmöglichkeiten etc.).

Im Zusammenhang mit der Routenplanung muss eine Abwägung der Relevanz der einzelnen Kriterien für ein Fahrradtourismuskonzept erfolgen. Kriterien, die die Sicherheit betreffen, sind in jedem Falle einzuhalten. So kann z. B. das Ergebnis einer Abwägung auch darauf hinauslaufen, dass sich bestimmte Regionen für eine radtouristische Nutzung nicht eignen. Bei der Anwendung der Kriterien bezüglich des Zusammenhangs, der Attraktivität und des Komforts bestehen zielgruppenspezifische Unterschiede, die in eine Abwägung einfließen müssen.

In der folgenden Zusammenschau werden die vom Verfasser erarbeiteten Anforderungen für ein Fahrradtourismuskonzept (vgl. große Beilage 1997) in *Grundvoraussetzungen* (s. Tab. 3) und *planbare Kriterien* (s. Tab. 4) unterteilt und synoptisch vorgestellt. Grundvoraussetzungen für ein Fahrradtourismuskonzept sind landschaftliche Gegebenheiten und infrastrukturellen Einrichtungen, die nicht extra für ein solches Konzept eingerichtet werden können, die somit in der radtouristischen Region schon vorhanden sein müssen.

Fahrradtourismuskonzept im Raum Drôme / Provence

Geographie und Abgrenzung des Planungsraums

Zwischen Rhônetal und Alpen (Alpes du Dauphiné bzw. Alpes de Provence) erstreckt sich im südöstlichen Frankreich die Mittel- bis Hochgebirgslandschaft der Voralpen (Préalpes Dauphinoises und Préalpes Provençales). Diese Gebirgslandschaft erhebt sich östlich vom Rhônetal (ca. 100 m über NN) in Höhen zwischen 400 und 1500 m. Einige Gipfel im Vercors, am Mont Ventoux und im Montagne de la Lure ragen bis auf ca. 2000 m auf. Im Norden werden die Préalpes Dauphinoises vom Hochplateau des Vercors begrenzt, die Préalpes Provençales finden nach Süden hin im Montagne du Lubéron ihren Abschluss (vgl. Karte 1).

Die Préalpes werden von zwei größeren Flusstälern eingegrenzt: vom in Ost-West-Richtung verlaufenden Tal der Drôme und vom aus Nordosten kommenden, sich Richtung Südwesten erstreckenden Tal der Durance. Diese beiden Täler befinden sich im Bereich der Préalpes auf einer Höhe zwischen 200 und 600 m. Sie werden jeweils von kleineren Seitentälern umgeben, die in die Voralpen hinaufsteigen (vgl. Michelin 1996: 15).

Die besten Jahreszeiten für ausgedehnte Radtouren sind laut ADFC der Frühling, der Frühsommer und der Herbst (ADFC 1997B: o.S.). Damit bietet das Klima günstige Voraussetzungen für den Fahrradtourismus, zumal die Saison in Mitteleuropa, von wo viele ausländische Radurlauber anreisen, erst im Mai beginnt und im September bereits endet. Die Jahreszeiten sind in den Tallagen dieses Bereiches folgendermaßen ausgeprägt (vgl. Michelin 1993: 4; Michelin 1995: 3; Michelin 1996: 5):

- Frühling: warm; wenige, aber heftige Schauer
- Sommer: heiß und trocken
- Herbst: warm, wenige, aber heftige Schauer
- Winter: kalt und relativ trocken

Karte 1: Georaphie des Planungsgebietes

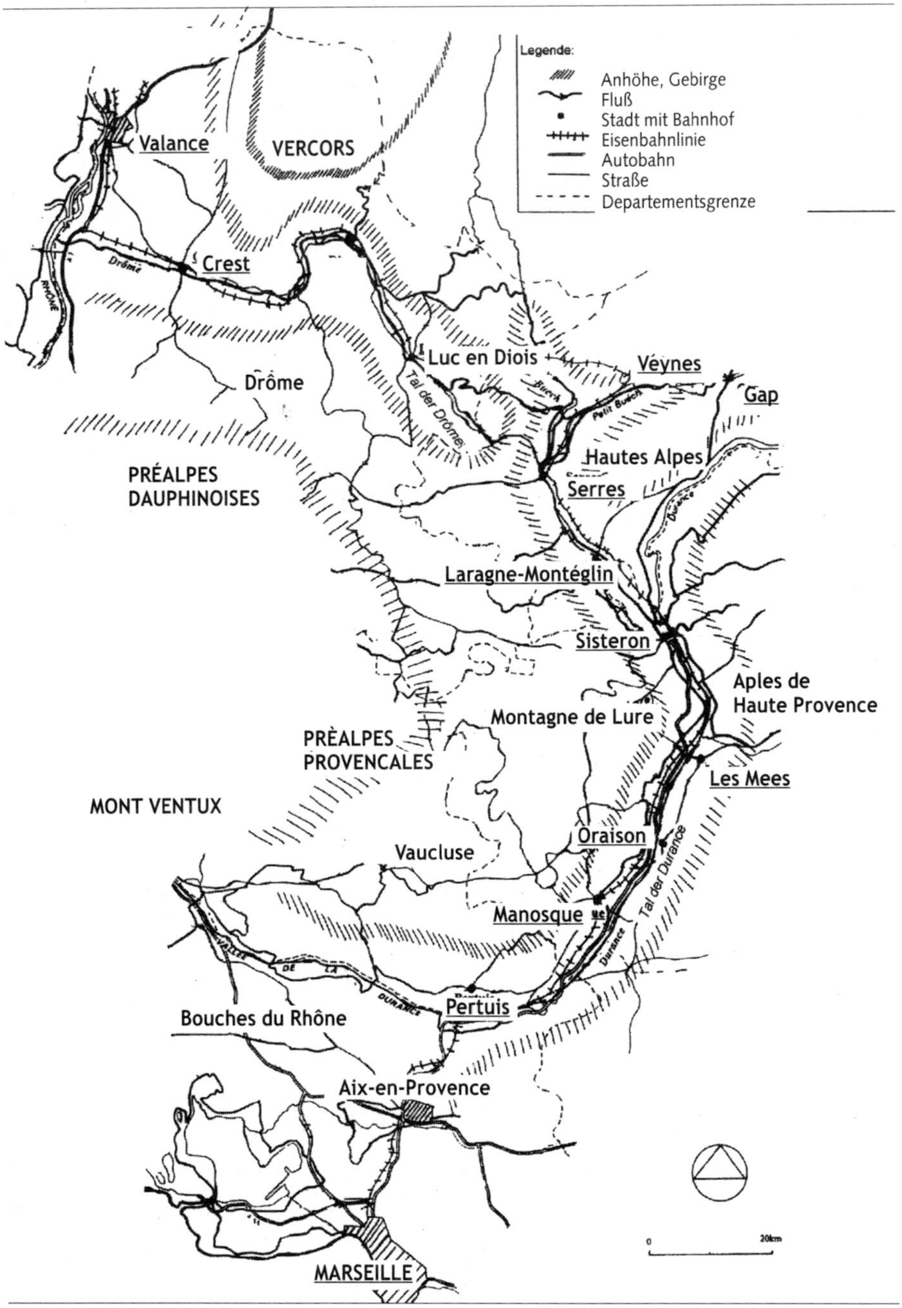

Quelle: Eigene Darstellung

Das Planungsgebiet erstreckt sich südlich von Valence über die Rhône-Ebene, das Tal der Drôme, das Tal des Buëch, das Tal der Moyenne Durance und die nordwestlichen Ausläufer des Montagne Sainte-Victoire bis nach Aix-en-Provence. An die Täler der Drôme und der Durance angrenzende Seitentäler werden teilweise mit in die Planung einbezogen. Damit ist die Routenführung bereits großmaßstäblich festgelegt. Eine alternative Routenführung bietet sich in diesem Bereich jedoch nicht an, da sie entweder durch die Préalpes bzw. das Massif Central (Zentralmassiv) führen oder dem stark von Industrie und Verkehr belasteten Rhônetal folgen müsste.

Administrativ gehört das Planungsgebiet zu den Départements Drôme, Hautes-Alpes, Alpes-de-Haute-Provence, Vaucluse und Bouches-du-Rhône; bis auf Drôme (Region Rhône-Alpes) sind diese Teil der Region Provence-Alpes-Côte d'Azur. In allen genannten Départements stellt der Tourismus einen bedeutenden Wirtschaftszweig dar (vgl. Obs. Régional 1996: 21 und Conseil Général 1996: 23).

Bestandsaufnahme und -bewertung

Die für die Konzeptentwicklung erforderliche Bestandsaufnahme und -bewertung erfolgte nach den Bereichen Organisationsstruktur, Routenplanung, Wegweisung sowie radtouristische Suprastruktur und Serviceleistung. Im Folgenden werden die Ergebnisse der Bestandsbewertung in Form einer Stärken-/Schwächen-Synopse präsentiert (s. Tab. 5).

In der Bestandsaufnahme und der Bestandsbewertung zeigt sich, dass das Untersuchungsgebiet sehr günstige Voraussetzungen für die Implementierung eines Fahrradtourismuskonzepts bietet. Zum einen gibt es in Teilgebieten bereits derartige Konzepte (z. B.: *Le Lubéron en Vélo*), die modifiziert in das neue, Gebietskörperschaften übergreifende Konzept einbezogen werden können. Mit der Organisation *Les Routes de la Lavande*, den weiteren regionalen bzw. lokalen Tourismusakteuren und den Straßenbaubehörden (DDE: *Direction Départementale de l'Équipement*) besteht bereits eine für den Fahrradtourismus nutzbare Organisationsstruktur. Zum anderen bietet der Raum besondere landschaftliche Erlebniswerte sowie die infrastrukturellen Voraussetzungen von für Radrouten nutzbaren verkehrstechnischen und touristischen Einrichtungen.

Bei der Auswertung der Untersuchungsbeispiele hat sich gezeigt, dass auf erfolgreichen touristischen Radrouten pro Saison mehrere 10.000 Radtouristen unterwegs sind. Bei einer konsequenten Anwendung der erfolgsbestimmenden Kriterien kann nach einer Anlaufphase auch im Drôme-Gebiet mit einer ähnlich hohen Frequentierung gerechnet werden, weil insgesamt mit steigenden Zahlen französischer Fahrradurlauber zu rechnen ist und Frankreich das beliebteste Auslandsziel deutscher Radurlauber darstellt. Eine Untersuchung an der Loire kam zu dem Ergebnis, daß 53 % der Radtouristen aus dem Ausland angereist sind. Ein Drittel der Ausländer waren Deutsche (vgl. AFIT 1995B: 5). Auch in der jüngsten Veröffentlichung der AFIT werden die deutschen Fahrradtouristen als die wichtigste ausländische Zielgruppe gesehen (vgl. AFIT 1997: 12).

Aufgrund der Länge der Route und der entsprechend hohen Investitionskosten von ca. 7,6 Mio. Euro erscheint eine etappenweise Umsetzung des Fahrradtourismuskonzepts sinnvoll. Zuerst sollte die längere und gleichzeitig preisgünstigere Teilstrecke zwischen Valence und Sisteron inklusive der Rundkurse verwirklicht werden. Wegen der gegebenen Verkehrsanbindung von Sisteron (vgl. Karte 1) sind die beiden Endpunkte dieses Abschnitts auch gut erreichbar. Im nächsten Schritt kann die kürzere und gleichzeitig kostenintensivere Teilstrecke von Sisteron nach Aix-en-Provence inklusive der Rundkurse umgesetzt werden. Als dritter Abschnitt sind die Alternativrouten im Bereich von Sisteron auszubauen.

Der derzeitige Stand hinsichtlich der Realisierung eines Fahrradtourismuskonzepts im Planungsgebiet sieht folgendermaßen aus: Nach Auskunft des *Comité du Tourisme du Département de la Drôme* (CDT) ist im Frühjahr 2000 eine durchgehende Radroute entlang dem Flusslauf der Drôme von der Quelle bei Valdrôme bis zur Mündung in die Rhône

Tab. 5: Stärken- und Schwächensynopse des Bestandes

Kriterium	Stärke	Schwäche
Organisationsstruktur	• eine zentrale, fast das gesamte Planungsgebiet abdeckende touristische Organisation • Erfahrungen bei Planung und Betrieb mit bestehenden Fahrradtourismuskonzepten	• zersplitterte gebietskörperschaftliche Struktur
Anreisemöglichkeiten	• gute Anbindung der Endpunkte an Bahn und MIV	• fehlende Möglichkeit der Fahrradmitnahme im Fernverkehr der Bahn • mangelndes Zugangebot im Drômetal • Fahrradbusse halten nicht in Valence und Aix-en-Provence
Straßen- und Wegeinfrastruktur sowie Kfz-Verkehrsbelastung	• großes Potenzial an vom Kfz-Verkehr gering belasteten Straßen und Wegen	• häufige Kreuzungspunkte mit stärker befahrenen Straßen • Mangel an Radwegen, insbesondere an Brücken
Zielpunkte	• viele naturbezogene Landschaftserlebnisse	• wenige kulturell bekannte Sehenswürdigkeiten
Steigungen	• größtenteils keine bzw. geringe Steigungen	• größere Steigungen an Passübergängen
Verknüpfung mit dem ÖPNV	• fast zur gesamten Route parallel existierende Eisenbahnstrecken	• Zugangebot im Drômetal
Breite	• fast durchgängig genügende Breite	
Oberfläche	• größtenteils gute Oberflächen	
Abstellanlagen		• nicht vorhandene Abstellanlagen
Radtouristische Beschilderung		• größtenteils nicht vorhanden, im Drômetal mangelhaft ausgeführt
Suprastruktur	• vielfältiges Angebot an Suprastruktureinrichtungen unterschiedlicher Standards	
Information und Serviceleistungen, Fahrradverleih, Radtouristische Karten und Führer	• großes Angebot an Touristeninformationen	• teilweise mangelnde Öffnungszeiten der Touristeninformationen • mangelnde radtouristische Informationen • ungenügende Standards der Fahrradverleihe • Radkarte nur für die Drôme

Quelle: Eigene Darstellung

unter dem Titel *le long de la rivière* in Betrieb genommen worden. Die mit der Realisierung und Unterhaltung in Verbindung stehenden Aufgaben liegen bei den interkommunalen Zusammenschlüssen der Distrikte. Allerdings wurde hier, entgegen den Empfehlungen des Kriterienkataloges, kein Konzept für die radtouristische Suprastruktur und Service-Infrastrukur entwickelt. Wichtige Elemente eines erfolgversprechenden Fahrradtourismuskonzepts fehlen im Bereich der Drôme also weiterhin.

Im Zusammenhang mit dem Konzept Drôme/Provence ist auch das fahrradtouristische Projekt *Du Léman à la mer, la voie d'eau à vélo* („Vom Genfer See zum Meer - der Weg des Wassers auf dem Rad") zu betrachten, mit dem eine durchgehende, 610 km lange Route entlang der Rhône von Genf über Lyon, Valence und Avignon bis zum Mittelmeer entwickelt werden soll. Im Gegensatz zu den neuesten Entwicklungen an der Drôme sollen im Rahmen dieser Rhône-Route auch Einrichtungen der radtouristischen Suprastruktur und Service-Infrastrukur bereitgestellt werden. Zu diesem Projekt läuft bereits die Planungsphase, Koordinator ist die *Institution Rhône-Saône* mit Sitz in Valence. Die ersten Realisierungsarbeiten sollen Ende 2000 beginnen (vgl. IRS 2000). In Verbindung mit dem Projekt *Du Léman à la mer, la voie d'eau à vélo* und der bestehenden radtouristischen Route *Le Lubéron en vélo* kann auf diese Weise das Fahrradtourismuskonzept Drôme/Provence in einen größeren Maßstab eingebunden und vernetzt werden.

In einigen Fällen kann das Fahrradtourismuskonzept den aufgestellten Anforderungen nicht gerecht werden. Hinsichtlich der Kfz-Belastung ist es nicht immer möglich, ein homogenes Fahrgefühl durchzusetzen. Wenn eine Radroute sowohl auf Radwegen, Wirtschaftswegen und dem sekundären Straßennetz geführt wird, ergeben sich zwangsläufig Unterschiede in der Kfz-Belastung der in Anspruch genommenen Wegeelemente. Dem Problem lässt sich nur beikommen, wenn die Voraussetzungen es erlauben, für die Radroute auf ein einziges Wegeelement zurückzugreifen. Bezüglich der Finanzierung von Konstruktions- und Unterhaltungsarbeiten von Radrouten sind die Betreiber des Konzepts auf die Straßenbaubudgets der Départements angewiesen, da es keine speziellen Mittel für den Fahrradverkehr gibt.

Fazit

Fahrradtourismus stellt einen zunehmend wichtigeren Tourismuszweig dar. Ursachen hierfür sind ein gesteigertes Bedürfnis nach Naturerlebnis, eine zunehmende Ablehnung des Massentourismus sowie eine wachsende Beliebtheit des Radfahrens in der Freizeit. Gerade das Radfahren bietet die Möglichkeit zum intensiven und individuellen Landschaftserlebnis. Eine Betrachtung der ökologischen, sozialen, kulturellen und wirtschaftlichen Auswirkungen des Fahrradtourismus zeigt, dass diese Art des Fremdenverkehrs raumverträglich organisiert werden kann.

In Deutschland wird dieser Entwicklung mittlerweile von den Verantwortlichen im Tourismus, den zuständigen Fachressorts sowie den Fremdenverkehrsverbänden und -vereinen, aber auch dem Tourismusgewerbe mit einem vermehrten Aufbau von radtouristischen Angeboten Rechnung getragen. Hingegen bestehen unter Tourismusakteuren in Frankreich - den *Comités départementaux du tourisme (CDT)*, den lokalen Verkehrsvereinen sowie dem örtlichen Tourismusgewerbe - häufig noch Vorbehalte gegenüber dieser Form der Urlaubsgestaltung. Die erfolgreiche Verwirklichung von Fahrradtourismuskonzepten trägt dazu bei, diese Vorbehalte abzubauen.

Die Ergebnisse der Untersuchung der Beispielkonzepte zeigen, dass es für den Erfolg eines Fahrradtourismuskonzepts zum einen wichtig ist, die Planung nach einer klar geregelten Organisationsstruktur durchzuführen. Hier liegt der Schwerpunkt auf einer eindeutigen Verantwortungszuweisung. Weiterhin ist insbesondere mit Beginn der Betriebsphase eine Kooperation mit den für Vermarktung und Unterhalt zuständigen Akteuren anzustreben. Zum anderen sind die Anforderungen der Freizeitradler an die radtouristische Infra- und Suprastruktur zu erfüllen, vor allem weil Radfahrer sehr genaue Vorstellungen davon haben, welchen Ansprüchen ein radtouristisches Angebot gerecht werden soll. Zu den wichtigsten Kriterien zählen eine geringe Kfz-Belastung auf der Route bzw. eine Minimierung der Konfliktpunkte mit dem Kfz-Verkehr, ein gutes Wegweisungssystem und zielgruppenspezifische Anforderungen an Unterkünfte, Zielorte, Steigungsstrecken sowie Anreisemöglichkeiten.

Bei der Konzepterstellung wurde deutlich, dass nicht alle aus den Untersuchungsbeispielen herausgearbeiteten Kriterien in die Praxis umzusetzen waren. In den Fällen, wo es zu Zielkonflikten zwischen den Anforderungen kam, war die Relevanz der Kriterien für das Fahrradtourismuskonzept erneut abzuwägen. Dies gilt auch hinsichtlich der Übertragbarkeit der erarbeiteten Anforderungen auf andere Regionen, indem regionsspezifische Kriterienabwägungen vorgenommen werden müssen. Der Raum Drôme/Provence eignet sich für die Entwicklung eines Fahrradtourismuskonzepts besonders gut, weil hier unterschiedliche Landschaftserlebnisformen, eine touristische Supra- und Infrastruktur sowie ein großes Potenzial geeigneter Straßen und Wege vorhanden sind.

Der Kriterienkatalog ist aus zwei Gründen für die Erarbeitung *anderer* Fahrradtourismuskonzepte verwendbar: Zum einen sind die Kriterien aus verschiedenen Konzepten und der Literatur abgeleitet und zum anderen hat sich die Anwendung der Kriterien bei der Erstellung des Fahrradtourismuskonzepts im Raum Drôme/Provence bewährt, d.h. es hat eine erfolgreiche exemplarische Überprüfung gegeben.

Für die Zukunft der radtouristischen Planung ist es wünschenswert, dass dem Fahrradtourismus einerseits ein eigenes Budget im Bereich der Fremdenverkehrsfinanzierung zur Verfügung gestellt wird. Damit würde die Akzeptanz dieser Form des Fremdenverkehrs vergrößert und könnten Konstruktion und Unterhaltung von Radrouten unabhängig von der Finanzlage im Straßenbau erfolgen. Auch scheint eine verstärkte nationale bzw. europaweite Koordination des Fahrradtourismus erforderlich, insbesondere hinsichtlich einer raumverträglichen Gestaltung gerade der Anreise sowie eines durchgängigen Routenverlaufs und einer einheitlichen Wegweisung. [4]

Anmerkungen

1 *Dieser Beitrag basiert auf der Diplomarbeit des Verfassers mit dem Titel „Planerische Grundlagen für den Fahrradtourismus - am Beispiel eines Fahrradtourismuskonzepts im Raum Drôme/Provence", eingereicht und angenommen im Jahre 1997 an der Fakultät Raumplanung der Universiät Dortmund.*

2 *Touristische Suprastruktur: Beherbergung, Verpflegung (vgl. Kaspar 1993: 28)*

3 *Zum Zusammenhang von Zielgruppenkategorisierung und Motivationsstruktur von Fahrradtouristen sowie zielgruppenspezifischen Verhaltensstrukturen siehe große Beilage 1997: 22f. Die Gruppe der Mountainbikefahrer, soweit sie im Gelände unterwegs sind, und der Radrennsportler bleibt hier unberücksichtigt. Aufgrund ihrer primär sportlichen Ausrichtung besitzen diese Gruppen grundsätzlich andere Ansprüche an ein Fahrradtousimuskonzept als der 'klassische' Radtourist.*

4 *Mit dem Projekt "Eurovelo" soll ein europäisches Radroutennetz entwickelt werden.*

Literatur

ADFC (²1998) = Allgemeiner Deutscher Fahrradclub e.V. (Hg.): Handreichung zur Förderung des Fahrradtourismus. Bremen

ADFC (1997) = Allgemeiner Deutscher Fahrradclub e.V. (Hg.): Reise-Info-Tips Frankreich. Bremen

AFIT (1995a) = Agence Française de l'Ingénerie Touristique (Hg.): La pratique du vélo en France. Rapport provisoire. Paris

AFIT (1995b) = Agence Française de l'Ingénerie Touristique (Hg.): Rapport exploratoire „La Loire à vélo". Paris

AFIT (1997) = Agence Française de l'Ingénerie Touristique (Hg.): Des pistes pour le vélo. Paris

Albrecht, Birgit (1996): Fahrradtourismus - der Qualitätstourismus von morgen? Eine fahrradtouristische Studie zum nachhaltigen Reisen am Beispiel des Radfernweges Tauernradweg. (unveröffentlichte Magisterarbeit im Fach Philosophie an der Grund- und Integrativwissenschaftlichen Fakultät der Universität Wien). Wien

Becker, Christoph (²1993): Instrumente der Raumordnung und der regionalen Fremdenverkehrsplanung. In: Haedrich/Kaspar/Klemm/Kreilkamp (Hg.): Tourismus-Management. Tourismus-Marketing und Fremdenverkehrsplanung. Berlin, S. 387-397

Biermann, Axel (1994): Fahrradtourismus - eine umweltschonende Fremdenverkehrsform? Ergebnisse einer Analyse der fahrradtouristischen Angebots- und Nachfragestrukturen im Münsterland unter besonderer Berücksichtigung umweltschonender Aspekte. (unveröffentlichte Diplomarbeit im Fach Angewandte Geographie/ Fremdenverkehrsgeographie an der Universität Trier). Trier

Conseil Général de la Drôme (1996) (Hg.): Schéma Départemental de développement du tourisme et des loisirs de la Drôme 1997/2002. Valence

Direction Départementale de l'Équipement de la Drôme (1993) (Hg.): La Drôme à vélo. (unveröffentlichte Unterlagen des Service Technique Départemental). Valence

Équipement (1986) = Ministère de l'Équipement, du Logement, de l'Aménagement du Territoire et des Transports (Hg.): Manuel de Conception des Structures des Pistes Cyclables. Paris

Forschungsgesellschaft für Straßen- und Verkehrswesen (1995) (Hg.): Empfehlungen für Radverkehrsanlagen. ERA 1995. Köln

Froitzheim, Thomas (1997): (Auto) Ferienstraße - (Fahrrad-)Touristische Route. Einführung und Überblick zur Situation in Deutschland. In: Deutsches Seminar für Fremdenverkehr (DSF) Berlin e.V. (Hg.): Auf zwei Rädern zum Erfolg! Wachstumsmarkt Fahrradtourismus. Berlin, S. 27-29

große Beilage, Jan (1997): Planerische Grundlagen für den Fahrradtourismus – am Beispiel eines Fahrradtourismuskonzepts im Raum Drôme/Provence, (unveröffentlichte Diplomarbeit an der Universität Dortmund, Fakultät Raumplanung). Dortmund/Grenoble

Haedrich, Günther (²1993): Tourismus-Management und Tourismus-Marketing. In: Haedrich/Kaspar/Klemm/Kreilkamp (Hg.): Tourismus-Management. Tourismus-Marketing und Fremdenverkehrsplanung. Berlin, S. 31-42

Institut Géographique National/ Comité Départemental du Tourisme de la Drôme (1993) (Hg.): Cyclocarte 1:100.000. La Drôme à vélo. Paris

IRS (2000) = Institution Rhône-Saône (Hg.) Internetseite http://www.institution-rhône-saône.fr/siteirs/b01.html, Download am 20.10.2000

Jilg, Angelika (1992) Informationszentrum Naturpark Altmühltal (Hg.): Radfahren - ein freizeitrelevantes Element - Aspekte einer geographischen Analyse. (Schrifenreihe des Informationszentrums Altmühltal, Heft 4). Eichstätt

Kaspar, Claude (1993): Das System Tourismus im Überblick. In: Haedrich/Kaspar/Klemm/ Kreilkamp (Hg.): Tourismus-Management. Tourismus-Marketing und Fremdenverkehrsplanung. Berlin, S. 13-30

Kistenmacher, Hans/Clev, Hans-Günther (1996): Das französische Raumordnungs- und Raumentwicklungsrahmengesetz. In: RuR (Raumforschung und Raumordnung) 4, S. 265-276

Klemm, Holger (1995): Fahrradtourismus - ein Verglich der Nachfragesegmente Pauschalreisende und Individualreisende. Eine empirische Analyse am Beispiel der Region Mosel/Saar. (unveröffentlichte Diplomarbeit im Fach Angewandte Geographie/ Fremdenverkehrsgeographie an der Universität Trier). Trier

Kreilkamp, Edgar (1993): Strategische Planung im Tourismus. In: Haedrich/Kaspar/Klemm/Kreilkamp (Hg.): Tourismus-Management. Tourismus-Marketing und Fremdenverkehrsplanung. Berlin, S. 251-282

Kulinat/Steinecke (1984) = Kulinat, Klaus; Steinecke, Albrecht: Geographie des Freizeit- und Fremdenverkehrs. (Schriftenreihe 'Erträge der Forschung' Band 212). Darmstadt

Michelin (1993) = Michelin et Cie (Hg.): Provence. Guide de Tourisme. Clermont-Ferrand

Michelin (1995) = Michelin et Cie (Hg.): Vallée du Rhône. Guide de Tourisme. Clermont-Ferrand

Michelin (1996) = Michelin et Cie (Hg.): Alpes du Sud. Haute-Provence. Guide de Tourisme. Clermont-Ferrand

Miglbauer, Ernst (1995): Radtourismus als Element der regionalen Tourismusförderung. In: Freyer, Walter (Hg.): Sporttourismus. Management und Marketinghandbuch. München, S. 341-362

Miglbauer/Schuller (1991) = Miglbauer, Ernst; Schuller, Ernst: Wie reisen Radler? Ergebnisse einer wissenschaftlichen Untersuchung des Donau-Radweg-Tourismus. In: Allgemeiner Deutscher Fahrradclub LV Bayern e.V. (Hg.): Fahrrad und sanfter Tourismus. Wir radeln in die Zukunft. München, S. 9-12

Miglbauer/ Wiederschwinger (1992) = Miglbauer, Ernst; Wiederschwinger, Ingrid: Radwandererlebnis Donauland-Strudengau. In: Mose, Ingo (Hg.): Sanfter Tourismus konkret. (Wahrnehmungsgeographische Studien zur Regionalentwicklung, Heft 11). Oldenburg, S. 93-112

Neumann/Uterwedde (1994) = Deutsch-Französisches Institut (Hg.): Raumordnungspolitik in Frankreich und Deutschland. Stuttgart

Opaschowski, Horst W. (1991): Ökologie von Freizeit und Tourismus. Opladen

Observatoire Régional du Tourisme Provence-Alpes-Côte d'Azur (1996) (Hg.): Les chiffres du tourisme en Provence-Alpes-Côte d'Azur et dans les six départements. Marseille

PNRL (o.J.) = Parc régional naturel du Lubéron: Le Lubéron en vélo. unveröffentlichtes Manuskript, ohne Jahrgang

Reiche, Wolfgang (1997): Planung touristischer Radverkehrsanlagen. In: Deutsches Seminar für Fremdenverkehr (DSF) Berlin e.V. (Hg.): Auf zwei Rädern zum Erfolg! Wachstumsmarkt Fahrradtourismus. Berlin, S. 109-118

Richter, Wolfgang (1997): Von der Radroute zum Radtourenangebot. In: Deutsches Seminar für Fremdenverkehr (DSF) Berlin e.V. (Hg.): Auf zwei Rädern zum Erfolg! Wachstumsmarkt Fahrradtourismus. Berlin, S. 103-108

Rust, Gabriele (1996): Fahrradtourismus an der Mecklenburgischen Seenplatte - Chancen für eine nachhaltige Regionalentwicklung mit Tourismus? (unveröffentlichte Diplomarbeit im Fach Angewandte Geographie/ Fremdenverkehrsgeographie an der Universität Trier). Trier

Schelsky, Helmut (1970): Freizeit und Landschaft. In: Gröning/Herlyn (Hg.): Landschaftswahrnehmung und Landschaftserfahrung (Arbeiten zur sozialwissenschaftlich orientierten Freiraumplanung Bd. 10). München, 1990, S. 117-130

Steinecke/Hallerbach (1996) = Steinecke, Albrecht; Hallerbach, Bert: Fahrradtourismus - ein Bericht zur Forschungslage und zu Forschungsdefiziten. In: Biermann/Hofmann/ Steinecke (Hg.): Fahrradtourismus. Baustein eines marktgerechten und umweltverträglichen Tourismus. ETI-Texte - Heft 8. Trier, S. 7-31

VCD (1994) = Verkehrsclub Deutschland e.V.: Radreisen. Fahrradurlaub nach Maß. In: fairkehr 1/94, S. 19

Vehring, Silke (1995): Fahrradtourismus im Ruhrgebiet. Ansatz und Chancen der touristischen Entwicklung in einer altindustriellen Region. (unveröffentlichte Diplomarbeit im Fach Angewandte Geographie/ Fremdenverkehrsgeographie an der Universität Trier). Trier

Sven Groß

Touristische Leitbildentwicklung am Beispiel von Projekten in der Pfalz

Der Tourismus ist ein wichtiger gesellschaftlicher und wirtschaftlicher Faktor in Deutschland geworden. Das ökonomische Gewicht des „Wirtschaftsfaktors Tourismus" wird in den letzten Jahren bundesweit immer mehr zu Kenntnis genommen. Nach der Wiedervereinigung hatte der Deutschlandtourismus bis Mitte der 1990er Jahre einen Anstieg der Gäste- und Übernachtungszahlen aufzuweisen. Dem Hoch der touristischen Nachfrage im Jahre 1995 folgte ein gravierender Rückgang. Hauptsächlich die starken Rückgänge im Bereich des gesetzlichen Kurwesens durch die Reformen im Gesundheitswesen sind hierfür verantwortlich zu machen (vgl. Dörr 1998). In den Jahren 1998/1999 sind die Übernachtungszahlen in fast allen deutschen Destinationen wieder gestiegen. Dennoch bleibt festzuhalten, dass sich die Rahmenbedingungen für den Deutschlandtourismus entscheidend verändert haben.

Die deutschen Reisegebiete befinden sich nicht nur untereinander im Wettbewerb, sondern es geht um einen globalen Wettbewerb um in- und ausländische Gäste. Der Wettbewerb wird sich in Zukunft noch weiter verstärken, da die Gäste immer reiseerfahrener, spontaner, anspruchsvoller und individueller werden. Die Kundenerwartungen werden also steigen und immer differenzierter. Auch das weltweit zunehmende touristische Angebot und die Liberalisierung von Dienstleistungsmärkten führen zu einem zunehmenden Konkurrenzdruck.

„Es drängen immer weitere Destinationen auf den Markt, die durch den Einsatz moderner Informations- und Reservierungssysteme einfacher zu buchen sind. Zudem sind internationale Reiseziele durch tendenziell fallende Transportkosten, z. B. Fernziele im Flugverkehr, mittlerweile kostengünstiger erreichbar. Hinzu kommt, dass sich das touristische Angebot in Deutschland aufgrund von strukturellen Defiziten in der Organisation noch nicht hinreichend auf diese verschärfte Konkurrenzsituation eingestellt hat." (Eisenstein/Rast 2000: 58)

Als wichtigste Konsequenz ist eine zunehmende Sättigung mit Folge eines verschärften Verdrängungswettbewerbs auf dem touristischen Markt zu nennen. Dieser Wettbewerb wird über harte Preiskämpfe und/oder über stetig steigende Qualitätsansprüche ausgetragen. Daher ist die entscheidende Grundvoraussetzung für ein erfolgreiches Bestehen im Tourismus die ständige Entwicklung und Verbesserung unverwechselbarer, neuer marktgerechter Produkte, die von kreativen und engagierten Menschen in partnerschaftlicher Kommunikation betrieben werden muss.

Mit der Entwicklung eines touristischen Leitbilds kann eine Destination einen Wettbewerbsvorteil gegenüber anderen Destinationen erlangen und sich im beschriebenen Verdrängungswettbewerb besser behaupten.

Im Folgenden werden die Möglichkeiten, der Ablauf und die Inhalte touristischer Leitbildentwicklung am Beispiel von Projekten aus der Pfalz erläutert, deren Darstellung durch einen Bezug zum theoretischen Hintergrund geprägt ist.

Leitbilder in der Tourismusplanung

Ein Leitbild ist eine schriftlich fixierte Zielvorstellung für die touristische Weiterentwicklung einer Gebietskörperschaft (Land, Region, Stadt, Gemeinde), d. h. einer touristischen Destination. „Es beschreibt den Rahmen, in dem sich das zielorientierte Handeln der Funktionäre, Mitarbeiter, Unternehmer sowie der übrigen Gemeindebürger bewegen soll ..." (Tirol Werbung 1992: 11, zitiert nach Walch 1999: 69)

Blick auf Deidesheim

Quelle: Tourist Service GmbH

Dieses Leitbild wird von einem Auftraggeber (Tourismusorganisation, politische Behörde) mit klarem Gestaltungswillen erarbeitet und wirkt durch seinen öffentlichen Charakter (z. B. durch Mitbestimmung der Betroffenen, hoheitlichen Akt, Publikation). Ein Leitbild darf jedoch kein starres Korsett von Regeln und Prinzipien sein, sondern soll durch seinen Rahmen Halt für die strategische und operative Planung der Tourismusorganisation und ihrer Mitgliedsbetriebe bieten.

Da eine Destination vom Kunden, d. h. den Gästen, als ein zusammenhängendes Produkt wahrgenommen wird und „weil sie im Tourismus als Wettbewerbseinheit bezeichnet werden kann (...), muss sie auch als Ganzes, ähnlich einem Unternehmen, geplant werden. Es braucht deshalb ein übergreifendes Planungssystem, das den normativen Rahmen für die Entwicklung der Destination, die Strategie und die operativ zu verfolgenden Ziele und Maßnahmen festlegt. Damit wird ein Rahmen für die Entscheidungen und Handlungen der einzelnen Leistungsersteller geschaffen." (Bieger 1997: 303)

Leitbilder sollten unter Beteiligung der Öffentlichkeit, mindestens aber aller betroffenen Interessengruppen, und legitimiert durch einen Auftrag der politischen Körperschaft oder der Tourismusorganisation erarbeitet werden. Methoden, die den Einbezug der unterschiedlichen Interessengruppen erlauben, sind „... beispielsweise das offene Forum oder die Zukunftswerkstatt." (Bieger 1997: 310)

Ein Leitbild enthält zumeist folgende vier Teile und sollte in übergeordnete Pläne der Gemeinde/der Region und in nachgelagerte Pläne der Unternehmen der Destination eingepasst werden (vgl. Bieger 1997: 306ff.):

1. Lagebeschreibung und -beurteilung,
2. Zieldiskussion und Festlegung,
3. Strategien zur Zielerreichung sowie
4. Maßnahmenbündel.

Beispiel „Leitbild der Stadt Deidesheim"

Deidesheim hat knapp 4.100 Einwohner (Stand 2000), gehört zur Verbandsgemeinde Deidesheim im Kreis Bad Dürkheim, liegt an der Deutschen Weinstraße und im ersten grenzüberschreitenden Biosphärenreservat Naturpark Pfälzer Wald/Nordvogesen.

In den letzten Jahren bzw. Jahrzehnten ist es der Stadt gelungen, mit den bedeutenden Wirtschaftsbereichen Wein, Tourismus und Gastronomie ein hohes Anspruchsniveau aufzubauen und zu befriedigen. Um der Entwicklung des Tourismus und damit der Stadt neue Impulse geben zu können, sollte dieses hohe Niveau nicht nur gehalten werden. Es sollte vielmehr ergänzt und weiterentwickelt werden, an neue Rahmenbedingungen angepasst und idealerweise von Seiten aller Wirtschaftsbereiche betrachtet werden.

Neue Rahmenbedingungen sind, neben den in der Einleitung beschriebenen Folgen der Globalisierung, der Umbruch im Tourismus der Stadt Deidesheim und die europäische Integration. Hier sei auf die zu Anfang des Projektes vollzogene Umwandlung der Tourist Information in eine privatrechtlich organisierte Gesellschaft (GmbH) mit Beginn des Jahres 2000 und das Wegfallen der offiziellen Staatsbesuche hingewiesen, die zu Regierungszeiten von Helmut Kohl (1982-1998) Deidesheim zu internationaler Popularität verholfen haben.

Vor diesem Hintergrund haben sich die politischen Entscheidungsträger Ende 1998 entschlossen, die Aspekte herauszuarbeiten, die die Unverwechselbarkeit der Stadt und ihres touristischen Angebotes kennzeichnen. Durch stärkere Kommunikation sollten neue Ideen zusammengetragen und so die Herausforderungen und Probleme der touristischen Entwicklung in der Stadt besser gelöst werden (vgl. Fineis Institut GmbH 2000: 2).

Die Entwicklung neuer Vorstellungen über den Tourismus in der Stadt Deidesheim sollte vor allem an der Qualitätsverbesserung aller touristisch relevanten Bereiche ansetzen. Qualität sollte in diesem Zusammenhang als die „Erfüllung der Anforderungen der Gäste" verstanden werden. Als Grundlage für den Prozess der Leitbildentwicklung und der Anforderungen, Wünsche, Motive und Verhaltensweisen der Gäste diente eine 1997 durchgeführte Gästebefragung. In den Jahren 1997 bis 1999 wurde in insgesamt 21 Gebietskörperschaften von Rheinland-Pfalz eine derartige Befragung (Permanente Gästebefragung, PEG) vom Fineis Institut durchgeführt.

Touristisches Impulsforum der Stadt Deidesheim

Das im Frühjahr 1999 einberufene 1. Touristische Impulsforum (TIF) Deidesheim hatte zum Ziel, mit einem Leitbild die touristische Entwicklung der Stadt für die ersten Jahrzehnte des neuen Jahrtausends festzuschreiben. Zudem galt es, dieses touristische Leitbild gleich mit darauf abgestimmten Strategien und Maßnahmen zu flankieren, um es bei den touristischen Akteuren in ihrer Alltagsarbeit und dem zukünftigen Handeln zu verankern.

Deidesheimer „Weinkerwe"

Quelle: Tourist Service GmbH

Aus diesem Grund lud die Stadt Deidesheim im März 1999 alle am Tourismus Beteiligten und Interessierten zu einer Auftaktveranstaltung ein. Hierbei ging es einerseits um die erste Entwicklung, Sichtung und Fixierung von Ideen, Vorstellungen, Fragen und Forderungen zum Tourismus in Deidesheim, wobei zunächst keinerlei Rücksicht auf mögliche finanzielle oder andere Restriktionen genommen wurde. Andererseits wurden hierbei thematische Arbeitsgruppen gebildet. Je nach persönlicher Interessenlage wählten die Teilnehmer eine Arbeitsgruppe aus, in der die ersten Ideen weitergeführt, strukturiert und auf ihre Realisierung geprüft wurden. Mehr als 40 Teilnehmer/innen des TIF haben sich, entsprechend ihren Interessen, auf die folgenden vier Arbeitsgruppen verteilt:

- Gastronomie, Beherbergung, Winzer, Service,
- Natur, Kultur, Infrastruktur, Besonderheiten,
- Kooperation, Koordination und
- Werbung, Öffentlichkeitsarbeit.

Die Arbeit in den einzelnen Arbeitsgruppen konzentrierte sich auf die Entwicklung eines konsensfähigen Leitbildes und die konkrete Ideen- und Maßnahmengewinnung, um das typische, einmalige und unverwechselbare Angebot in der Stadt Deidesheim zu pflegen, weiterzuentwickeln und zu vermarkten. Als bedeutsam für den Informationsaustausch zwischen den Arbeitsgruppen hat sich die Durchführung eines Zwischen-Workshops erwiesen. Bei diesem Workshop wurden die bisherigen Ergebnisse vorgestellt und die Themen nochmals abgestimmt, sodass unterschiedliche Sichtweisen zu einzelnen Themen in Einklang gebracht werden konnten (vgl. Fineis Institut GmbH 2000: 2f.).

Auf der Abschlussveranstaltung im Januar 2000 wurden die Ergebnisse der knapp zehnmonatigen Arbeit und der insgesamt 26 Sitzungen der vier Arbeitsgruppen vorgestellt, diskutiert und das Leitbild einstimmig verabschiedet („moralisches Mandat“). Das eigentliche touristische Leitbild von Deidesheim wurde in die vier Teilleitbilder „Wir und der Tourismus“, „Wir und die Natur“, „Wir und die touristische Zukunft“ sowie „Wir und der Gast“ unterteilt, teilweise ergänzt durch inhaltliche Erläuterungen. Hiermit sollte erreicht werden, dass bei der Entwicklung und Umsetzung der Maßnahmen weitere Informationen einbezogen werden können. „Kritiker bemängeln, dass die eigentlichen Konflikte oft erst auftauchen, wenn ein abstraktes Ziel, das als gemeinsamer Nenner leicht gefunden werden kann, durch harte Maßnahmen umgesetzt werden muss“ (Bieger 1997: 309).

Teilleitbild „Wir und der Gast“

Exemplarisch für die vier Teilleitbilder soll hier das Teilleitbild „Wir und der Gast“ vorgestellt werden, das wie folgt umschrieben wird: „Wir wollen Deidesheim unseren Gästen als freundlichen Urlaubsort mit qualitativ hochwertigen Leistungsträgern, regionalen Attraktionen und Eigenarten sowie abwechslungsreichen Angeboten und Erlebnissen anbieten. Hierzu werden wir unsere Angebote für unsere Gäste weiter ausbauen, wobei ein gesundes Preis-Leistungs-Verhältnis von großer Bedeutung ist. Wir möchten die Kommunikation mit unseren Gästen intensivieren, um Ihnen die Pfälzer Lebensfreude und unser südländisches Flair näher zu bringen“ (Fineis Institut GmbH 2000: 16).

Im Rahmen des gesamten Prozesses wurden 90 Leitideen mit knapp 290 Maßnahmenvorschlägen entwickelt, mit denen eine klare Richtung der touristischen Entwicklung der Stadt Deidesheim vorgegeben und auf eine gemeinsame Plattform gestellt wurde.
Die Umsetzung der zahlreichen Ideen und Maßnahmen wird größtenteils von der neuen Tourist Service GmbH Deidesheim übernommen. Sie kann somit ihre Aufgaben und Ziele unmittelbar am neuen Leitbild und den daraus entwickelten Leitideen und Maßnahmen ausrichten. Aber auch alle anderen am TIF Beteiligten sind bei der Umsetzung gefordert und tragen zum größten Teil auch zur Umsetzung bei. Mittlerweile befinden sich eine Vielzahl der Ideen in der Umsetzungsphase. Hier seien nur einige Beispiele genannt:

Abb. 1: Funktion des Touristischen Impulsforums

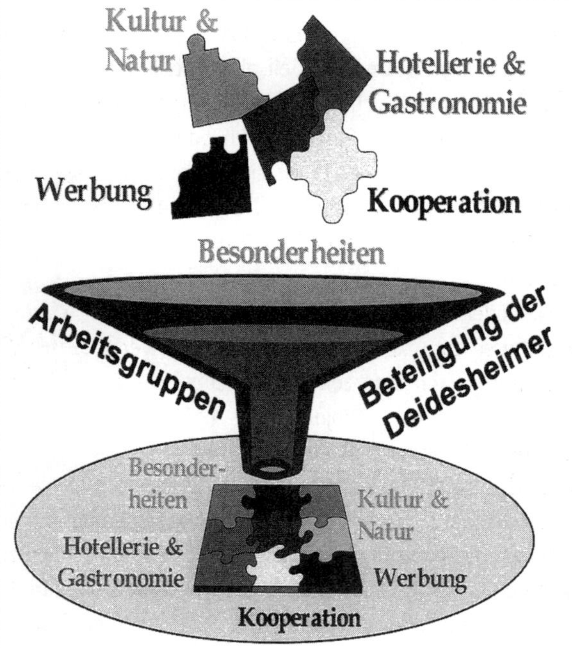

Es wurde für jeden Bereich ein Maßnahmenplan aufgestellt der festlegt: **„Was?"** macht **„Wer?"** bis **„Wann?"** und **„Wie?"**

Quelle: eigene Abbildung nach Fineis Institut 2000

- Verbilligte Abgabe von Feigenbäumen zur Verschönerung des alten Ortskernes und der Durchfahrtsverbindung;
- Gründung eines Vereines, in den alle touristischen Betriebe und Interessierten eintreten können (dieser Verein führt z. B. einen monatlichen touristischen Stammtisch durch und ist Gesellschafter der Tourist Service GmbH.);
- Intensivierung und Ausbau der Pauschalangebote und der Stadtführungen;
- Ausbau des Merchandising (Entwicklung der Produktpalette in Richtung „attraktive Urlaubsandenken", wobei regionalspezifische Produkte im Vordergrund stehen sollen, wie beispielsweise der Verkauf von Feigenbäumen und Hausreben);
- Neuausrichtung langjährig bestehender Veranstaltungen, wie z. B. die Riesling-Weinprobe als Auftaktveranstaltung der *Deidesheimer Weinkerwe*;
- Einführung der *Paradies-Card Urlaubsregion Deidesheim* für Gäste und Bürger der Stadt (z. B. verbilligter Eintritt bzw. kostenlose Nutzung von Museen und des Freibades der Stadt, von Weinkeller- und Stadtführungen, aber auch von Attraktionen außerhalb der Stadt, wie z. B. der Spielbank in Bad Dürkheim oder eines Freizeitparks in Wachenheim).

Sowohl hinsichtlich der Anzahl der Teilnehmer/innen als auch der Qualität der entwickelten Ideen und Maßnahmen wurden die Erwartungen an den Prozess der Leitbildentwicklung („Touristisches Impulsforum Deidesheim") von Seiten der Organisatoren deutlich übertroffen. Der Prozess war wesentlich geprägt von persönlichen Gesprächen mit Akteuren, der Leitung von Diskussions- und Gesprächsrunden sowie der Durchführung von Workshops und Konferenzen als zentrale Methoden (vgl. Bäumer/ Hesse 1999: 56 ff.). Die Einbindung breiter Teile der touristischen Akteure und interessierter Bürger/innen sowie die ersten umgesetzten Maßnahmen zeigten, dass die Stadt Deidesheim mit der Entwicklung des touristischen Leitbildes ihren bedeutsamsten Wirtschaftsbereich fit für das jetzige Jahrtausend gemacht hat.

Die Verantwortlichen der Stadt Deidesheim haben dies erkannt und im Rahmen der Erstellung einer Lokalen Agenda 21 weitere Bereiche der Stadtentwicklung im partnerschaftlichen Verhältnis mit ihren Bürgerinnen und Bürgern sowie ansässigen Unternehmen Anfang des Jahres 2001 auf den Weg gebracht.

Offenes Forum Tourismus

Der Idee „Offenes Forum Tourismus" (OFT) liegt ein unternehmensorientierter Ansatz und eine intensive Zusammenarbeit aller Beteiligten sowie der interessierten Bevölkerung zugrunde. Es handelt sich hierbei um eine innovative Planungsmethode, bei der zukunftsweisende Ideen für eine Region, Stadt oder Gemeinde mit Hilfe themenbezogener Arbeitsgruppen während einer meist eintägigen Veranstaltung entwickelt werden. Der Ablauf eines OFT kann wie in Abbildung 2 beschrieben werden.

Service-Card Deidesheim

Quelle: Tourist Service GmbH

Nach der Präsentation und dem Abgleich der Ergebnisse zum Abschluss der eintägigen Veranstaltung kann eine zentrale Konzeptgruppe (oder Steuerungs-, Projekt oder Lenkungsgruppe mit mindestens einem Vertreter jeder Arbeitsgruppe) eingerichtet werden. Diese arbeitet allein oder zusammen mit einem externen Berater an der Umsetzung der Ergebnisse. Die zentrale Konzeptgruppe fasst die Einzelmaßnahmen zu einem Maßnahmenkatalog zusammen und formuliert weitere Ziele und Maßnahmen. Denkbar ist auch eine Weiterführung der Arbeitsgruppen mit und ohne externe Beratung. Die Weiterführung kann der beschriebenen Vorgehensweise bei der Erstellung eines touristischen Leitbildes entsprechen.

Beispiel „Offenes Forum Tourismus der Verbandsgemeinde Lambrecht"

Die Verbandsgemeinde (VG) Lambrecht liegt im Neustadter Tal (und damit auch im grenzüberschreitenden Biosphärenreservat Naturpark Pfälzer Wald/Nordvogesen) ca. 5 km von Neustadt an der Weinstraße entfernt, besteht aus sieben Teilgemeinden und hat ca. 14.200 Einwohner (Stand 2000).

Die Infrastruktur der VG Lambrecht war bisher stark von produzierendem Gewerbe geprägt. Industrie und Gewerbe sind jedoch stark rückläufig, sodass im Tourismus große Zukunftschancen gesehen werden. In den Jahren bis 1997 konnte trotz gegenläufigem Trend die Übernachtungszahl in der VG Lambrecht um jeweils über zehn Prozent gesteigert werden.

Die Förderung des Tourismus ist eine Aufgabe der kommunalen Selbstverwaltung und liegt somit in den Händen der einzelnen Gemeinden. Nur wenn diese zustimmen, kann eine Verbandsgemeinde diese Aufgabe übernehmen. Sowohl die Verbandsgemeinde als auch die Hälfte der ihr angehörenden Gemeinden müssen zustimmen. Dies ist in der VG Lambrecht nicht geschehen, sodass die Verantwortung für die Förderung des Tourismus bei den Ortsgemeinden liegt. Der jährliche Haushaltsansatz „Fremdenverkehr" in der VG Lambrecht betrug bis zum Jahr 1996 nur 30.000 DM und seitdem 50.000 DM.

Dennoch ergreifen die Verantwortlichen auf Ebene der Verbandsgemeinde Maßnahmen zur Tourismusförderung, die auch darauf abzielen, Hilfe zur Selbsthilfe zu geben. Bereits bestehende Eigeninitiativen sollten gefördert und neue geschaffen werden.

Vor diesem Hintergrund, insbesondere wegen der knappen finanziellen Mittel, wollten die politischen Kompetenzträger einen Anstoß zur Weiterentwicklung im Tourismus geben. Es sollte ein „Hearing" durchgeführt werden, auf dem Fragen bezüglich der Weiterent-

Abb. 2: Idealtypischer Ablauf eines Offenen Forum Tourismus

Produktanalyse (Analysephase)
- Produkt wird in mehrere Komponenten aufgeteilt, die nach bestimmten Gesichtspunkten bewertet werden
- Sichtung und Auswertung von Sekundärmaterialien
- Angebotsanalyse

⇩

Zielgruppenanalyse
- Differenzierung der potenziellen Nachfrager und Nachfrageanalyse
- Erstellung eines Analyseberichtes inkl. Stärken-/ Schwächen-Profil als Basis der Konzeptionsphase

⇩

Entwicklung des Konzeptes/Strategischer Rahmen (Konzeptionsphase)
- Auftaktveranstaltung als Initialzündung zur Information und Einbindung der (ausgewählten) Öffentlichkeit
- Vorstellung des schematischen Ablaufplanes
- Bildung von Arbeitsgruppen

⇩

Kreativphase mittels themenbezogener Workshops
- Herausarbeitung und Zuordnung von Themen
- Je Workshop Entwicklung eines schematischen Arbeitsplans, z. B. Zielgruppendiskussion, Bestandsaufnahme und Bewertung des Angebots
- Präsentation der Themen und Abgleich der Ergebnisse

⇩

Zusammenfassung und Umsetzungsplanung im Endbericht

Quelle: Eigene Darstellung nach Fineis Institut GmbH 1998: S. 9

wicklung des Tourismus in der VG Lambrecht diskutiert werden und Antworten über den weiteren Weg des Tourismus gegeben werden können. Eingebunden werden sollten alle, die für den Tourismus des Tales tätig sind und Verantwortung tragen, sowie alle Interessierten. Es bot sich also förmlich an, einen Prozess auf den Weg zu bringen, bei dem innerhalb kurzer Zeit ein breites Spektrum an Fragen diskutiert werden konnte und der auch ohne umfangreiche fachliche Betreuung externer Berater umsetzbar ist.

Die VG Lambrecht lud für Mitte Juli 1998 zum „1. Offenen Forum Tourismus" ein, welches als Arbeitsgrundlage für einen zu entwickelnden innerörtlichen Kommunikationsprozess dienen sollte. Im Vorfeld dieser Veranstaltung wurde eine Analyse der bestehenden Produkte sowie eine Zielgruppenanalyse durchgeführt, die als Stärken-/Schwächen-Profil die Basis für die Konzeptionsphase darstellte.

Mehr als 50 Teilnehmer/innen folgten der Aufforderung und arbeiteten an einem Samstag in folgenden vier Arbeitsgruppen mit:
- Gastronomie, Beherbergungswesen, Service,
- Natur, Kultur, Infrastruktur, Besonderheiten,
- Kooperation, Koordination, Information und
- Werbung, Öffentlichkeitsarbeit.

Während der Veranstaltung entstanden über 250 Ideen für die Entwicklung des Tourismus in der VG Lambrecht, die in einer durch die Volkshochschule Lambrecht betreuten Serie von Arbeitsgruppentreffen weiterverfolgt wurden.

Unter allen Teilnehmern bestand die Einigkeit, dass die VG Lambrecht dem Tourismus in Zukunft mehr Aufmerksamkeit schenken sollte und größere Anstrengungen notwendig sind, um das vorhandene touristische Potenzial in allen Ortsgemeinden besser auszuschöpfen. Grundvoraussetzung hierfür ist, dass sich alle Ortsgemeinden darüber im Klaren sind, dass keiner für sich alleine, sondern nur alle zusammen den Gästen ein attraktives touristisches Potenzial anbieten können. Hierzu müssen die einzelnen Attraktionen und Angebote verstärkt miteinander verknüpft und einheitlich vermarktet werden. Allein wegen *einer* Hauptattraktion (z. B. der Museumsbahn *Kuckucksbähnel*) wird kein Gast einen Übernachtungsaufenthalt im Gebiet der Verbandsgemeinde Lambrecht verbringen. Vielmehr muss dem potenziellen Kunden das gesamte vorhandene Angebotsspektrum der VG Lambrecht glaubhaft nahegebracht werden, um ihn möglicherweise zu einem (Kurz-)Urlaub im Gebiet der VG Lambrecht bewegen zu können.

Mit Hilfe eines OFT, wie es in der VG Lambrecht veranstaltet wird, ist es möglich, einen innerörtlichen Kommunikationsprozess zu initiieren. Darüber hinaus kann durch Einbeziehung der verschiedenen Entscheidungsträger (Unternehmen, Institutionen, Einzelpersonen) in themenbezogenen Arbeitsgruppen deutlich gemacht werden, wieviel verschiedene Beteiligte für den (touristischen) Erfolg entscheidend sind.

Fazit

Nach Sovis (1993, zitiert nach Freyer 1997) ist das Erstellen von Leitbildern im Tourismus ein „Trend der neunziger Jahre". Die beschriebenen Praxisprojekte verdeutlichen, dass partizipative Verfahren aufgrund ihrer vernetzten Sichtweise (ökonomische, ökologische und gesellschaftliche Inhalte) und der hohen Identifizierung mit den Inhalten in der Tourismusplanung ein starkes Gewicht bekommen sollten.

Die Mitwirkenden können direkt auf ihren Tätigkeitsbereich Einfluss ausüben und mittels interdisziplinär besetzter Arbeitsgruppen die Destination als Ganzes betrachten. Durch das Zusammenwirken möglichst vieler Interessengruppen kann das vom Gast zusammenhängend gesehene touristische Produkt stimmig gemacht werden.

Für den Erfolg derartiger Prozesse sind aus Sicht des Autors folgende Faktoren von Bedeutung:

- Die Verwaltungsspitze steht hinter dem Prozess, stellt genügend Mittel für die Umsetzung der entwickelten Maßnahmen zur Verfügung und versucht nicht, sich allein mit den Ergebnissen zu profilieren.
- Der Destinationsmanager (z. B. der Leiter der Tourist Information oder der Geschäftsführer einer Tourismus Marketing GmbH) sieht den Prozess mit seinen Ergebnissen als eine wichtige Hilfe für seine Arbeit an, bringt sich intensiv ein und ist daran interessiert, eine Zusammenarbeit zwischen den einzelnen Leistungsanbietern zu erreichen, um die Maßnahmen umsetzen zu können.
- Mit Hilfe einer intensiven Öffentlichkeitsarbeit werden die Ideen und Ergebnisse breit gestreut und in die gesamte Bevölkerung getragen.
- Bei der Erstellung des Leitbildes wird darauf geachtet, dass das Endprodukt nicht ein Werbetext oder eine Imagebroschüre ist, sondern ein Arbeitsprogramm mit Handlungswissen.

Literatur

Bäumer, A.; Hesse, R. (1999): Citymanagement in Cottbus - Ein Jahr City-Management zur Vitalisierung der Cottbuser City. In: RaumPlanung, Heft 84/1999, 56-60
Bieger, T. (1997): Management von Destinationen und Tourismusorganisationen. München
Dörr, G. (1998): Alarmierend: Fast 50% weniger Übernachtungen – Deutsche Kurorte in der Krise. In: Deutsches Seminar für Fremdenverkehr (Hg.): Mehr Wirtschaftskraft durch Tourismus (= zugleich: Das Parlament Nr. 18, 2). Berlin
Eisenstein, B.; Rast C. (2000): 10 Heider Thesen als Ansätze der Veränderung der Strukturen im Deutschlandtourismus. In: Fontanari, M. L.; Scherhag, K. (Hg.): Wettbewerb der Destinationen: Erfahrungen – Konzepte – Visionen. Wiesbaden, 57-69
Fineis Institut GmbH (1998): unveröffentliches Manuskript „Entwicklungsplanung im Tourismus". Deidesheim
Fineis Institut GmbH (2000): Endbericht zum „Touristischen Impulsforum Deidesheim". Deidesheim
Freyer, W. (1997): Tourismus-Marketing: marktorientiertes Management im Mikro- und Makrobereich der Tourismuswirtschaft. München, Wien
Walch, S. (1999): Implementierung von Marketingstrategien in Tourismusregionen. St. Galler Beiträge zum Tourismus und Verkehrswirtschaft, Reihe Tourismus Band 34. St. Gallen

Wolfgang Scholz

Nachhaltiger (Massen-)Tourismus auf Mallorca?

Die lokale Agenda 21 in Calvià/Mallorca

Tourismus auf Mallorca - Ausgangslage und Probleme der "balearización"

Bettenburgen und preiswerte Pauschalarrangements prägen das Bild des Tourismus der Insel Mallorca - sowohl in den Köpfen der Reisenden als auch der Veranstalter. Dieses Image kann die Insel nur schwer ablegen, auch wenn heute andere Tourismusformen ihren Weg auf die Insel gefunden haben und dazu beitragen, das Angebot zu diversifizieren: Finca-Tourismus, Golf- und anderer Sporttourismus, Kurzurlaube über das Wochenende, Geschäftsreisende mit zweitem Arbeitsplatz auf der Insel, Altersruhesitze und Seniorenwohnanlagen. Auch wenn der balearische Tourismusminister Alomar jüngst zu erkennen gab, dass er auf den klassischen Massentouristen verzichten möchte (vgl. focus 2001: 180), gibt es andere Touristiker auf der Insel, die klarstellen, dass sie den Massentourismus nicht bekämpfen, sondern vielmehr das Urlaubsangebot diversifizieren wollen (fvw 2001). Es gibt auch Zweifel, ob Mallorca derzeit überhaupt über das touristische Angebot für einen Luxusurlauber verfügt (vgl. focus 2001: 183).

Die Insel Mallorca „ist eine klassische Region des Massentourismus mit allen daran gebundenen negativen Auswirkungen sozio-kultureller, ökologischer und ästhetischer Art" (Schmitt 1999: 225). Die Insel „... steht damit exemplarisch für Segen und Fluch des industriellen Tourismus" (F 14, 1997: 6).

In diesem Beitrag werden beispielhaft Wege einer Gemeinde Mallorcas aufgezeigt, die versucht, sich aus dem Dilemma von ständigem touristischen Wachstum und damit eingehergehendem Verlust an Attraktivität zu lösen. Die Gemeinde Calvià versucht als Metropo-

Abb. 1: Mit Bettenburgen verbauter Strand an der Küste Calviàs.

Foto: Wolfgang Scholz

le des Massentourismus, mit einem Agenda 21-Prozess eine nachhaltige Gemeindeentwicklung anzustreben. An diesem Beispiel soll der Frage nachgegangen werden, inwieweit ein Umsteuern in der Tourismusindustrie und damit der Gemeindeentwicklung erreicht werden kann.

Rahmenbedingungen für den Tourismus auf Mallorca

Da weniger die einzelnen Orte, sondern eher die Insel Mallorca insgesamt als Destination wahrgenommen wird, sollen hier kurz die Rahmenbedingungen des Tourismus auf der Insel dargestellt werden. Er wird derzeit hauptsächlich von folgenden Faktoren geprägt (nach Schmitt 1999: 18):

- *Massenhaftigkeit*: Mit einer jährlichen Touristenzahl, die um das Zehnfache über der eigenen Einwohnerzahl liegt (ca. 10 Touristen pro Einwohner im Jahr 1995) nimmt Mallorca bei einem Anteil von nur 0,7% an der Landesfläche und 1,4% an der Bevölkerung Spaniens mit 13,4% aller ausländischen Touristenankünfte im Jahr 1994 innerhalb des Landes die Spitzenstellung ein.
- *Niedrige und mittlere Qualität:* Die Insel besitzt nur ein geringes touristisches Angebot für gehobene Ansprüche, abzulesen auch an den relativ niedrigen mittleren Ausgaben der Touristen (1994-95 ca. 44,- DM/Tag).
- *Saisonabhängigkeit:* Trotz starker Zuwachszahlen in der Nebensaison der Jahre 1994 und 1995 bleibt Mallorca ein ausgesprochenes Sommerurlaubsgebiet. So kamen in der sommerlichen Hauptsaison (Juni bis September) der Jahre 1990-95 im Schnitt annähernd 60% aller Touristen eines Jahres, außerhalb der Saison (November bis März) hingegen nur knapp 13%.
- *Räumliche Konzentration an der Küste:* Der Badeurlaubscharakter des Tourismus bedingt eine zeitliche und räumliche Konzentration der Urlauber. Dies hat in der zurückliegenden Zeit des Massentourismus bereits zu einer regionalen Übernutzung der Landschaft in den Küstenzonen mit einer Vielzahl ökologischer Probleme und zur Zerstörung bzw. massiven Gefährdung des Landschaftsbildes geführt. Gleichzeitig hat jedoch das Inselinnere bislang seinen ursprünglichen Charakter weitgehend bewahrt.
- *Wirtschaftskraft und -struktur:* Der extensive Ausbau des Massentourismus hat die Insel Mallorca zur reichsten Region Spaniens gemacht: Mit einem Bruttoinlandsprodukt von 2,61 Mio. Pts pro Einwohner lagen die Balearen 1994 um 58% über dem spanischen Mittelwert (vgl. Conselleria d'Economia i Hisenda 1996); auch beim verfügbaren Pro-Kopf-Einkommen führen die Balearen unter den spanischen Regionen (F 14, 1997: 6).

Aus der einst landwirtschaftlich geprägten, „rückständigen" Insel wurde durch die touristische Entwicklung eine moderne Dienstleistungsregion. Einige Zahlen mögen diesen Wandel verdeutlichen (F 14, 1997: 49):

Jahr	primärer Sektor	sekundärer Sektor	tertiärer Sektor
1900	67,0%	18,0%	15,0%
1955	15,1%	37,6%	47,3%
1979	4,3%	19,6%	76,1%
1985	2,6%	17,5%	79,9%
1994	1,5%	14,2%	84,3%

Quelle: F 14, 1997: 49

Abb.2: Ankunftszahlen am Flughafen Palma

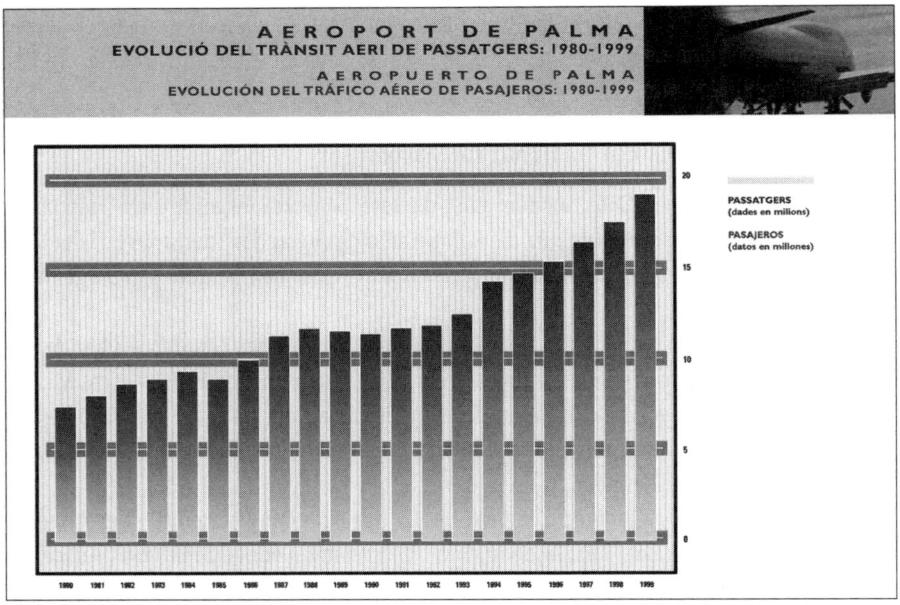

Quelle: http://www.aena.es/ae/pmi/eestadis.htm (20.08.2001)

Parallel zu dieser Entwicklung stiegen die Touristenankünfte aus dem Ausland von unter 0,5 Mio. (1960) auf 3 Mio. (1979) und 7,1 Mio. (1999) (Ibatur 1996; govern balear 2000). „Obwohl Mallorca längst als Synonym für alle Auswüchse des modernen Massentourismus wie überdimensionale Hotel- und Appartementanlagen, Bau- und Bodenspekulationen, Verdrängung kulturellen Erbes und Umweltzerstörung dient, ist seine touristische Anziehungskraft scheinbar noch immer ungebrochen" (Schmitt 1999: 18). Auch die ständig wachsenden Ankunftszahlen am Flughafen in Palma scheinen dies zu belegen (Aeroport de Palma 2000).

Wie fragil das System Massentourismus auf Mallorca ist, zeigte eine Krise in den 90er Jahren mit einem Rückgang der Urlauberzahlen, die nur durch politische Probleme in den Konkurrenzdestinationen im südöstlichen Mittelmeer kurzzeitig überdeckt werden konnte. „Doch nehmen die Anzeichen einer Krise zu: Im vergangenen Jahr haben „nur" noch 3,29 Millionen Deutsche Mallorca besucht. Jetzt ist auf der Insel allenthalben von Krise die Rede, denn dieser Wert bedeutet einen Rückgang um 3,6 Prozent oder 120.000 Gäste" (AP 6.3.2001).

Was dies für die Insel, ihre Wirtschaft und Bevölkerung bedeuten kann, belegen folgende Zitate: „Mallorcas Wirtschaft basiert, ohne eine wirkliche Alternative zu besitzen, auf dem Tourismus und hängt daher vollständig von der diesbezüglichen, marktgesteuerten Nachfrageentwicklung ab" (Schmitt 1999: 247). Und genau diese Abhängigkeit einer einseitig ausgerichteten Wirtschaft bringt auch langfristig weitere Risiken mit sich: „Die uneingeschränkte Erfüllung dieser Nachfrage birgt trotz kurz- bis mittelfristig deutlich erkennbaren ökonomischen Vorteilen langfristig jedoch die Gefahr wirtschaftlicher Nachteile. Sie entsteht dadurch, dass ein ungehemmtes Wachstum das Grundkapital der touristischen Entwicklung - nämlich eine ökologisch stabile, diverse und ästhetisch ansprechende Landschaft - zunehmend verbraucht. Dementsprechend hat auch touristisches Wachstum Grenzen, die besonders deutlich in einem limitierten Inselraum wie Mallorca zutage treten" (Schmitt 1999: 247).

Gerade die begrenzte Fläche der Insel und die daraus resultierenden Nutzungskonflikte zwischen touristischen Angeboten, Landwirtschaft und Naturschutz einerseits und Einheimischen und zahlungskräftigen Zugereisten aus Mitteleuropa andererseits, stellen planerisch und politisch ungelöste Konflikte dar. Aus diesen Gründen ist ein Umdenken notwendig.

Um sich das Ausmaß und den Zeitpunkt der Aufgabe der Umsteuerung klar zu machen, sei hier auf das Beispiel einer Industrieregion in einer abklingenden Boomphase verwiesen: das Ruhrgebiet. Dieser Vergleich ist nicht so weit hergeholt, wie er vielleicht auf den ersten Blick erscheint, denn auch die Gemeinde Calvià benutzt den Vergleich der Situation der (Massen-)Tourismuswirtschaft mit einer vom Verfall bedrohten Alt-Industrie und begründet so den Zwang zu einem rechtzeitigen Handeln: „... um nicht Opfer des Verfalls zu sein, den andere Industriegebiete erfahren mussten, denen es früher so gut gegangen war wie uns jetzt" (Ajuntament de Calvià 1995: 6). Man stelle sich die Wirkung einer Forderung im Ruhrgebiet Ende der 1960er Jahre vor, die eine Abkehr von der damaligen, von der Montanindustrie getragenen Wachstumspolitik beinhaltet hätte. Im Ruhrgebiet mussten mehrere Jahrzehnte des industriellen Niedergangs vergehen, bevor eine wirkliche Umstrukturierung begonnenwerden konnte und deren Notwendigkeit verinnerlicht wurde.

Calvià - eine Gemeinde des Massentourismus

Die Gemeinde Calvià liegt im Südwesten der Insel Mallorca, westlich an die Hauptstadt Palma de Mallorca angrenzend. Auf ihrem 145 qkm großen Gemeindegebiet liegen bedeutende Orte des mallorquinischen Tourismus: Palma Nova, Magalluf (das „englische El Arenal"), Santa Ponça und Peguera. Calvià nimmt mit 1,3 Mio. Touristen jährlich ca. 25% aller Mallorca-Touristen auf (vgl. Breuer 1992).

Einige Zahlen zeigen die Stellung Calviàs auf Mallorca und die Belastung des Tourismus (angesichts einer Wohnbevölkerung von 35.000 Menschen im Jahr 1999) für die Gemeinde:

	Calvià		Mallorca gesamt	
	1965/66	1994	1965/66	1994
Bettenzahl	6.850	56.473	57.315	257.948
Anteil an Mallorca gesamt	12,9%	21,9%	-	-
Anteil pro 100 Einwohner	180,6	269,8	14,1	45,4
Betten pro qkm	47,2	389,5	15,7	70,9

(zusammengestellt nach Schmitt 1999: 70)

Das Gemeindegebiet von Calvià gliedert sich in einen stark zerklüfteten Küstenbereich im Süden mit Steilküsten und eingestreuten, touristisch vollständig erschlossenen Buchten, einen flachen vorgelagerten Bereich zwischen den Touristensiedlungen entlang der Ost-West-Autobahn Andratx-Palma, einen nördlich anschließenden ländlich geprägten, hügeligen Mittelbereich mit Pinienwäldern, Feldern und eingestreuten Bauerndörfern (zu dem auch der Ort Calvià gehört) und einen bis auf 1000m ansteigenden Teil des mallorquinischen Gebirgszugs der Trasmuntana. Die baulich nutzbare Fläche ist daher naturräumlich stark eingeschränkt. Calvià weist bei einer knapp 60 km langen Küste nur noch 20% unverbaute Küste (zumeist Steilküste) auf (vgl. Schmitt 1999).

So konzentrierte sich seit dem Beginn des Baubooms in den 1960er Jahren die Entwicklung Calviàs auf die Buchten mit Stränden und den Ausbau bzw. das Entstehen der o.g. Küstenorte (vgl. Schmitt 1999: 67). Diese Entwicklung verlief relativ unkoordiniert (im Sinne einer fehlenden räumlichen Planung) und folgte nur dem Interesse des schnellen Ausbaus der touristischen Infrastruktur. Heute beschreibt die Bürgermeisterin von Calvià, Margarita Nájera Aranzabal, diese Phase so: „Politik und Wirtschaft folgten dem Modell des Wachstums der Produktion und investierten ihr Geld und ihre Anstrengungen in die scheinbar grenzenlose Expansion Calviàs, ohne an die Konsequenzen für die Zukunft zu denken" (Ajuntament de Calvià 1995: 3).

Möglich wurde diese Entwicklung durch die Verabschiedung des „Gesetzes zu Zentren und Zonen von touristischem Interesse" von 1963 mit dem Ziel, den Tourismus und die touristische Infrastruktur zu fördern. Es erlaubte zur Deckung der Nachfrage die uneingeschränkte Bebauung von touristisch interessanten Zonen im Küstenbereich in größtmöglicher Dichte und ohne komplementäre Bedarfsplanung (z. B. Wasserversorgung, Kläranlagen usw.) (vgl. Schmitt 1999: 91). Dazu kamen neben dem damaligen politischen Willen zu einer solchen Entwicklung nach der Demokratisierung Spaniens (ab 1975) noch überlappende Kompetenzen zwischen den für die Planung zuständigen Gemeinden auf der einen und der unter der Regionalregierung und dem spanischen Staat stehenden Infrastruktur- und Tourismusplanung auf der anderen Seite. Es stellt sich die Frage, ob „grenzenloser Liberalismus oder Anarchie das übergeordnete Prinzip der Raumplanung" in dieser Zeitspanne (1973-1987, Anm. d. Verf.) war (Mayol und Machado 1992 nach Schmitt 1999: 92).

Die Folgen dieser Politik spiegeln sich auch noch Anfang der 1990er Jahre wider: So sah der *Plan General* (vergleichbar mit dem deutschen Flächennutzungsplan) für Calvià von 1991 neben den bestehenden Bauflächen von 2.396 ha die Ausweisung weiterer 1.702 ha vor. Dies hätte ein zur Unkenntlichkeit der einzelnen Orte führendes Zusammenwachsen bedeutet und den südlichen Teil der Gemeinde nahezu vollständig verbaut.

In dieser Zeit wuchs auch die Erkenntnis, dass eine Politik zur Erhaltung der Attraktivität Calviàs über die ständige Ausweisung neuer Flächen mit neuen Angeboten nicht dauerhaft funktionieren kann (vgl. Ajuntament de Calvià 1999). Dieser Zeitpunkt war der Beginn des Prozesses der Agenda 21 in Calvià.

Die Lokale Agenda 21 in Calvià

Wenn man heute den Agenda 21-Prozess im Rückblick analysiert und als Indikator für seine positive Einschätzung die zahlreichen Auszeichnungen und Preise nimmt, die die Gemeinde dafür erhielt (EU: Sustainable European City 1997; UN: *Good practise for improving the quality of town life* 1998; World Travel And Tourism Council: *Green Globe Award* 1998; Spanische Regierung: *Award for the best Initiative, Work and Municipal Effort in Supporting of the Environment* 1999), so muss man doch kurz die Motivation analysieren, die zu diesem Projekt führte.

Am Anfang standen nicht etwa Umweltgesichtspunkte oder die Einsicht in die Notwendigkeit einer nachhaltigen Entwicklung, sondern ökonomische Überlegungen zur Erhöhung der Wettbewerbsfähigkeit einer überkommenen, veralteten Tourismusindustrie, von deren Zukunft die der gesamten Gemeinde abhängt.

So schrieb die Bürgermeisterin von Calvià 1995: „Der Großteil der Investitionen und Einrichtungen in den vom Verfall bedrohten Tourismusgebieten stammen aus den 1960er und 1970er Jahren, sind also 20 bis 30 Jahre alt. Dieses Alter und die Veränderung der Nachfrage hin zu neuen Werten sind die Gründe für die Notwendigkeit, die Qualität der Einrichtungen

Abb. 3: Das Logo der Agenda 21 in Calvià

zu verbessern und das Angebot der Begleitaktivitäten zu erweitern und umzuorientieren" (Ajuntament de Calvià 1995: 31).

Konzept und Ablauf

Was waren die Ziele des Agenda-Prozesses, welche Maßnahmen wurden ergriffen, wie lief der Prozess ab, wie sieht seine Bilanz aus, was kann daraus gelernt werden, was ist übertragbar?

„Das Ziel der Agenda besteht darin, einen Handlungsansatz mit einer Planungsphilosophie, einer Strategie und einem Maßnahmenprogramm zu erarbeiten, der dem Tourismussektor und der lokalen Entwicklung der nächsten Jahrzehnte eine neue Richtung gibt..." (Ajuntament de Calvià 1995: 69), so die Programm- und Konzeptbroschüre der Agenda 21. An dieser Stelle wird der Tourismussektor in der Rangfolge eindeutig vor die lokale Entwicklung gestellt.

Klarer wurde die Bürgermeisterin selbst: „In Calvià stehen wir jetzt vor der Entscheidung, entweder den vor Jahren eingeschlagenen Weg des von der externen Konjunktur begünstigten, wilden Wirtschaftswachstums weiterzugehen oder unsere Zukunft neu zu gestalten, basierend auf einer nachhaltigen Entwicklung, die die Erhaltung und Verbesserung unserer Lebensqualität sicherstellt, auch wenn dies bedeutet, dass wir unser Verhalten und unsere Strategien ändern müssen" (Ajuntament de Calvià 1995: 3).

Die *Idee* der Agenda wurde 1995 so formuliert: „Ein Programm zur Lösung der Hauptprobleme von Calvià: Umweltqualität, Einschränkung des unproportionierten Immobilienwachstums, Modernisierung des Tourismusangebots mit Erweiterung der Saison, Diversifizierung der wirtschaftlichen Grundlage und Verbesserung der Lebensqualität der Einwohner" (ebd.: 74). Die inhaltlichen *Ziele* wurden 1997 auf dem Titelblatt einer der zahlreichen Informationsbroschüren der Gemeinde zum Agenda-Prozess auf den Punkt gebracht: *„Potenciar lo verde, suprimir el crecimiento urbanístico y mejorar lo urbano"* (Ajuntament de Calvià: 1997: 1).

Der Agenda-Prozess in Calvià gliederte sich in folgende Schritte (Ajuntament de Calvià 1999: 19):

- Januar 1995: erste Überlegungen zu einer Lokalen Agenda 21 auf Basis des Dokuments der Konferenz von Rio 1992 und des *Programa Exelencia del Plan Futures* (des Spanischen Handels- und Tourismusministeriums),
- Juni 1996: Programmpapier zur Agenda 21 (Ajuntament de Calvià 1996: 19), verabschiedet vom Gemeinderat mit den Zielen:
  - Erhalt der natürlichen Umwelt auf dem Land und im Meer unter Berücksichtigung ihrer Tragfähigkeit und der menschlichen Einflüsse;
  - lokale Entwicklung auf der Grundlage einer nachhaltigen Nutzung der Ressourcen und

Prioritätensetzung auf den Erhalt des Bestandes im Gegensatz zu einer Ausweitung der baulichen Aktivitäten;
- Erhalt, Modernisierung und ökologische Ausrichtung der Wohn- und Touristengebiete;
- Modernisierung der touristischen Einrichtungen;
- Schaffen von Wohnbedingungen mit hoher sozialer Integration, Lebensqualität und aktiver Beteiligung;
- Bilden einer handlungsfähigen Gemeindeverwaltung, die in Zusammenarbeit mit anderen Behörden und Privaten die o.g. Ziele erreicht,

- November 1996: entschädigungspflichtige (!) Rücknahme von Bauflächen aus dem *Plan General* von 1991 in einer Größenordnung von 1.620 ha (Ajuntament de Calvià 1997: 5),
- April 1997: Internationale Konferenz „Tourism and Sustainable Development in the Mediterranean Basin" mit Verabschiedung der Calvià-Deklaration,
- Daraus wurden 25 Untersuchungsbereiche mit insgesamt 775 Indikatoren abgeleitet,

Abb. 4: Schlüsselbereiche und Untersuchungsbereiche in der Agenda 21.

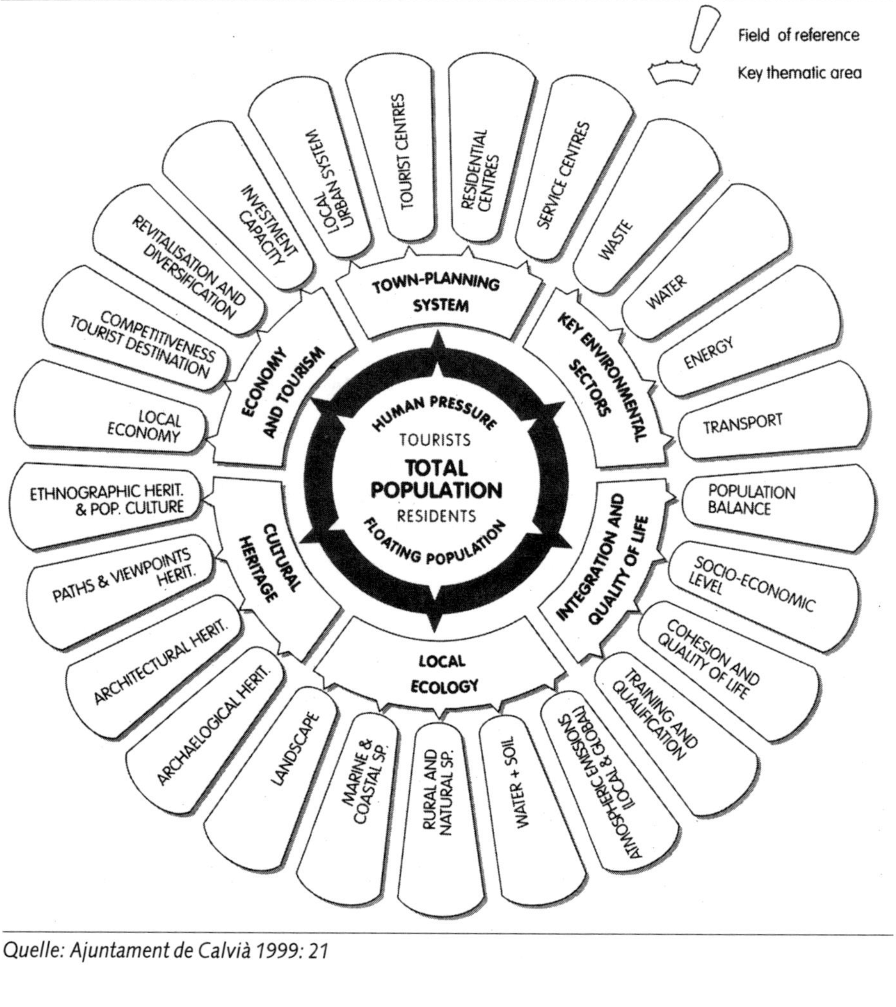

Quelle: Ajuntament de Calvià 1999: 21

- Definition von sechs Schlüsselthemen und deren Analyse in thematischen Dokumenten:
  - Integration und Lebensqualität,
  - lokale Ökosysteme,
  - kulturelles Erbe,
  - Wirtschaft und Tourismus,
  - Stadtplanung,
  - Wasser, Energie, Abfall, Verkehr als Hauptumweltthemen.

- Erarbeitung von Szenarien: Trendszenario („weiter wie bisher"), Risikoszenario („weiteres Wachstum ohne Steuerung") und Szenario der Neuorientierung („gemäß den Zielen der Agenda 21") als Basis für weitere Analysen und Maßnahmen,
- Parallel dazu: Ausarbeitung von Studien über zwei Jahre mit 20 Experten, Bürgerbeteiligungen über 150 Schlüsselpersonen aus gesellschaftlich relevanten Gruppen in mehreren Bürgerforen (Ajuntament de Calvià 1999: 26),
- November 1997: Erhalt des europäischen Umweltpreises „Sustainable Cities and Towns Campaign",
- 1998: Erstellen des Abschlussdokuments mit 10 Handlungsfeldern und 40 Projekten (Ajuntament de Calvià 1999),
- 1998: Neubewertung und Prioritätensetzung der 10 Handlungsfelder und der 40 Projekte im Bürgerforum (dargestellt ist jeweils in Klammern die Rangfolge, die die Gutachter ursprünglich vorgesehen hatten). Die Überarbeitung der Rangfolge durch das Bürgerforum ergab nur eine geringfügige Änderung, was für die gute Einschätzung der Gutachter der lokalen Belange spricht (siehe auch Abschnitt „Inhalte" im folgenden Kapitel „Lokale Agenda 21 in Calvià – eine Bewertung").

10 strategische Handlungsfelder

1 (1)	Den menschlichen Einfluss nicht ausweiten, das Wachstum begrenzen und die komplette Erneuerung des Landes und des Küstenbereichs fördern.
2 (3)	Die natürlichen Bereiche auf dem Land und im Meer erhalten.
3 (2)	Die Integration von Touristen und Einheimischen fördern und die Koexistenz der Wohnbevölkerung und deren Lebensbedingungen verbessern.
4 (6)	Calvià als touristische Destination aufwerten: Wachstum durch nachhaltige Qualität ersetzen, die Ausgaben pro Tourist steigern und die saisonalen Unterschiede ausgleichen.
5 (5)	Die komplette Erneuerung der touristischen Zentren und Wohnquartiere fördern.
6 (7)	Den öffentlichen Verkehr verbessern und die Menschen motivieren, zu Fuß zu gehen oder das Fahrrad zu benutzen.
7 (4)	Die historischen und natürlichen Güter erhalten.
8 (9)	In Humankapital und Bildung investieren und die Wirtschaft erneuern und diversifizieren.
9 (8)	Nachhaltiges Wirtschaften in den Hauptumweltbereichen Wasser, Energie und Abfall einführen.
10 (10)	Die städtische Verwaltung und Politik reformieren und Public-Private-Partnership fördern.

Quelle: *Ajuntament de Calvià 1999 : 60 ff.*

- Oktober 1998: Bürgerbefragung „missió possible" (unter Beteiligung der gemeldeten Einwohner, der Personen mit Zweitwohnung in der Gemeinde und auch der in Calvià lediglich Arbeitenden) zu den 10 Handlungsfeldern und 40 Projekten. 6000 Bürger Calviàs, rund 30% der erwachsenen Bevölkerung, haben sich für die „missió possible" ausgesprochen,
- anschließend Auswahl von 15 dringlichen Projekten.

Während die erste Auswahl der 40 Projekte noch ein bunter Strauß von Aktivitäten war (die Bandbreite reicht von der Aufstellung des neuen Flächennutzungsplans über das Ziel, eine schadstofffreie Gemeinde zu werden, bis hin zur Einrichtung eines Zentrums für zeitgenössische Kunst), stellen die daraus abgeleiteten 15 dringlichsten umzusetzenden Projekte schon eine Art „Nagelprobe" dar. Denn hier verließ der Agenda-Prozess die programmatische und konzeptionelle Ebene, hier sollten bindende Beschlüsse mit finanziellen Auswirkungen gefasst und durchaus unter finanziellen Einschränkungen für Teile der Gesellschaft umgesetzt werden.

15 dringliche Projekte

1. Sicherung einer nachhaltigen Entwicklung durch den neuen Flächennutzungsplan.
2. Stabilisieren des Wasserverbrauchs innerhalb der nächsten 10 Jahre auf dem Stand von 1997.
3. Ausarbeiten und Anwenden des lokalen Energiesparplans.
4. Fördern von Müllvermeidung, Recycling und Wiedernutzung von Abfall, Entwickeln von kurz-, mittel- und langfristigen Zielen für die Mülltrennung am Entstehungsort.
5. Initiierung eines Projektes zur Mülltrennung, Wiederverwendung und Recycling von Wertstoffen.
6. Verbesserung der Situation des öffentlichen Nahverkehrs bis Dezember 1998.
7. Moratorium beim Hauptstraßenbau.
8. Vervollständigen der Paseo de Calvià (Uferpromenade) innerhalb der nächsten fünf Jahre.
9. Entwicklungsplan Wohnen: „Leben in Calvià" und Bau oder öffentliche Förderung von 150 Wohneinheiten.
10. Fünfjähriges Moratorium bei Baumaßnahmen an der Küste.
11. Pilotplan zum Naturschutz an den Stränden bis Juni 1999.
12. Einrichten eines Gründerzentrums bis 31. Dezember 1998 und weitere Maßnahmen zur Förderung kleinerer und mittlerer Betriebe.
13. Beginn der Erstellung eines Arbeitsplans zur Stärkung des ländlichen Raums und Einladung von Teilnehmern am Wettbewerb „Ländliche Initiativen in Calvià".
14. Umweltcheck in gemeindeeigenen Gebäuden bis zum 31. Dezember 1998 und eine Verpflichtung zu umweltgerechten Neubaumaßnahmen.
15. Öffnen des „Grünen Büros 21" zur Bürgerberatung und Motivation und Bewusstseinsbildung der Bewohner, Ressourcen zu schonen.

Quelle: Ajuntament de Calvià 1999: 92 f.

Lokale Agenda 21 in Calvià – eine Bewertung

Im Einzelnen soll hier auf den Verlauf, die Rahmenbedingungen, die einzelnen Inhalte sowie die Resultate und Ergebnisse des Agenda-Prozesses in Calvià eingegangen und dessen Übertragbarkeit diskutiert werden. Die vorangehend vorgestellten Handlungsfelder und Maßnahmen werden analysiert und bewertet.

Rahmenbedingungen

Wie schon dargestellt, waren die Rahmenbedingungen zu Beginn der Agenda sehr ambivalent: Zum einen waren sie von einer guten Ausgangslage der Gemeinde geprägt, da Calvià über genügend materielle Ressourcen verfügt, um eine Umsteuerung der Gemeindepolitik finanzieren zu können (vor allem die Entschädigungsleistungen und Investitionen in kommunale Infrastruktur und städtebauliche Aufwertungen). Ein weiterer nicht zu vernachlässigender Punkt ist die Tatsache, dass Calvià als eine der ersten Gemeinden mit einem Prozess dieser Art sehr gute Voraussetzungen für staatliche Förderungsmöglichkeiten erhielt (Calvià wurde als Musterbeispiel vom spanischen Staat, der EU und selbst von der TUI als Beispielprojekt unterstützt). Wahrscheinlich liegt zu einem großen Teil der Erfolg der lokalen Agenda 21 in Calvià auch darin begründet, dass ökonomische Überlegungen und Zwänge am Anfang des Projektes standen - und nicht eine idealistisch geprägte Sicht der Nachhaltigkeit.

Zum anderen ist aber eine kaum schon als krisenhaft zu bezeichnende Ausgangslage - wie sie in Calvià vorlag - nur selten ein Anlass zu grundlegenden Veränderungen und einschneidenden Maßnahmen. Von daher ist die interne Überzeugungsarbeit besonders wichtig gewesen. Besonders hervorzuheben ist in diesem Zusammenhang die bereits zitierte Bürgermeisterin von Calvià, Magarita Nájera Aranzabal, deren persönlichem Engagement Beginn und Vorankommen des Agenda-Prozesses im Wesentlichen zu verdanken sind. Anfangs hat sie den Agenda-Prozess noch als notwendiges Übel aus einer Koalitionsvereinbarung im Gemeinderat von Calvià gesehen, dann ist sie in der praktischen Arbeit an der Agenda zu deren Verfechterin geworden und hat schließlich bei der nächsten Wahl ihr politisches Schicksal mit dem Erfolg der Agenda verknüpft.

Über den formalen, klassischen Ablauf von Initiierung, Konzeptfindung, Analyse, Bewertung und Umsetzung hinaus, sind hier vor allem zahlreiche Bürgerforen hervorzuheben, die immer wieder eine Rückkoppelung der Arbeitsergebnisse ermöglichten. Diese führten zu einem mehr oder weniger reibungslosen und partizipativen Prozess.

Ein Blick auf die Ausgangslage verdeutlicht jedoch, dass dieser Prozess doch nicht so glatt verlief, wie die zeitliche Abfolge suggerieren mag: Wenn man nämlich die erste Analyse des Ist-Zustandes in Calvià näher betrachtet, so werden schon die Schwierigkeiten der Durchführung der Agenda und ihrer Ziele deutlich: „Der produktive Sektor in Calvià lässt sich definieren als:

- touristische Monostruktur,
- die Hotelanlagen sind überaltert und zu groß,
- dem oft veralteten Angebot bezüglich Unterbringung und weiterer Dienstleistungen fehlt es an kommerzieller Attraktivität,
- es herrscht eine geringe Reaktionsfähigkeit angesichts veränderter Ansprüche der Touristen und
- eine gewisse Ablehnung gegenüber der Erneuerung bei gewerblichen Aktivitäten, gegenüber neuer Technologien und Dienstleistungen" (Ajuntament de Calvià 1995: 4).

Gerade die letzten Punkte machen das Dilemma deutlich: In dem Agenda-Prozess ging es nicht nur - wie es sonst oftmals der Fall ist - um staatliche oder kommunale Maßnahmen, die von der öffentlichen Hand bezahlt und umgesetzt werden, sondern es war vor allem auch private Initiative gefordert. Die Umsetzung der Maßnahmen der Agenda erforderte private Investitionen bzw. bewirkte die Schmälerung kurzfristiger privater Gewinnerwartungen. Hier sei vor allem auf die Rücknahme der Baugebietsausweisungen und den Zwang zur Aufwertung der eigenen Hotelanlage zum Erhalt der Konzession hingewiesen.

So stellte die interne Überzeugungsarbeit ein wichtiges Element bei der Durchführung dar. Diese wurde durch eine ausführliche Kommunikation über zahlreiche Broschüren und Bürgerinformationen bewerkstelligt, aber auch über eine breitangelegte Außenwirkung mit internationalen Publikationen, Internetauftritten und Veranstaltungen. Gerade die internationale Konferenz zu nachhaltigem Tourismus im Mittelmeerraum im April 1997 gab dem gemeindeinternen Prozess einen gewissen Schub. Die Überlegung, die neben dem inhaltlichen Anliegen der Verbreitung der Idee aus Calvià stand, ist relativ einfach zu formulieren: Die einheimische Bevölkerung ist leichter für den Agenda-Prozess zu gewinnen, wenn internationale Vertreter nach Calvià als der vermeintlich darin führenden Gemeinde kommen, um den dortigen Agenda-Prozess zu analysieren. Nach der Devise: So schlecht kann der Ansatz ja nicht sein, wenn alle Welt ihn bei uns studieren will. Das Thema der internen und externen Kommunikation und deren Rückkoppelung ist sicherlich ein wichtiger Punkt, der auch für weitere Agenda-Prozesse in anderen Gemeinden von Bedeutung ist.

Abb 5: Ursprüngliche Ausweisung im Flächennutzungsplan 1971

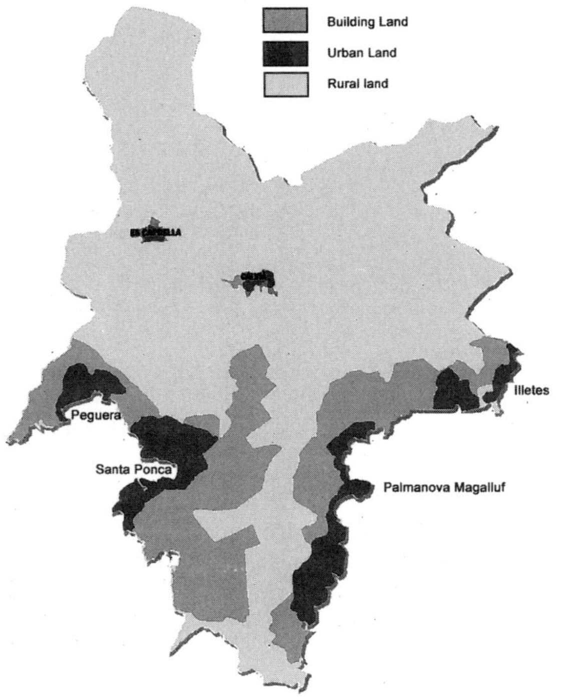

Calviá: 1971 PGOU (General-Town-Planning Regulations)

Quelle: Ajuntament de Calvià 1999: 14

Projekte und Maßnahmen

Neben den spektakulären Sprengungen von veralteten und städtebaulich störenden Hotelanlagen (Ajuntament de Calvià 1999: 22) ist sicherlich als die wichtigste und langfristig wirksamste Maßnahme die Rücknahme von Bauflächen aus dem Flächennutzungsplan zu werten.

Dargestellt sind in Abbildung 5 die ursprünglichen Ausweisungen aus dem Flächennutzungsplan von 1971, die möglichen Bauflächen für 2025 ohne Änderung des Flächennutzungsplans (Abb. 6) und in Abb. 7 die Ergebnisse der Rücknahme der Ausweisungen mit Stand 1999. Deutlich ist der Erhalt der einzelnen Ortsteile ohne deren Zusammenwachsen zu erkennen.

Dieser Rücknahme der Bauflächen liegt folgendes räumliches Leitbild zugrunde (Abb. 8): Die Ausdehnung der einzelnen Siedlungsbereiche (mittelgrau) soll begrenzt werden, ein Grünkorridor mit Landwirtschaft (hellgrau) erhalten und entwickelt werden; von Bebauung freizuhaltende Flächen in den ökologisch sensiblen Küsten- und Bergzonen (dunkelgrau) sollen geschützt werden. Wichtig ist in diesem Zusammenhang, sowohl die eher abstrakte Darstellung der Aussagen eines Flächennutzungsplans als auch die den Einzelbürger beeinträchtigende Rücknahme von Baugebieten in ein allgemein verständliches und plakatives Leitbild zu übersetzen. So kann ein breiteres Verständnis der Ziele und eine Zustimmung zu diesen erreicht werden.

Bei der Betrachtung der *10 Handlungsfelder* wird eine Bestätigung der Vorschläge und eine nur minimale Verschiebung der Reihenfolge durch die Bürger deutlich. Allerdings muss man in diesem Zusammenhang klarstellen, dass diese Handlungsfelder in der Bürgerbefragung „missió possible" noch so allgemein formuliert waren, dass sie - salopp gesagt - fast

Abb 6: Mögliche Bauflächen im Flächennutzungsplan 2025

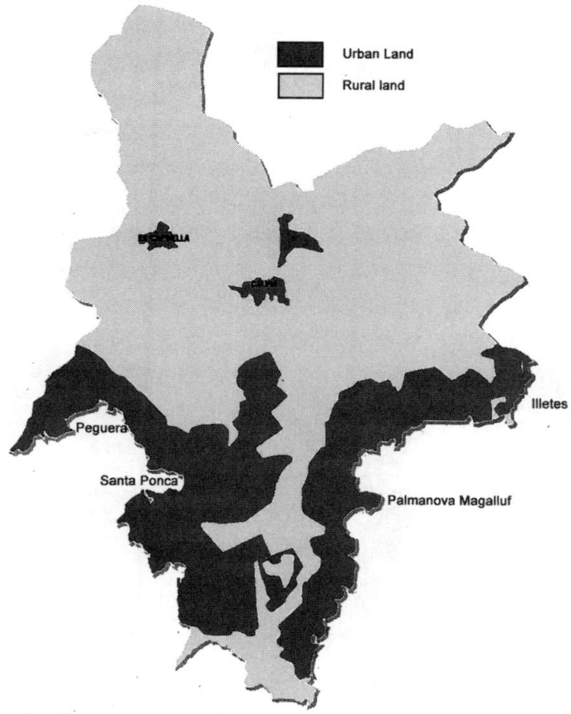

Calviá: The prospective scenario for 2025 (Without the present revision of the PGOU)

Quelle: Ajuntament de Calvià 1999: 14

jeder hätte unterschreiben können. Zudem ließ die Abstimmung nur die Möglichkeit einer Auswahl von fünf wichtigen Themen zu, ein Hinzufügen oder Streichen von Themen war nicht möglich. Doch war dies auch nicht das Ziel der „missió possible“: Es ging darum, sich mit einer breit angelegten Kampagne die Grundsätze der Agenda 21 von der Bürgerschaft bestätigen zu lassen. Die geringe Wahlbeteiligung von nur 6000 Bürgern relativierte den Erfolg dieses Vorhabens, auch wenn es von einer großen Mehrheit getragen wurde.

Von Bedeutung ist allerdings die Schwerpunktsetzung innerhalb der 40 Projekte. An erster Stelle stehen planerische Maßnahmen mit einem neuen Flächennutzungsplan - ein Vorhaben, das sonst für Bürger eher schwer verständlich ist und zu abstrakt wirkt. Der Agenda-Prozess in Calvià hat hier sicherlich in der Bürgerschaft die Sensibilität für ein solches Planwerk geschärft. In der weiteren Reihenfolge stehen typische Umwelt- oder Ökologiethemen: Boden- und Forstschutzmaßnahmen, Reduzierung des Wasserverbrauchs, Verbesserung des ÖPNV und Reduzierung des Abfallaufkommens. Erst dahinter folgen Themenbereiche aus der Touristik zur Aufwertung der Destination Calvià. Hier haben sich also eindeutig die Einwohner mit ihrem Interesse an langfristig wirksamen Maßnahmen gegenüber den anfangs im Vordergrund stehenden kurzfristigen Themen aus der Tourismuswirtschaft durchgesetzt. So kann die lokale Agenda 21 in Calvià als Erfolg verbuchen, dass eine erhöhte Aufmerksamkeit der Bürgerschaft für langfristig und nachhaltig wirksame Maßnahmen erreicht wurde.

Die *15 dringlichen Projekte* wurden wiederum vom Expertengremium und dem Bürgerforum ausgewählt. Hier zeigt sich eindeutig eine Schwerpunktsetzung auf der Stadtplanung und den klassischen Umweltthemen wie Wasser, Energie und Recycling, während konkrete Projekte wie der Paseo, die Kinderbetreuung oder der archäologische Park erst an hinterer Stelle stehen. Doch neben diesen noch zu realisierenden Projekten wurden schon parallel zum Agenda-Prozess Projekte begonnen bzw. abgeschlossen. Dies ist sicherlich aufgrund der langen Bearbeitungsdauer notwendig, um Bürgerschaft, Wirtschaft und Politik zu demonstrieren, dass mit der lokalen Agenda in Calvià nicht nur Papiere produziert, sondern auch Maßnahmen umgesetzt werden. Beispielhaft seien hier genannt:

- Sprengung eines veralteten und städtebaulich störenden Hotels in Magalluf 1996,
- Einrichtung einer Fußgängerzone in Peguera 1997,
- Aufwertung der Strandpromenaden in Santa Ponça und Magalluf (zum Teil auch durch den Rückbau von Straßen und den Abriss von Hotelanlagen),
- Straßenrückbau in Magalluf.

Abb 7: Rücknahme der Bauflächen im Flächennutzungsplan 1999

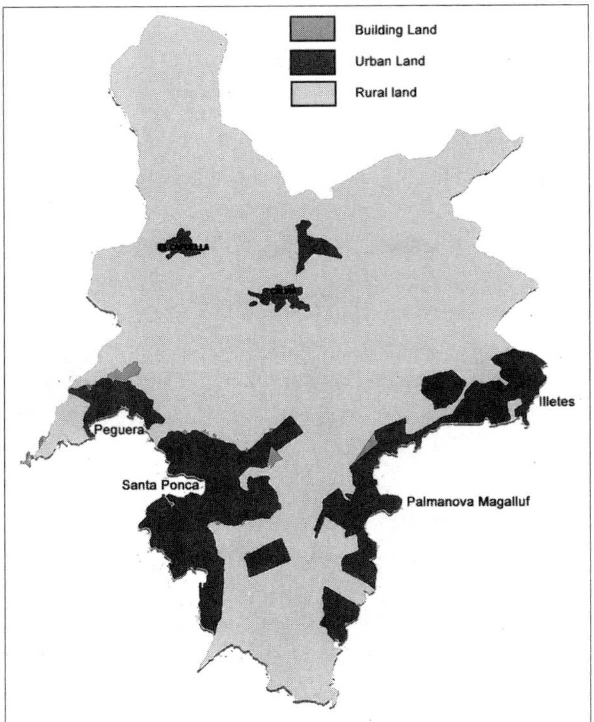

Calviá: Situation foreseen after final approval of the 1999 PGOU

Quelle: Ajuntament de Calvià 1999: 14

Bewertung

Nimmt man die internationalen Preise, die Calvià erhielt, als Maßstab für den Erfolg des Prozesses, müsste man den Agenda-Prozess uneingeschränkt positiv werten. Die Wiederwahl der Bürgermeisterin kann als Indikator dafür gelten, dass die Agenda auch gemeindeintern als Erfolg gesehen wird.

Wichtiger sind jedoch die konkreten Ergebnisse: Die o.g. städtebaulichen Projekte dienen sicherlich dem Ziel einer Aufwertung der Destination und ziehen - wie städtebauliche Aufwertungen in anderen Kontexten auch - private Investitionen nach sich.

Noch wichtiger und langfristig wirksamer sind allerdings die Entscheidungen zur Rücknahme der Baugebietsausweisungen, zu einer qualitativen Aufwertung des Hotelangebotes, zum Anschlusszwang an die Kanalisation und Maßnahmen zur Reduzierung des Wasserverbrauchs und zur Abfalltrennung. Einige dieser Maßnahmen haben allerdings ihren Ursprung in Beschlüssen des Regionalparlaments der Balearen.

Übertragbarkeit

Ohne die reichhaltige staatliche Förderung (Region, Spanien und EU), den Bonus eines Musterprojekts sowie das Wirken einer engagierten Bürgermeisterin wäre Calvià nicht so weit im Agenda-Prozess gekommen. Dies relativiert natürlich die grundsätzliche Übertragbarkeit des Ansatzes, da die Fördervoraussetzungen nicht für alle Gemeinden angewandt werden können. Auch der für Calvià geltende Status eines innovativen, neuen Projekts kann für Folgeprojekte nicht (mehr) gelten. Eine aktive Schlüsselperson - wie im Falle von Calviá durch die Bürgermeisterin vorhanden - kann natürlich auch nicht generell erwartet werden.

Abb. 8: Leitbild zur räumlichen Entwicklung

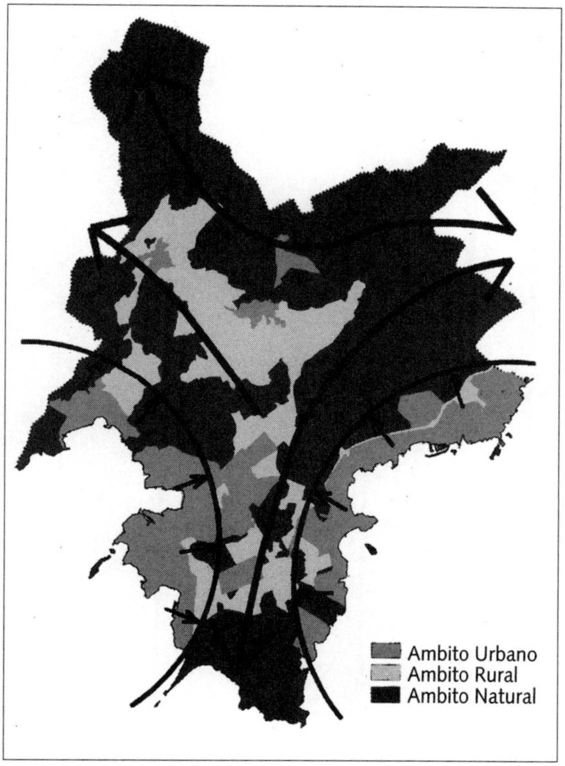

Quelle: Ajuntament de Calvià 1999: 14

Trotz der wohl einzigartig guten und selten anzufindenen Startbedingungen in Calviá können andere Gemeinden zumindest an *eine* Überlegung anknüpfen: Es ist wichtig, ein Umsteuern noch in einer Phase der wirtschaftlichen Prosperität zu beginnen - und nicht erst in einer wirtschaftlichen, sozialen oder ökologischen Krise. Erst damit zeigt sich verantwortungsvolles und damit nachhaltiges weil zukunftsbezogenes Planen und Handeln.

Anmerkung

Der Artikel beruht neben den gekennzeichneten Quellen vor allem auf den Arbeiten des vom Autor betreuten studentischen Fortgeschrittenen-Projektes F 14: Massentourismus - Das Beispiel Mallorca, 1996/1997, Fakultät Raumplanung, Universität Dortmund und zahlreichen Gesprächen mit Frau Maxi Lange, Ajuntament de Calvià.

Literatur

Ajuntament de Calvià (1995): Calvià Agenda Local 21. Calvià

Ajuntament de Calvià (1996): Entorn No. 8 Juni 1996. Calvià

Ajuntament de Calvià (1997): Revista d'informació local No. 120, November 1997. Calvià

Ajuntament de Calvià (1999): Calvià Local Agenda 21, The Sustainability of a Tourist Municipality. Calvià

Aeroport de Palma (2000): http://www.aena.es/ae/pmi/eestadis.htm

Associated Press, Meldung vom 6.3.2001

Breuer, Toni (1992): Tourismus auf Mallorca - Bilanz, Gefahren, Rettungsversuche, Perspektiven. Bergisch-Gladbach

Conselleria d'Economia(1996) : Dades Balears 1994. Palma

focus, Nr. 24, 11.6.2001

F 14: Massentourismus, Das Beispiel Mallorca, Abschlußbericht des Fortgeschrittenen-Projektes 1996/1997, Fakultät Raumplanung, Universität Dortmund. Dortmund

FVW, Fremdenverkehrswirtschaft international, 15. 6.2001

govern balear (2000): http://www.caib.es/dfcont.htm

IBATUR (1996): Allgemeine Informationen. Palma de Mallorca

Schmitt Thomas (1999): Ökologische Landschaftsanalyse und -bewertung in ausgewählten Raumeinheiten Mallorcas als Grundlage einer umweltverträglichen Tourismusentwicklung. Stuttgart

Teil 3

Ralf Ebert, Uwe van Ooy

Kulturtourismus und Regionalmarketing

Ohne Regionalmarketing der Kultur kein Städtetourismus im Ruhrgebiet

Der Städte- und Kurzzeittourismus hat sich in den letzten zwanzig Jahren rasant entwickelt: Auch im Jahr 2000 gab es nach Angaben des Deutschen Tourismusverbandes in Städten mit mehr als 100.000 Einwohnern 8,9 Prozent mehr Übernachtungen als im Vorjahr. Damit stellt er in Deutschland in Form von Zweit- und Drittreisen eine feste Größe in den Urlaubsplanungen vieler Bürger dar. Aufgrund der vergleichsweise hohen Ausgaben dieser zumeist konsumfreudigen kulturmotivierten Reisenden ergeben sich am Zielort, und dabei vor allem im Hotel- und Gaststättengewerbe, nennenswerte Arbeitsplätze schaffende Effekte sowie weitere Sekundärwirkungen. Hinzu kommen wirtschaftsstrukturelle Folgewirkungen (u. a. die indirekte Stärkung des Dienstleistungssektors) und arbeitsmarktrelevante Effekte, insbesondere durch eine Vielzahl an Teilzeitarbeitsplätzen sowie Arbeitsplätzen für Frauen. Darüber hinaus bedingt der Städtetourismus indirekt auch regionalwirtschaftlich positive Effekte im Rahmen des Standortwettbewerbs und -marketings. Zudem hat sich die Tourismusbranche in Deutschland in der Vergangenheit als relativ konjunkturunabhängig erwiesen. Die genannten Struktureffekte sind in ehemaligen Industriegebieten allerdings noch stark unterrepräsentiert.

Das Ruhrgebiet als Ziel für Städte- und Kulturtouristen

Bei einem großen Teil der Kurzzeitreisen in Europa spielt das Kulturangebot eine wichtige Rolle, weshalb dieses Marktsegment neben dem Geschäfts- oder Einkaufstourismus häufig auch als „Kulturtourismus" bezeichnet wird (zur Problematik der Begriffsdefinition siehe auch Nahrstedt 1996). Beispielsweise kam 1996 etwas mehr als ein Drittel aller Besucher/innen Londons aufgrund des Kunst- und Kulturangebotes in die englische Metropole, weitere 40 Prozent wurden davon beeinflusst (Travers 1998:17). Entscheidend für einen derartig motivierten Tourismus ist bekanntlich nicht die Suche nach Ruhe- und Entspannungsmöglichkeiten, sondern ein kultureller Angebotsmix aus kulturhistorischen bzw. (bau-)kulturellen Zeugnissen, herausragenden Ausstellungen bzw. Veranstaltungen und vergnügungskulturellen bzw. so genannten „kommerziellen" Angeboten wie Musicals oder Besuchermessen (z. B. die *ART Cologne*).

Die Transferleistungen dieses Typus von Reisenden und die davon ausgehenden Wirkungen haben sich lange Zeit vor allem in Metropolen wie Paris oder London, in Städten wie Dresden oder Bilbao und in traditionellen touristischen Orten wie Heidelberg oder Rothenburg ob der Tauber niedergeschlagen. Zunehmend angenommen wird inzwischen aber auch die Destination Ruhrgebiet, die noch bis vor kurzem kaum mit Kulturtourismus in Verbindung gebracht wurde.

Zu dieser veränderten Wahrnehmung des Ruhrgebiets hat der Start des Musicals *Starlight Express* im Jahre 1988 in Bochum wesentlich beigetragen. Der Gästeanteil der so genannten „Kulturtouristen" ist dadurch, von einem niedrigen Niveau ausgehend, deutlich gestiegen. Dies hat in den folgenden Jahren u. a. zu einer besseren Auslastung im Beherbergungsgewerbe der Stadt und zu einer Steigerung des Bettenangebots geführt (Schwalm-Schäfer 2000:6). Rückblickend erweist sich das *en suite* gespielte Musical als ein erstes wichtiges Schlüsselprojekt zur kultur- bzw. freizeittouristischen Entdeckung des Ruhrgebiets für breite Besuchergruppen. Über 70 Prozent der Besucher/innen, die aus einem Entfernungsbereich von mehr als 100 Kilometern kommen, haben sich aufgrund des Musicalbesuchs für eine zweitägige Reise in die Region entschieden (Kommunalverband Ruhrgebiet 1997:27). Von einem vergleichbaren Einzugsbereich und Tausenden Besucherinnen und Besuchern pro Jahr ist beim Freizeitpark *Warner Bros. Movie World* in Bottrop auszugehen, angesichts der dort vorherrschenden Tages- und Familienausflüge zumeist jedoch ohne Übernachtungen. Dies wird sich jedoch sehr wahrscheinlich in den kommenden Jahren ändern.

Von solchen quantitativen Wirkungen eines einzelnen Angebots oder eines besonderen Angebotsmix können andere Veranstalter im Ruhrgebiet zumeist nur „träumen". Selbst zu populären Musikveranstaltungen wie der viertägigen *Bochum Total* mit ca. 500.000 Jugendlichen und jungen Erwachsenen kommen nur ca. 15 bis 20 Prozent der Besucher/innen außerhalb der Region und werden 5.000 Übernachtungsgäste registriert (Institut für Freizeitwirtschaft 2000:604). Im deutschen Durchschnitt liegt der Einzugsbereich etwaiger Veranstaltungen bei etwa 40 Prozent, wobei diese Angabe auch Mittelstädte berücksichtigt, weshalb die Kategorie „überregional" nicht direkt vergleichbar ist (ebd. 15-18).

Angesichts guter Wachstumschancen im Segment Kulturtourismus und eines anhaltenden Drucks zur Bewältigung des Strukturwandels, sehen manche Städte im Ruhrgebiet im Tourismus und in der Verbesserung des entsprechenden touristischen Umfeldes (u. a. im Gastronomieangebot) ein wichtiges Handlungsfeld, das ihnen zudem Chancen eröffnet, sich im Kontext des Städtewettbewerbs neu zu positionieren. Dies hat sich zum Beispiel in der Ausgestaltung von Stadtmarketing-Konzepten und unterstützenden Maßnahmen niedergeschlagen.

Die Stärkung des kulturbezogenen Städte- und Kurzzeittourismus im Ruhrgebiet stößt jedoch - trotz heute vergleichsweise günstiger Voraussetzungen und auf der Angebots- als auch auf der Nachfrageseite sowie hinsichtlich der erforderlichen Rahmenbedingungen - auf Entwicklungshemmnisse in mehreren Bereichen. Dies sind insbesondere:

- das weiterhin verbreitete negative *Außenimage*, das trotz des wirtschaftlichen Strukturwandels vielfach noch von den traditionellen Branchen und damit verbundenen Mentalitäten geprägt ist (z. B. Kampherm/Kerkemeyer 1993), sowie die noch nicht oder noch zu wenig kommunizierten neuen touristischen Schwerpunkte;
- *Widersprüchlichkeiten* zwischen den Anforderungen eines tourismusbezogenen Regionalmarketings und lokaler Stadt(teil)marketing-Strategien, mit einer unzureichenden Präsentation des vorhandenen kulturtouristischen Gesamtangebotes für unterschiedliche Nachfragegruppen (z. B. hinsichtlich öffentlich geförderter und erwerbswirtschaftlicher Angebote im kulturbezogenen Veranstaltungsmarkt);
- die *polyzentrale Regionalstruktur* und die damit verbundene räumliche Verteilung der für den Tourismus bedeutsamen kulturellen bzw. verkehrsbezogenen Infrastruktur sowie die daraus resultierenden Probleme für Touristengruppen, u. a. hinsichtlich Erreichbarkeit der Standorte, Information, Orientierungs- und Buchungsmöglichkeiten.

Abb. 1: Routenplan

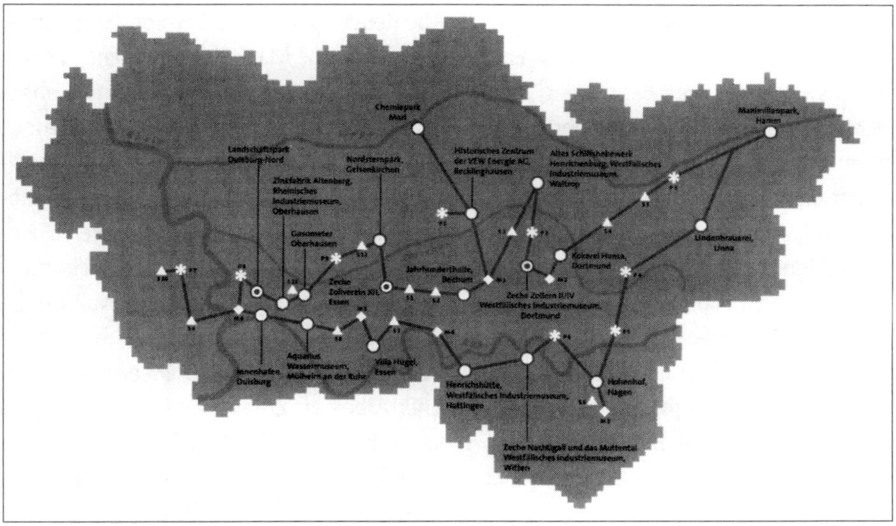

Quelle: Route Industriekultur; Verkehrsverein Rhein-Ruhr

Der Kulturtourismus im Ruhrgebiet wird sich deshalb nur dann erfolgreich weiterentwickeln und eine nennenswerte regionalwirtschaftliche Größenordnung erreichen können, wenn es gelingt, die kulturtouristisch bedeutsamen Attraktionen des Ruhrgebiets im Rahmen aufeinander abgestimmter Entwicklungskonzepte auszubauen, nach außen und innen zu kommunizieren - auch in der einheimischen Bevölkerung gibt es noch immer nicht genutztes „Kundenpotenzial" - und eine neue, touristisch geprägte *mental map* des ehemals schwerindustriell geprägten Reviers hervorzubringen. So sind beispielsweise im Rahmen eines Regionalmarketings jene Gruppen anzusprechen bzw. aufzubauen, die Erlebnisse und (Reise)Räume außerhalb des bekannten europäischen, auf ein Zentrum bezogenen Stadtmodells suchen bzw. angesichts eines spezifischen Angebots dafür offen sind. Darüber hinaus sind die touristisch erforderlichen Rahmenbedingungen zu schaffen, wie zum Beispiel ein attraktives bauliches Ambiente, inklusive einem entsprechenden Gastronomie- und Einzelhandelsangebot im direkten Umfeld von Museen, Theatern etc., wie dies beispielsweise in Unna der Fall ist. Dort liegen das Zentrum für internationale Lichtkunst, ein Kinocenter und das soziokulturelle Zentrum Lindenbrauerei in unmittelbarer Nähe.

Rahmenbedingungen für einen Kulturtourismus im Ruhrgebiet

Die Rahmenbedingungen zur Entwicklung des kulturbezogenen Städte- und Kurzzeittourismus im Ruhrgebiet sind heute aus verschiedenen Gründen erheblich günstiger als vor etwa 25 Jahren. Aus dieser Zeit stammen jene Tourismusansätze für die Region, in denen es erstmals um regionalkulturelle Angebote ging. Im Kontext eines erweiterten Kulturverständnisses zählte man damals wie heute den Bergbau sowie die Stahl- und sonstige Großindustrie dazu, jedoch mit dem entscheidenden Unterschied, dass zu jener Zeit noch ein Großteil dieser Produktionsstätten in Betrieb war.

So hatte der Siedlungsverband Ruhrkohlenbezirk (SVR), der Vorgänger des Kommunalverbandes Ruhrgebiet (KVR), schon 1977 (!) eine viertägige „Ruhr Tour" zusammengestellt, die bundesweit auf ein großes Medieninteresse stieß und in der *Münchener Abend-*

zeitung unter der Schlagzeile „Auf Hugo Grube fahren - Zechentourismus im Kohlen-Pott: Geschützt zum Hochofen-Abstich" quasi als Abenteuertrip vorgestellt wurde (Springorum 1978: 160). Unterstützt wurde diese Erstinitiative durch eine Marketingkampagne, die den bundesweit geläufigen Begriff des „Kohlenpotts" positiv zu besetzen versuchte - angesichts der damals noch wahrnehmbaren Industriedichte und Umweltbelastungen jedoch mit mäßigem Erfolg. Hinzu kam, dass unter den Arbeitsbedingungen der Industriegesellschaft damals der erholungsorientierte Tourismus noch überwog. Erst mit sinkenden Jahres- und Wochenarbeitszeiten und flexibleren Freizeitbedingungen sowie weiteren Einflussfaktoren - wie einem gewissen materiellen Wohlstand breiter Bevölkerungsschichten, einem höheren Bildungsgrad und besseren Mobilitätsbedingungen - konnten Kultur- und Städtereisen eine nennenswerte Größenordnung erreichen.

Im Unterschied zu den späten 1970er Jahren ist heute das direkte Erleben von wirtschaftlicher Abhängigkeit und harter körperlicher Arbeit im Zusammenhang mit Bergbau und Stahlindustrie nahezu verschwunden, sodass insbesondere für Besucher/innen von außerhalb nunmehr ein eher ästhetischer Zugang zu den baulichen Zeugnissen der Industriekultur möglich ist.

Bis dahin wurde im Tourismus fast ausschließlich auf vorindustrielle Zeugnisse Bezug genommen, so auf Burgen, historische Gartenanlagen und Altstädte; das war - abgesehen von der genannten SVR-Kampagne - auch im Ruhrgebiet nicht anders. Mittlerweile zählen die kulturgeschichtlich bedeutsamen Zeugnisse des Industriezeitalters bundesweit zu den vermarktungsrelevanten und sich in der Medienöffentlichkeit immer stärker durchsetzenden „Alleinstellungsmerkmalen" des Ruhrgebiets. Allen voran sind dies das Ensemble des früheren Thyssen Hüttenwerks in Duisburg-Meiderich (in Betrieb bis 1985) als nunmehr abendlich illuminierter „Landschaftspark Duisburg-Nord", das Weltkulturerbe „Zeche Zollverein" in Essen und der Gasometer Oberhausen: Landmarke, Aussichtsturm und außergewöhnliche Ausstellungs- und Veranstaltungshalle in einem.

Zu dieser Inwertsetzung haben in den 1990er Jahren die zahlreichen umnutzungsbezogenen Maßnahmen der „Internationalen Bauausstellung Emscher Park" (IBA) entscheidend beigetragen. Die herausragendsten dieser Zeugnisse der Industriegeschichte sind heute im Rahmen der „Route der Industriekultur" zu besichtigen. Einige von ihnen waren bereits zuvor lange Zeit ein bundesweiter Geheimtipp von Architekten und Architektinnen, wie auch die vielfach aufwändig renovierten Werks- bzw. Arbeitersiedlungen.

Zehn Jahre vor diesem Prozess der Inwertsetzung der Industriekultur, der u. a. durch zahlreiche große und kleinere Kunstaktionen im öffentlichen Raum wie das Landmarkenkunst-Projekt (z. B. die „Bramme für das Ruhrgebiet" von Richard Serra oder das „Haldenereignis Emscherblick"/Tetraeder von Wolfgang Christ) begleitet wurde, hatte im Rahmen einer Stadtkultur-Diskussion in einer 3. Welle der „nachholenden Urbanisierung" der Ausbau der kulturellen Infrastruktur in den Revierstädten eingesetzt. Touristische Gesichtspunkte spielten dabei anfänglich nahezu noch keine Rolle. Während dieses, sich teilweise heute noch fortsetzenden Infrastrukturausbaus entstanden u. a. Einrichtungen und Veranstaltungen der Hochkultur wie das Aaltotheater in Essen oder das seit Ende der 1980er Jahre durchgeführte „Klavierfestival Ruhr", das heute auch überregional ein Publikum anzusprechen versucht. Noch stärker überregional ausgerichtet ist das im Jahre 2002 eröffnete Konzerthaus in Dortmund. Damit sollten, unter anderem im Kontext des aufkommenden Städtewettbewerbs, sowohl das Stadtimage als auch die Standortvoraussetzungen zur Ansiedlung von Unternehmen und Führungskräften verbessert werden.

Lebensstile und Kulturtourismus im Ruhrgebiet

Gleichzeitig brachte der Wandel in der Bevölkerungsstruktur des Ruhrgebiets einen Ausdifferenzierungsprozess der kulturellen Interessen mit sich (vor allem bedingt durch den Ausbau der Hochschullandschaft seit den 1960er Jahren). In diesem Zusammenhang entstanden in den 1980er Jahren zahlreiche soziokulturelle Zentren mit unterschiedlichen Angebotsschwerpunkten, wie die *Werk-Stadt* in Witten, die *Zeche Carl* in Essen oder das *Fletch Bizzel* in Dortmund (Bonny/Ebert 1984). In den darauf folgenden Jahren kamen einige erwerbswirtschaftlich betriebene Kultureinrichtungen hinzu, vor allem große Musicaltheater wie das *Colosseum* in Essen, aber auch kleinere Privattheater und Varietés, wie die *Comödie* in Bochum bzw. Duisburg.

Abb. 2: Zeche Zollverein *Foto: Lutz Meltzer*

Die Zunahme an Städte- und Kurzzeitreisen seit Ende der 1980er Jahre erfasste nahezu alle Altersgruppen (Nahrstedt 1996), selbstverständlich mit ganz unterschiedlichen kulturellen Interessen und Vorlieben. Diese sind weniger durch individuelle Neigungen als vielmehr durch spezifische Kulturinteressen unterschiedlicher Lebensstilgruppen bestimmt (zu den freizeitbezogenen Lebensstilgruppen z. B. Lüdtke 1995) und/oder Ausdruck eines generationenspezifischen Kulturverständnisses (Göschel 1991).

Vor diesem Hintergrund wird verständlich, dass das heutige kulturelle Profil des Ruhrgebiets mit dem Alleinstellungsmerkmal „Industriekultur" vor allem bei relativ jungen, erlebnisorientierten und zumeist mobilitätsbereiten Lebensstilgruppen auf Interesse stößt. Dagegen ist bei Seniorinnen und Senioren, aufgrund der Nähe zu einem eher traditionalistischen Schönheitsideal, der Zugang zu einer Ästhetik der Industriekultur deutlich weniger ausgeprägt. Erfahrungen der letzten Jahre weisen jedoch darauf hin, dass sich diese Einstellung über Gewöhnungs- und kulturelle Sickerprozesse zukünftig verändern wird, ausgelöst durch Erfahrungen im Bekanntenkreis oder durch Medienberichte (u.a. über die „Zeche Zollverein" als Weltkulturerbe). Kulturtouristen interessieren sich jedoch nicht nur für das kulturelle Angebot einer Stadt oder Region. Je nach kulturellem Interesse beeinflusst ein Set an Faktoren die Entscheidung, wie zum Beispiel die Aufenthaltsqualität des öffentlichen Raumes (u. a. die Qualität der Baukultur, der Zugang zu Wasserflächen), das Einzelhandels- und Hotelangebot sowie Flaniermöglichkeiten und Gastronomieangebote im direkten

Umfeld eines kulturellen Anziehungspunktes (für den Museumsbesuch siehe Pröhl 1996: 83). Gerade in dieser Hinsicht weisen andere Städte und Regionen außerhalb des Ruhrgebiets zumeist noch große Entwicklungsvorteile auf.

Dennoch ist das Ruhrgebiet bereits heute touristische Zielregion - neben dem Bereich der Industriekultur auch bei einigen herausragenden Kulturangeboten und im Bereich Wassersport - und nicht mehr ausschließlich touristisches Quellgebiet. In quantitativer Hinsicht ragte bei den Besucherzahlen im Ruhrgebiet lange Zeit der Musicalmarkt heraus, u .a. mit den Standorten Bochum (*Starlight Express*), Duisburg (*Les Misérables*), Essen (*Joseph, Elisabeth*) und Oberhausen(*Tabaluga/FMA*). Mittlerweile stehen zunehmend auch Veranstaltungen an den industriekulturellen Ankerpunkten im Mittelpunkt des Besucher/innen-Interesses (z. B. Ausstellungen im Gasometer oder Veranstaltungen im Landschaftspark) sowie sonstige touristisch relevante Angebote (z. B. das „Alpincenter" in Bottrop und das Einkaufszentrum „CentrO" in Oberhausen). Inwieweit die zunehmend Patina ansetzende Industriekultur auf lange Sicht ein ebenso bedeutsames Erfolgsmodell sein wird wie die regionalwirtschaftlich bedeutsamen Tourismuseffekte der vorindustriellen Burgen und Schlösser, ist jedoch noch nicht erkennbar.

Abb. 3: Werbung für eine Kunstausstellung in Dortmund
Foto: Lutz Meltzer

Neupositionierung am Tourismusmarkt

Dass das Ruhrgebiet noch am Anfang seiner Tourismusentwicklung steht, zeigt ein Vergleich mit den Übernachtungszahlen Hamburgs: Wohl verzeichneten im Jahre 1996 beide Stadtregionen jeweils 4,2 Mio. Übernachtungen, jedoch bei einer deutlich höheren Einwohnerzahl aller Revierstädte und einem ausgeprägten Anteil an Geschäftsreisenden. Im Jahre 2000 konnte Hamburg mit 4,9 Mio. sogar mehr Übernachtungen aufweisen als das Ruhrgebiet mit 4,6 Mio.

Das liegt vor allem - wenn auch in deutlich abgeschwächter Form - an den immer noch bestehenden und bekannten Hemmnissen, insbesondere dem trotz zahlreicher Imagekampagnen weiterhin vorherrschenden negativen Außenimages des Ruhrgebiets. Hierin kommt das breite kulturelle Angebot der Region mit seinen ungefähr 150 Museen, 175 Galerien, 150 Theaterspielstätten, Konzerthallen, Musiktreffs, Programmkinos, Filmclubs etc. (Bourrée 1994) kaum vor. Vor allem bei jenen Gruppen, die nicht selbst schon einmal das Ruhrgebiet besucht haben, überwiegt der Blick auf die Industriewelt der Region, wie ihn etwa Joseph Roth in den 1920er Jahren (1926: 239) festgehalten hat:

„Erfüllt ist von ihm [dem Rauch] die ganze große Stadt, die alle Städte des Ruhrgebiets zusammen bilden. Eine unheimliche Stadt aus kleinen und größeren Gruppen, durch Schienen, Drähte, Interessen verbunden und vom Rauch umwölbt, abgeschlossen von dem übrigen Land. Wäre es eine einzige, große, grausame Stadt, sie wäre immer noch phantastisch, aber nicht drohend gespenstisch. Eine große Stadt hat Zentren, Straßenzüge, verbunden durch den Sinn einer Anlage, sie hat Geschichte, und ihre nachkontrollierbare Entwicklung ist beruhigend. Sie hat eine Peripherie, eine ganz entschiedene Grenze, sie hört irgendwo auf und läuft in Land über."

In einem Schlusssatz dieser für viele auch heute noch gültigen Wahrnehmung wird quasi als Ergebnis hinzugefügt: *„Hier aber ist ein Dutzend Anfänge, hier ist ein Dutzendmal Ende"* (ebenda), wodurch auf ein weiteres, kaum veränderbares und sehr grundsätzliches Hindernis der Tourismusentwicklung im Ruhrgebiet hingewiesen wird: die polyzentrale Regionalstruktur, die sich in der stark ausgeprägten intraregionalen Verteilung der kulturellen Angebote bei gleichzeitig geringer Infrastruktur- und Angebotsdichte niederschlägt. Selbst im westlichen Ruhrgebiet (Duisburg/Oberhausen/Bottrop/Essen) mit den meisten touristischen Highlights, bei gleichzeitig hoher Angebotsdichte, sind die zurückzulegenden Entfernungen noch immer etwa doppelt so groß wie beispielsweise in Berlin.

Der Besuch der kulturellen Anziehungspunkte der Region ist deshalb zumeist mit einem überdurchschnittlich hohen Zeitaufwand verbunden. Dieser Zeitaspekt ist jedoch nur deshalb ein Problem, weil für die an das europäische Stadtmodell bzw. an die traditionelle Struktur von eher ländlich geprägten Regionen gewöhnten Touristinnen und Touristen die räumliche Situation im Ruhrgebiet zumindest ungewohnt ist. Das Ruhrgebiet ist eben keine Stadt mit einem mehr oder weniger erkennbaren Hauptzentrum und es ist ebenso wenig eine Tourismusregion mit eindeutig abgegrenzten und wahrnehmbaren Mittelzentren und Kleinstädten wie beispielsweise das Münster- oder das Siegerland, sondern eine Städteregion mit ganz spezifischen Bedingungen, für die es - angesichts der Einmaligkeit dieser hybriden Struktur - bisher noch keine touristisch adäquaten, attraktiven und nachvollziehbaren Aktivitätsmuster gibt. Dies erfordert von den Touristinnen und Touristen die Offenheit, den suburbanisierten Raum zwischen den kulturellen Anziehungspunkten als verstädterten Kulturraum wahrzunehmen und sich ähnlich wie beim Besuch einer Kurzzeit-Tourismusregion (z. B. des Harzes) auf die damit verbundene Mobilitätsnotwendigkeit einzustellen.

Regionalmarketing und Kultur im Ruhrgebiet

Angesichts dieser Situation wird deutlich, dass die weitere Entwicklung des Kulturtourismus im Ruhrgebiet nicht auf einzelne Städte der Region zugeschnitten werden kann, auch wenn sich dies manche Politiker/innen lange Zeit wünschten und im Kontext der Stadtmarketing-Welle der 1990er Jahre die Städte zahlreiche Anstrengungen in diese Richtung unternommen haben. Vielmehr bedarf es, um sich erfolgreich im Tourismussegment behaupten zu können, eines tourismusbezogenen *Regionalmarketings*. Angesichts der heute aus-

Abb. 4: Kulturangebot im Dortmunder Stadtbild
Foto: Lutz Meltzer

geprägten Mobilitätsbereitschaft im Freizeit- und Kulturbereich ist dies ein Ansatz, der zurzeit nicht nur für das ehemalige Revier als zukunftsweisend angesehen wird.

Das Ruhrgebiet hat in dieser Hinsicht einen entscheidenden Kommunikationsvorteil, es wird - unabhängig von der Bekanntheit einzelner Ruhrgebietsstädte im Zusammenhang mit national oder international beachteten Kulturveranstaltungen wie den *Kurzfilmtagen Oberhausen* oder den *Ruhrfestspielen Recklinghausen* - von außen überwiegend als *eine* zusammengehörige Industrie- und Kulturregion wahrgenommen. Dazu haben verschiedene Image-Kampagnen („Ein starkes Stück Deutschland" oder „Der Pott kocht") ebenso beigetragen wie das Auftreten der bundesweit als ruhrgebietsspezifisch angesehenen kabarettistischen Beiträge von Helge Schneider, Herbert Knebel, den Missfits, Doktor Stratmann etc. Unterstützt wird die regionale Wahrnehmung des Raumes durch aktuelle Regionalisierungstendenzen in den traditionellen Handlungsfeldern. Beispielsweise zählen im Rahmen der regionalen Kulturpolitik des Landes die Städte des Reviers seit 1997 zur Kulturregion Ruhrgebiet, für die im selben Jahr die Kultur Ruhr GmbH gegründet wurde (seit April 2001 u. a. getragen von der Projekt Ruhr GmbH, dem KVR und dem Verein „pro Ruhrgebiet").

In organisatorischer Hinsicht ist das Ruhrgebiet sogar Vorreiter in Sachen Regionalmarketing, etwa mit dem 1981 gegründeten Verein „pro Ruhrgebiet" einem Zusammenschluss von Unternehmen und Persönlichkeiten aus der Region - und dem seit den frühen 1990er Jahren bestehenden „Initiativkreis Ruhrgebiet", dessen Mitglieder vorwiegend aus dem Kreis der Großunternehmen stammen und der sich vor allem bei hochkarätig besetzten Kulturveranstaltungen engagiert.

Aufgabenschwerpunkte eines entwicklungsorientierten Regionalmarketings

Ähnlich wie das Stadtmarketing, das vor dem Hintergrund von Funktionsverlusten der Innenstädte bei gleichzeitig nachlassenden Steuerungsmöglichkeiten der Kommunen entstand und das Anliegen verfolgt, in Form von Public-Private-Partnership die Multifunktionalität der Stadt zu erhalten bzw. zu stärken (Junker u. a. 1996), versteht sich auch Regionalmarketing nicht nur als eine „*One-way*-Kommunikationsstrategie", sondern ist ebenso umfassend entwicklungs- und marktorientiert angelegt. Damit zielt Regionalmarketing nicht nur nach außen, sondern ebenfalls nach innen, um bei Bevölkerungsgruppen mit stark ausgeprägter lokaler Identifikation mit dem Stadtteil bzw. der Stadt - vor allem bei älteren Bürger/inne/n - ein regionales Selbstverständnis herauszubilden und möglicherweise auch den stark ausgeprägten lokalen Aktionsraum zu erweitern. Als typische Querschnittsaufgabe ist Regionalmarketing auf die Zusammenarbeit mit anderen regionalen Organisationen angewiesen, im Handlungsfeld des Tourismus ist dies vor allem die „Ruhrgebiet Tourismus GmbH" (Träger sind u. a. KVR, CentrO und Warner Bros. Movie World).

Funktion des Regionalmarketings für den Kulturtourismus

Will man in den kommenden Jahren den Kulturtourismus ins Ruhrgebiet weiterentwickeln, dann ergeben sich für das Regionalmarketing folgende Aufgaben:

Den kulturellen Mainstream für breite Bevölkerungsgruppen gibt es heute kaum noch, von Musicals und populären Ausstellungen wie *Feuer und Flamme* oder *Körperwelten* (beide in Oberhausen) einmal abgesehen. Angesichts der Segmentierung der kulturellen Interessen bzw. der Nachfrage im Kontext unterschiedlicher Milieus oder Lebensstilgruppen haben die Verantwortlichen für den Ruhrgebietstourismus damit begonnen, zielgruppenorientiert kulturelle Angebote zu entwickeln und zu vermarkten, zum Beispiel für die „Technik-Freaks" oder die „Bootstouristen". Dies ist unter Berücksichtigung von Ergebnissen aus Konkurrenzanalysen in den unterschiedlichen kulturellen Teilmärkten sowie unter Einbeziehung der ruhrgebietsspezifischen Potenziale auszubauen, etwa im Bereich der Infrastrukturausstattung (Kanalnetz, Werksbahnen, Halden). Dieses kulturelle Angebot wird touristisch jedoch nur dann erfolgreich vermarktet werden können, wenn es zumindest überregional, besser noch auf nationaler oder europäischer Ebene bekannt ist. Das heißt, die Angebote müssen besondere Qualitäten und ein spezifisches Profil aufweisen oder andernfalls für ihre Vermarktungsfähigkeit ein solches erhalten.

Diese Programmangebote sind auf zwei „Großgruppen" bzw. auf die zahlreichen, aus einem nicht mehr einheitlichen Kultur- und Kunstverständnis entstandenen Untergruppen zuzuschneiden und entsprechend zu kommunizieren. Die eine „Großgruppe" umfasst den in den kommenden Jahren stark wachsenden Personenkreis der Seniorinnen und Senioren - vielfach zahlungskräftig, aber relativ immobil - wobei die so genannten „jungen Alten" etwa die Hälfte ausmachen. Sie gelten als aktiv und konsumfreudig, kultur- und qualitätsbewusst (Hübner/Born 1999). Angebote für die andere „Großgruppe", die mobilen Jugendlichen, sind vor allem aus strategischer Sicht bedeutsam, ermöglichen sie doch eine frühzeitige „Kundenbindung", wodurch die Tourismusentwicklung in der Region nachhaltig gefördert werden kann.

Aufgrund der besonderen Bedeutung des kulturellen Veranstaltungsangebots als Anreiz für Städte- und Kurzzeitreisen ist vor allem eine Verzahnung des Regionalmarketings mit der regionalen Kulturpolitik erforderlich. Diese Zusammenarbeit darf sich, ähnlich wie im Stadtmarketing, allerdings nicht auf die Planung kultureller Inhalte beziehen - manche Akteure des Kulturbereichs sehen darin eine negativ besetzte Funktionalisierung von Kunst und Kultur für andere Zwecke (Ebert 1999). Dies würde die Eigengesetzlichkeiten des kulturellen Teilsystems tangieren und könnte sogar negative Rückwirkungen für die Attraktivität von Einrichtungen und Programmen mit sich bringen, was auch kontraproduktiv für die Tourismusentwicklung wäre.

Als Schwerpunkt des Regionalmarketings empfiehlt sich deshalb die direkte und indirekte Verbesserung der Rahmenbedingungen der tourismusrelevanten Kultureinrichtungen, z. B. durch eine gemeinsame überregionale Werbung und/oder bei der Suche nach Sponsoren. Dies schlägt sich im Laufe der Jahre zumeist auch in den Einrichtungen positiv nieder und erhöht deren Handlungsmöglichkeiten (zum besonderen Verhältnis von Regional- bzw. Stadtmarketing und Museumsmarketing siehe Schneider 1998: 52).

Darüber hinaus ist Regionalmarketing in Anlehnung an das auf dem Gegenstromprinzip aufbauende Verhältnis zwischen Stadtentwicklung/Stadtplanung und Regionalplanung mit den zahlreichen Stadtmarketing-Programmen in der Region zu verzahnen. Es dient damit auch einer Optimierung des Ressourceneinsatzes. Lange Zeit war dies mehr ein theoretischer Anspruch, da Kultur sich im Rahmen des Stadtmarketings und unter dem Diktat einer breiten Akzeptanz bei Akteuren wie Publikum über Jahre eher auf austauschbare Stadtfeste oder Innenstadtführungen beschränkte (Ebert 1999). Ein in diesem Sinn effektives Regionalmarketing ist aber auf kulturelle „Bausteine" in der Region angewiesen, die in ihrer Qualität und ihrem Profil über das hinausgehen, was eine nur lokal orientierte Kulturpolitik lange Zeit angeboten und gefördert hat.

Stadt(teil)-Marketing hat in diesem Kontext die Aufgabe, in der fußläufigen Umgebung der so genannten „Ankerpunkte der Industriekultur" und der touristisch bedeutsamen kulturellen Einrichtungen ergänzende Angebote für die jeweiligen Zielgruppen einer „24/7-Gesellschaft" (24 Stunden am Tag, 7 Tage die Woche) zu schaffen, zum Beispiel bei den Unterkünften oder den ergänzenden Angeboten. Dazu zählen preisgünstige und atmosphärisch interessante „24/7-Jugendhotels" in einer „Hot-spot-Umgebung" (u.a. mit mehreren Clubs, Nachtcafés), Orientierungshilfen für Seniorengruppen sowie Hinweise zu Möglichkeiten von „Dining-Events" im Rahmen des erlebnisorientierten Konsums.

Ebenso ist ein herausragendes baukulturelles Ambiente anzustreben, wodurch ein wichtiger Beitrag zur Verbesserung der Aufenthaltsqualität und damit des nicht nur für Touristen wichtigen „Behaglichkeitsfaktors" geleistet wird. Hilfreich sind in diesem Zusammenhang kleinräumige Entwicklungskonzepte, wie sie etwa für das „Bermuda-Dreieck" genannte Kneipenviertel in Bochum kürzlich vorgelegt worden sind, das jedoch noch zu wenig auf tourismusrelevante Aspekte eingeht und keine Aussagen trifft, welche kulturtouristischen Zielgruppen damit angesprochen werden sollen.

Bei den Initiativen zur Verbesserung der Rahmenbedingungen geht es vor allem um eine bessere Anbindung an den öffentlichen Personennahverkehr (ÖPNV). Einige touristische Besuchermagnete der Region, wie etwa der Tetraeder in Bottrop, sind derzeit unzureichend mit dem ÖPNV verbunden. Der anstehende Zusammenschluss lokaler Verkehrsbetriebe zu größeren Einheiten dürfte hierfür eine wichtige organisatorische Voraussetzung darstellen. Für temporäre kulturelle Veranstaltungen wie die beispielsweise 2001 erstmals durchgeführte „Nacht der Industriekultur" bieten sich ergänzende und attraktiv gestaltete Serviceformen an, etwa ein Shuttlebus-System.

Auch die preislich attraktive *Ruhrpott-Card* (30 Euro für 3 Tage), die neben Ermäßigungen und freien Eintritten die kostenfreie Fahrt mit allen öffentlichen Verkehrsmitteln im Verkehrsverbund Rhein Ruhr (VRR) beinhaltet, ist ein Schritt in diese Richtung. Ebenso zählt dazu der „Emscher Park Radweg", der mit etwa 250 Kilometern Radwanderstrecke die in Nord-Süd-Richtung verlaufenden „Regionalen Grünzüge" und wesentliche touristische Besucher/innen-Magnete im Ruhrgebiet verbindet (u. a. die Landmarken).

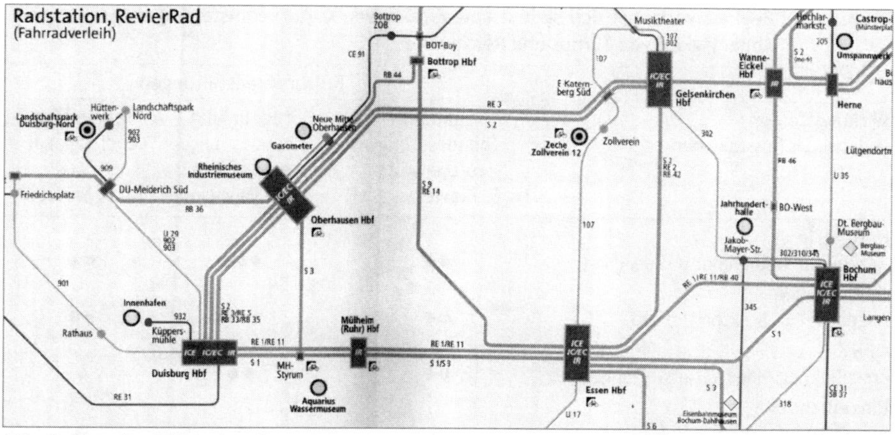

Abb. 5: Plan der Fahrradstationen *Quelle: Verkehrsverbund Rhein-Ruhr*

Unterschiedliche regionalökonomische Effekte kultureller Veranstaltungen und Einrichtungen

Bei der Programmgestaltung ist zu beachten, dass nicht alle kulturellen Angebote eine vergleichbare ökonomische Wirkungsbreite und -tiefe erzielen (u. a. Hinkel 1998). So kann man verständlicherweise bei populären Abendveranstaltungen und über Reiseveranstalter organisierten Städtereisen eher von zusätzlichen nennenswerten Übernachtungen ausgehen als beispielsweise bei Theaterfestspielen, wodurch auch Gastronomie und Einzelhandel stärker profitieren (Kommunalverband Ruhrgebiet 1997: 38-39, Institut für Freizeitwirtschaft 2000: 19-20). Diese und weitere Effekte sind bei den meisten Kunstausstellungen nicht so ausgeprägt, da solche Besuche überwiegend im Rahmen unorganisierter Tagesausflüge am Wochenende stattfinden, weshalb sich u.a. für den ortsansässigen Einzelhandel deutlich geringere Nachfrageeffekte ergeben (Ebert/Venzke 1999: 7-10). Vor allem sind die erzielbaren „Mengeneffekte" angesichts der Attraktivität etablierter Destinationen sowie der zahlenmäßigen Bedeutung der Nachfragegruppe vergleichsweise gering. Ähnlich differenziert stellt sich die Situation im Musikbereich dar.

Die Entwicklungsgeschichte der Kasseler *Documenta* und anderer kultureller Angebote zeigt darüber hinaus den wichtigen Einfluss des Turnus einer Veranstaltung: Bei dem überwiegenden Teil einmaliger Veranstaltungen ist mit geringeren wirtschaftlichen Effekten zu rechnen als bei regelmäßig sich wiederholenden Kulturangeboten mit bundesweiter Ausstrahlung, beispielsweise dem Jazz-Festival in Moers (siehe Übersicht 1). Diese Wirkungen beschränken sich jedoch im Unterschied zu mittelfristig konzipierten Dauerveranstaltungen - wie den Musicals erwerbswirtschaftlicher Betreiberfirmen - zumeist nur auf eine jeweils sehr kurze Zeitperiode im Jahr, etwa ein Wochenende.

Weitere Aufgabenfelder und Aspekte

Über diesen engeren Bereich hinaus sind für die weitere Tourismusentwicklung im Ruhrgebiet entsprechende Rahmenbedingungen zu schaffen. Insbesondere sind Schritte zur Verbesserung einer bislang unzureichend vorhandenen Dienstleistungsmentalität einzuleiten, sowohl bei den kulturellen Einrichtungen (u. a. bei besonderen Wünschen von Reiseveranstaltern) als auch im Gaststättengewerbe, bei den Verkehrsämtern (z. B. hinsichtlich der Angebotsvielfalt und der Öffnungszeiten) und bei den Möglichkeiten des Kartenkaufs (z. B. im Rahmen von „NRW-Ticket").

Übersicht 1: Regionalwirtschaftlich bedeutsame Effekte von Kulturveranstaltungen in Abhängigkeit von Turnus und Reichweite

	Kulturveranstaltungen		
Wirkungsfelder und ihre Einflussfaktoren	**einmalig** bundes- und europaweit (z. B. Klavierfestival)	**regelmäßig** bundes- und europaweit (z. B. Musicals)	**regelmäßig** überregional (z. B. Varieté)
Hotellerie Anzahl der Teilnehmer u. Besucher	●●	●●●	●●
Gastronomie Angebote im direkten Umfeld	●●	●●●	●●
ÖPNV Erschließung eines Veranstaltungsortes	●●	●●	●
Einzelhandel Angebote im direkten Umfeld	●	●	●
Medienpräsenz Medienattraktivität der Veranstaltung	●●	●●●	●●
Sponsorengelder Medienattraktivität, räumlicher Einzugsbereich	●●	●●●	●●
Nutzung sonstiger Sport- und Freizeitangebote Image einer Stadt/ Region	●	●●	●

● geringe, ●● mittlere, ●●● hohe Ausprägung

Quelle: STADTart 2001

Förderlich wäre ebenfalls eine im Ruhrgebiet produzierte, überregional bedeutsame Tageszeitung. Der seit Anfang 2002 erscheinende NRW-Teil der *Süddeutschen Zeitung* ist da bereits hilfreich, da diese Berichterstattung über das kulturelle Angebot des Ruhrgebiets indirekt die Aufmerksamkeit außerhalb der Region auf den Raum lenkt und dadurch das Interesse an einer Kurzreise ins Revier weckt. Ebenso benötigt diese Region der Städte jenseits oberflächlicher Klischeebilder bundesweit beachtete Filme (wie vor Jahren z. B. *Nordkurve* von Adolf Winkelmann) und literarische Zeugnisse (wie z. B. *Liegen Lernen* von Frank Goosen).

Fazit

Es dürfte auf absehbare Zeit kein leichtes Unterfangen sein, das Ruhrgebiet im umkämpften Markt des Städte- und Kurzzeittourismus als Zielregion für größere Besucher/innen-Gruppen außerhalb von Nordrhein-Westfalen zu positionieren; selbst zur ersten großen Fußballausstellung im Gasometer in Oberhausen kam nur jeder Sechste *nicht* aus Nordrhein-Westfalen. Das deutsche und europäische Konkurrenzangebot im Kulturbereich ist groß und attraktiv, zumal andernorts Sonne und Esskultur zusätzlich locken. Mittel- und langfristig ist vor allem von Gästegruppen aus dem näheren deutschsprachigen Raum und den Benelux-Ländern auszugehen. Das Ruhrgebiet muss seine kulturellen und kulturhistorischen Attraktionen dieser Nachfragegruppe kontinuierlich vermitteln, damit sich eine neue, touristisch geprägte *mental map* vom Ruhrgebiet herausbilden kann. Besucher/innen aus dem außereuropäischen Ausland werden auf lange Sicht dagegen eher eine Ausnahme darstellen, da es zurzeit kaum Möglichkeiten gibt, das traditionelle Deutschlandbild zu modifizieren und ganz neue touristische Ziele wie das Ruhrgebiet als industriell geprägtes Kulturgebiet zu lancieren.

Trotz dieser Hindernisse und Schwierigkeiten gibt es hoffnungsvolle Anzeichen für eine positive Entwicklung, u. a. in der Wahrnehmung und dem (Selbst)Verständnis des gesamten Ruhrgebiets als *ein* Lebensraum bei den jüngeren Lebensstilgruppen. Vorteile bieten dabei in der allgemein verbreiteten Tendenz zur „Amerikanisierung" der Stadtregionen der allmähliche Wandel der Industriekultur von einem skurrilen Ort zu einer „normalen" Sehenswürdigkeit wie zum Beispiel im Falle der Zeche Zollverein in Essen. Auch die seit einiger Zeit in den großen überregionalen Tageszeitungen präsentierten neuen Bilder des Ruhrgebiets, beispielsweise vom illuminierten Landschaftspark Duisburg-Nord oder vom Tetraeder in Bottrop, begünstigen eine zumindest bundesweit zu beobachtende steigende touristische Wahrnehmung des Ruhrgebiets.

Solche und weitere Veränderungen lassen darauf schließen, dass es zukünftig touristische Nachfragegruppen geben wird, welche die polyzentrale Angebotsstruktur des Ruhrgebiets/der Ruhrstadt im Kulturbereich - anders als heute - als eine besondere Qualität und alternatives Angebot betrachten, gerade deshalb in die Region reisen und im Laufe der Zeit durch attraktive kulturelle Veranstaltungen an diesen Raum „gebunden" werden können.

Literatur

Bonny, Hanns-Werner; Ebert; Ralf (1984): Städtebauliche Brachen und kulturelle Initiativen. Eine Untersuchung über Fallbeispiele in Dortmund. In: Informationen zur Raumentwicklung, H. 10/11: 1083-1096

Bourrée, Manfred (1994): Kulturatlas Ruhrgebiet. Essen

Ebert, Ralf (1999): „Künste ziehen an": Kultur im Stadtmarketing, In: RaumPlanung, H. 86: 173-179

Ebert, Ralf; Venzke, Birgit (1999): Stadtmarketing mit Kunst - Kunst und Stadtmarketing in der multizentrischen Stadt Gelsenkirchen. Projektbericht. Dortmund

Göschel, Albrecht (1991): Wandel des Kulturbegriffs in der Generationenfolge. In: Mitteilungen aus der kulturwissenschaftlichen Forschung, Nr. 29: 94-109

Hinkel, Roland (1998): Tourismus und Theater - eine Beziehung mit Zukunft?, In: Die Deutsche Bühne, Nr. 5/98: 38-39

Hübner, Michael; Born, Andreas (1999): Zielgruppe Senioren: Chancen und Perspektiven für die Tourismusbranche. Graue Reihe des Instituts für Arbeit und Technik, Nr. 1999-11. Gelsenkirchen

Institut für Freizeitwirtschaft (2000): Erfolgreiche Events - Dokumentation und Analyse. München

Junker, Rolf; Frauns, Elke; Schaller Ulrich (1996): Stadtmarketing, Stadtplanung und Kommunalpolitik. Zum Wesen und zu den Perspektiven eines modischen Instruments. In: Städte- und Gemeinderat, H. 8: 282-287

Kamphern, Ruth; Kerkemeyer, Sabine (1993): Das Image des Ruhrgebiets in Europa - Ergebnisse einer europaweiten Imageuntersuchung. Essen

Kommunalverband Ruhrgebiet (1997): Touristische Bedeutung regionaler Kulturereignisse im Ruhrgebiet. Essen

Lüdtke, Hartmut. (1995): Zielgruppen und Strategien für eine moderne Freizeitinfrastrukturplanung. In: Spektrum Freizeit, H. 2-3: 120-130

Nahrstedt, Wolfgang (1996): Die Kulturreise. In: Dreyer, Axel (Hg.) (1996): Kulturtourismus, München/ Wien: 5-24

Pröhl, Marga (Hg.) (1996): Wirkungsvolle Strukturen im Kulturbereich - Zwischenbericht zum Städtevergleich der Kunstmuseen der Städte Bielefeld, Dortmund, Mannheim und Wuppertal. Gütersloh

Roth, Joseph (1926): Der Rauch verbindet Städte, In: Hoesch AG Dortmund/ Friedrich Krupp AG Essen (1992): Gestalt und Wandel des Reviers. Jahresgabe 1993. Dortmund

Schneider, Bernhard (1998): Die Rolle der Museen im Stadtmarketing Berlins. In: Museumskunde, Bd. 63: 50-55

Schwalm-Schäfer, Katharina (2000): Musicals als Chance für den Strukturwandel in Nordrhein-Westfalen, unveröffentlichtes Manuskript anlässlich des 3. Deutschen Musical Kongresses in Hamburg.

Springorum, Dietrich (1978): Auf der Suche nach der zweiten Zukunft. Siedlungsverband Ruhrkohlenbezirk (SVR). Essen

Travers, Tony (1998): The Wyndham Report - The Economic Impact of London's West End Theatre. London

Anke Wüstenberg

Städtetourismus ins Ruhrgebiet

Eine begleitende Untersuchung der Aktion „Gastgeberinnen und Gastgeber 1999" der IBA Emscher Park

In den letzten Jahren hat sich die Einstellung der Bevölkerung zu Urlaub, Freizeit, Unterhaltung und Kultur geändert. Immer mehr Zeit und vor allem auch Geld werden in diese Bereiche investiert. Tourismus allgemein und hier gerade der Kurzzeittourismus sind zu einem bedeutsamen wirtschafts- und auch strukturpolitischen Faktor geworden. Denn von ihm profitieren nicht nur die direkt beteiligten Beherbergungsbetriebe und Gaststätten, sondern auch Anbieter von Dienstleistung und Handel.

Betrachtet man die Entwicklung im Freizeit- und Tourismusmarkt in Deutschland, so wird man feststellen, dass in den letzten Jahren der allgemeine Trend zu Kurzreisen (hierbei auch Zweit- und Drittreisen) und Tagesausflügen geht.

Der „einfache Pauschaltourist" ist am Ende des letzten Jahrhunderts eine vom Aussterben bedrohte Spezies geworden. Der Urlauber der Zukunft wird wesentlich differenziertere und höhere (bzw. exotischere) Ansprüche an „die wichtigsten Wochen des Jahres" stellen. Gefragt sind einerseits das „Besondere" und das „Ausgefallene" - mit diesem Individualanspruch sind stets effektvolle Inszenierungen verbunden -, andererseits verlangen die Kunden ein hohes Maß an kalkulierbarer Sicherheit, was sich in der immer größer werdenden Akzeptanz von großen Hotel-, Restaurant- und anderen Dienstleistungsketten widerspiegelt. Der Tourismusmarkt von morgen muss sich zwangsläufig darauf einstellen, dass die Nachfrage nur befriedigt und am Ort gehalten werden kann, wenn sich die Anbieter stärker spezialisieren und profilieren. Der Tourismus der 1990er Jahre ist „übersättigt und global", der Urlauber ist „reiseerfahren, anspruchsvoll, preissensibel" und wünscht sich deswegen zusätzlich zum Standardangebot „ergänzende Zusatzleistungen mit hohem emotionalen Erlebniswert". Dem kann nur mit Angebotsstrukturen entsprochen werden, die standardisiert und doch zugleich spezialisiert und komplex sind (vgl. Steinecke 1997: 8-12).

In diesem Zusammenhang ist an der Universität Dortmund (Fachgebiet Soziologische Grundlagen der Fakultät Raumplanung) die Frage untersucht worden, ob auch unter den heutigen Bedingungen des Pauschal- und Event-Tourismus für Besucher des Ruhrgebietes typische städtebauliche Situationen, Stadtviertel und alltägliche Lebenswelten dieser Stadtregion überhaupt von Interesse sind. Denn die oben genannten grundlegenden Trends des Tourismus der 1990er Jahre gelten auch für einen Städtetourismus ins Ruhrgebiet.

Die Kontrasterfahrung von Event und Lebenswelt der Tourismusregion Ruhrgebiet könnte der weiter oben genannten Angebotsstruktur entsprechen. Ob und inwieweit dies zutrifft, wurde in einem Forschungsprojekt untersucht und dokumentiert. Das Projekt beschäftigte sich mit der 1999 im Rahmen der Abschlusspräsentation der Internationalen Bauausstellung Emscher Park durchgeführten bisher einzigartigen Gastgeber-Aktion, bei der Bewohner des Ruhrgebiets Gästen ihre Region vorstellten und sich als Fremdenführer betätigten.

Entwicklung des Ruhrgebietstourismus

Auch das Ruhrgebiet kann und wird Zielregion für Tourismus sein. Seine umfangreiche Industriekultur und -landschaft, entstanden im Wesentlichen in der zweiten Hälfte des 19. und der ersten Hälfte des 20. Jahrhunderts, ist noch heute erleb- und nachvollziehbar und macht seine Einzigartigkeit als Destination aus. Allerdings stecken Tourismuskonzepte und adäquate Angebote für das Ruhrgebiet noch in den Anfängen.

Einen ersten Schritt zur Entwicklung neuer Strategien für den Tourismus im Ruhrgebiet stellte der im August 1997 von einer Expertenkommission (im Auftrag des Wirtschaftsministers des Landes NRW) aufgestellte „Masterplan Tourismus im Ruhrgebiet" dar. Die vom Kommunalverband Ruhrgebiet (KVR) entwickelte „Route der Industriekultur" leistete dabei einen ersten wichtigen Beitrag zur Entwicklung eines neuen touristischen Profils der Region. Daneben sollen sich aber - unterstützt durch parallel geschaltete Image-Kampagnen (z. B. seit August 1998 „Der Pott kocht") - die vielfältigen kulturellen Angebote (Museen, Theater etc.) des Reviers genauso positionieren wie die neuen Tourismusattraktionen der Warner Brothers Movie World, des CentrO`s und die neuen Musicals. Die im Frühjahr 1998 gegründete Ruhrgebiet Tourismus GmbH (RTG), zuständig für die Organisation des regionalen Tourismus, arbeitet entsprechende Angebote aus.

Ein weiterer neuer Anstoß für Touristik im Ruhrgebiet ging von der Internationalen Bauausstellung (IBA) Emscher Park aus. Diese hat im Sommer des Jahres 1998 mit Blick auf ihre Abschlussveranstaltungen im Folgejahr eine Touristikaktion unter dem Titel: „Aktion Gastgeberinnen und Gastgeber `99" gestartet, an der mehrere Tausend Freiwillige aus der Region teilgenommen haben. Ziel dieser Aktion sollte es sein, als Gastgeber/in in der Zeit von Mai bis September des Jahres 1999 einer überschaubaren Zahl von Personen aus dem fachlichen und/oder persönlichen Bekanntenkreis das Ruhrgebiet zu zeigen, wobei natürlich die IBA-Projekte in diese Führungen nach Möglichkeit miteingebunden werden sollten.

Das Besondere hierbei war allerdings, dass zusätzlich Wert darauf gelegt wurde, den zu erwartenden Gästen das Ruhrgebiet so zu zeigen, wie der/die jeweilige Gastgeber/in das Ruhrgebiet sehen. Dies bedeutete im Ergebnis, dass die Führungen sehr unterschiedlich ausfielen, da jede/r Gastgeber/in „sein/ihr Ruhrgebiet" jeweils anders definierte.

Untersuchungsziele

An dieser Stelle setzte die aus der einleitenden Fragestellung entwickelte Untersuchung an. Denn vor dem Hintergrund des oben geschilderten Vorhabens der IBA Emscher Park kristallisierten sich zwei Arten von Tourismusangeboten heraus:

- das Angebot der Ruhrgebiet Tourismus GmbH in Zusammenarbeit mit dem KVR und anderen regionalen Entscheidungsträgern mit der Schwerpunktbildung auf Industriekultur, Kultur allgemein und neue Attraktionen.
- die IBA-Gastgeber/innen-Aktion, die - geprägt durch die Anleitung und Unterstützung der IBA - einerseits die Projekte der IBA zum Inhalt hatte, andererseits ein individuelles Bild des Ruhrgebietes widerspiegelte, da jede/r Gastgeber/in sein/ihr eigenes Verständnis vom Ruhrgebiet präsentierte.

Das pauschale Tourismusangebot erhielt als Ergänzung ein individuelles Angebot, welches im eigentlichen Sinne durch persönliche Highlights im Alltagsleben[1] „hier im Revier" repräsentiert wurde.

Zeche Zollverein, Essen *Foto: Lutz Meltzer*

Es wurde untersucht, welche Leitbilder bzw. Philosophien hinter den jeweiligen Angeboten stehen, um einerseits die Ziele des Tourismus im Alltagsleben des Ruhrgebiets herauszuarbeiten und andererseits diese thematisch zu strukturieren und damit zu Gruppen zusammenzufassen. Daraus konnten dann (z.B. für die Ruhrgebiet Tourismus GmbH) „Ergänzungspakete" zu Pauschalangeboten entwickelt werden.

Bezüglich der Motivationen für die jeweiligen Führungen mit Gästen gab es zwei Schwerpunkte, die sich -personenbezogen- auch überschneiden konnten: zum einen aus beruflicher Sicht den fachlichen Freunden und Bekannten das „neue" Ruhrgebiet zu präsentieren, zum anderen im persönlichen Kreis der Verwandten und Freunde sowohl das Ruhrgebiet zu zeigen, als auch es gemeinsam mit ihnen neu zu entdecken. Hierbei war es von Interesse, welche individuelle Zielauswahl die Gastgeber/innen trafen.

Untersuchungsmethode

Die Aktion Gastgeberinnen und Gastgeber 1999 wurde mittels mehrerer Gruppengespräche analysiert. Um die Ziele und Motivationen der Gastgeber/innen des Ruhrgebietes möglichst in ihrer ganzen Bandbreite zu erfassen, wurde die gesamte Region in geographisch zusammenhängende Bereiche aufgeteilt: Duisburg, Essen, Bochum, Dortmund, Oberhausen/Mülheim, Bottrop/Gladbeck, Gelsenkirchen/Herten/Recklinghausen, Herne/Castrop-Rauxel/Waltrop und Lünen/Bergkamen/Hamm. Aufgrund des vorgegebenen Zeitrahmens der IBA-Abschlusspräsentation wurden vier Bereiche ausgewählt: die beiden zentral gelegenen Großstädte Duisburg und Essen und die beiden Randbereiche Gelsenkirchen/Herten/Recklinghausen und Herne/Castrop-Rauxel/Waltrop. So konnte ein möglichst großes Gastgeber- und Zielespektrum erfasst werden. Aus jedem räumlichen Bereich wurden vor Beginn der eigentlichen Aktion Gastgeber/innen ausgesucht und gruppenweise zu einer so genannten „Ideenbörse" eingeladen. Die Gruppen bestanden aus maximal zwölf Personen, die aus unterschiedlichen Berufsfeldern (z. B. Wirtschaft, Verwaltung, Politik) stammten. In Gesprächen wurden die unterschiedlichen touristischen Ziele herausgearbeitet, die die Teilnehmer/innen sowohl dem fachlichen als auch dem persönlichen Kreis präsentieren wollten. Als Ergebnis der Ideenbörsen wurden universell einsetzbare Programmpakete entwickelt, die nicht nur den beteiligten IBA-Gastgeber/innen dienen, sondern auch jede/n am Ruhrgebiet interessierten Besucher/in und selbstverständlich auch die einheimische Bevölkerung ansprechen sollten.

Die Ideenbörsen

Aufgabenstellung und Ablauf

Kokerei Zollverei, Essen Foto: Anke Wüstenberg

Die Ideenbörsen wurden nach einem einheitlichen Schema konzipiert, welches grundlegende Brainstorming-Regeln und eine feste inhaltliche Abfolge mit Kritik-, Utopie- und Reflexionsphase einschloss. Zu den einzelnen Fragestellungen hielten die Teilnehmer/innen ihre Ideen stichwortartig auf bereitgestellten Karten fest, die dann an einer Stellwand öffentlich gemacht und vorgestellt wurden. Die erste Fragestellung lautete: *„Wenn ich die Aktion IBA-Gastgeber/innen organisieren würde – was würde ich anders machen?“*.

Nach dieser Kritikphase folgte die zweite Fragestellung: *„Was würde ich zeigen, wenn es keine IBA-Abschlusspräsentation gäbe?“*, die nochmals unterschieden wurde in: *„Welche IBA-Projekte würde ich zeigen?“* und in einem zweiten Arbeitsschritt: *„Welche Ziele würde ich außerdem - ohne IBA-Projekte – zeigen?“*. Die Vorgehensweise war hier, dass jede/r zuerst diejenigen Ziele aufschreiben, an die Stellwand heften und kurz erläutern sollte, die auf jeden Fall gezeigt werden würden, und dass in einem zweiten Durchgang ergänzende Ziele erläutert werden konnten. Bei allen Ideenbörsen ergab sich ungeplant am Schluss eine Diskussion darüber, was geschehen wird, wenn die IBA vorbei ist. Von daher wurde bei den letzten beiden Ideenbörsen im Einverständnis aller Anwesenden die konkrete Abschlussfrage diskutiert: „Wie kann man die Motivationen zur Gastgeber/innen-Rolle auch weiterhin, also mittelfristig, sichern und damit einen Beitrag zum Tourismus erbringen?“

Damit wurden Aspekte zur Sicherung der Zukunft des Tourismus sowohl allgemein als auch im Zusammenhang mit der Gastgeber/innen-Rolle angesprochen.

Auswertung der Ideenbörsen

Die Anzahl der Teilnehmer/innen bei den vier Ideenbörsen war - entgegen schriftlichen Zusagen - wesentlich geringer als erwartet, sodass lediglich die Aussagen von 21 Personen in die Auswertung einfließen konnten. Daher kann bei dieser Erhebung nur von einer nicht repräsentativen Stichprobe ausgegangen werden.

Die vorgebrachten Kritikpunkte aus der ersten Frage ließen sich zum größten Teil thematisch zusammenfassen und werden nachfolgend beschrieben. Bezüglich der Ideen und Anregungen war festzustellen, dass sich die unter den IBA-Projekten ausgewählten Ziele gleichmäßig in der Region verteilten, allerdings die persönlichen Ziele sehr nahen räumlichen Bezug zum Veranstaltungsort der Ideenbörsen und somit zum Arbeitsort - und größtenteils auch Wohnort - der Teilnehmer/innen hatten. Daher werden die alternativen, individuell motivierten Ziele im jeweiligen Abschnitt entsprechend den stattgefundenen Ideenbörsen beschrieben.

Kokerei Zollverein, Essen *Foto: Anke Wüstenberg*

Allgemeine Kritik an der Aktion

Die Kritik an der Gastgeber/innen-Aktion (und damit oft verbunden auch an der IBA allgemein) lässt sich nach Aspekten zur Organisation und zum Inhalt gliedern. Zur Organisation wurden generell mehr und auch konkretere Informationen gewünscht. Dies könnten beispielsweise vorgefertigte Päckchen (Tourenvorschläge) oder Kurzinfos auf Handzetteln in Form von Karteikartensystemen sein, um individuelle Programme schnüren zu können.

Darüber hinaus wurden bessere Hilfestellungen (Organisationshilfen und materielle bzw. finanzielle Hilfen) vermisst. Auch war die Aufgabe / Funktion der Gastgeber/innen zu undeutlich beschrieben und wurde der betroffene Personenkreis (hier also die Fachwelt) als zu eng gefasst gesehen. Die Jugend und die Schulen hätten stärker einbezogen werden müssen, ebenso wie kleinere Projekte mehr Berücksichtigung hätten finden sollen.

Eine Übersicht über Gastronomie und preiswerte Übernachtungsmöglichkeiten im Umfeld der Highlights wurde ebenso wie Informationen über die ÖPNV-Anbindung vermisst. In diesem Zusammenhang wäre ein preislich attraktives IBA-ÖPNV-Ticket sinnvoll gewesen. Die Übungsreisen für die Gastgeber/innen empfanden viele Teilnehmer/innen als schlecht organisiert und zu lang. Eine Person stellte allerdings - entgegen der allgemeinen Ansicht - ausdrücklich fest, dass die Übungsreisen gut organisiert gewesen wären.

Ein weiterer Kritikpunkt war, dass eine zentrale Anlaufstelle und ein Ansprechpartner für die Führungen fehlten, auch wäre ein Kontakt zu anderen Gastgeber/innen zwecks Informationsaustausch angebracht gewesen. Inhaltlich wurde die seitens der IBA vorgenommene Beschränkung auf die Vorstellung gebauter Beispiele negativ gesehen und die Teilnehmerinnen fühlten sich mit der Themenfülle überfordert. Die von der IBA getroffene Projektauswahl für die Gastgeber-Informationstouren war zu einseitig, man hätte die Gäste lieber zu persönlichen Orten führen sollen.

Der Zweck der Gastgeber-Rolle war vielen Beteiligten jedoch unklar geblieben. Es blieb zweifelhaft, ob Gastgeber/innen von außerhalb des Ruhrgebietes (die gab es auch) die Rolle übernehmen sollten. Zudem wurden die Gastgeber/innen nicht repräsentativ ausgewählt, da es sich durch ihre Verbindung zur IBA um einen ausgesuchten Personenkreis handelte. Die Motivationen zur Teilnahme an der Aktion differierten je nach Zielgruppe sowie nach beruflich und privat bedingtem Charakter. Auf jeden Fall wurde die Funktion als Multiplikator begrüßt. Weiterhin sollte die Präsentation der Stadtteile eher durch die Bewohner erfolgen, um eine ganzheitliche Darstellung zu erreichen. Ebenso sollte die Arbeit in den Stadtteilen intensiviert werden.

Die Pressearbeit wurde dahingehend kritisiert, dass nur die „Sahnehäubchen" präsentiert worden wären, während man über die kleineren Projekte nichts erfahren hätte. Insgesamt sei aber erwähnt, dass die Aktion aufgrund ihres innovativen Ansatzes und der persönlichen Ebene ausdrücklich begrüßt wurde.

Bewertung der touristischen Ziele unter den IBA-Projekten

Alle Teinehmer/innen an den Ideenbörsen sollten sich zunächst zu den ausgewählten IBA-Projekten äußern. Diese werden im Folgenden nach der Häufigkeit ihrer Nennung aufgelistet, was Rückschlüsse auf die Wichtigkeit der einzelnen Attraktionen zulässt. Eindeutiger Spitzenreiter unter den IBA-Zielen war die Zeche Zollverein in Essen. In der im weiteren Verlauf folgenden Diskussion stimmten alle Teilnehmer/innen darin überein, dass es sich hierbei um das absolute Highlight handele. Es wurde als absolute Selbstverständlichkeit angesehen, seinen Gästen dieses IBA-Projekt zu zeigen. Und – wie sich in der nachfolgenden Diskussion über die Ziele unter den IBA-Projekten ergab - genau wegen dieser Selbstverständlichkeit hielten nur wenige Teilnehmer/innen diesen Gedanken fest (7).
Die weiteren IBA-Ziele waren:

- Gasometer in Oberhausen (5), Ausstellungshalle
- Schiffshebewerk in Henrichenburg (5), Industriedenkmal
- Landschaftspark Duisburg-Meiderich (4), ehemaliges Stahlwerk und Eventfläche
- Tetraeder in Bottrop (3), Aussichtsbauwerk und Landmarke
- Innenhafen Duisburg (2)
- Fortbildungsakademie des Innenministeriums in Herne (2), innovative Architektur
- Design-Zentrum NRW auf Zeche Zollverein in Essen (2)
- Route der Industriekultur insgesamt (2)
- Museumspfad Zeche Zollverein in Essen (1)
- „Erfahrungsfeld der Sinne" auf Zeche Zollverein in Essen (1), Ausstellung
- Zeche Carl in Essen-Altenessen (1), Kulturzentrum
- Schurenbachhalde in Essen-Altenessen (1), Landmarke
- Zeche Zollern in Dortmund-Bövinghausen (1), Musterzechenanlage im Jugendstil
- Siedlung Schüngelberg in Gelsenkirchen-Bismarck (1), restaurierte gartenstädtische Siedlung mit moderner baulicher Ergänzung
- Flüsse und Bäche im Emscherraum (1),
- Erinpark Castrop-Rauxel (1) Gewerbepark
- Route der Industrienatur (1), insgesamt
- Casino Zollverein in Essen (1) und schließlich auch die während des Finales stattfindende
- Ausstellung „Sonne, Mond & Sterne" in der Kokerei Zollverein in Essen (1).

Die Häufigkeit der Nennungen macht - trotz der geringen Anzahl an Teilnehmer/innen - deutlich, dass sich die großen Projekte, die so genannten „Highlights", überregional als Ziele durchsetzten.

Nennung und Bewertung alternativer und individueller Ziele

Den zweiten Teil dieses Abschnittes bildeten Ideen und Anregungen, die sowohl alternative Ziele während der IBA-Aktion als auch Vorschläge für mögliche Vorgehensweisen und Aktionsangebote betrafen. Da sehr individuelle Ideen genannt wurden, sind die Ergebnisse in ihrem räumlichen Bezug - nach Veranstaltungsort der Ideenbörsen - gegliedert. Ebenso wurden die alternativ genannten, individuellen Ziele im Kontext der Diskussionen belassen, um die geäußerten Meinungen der Teilnehmer/innen (und damit die persönlichen Einstellungen zu den Zielen) besser wiederzugeben. Eine abstrahierende Beschreibung bzw. Auflistung würde eine Beliebigkeit und damit Austauschbarkeit produzieren, welche im Zusammenhang mit der Frage nach Leitbildern und Identitäten und somit subjektiven Meinungen fehl am Platz ist.

- Ideenbörse Duisburg:

Außerhalb der IBA-Projekte wurden folgende Ziele vorgeschlagen: Werksvillenviertel in Duisburg-Bliersheim, der Alsumer Berg, der Brückenturm in Duisburg-Homberg und verschiedene Museen. Das alte Werksvillenviertel in Duisburg-Bliersheim ist aus städtebaulicher und architektonischer Sicht von Bedeutung. Es strahlt eine sehr schöne Atmosphäre aus und weist gut erhaltene Zechensiedlungen auf, darunter besonders eine Bauhaussiedlung, die als einzige ihrer Art gut erhalten ist. Darüber hinaus wurden Stadtteile mit multikulturellem Milieu genannt, beispielsweise Arbeitersiedlungen mit einem hohen Anteil nicht-deutscher Bevölkerung.

Der Alsumer Berg bietet einen sehr kontrastreichen Ausblick: Zur einen Seite liegt das Rheinland mit seinen idyllisch anmutenden Dörfern, zur anderen Seite erstreckt sich das riesige, dunkle Thyssen-Gelände mit seinen Industriebauten. Der verlassene Brückenturm am Rhein in Duisburg-Homberg zieht viele Leute an, da er nicht nur von reizvoller Architektur ist, sondern die umliegenden Wiesen im Sommer zum Grillen einladen. Bei kulturellen Einrichtungen wurden nicht nur die Museen wie beispielsweise das Lehmbruck-Museum oder das Grothe-Museum, sondern auch die bekannten Musicals erwähnt. Wer seinen Gästen das Nachtleben zeigen möchte, sollte es mit dem „Nightlife" in Bochum versuchen, wo das so genannte „Bermuda-Dreieck" so etwas wie das „Düsseldorf des Ruhrgebietes" darstellt. Ein weiterer Vorschlag war der, den Leuten die Stadt anders zu zeigen, als es bis heute praktiziert wird, beispielsweise mehr auf die Stadtteile einzugehen.

- Ideenbörse Gelsenkirchen/Herten/Recklinghausen:

Der Besuch von Kulturveranstaltungen und von Ausstellungen kann genauso Bestandteil der Reisen sein wie die Besichtigung von Architektur und Parks oder Einrichtungen der Energieerzeugung wie z. B. das Photovoltaik-Werk zum Thema Solarenergie oder das VKR-Kohlekraftwerk. Ein weiterer thematischer Schwerpunkt können Einrichtungen der Kohle-, Stahl- und Eisenproduktion sein. Hierzu könnte man das Besucherbergwerk Hugo und die Kokerei Scholven in Gelsenkirchen oder beispielsweise die Produktion in einem Gusswerk besichtigen.

Die Palette der Ziele wurde als „riesig" bezeichnet. Welche von ihnen jeweils gezeigt werden, hing unter anderem von den Motivationen ab, denn berufliche und private Touren werden sich unterscheiden. In diesem Zusammenhang wurde vorgeschlagen, auf jeden Fall solche Projekte zu zeigen, an denen man persönlich mitgewirkt hat. Weiterhin wäre es auch sinnvoll, in die Routen sowohl Historisches als auch die neuen Highlights aufzunehmen („Wenn man etwas Neues zeigen will, sollte man über das „Alte" gehen"). Ein weiterer Vorschlag war, intensiver auf die Grünzüge und die Landschaftsplanung einzugehen oder auch die künstlich geschaffenen Seen zu besichtigen, die ungewöhnlich gut geplant seien. Eine Nord-Süd-Tour bietet sich zu diesem Thema ebenfalls an, denn einerseits ist sie kürzer als eine Rundreise und andererseits wird anhand einer solchen Tour der Kontrast zwischen offener Landschaft einerseits und Industrie und dichter Wohnbebauung anderer-

Zeche Zollern II/III, Dortmund *Foto: Klaus Gradtke*

seits besonders deutlich. Auch die alten Werkssiedlungen haben ihren Reiz, hier kann man Beispiele unterschiedlicher Art besichtigen. Bezüglich der alternativen Abendgestaltung wurde der Vorschlag gemacht, sich mit der reinsten Art von Ruhrgebietskultur in Form von Dr. Stratmann oder Herbert Knebel zu befassen.

Für Freunde der klassischen Kultur ist besonders das Essener Aalto-Theater einen Besuch wert, denn neben den Veranstaltungen hat auch das Gebäude einen gewissen Erlebniswert mit entsprechendem Ambiente.

- *Ideenbörse Essen:*

Als alternative Ziele in Essen wurden genannt: die Villa Hügel mit der damals dort stattfindenden Korea-Ausstellung, die Krupp'sche Arbeitersiedlung Margarethenhöhe, das Essener Münster (Domkirche) und seine Schatzkammer, die Stiftskirche oder die Nikolauskirche in Stoppenberg, das Folkwang Museum, der Altenhof, der „Kunstkäfig"[2], der Meteorit im RWE-Park, die Abtei Werden und der Stadtteil Werden anlässlich seiner damals laufenden 1200-Jahrfeier, sowie Arbeitersiedlungen wie die Alte Kolonie in Dortmund-Eving, Teutoburgia in Herne u. a., das Bergbaumuseum in Bochum, die Zeche Unser Fritz in Wanne-Eickel und schließlich noch der Duisburger Hafen, den man durch eine Hafenrundfahrt erkundet.

Bezüglich der Unternehmungen wurde ein weites Spektrum innerhalb des Ruhrgebietes vorgeschlagen: Spaziergänge entlang der Promenade des Rhein-Herne-Kanals oder am Baldeney-See, Tageswanderungen mit Rucksack durch die (als wunderschön bewertete) Elfringhauser Schweiz in Heisingen. Ein weiterer Bereich erschließt sich mittels einer Radtour, entweder am Rhein-Herne-Kanal oder entlang der Dortmunder Schlösser wie beispielsweise das Haus Dellwig, die Schlösser Westhusen und Bodelschwingh mit anschließender Einkehr in einen der zahlreichen Biergärten Dortmunds.

Apropos Biergärten: das leibliche Wohl ihrer Gäste war für alle Teilnehmer/innen äußerst wichtig. Damit ist für die Mehrheit der Teilnehmer/innen nicht ein umfangreiches Menü oder eine kleine Mahlzeit im Casino Zollverein gemeint (das würde für größere Gruppen einfach den finanziellen Rahmen sprengen), sondern eher die jeweils „beste Pommes-Bude vor Ort", oder ein nettes Café, oder allgemein einer von den vielen schönen Biergärten in Essen und den anderen Ruhrgebietsstädten. Bei einer Stadtrundfahrt mit den Bussen und Bahnen der Essener Verkehrs AG (ÖPNV) von Norden nach Süden lässt sich sehr gut das „Profil" von Essen besichtigen, zudem ist dies eine recht preiswerte Alternative für eine kommerzielle oder individuelle Rundfahrt.

Die Kulturszene darf natürlich auch nicht zu kurz kommen, deshalb wurde in Dortmund der Besuch des Theaters Fletch-Bizzel, der Veranstaltungshalle Live-Station, des FZW (Freizeit-Zentrum-West) und der vielen City-Feste vorgeschlagen. Eine weitere Möglichkeit, den Gästen die Umgebung näher zu bringen, ist ein Picknick in einem der vielen alten Stadtparks. Und schließlich kam noch der Vorschlag, dass man sich mit seinen Gästen ein Fußballspiel von einem der vielen Fußballvereine im Ruhrgebiet anschauen geht.

- *Ideenbörse Herne/Castrop-Rauxel/Waltrop:*

Das gemeinsame Ziel der Gastgeber/innen sollte es sein, den Menschen zu zeigen, dass das Ruhrgebiet und seine Bevölkerung nicht mehr „arm" - also vom Kohlenstaub schwarz - sind. Außerhalb der IBA-Projekte wurden Ziele wie beispielsweise in Essen die Villa Hügel, die Margarethenhöhe und der Baldeney-See ebenso genannt wie das moderne STEAG-Kohlekraftwerk und die verschiedenen Wasserschlösser im Ruhrgebiet. Auch die Rats- und Amtshäuser sind gerade im Vergleich von „alt und neu" vorzeigenswert. Die Stadtgärten und Volksparks wurden in den 1920er Jahren als Naherholungsgebiete geplant und realisiert, und anhand dieser Parks lässt sich die Geschichte der Siedlungsentwicklung im Ruhrgebiet sehr gut erzählen. Im Wanne-Museum gab es eine Ausstellung über Kleingartenkultur und -kunst. Die Kleingärten sind sehr typisch für das Ruhrgebiet, waren sie doch immer schon Treffpunkt für die ganze Familie und generell eine Einrichtung zum Knüpfen sozialer Kontakte.

Es wurden zwei Anregungen für mögliche Aktionen während des IBA-Finales unterbreitet - denkbar auch aus Anlass künftiger Großereignisse im Ruhrgebiet: Zum einen wäre eine Sperrung des Emscherschnellweges (BAB 42), während die Autobahnbeschilderung der „Route der Industriekultur" installiert wird, als Aktionstag der gesamten Region wünschenswert, zum anderen könnte gleichzeitig ein „Emscher-Marathonlauf" auf dieser Autobahn stattfinden.

Ziele für die Sicherung der Zukunft des Tourismus

Ein weiterer bedeutsamer Diskussionspunkt ergab sich - wie oben bereits erwähnt - zum Ende der Ideenbörsen. Denn die zweite Fragestellung brachte es mit sich, dass die Frage nach der Zukunftssicherung sowohl bezüglich der Gastgeber/innen-Rolle als auch des Tourismus im Ruhrgebiet in den Mittelpunkt rückte. Unter diesem Gesichtspunkt wurden die nachfolgend aufgelisteten Vorschläge gemacht:

- Entwicklung von maximal drei Wahrzeichen für das Ruhrgebiet (darunter auf jeden Fall die Zeche Zollverein und der Landschaftspark Nord in Duisburg-Meiderich);
- Fortführung der begonnenen Tourismus-Strategie;

- Entwicklung eines touristischen Profils für das Ruhrgebiet;
- Entwicklung eines wirtschaftlichen Standbeines „Tourismus";
- Bildung eines Netzwerkes;
- Einrichtung einer zentralen Anlaufstelle (Service-Stelle) (2);
- flächendeckende Bereitstellung von Info-Material (Info-Ständer);
- Einsatz des eigenen Bekanntenkreises als Multiplikator;
- stärkere Motivation der Bevölkerung;
- Sonntagsausflüge ins Revier (mit vielfältigen Gestaltungsvorschlägen) über die Presse schmackhaft machen;
- Besuch im Stahlwerk ermöglichen;
- stärkere Internetpräsentation (3) / Links KVR - IBA auch nach der IBA, knappe Erinnerung über Veranstaltungen und Highlights;
- Aktivierung der Potenziale bei der Jugend (2), den Senioren und den privaten Übernachtungen;
- Angebot von „low-budget-Reisen" ausweiten in Form von Einrichtung eines Jugendhotels bzw. Jugendherbergen und Schaffung von weiteren Campingplätzen und Wohnmobilparkplätzen für Jugendliche, Senioren und niederländische Gäste (2);
- Ausbau von Service-Einrichtungen (wünschenswert: „Call-Center");
- Ausbau der Kapazitäten in der Gastronomie;
- Entwicklung der Kapazitäten im Bereich „bed and breakfast";
- Jährliche Wiederholung der Übungsfahrten;
- Daueranzeigen mit Infos zum neuen Ruhrgebiet;
- Einrichtung eines Fonds zur Pflege der Projekte und der Kontakte;
- Einsatz von Kurzfilmen über die IBA Emscher Park als Vorfilme im Kino - bundesweit und in den angrenzenden Nachbarländern;
- Nutzung der Industriekulisse als Hintergrund für Veranstaltungen, um junge Leute zu erreichen;
- Jährlich ein autofreier Sonntag auf dem Emscherschnellweg (BAB 42) mit Veranstaltungsangeboten der Anrainer-Städte;
- Organisation weiterer Ausstellungen (wie beispielsweise „Die Reise ins Tal der Könige"), um die Menschen ins Ruhrgebiet zu locken;
- das Potenzial derjenigen, die in die Niederlande reisen, ins Ruhrgebiet zurückholen;
- ruhrgebietsweit regelmäßige Angebote von „Tagen der offenen Tür" bei Verwaltungen und Firmen, um der Bevölkerung Einblicke zu verschaffen.

Bewertung

Bei der nachfolgenden Bewertung wird unterschieden zwischen der Gesamtheit der Kritik der Gastgeber/innen an der Aktion und der Untersuchung allgemein, da sich diese Bereiche inhaltlich stark voneinander unterscheiden.

Die Kritik der Gastgeber/innen

Zusammenfassend lässt sich feststellen, dass im Rahmen der Diskussionen bei allen Ideenbörsen die Aktion „Gastgeberinnen und Gastgeber 1999" der IBA von allen Teilnehmer/innen als geeignetes Mittel zur Steigerung des Bekanntheitsgrades der IBA und zur Förderung des Tourismus im „neuen" Ruhrgebiet angesehen wurde und diese sehr motiviert waren, dies in beruflicher und privater Hinsicht zu unterstützen. Damit haben sich die vordringlichen Ziele des Initiators, der IBA Emscher Park, erfüllt.

Die angeführten organisatorischen und inhaltlichen Kritikpunkte sind sicherlich zum Teil berechtigt, da berücksichtigt werden muss, dass fast alle Gastgeber/innen aufgrund ihrer nicht vorhandenen Erfahrungen mit der Durchführung der ihnen angedachten Rolle sich überfordert fühlten und die eigentliche Aufgabenstellung für die meisten unklar war. Daher betraf den Schwerpunkt aller Kritik der Bereich „Informationsverteilung und -beschaffung". Zwar war seitens der IBA auf jedem der zahlreichen Informationsblätter und auch auf der Gastgeber/innen-Urkunde ein Hinweis aufgedruckt, dass weiterführende Informationen und Hilfestellungen für die Führungen im Informationsbüro zu erfragen sind. Aber dies wurde wahrscheinlich in der Hektik des Alltags oder aufgrund der Informationsflut der heutigen Zeit - dies lässt sich an dieser Stelle nur mutmaßen - von den wenigsten wahrgenommen.

Die seitens der Gastgeber/innen angeführten Bedenken bezüglich der Beschränkung des Personenkreises auf eine Fachwelt („Intellektuelle"), welche sich auf unterschiedliche Art seit geraumer Zeit mit der IBA befasst, ist sicherlich kritisch zu betrachten. Allerdings bestehen berechtigte Zweifel, dass sich weite Teile der Bevölkerung für den bisherigen Strukturwandel[3] und seine Bedeutung und damit für die Projekte der IBA interessieren (treffendes Zitat während einer Ideenbörse: „...für viele ist Duisburg weiter weg als Mallorca!"). Dies bedeutet allerdings auch, dass bezüglich der Entwicklung von Strategien für die Zukunft des Tourismus im Ruhrgebiet auch ein besonderes Augenmerk auf den Binnentourismus gelegt werden muss, da hier beträchtliche Potenziale vorhanden sind und genutzt werden sollten.

Weiterhin war bei allen Ideenbörsen auffallend, dass die Teilnehmer/innen die Aktion nicht nur auf den Zeitraum des Finales der IBA Emscher Park eingeschränkt sehen wollten. Die Diskussionen um die Zukunft des Tourismus im Ruhrgebiet waren seitens des Themenspektrums sehr vielschichtig und vor allem sehr ideenreich. Dass die Teilnehmer/innen stets von sich aus dieses Anliegen diskutieren wollten, ist ein deutliches Zeichen dafür, wie viel ihnen die allgemeine und besonders die touristische Zukunft des Ruhrgebietes bedeutet. Aus diesem Grund wurde damals der Wunsch geäußert, dass seitens der IBA, des KVR und der politischen Entscheidungsträger über eine Weiterführung der Aktion über den Zeitraum des Finales (Oktober 1999) hinaus nachgedacht werden sollte.

Die begleitende Untersuchung der Aktion

Wie bereits erwähnt, war das Engagement der Gastgeber/innen bezüglich der Aktion im Finale '99 und für die Zukunft des Tourismus sehr hoch. Bei allen war die Bereitschaft vorhanden, sich für „ihr" Ruhrgebiet einzusetzen und die zukünftige Entwicklung zu unterstützen. Grundlegend lässt sich daher feststellen, dass sich die eingeladenen Gastgeber/innen stark mit dem Ruhrgebiet identifizieren. Das eigentliche Ziel der Untersuchung war aber herauszufinden, welche individuellen Führungen aufgrund welcher Motivationen und Leitbilder gemacht werden und inwieweit sich daraus alternative Angebote entwikkeln lassen.

Die Motivationen waren bei allen Teilnehmer/innen gleichen Ursprungs: sowohl in beruflicher als auch privater Hinsicht den Gästen das neue Ruhrgebiet mit seinen Veränderungen durch die IBA Emscher Park und den Strukturwandel zu zeigen und in der Funktion als Multiplikator sich für die Entwicklung des Tourismus im Ruhrgebiet einzusetzen. Bezüglich der Leitbilder unterschieden sich die Teilnehmer/innen - und daher auch die Ideenbörsen

- recht stark voneinander, da je nachdem, aus welcher Branche die einzelne Person kam, unterschiedliche Schwerpunkte in der Zielauswahl gesetzt wurden. Diese reichten von klassischen Kulturzielen wie Kirchen, Museen und Theater über Landschaften, Flüsse und historische Stadtparks bis zu Biergärten und (Kult-) Pommes-Buden. Diese Vielschichtigkeit der Ziele spiegelt auf eigentümliche Weise die Vielfältigkeit des Ruhrgebietes wider. (Profan ausgedrückt könnte man sagen, dass „für jeden Geschmack etwas dabei ist".) Da diese Unterschiedlichkeit es sehr schwer machte, größere thematische Gruppen zu bilden, wurde die Strukturierung der Vorschläge - auch aufgrund der räumlichen Ausdehnung des Ruhrgebietes und damit der zu überwindenden Distanzen - auf städtischer Ebene vorgenommen.

Betrachtet man die Gesamtheit der Vorschläge, so ist auffällig, dass erstaunlicherweise über dreißig Prozent aller Vorschläge der Kategorie „Ruhrgebiet" und nicht einem einzelnen Ort zuzuordnen sind. Das lässt darauf schließen, dass sich die Gastgeber/innen in ihrem Engagement für das gesamte Ruhrgebiet einsetzen und zumindest dieser Personenkreis das traditionelle Kirchturmdenken überwunden hat.

Schlussbetrachtung und Aussichten

Die touristische Entwicklung im Ruhrgebiet steckt noch in den Anfängen, und es muss allen an diesem Prozess Beteiligten klar sein, dass das Ruhrgebiet nach den ersten Jahren dieser Entwicklung noch keine explizite Tourismusregion ist.

Die Ideenbörsen haben auch gezeigt (und hier spiegelt sich die öffentliche Diskussion der „Fachwelt" wider), dass ein akuter Handlungsbedarf besteht, um den eingeschlagenen Weg fortzuschreiten und die begonnene Tourismusstrategie weiterzuführen. Dafür gibt es zwei maßgebliche Gründe: Einerseits muss das alte Image des Ruhrgebietes von „arm und schwarz" endgültig aus den Köpfen der Menschen verschwinden, andererseits bildet der Tourismus ein nicht unerhebliches wirtschaftliches Standbein.

Diese Branche lässt sich nicht nur über die Anzahl der Hotelbetten und Gastronomieeinrichtungen mitsamt deren Umsätzen definieren, sondern die vor- und nachgelagerten Betriebe, also die gesamte regionale Wirtschaft, müssen bezüglich der Produktion von Gütern und Dienstleistungen hinzugerechnet werden.

Um das Ruhrgebiet als Zielregion attraktiver zu machen, müssen unkonventionelle Wege beschritten werden. Es reicht nicht aus, „billige Kopien" zu erstellen, denn dadurch werden die Menschen nicht ins Ruhrgebiet gezogen (beispielsweise haben die neuen Musicals nicht das Geringste mit dem Ruhrgebiet zu tun). Die Strategie in der Imagewerbung muss vielmehr dahin gehen, dass das Ruhrgebiet einmalig und außergewöhnlich ist, und diese Einzigartigkeit muss vermarktet werden.

Auf der organisatorischen Seite wäre es sinnvoll, einen neuen Dachverband für den Tourismus zu gründen, der als übergeordnete Kammer eingerichtet wird und sich ausschließlich mit Management und Kooperation für den Tourismussektor befasst. Mit der Projekt Ruhr GmbH in Essen bestehen allerdings Chancen, tourismusrelevante Projekte ruhrgebietsweit ökonomisch zu fördern, und in Dortmund gibt es mit der Ruhrgebiet Tourismus GmbH eine regional aktive Vertriebsorganisation für touristische Angebote. Beide Unternehmen können somit der Vernetzung touristischer Aktivitäten im Ruhrgebiet dienen.

Auf der politischen Ebene muss endlich das Kirchturmdenken der beteiligten Kommunen ein Ende finden. Den Entscheidungsträgern - und allen tourismusrelevanten Akteuren -

muss klar werden, dass das Ruhrgebiet sich nur dann in seiner Gesamtheit als touristische Region entwickeln kann, wenn alle an einem Strang ziehen. Dies bezieht sich ebenfalls auf die gemeinsame Finanzierung des Tourismus, auch wenn es für die beteiligten Kommunen aufgrund mentaler Altlasten schwierig ist, diesen Sachverhalt zu akzeptieren.

Wenn alle gemeinsam an diesem Ziel arbeiten, dann wird das Ruhrgebiet das werden, was ihm nie jemand zugetraut hätte: eine Zielregion für den Tourismus.

Anmerkungen

1 *Unter Alltagsleben soll hier das tatsächlich alltägliche Leben im Verlauf der gesamten Woche verstanden werden, also auch die Wochenenden, an denen man mit der Familie oder mit Freunden/Bekannten das ein oder andere persönliche touristische Ziel besucht. Dies kann ein Teil der Industriekultur, allgemeinen Kultur sein oder ein Spaziergang an einem See oder im Stadtviertel, der Blick von einer Industriehalde genauso wie die Führung durch das Bochumer Opel-Werk usw.*

2 *Es handelt sich um einen aus Draht abgetrennten Arbeitsbereich im Hauptbetrieb einer großen Essener Druckerei, den bildende Künstler mit entsprechendem Stipendium für ein halbes bis maximal ganzes Jahr als Atelier nutzen können, um ihre Werke anzufertigen.*

3 *Beispielsweise ist dieser Strukturwandel für den einfachen Arbeiter in einer von hoher Arbeitslosigkeit geprägten Region nur dann von Interesse, wenn auch genügend Arbeitsplätze geschaffen werden. Damit wäre dies alles für ihn „messbar". Doch so beachtlich viele Arbeitsplätze - wie von ihm erwartet - sind in den letzten zehn Jahren nicht geschaffen worden, da teilweise schon im Ruhrgebiet ansässige Betriebe lediglich in alte Industriegebäude oder neue Technologiezentren umgezogen sind und somit teilweise nur eine Verlagerung stattgefunden hat.*

Literatur

Albertz, P., Karhoff, B., Müller, S., Wilke, V.(Hg.) (1997): ...zum stand der dinge..., Strukturwandel im Ruhrgebiet, IBA von unten, Initiativkreis Emscherregion e.V.. Dortmund / Essen

Biermann, Sabine / Claßen, Ludger / Heuer, Felicitas (Red.) (1989): Das Revier im Griff: Stadtführer Ruhrgebiet. Essen

Borghardt, Jörg (1997): Die Entgrenzung des touristischen Blicks. „Postmoderne" Raumbilder und räumliche Planung.- In: Tourismus Journal, Heft 3/4, Dezember 1997

Deutsches Seminar für Fremdenverkehr (DSF) Berlin e.V. (Hg.) (1996): Erlebnis-Marketing - Trendangebote im Tourismus. Berlin

Inderwisch, Inge / Waldmann, Manfred (1992): Der Pott. Erlebnis-Reiseführer durchs Ruhrgebiet. Dortmund

Kommunalverband Ruhrgebiet (1997): Konzept für Öffentlichkeitsarbeit und regionales Marketing. Essen

Ders. (1997): Touristische Bedeutung regionaler Kulturereignisse im Ruhrgebiet. Essen

Ders. (1997): „Strukturwandel und Image des Ruhrgebiets. Positionen und Positionierung für die Zukunft." Symposiumsbericht vom 21. August 1997 im Rathaus der Stadt Dortmund. Essen

Ministerium für Wirtschaft, Mittelstand, Technologie und Verkehr des Landes Nordrhein-Westfalen (Hg.) (1996): 4. Tourismustag Nordrhein-Westfalen, Tourismus und Freizeitwirtschaft - Wachstumsmarkt in Nordrhein-Westfalen. Düsseldorf

Ders. (Hg.) (1997): Masterplan für Reisen ins Revier, Bericht der Kommission. Düsseldorf

Ders. (Hg.) (1997): 5. Tourismustag Nordrhein-Westfalen, Neue Wege im Tourismus. Düsseldorf

Steinecke, Albrecht / Treinen, Matthias (Hg.) (1997) : Inszenierung im Tourismus, Trends - Modelle - Prognosen, ETI-Studien Band 3. Trier

Tourismusverband Nordrhein-Westfalen e.V. (Hg.) (1998): Tourismus von und für Frauen im Ruhrgebiet, Arbeitsbericht des Workshops. Köln

Wöhler, Karlheinz (1997): Marktorientiertes Tourismusmanagement 1, Tourismusorte: Leitbild, Nachfrage- und Konkurrenzanalyse. Berlin / Heidelberg

Jürgen Brunsing

Neue Mitte Oberhausen - Bereicherung oder Belastung für das Ruhrgebiet?

Anfang März 2001 füllte die Weiterentwicklungsvision eines der größten innerstädtischen Entwicklungsvorhabens der letzten zehn Jahre die Titelseiten der Ruhrgebietszeitungen. In knapp vier Jahren will die Projekt Ruhr GmbH gut 300 Mio. € öffentliche Gelder der EU und der Stadt Oberhausen in die Außenbereiche der *Neuen Mitte Oberhausen* investieren - vorrangig, um Firmen „nach Oberhausen zu locken, die ein ansehnliches Umfeld suchen" (*WAZ* 13. März 2001). Zur Wirtschaftsförderung wären die öffentlichen Gelder gut investiert, wenn sich die Hoffnungen der Projektentwickler erfüllen würden: Zwischen 0,6 und 0,9 Mrd. € Privatinvestitionen sollen folgen und in *CentrO.vision* zu 8000 neuen Arbeitsplätzen führen - darunter ein nicht unbeträchtlicher Teil in der Tourismusbranche. Die Stadtväter hoffen hierbei nach einem Leuchtturm der *Erlebnis*gesellschaft auf einen zweiten Leuchtturm in der *Wissens*gesellschaft.

Grundlage derartiger Konzeptionen war die Erkenntnis, dass der Kurzurlaubsmarkt sich in den letzten Jahrzehnten zu *dem* Wachstumssegment der Tourismusbranche entwickelt hat und auch zukünftig nicht stagnieren wird. Etwa 13% der Deutschen über 14 Jahre führten in den 1990er Jahren mehrtägige Städtereisen durch - Tendenz kontinuierlich steigend. Dabei wird neben den klassischen Städtereisen ein Gegenpol in Form von freizeittouristischen Anlagen unterschiedlicher Ausprägung nachgefragt. Die entsprechenden Unternehmen reagierten mit modifizierten und neukonzipierten Angeboten auf diesen Markt, was neben Center-Park-Konzepten mit kombiniertem Luxusshopping zu Einkaufstempeln mit Aufenthaltsqualitäten führte - beides Inbegriffe einer universellen Erlebnisgesellschaft. Entsprechende multifunktionale Anlagenkomplexe zeichnen sich aus durch kompakte Gesamtstrukturen, ein differenziertes Versorgungs- und Dienstleistungsangebot, hohe Investitionsvolumina, witterungsunabhängige Nutzbarkeit und überregionale Ausstrahlung (vgl. Spittler/ Reinders 2001: 8). Während derartige Projekte in den USA, aber auch in Großbritannien verbreitet sind, verharren vergleichbare deutsche Projekte im Planungsstadium. Mit dem *Ocean-Park* in Bremerhaven und dem *Space Park* in Bremen sind vergleichbare Erlebnis- und Einkaufswelten angedacht, verzögern sich jedoch seit Jahren. In Ferien-Resort, Großaquarium, Science-Center, 3D-Kino, Spaßbad, Marina, Zoo am Meer, Hotels, Gastronomie

Abb. 1: Ovision - Überblick

Quelle: http://www.oberhausen.de

und Einzelhandelszentrum will der Investor in Bremerhaven etwa 0,51 Mrd. € investieren und mit diesem Angebot als neuer Spitzenreiter im Urban Entertainment glänzen.

Entsprechen die zusätzlichen Investitionen in Oberhausen also nur dem Trend aller Freizeitgroßeinrichtungen, in kurzen Zyklen neue Magnete zu installieren bzw. bestehende zu stärken? Derartiges wurde in Oberhausen großmaßstäblich begonnen und soll entsprechend fortgeführt werden. Oder fällt die Oberhausener *Neue Mitte* mit ihrem Arbeitsplatz orientierten Entertainment-Ansatz in jedweder Form aus dem Rahmen anderer Großprojekte? Ein derartiger Richtungsstreit wird nach wie vor unerbittlich zwischen sozialkonservativ ausgerichteten Stadtplanern auf der einen und einer an Bedürfnissen und Wählerstimmen orientierten Politiker-Nomenklatura auf der anderen Seite ausgefochten.

Angesichts unzureichender empirischer Fakten, aber auch angesichts der Schwierigkeiten bei der Auswertung von Vorher-Nachher-Untersuchungen hinsichtlich ihrer *ceteris-paribus*-Bedingungen ist es das Minimalziel dieses Beitrags, vorhandene Informationen dieser maßgeblichen Freizeitgroßeinrichtung Deutschlands zur persönlichen Positionsbestimmung aufzubereiten.

Vorgeschichte

Vor etwa zehn Jahren stand die Stadt quasi am Abgrund. Stillgelegte Zechen und unrentable Stahlwerke als Folgen des Strukturwandels ließen Oberhausens Stadtväter schmerzhaft spüren, dass sie zu lange auf die falsche Karte Montanindustrie gesetzt haben. Eine Arbeitslosenquote von 11,5% Anfang der 1990er Jahre erschien zwar nicht exorbitant hoch, doch eine Änderung der desolaten Lage war nicht in Sicht: Städtische Zielvorstellungen oder ein Leitbild für Oberhausen existierten ebenso wenig wie kommunale Investitionen in eine der boomenden Branchen des tertiären oder quartären Sektors. Selbst die seit längerem bekannten Schließungsabsichten des größten privaten Arbeitgebers im Herzen der Stadt, der August-Thyssen-Hütte, führten nicht zu Visionen, wie sie etwa zurzeit in Dortmund-Hörde mit dem Phoenixsee auf dem industriell geprägten Areal von Thyssen-Krupp-Stahl diskutiert werden. Städtische Entwicklungspläne oder Leitbilder für das 98 ha große Gelände zwischen Alt-Oberhausen, Osterfeld und Sterkrade waren nicht vorhanden.

Zunächst liefen Überlegungen zur Errichtung eines World-Trade-Centers ins Leere. Der lokal verwurzelte Finanzminister in der Landesregierung machte Anfang der 1990er Jahre eine Fördermittelzusage in Höhe von 135 Mio. DM für die Flächenaufbereitung und die Errichtung der öffentlichen Infrastruktur. Daraufhin meldeten sich die britischen Joint-Venture-Partnerschaft *Stadium Group* und die Reederei *P&O*. Das Konsortium wies einschlägige internationale Reputation nach durch den Bau der 150.000 qm großen *Meadowhall*, eines Einkaufs- und Freizeitzentrums auf dem Gelände eines ehemaligen Stahlwerkes in Sheffield. *Stadium Group* und *P&O* warben damit, die gesamte Bandbreite der Finanzierung, Erschließung und späteren Verwaltung der gewerblichen Immobilien abzudecken.

Realisierungsphase

Vertreten durch die Grundstücksentwicklungsgesellschaft Oberhausen mbH (GEG) erwarb *Stadium Group* das Gelände 1991 für 20 Mio. DM und präsentierte kurze Zeit später einen städtebaulichen Rahmenplan, erarbeitet durch den Düsseldorfer Architekten Jochen Kuhn. Im selben Jahr erfolgte der Vertragsabschluss. Er sah eine verbindliche Realisierung der

Abb. 2: Gesamtübersicht Neue Mitte Oberhausen

Quelle: http:/www.centro.de

städtebaulichen Gesamtkonzeption vor und verpflichtete den Investor zum Bau. Hauptargument der Stadt zur Realisierung der *Neuen Mitte Oberhausen (CentrO)* war die Schaffung eines Integrationskerns für die Gesamtstadt, die bis dato durch die August Thyssen Hütte, den Rhein-Herne-Kanal und den Emscherschnellweg (A 42) in drei Teile zerfiel. Bei einem derartigen Projekt versteht es sich von selbst, dass der Gebietsentwicklungsplan des Regierungsbezirks Düsseldorf durch ein vereinfachtes Verfahren geändert werden konnte, um die regionalplanerischen Voraussetzungen für das im Volksmund nach wie vor *CentrO* genannte Vorhaben zu schaffen. Diese Voraussetzungen wurden in zahlreichen Konsensgesprächen mit den umliegenden Gemeinden sowie durch Eintrag einer Baulast erreicht, welche im Einvernehmen mit den Nachbarkommunen und -kreisen 1999 gelöscht wurde. Parallele Planungsverfahren anstelle von regulär linear hintereinandergeschalteten taten ein Übriges, um genau ein Jahr später die Umwidmung in einen Wohnsiedlungsbereich (sic!) planungsrechtlich zu sichern.

1993 beschloss der Stadtrat den Bebauungsplan und erteilte die Baugenehmigung für wesentliche Teile des 2,4 Mrd. DM teuren Projekts. 1994, ein Jahr nach dem offiziellen Baubeginn, wurde die Fläche an die Investorengruppe übertragen. Eröffnet wurde der Kern des Vorhabens, das Einkaufszentrum *CentrO*, im September 1996. In der Rekordzeit von drei Jahren Bauzeit für die Gebäude und zwei Jahren für die verkehrliche Infrastruktur setzte diese Investition in seiner Realisationsgeschwindigkeit Maßstäbe.

In Oberhausen ist der Inbegriff eines urbanen Spaß- und Genuss-Mikrokosmos entstanden: Sauber, sicher und schnell erreichbar bietet diese Konsum- und Erlebniswelt das, was viele Konsumenten sich unter einer angenehmen „Shoppingtainment-Atmosphäre“ vorstellen. Historische Bauwerke wie der alles überragende Gasometer, Gärten und Parks, kulturelle Veranstaltungen, Events und Einkaufsgelegenheiten - nach Romeiß-Stracke die nachgefragten Elemente eines Stadtbesuchs - sind hier vertreten. Ein zentrales Management bemüht sich um Kundenzufriedenheit, indem es die Strukturen steuert, Events inszeniert und Attraktionen psychologisch richtig einsetzt - alles zur Steigerung des Wohlbefindens und des Kommerz.

Dagegen hat das Vorhaben das stadtentwicklungspolitisch wichtige Ziel einer Auflösung der bisherigen Barrieren in der Mehrkernstadt nur marginal erreicht. Die neue ÖPNV-Verkehrsachse durch das Areal verbindet zwar die drei wichtigsten Oberhausener Stadtteile, doch existiert keine konzeptionelle Arbeitsteilungs- bzw. gegenseitige Ergänzungsfunktion zwischen den alten Subzentren und der Neuen Mitte Oberhausen. Die aktuelle Entwicklung konzentriert sich auf die Strukturierung der zwischen den einzelnen Stadtteilen gelegenen Räume, wodurch das angestrebte Integrationskonzept eher einen separatorischen Charakter aufweist (vgl. Gansäuer 1997: 101).

Bewertung

Trotz Errichtung eines multifunktionalen Angebotsspektrums wird bisweilen der Eindruck erweckt, das *CentrO* bestehe aus dem Einkaufszentrum, garniert mit einigen Ergänzungen. Insbesondere aus regionalpolitischen wie touristischen Gründen bemühen sich Stadt und Betreiber unisono, die anderen Elemente als gleichberechtigte Angebote darzustellen, unter denen das Einkaufszentrum lediglich *primus inter pares* ist. Die Besucherzahlen sprechen allerdings eine andere Sprache: Sie belegen Vorsprung wie Alleinstellungsmerkmal der Shoppingmeile. Im Folgenden werden die unterschiedlichen Segmente, die diesen Kern umkreisen, beschrieben und hinsichtlich ihre touristischen Wirkungen eingeschätzt.

Einkauf

Kristallisationskern der Neuen Mitte bildet das 70.000qm große Einkaufszentrum, eine amerikanischen *malls* nachempfundenes überdachtes Einkaufszentrum. Das Logo *CentrO* an den Promenadenmauern verinnerlichend verbindet der ‚gemeine Ruhrgebietsbewohner' das Gesamtareal mit Oberhausens Neuer Mitte, nicht aber mit dem als Synonym gedachten Kunstwort für *Centrum Oberhausen*. Bei einer Ost-West-Ausdehnung von 560m finden sich 200 Geschäfte auf zwei Etagen, die das bieten (sollen), was die Oberhausener in ihren Fußgängerzonen seit Jahren vermissen: Warenhäuser, Shops für hochwertige Accessoires, Feinkost u.ä. auf einer Ladenfrontlänge von 3000m, ergänzt durch Kioske lokaler Betreiber. Eine Fast-Food-Halle mit 20 Gastronomieeinheiten und 1200 Sitzplätzen, genannt *Coca-Cola Oase*, rundet das Angebot ab.
Getreu dem Motto Einkauf müsse wieder ein Genuss sein, Erholung, Zeitvertreib, der nicht mit Staus

Abb. 3: Coca-Cola Oase

Quelle: http://www.centro.de

Abb. 4: Centro-Mall - Einkausbereich

Quelle: http://www.centro.de

auf Straßen und im Parkhaus beginnen und mit frühen Ladenschlusszeiten enden dürfe - so der ehemalige Kaufhof-Vorstandvorsitzender Lovro Mandac - wurde für 900 Mio. DM ein Ambiente geschaffen, in dem sterile Klimatisierung und kontrollierte Sauberkeit Abfall und Randgruppen keine Chance lassen.

Die erwünschten Wirkungen sind denn auch tatsächlich eingetreten: Kaufkraftabflüsse aus Oberhausen in die Nachbarstädte Mülheim und Essen haben sich einer Untersuchung der Universität Trier zufolge verringert. Diese Tatsache lässt darauf schließen, dass das Einkaufszentrum das lückenhafte Angebot bei Waren des gehobenen Bedarfs abdeckt. Gleichsam zählen die drei Stadtteilzentren Alt-Oberhausen, Osterfeld und Sterkrade zu den Verlierern der geänderten Einkaufsströme. Dort decken die Ortsbürger seit Eröffnung des *CentrO* lediglich ihren kurzfristigen Bedarf.

Grundsätzlich sind die Ruhrgebietskunden aus den Nachbarstädten allerdings nicht so einfältig, sich für die besondere Atmosphäre einer *mall* mit der Akzeptanz höherer Preise zu bedanken: Unbestätigten Informationen zufolge erreicht ausschließlich die Coca-Cola Oase den erwarteten Umsatz. Wie in Handelskreisen üblich, werden detaillierte Jahresergebnisse nicht veröffentlicht; jedoch bleibt festzuhalten, dass in den vergangenen vier Jahren etwa 20% der Shops Struktur oder Inhaber verändert haben. Somit hat das Einkaufszentrum die lokalen Halbtagesausflügler im Spannungsfeld zwischen Einkaufserlebnis und Freizeit zurückgewonnen und Tagesausflüglerströme umgelenkt.

Exkurs: Sponsoring

Wo viele Personen in ungezwungener Einkaufsatmosphäre zusammenkommen, sehen Sponsoren einen Markt, um ihre Produkte anzubieten. Zwei exklusiv vertretene Firmen, vom *CentrO*-Management geschickt den Rang eines Kooperationspartners zugeordnet, erhoffen sich Markenbekanntheit, ohne aufdringlich zu wirken: Schöller-Eiscreme als Sponsor des Freizeitparks (*Eiszwerg-Express*) und Coca-Cola (*Coca-Cola Oase*) dürfen ihre Produkte exklusiv an Eisverkaufsständen und über 200 Getränkeverkaufsstellen und -automaten vertreiben (Umsatz 2000: 2,5 Mio. Liter Coca-Cola). Mit LTU, Bahlsen, Henkel (Pritt) und der Telekom kooperieren weitere namhafte Sponsoren mit dem *CentrO*.

Großveranstaltungshallen

Vor knapp zehn Jahren konnte Peter Maffay mit seiner Konzerttournee *Tabaluga und Lilly* dank eines familientauglichen Programms mit ausverkauften Hallen und gute Kritiken glänzen. Die Oberhausener Musicalfassung gleichen Namens wurde im September 1999 in einer eigens dafür errichteten Halle aus der Taufe gehoben. Sie war wundersamer Weise eine erotische, für Erwachsene gedachte Showveranstaltung, was manche Eltern anfangs

Abb. 5: Tabaluga und Lilli

Quelle: Werbeanzeige

verwunderte und während des Auftritts der leicht bekleideten Spinnenfrau bisweilen erzürnte. Die Kinder fanden nicht die von der Tournee bekannten Aktionsmuster der Protagonisten vor und verließen das Theater enttäuscht. In Verbindung mit anderen Entwicklungen bildete das Drachen-Musical trotz oder gerade wegen seiner Überarbeitung nie ein Highlight der Neuen Mitte: Zum einen ebbte der tagestouristisch geprägte Musicalboom Mitte der 1990er Jahre bereits wieder ab; nur die qualitativ hochwertigen Aufführungen konnten Gewinne erwirtschaften. Zum anderen konkurrierten im Einzugsbereich des Ruhrgebiets mit Duisburgs *Les Misérables*, Essens *Joseph* und Bochums *Starlight Express* zu viele Musicals miteinander. Um zu retten, was zu retten ist, wurden das extra für das Musical errichtete Gebäude von einer Immobiliengesellschaft der Stadt gekauft, das Stück überarbeitet und der Spielplan gekürzt. Da nach Auffassung der Gesellschafterversammlung keine Aussicht auf Besserung der Situation besteht, durfte *Tabaluga* nur noch bis Ende Juni 2001 Feuer speien und Lilli retten. Etwa 200.000 Besucher jährlich führten nicht zu einem kostendeckenden Spielbetrieb. In der Sommerpause wird das 1800 Zuschauer fassende Gebäude für eine Bespielung mit Musicals und Unterhaltungsshows umgebaut, um im Herbst 2001 wiedereröffnet zu werden. Das letztgenannte, für 100 Mio. DM errichtete Gebäude wird allein von 120 Großveranstaltungen jährlich genutzt. Schlagzeilen machte es zuletzt 1999 im Parlamentarischen Untersuchungsausschuss des Landes Nordrhein-Westfalen, als sich in der Sache ‚Trickfilmstudio High Definition Oberhausen (HDO)' der Besitzer des *CentrO*, Paul Healey, bereit erklärte, 8 Mio. DM Fördergelder zurückzuzahlen. In der *Neuen Mitte* entsteht nun neben der Makrokonkurrenzsituation zur Dortmunder Westfalenhalle, zur Düsseldorfer Phillipshalle sowie zur Essener Grugahalle eine Mikrorivalität. Ob dieser „Zweikampf" zur Komplementarität oder zur Konkurrenz mit weiteren Negativschlagzeilen führen

Abb. 6: Letzte Veranstaltungen von Tabaluga und Lilli

Quelle: Werbeanzeige

Abb. 7: Umgestalteter Freizeitpark

Quelle: http: //www.centro.de

wird, muss die Zukunft zeigen. Die Großveranstaltungshalle erweist sich mit ihrer Programmvielfalt vis-a-vis der Einkaufserlebniswelt als Ergänzung mit synergistischer Wirkung: nach Feierabend zunächst shoppen gehen, um anschließend ein Konzert zu besuchen, ehe man den Tag auf der Restaurantpromenade oder in der *Coca Cola Oase* ausklingen lässt. Eine derartige Aktivitätenfolge wird den Ansprüchen einer modernen Erlebnisgesellschaft in konzentrierter Form gerecht.

Freizeitmöglichkeiten

Nördlich der *shopping mall* befindet sich mit dem *Tivoli* ein Freizeit- und Erlebnispark (*CentrO-Park*), eine künstlich angelegte Landschaft mit natürlichen Elementen, in der verschiedene Attraktionen (Themenbereiche) verteilt sind: *Asiatischer Garten* mit orientalischen Büschen und Sträuchern, *Abenteuerinsel* mit Piratenschiff, *Farmergarten* mit verschiedenen Spielmöglichkeiten sowie einer technisch orientierten Wunderwelt.

Im Unterschied zum ‚Einkaufsparadies' lief der 70 Mio. DM teure *CentrO*-Freizeitpark nicht wunschgemäß, sodass das Direktorium froh war, Anfang 2001 mit der Familie Bruch, Deutschlands größtem Schaustellerunternehmen, einen neuen Betreiber präsentieren zu können. Oscar Bruch plant, mit innovativen Fahrgeschäften für jung und alt und einem niedrig angesetzten pauschalen Eintrittspreis das Vergnügungsparkpublikum anzuziehen. Zu den Attraktionen zählen ein 32 m hoher Drachenflug mit 28 Gondeln für 56 Personen, ein künstlicher Rodeobulle, aber auch bekannte Fahrgeschäfte wie Riesenrad, Achterbahn (*Coaster*) oder Piratenschiff. Bestehen bleiben die bekannten Möglichkeiten wie Riesenrutsche, Trampolin und ein Nostalgie-Kinderkarussell. Wie lange diese Fahrgeschäfte so attraktiv sind, dass sie zum mehrmaligen Besuch animieren, und wann sich die aktuellen Investitionen von 12 Mio. DM bei Eintrittspreisen zwischen 12 und 18 DM amortisiert haben werden, bleibt das Geheimnis der Schaustellerfamilie. Dem Direktor des *CentrO* scheint es ohnehin eher um ‚das eine' zu gehen: „Mit der Ergänzung unserer Parkattraktionen durch neue Fahrgeschäfte setzen wir neue Maßstäbe für Einkaufszentren." Damit bestätigen die Veröffentlichungen eigene Eindrücke einer klar aufgegliederten Besucherorientierung: Entweder man verbringt einen Tag im Freizeitpark oder in den anderen Attraktionen. Für Reisegruppen mit mehrtägigem Aufenthalt war der Freizeitpark bislang nicht attraktiv genug; eine Tatsache, die sich ab 2001 ändern könnte.

Weiterhin finden sich im Umfeld das obligatorische Multiplex-Kino, ein großer Fitness-Club sowie auf der *CentrO*-Promenade etwa 25 Restaurants, Bars, Kneipen und Diskotheken. Dezent verschwiegen wird in den offiziellen Veröffentlichungen dagegen das Scheitern der früheren Planungen von Marina, Wohnpark *Watergarden* sowie eines Großaquariums am Rhein-Herne-Kanal.

Verkehr

Wie häufig vorkommend wurden die verkehrlichen Rahmendaten des Gutachers auf Weisung der Stadt so interpretiert, dass sie sowohl die planerischen Auflagen erfüllen als auch die Investoren zufrieden stellen: 30% aller Besucher, so die Genehmigungsauflage der Landesregierung, müssen mit öffentlichen Verkehrsmitteln zur *Neuen Mitte* anreisen. Orientiert an diesem Richtwert sollten Überlastungen im Straßennetz vermieden werden. Der Bau eines 250 Mio. DM teuren bivalenten Fahrwegs für Straßenbahnen und Busse auf einer ehemaligen Werksbahntrasse zwischen dem Hauptbahnhof und Zentralen Omnibusbahnhof in Alt-Oberhausen und Sterkrade sowie ein ehrgeiziges Fahrplanangebot ab 1996 ließen die Vision zumindest erreichbar erscheinen. Als landesweites Modellprojekt unterstützte das Land die Netzumstellung der Stadtwerke Oberhausen mit 180 Mio. DM. Andererseits war es fester Wunsch von Stadt wie Investor, vielen Kunden von auswärts die Chance zum Erlebniseinkauf zu bieten - unabhängig davon, mit welchem Verkehrsmittel sie anreisen würden. Also wurden parallel zum ÖV-Konzept vierstreifige Straßen errichtet, die zwölf Autobahnanschlüsse im Umkreis von 2,5 km an das *CentrO* anbinden. Alle Zufahrtsstraßen wurden mit einem Parkleitsystem versehen und schließlich, auf Druck der Kaufmannschaft, die Parkgebührenerhebung erfolgreich bekämpft. Genau davor hatten allerdings die beauftragten Verkehrsplaner gewarnt: Ein derart hoher ÖV-Anteil im Versorgungsverkehr sei nur bei Implementation von restriktiven Maßnahmen im Bereich des motorisierten Individualverkehrs realistisch. Der Tagestourist verfügt an seinem Wohnort häufig genug über keine akzeptierten ÖV-Anbindungen und fährt überdies selten allein, sodass die Verkehrsmittelwahl unabhängig von der qualitativen Anbindung der *Neuen Mitte* fällt. Als Folge stagnierte die Fahrgastnachfrage stetig und fiel auf unter 20%; zugleich bröselte der Rückhalt zugunsten des öffentlichen Verkehrs: Beschleunigungsmaßnahmen wurden verzögert oder gar nicht umgesetzt und das Verkehrsunternehmen sah sich außerstande, den CityExpress - im Takt von 10 Minuten zum *CentrO* - einzuhalten.

Tourismus

Nur wenige Investoren folgten den Zeichen der Zeit so konsequent wie die Protagonisten des *CentrO*: Wenn jeder Ruhrgebietsbesucher statistisch gesehen zwei seiner 30 jährlichen Tagesausflüge ins *CentrO* unternähme, so können die Betreiber bereits von 12 Mio. Besuchern ausgehen. Insgesamt haben 1999 etwa 23 Mio. Besucher diesen Teil Oberhausens besucht - ein Zeichen sowohl für die größere räumliche Ausstrahlung der *Neuen Mitte* als auch für die höhere Frequentierung durch bestimmte Besuchergruppen. Allein 6 Mio. Besucher reisen aus den Niederlanden an. Zahlreiche Städtereiseveranstalter haben das *CentrO* in ihr Programm aufgenommen, wobei zu vermuten ist, dass die Attraktivitätszunahme des Ruhrgebiets durch die *IBA Emscher Park* (u.a. Gasometer Oberhausen, Landesgartenschau, Kanalweg, Gehölzgarten) die Voraussetzungen für einen Anstieg dieses Tourismuszweigs geschaffen hat. Als Touristen wurden die zwei Millionen Besucher (ca. 17%) gezählt, die einen Ausflug über Reisegesellschaften gebucht hatten. Vorzugsweise finden Kegelclubs und Holländer den gemeinsamen Weg nach Oberhausen. Ein anderer Teil der Busreisenden zählt zum zunehmenden Vorweihnachts-Einkaufsverkehr: 1999 fuhren knapp 1500 Busse die Einkaufsgelegenheit an. Das *CentrO* erweist sich als das Zugpferd des Oberhausener Tourismus.

Ergänzungen der Neuen Mitte

Wie bereits erwähnt, soll auf 63 ha ehemaliger Elektrostahlwerksfläche ein Themenpark namens *CentrO.vision* entstehen, der moderne Arbeitsplätze, Tourismus und Spitzentechnik zu einer neuen Struktur vermischt, die sich grundlegend von herkömmlichen Freizeit- und Themenparks unterscheidet. Touristischer Anziehungspunkt soll der ‚gläserne Mensch' werden - ein 140 m langer und bis zu 40 m hoher, aufgeständerter Glasgigant. Das riesige Modell eines stilisierten menschlichen Körpers soll Besuchern das Innere des Menschen nahe bringen. Zugleich werden Fortschritte der Medizintechnik präsentiert, an denen im Umfeld des Glasgiganten geforscht und gearbeitet werden soll. Mindestens zwei Millionen Besucher jährlich werden allein für dieses Monument prognostiziert. Technikpavillons zu Themen wie Mikrowelten, Robotik oder Neues Wohnen sollen dazu beitragen, dass Besucher entweder häufiger kommen oder sich mehr als einen Tag in Oberhausens neuer Mitte aufhalten. Mit der Mischung aus Ausstellungen, Freizeiterlebniswelten, Erlebniseinkauf und ‚Edutainment' kann dies der *Neuen Mitte Oberhausen* zumindest für einen begrenzten Zeithorizont gelingen - wenn sich genügend Investoren finden.

Abb. 8: Stilisiertes Modell eines menschlichen Körpers

Quelle: http://www.oberhausen.de

Regionale Wirkungen und Ausblick

Nicht zuletzt von der Pressemitteilung: „Eine Million Besucher in weniger als 10 Tagen" aufgeschreckt, hat das *CentrO* zumindest eines gebracht: Die umliegenden Städte unternahmen deutliche Anstrengungen, den Attraktivitätsverlust - einhergehend mit einem nicht zu unterschätzenden, aber kaum quantifizierbaren Kaufkraftabfluss aus ihren Städten - durch umfangreiche atmosphärische Verbesserungen ihrer Innenstädte zu verhindern.

Damit verbunden sind allerdings auch die dortigen Rücknahmen der Parkgebühren auf *CentrO*-Niveau - verständlich, aber verkehrspolitisch katastrophal. Hier zeigen sich am deutlichsten die Schwäche von Gebietsentwicklungsplänen bzw. der Regionalkonferenzen. Sie gewährleisten keinen regionalen Ausgleich auf erreichtem (hohen) Niveau und besitzen zu wenig Einfluss, nicht umgesetzte Beschlüsse entsprechend zu sanktionieren.

Ein interessantes Regionenspiel bleibt es dennoch: Bottrop beklagt sich einerseits über das *CentrO*, scheut sich jedoch andererseits nicht, für eine Attraktion ähnlicher tourismus- wie regionalpolitischer Anziehungskraft (Freizeitpark *Warner Brothers Movie World*) die optimalen Voraussetzungen zu schaffen: verbesserte Autobahnanbindungen und einen modernisierten Eisenbahn-Haltepunkt. Richtig spannend wird es erst, wenn die Bahnhöfe von Duisburg (*Multi Casa*), Essen (*Passarella*) und Dortmund (*Multi-Themen-Center*, ex *Unbekanntes Freizeit-Objekt - UFO*) zu modernen Entertainment-Tempeln verändert worden sind. Wobei planungsrechtliche Fragen noch nie ein Grund für die Ablehnung eines derartigen Projekts darstellten und, nach Schaffung eines derartigen Präzedenzfalls, zukünftig nicht sein werden.

Mit gewissen Einschränkungen lassen sich Parallelen zu den zahlreichen Musicalstädten ziehen: Gute Aufführungen in spezifisch-solitärer Lage überlebten die Konsolidierungsphase der vergangenen Jahre, während sich der Vorhang bei mittelmäßigen Musicals im Einzugsbereich mehrerer Städte oder in Städten, die Kurzzeittouristen zu unattraktiv für eine Mehrtagesreise erschienen, nicht mehr hob. Übertragen auf den Freizeiteinkauf würde ein Netz von Erlebniseinkaufscentern dem *CentrO* dann nicht schaden, wenn sie eine räumliche Distanz von etwa 200-300 km einhalten und zusätzlich eine andere Akzentsetzung im Entertainmentsektor vornehmen würden. Allerdings deuten die eher zaghaften Realisierungsabsichten regionaler Bahnhofsprojekte wie auch maritimer Großvorhaben im Norden Deutschlands darauf hin, dass an den angeblich nicht erfüllten Umsatzerwartungen eines Teils der *CentrO*- Pächter mit der damit verbundenen Fluktuation sowie den Renditeausfällen für die Betreiber mehr wahr sein könnte, als es den Protagonisten lieb ist. Das *CentrO* ist und bleibt eine Bereicherung für das Ruhrgebiet, mögliche Kopien könnten sich allerdings sehr schnell als Belastung erweisen. Und eines darf nicht vergessen werden:

Die Halbwertzeit aller Event-Entertainment-Einrichtungen hat sich deutlich verringert, sodass es nicht mehr 150 Jahre dauern wird, bis dieser Innovationszyklus eine vorherige Entwicklung ablöst. Somit bleibt die spekulative Frage, wie lange dieser moderne *circus maximus* seine Anziehungskraft behält - wenn dessen zweiter Bauabschnitt überhaupt realisiert wird. Die *Neue Mitte* jedenfalls zeigt nach weniger als einer Dekade mit zahlreichen Ergänzungen Abnutzungserscheinungen in einzelnen Bereichen. Meine Hypothese, dass der derzeit vom nordrhein-westfälischen Städtebauministerium propagierte Trend „ab in die (Stadt-)Mitte" in etwa zehn Jahren zu einer auch freizeitpolitisch motivierten Rückbesinnung Richtung Alt-Oberhausen, Osterfeld und Sterkrade führen kann, könnte die *Neue Mitte* sehr schnell zu einer verfallenden Mitte werden lassen. Bekommt Oberhausen 2020 eine neue Chance für die Inszenierung einer neuen diversifizierten Trialität - für deren Realisierung es vermutlich wieder staatliche Zuschüsse geben wird?

Literatur

Gansäuer, Torsten (1997): Großprojekte als Strategie der Stadtentwicklung. Rotterdam-Rom-Oberhausen. Dortmund

Micosatt, Gerhard (1992): Neue Mitte Oberhausen - Anmerkungen zu einem regionalen Großprojekt, Forschungsberichte der Gesellschaft für interdisziplinäre Forschung Nr. 16. Bochum

Quack, Heinz-Dieter / Wachowiak, Helmut: Mehrheitlich in die „Neue Mitte". In: BAG Handelsmagazin 7-8/1999. S. 18-20

Romeiß-Stracke, Felizitas: Innenstädte - Wandel aushalten und mitgestalten, in: BAG Handelsmagazin 3-4/2000. S 40-42

Spittler, Rolf; Reinders, Sabine (2001): Ferien- und Freizeittouristischer Anlagenmarkt des Kurzurlaubssegments - Untersuchungen zur Planungspraxis, Akademie für Umweltforschung und -bildung in Europa. Bielefeld

Stadt Oberhausen, Presse- und Werbeamt (Hg.) (1994): Die Neue Mitte Oberhausen - Chance und Herausforderung. Oberhausen

WAZ - diverse Ausgaben

www.centro.de

www.oberhausen.de

Alexander Gerber, Gabriele Barišić-Rast[1]

Interkommunale Kooperation auf informeller Ebene

Die touristische Panoramakarte des Jagsttales ein Beispiel nachhaltiger Regionalentwicklung

Ländliche und strukturschwache Regionen müssen sich zunehmend über Stärken und Besonderheiten ihrer eigenen Entwicklungspotenziale bewusst werden. Vor allem der Dienstleistungssektor birgt viel versprechende Chancen einer zukunftsfähigen Wirtschaftsförderung und -politik. Ein ländlicher Tourismus und die Vermarktung regionaler landwirtschaftlicher Produkte zeigen hierbei immer häufiger attraktive wirtschaftliche Perspektiven für die einheimische Bevölkerung auf.

Politische und private Akteure erleben allerdings immer häufiger, dass eine unkoordinierte - in eine Art „Kirchturmpolitik" ausartende - Tourismusarbeit nicht zur erwünschten Profilierung ihres Standortes führt. Vor allem für kleine und mittelgroße Kommunen ist das Zusammenspiel von natur- und kulturräumlichem Potenzial im Rahmen einer interkommunalen Kooperation eine mögliche Profilierungsstrategie. Häufig stellt sich die Zusammenarbeit verschiedener Gebietskörperschaften als gar nicht so schwierig dar, wenn der politische Wille vorhanden ist, ein klares gemeinsames Ziel definiert und ein entsprechendes Binnenmarketing betrieben wird. Das Engagement eines „neutralen Dritten" als Moderator und öffentliche Fördergelder können zusätzliche treibende Kräfte des Kooperationsprozesses sein.

Die Entwicklung der touristischen Panoramakarte für das Jagsttal im nordöstlichen Baden-Württemberg ist ein Beispiel dafür, wie eine unbürokratische Zusammenarbeit zwischen Kommunen und touristischen Leistungsträgern ablaufen kann. Prozess und Ergebnis sollen in diesem Beitrag vorgestellt werden.

Das Jagsttal als Tourismus- und Freizeitregion

Während sich in unmittelbarer Nachbarschaft des Jagsttales eine Reihe von traditionellen Naherholungs- und Ausflugszielen wie z. B. das Taubertal und der Schwäbische Wald befinden, handelt es sich beim Jagsttal selbst um kein gewachsenes Fremdenverkehrsgebiet mit Tradition. Die vielgestaltige und ökologisch wertvolle Landschaft macht das Jagsttal jedoch für eine naturnahe Erholung besonders attraktiv. Zudem stellt die Jagst eines der naturnahesten Fließgewässer Deutschlands dar und bietet einer Vielzahl von bedrohten Tier- und Pflanzenarten Lebensraum. Als sichtbare Zeugen der früheren territorialen Zersplitterung der Region beleben zahlreiche historische Bauwerke, wie Burgen, Schlösser, Kloster, Kirchen und Mühlen das Landschaftsbild.

Naturräumlich betrachtet, wird das Jagsttal dem südwestdeutschen, schwäbisch-fränkischen Schichtstufenland und dem Bereich der Gäulandschaften zugeordnet. Dort, wo sich der Fluss in den Muschelkalk einschneidet - zwischen Crailsheim und der Mündung bei Bad Friedrichshall -, prägt er aus touristischer und naturgeographischer Sicht einen einzigartigen Talraum. Eine niedrige Bevölkerungsdichte, die vergleichsweise schlechte Erreichbar-

Abb. 1: Lage des Jagsttales

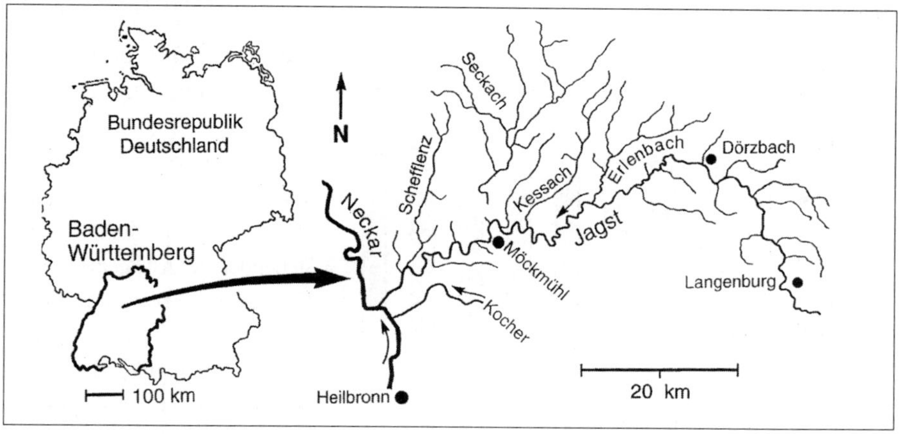

Quelle: Eigene Darstellung

keit sowie eine weitgehend von der Landwirtschaft geprägte Wirtschaftsstruktur weisen das Jagsttal als einen strukturschwachen ländlichen Raum aus.

Aktuelle touristische Entwicklungsimpulse in der Region gehen vor allem vom Fahrradtourismus entlang der Jagst und des parallel zur Jagst verlaufenden Kochers sowie vom Kulturtourismus aus. Hierzu zählen das Thema „Götz von Berlichingen", der in der Region geboren ist und gelebt hat, sowie die reichhaltige Ausstattung mit wertvollen kultur- und landschaftshistorischen Gütern. Diese Gebäude und Ensembles bilden den Rahmen für eine Reihe von (teilweise sehr hochrangigen) kulturellen Veranstaltungen, wie z.B. den Hohenloher Kultursommer oder die Burgfestspiele in Jagsthausen.

Der Naherholung und dem Tourismus kommt demnach eine wichtige Rolle als endogenem Entwicklungspotenzial für die wirtschaftliche Entwicklung der Region zu. Die Fremdenverkehrssituation stellt sich in den einzelnen Gemeinden des Jagsttales jedoch sehr unterschiedlich dar. Während sich einige Gemeinden vor allem im Kulturbereich einen Namen gemacht haben und das vorhandene Beherbergungsangebot einen gewissen Anteil der Nachfrage auffangen kann, weisen andere Gemeinden unzureichende Beherbergungskapazitäten auf. Trotz des vielfältigen touristischen Potenzials bewegen sich die Ankunfts- und Übernachtungszahlen im Jagsttal auf eher niedrigem Niveau. Zu den wenigen Gemeinden, die bereits heute eine gewisse touristische Bedeutung im Jagsttal aufweisen, gehören Langenburg und Schöntal. Die amtliche Beherbergungsstatistik stellt sich in den beiden Gemeinden wie Abb. 2 zeigt, dar.

Defizite im Tourismus der Region Jagsttal

Eine ungesteuerte touristische Entwicklung im Jagsttal kann zu einer Gefährdung der landschaftlichen Besonderheiten führen. Vor allem die Nutzung der Jagst zu Freizeitzwecken, wie z. B. für den Kanusport, führt zu weitreichenden Auseinandersetzungen zwischen Vertretern einer touristischen Nutzung und des Naturschutzes. Die bislang fehlende Konfliktregelung zwischen Naturschutz und Tourismus gehört zu den Schwächen des Tourismus im Einzugsgebiet der Jagst.

Weitere Probleme entstehen durch eine unzureichende Inwertsetzung des landschaftlichen und kulturellen Potenzials, einer mangelnden Landschaftsinterpretation, einer ausge-

Abb 2: Ankünfte und Übernachtungen in ausgewählten Kommunen des Jagsttales

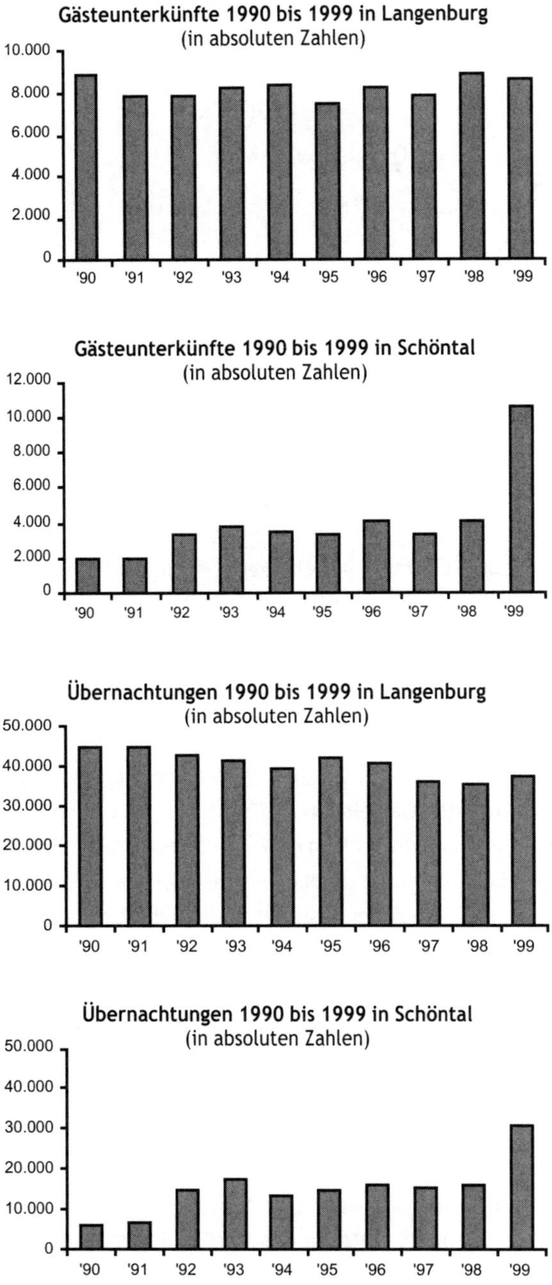

Anmerkung: Der Sprung zwischen 1998 und 1999 bei den Gästezahlen in Schöntal ist auf den Aufschwung des Radtourismus zurückzuführen, den dieser mit der Eröffnung des Kocher-Jagst-Radweges und der entsprechenden Bewerbung nahm.

Quelle: Statistisches Landesamt Baden-Württemberg 2000.

prägten Saisonalität, einer verbesserungswürdigen Gastronomie sowie einer unzureichenden Gast- und Serviceorientierung.

Bislang erfolgte die touristische Vermarktung des Jagsttales überregional durch die bestehenden Touristikgemeinschaften - mit der Bewerbung einzelner Produkte wie dem Kocher-Jagst-Radweg oder den Burgfestspielen in Jagsthausen - und durch die Kommunen. Die Kommunen haben allerdings nur geringe Möglichkeiten zur professionellen Werbung und bieten jede für sich meist zu wenig Anreize für einen mehrtägigen Aufenthalt. Wie in vielen, vor allem ländlich strukturierten Räumen besteht deshalb auch hier ein „übergeordnetes Problem": die gemeinsame, Kommunen übergreifende touristische Vermarktung der „Destination Jagsttal".

Eine solche gemeinsame Vermarktung wird dadurch erschwert, dass die Jagst von Crailsheim bis zur Mündung in den Neckar durch drei Landkreise fließt, die von unterschiedlichen Touristikgemeinschaften beworben werden. Die „Touristikgemeinschaft Hohenlohe" ist für das Gebiet des Hohenlohekreises zuständig und vertritt somit die Gemeinden des mittleren Jagsttales. Der obere Bereich des Tales gehört zum Kreis Schwäbisch-Hall und wird durch die „Touristikgemeinschaft Neckar-Hohenlohe-Schwäbischer Wald" vermarktet; dieser Organisation haben sich die Gemeinden des unteren Jagsttales, die im Kreis Heilbronn liegen, angeschlossen. Diese Struktur der Touristikgemeinschaften im Raum Hohenlohe ist bis heute Gegenstand von heftigen Auseinandersetzungen zwischen den Landkreisen (Haller Tagblatt vom 8.8.2000).

Die hiermit deutlich werdenden Vermarktungsstrukturen verursachen einiges an Unzufriedenheit der Gäste: Für einen (potenziellen) Besucher des Jagsttales steht die natur- und kulturgeographische *Einheit* der Region, die er besuchen möchte, im Vordergrund. Deshalb wünscht der Gast umfassende Informationen über die *gesamte* Region - möglichst aus einer Hand. Dies reicht von allgemeinen Informationen über die Region (z. B. Landschaft, Sehenswürdigkeiten) bis hin zu konkreten Buchungswünschen (z. B. Übernachtungen, gastronomische Einrichtungen, Besichtigungen).

Interkommunale Kooperation als Strategie zur Problemlösung

Umfassende Informationen über das vielfältig differenzierte touristische Angebot eines abgrenzbaren touristischen Gebietes können durch einzelne Gemeinden oder Organisationen im Jagsttal nur eingeschränkt erfüllt werden.

Ein Weg dahin kann eine interkommunale Kooperation sein, wie sie in der alltäglichen Kommunalpolitik keine Neuheit darstellt und wie Erfahrungen im Bereich der Ver- und Entsorgung oder der verkehrlichen und sozialen Infrastruktur zeigen. Im Bereich des Tourismus scheint dies jedoch (noch) keine Selbstverständlichkeit zu sein. Zu stark ist wohl der Konkurrenzgedanke zwischen den einzelnen Kommunen, als dass die Vorteile einer gemeinsamen Vorgehensweise erkannt würden.

Gerade in ländlichen Regionen mit vorrangig sehr kleinen Gemeindeeinheiten bietet sich eine Zusammenarbeit im Rahmen einer interkommunalen Kooperation an. Eine solche Zusammenarbeit steht dabei immer in einem Spannungsfeld zwischen Bewahrung der Autonomie mit Sicherstellung der eigenen Interessen und der Nutzung von Synergieeffekten, die sich aus einer Kooperation ergeben, andererseits. Sobald im konkreten Fall über das „Ob" und „Wie" der Schaffung einer interkommunalen Kooperation diskutiert wird, scheinen jedoch die positiven Effekte grundsätzlich in den Vordergrund zu treten. Hierzu gehören die Nutzung struktureller Verflechtungen, die Kompensierung fehlender Leistungskraft einzelner Gemeinden sowie nicht zuletzt die kostengünstigere Aufgabenerfüllung. Wichtig ist also, dass die einzelnen Beteiligten vom Sinn und der Effektivität einer solchen Zusammenarbeit überzeugt sind. Hierzu ist die Schaffung einer Vertrauensbasis zwischen den einzelnen Beteiligten notwendig. Erst dadurch kann eine gute Arbeitsatmosphäre entstehen, die vor allem bei lockeren Zusammenschlüssen eine wichtige, vielleicht die wichtigste Basis für das Gelingen einzelner Projekte darstellt.

Das Modellvorhaben „Kulturlandschaft Hohenlohe"

Ziel einer nachhaltigen Regionalentwicklung ist es, die Stärken ländlicher Regionen in von Bürgern selbstinitiierten Projekten zu nutzen und bestehende Defizite zu überwinden.

Die Projektgruppe „Kulturlandschaft Hohenlohe" wurde im Jahre 1998 vom Bundesministerium für Bildung, Wissenschaft, Forschung und Technologie (BMBF) beauftragt, die Bürger Hohenlohes und insbesondere des Jagsttales bei der Entwicklung, Erprobung und Umsetzung solcher Konzepte nachhaltiger Landnutzung zu unterstützen und diesen Prozess wissenschaftlich auszuwerten. Der wesentliche Forschungsgegenstand lag im Umsetzungsprozess selbst, in der Untersuchung behindernder und erleichternder Faktoren bei der praktischen Umsetzung wissenschaftlicher Erkenntnisse. In der Projektgruppe „Kulturlandschaft Hohenlohe" kooperieren die Universitäten Freiburg und Hohenheim, die Fachhochschule Nürtingen, die Universität für Bodenkultur Wien, das Kölner Beratungsunternehmen ECON-CONSULT und die Bäuerliche Erzeugergemeinschaft Schwäbisch Hall.

In einer einjährigen Vorphase wurden nach den Grundsätzen der Aktionsforschung mit den Bewohnern der Region Hohenlohe die Umsetzungsvorhaben definiert. Durch diese frühzeitige und dauerhafte Einbindung der Akteure und Betroffenen vor Ort wurde die Grundlage für den Transfer von der Wissenschaft in die Praxis gelegt. Bei dem Modellvorhaben „Kulturlandschaft Hohenlohe" definieren nicht die Forscher selbst das Thema bzw. den Forschungsgegenstand, sondern sie greifen bestehende Probleme aus der Region auf. Von den Bürgern wurden folgende Handlungsfelder genannt:

- wirtschaftliche Nutzung extensiver und ökologisch wertvoller Grünlandstandorte,
- umweltschonende und dennoch ökonomische Bewirtschaftung der Ackerstandorte,
- landschaftsplanerische Fragen (dieses Thema umfasst neben Landschaftsplanung im engeren Sinne auch Themen wie kommunale Ökobilanzen, Agenda-21-Prozesse, Gewässerschutz und regionale Informationssysteme),
- Weiterentwicklung als „sanfte" Tourismusregion.

Die Einrichtung der Projektgruppe als „externes Organ", also nicht aus der Region selbst initiiert, bietet verschiedene Vor-, aber auch Nachteile. Zu Beginn musste vor allem über Zusammensetzung, Aufgaben und Möglichkeiten des Projektes informiert werden. Vor allem bei fehlender Information bestand (und besteht) oftmals Skepsis, ob solche öffentlich geförderten Projekte Sinn machen und zu anhaltenden Erfolgen in der Region führen. Eine breite Information über die Möglichkeiten der Arbeit der Projektgruppe birgt allerdings auch die Gefahr, zu große Erwartungen zu wecken, die bei Nichterfüllung zu Enttäuschungen führen. Wissenschaftler stehen zudem schnell in der Kritik, zu theorielastig und „abgehoben" zu sein.

Hingegen wird die „Neutralität" der Projektmitarbeiter im Sinne eines „neutralen Dritten", der in eine Region kommt und Probleme und Chancen aufzeigt sowie Lösungsvorschläge und Moderation von Arbeitsschritten anbietet, als Chance angesehen, die schließlich zur Akzeptanz führte. Die Arbeit der Projektgruppe ist ein Angebot an die Region, das mittlerweile bei Kommunen, Verbänden, Vereinen und nicht zuletzt Bürgerinnen und Bürgern als Chance zur Weiterentwicklung der eigenen Region aktiv angenommen wird. Nach zweieinhalb Jahren Projektlaufzeit können bereits erste positive Ergebnisse präsentiert werden. Zu nennen wären die Markteinführung des „Boeuf de Hohenlohe", eines auf extensiven Grünlandstandorten erzeugten Qualitätsrindfleischs, sowie eines Apfelsaftes aus ökologisch bewirtschafteten Streuobstbeständen der Region Hohenlohe. In Feldversuchen mit Landwirten wurden von den Landwirten selbst einsetzbare Indikatoren zur Abschätzung von Erosion, Nitrateintrag und Pflanzenschutzmittelabdrift entwickelt. In einer Gemeinde wurde mit Unterstützung der Projektgruppe ein lokaler Agenda-21-Prozess initiiert.

Die Projektgruppe arbeitet mit den Bürgern, Unternehmern, Behörden- und Verbandsvertretern in vier Arbeitskreisen zu den Themen Grünland, Ackerbau, Landschaftsplanung und Tourismus zusammen. Dort werden Problemanalyse, Zielformulierung und Maßnahmenplanung vorgenommen und die Umsetzung einzelner Projekte initiiert, begleitet und bewertet. Im Folgenden soll ein erstes Ergebnis aus dem Arbeitskreis Tourismus näher vorgestellt werden.

Der Arbeitskreis Tourismus im Jagsttal

Mit dem Ende 1998 durch die Projektgruppe „Kulturlandschaft Hohenlohe" initiierten Arbeitskreis Tourismus ist im Jagsttal ein interkommunales Kommunikations- und Aktionsgremium geschaffen worden. Die am Arbeitskreis beteiligten Gemeinden und Personen sahen als vordringliche Aufgabe an, das Jagsttal als abgrenzbare Tourismusregion zu profilieren.

In Abbildung 3 sind im inneren Ring die idealer Weise am Tourismus beteiligten Institutionen dargestellt, im mittleren Ring die aktiv am Arbeitskreis Tourismus teilnehmenden und außen die „assoziierten" Teilnehmer, die nicht selbst regelmäßig teilnehmen, sich jedoch über die Arbeit informieren und punktuell einbringen.

Es zeigt sich, dass es gelungen ist, bis auf wenige Ausnahmen alle wichtigen am Tourismus im Jagsttal beteiligten Personen und Institutionen mit einzubeziehen. Dies hat verschiedene Gründe: Zum einen haben die „Vorreiter", also die von Anfang an aktiven Gemeinden und Verbände, andere zur Mitarbeit motiviert, zum anderen wurde die Teilnahme am Arbeitskreis durch das konkrete Angehen des Projektes „Panoramakarte" gefördert, und nicht zuletzt sind viele auf gezielte Ansprache durch die Projektgruppe oder einzelne Akteure zu einer Mitarbeit gewonnen worden.

Bedenken und Vorbehalte mussten vor allem bezüglich des Arbeitskreises selbst, aber auch zur Arbeitsweise überwunden werden. Gezielte Informationen minderten die Befürchtungen, dass der Arbeitskreis Tourismus im Jagsttal ein Konkurrenzorgan zu bestehenden Organisationen (Touristikgemeinschaften) darstellt, sondern es sich um einen freiwilligen Zusammenschluss von Gemeinden, Verbänden, Vereinen und Bürgern handelt, die den Tourismus im Jagsttal fördern wollen. Hier wird auch ein anderer Aspekt deutlich: Der Arbeitskreis ist keine rechtliche Institution im Sinne eines Vereins oder einer GmbH, sondern ein lockerer Zusammenschluss ohne Bindungsgewalt.

Abb. 3: Das Gefüge des Tourismus

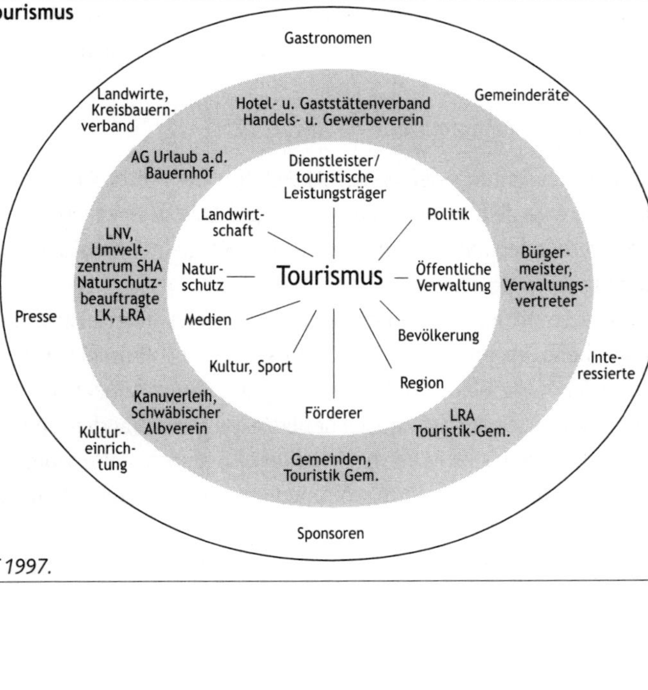

Legende:

Innerer Ring:
idealtypische Zusammensetzung

Mittlerer grauer Ring:
Beteiligte am AK Tourismus

Äußerer Ring:
dem AK Tourismus assoziierte Personen und Institutionen

Quelle: Verändert nach AFT 1997.

Als Diskussionsgrundlage für alle zukünftigen Aktivitäten wurde im Arbeitskreis Tourismus zunächst eine Stärken-Schwächen-Analyse der touristischen Situation im Untersuchungsgebiet vorgenommen. Darauf aufbauend erfolgte die Definition notwendiger Handlungsfelder und konkreter Umsetzungsprojekte. Übergeordnetes Ziel der Aktivitäten sollte die Erarbeitung und Umsetzung eines gemeinsamen Marketingkonzeptes für den Abschnitt des Jagsttals sein, in dem die Jagst durch den Muschelkalk fließt und und dadurch einen eigenständigen Naturraum bildet. Als Zielgruppen aller Marketingaktivitäten einigte man sich aufgrund des natürlichen und kulturtouristischen Potenzials im Jagsttal auf natur- und kulturinteressierte Gruppen sowie Familien mit Kindern. Trotz dieser strategisch angelegten Herangehensweise, die vor allem durch die Projektgruppe unterstützt wurde, äußerten die Arbeitskreismitglieder von Beginn an den Wunsch, schnellstmöglich mit der Umsetzung von konkreten und vor allem sichtbaren Projekten zu beginnen. So stand im Arbeitskreis Tourismus von Anfang an die operative Ebene im Gegensatz zu einer strategisch-konzeptionellen Diskussion im Mittelpunkt.

Für 1999 standen folgende Themen im Vordergrund der Arbeit: Erstellung einer Panoramakarte als Erstinformationsmedium, Kartierung, Bewertung und Erarbeitung eines Wanderwegenetzes, Professionalisierung des Gastgewerbes über eine regionale Gastronomiekampagne, Förderung der Rahmenbedingungen zur Reaktivierung der Jagsttalbahn.

Der Arbeitskreis Tourismus trifft sich durchschnittlich einmal monatlich an wechselnden Orten des Jagsttales. Als „Arbeitsteilung" hat sich bewährt, dass die Projektgruppe die Moderation, Organisation und Vorbereitung der Sitzungen übernimmt, die Ideen und Vorschläge aus den Sitzungen aufgreift und diese mit fachlichem Input aufarbeitet.

Somit ist gewährleistet, dass zum einen die Rolle des „neutralen Dritten" - der Projektgruppe - dazu beitragen kann, eventuelle Konflikte zu diskutieren und möglichst auszugleichen; zum anderen kann die Projektgruppe mit ihrem interdisziplinären Potenzial (Agrarwissenschaftler, Fremdenverkehrsgeographin und Landespflegerin) fachliche Inhalte in den Arbeitskreis einbringen. Mit verschiedenen Moderationsmethoden wird sichergestellt, dass alle Ideen erfasst, Diskussionen festgehalten und Ergebnisse dokumentiert werden. Die angewandten Methoden bieten außerdem den Vorteil, auch kritische Themen strukturiert zu diskutieren, ohne dass der Inhalt der Diskussion unter zu großer Polemik zu leiden hat.

Das Projekt: „Panoramakarte für das Jagsttal"

Bei der Gewichtung der ersten Aktivitäten des Arbeitskreises Tourismus wurde schnell deutlich, dass dem Ferien- und Ausflugsziel Jagsttal ein zentrales Vermarktungsinstrument fehlt, verbunden mit einer unzureichenden Kooperation zwischen den einzelnen Leistungsträgern.

Die Auswertung vorhandenen Werbematerials zeigte zwar, dass einige Felder bereits ausreichend abgedeckt waren: So existierte eine Prospektserie für Hohenlohe („Komm auf's Land"), die einzelnen Kommunen gaben Ortsprospekte heraus und verschiedene Verlage engagierten sich im Bereich der Erstellung von Wander- und topographischen Karten.

Als wichtige Lücke in der bestehenden Angebotspalette wurde jedoch gesehen, dass es kein *umfassendes* Erstinformationsmedium gab. In dieser Funktion, aber auch mit dem Ziel einer (bisher fehlenden) übergeordneten Vermarktung der touristischen Angebote im Jagsttal, schien dem Arbeitskreis Tourismus besonders die Darstellung des Zielgebietes in

Form einer Panoramakarte geeignet. Mit diesem ersten Projekt sollte ein Medium geschaffen werden, das das Jagsttal potenziellen Gästen als touristische Einheit präsentiert. Ziel dieses Informationsmittels war und ist es somit, den Reiseentscheidungsprozess von potenziellen Besuchern zu beeinflussen und diese zu einem konkreten Besuch des Reisezieles Jagsttal zu animieren.

Die Abgrenzung des Kartenausschnittes erfolgte anhand verschiedener Kriterien: Das wichtigste waren die geographischen Gegebenheiten, also das Jagsttal als naturräumliche Einheit, des Weiteren die räumliche Einordnung des Jagsttales, also die Wahl eines Blattschnittes, der die Darstellung überregional bekannter Orte wie Rothenburg ob der Tauber, Bad Mergentheim, Schwäbisch-Hall und Heilbronn erlaubt, sodass für den Betrachter die großräumige Lage des Jagsttales deutlich wird. Weitere Kriterien waren die Beteiligung der einzelnen Gemeinden und nicht zuletzt das Format der Karte. Dieses sollte zum einen handhabbar sein, nicht zu groß und unhandlich, zum anderen aber auch genug Fläche bieten, um alle gewünschten Elemente darstellen zu können.

Der Inhalt der Karte orientierte sich an den vorab festgelegten Zielgruppen (Natur-, Kulturinteressierte und Familien). Im Vordergrund der Gestaltung standen die anschauliche Vermittlung des Reliefs und des Flussverlaufs der Jagst sowie die Darstellung der verschiedenen Landschaftselemente wie Wald, Wasserflächen, Wiesen, Äcker, Weinberge etc. Zusätzlich zu diesen naturräumlichen Gegebenheiten waren einige weitere Elemente zur ersten Orientierung im Jagsttal notwendig; hierzu zählen die Lage der Ortschaften und der Verlauf der wichtigsten Hauptstraßen. Um ein Bild des touristischen Angebotes in der Region zu vermitteln, wurden zusätzlich die wichtigsten touristischen Anziehungspunkte in die Karte aufgenommen. So können die Freizeitmöglichkeiten, aber auch die Eigenart der Landschaft dargestellt werden. Eine genauere Information über die Region mit ihrer typischen Natur und Kultur sowie über die einzelnen Orte und weitere Informationsmöglichkeiten werden auf der Rückseite der Karte in Form von kurzen Texten und Fotos gegeben.

Abb. 4: Panoramakarte des Jagsttales

Quelle: Universität Hohenheim

Abb 5: Zeitlicher Ablauf der Entwicklung der Panoramakarte

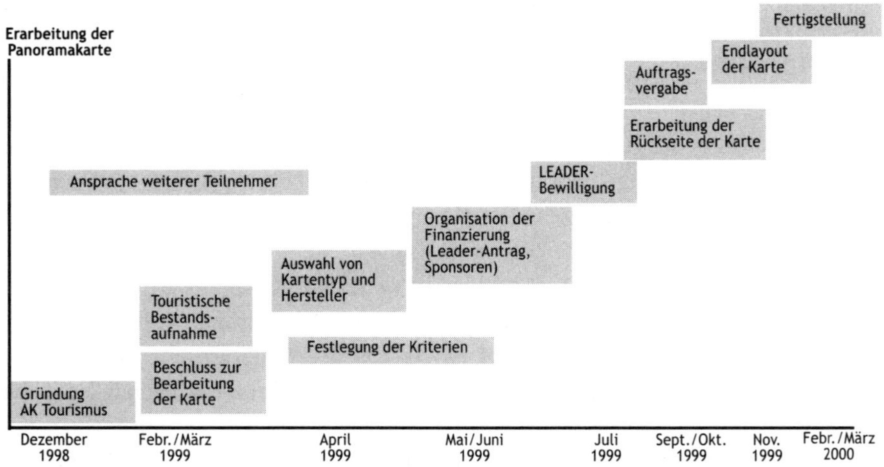

Quelle: Eigene Darstellung

Die Auflage der Karte wurde auf 100.000 Stück festgelegt. Die Karte wird bei Anfragen zu Informationen über das Jagsttal von den entsprechenden Institutionen zusammen mit weiterem Prospektmaterial verschickt. Zudem wird sie als Werbemedium vor allem auf Messen eingesetzt.

Die Lösung der zentralen Frage im Zusammenhang mit der Herstellung der Panoramakarte, nämlich der der Finanzierung, erfolgte auf verschiedenen Wegen: Da einige Gemeinden des Arbeitskreises in der „LEADER"-Kulisse liegen, erschien es möglich, auf diesem Wege Fördergelder zu beantragen. In der letzten Phase von „LEADER II" wurde von fünf Gemeinden ein Gemeinschaftsantrag gestellt, der mit 50% Förderanteil genehmigt wurde. Hervorgehoben wurde bei der Bewilligung die gemeinschaftliche Vorgehensweise der Gemeinden, wodurch die Ziele von „LEADER" in besonderem Maße berücksichtigt worden seien. Aus diesem Grund war es möglich, auch für die Entwicklung und Erstellung eines Druckerzeugnisses - eigentlich nicht Ziel und Inhalt von „LEADER"-Förderungen - Gelder zu erhalten. Ziel der 1991 von der Europäischen Kommission beschlossenen Gemeinschaftsinitiative „LEADER" (Liaison entre Actions de Développement de l'Économie Rurale) ist es, vor Ort ausgearbeitete, innovative Maßnahmen und Strategien materiell und immateriell zu unterstützen und durch den Modellcharakter der Projekte ihre Übertragbarkeit auf andere europäische Regionen zu gewährleisten (vgl. Heinen 1998: 1). „LEADER" strebt eine Entwicklung des ländlichen Raumes „von unten" an. Es werden solche Maßnahmen gefördert, die der Arbeitsplatzbeschaffung und der Verbesserung des Arbeits- und Lebensbedingungen dienen. In der Hohenloher „LEADER"-Gebietskulisse wurden vor allem touristische und landwirtschaftliche Projekte gefördert, beispielsweise Servicegasthöfe für Radfahrer oder der Aufbau eines Vertriebs für ökologisch erzeugte Lebensmittel im Abonnement.

Von Anfang an war jedoch für alle Akteure klar, dass die beteiligten Gemeinden einen bedeutenden Anteil an der Finanzierung der Karte selber tragen oder Sponsoren finden müssen. Mit einer Bank, einem regionalen Safthersteller, einem örtlichen Produktionsbetrieb und einem Sport- und Freizeitunternehmen wurden Firmen aus der Region gewonnen, die das Gemeinschaftsprojekt unterstützten.

Schlussfolgerungen und Handlungsempfehlungen

Als Bewertung der Arbeitskreisarbeit und als Abschluss des Projektes „Panoramakarte" wurde im Arbeitskreis Tourismus Anfang 2000 mit Hilfe einer schriftlichen Befragung eine interne Zwischenevaluierung des ersten Tätigkeitsjahres durchgeführt. Dazu wurden alle Mitglieder des Arbeitskreises Tourismus befragt. Ziel war es zudem, die Sichtweisen der Projektgruppe sowie „Außenstehender" wie z.B. der „LEADER"-Akteure wiederzugeben. Dieser umfassende Ansatz sollte auch die Ableitung allgemein gültiger Handlungsempfehlungen ermöglichen.[2]

Die Befragungsergebnisse zeigten, dass die Akzeptanz der Projektgruppe „Kulturlandschaft Hohenlohe" in der Region eine wichtige Voraussetzung für die Erstellung der Panoramakarte war.

Insgesamt genoss die Projektgruppe eine sehr hohe Akzeptanz bei den aktiven Akteuren der Region. Anders stellte sich das Bild bei denjenigen Personen dar, die nur wenig oder kaum in Kontakt mit der Projektgruppe und ihrer Arbeit kamen. Hier dominierte oft eine kritische Einstellung gegenüber einer öffentlich geförderten Einrichtung wie der Projektgruppe „Kulturlandschaft Hohenlohe".

Im Verlauf der Entwicklung der Panoramakarte haben sich verschiedene Motivations-, aber auch Hemmnisfaktoren herauskristallisiert. Grundvoraussetzung für eine interkommunale Zusammenarbeit war dabei die Überzeugung der einzelnen Beteiligten vom Sinn und Zweck des Projektes. Im Fall der Panoramakarte schien es gelungen, ein wichtiges Problem der Region aufgegriffen und bearbeitet zu haben.

Einen großen Motivationsschub erlebte der Arbeitskreis Tourismus durch die Bewilligung der „LEADER"-Mittel. Dieser Schritt hatte sowohl die eigene Bereitschaft zur finanziellen Beteiligung erhöht, als auch weitere Gemeinden und Vereine ermutigt, sich an der Arbeit des Arbeitskreises und besonders an der Panoramakarte zu beteiligen. Nach dem Motto: „Wo viele mitmachen und öffentliche Gelder fließen, muss etwas Sinnvolles geschehen!" haben einige Vorreiter viele andere Beteiligte für das Projekt gewinnen können. Mit zunehmender Konkretisierung des Vorhabens war eine aktivere Teilnahme auch anfangs skeptischer Personen und Institutionen zu beobachten.

Die gute Arbeitsatmosphäre während der Arbeitssitzungen zur Festlegung der Kriterien der Karte, zur Auswahl der Hersteller, zur Finanzierung und manchem kritischen Thema hat einen weiteren wichtigen Beitrag zur zügigen Bearbeitung des Projektes geleistet.

Es müssen jedoch auch kritische Situationen bei der Erarbeitung der Panoramakarte genannt werden. Zum einen kamen vor der Entscheidung zur Bewilligung der „LEADER"-Mittel angesichts der Kosten Zweifel an der Finanzierbarkeit einer solchen Karte auf, zum anderen barg der Weg zu einer umfassenden Kooperation (mit allen Beteiligten) einige „Stolpersteine". So war eine zentral gelegene Gemeinde nicht bereit, sich an dem Vorhaben zu beteiligen. Dieses Hindernis wurde durch das Einspringen des örtlichen Gewerbevereins relativ schnell und unkompliziert überwunden. So ist es schließlich gelungen, alle dreizehn Gemeinden bzw. Städte, die zwischen Crailsheim und Bad Friedrichshall an der Jagst liegen, für das Projekt „Panoramakarte" zu gewinnen. Langwieriger stellten sich die Kooperationsverhandlungen mit den beiden Touristikgemeinschaften dar, weil eine der beiden Organisationen in der Panoramakarte zunächst ein Konkurrenzprodukt sah, das nicht in ihre Aktivitäten eingebunden war. Letztendlich beteiligten sich aber beide Touri-

stikgemeinschaften finanziell an der Karte und tragen entscheidend zum überregionalen Vertrieb der Karte bei.

Nicht zuletzt wurde an verschiedenen Punkten die Vereinbarkeit von Naturschutz und Tourismus immer wieder kontrovers diskutiert. Die Frage der Darstellung empfindlicher Naturbereiche als Information für die Gäste, der Hinweis auf das Kanufahren auf der Jagst - eine wegen der möglichen Störungen der Tier- und Pflanzenwelt sehr umstrittene Freizeitaktivität - sowie die Darstellung einzelner touristischer Anziehungspunkte, die an ökologisch kritischen Punkten gelegen sind, bieten viel „Reibungsfläche". Es wird jedoch als großer Erfolg der Karte gewertet, dass sie von Tourismusvermarktern und Naturschützern gemeinsam entwickelt wurde und somit ein Produkt darstellt, mit dem *alle* Beteiligten äußerst zufrieden sind. Die erfolgreiche gemeinsame Arbeit an der Karte bewirkte außerdem, dass darüber nachgedacht wurde, den Arbeitskreis nach Ende des Projektes als eine Interessengemeinschaft „Jagsttal" weiterzuführen. Insgesamt hat sich gezeigt, dass einige Faktoren dieser informellen Zusammenarbeit im Jagsttal besonders ausschlaggebend dafür waren, dass die Arbeit des Arbeitskreises und insbesondere die Realisierung der Panoramakarte erfolgreich waren.

Gruppendynamische Prozesse

Fördernd wirken sie im Sinne von Motivation weiterer Personen durch bereits beteiligte Personen, vor allem von „Vorreitern", z. B. Inhaber übergeordneter Aufgaben, Personen, denen besonderes fachliches Wissen zugeschrieben wird etc. („Wenn A mitmacht, nimmt auch B teil"). Dieser Aspekt ist vor allem bei der Finanzierung eines Vorhabens von eminenter Bedeutung: Macht z. B. eine Gemeinde eine Zusage über eine bestimmt Summe, werden die anderen Gemeinden sicherlich „mithalten". Hemmend können gruppendynamische Prozesse allerdings auch wirken („Wenn A mitmacht, nimmt B nicht teil"), wenn beispielsweise bei Entscheidungen nach Meinungsäußerung offensichtlicher „Vorreiter" kaum andere Meinungen mehr geäußert werden.

- Dass tatsächlich alle Gemeinden des Jagsttales zusammen mit Verbänden und Vereinen gemeinsam diese Panoramakarte erarbeitet haben, ist das Ergebnis eines Gruppenprozesses. Eine Mischung aus „Stolz" und „Ungläubigkeit" über diese Zusammenarbeit, die viele gar nicht für möglich gehalten haben, schafft eine Basis für weitere Projekte, die in direktem zeitlichen Anschluss begonnen werden sollten.
- Ein weiterer zu beobachtender Effekt ist die zunehmende Solidarität zwischen den Teilnehmern des Arbeitskreises. Dies zeigt sich z. B. zwischen den beteiligten Gemeinden, die eine sehr unterschiedliche Größe, vor allem aber eine sehr unterschiedliche touristische Struktur aufweisen. Es zeigt sich auch im Bereich der Bewältigung der Projektfinanzierung, die sich mit zunehmender Diskussion auf immer mehr Institutionen verteilt hat, weil die Bereitschaft der Beteiligung von Verbänden und Vereinen gestiegen ist. Konsens herrschte zwischen den Gemeindevertretern auch darüber, alle Gemeinden in gleicher Höhe an den Kosten zu beteiligen, um Diskussionen über den Verteilungsmodus und die Finanzkraft einzelner Gemeinden zu vermeiden. Ebenso wurde vereinbart, die den einzelnen Gemeinden zustehenden Kartenkontingente bei Bedarf untereinander auszugleichen.

- Durch einen informellen Zusammenschluss wie den Arbeitskreis entstehen einige „Sekundäreffekte", die schwer zu messen sind, aber nach Meinung sowohl der Projektgruppe als auch der Teilnehmer nicht unterschätzt werden dürfen. Die Treffen des Arbeitskreises bieten über die eigentliche Sitzung hinaus die Möglichkeit zu einem gegenseitigen Gedankenaustausch, zur Information oder auch nur zum gegenseitigen Kennenlernen. Hieraus können sich weitere Aktivitäten außerhalb der eigentlichen Arbeitskreisarbeit ergeben.

Methodische Vorgehensweise

Die Arbeit der Projektgruppe als „Dienstleister" für die Region bietet Kapazitäten, um organisatorische Arbeit, Ideen-Input und nicht zuletzt wissenschaftliche Begleitung der einzelnen Projekte zu leisten. Vor allem der organisatorische Bereich der Arbeit im Sinne einer Bündelung regionaler Aktivitäten, Kräfte und Potenziale darf nicht unterschätzt werden. Hinzu kommt durch diese Koordinationsaufgabe ein Motivationsschub in der Region zu eigenen Aktivitäten. Eine zentrale Aufgabe der Projektgruppe ist die *Moderation*, nicht nur der konkreten Arbeitskreisarbeit, sondern auch auf anderen Ebenen im Sinne einer Zusammenführung auf den ersten Blick gegensätzlicher Meinungsvertreter, vor allem bei den Berührungspunkten Landwirtschaft - Naturschutz, Landwirtschaft - Tourismus, Tourismus - Naturschutz und Tourismus - Gastronomie.

- Die *basisdemokratische Herangehensweise* birgt jedoch auch die Gefahr der Verlangsamung eines Prozesses. Im Lauf der Arbeit des Arbeitskreises hat sich einerseits herausgestellt, dass es wichtig ist, Grundsatzentscheidungen ausführlich zu diskutieren und gemeinsam zu beschließen. Andererseits wurde an die Projektgruppe die Bitte herangetragen, einzelne Dinge auch als „Externer" zu entscheiden und das Ergebnis mitzuteilen und zu dokumentieren. Ähnlich verhält es sich mit Vorgaben, die in den Arbeitskreis hineingegeben werden. Je detaillierter diese bereits im Vorfeld ausgearbeitet sind, desto zügiger und konstruktiver erfolgt die Diskussion und Beschlussfassung im Arbeitskreis selber.
- Im Laufe des Projektes wurde immer wieder die Frage nach der *„Zeit nach der Projektgruppe"* thematisiert. Dieser Aspekt sollte bei allen Projekten mit Begleitung durch Dritte von Anfang an Thema sein. Hier gilt es, zum einen die entwickelten Institutionen - hier die Arbeitskreise - an eine eigenständige Arbeitsweise heranzuführen; zum anderen sind aber auch die Möglichkeiten von Nachfolgeprojekten zu prüfen, wie es auch im Falle der Modellregion Hohenlohe getan wird.

Weitere Aspekte

- Die *Finanzierung der Panoramakarte* stellt einen im zeitlichen Verlauf zunächst hemmenden, nach Klarstellung der Finanzierungswege aber einen fördernden Punkt dar. Solange die Finanzierung noch unsicher ist, die (großen) aufzubringenden Summen aber bereits bekannt sind, kommen schnell Zweifel auf, ob diese Größenordnung überhaupt zu bewältigen ist. Steht der Großteil der Finanzierung jedoch erst fest, ist die Haupthürde genommen und erscheinen viele andere Probleme bewältigbar.
- Ergebnis dieses Prozesses ist also auch ein *„Wir-Gefühl"*, das sich einstellt, wenn gemeinsam zu Beginn unüberwindbar erscheinende Probleme bewältigt wurden. Wenn dies auch noch in einem vertretbaren Zeitrahmen erfolgt ist, steigt die Motivation nach

Vorliegen des Ergebnisses (in diesem Fall der Panoramakarte) weiter. Aus dieser Situation heraus können weitere, vielleicht auch schwierigere Probleme angegangen werden.

- Die Mitglieder des Arbeitskreises entwickelten auch einen *„Stolz auf das Produkt Karte"*, da sie nach Meinung aller Beteiligter ein sehr innovatives, modernes, ansprechendes und attraktives Produkt ist, das auch in der Öffentlichkeit sehr gut ankommt.
- Im Fall des Arbeitskreises Tourismus ist auf der Basis des erzielten Erfolges und der Panoramakarte als Werbemedium bereits das *nächste Projekt* für das Jagsttal in Arbeit: die Erstellung von Themenheften, die den Besuchern vor Ort die Möglichkeit geben, sich dort aktiv und gezielt bewegen zu können. Die Themenhefte sollen die Besonderheiten des Jagsttales ansprechend miteinander verknüpfen und gleichzeitig zur Besucherlenkung im Untersuchungsgebiet dienen.

Zusammenfassend kann festgehalten werden, dass bei einer Kooperation dieser Art, die kaum oder gar nicht durch Institutionalisierung zusammengehalten wird, gemeinsame Vorgehensweisen unter Beachtung gruppendynamischer Prozesse ausschlaggebend für ihr Gelingen sind.

Bei einem Auswertungsgespräch mit allen wichtigen Entscheidungsträgern aus der Region wurde deutlich, dass durch die Arbeit der Projektgruppe „Kulturlandschaft Hohenlohe" erkannt wurde, welche Potenziale informelle Zusammenarbeit bietet, wie durch die Einbeziehung von Bürgern vorhandener Ressourcen aktiviert werden können und wie daraus Projekte entwickelt und umgesetzt werden können. Im Rahmen eines „LEADER+"-Antrags (Nachfolgeprogramm von „LEADER II") und der erfolgreichen Bewerbung in der ersten Stufe des vom Verbraucherministeriums ausgelobten Wettbewerbs der Regionen wird versucht, diesen Erkenntnissen Rechnung zu tragen. Bei diesen Vorhaben sollen sowohl Projekte weiterentwickelt werden, die innerhalb des Modellvorhabens „Kulturlandschaft Hohenlohe" entstanden sind, als auch neue Projektideen erarbeitet und entwickelt werden.

Anmerkungen

1 *An dieser Veröffentlichung mitgewirkt haben Evelyn Jagnow (ECON Consult, Köln) und Kirsten Schübel (Institut für Landespflege der Universität Freiburg).*

2 *Auf die Darstellung einer ebenfalls durchgeführten externen Evaluierung mittels einer Postkartenaktion wurde an dieser Stelle verzichtet, weil im Kontext dieser Veröffentlichung vor allem die Bewertung des Projekts durch die Prozessbeteiligten von Interesse ist.*

Literatur

Arbeitskreis Freizeit und Tourismus (Hg.) (1997): Die erfolgreiche Umsetzung von Tourismusprojekten. (= Bausteine für Freizeit und Tourismus). Innsbruck

Barisic, Gabriele (1999): Interkommunale Kooperationen als Entwicklungschance für den Kulturtourismus (= Diplomarbeit, Universität Trier, Fachbereich VI). Trier

Bieger, Thomas (Hg.) (1997): Management von Destinationen und Tourismusorganisationen. München. Wien

BMBF (1999): Der direkte Transfer - forschen mit der landwirtschaftlichen Praxis (Folder zum Projekt). Bonn.

ECON-CONSULT (1996): Entwicklungskonzept Mittleres Jagsttal (= Unveröffentlichtes Konzept der Firma ECON-CONSULT im Auftrag der Gemeinden Dörzbach, Krautheim, Mulfingen und Schöntal). Köln

Haller Tagblatt vom 8.8.2000: Gemeinden sind „stinksauer" - Wildert Schwäbisch Hall im fremden Revier?

Heinen, Petra (1998): Die Gemeinschaftsinitiative LEADER im Rahmen der EU-Regionalpolitik als Instrument zur Vernetzung ländlicher Regionen (unveröffentlichte Diplomarbeit, Universität Trier, Fachbereich VI). Trier

Statistisches Landesamt Baden-Württemberg (2000): Amtliche Beherbergungsstatistik.

Wachowiak, Helmut (1999): Inter- und Transdisziplinäre Tourismusforschung als Grundlage nachhaltiger Destinationsentwicklung - Das Modellvorhaben Hohenlohe. In: Fontanari, M. und K. Scherhag (Hg.): Wettbewerb der Destinationen, Erfahrungen, Konzepte, Visionen. Wiesbaden.

Barbara Reddig

Tourismus als Baustein einer nachhaltigen Regionalentwicklung

Die Rhön - Region der Zukunft

Im März 1991 wurde die Rhön von der UNESCO als Biosphärenreservat anerkannt und so Teil des weltweiten Programms „men and biosphere" *(MAB)*. Das Biosphärenreservat Rhön liegt in der Mitte Deutschlands im Dreiländereck Hessen, Bayern und Thüringen. Mit einer Fläche von mehr als 180.000 ha ist es das größte terrestrische der zwölf in Deutschland ausgewiesenen Biosphärenreservate und das einzige, das sich über mehrere Bundesländer erstreckt.

Mit der Einrichtung von Biosphärenreservaten wird das Ziel verfolgt, neue Wege zu einer nachhaltigen Entwicklung von Regionen aufzuzeigen und diese Wege auch zu beschreiten. Um die nationale Planung auf sichere Füße zu stellen, haben die Länder Bayern, Hessen und Thüringen ein grenzüberschreitendes Entwicklungskonzept erarbeiten lassen und es zur Grundlage für die weitere Entwicklung des Biosphärenreservates erklärt. In dieses 1994 abgeschlossene „Rahmenkonzept für Schutz, Pflege und Entwicklung des Biosphärenreservates Rhön" sind nicht nur die Erkenntnisse der beteiligten Fachdisziplinen, sondern auch die Anliegen der Menschen, die in der Rhön leben, eingeflossen. Nur durch enorme Kooperationsbereitschaft, intensive Abstimmung und Kompromissbereitschaft aller Beteiligten konnte die Grundlage für den offenen und konstruktiven Planungsprozess geschaffen werden. So wurde das Konzept während der gesamten Bearbeitungszeit intensiv mit allen Gemeinden, Behörden und Verbänden abgestimmt. Durch regelmäßige Informationsveranstaltungen, Arbeitskreise und die Bitte um schriftliche Stellungnahmen bei den Organisationen in den einzelnen Erarbeitungsphasen konnte die Einbindung relevanter Gruppen gesichert werden. Dieses Vorgehen hat zu einem abgestimmten Regionalkonzept geführt, das damals einzigartig in Deutschland war und die Grundlage für eine zukunftsorientierte und umweltgerechte Entwicklung der Rhön bilden sollte.

Der Beitrag wird sich im Folgenden mit der Entwicklung der Region Rhön als Modellregion beschäftigen. Die Besonderheiten der Kulturlandschaft von internationaler Bedeutung, aber auch die Probleme einer strukturschwachen Region erfordern in vielen Bereichen eine besondere Vorgehensweise und angepasste Maßnahmen. Neben der beispielhaften Organisation eines solchen Entwicklungsprozesses soll anhand von tourismusrelevanten Beispielprojekten gezeigt werden, dass Regionen als Handlungs- und Gestaltungsräume besondere Chancen für eine nachhaltige Regionalentwicklung mit sich bringen, die sich wiederum positiv auf die Wertschöpfung und auch auf den Wirtschaftsfaktor Tourismus auswirken können. Im Wesentlichen geht es um die Strategien zur Umsetzung und somit auch um die Übertragbarkeit solcher Prozesse.

Abb. 1: Die Rhön - eine Mittelgebirgsregion im Dreiländereck Hessen-Bayern-Thüringen

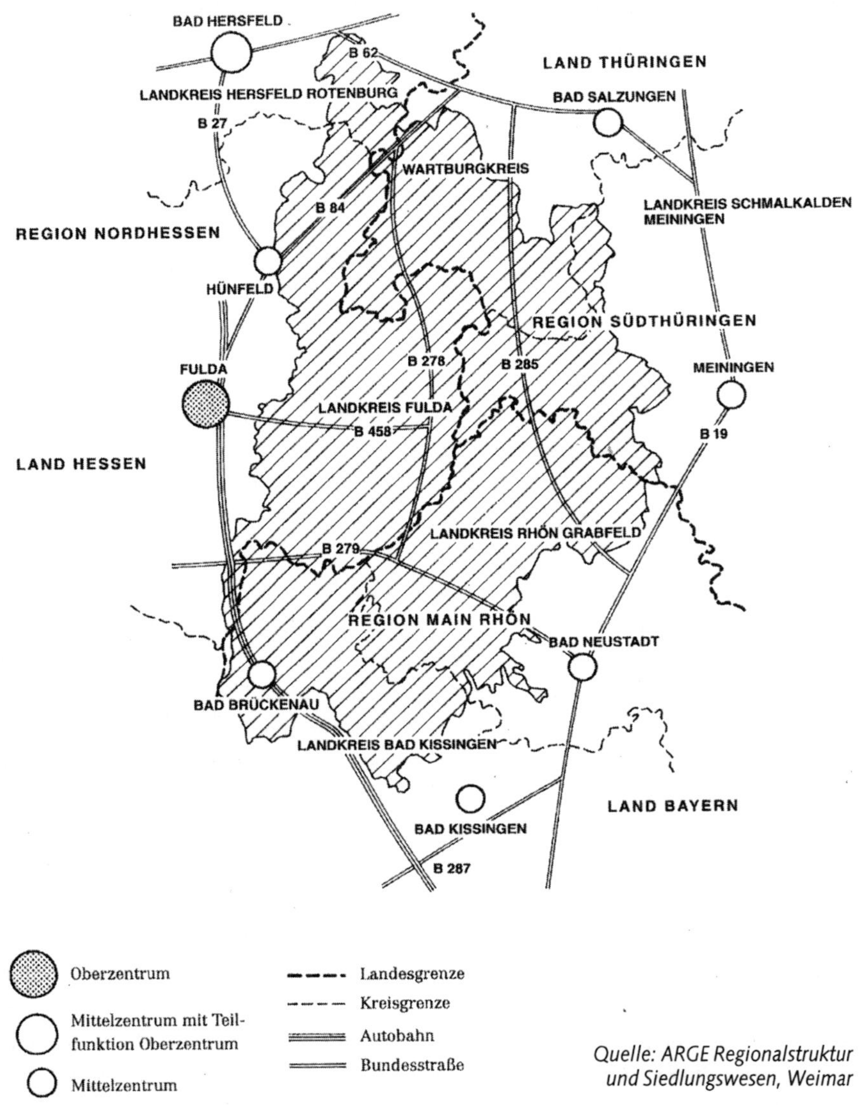

Quelle: ARGE Regionalstruktur und Siedlungswesen, Weimar

Die Region Rhön

Ein kleiner Einstieg in die Besonderheiten der Mittelgebirgsregion, die sich durch die ehemalige innerdeutsche Grenzlage eine nahezu intakte Natur in einer äußerst reizvollen Landschaft bewahren konnte, soll als Hintergrund der weiteren Diskussion dienen.

Die Rhön ist eine verdichtungsferne ländliche Region, die noch stark durch Land- und Forstwirtschaft geprägt wird. Die gewerbliche und industrielle Entwicklung ist aufgrund der Lage abseits der wichtigsten Verkehrsachsen und Ballungsräume im Vergleich zu anderen Regionen weniger intensiv und überwiegend durch kleine und mittelständische Unternehmen gekennzeichnet. Der Tourismus stellt einen wichtigen Faktor bei der wirtschaftlichen Entwicklung im Biosphärenreservat dar.

Natur und Landschaft

Die Oberflächengestalt der Rhön, eine hügelige Kuppenlandschaft mit Höhen bis zu 950m, entstand durch vulkanische Tätigkeit im Tertiär vor ca. 20 Mio. Jahren. Der ursprünglich flächendeckend vorhandene Buchenmischwald - die Rhön wurde früher auch Buchonia genannt - wurde durch die Tätigkeit des Menschen bis auf 40% zurückgedrängt. Aufgrund dieses geringen Waldanteils wird die Rhön auch als das *Land der offenen Fernen* bezeichnet.

Die Rhön bietet einer Vielzahl vom Aussterben bedrohter und besonderer Tier- und Pflanzenarten einen Lebensraum, wie z. B. dem Birkhuhn, dem Schwarzstorch und dem Borstgrasrasen, der sich durch Aushagerungsprozesse entwickelt hat und der in seiner Ausdehnung außerhalb der Alpen einzigartig ist.

Die vorhandenen teilweise ungünstigen Bodenverhältnisse und das Klima lassen indes nur eine extensive Landbewirtschaftung zu, die allerdings für den Erhalt und den Schutz der entstandenen Kulturlandschaft Rhön unverzichtbar ist.

Das attraktive Landschaftsbild und der Landschaftscharakter der Rhön sind Ausschlag gebend dafür, dass der Fremdenverkehr in den letzten Jahren zunehmend an Bedeutung gewonnen hat. Durch die schwierigen Rahmenbedingungen der Landwirtschaft, den daraus folgenden stetigen Rückgang landwirtschaftlicher Betriebe und die abnehmende Viehhaltung entsteht ein schwerwiegender Konflikt, der das Schutzziel in der Rhön, die Erhaltung der Kulturlandschaft, gefährdet. Die intakte Natur und die Landschaft sind aber das wichtigste Kapital für die weitere Entwicklung des Fremdenverkehrs. Daher besteht mittlerweile kein Zweifel darüber, dass die qualitative Eignung als Urlaubsregion nur über die Aufrechterhaltung einer weiteren extensiven landwirtschaftlichen Nutzung garantiert werden kann.

Abb. 2: Die Rhön - Das Land der offenen Fernen

Quelle: RWZ, Hünefeld

Dies wird aber nur funktionieren, wenn diese Besonderheiten und Qualitäten konsequent mit einem kreativen Netzwerk aus Landwirtschaft, Handwerk und Dienstleistung gesichert, ausgebaut und gepflegt werden.

Freizeit und Erholung

Die Rhön bietet eine Vielfalt an touristischen Möglichkeiten. Im Sommerhalbjahr liegt der Schwerpunkt der Erholungsnutzung beim Wandern, beim Flugsport (die Wasserkuppe ist seit den frühen 1920er Jahren als „Berg der Flieger" bekannt), aber auch mit einem Radwegenetz von 700 km zunehmend beim Radfahren. Die höheren Lagen der Rhön sind von Dezember bis Februar für den Skisport, insbesondere zum Langlaufen, nutzbar.

Diese traditionellen und vielerorts angebotenen Freizeitaktivitäten bieten zwar die Basis des touristischen Wirtschaftens und ziehen hauptsächlich Tagestouristen aus der näheren

Umgebung und Kurzurlauber, die immer wieder in die Rhön kommen, an. Sie bringen aber auch die Gefahr der „Überalterung der Touristen" mit sich.

Mit dem Bestreben, neue Zielgruppen anzusprechen und mit attraktiven Freizeitangeboten zu binden, entstehen aber auch neue Konflikte. Durch das Angebot von Freizeitnutzungen aus dem Bereich des modernen Erlebnis- und Sporttourismus besteht die Gefahr, dass das Grundkapital - die Natur und Landschaft bzw. die ruhige Erholungsfunktion der Landschaft - beeinträchtigt wird.

Daher gilt es auch in diesem Bereich, durch gezieltes Innen- und Außen-Marketing nicht nur neue Zielgruppen zu erschließen, sondern auch die Kooperations- und Kompromissbereitschaft zwischen den Akteuren in der Region zu fördern, um eine Entwicklung im Einklang mit den Zielen des Biosphärenreservates zu erwirken. Im Sinne der nachhaltigen Regionalentwicklung wird das nur funktionieren, wenn zeitgemäße Attraktionspotenziale erkannt und gemeinsam weiterentwickelt werden.

Trotz anfänglicher Befürchtungen, z. B. hinsichtlich dem Mountainbiken in der Rhön, besteht inzwischen ein friedliches Miteinander zwischen Naturschützern, Wanderern und Mountainbikern. Verschiedene Faltblätter des ADFC, die die Verwaltungsstellen des Biosphärenreservates bereit halten, geben Tipps zum richtigen Verhalten in den sensiblen Bereichen des Biosphärenreservates, weisen auf die besonders ausgeschilderten Strecken und die strikten Wegeverbote hin, damit die naturschädigende Fahrweise eher die Ausnahme bleibt.

Umsetzung - Regionalmanagement

Die Umsetzung der Ziele und Leitlinien aus dem Rahmenkonzept hängen von dem besonderen länderübergreifenden Engagement und der Aktivität der zahlreichen Trägerorganisationen und Kommunen, aber auch der Bevölkerung ab.

Unabhängig von der Anerkennung der Rhön als Biosphärenreservat, aber zeitlich parallel dazu, wurde die Stiftung „Regionales Zentrum für Wissenschaft, Technik und Kultur - RWZ" 1991 als eine bundesweit modellhafte Einrichtung der Regionalentwicklung ins Leben gerufen. Mit Unterstützung des Landes Hessen wurden bis zum Jahr 2000 mit bis zu acht festen Mitarbeitern jedes Jahr durchschnittlich 40 Projekte im Dreiländereck mit dem Biosphärenreservat Rhön im Kern initiiert und umgesetzt. Diese waren nicht nur durch das methodische Vorgehen modellhaft, sondern haben auch durch den interdisziplinären Ansatz im Sinne der Agenda 21 eine erfolgversprechende nachhaltige Entwicklung der Region angestoßen. Als regionale Transfer-, (Initial-)beratungs- und Projektmanagementeinrichtung war es die einzige Organisation, die grenzüberschreitend Projekte professionell von der Idee bis zur Umsetzung begleitet hat. Beispielhaft seien hier die länderübergreifenden Regionalschauen *REGION IN AKTION*, die Internetplattform *Rhoen.net*, (jetzt: Rhoen.de) aber auch das weltweit erste Energiekonzept für ein Biosphärereservat genannt.

Ein Zeichen dafür, dass die Region auf dem richtigen Weg ist, war zunächst die Prämierung des länderübergreifenden Wettbewerbsbeitrags der Rhön 1998 im bundesweiten Wettbewerb *Regionen der Zukunft* des Bundesbauministeriums und des Bundesamts für

Abb. 3 Organisationsstruktur der länderübergreifenden Arbeitsgemeinschaft Rhön

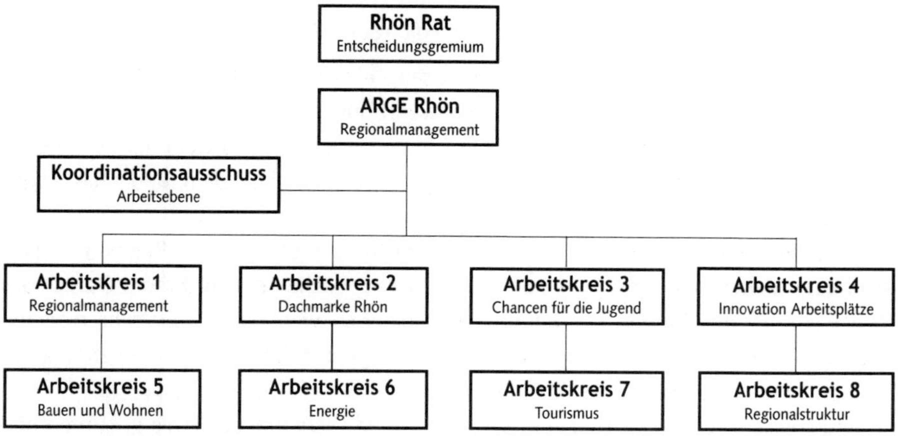

Quelle: Eigene Darstellung

Bauwesen und Raumordnung (BBR). Bei dem Wettbewerb ging es um die spezifischen Handlungsspielräume, die sich auf dem Weg zu einer nachhaltigen Raum- und Siedlungspolitik in regionalen Zusammenhängen eröffnen. Auf der Weltkonferenz *Urban 21* in Berlin wurde die Region zum Abschluss des Wettbewerbs sogar mit einem 1. Platz ausgezeichnet. Insbesondere wurde dabei der breite Einbezug der Bevölkerung, der überregionale Aspekt durch die länderübergreifende Kooperation und die Fülle an innovativen Projekten gewürdigt.

Auf der Grundlage des gemeinsamen Rahmenkonzeptes haben sich unter der Moderation des RWZ - fünf Jahre nach der Entwicklung des Rahmenkonzeptes - die fünf Rhön-Landkreise und die drei Trägervereine mit zwanzig regionalen Organisationen und Institutionen zu einer kommunalen *Arbeitsgemeinschaft Rhön* (ARGE Rhön) zusammengeschlossen. Anstoß dafür war letztendlich der Wettbewerb *Regionen der Zukunft*, der trotz fehlender finanzieller Unterstützung einen Motivationsschub bei allen Akteuren und eine neue Dimension in den Prozess der Regionalentwicklung in der Rhön gebracht hat.

Die projektorientierte Regionalentwicklung

In der Rhön wurde nicht auf einige wenige Großprojekte gesetzt, sondern vielmehr auf die Durchführung einer Vielzahl kleiner und interdisziplinärer Projekte, wie es auch der vielfältigen wirtschaftlichen Struktur der Rhön entgegenkommt.

Im Folgenden werden ausgewählte Projekte und Initiativen aus den Bereichen

- Schutz durch Nutzung bezüglich der Entwicklung und Vermarktung qualitativ hochwertiger regionaler Produkte,
- Stärkung der eigenen Identität und Bewusstseinsbildung,
- aber auch Maßnahmen zur Schaffung neuer Attraktionspotentiale und Angebote

aus verschiedenen tourismusrelevanten Bereichen vorgestellt, die die Strategien zur Erreichung der nachhaltigen Entwicklung des Lebensraums Rhön widerspiegeln. Diese und viele weitere Projekte haben zur Profilierung der Rhön im Wettbewerb der Regionen beigetragen und sie für den Tourismus nachhaltig attraktiver gemacht.

Schutz durch Nutzung

Förderung Regionaler Produkte: Die Wiederansiedlung der Rhönschafe

Das Rhönschaf ist eine der ältesten Nutztierrassen Deutschlands, die lange Zeit vom Aussterben bedroht war. Vor rund zehn Jahren wurde mit Maßnahmen zur Förderung der professionellen Vermarktung von Rhönfleisch in der heimischen Gastronomie sowie einer breitangelegten Öffentlichkeitsarbeit begonnen, das Rhönschaf mit dem für die Rasse typischen schwarzen Kopf in seiner Heimat wieder zu verbreiten.

Während es im Jahre 1986 nur noch weniger als 80 Rhönschafe in der Region gab, grasen heute wieder rund 3000 Tiere auf den wertvollen Flächen der Hochrhön. Da sich das Rhönschaf bestens für die Beweidung der ökologisch wertvollen, aber sehr mageren Grünlandflächen der klimatisch rauhen Hochrhön eignet, trägt es so zur Bewahrung der schützenswerten Landschaft der Rhön bei.

Mittlerweile ist das Rhönschaf zum Sympathie- und Werbeträger für die gesamte Rhön geworden. So wirbt z. B. *das Rhönschaf Manfred* als Maskottchen des Hessischen Rundfunks für sich und seine Heimat. Das Rhönschaf ist zum Symbol der Versöhnung zwischen Tourismus, Landwirtschaft und Naturschutz geworden und entspricht den Vorstellungen vom nachhaltigen Wirtschaften.

Abb. 4: Rhönschaf

Quelle: http://www.genres.de

Um auch neue Wege in der Vermarktung der Wolle mit ihren besonderen Eigenschaften zu gehen und damit die Wirtschaftlichkeit der Rhönschafproduktion zu erhöhen, hat das RWZ mit *Hess Natur*, einem großen Naturtextilienversand, das Rhönschaf-Wollprojekt initiiert. Ziel war die Herstellung hochwertiger Naturtextilien aus heimischer Schurwolle. Wichtige Eckpfeiler des Projektes sind die hohen Qualitätsstandards, die artgerechte Tierhaltung und die Verarbeitung in der Region zur Schaffung und Sicherung heimischer Arbeitsplätze. Im Winterkatalog 1999/2000 wurden die neuen Produkte mit dem Grundgedanken des Biosphärenreservates auf sechs Seiten präsentiert. Mit einer Auflage von rd. 100.000 Exemplaren wurde der Katalog im gesamten deutschsprachigen Raum versendet und hat somit u. a. auch zur Imagebildung der Rhön beigetragen.

Vermarktung regionaler Produkte

Durch Kooperationsverbünde zwischen Erzeugern, Gastronomie und Naturschutzgruppen wurden neue Wege des Marketings beschritten, alte Rhönspezialitäten „ausgegraben" und neue kreiert, aber auch werbewirksame Marketingaktionen gestartet, die die hohe Qualität der Rhön-Produkte unterstützen und weiterentwickeln.

Weitere Rhöner Leitprodukte, die mit viel Engagement und Kreativität zu besonderen Spezialitäten entwickelt und vermarktet werden, sind u.a.

- *Rhöner Weideochsen*
  Die kurzen und nachvollziehbaren Wege von der Weide bis zur Speisekarte schaffen im Zeitalter des „Wahnsinns" der industriellen Großproduktion Vertrauen zwischen Erzeuger und Verbraucher.

- *Apfel*
  Die Rhön ist zwar klimatisch kein typisches Obstbaugebiet, doch gehören die Streuobstwiesen zum landschaftsprägenden Bild. Auf Anregung der *Rhöner Apfelinitiative* konnten nicht nur neue Produkte wie die ökologischen Apfelchips oder das Apfelbier entwickelt werden, sondern in Kooperation mit heimischen Firmen neue Vermarktungswege für Streuobstprodukte, z. B. in der heimischen Getränkeindustrie, gefunden werden. Mit Spezialitäten vom Apelsenf bis Apfel-Sekt und einer Schau-Kelterei, bei der die Gäste auch selbst Hand anlegen dürfen, werden dem Besucher besondere Erlebnisse geboten, aber auch die Philosophie der regionalen Produktkette nahe gebracht.

- *Holz*
  Auch im Handwerksbereich gibt es eine Reihe von Projekten, die dem Schutz und dem Erhalt der Kulturlandschaft dienlich sind. Durch eine hochwertige Verarbeitung von heimischen Hölzern in regionalen Sägewerken und Schreinereien, aber auch durch die verstärkte Verwertung von Rest- und Schwachhölzern bei der Energiegewinnung und der damit zusammenhängenden CO_2-neutralen Energieerzeugung profitieren nicht nur Umwelt und Kulturlandschaft, es werden auch Arbeitsplätze geschaffen und gesichert. Die Wertschöpfung bleibt in der Region.

Freizeit und Kultur

Rhöner Mundartfestival

Um das Zusammenwachsen zu fördern und das Selbstbewusstsein der Region zu stärken, veranstaltete das RWZ 1998 das erste *Rhöner Mundartfestival*, bei dem 35 regionale Originale aus dem Rhöner Dreiländereck einen amüsanten und medienwirksamen Mundart-Wettstreit abhielten. Über 5000 Besucher waren begeistert von der Originalität und dem hohen Niveau der Beiträge, aber auch beeindruckt, dass Hessen, Bayern und Thüringer in der Rhön „dieselbe Sprache sprechen", wenn auch mit hörbaren lokalen Unterschieden. Für die Sieger der Wettbewerbe folgten eine ganze Reihe von Auftritten in und außerhalb der Region, CD-Aufnahmen und TV-Auftritte.

Freilichtbühne Tann

Parallel dazu wurde unter der Projektkoordination des RWZ die Tanner Freilichtbühne in dem einzigartigen Ambiente des Tanner Freilichtmuseums errichtet. Dieses aus EU-Mitteln der Gemeinschaftsinitiative zur Entwicklung ländlicher Räume *LEADER* geförderte Projekt soll vor allem nicht-professionellen Musikern, Schauspielern und Schriftstellern aus der Region die Möglichkeit bieten, eigene Produktionen aufzuführen. Die im Sommerhalbjahr stattfindenden Veranstaltungen haben einen enormen Zulauf und das nicht nur von den Einwohnern. Hier wurde eine zusätzliche touristische Attraktion in der Rhön aufgebaut.

Verkehrsentwicklung in der Rhön

Aus der Notwendigkeit einer sinnvollen Verkehrsentwicklung, die einer dauerhaften umwelt- und sozialgerechten Entwicklung des Biosphärenreservates Rhön nicht entgegensteht, wurden bereits 1995 die ersten Verkehrskonferenzen durchgeführt.

Dabei ging es nicht nur um die Diskussion der Verbesserung der Straßenverbindungen zwischen Hessen und Thüringen, sondern auch um den Ausbau der Radwegenetze und den Erhalt des Öffentlichen Personennahverkehrs. Einigkeit herrschte über die große Bedeutung der Besucherlenkung und die Entwicklung besonderer ÖPNV-Angebote für den Fremdenverkehr.

- *Rhönbahn Fulda - Gersfeld*

  Ein beispielhaftes Projekt ist der Erhalt der Rhönbahn Fulda - Gersfeld, der letzten für den Personenverkehr genutzten Eisenbahnlinie in das Biosphärenreservat Rhön. Nach enormen Anstrengungen ist mit einem Investitionsaufwand von 21,5 Mio. DM aus Mitteln des Landes Hessen, der Stadt und des Landkreises Fulda und der Gemeinden sowie mit Fördermitteln aus dem *LEADER*-Programm eine vorläufige Absicherung der Existenz der Rhönbahn bis etwa zum Jahre 2002 gesichert worden.

  Allerdings gewährleisteten die Nutzung und die Fahrgastzahlen der letzten Jahre noch keine langfristige Existenzsicherung. Es fehlte an Aktivitäten der Verantwortlichen, um die Attraktivität und Akzeptanz der Rhönbahn zu erhöhen und die regionale Vernetzung mit anderen Verkehrssystemen zu forcieren.

- *Wasserkuppen-Wanderbus*

  1996 wurde die *Interessengemeinschaft Rhönbahn* mit Akteuren aus Wissenschaft, Politik, Verwaltung, Verbänden und Privatpersonen gegründet, die verschiedene Aktivitäten zur Sicherung und Erhaltung der Rhönbahn unternommen hat. Unter anderem wurde ein Wasserkuppen-Wanderbus initiiert, der in den Sommermonaten sonntags im Anschluss an die Rhönbahn seine Runden zu besonderen Attraktivitäten im Biosphärenreservat Rhön fuhr und für Wanderer auf Handzeichen hielt. Die Interessengemeinschaft Rhön unterstützte dieses Angebot der Lokalen Nahverkehrsgesellschaft (LNG) durch verschiedene Marketingaktionen und eine intensive Öffentlichkeitsarbeit. Darüber hinaus konnte ein Sponsor gefunden und die Anliegergemeinden bei weiteren Aktionen eingebunden werden. Aus der Erkenntnis heraus, dass solche Angebote nur langfristig erfolgreich sein können, wenn eine Kontinuität durchgehalten wird, bietet mittlerweile der Omnibusverkehr Franken (OVF) ganzjährig den „Hochrhönbus" von Gersfeld in die Bayerische Rhön an, im Sommer sogar mit Fahrradanhänger, während die LNG den Wasserkuppen-Wanderbus nach einem zweijährigen Probelauf eingestellt hat. Diese Angebote sind besonders für Tagesausflügler aus dem Rhein-Main-Gebiet interessant, die mit dem RMV (Rhein-Main-Verkehrsverbund) ungefähr zwei Stunden Fahrzeit von Frankfurt bis in die Rhön benötigen.

Fazit

Bei der Regionalentwicklung in der Modellregion Rhön mit dem Biosphärenreservat in ihrem Kern geht es darum, die Region so weiter zu entwickeln, dass der Mensch im Einklang mit der Natur langfristig Möglichkeiten für einen Lebens- und Arbeitsraum schafft und sichert. Die Erfahrung hat gezeigt, dass sich dies nur durch eine dauerhaft umweltgerechte, sozial verträgliche und wirtschaftliche Handlungsweise umsetzen lässt. Dieses Leitmotiv findet sich in allen Wirtschaftszweigen wieder, so auch im Tourismus des Biosphärenreservates. Die Region verfolgt die Umsetzung dieser Ziele mit folgenden vier Strategien:

Region als Handlungs- und Gestaltungsraum
Eine Region wird touristisch erst langfristig attraktiv, wenn sie sich im Wettbewerb der Regionen als Einheit präsentiert und sich mit den eigenen Stärken und Schwächen profiliert. Die Regionen als wichtiges Handlungs- und Gestaltungsfeld bieten in vielerlei Hinsicht Chancen zur Lösung globaler Probleme unseres Wirtschafts- und Lebensstils. Dass sie in der europäischen Entwicklungspolitik eine immer größere Bedeutung spielen, drückt sich in einer Reihe von Förderprogrammen aus, die zumeist als Gemeinschaftsinitiativen unter Co-Finanzierung der Länder, die besondere Entwicklung und Umstrukturierung strukturschwacher Räume unterstützen. Hauptziel ist dabei die Erhaltung, Schaffung und Sicherung eines Lebens- und Arbeitsraumes für die Einwohner.

Innovation und Kreativität
Ein erster Schritt dazu ist, die eigenen Besonderheiten zu erkennen und zu einem Alleinstellungsmerkmal herauszuarbeiten.

Eine Region kann sich im Wettbewerb um die Gunst der Touristen und ihrer eigenen Entwicklung willen nur dann behaupten, wenn sie sich selbstbewusst und kreativ im Spannungsfeld zwischen Tradition und Innovation präsentiert. Der Tourismus - eingebettet in das Leitbild der nachhaltigen Regionalentwicklung - wird nicht nur den Gedanken der Erhöhung der Bettenkapazität verfolgen, sondern in besonderem Maße Rücksicht auf die natürlichen und kulturellen Besonderheiten der Region nehmen und zu deren Schutz und Erhalt beitragen.

Wie in jedem Handlungsfeld mit Zukunft gilt auch im Tourismus, mit Kreativität und Innovationsbereitschaft die vorhandenen Potenziale zu erschließen, Hemmnisse abzubauen und gute Ideen langfristig erfolgreich umzusetzen.

Kooperation und Netzwerke
Dieser Ansatz setzt aber auch eine interdisziplinäre Herangehensweise bei der Projektierung voraus. Über die Verständigung auf gemeinsame Ziele und den Dialog - ob länder- oder fachdisziplinübergreifend - können Kompetenzen gebündelt und Synergieeffekte zur Erschließung zukunftsfähiger Marktpotenziale genutzt werden. Dies erfordert allerdings bei allen Akteuren eine hohe Kompromissbereitschaft und die Erkenntnis „Gemeinsam sind wir stark", anstatt sich in Konkurrenzen aufzureiben.

Dabei spielt die Netzwerkbildung und -pflege besonders im Tourismussektor eine immer größere Rolle. So muss z. B. die *Corporate Identity* nicht nur gemeinsam von allen Akteuren entwickelt werden, sie muss von allen als Dachmarke im Innen- und Außenmarketing getragen werden. Die intensive Zusammenarbeit in Netzwerken bietet die Chance, neue Dimensionen für eine zukunftsfähige Entwicklung zu eröffnen.

Regionalmanagement
Aufgrund der breit angelegten Ziele und der Besonderheit in der Rhön, dass drei Bundesländer und fünf Landkreise daran Anteile haben, ist neben den administrativen Maßnahmen ein besonderes Management mit entsprechender Organisationsform notwendig. Mit der Gründung der ARGE Rhön ist ein erster Baustein dazu gelegt worden, indem statt einer

zusätzlichen Einrichtung ein regionaler Zusammenschluss vorhandener Organisationen aus den drei Ländern etabliert werden konnte, der sich mit der ganzheitlichen, länderübergreifenden Entwicklung der Region beschäftigt.

Aufgabe und Ziel dieser modellhaften Organisationsform des Regionalentwicklungsprozesses ist die Koordinierung der Umsetzung und Weiterentwicklung des gemeinsamen, im Rahmenkonzept für das Biosphärenreservat Rhön festgeschriebenen Leitbildes. Mit der Initiierung und gemeinsamen Entwicklung von länderübergreifenden Projekten übernimmt die *ARGE Rhön* somit das länderübergreifende Regionalmanagement.

Die breite Basis fördert zwar Kommunikation, Einbindung und Mitwirkung aller Beteiligten bei der Umsetzung des für das Biosphärenreservat Rhön festgeschriebenen Leitbilds, sie bringt aber auch Schwierigkeiten bei der Umsetzung einzelner Projekte mit sich. So kann sich keine der beteiligten Institutionen und Organisationen neben ihren Hauptaufgaben ausgiebig um die professionelle länderübergreifende und unabhängige Projektrealisierung - wie es Aufgabe und Zielsetzung des ehemaligen RWZ war - kümmern.

Durch den politisch bedingten Wegfall der modellhaften Projektmanagementeinrichtung werden die einzelnen Institutionen - insbesondere die Landratsämter - mit völlig neuen Aufgaben konfrontiert, die über die eigenen Grenzen hinausgehen. Die unterschiedlichen Planungsgrundlagen und politischen Zielsetzungen der Länder und Kreise erschweren dabei in vielen Fällen die Umsetzung von länderübergreifenden Projekten.

Für den Planer als Manager eines solchen Prozesses sind sehr gute regionale Kenntnisse der bestehenden Planungsgrundlagen, Netzwerke und Akteure nicht nur in *einem* Themenfeld, sondern gerade in der Überschneidung der Cluster notwendig, um Projekte erfolgreich im Sinne einer nachhaltigen Entwicklung für die Region umzusetzen.

Das Beispiel Rhön zeigt, dass ein enormes (oftmals ehrenamtliches) Engagement und die Kreativität Vieler notwendig ist, um eine Region auf den Weg in die Zukunft zu bringen. Regionalentwicklung ist ein kontinuierlicher Prozess, der mit Beharrlichkeit vorangetrieben werden muss. Dabei sind viele kleine innovative Lösungen wirkungsvoller als wenige große Prestigeprojekte. Über den gemeinsamen Zielfindungsprozess, Kreativität und Innovationsbereitschaft bei der Umsetzung der Ziele und eine passende Organisationsstruktur erhält eine Region die Chance, sich über ihre Grenzen hinaus zu profilieren und damit ihre Wertschöpfung zu erhöhen. Nur so kann sie auch langfristig für den Tourismus attraktiv bleiben.

Literatur

Bayerisches Staatsministerium für Landesentwicklung und Umweltfragen (Auftraggeber und Hg.) (1995): Biosphärereservat Rhön: Rahmenkonzept für Schutz, Pflege und Entwicklung. Neumann Verlag. Radebeul (Bearbeitung: Planungsbüro Grebe, Nürnberg)

Habermehl, Ott, Reddig (Hg.) (1996): Verkehrsentwicklung im Biosphärenreservat Rhön, Schriftenreihe des Biosphärenreservats Rhön, Band 7. Verlag für Akademische Schriften. Frankfurt a. M. / Fulda

Regionales Zentrum für Wissenschaft, Technik und Kultur RWZ (2000): Jahresbericht 1999. Hünfeld

Regionales Zentrum für Wissenschaft, Technik und Kultur RWZ (1999): Jahresbericht 2000. Hünfeld

Verein Natur Lebensraum Rhön (Auftraggeber und Hg.) (1995): Tourismus im Biosphärenreservat Rhön, Konzeption zur Entwicklung eines dauerhaft, umweltgerechten und sozialverträglichen Tourismus im Biosphärereservat Rhön, Band 1: Situationsanalyse. München (Bearbeitung: FUTOUR Umwelt-, Tourismus-, und Regionalberatung, München)

Susanne Wittek

Tourismus, Kultur und nachhaltige Regionalentwicklung in der Eider-Treene-Sorge-Niederung

Viele deutsche Regionen sehen im Tourismus einen Hoffnungsträger, der zu Zeiten hoher und wachsender Arbeitslosigkeit die dringend benötigten Beschäftigungsalternativen bieten könnte. Dies gilt insbesondere für ländliche Gebiete, die sich dem Agrarstrukturwandel stellen müssen. Zu ihnen gehört die Eider-Treene-Sorge-Niederung in Schleswig-Holstein, die ihre Chance im Ausbau hochwertiger, differenzierter Tourismusangebote unter Einbeziehung von Umweltschutzaspekten sieht.

Abb. 1: Logo der Region

Flußlandschaft
Eider – Treene – Sorge

Quelle: Tourismusverband Schleswig-Holstein

Geographische Lage in Schleswig-Holstein

Die Flusslandschaft der Eider-Treene-Sorge-Niederung liegt inmitten des strukturschwachen ländlichen Raumes im Nordwesten Schleswig-Holsteins und gehört mit insgesamt zehn Ämtern zu den vier Landkreisen Nordfriesland, Dithmarschen, Rendsburg-Eckernförde und Schleswig-Flensburg. In unmittelbarer Nähe befinden sich die Mittelzentren und Kreisstädte Husum, Heide, Rendsburg und Schleswig. Der Kernraum, auf den sich der folgende Beitrag bezieht, wird vom Niederungsgebiet der drei Namen gebenden Flüsse bestimmt und umfasst ein weitgehend unzerschnittenes, großräumig zusammenhängendes Feuchtgebiet von europäischem Rang.

Strukturdaten des Kernraums der Eider-Treene-Sorge-Niederung

Im Kernraum der Eider-Treene-Sorge-Niederung leben auf einer Fläche von etwa 600 km^2 ca. 40.000 Einwohner.[1] Die Bevölkerungsentwicklung stagniert (1991-1996). Mit etwa 66 Einwohnern je km^2 und in Teilbereichen unter 40 Bewohnern je km^2 ist die Region dünn besiedelt. (Landschaft Stapelholm e.V. 1998: 2) Die Wirtschaftsstruktur ist durch einen hohen Anteil der Landwirtschaft und unterdurchschnittliche Anteile der außerlandwirtschaftlichen gewerblichen Wirtschaft geprägt. Die gewerblichen Betriebe weisen eine deutlich kleinbetriebliche Größenstruktur auf (vgl. MP SH 1997). Die Zahl der landwirtschaftlichen Betriebe lag (1995) bei rund 800 (600 Haupt- und 200 Nebenerwerbsbetriebe). Sie ist seit 1970 um 50 Prozent zurückgegangen und wird voraussichtlich weiter sinken (MP SH 1996: 46; Landwirtschaftskammer Schleswig-Holstein 1992).

Tourismus als Wirtschaftsfaktor

Der Tourismus im Eider-Treene-Sorge-Kernraum befindet sich noch im Aufbau; bis 1990 hat es hier fast keine touristischen Aktivitäten gegeben. Erst vom Entwurf eines Entwicklungskonzeptes für die Eider-Treene-Sorge-Niederung, den die Landesregierung im September 1990 vorlegte, gingen Impulse für eine touristische Entwicklung der Region aus, die sich an den Zielen eines Sanften Tourismus orientierten (vgl. MP SH 1996). Seitdem ist der Tourismus Bestandteil und Antriebsmotor einer dynamischen und nachhaltigen Entwicklung in der Region.

Tab. 1: Tourismus im Eider-Treene-Sorge-Kernraum 1997

	Betriebe	Betten	Ankünfte	Übernachtungen
Nordfriesland	120	1.371	30.500	115.400
Dithmarschen	26	450	5.600	23.000
Schleswig-Flensburg	12	100	2.800	7.100
Rendsburg-Eckernförde	3	15	800	1.100
gesamt	**161**	**1.936**	**39.700**	**146.600**

Quelle: MP SH 1998, Anlage 7

Die Tabelle erfasst, anders als die amtliche Statistik, auch Beherbergungsbetriebe mit weniger als neun Betten.[2] Sie vermittelt daher ein realistisches Bild des Tourismus in einer Region, in der überdurchschnittlich viele Vermieter dieser Kategorie angehören. Es zeigt sich, dass im Jahr 1997 mit 39.700 die Zahl der Gäste ungefähr so hoch war wie die Zahl der Einwohner (40.000). Damit liegt der Eider-Treene-Sorge-Kernraum selbst bei Einbeziehung der Kleinbetriebe innerhalb Schleswig-Holsteins am unteren Ende der Skala. Denn im gesamten Bundesland stehen knapp 2,8 Mio. Einwohnern laut amtlicher Statistik - also bei systematischer Untererfassung - über 4 Mio. Gäste gegenüber (im Jahr 1998; Statistisches Bundesamt 1999: 76 und 132). Bei einem Vergleich der tatsächlichen Übernachtungszahlen würde sich die Relation also noch weiter zu Ungunsten des Eider-Treene-Sorge-Kernraumes verschieben. Dennoch belegen die Gästezahlen deutlich die touristische Belebung dieser Region.

Nachhaltige Tourismusentwicklung

In Planung und Umsetzung ihres Tourismuskonzeptes orientiert sich die Region an den Zielen nachhaltiger Entwicklung. Sie bemüht sich um einen sparsamen Verbrauch natürlicher Ressourcen in allen Phasen des touristischen Produktlebenszyklus, angefangen beim Bau und der Instandhaltung der touristischen Infrastruktur, über die zentralen touristischen Dienstleistungen in den Bereichen Beratung und Information, Transport, Beherbergung und Verpflegung - bis hin zur Entsorgung von touristischen Abfallprodukten. Sie pflegt ihre soziokulturellen Besonderheiten und bemüht sich intensiv um den Erhalt oder die Schaffung von Arbeitsplätzen. Ausdrücklich bekennt sie sich zur europäischen Bedeutung ihres Naturpotenzials und forciert eine Wirtschaftsentwicklung, die von weiteren Umweltbelastungen entkoppelt ist. Sie arbeitet daran,

- das Zusammenwirken von ökologischem Potenzial und gewachsener Kultur zu nutzen und zu entwickeln sowie
- den Strukturwandel in dem peripheren strukturschwachen Raum in integrierte regionsspezifische Ansätze umzusetzen (vgl. Thormählen 1997).

Die Tourismusentwicklung im Eider-Treene-Sorge-Kernraum ist ein integrierter Bestandteil einer nachhaltigen Regionalentwicklung und wirkt in das umgebende sozio-ökonomische System hinein. Wertschöpfungseffekte des naturbezogenen Tourismus sind mit denen in angrenzenden Sektoren verknüpft. Die Region bemüht sich darum, ihre gewachsene kleingliedrige Wirtschaftsstruktur zu erhalten und zu beleben. Diese Struktur gilt als lebendiges Erbe der historischen Kulturlandschaft und als schützenswerte Besonderheit des touristischen Erlebnisraumes. Zentrale Handlungsfelder der Entwicklung eines Sanften Tourismus sind

- die Sicherung des einzigartigen Naturpotenzials,
- die verstärkte Kooperation zwischen Landwirtschaft, Tourismus, Gastronomie, Ernährungsgewerbe und Einzelhandel,
- der Auf- und Ausbau eines Wegenetzes mit dazugehöriger Fuß- und Radwanderinfrastruktur,
- die Denkmalpflege,
- die Belebung des kulturellen Erbes und eine innovative Kulturentwicklung.

(Landschaft Stapelholm e.V. 1998).

Die derzeitigen Rahmenbedingungen einer integrierten Regionalentwicklung kommen dem Eider-Treene-Sorge-Kernraum entgegen. Die Region ist in die Gemeinschaftsaufgabe „Verbesserung der regionalen Wirtschaftsstruktur" einbezogen und wird im Rahmen des schleswig-holsteinischen Regionalprogramms für strukturschwache ländliche Räume gefördert. Dessen Aufgabe besteht darin, im Wege der Projektförderung Beschäftigungs- und Qualifizierungschancen, insbesondere auch von Frauen, zu verbessern und zugleich die ökologische Funktion des Raumes zu schützen. Der vor zehn Jahren von der Landesregierung eingeleitete Entwicklungsprozess setzt auf regionale Kooperation, innovative Entwicklungen und größt mögliche Effizienz. Das Land unterstützt die Region finanziell bei der Weiterentwicklung und Umsetzung des Konzeptes und hat insbesondere in der Anfangsphase prozessuale Hilfestellung durch die Beauftragung eines Koordinators und die Einrichtung eines Regionalbüros gegeben.

Tourismus und Naturschutz

Wesentliche Bestandteile des naturbezogenen Sanften Tourismus sind Angebote zum Erleben, Beobachten und Verstehen der Natur sowie Angebote zur Natur- und Umweltbildung. Sie haben in der ökologisch hochsensiblen Eider-Treene-Sorge-Niederung einen herausragenden Stellenwert. Die Naturschutzzentren in Bergenhusen und Lunden nehmen vielfältige Aufgaben wahr und ziehen mit ihren multimedialen Naturschutzausstellungen, Naturerlebnisräumen und museumspädagogischen Angeboten Tausende von Besuchern an.

Neben ihrer bewusstseinsbildenden Öffentlichkeitsarbeit betreiben die Einrichtungen wissenschaftliche Naturschutzforschung, intensive Landschaftspflegemaßnahmen und aktiven Weißstorchschutz. Sie leisten einen wesentlichen, auch touristisch relevanten Beitrag zum Landschaftserhalt. So wird etwa zurzeit mit der Renaturierung eines Sees begonnen, der infolge der landwirtschaftlichen Nutzung des Gebietes trockengefallen war. Hier entsteht ein Naherholungsgebiet von hohem ökologischen Wert. Zur Natur- und Landschaftspflege zählen auch die Kartierung und Pflege von landestypischen Kulturbiotopen wie Knicks, Feuchtgrünlandflächen, Streuobstwiesen und Kopfweiden. Als Beispiel einer ökologisch und ökonomisch sinnvollen Maßnahme sei hier das Vorhaben genannt, in Zukunft verstärkt solche Kopfweidenarten anzubauen, die sich besonders zum Körbeflechten eig-

Abb. 2: Flusslandschaft Eider-Treene-Sorge

Quelle: MP SH 1999: 25

nen: Es ist geplant, diese handwerkliche Tradition wiederzubeleben und die Weidenkörbe als regionaltypisches Produkt touristisch zu vermarkten.

Tourismus an der Nahtstelle zur Landwirtschaft

Im Verständnis der Akteure ist der Tourismus in zweifacher Weise mit der Landwirtschaft verknüpft. Zum einen lebt der Ausbau von Absatzstrukturen für landwirtschaftliche Erzeugnisse von der touristischen Nachfrage: Sie sichert zu nennenswerten Teilen die ökonomische Existenz der landwirtschaftlichen Erzeuger- und Verarbeitungsbetriebe sowie der Gastronomie. Zum anderen sind die ökologische Qualität der landwirtschaftlichen Produkte und die ästhetische Qualität der Kulturlandschaft Bestandteile des regionalen Profils. Die Bemühungen um eine Sanfte Tourismusentwicklung im Eider-Treene-Sorge-Kernraum zielen daher insbesondere auf die Schnittstelle zur Landwirtschaft, d. h. auf einen erhöhten Umsatz landwirtschaftlicher Produkte aus der Region im Einzelhandel, in der Direktvermarktung und der Gastronomie.

Angesichts der Tatsache, dass die Zahl der Übernachtungsgäste und die Zahl der ständigen Einwohner etwa gleich hoch sind, ist davon auszugehen, dass ein erheblicher Anteil der Lebensmittel von Touristen nachgefragt wird. Jedoch wird nur ein kleiner Teil des Lebensmittelumsatzes mit regionalen Erzeugnissen erwirtschaftet. Im Eider-Treene-Sorge-Kernraum machen sie laut einer Studie aus dem Jahr 1998 knapp zwei Prozent des Lebensmittel-Einzelhandels aus (im Bundesdurchschnitt drei Prozent). Der Anteil regionaler Landwirtschaftserzeugnisse wie Fleisch-, Fisch-, Milch- und Milchveredelungsprodukte wird jedoch auf zehn Prozent geschätzt (MP SH 1998: 4). Die diversen Maßnahmen im Bereich der Direktvermarktung zielen explizit darauf, die Vermarktung regionaler Erzeugnisse auszuweiten. Hiervon gehen breitgestreute Impulswirkungen aus, so im Segment „Ferien auf dem

Bauernhof", wo Beherbergung und Direktvermarktung kombiniert werden, aber auch auf den Bauernmärkten, die zunehmend überörtliche Anziehungskraft entwickeln. Daneben profitieren Lieferservices für Erzeugnisse aus ökologischem Landbau, und die kleinen ernährungshandwerklichen Betriebe wie z. B. Käsereien stoßen auf eine rege Nachfrage nach ihren regionaltypischen Produkten.

In den gastronomischen Betrieben der Region spielt die Verwendung regionaler Erzeugnisse infolge fehlender Vertriebs- und Logistikstrukturen eine noch untergeordnete, aber stetig wachsende Rolle. Ihre Ausweitung ist ein Schwerpunkt der integrierten Regional- und Tourismusentwicklung. Viele Gastwirte beteiligen sich gemeinsam mit Akteuren aus Landwirtschaft, Ernährungshandwerk, Einzelhandel und Tourismus am Ausbau regionaler Verarbeitungs-, Absatz- und Marketingstrukturen. Dies geschieht durch eine Reihe von Maßnahmen wie die Vereinbarung regionaler Herkunfts- und Qualitätsmerkmale bei der Herstellung landwirtschaftlicher und handwerklicher Produkte, die Kennzeichnung der betreffenden Erzeugnisse mit einem Logo nach strengen Vergabekriterien, die Wiederbelebung regionaler Rezepturen und die Entwicklung einer „regionalen Speisekarte". Adressaten sind Urlauber, aber auch die Einheimischen, deren Nahversorgung mit Produkten und Dienstleistungen auf diese Weise erheblich verbessert wird.

Die beteiligten Akteure versprechen sich von ihren Aktivitäten eine Anpassung an den Agrarstrukturwandel: Durch die Eröffnung von Nebenerwerbstätigkeiten wollen sie landwirtschaftliche Arbeitsplätze erhalten helfen. Für die ökonomische Stabilität der Region ist dies besonders bedeutsam, weil die beschäftigungssichernde Wirkung nicht nur direkt die Kernarbeitsplätze in der landwirtschaftlichen Produktion betrifft, sondern indirekt auch die Arbeitsplätze des Ernährungsgewerbes und des so genannten Agrarkomplexes (Agrardienstleistungen, Agrartechnik, Agrarhandel). Gemeinsam machen sie im Eider-Treene-Sorge-Kernraum ein Viertel aller Arbeitsplätze aus (errechnet auf der Grundlage des Agrarreports 2000 des Landes Schleswig-Holstein; vgl. hierzu auch Sprenger et al. 2001).

Ausbau des touristischen Wegenetzes

Programmatischer Bestandteil des Sanften Tourismus im Eider-Treene-Sorge-Kernraum ist die Umwelt orientierte Besucherlenkung. Dazu gehören Maßnahmen wie die Ausarbeitung von Wege- und Befahrungskonzepten, die Entwicklung, Kartierung und infrastrukturelle Ausstattung von ökologisch und umweltpädagogisch sinnvollen Radwander-Routenführungen und Themenpfaden. In der Region kooperieren zu diesen Zwecken Raum- und Landschaftsplaner mit Bildungs- und Naturschutzeinrichtungen sowie Praktikern aus der Landschaftspflege und Handwerkern. Hier wurden im Verlaufe von zwei Jahren die ökologischen, historischen, archäologischen, architektonischen, siedlungsstrukturellen und kulturellen Sehenswürdigkeiten wissenschaftlich fundiert bestimmt und inhaltlich beschrieben. Auf dieser Grundlage konnte eine Radwanderkarte und -broschüre erstellt werden, die dank ihres großen redaktionellen Anteils nahezu den Charakter eines Heimatkundebuches gewonnen hat.

Im Rad- und Fußwanderwegenetz wurden und werden einzelne Streckenabschnitte ausgebaut und eine fahrradtouristische Infrastruktur eingerichtet: Rastplätze mit Tischen und Bänken, Schutzhütten und Fahrradständer, Informationspunkte und thematische Beschilderungen. Damit ist zugleich der Bedarf an kontinuierlicher Instandhaltung durch Pflegearbeiten, weitere Anpflanzungen und Baumschnitt entstanden. Die folgende Aufstellung ver-

Tab. 2: Ausbau der Wegenetz-Infrastruktur - Arbeitsbausteine und ausführende Akteure

Arbeitsbausteine	Akteure
- Logistische Planung von Wegenetzen	Verkehrsplanung
- Naturwissenschaftliche Untersuchungen des Naturraumes	Naturschutzforschung
- Sozialwissenschaftliche Recherchen zur Regionalgeschichte	Regionalforschung
- Entwicklung von umweltpädagogisch, regionalgeschichtlich und kulturell sinnvollen Themenpfaden	Landschaftsplanung Konzeptentwicklung
- Ausbau des Wegenetzes	Wegebau
- Infrastrukturelle Ausstattung des Wegenetzes	Tischlerei, Zimmerei
- Angebot von Fahrrad-Servicedienstleistungen	Fahrradmechanik
- Thematische Beschilderung des Wegenetzes	Handwerke, Bildhauerei
- Ausstellungen, Führungen	Umweltbildung
- Kontinuierliche Instandhaltung und Pflege des Wegenetzes	Handwerk Naturschutz Landschaftspflege Wegebau
- Konzepterstellung für Regionalführer und Kartenwerke	Konzeptentwicklung
- Erstellung von Informationsbroschüren und Verzeichnissen	Redaktion, Fotografie
- Kartierung von Kulturbiotopen	Agrarwissenschaft
- Pflege von Kulturbiotopen	Arten- und Biotopschutz
- Sozioökonomische Nutzung von Naturkapital und Naturschutz	Regionale Ökonomie
- Projektmanagement und -verwaltung, Öffentlichkeitsarbeit	Projektbüro
- Regionalmanagement	Regionale Entwicklungsagentur

Quelle: Eigene Darstellung

anschaulicht die große Bandbreite an Beschäftigungszweigen, die an einem solchen Projekt beteiligt sind, und belegt seine regionalwirtschaftliche Bedeutung.

Tourismus und Denkmalpflege

Im Eider-Treene-Sorge-Kernraum konnten im Zuge der Dorferneuerung in den achtziger Jahren viele alte Häuser saniert werden. Für den Erhalt der historischen Dorfkerne und die regionstypische Gestaltung der vorhandenen Bausubstanz ist vor allem die Instandhaltung und Neudeckung von Reetdachhäusern entscheidend. In einigen Dörfern wurden und werden daher die Reetdachhäuser im Interesse systematischer Pflege kartiert. Neben der Denkmalpflege rücken in einer integrierten Sichtweise zunehmend auch ökologische und ökonomische Aspekte ins Blickfeld: Nachdem in der jüngeren Vergangenheit und bis heute aus Kostengründen noch ein Teil des Reets aus Ungarn und Südafrika importiert wurde und wird, sollen in Zukunft regionale Reetschnittflächen reaktiviert und Neuanpflanzungen vorgenommen werden. Die Verantwortlichen versprechen sich davon den Aufbau eines ökologisch sinnvollen Landwirtschaftszweiges, die Vermeidung energieintensiver Transporte, den Verbleib von Wertschöpfung in der Region und die Sicherung der Beschäftigung in den regionalen Dachdeckerbetrieben.

Innovative Elemente der Kulturentwicklung

Einige der beschriebenen Aktivitäten an der Nahtstelle des Tourismus zum Naturschutz und zur Landwirtschaft, zur Denkmalpflege und zum Ausbau der Wegenetzinfrastruktur leisten im weiteren Sinne einen Beitrag zum Schutz des sozio-kulturellen Erbes der Region, denn sie helfen, tradierte Lebens-, Wirtschafts- und Wohnstrukturen zu erhalten. Regionaltypisches Ernährungshandwerk, das Korbmacherhandwerk und die Reetdach-Architektur prägen den Charakter und das Außenbild des Eider-Treene-Sorge-Kernraums. Ihre Stärkung und Wiederbelebung halten das Bewusstsein von der regionalen Geschichte wach und erhöhen zugleich die Wertschöpfung in der Region.

Darüber hinaus findet die Entwicklung von Kultur auch im engeren Sinne statt. So partizipiert die Region an der Entwicklung einer so genannten Kulturroute entlang des „Ochsenweges", der die Ausläufer der Flusslandschaft durchquert. Diese historische Nord-Süd-Transportader besteht seit der Bronzezeit und war früher die einzige Verbindung auf dem Landweg zwischen Deutschland und Süd-Skandinavien. Der Austausch umfangreicher und bedeutender ökonomischer und kultureller Leistungen fand hier statt. Infolgedessen liegen am Rande des Ochsenwegs wie Perlen einer Kette zahlreiche kulturhistorische und archäologische Denkmäler, die ihn zur "kulturhistorischen Wirbelsäule" des Landes prädestinieren. In den letzten Jahren wurde kontinuierlich an seiner touristischen Inwertsetzung gearbeitet und regelmäßig für seine Instandhaltung und Pflege gesorgt. Mit der Beschilderung eines Radwanderweges entlang der Trasse wurde ein grundlegender Schritt getan. Die Route berührt heute kulturelle, landschaftshistorische, architektonische und ökologische Besonderheiten, zu denen wissenswerte Informationen und regionalgeschichtliche Hintergründe präsentiert werden. Sie tangiert und verbindet Museen, Gasthäuser, Bauerncafés, Märkte, offene Höfe usw.

Die beteiligten Planer und Wissenschaftler nehmen dabei eine überregionale Perspektive ein. Sie arbeiten daran, den Ochsenweg als transregionale und transnationale Kulturaustauschroute zu erschließen. Ihr Ziel ist, seine touristische Nutzung dauerhaft mit seiner grenzübergreifenden kulturhistorischen Dimension zu unterfüttern. Wenn die entlang der Route liegenden Gemeinden innerregional und überregional zusammenarbeiten, kann der Ochsenweg - so die Erwartung der Verantwortlichen - unter Einschluss des Eider-Treene-Sorge-Kernraums ein Erschließungsmodell für den Geestrücken und eine touristische Alternative zu den touristisch hochfrequentierten Küsten werden.

Auch in der Region ansässige Künstlerinnen und Künstler initiieren moderne Kulturentwicklung im ländlichen Raum. Sie bemühen sich, ihr seit längerem bestehendes loses Netzwerk durch die Gründung eines Regionalen Kulturforums zu institutionalisieren. Ihr Ziel ist ein regionales Kulturmanagement, das die Zersplitterung der kulturellen Aktivitäten im Eider-Treene-Sorge-Kernraum als Folge seiner Zugehörigkeit zu vier Landkreisen aufhebt und Veranstaltungen und Projekte regionsweit koordiniert. Sie wollen eine Agentur aufbauen, in der Trägern und Betreibern künstlerischer Projektideen Hilfestellung bei der Umsetzung angeboten werden kann. Die Beteiligten planen, zunächst eine Bestandsaufnahme der künstlerischen Aktivitäten in der Region vorzunehmen, das bestehende Profil darzustellen und an seiner Weiterentwicklung zu arbeiten. Auf diese Weise lässt sich ein späterer Schritt in die Außendarstellung des kulturell entwickelten Raumes vorbereiten.
Ein seit drei Jahren bestehendes Land-Art-Projekt mit dem Titel "Von Pfahl zu Pfahl" erhöht die touristische Anziehungskraft des abgelegenen historischen Naturraums.[3] 23 Künstlerinnen und Künstler haben Objekte geschaffen, in der Landschaft platziert und auf diese Weise die natürliche Umwelt in den künstlerischen Werkprozess einbezogen: Die Umwelt des Kunstwerkes wird hier zum Bestandteil des Schaffens, hinterlässt ihre Spuren,

Abb. 3: Land-Art-Ausstellung „Von Pfahl zu Pfahl"

Quelle: Kunstwerk von Thomas Jaspert: Giraffe, Eichenholz geflammt, Höhe 320 cm; Land-Art-Ausstellung „Von Pfahl zu Pfahl", 1998

prägt das künstlerische Objekt und bildet ihre Gesetzmäßigkeiten darauf ab. Künstlerinnen und Künstler agieren direkt im Raum, verbinden ihr Werk mit dem Natur- und Kulturraum und schärfen die Aufmerksamkeit des Besuchers für die Gestalt der Landschaft. Ihre 'Kunst in der Landschaft' ist ein erster und erfolgreicher Ansatz, einen modernen kulturellen Akzent in der Region zu setzen. (Jaspert 1998)

Fazit

Der strukturschwache Eider-Treene-Sorge-Kernraum ist dabei, seine spezifische Antwort auf den agrarstrukturellen Anpassungsbedarf zu erarbeiten. Er befindet sich in dynamischen Prozessen, in denen Entwicklungen angestoßen, kontinuierlich überprüft und korrigiert, durch geeignete Maßnahmen befördert, erweitert und konsolidiert werden. Die Entwicklung eines Sanften Tourismus in der Region erschließt neue Potenziale, indem sie regionale Traditionen mit vorwärts gewandten Ideen verknüpft. Sie bewährt sich als Motor für die regionale Ökonomie und eröffnet in der Landschaftspflege und im Naturschutz, in der Landwirtschaft und in der touristischen Infrastruktur einige der dringend benötigten Erwerbsalternativen im Agrarstrukturwandel. Sie hilft, Beschäftigung zu erhalten und in Teilbereichen auch neue zu schaffen (vgl. Lucas et al. 2000; Sprenger et al. 2001).

Über die Wertschöpfungs- und Beschäftigungswirkungen hinaus hat die integrierte Regional- und Tourismusentwicklung bedeutende soziale Folgen: In ihrem Rahmen werden Kooperationsstrukturen sowohl zwischen den Gebietskörperschaften als auch zwischen privaten und öffentlichen Akteuren aufgebaut. Zu ihren wesentlichen Neuerungen gehört ein transparentes und praxisorientiertes Kommunikationsverfahren mit der Bevölkerung vor Ort. Dies schafft die Voraussetzung für die Entwicklung und Konkretisierung eines abgestimmten Konzeptes, für die Erarbeitung von Handlungsansätzen und die koordinierte

Umsetzung von integrierten Projekten. Es fanden und finden dialogische Verfahren statt, mit denen eine breite Beteiligung betroffener Gruppen und Bürger erreicht wird. In diesem Kontext hat auch die innerregionale und zugleich nach außen geöffnete Kulturentwicklung ihren Platz und ihren Stellenwert. Sie ist Ausdruck eines aufgeschlossenen sozialen und kulturellen Klimas. In der Eider-Treene-Sorge-Niederung herrscht ein kommunikatives und innovatives Milieu, das für die Besucherin und den Besucher deutlich spürbar ist.

Zur Verankerung und Stabilisierung der Entwicklungsprozesse sind Ansprechpartner auf Regions- und Landesebene vorhanden, die wichtige Funktionen als Mediatoren und Vertrauensbildner haben. Mit dem Ziel, die Betrieb und Sektor übergreifenden Kooperationen in der Region langfristig zu sichern, ist eine Entwicklungsgesellschaft (Eider-Treene-Sorge-GmbH) gegründet worden, die das regionale Management übernehmen wird. Zu ihren Aufgaben wird die Intensivierung der Gemeinde übergreifenden Zusammenarbeit auf der Ebene der Verwaltung ebenso gehören wie die gezielte Projekt orientierte Begleitung der vom Strukturwandel Betroffenen. Sie wird die Kommunikation und Kooperation zwischen Touristik-, Naturschutz- und Landwirtschaftsverbänden, Bildungsträgern, kulturellen Einrichtungen usw. organisieren und moderieren.

Bei der in der Eider-Treene-Sorge-Niederung praktizierten integrierten Regional- und Tourismusentwicklung werden ökonomische, ökologische, soziale und kulturelle Belange einfallsreich und tragfähig miteinander verknüpft. Es handelt sich hier um einen Nachhaltigkeitsprozess, der die Anforderungen der Agenda 21 in hohem Maße erfüllt. Vor diesem Hintergrund wurde die Region im Wettbewerb „Regionen der Zukunft auf dem Weg zu einer nachhaltigen Entwicklung", den das Bundesamt für Bauwesen und Raumordnung im Jahr 1997 ausschrieb, als „Region der Zukunft" und auf der URBAN 21-Konferenz im Juli 2000 mit einem zweiten Preis ausgezeichnet. (vgl. Landschaft Stapelholm e.V. 1998 und 1999; http://www.zukunftsregionen.de/)

Mit dem bevorstehenden Ende der derzeitigen EU-Förderperiode im Jahr 2006 kommen weitere Anstrengungen auf die Region zu. Denn dann werden schwerpunktmäßig Maßnahmen gefördert werden, die auf die Herausforderungen der EU-Erweiterung reagieren. Hinzu kommt, dass Fördermaßnahmen in Zukunft noch stärker daran gebunden sein werden, dass Entwicklungen in ein regionales Gesamtkonzept eingebettet sind und langfristig sich selbst tragende Strukturen hervorbringen (Thormählen 2001). Dank der inzwischen aufgebauten Strukturen ist die Eider-Treene-Sorge-Niederung für die neuen Anforderungen gut gerüstet. Nun wird es darauf ankommen, den eingeschlagenen Weg konsequent fortzusetzen.

Anmerkungen:

1 *Dem Eider-Treene-Sorge-Kernraum als naturräumlich definiertem Gebiet gehören einige Ämter nicht mit ihrer vollständigen Fläche an. Das umfassendere Eider-Treene-Sorge-Gebiet hingegen schließt zehn vollständige Ämter ein und ist durch administrative Grenzen definiert. Es hat auf einer Fläche von 1400 km² ca. 80.000 Einwohner (MP SH 1999). Sämtliche im vorliegenden Text verwendeten Aussagen beziehen sich auf den Eider-Treene-Sorge-Kernraum. In Abgrenzung vom größeren administrativ bestimmten Gebiet wird hier wie in Veröffentlichungen des Landes auch vom Kernraum gesprochen.*

2 *Die Daten stammen aus einer Studie der Fa. FUTOUR Umwelt, Tourismus- und Regionalberatung (MP SH 1998).*

3 *Ein Teil der Plastiken wurde inzwischen wieder abgebaut.*

Literatur

Jaspert, Thomas (Hg.) (1998): Von Pfahl zu Pfahl - Eine Begegnung zwischen Menschen, Kunst und Landschaften in der Eider-Treene-Sorge-Region. Ohne Ort

Landschaft Stapelholm e.V. (Hg.) (1998): Nachhaltige Regionalentwicklung. Flusslandschaft Eider-Treene-Sorge. Erster Beitrag für den Wettbewerb „Regionen der Zukunft" des Bundesministeriums für Raumordnung, Bauwesen und Städtebau. Bearbeitet von Ulf Hahne, Universität Flensburg. Seeth

Landschaft Stapelholm e.V. (Hg.) (1999): Die Flusslandschaft Eider-Treene-Sorge - eine „Region der Zukunft" auf dem Weg zur nachhaltigen Entwicklung. Zweiter Beitrag für den Wettbewerb „Regionen der Zukunft" des Bundesministeriums für Raumordnung, Bauwesen und Städtebau. Bearbeitet von Ulf Hahne. Seeth

Landwirtschaftskammer Schleswig-Holstein (1992): Landwirtschaftliche Struktur- und Entwicklungsanalyse Eider-Treene-Sorge-Niederung. Kiel

Lucas, Rainer/Bräuer, Rolf/Nischwitz, Guido/Wittek, Susanne (2000): Handbuch „Regionale Good Practices einer nachhaltigen Raum- und Siedlungsentwicklung". Schriftenreihe des Bundesamtes für Bauwesen und Raumordnung, Nr. 1/2000. Bonn

Minister für ländliche Räume, Landesplanung, Landwirtschaft und Tourismus des Landes Schleswig-Holstein (2000): Agrarreport 2000. Kiel

MP SH 1995; für: Ministerpräsidentin des Landes Schleswig-Holstein (Hg.) (1995): Naturbezogener Sanfter Tourismus im Eider-Treene-Sorge-Gebiet. Kiel

MP SH 1996; für: Ministerpräsidentin des Landes Schleswig-Holstein (Hg.) (1996): Regionales Entwicklungskonzept für ein europäisches Großschutzgebiet. Das Projekt „Eider-Treene-Sorge". Kiel

MP SH 1997; für: Ministerpräsidentin des Landes Schleswig-Holstein (Hg.) (1997), Entwicklungs- und Kooperationsmöglichkeiten gewerblicher Klein- und Mittelbetriebe im Eider-Treene-Sorge-Gebiet. Bearbeitet von Plewa und Partner, Stadt- und Regionalplanung und -forschung (Flensburg). Kiel

MP SH 1998; für: Ministerpräsidentin des Landes Schleswig-Holstein (Hg.) (1998), Regionalvermarktung und Regionalmarketing im Eider-Treene-Sorge-Gebiet. Bearbeitet von FUTOUR Umwelt-, Tourismus- und Regionalberatung (München). Kiel

MP SH 1999; für: Ministerpräsidentin des Landes Schleswig-Holstein (Hg.) (1999), Regionale Entwicklungsinitiativen in Schleswig-Holstein. Kiel

Sprenger, Rolf Ulrich / Rave, Tilmann / Köwener, Dirk / Wittek, Susanne / Wackerbauer, Johann / Hofmann, Herbert (2001): Umweltorientierte Dienstleistungen als wachsender Beschäftigungssektor. Endbericht des ifo Institut für Wirtschaftsforschung im Auftrag des Umweltbundesamtes. Darin insbesondere Wittek, Susanne: Dienstleistungen im Ökotourismus. Vergleichende Fallstudie zum Eider-Treene-Sorge-Gebiet und zum Eichsfeld. München, A-108 – A-142

Thormählen, Ludwig (1997): Integrierte Regionalentwicklung am Beispiel des „Eider-Treene-Sorge-Gebietes". In: Akademie für Raumforschung und Landesplanung (Hg.) (1997), Integrierte Regionalentwicklung: Chancen und Konflikte durch Großschutzgebiete. Hannover, 316-327

Thormählen, Ludwig (2001): Möglichkeiten für die Einrichtung eines regionalen Dienstleistungszentrums für die „Flusslandschaft Eider-Treene-Sorge". Unveröffentlichter Entwurf eines Berichtes über die Ergebnisse einer Untersuchung im Auftrage des Vereins Landschaft Stapelholm e. V. Seeth

http://www.zukunftsregionen.de/

Bettina Bruder

Tourismus und Lokale Agenda im ländlichen Raum: Das Beispiel Friedland bei Göttingen

In Deutschland beginnen die Kommunen nur sehr schleppend mit der Umsetzung der Forderungen von Rio. Vor allem kleine Kommunen sind bisher kaum in Erscheinung getreten. So kam eine Umfrage des Regionalverbandes Südniedersachsen e.V. im Jahr 1998 zu dem Ergebnis, dass in erster Linie die Städte und Landkreise Agenda-Prozesse vorbereiteten oder bereits installiert hatten. Nachfragen in den folgenden Jahren ergaben keine wesentlichen Veränderungen, sodass von einer Stagnation gesprochen werden kann.

Die Gemeinde Friedland (Landkreis Göttingen) war 1996 eine der ersten Kommunen in der Region, die mit den Vorbereitungen zur Erstellung einer Lokalen Agenda begann. Dass sie es damit ernst meinte, bewies sie durch eine engagierte Vorbereitung und Begleitung des Prozesses sowie durch die Bereitstellung finanzieller Mittel in Höhe von ca. 80.000 DM; für eine ländliche Gemeinde dieser Größenordnung eine nicht unerhebliche Leistung.

Die Gemeinde Friedland

Lage

Die Gemeinde Friedland liegt im Dreiländereck Niedersachsen, Thüringen und Hessen und ist dem Oberzentrum Göttingen benachbart. Die Topographie wird bestimmt vom Leinetal und den angrenzenden bewaldeten Höhenzügen - dem Leinebergland.

Struktur

Durch das Gesetz zur Neugliederung der Gemeinden im Landkreis Göttingen wurden 14 ehemals selbstständige Ortschaften 1973 zur Gemeinde Friedland zusammengeschlossen. Auf einer Gesamtfläche von circa. 76 qkm leben zurzeit etwa 7600 Menschen (zuzüglich 2000 Spätaussiedler). Sitz der Gemeindeverwaltung und Grundzentrum ist die Ortschaft Groß Schneen. Die zentrale Lage, die gute Infrastruktur und die Nähe zu Göttingen führten hier zur Ausweisung mehrerer Wohnbaugebiete, während die bauliche Entwicklung der anderen Ortschaften sich weitestgehend am örtlichen Bedarf orientiert.

Dementsprechend verlief die Bevölkerungsentwicklung in den einzelnen Ortschaften recht unterschiedlich: Stadtnahe Ortschaften konnten leichte bis starke Zuwächse verzeichnen, die abseits gelegenen Ortschaften verzeichnen stagnierende bzw. rückläufige Bevölkerungszahlen.

Verkehr

Die Gemeinde verfügt durch die unmittelbare Nähe zur A 7 (Hannover-Kassel) und ab dem Jahr 2005 mit der A 38 (Göttingen-Halle/Saale) über eine sehr gute Anbindung an das nationale und internationale Straßennetz; die A 38 wird über Gemeindegebiet verlaufen. Der

Bahnhof in Friedland sorgt schließlich für die Verbindung zum ICE-Halt in Göttingen. Die einzelnen Ortschaften sind über Buslinien an das Oberzentrum Göttingen angebunden.

Wirtschaft

Die Dörfer der Gemeinde Friedland werden seit jeher von der Landwirtschaft geprägt. Zweidrittel der Gesamtfläche werden landwirtschaftlich genutzt. (Gemeinde Friedland 1997: 33) Aufgrund des Strukturwandels gibt es heute in der Landwirtschaft jedoch nur noch wenige Arbeitsplätze. Der überwiegende Teil der Erwerbstätigen pendelt täglich zur Arbeitsstätte in die benachbarte Universitätsstadt Göttingen, die das regionale Oberzentrum mit allen entsprechenden Einrichtungen darstellt. Größter Arbeitgeber in der Gemeinde selber ist das Grenzdurchgangslager in Friedland. Geprägt wird die Wirtschaftsstruktur von klein- und mittelständischen Handwerksbetrieben, vor allem aus dem Baugewerbe.

Die allgemeine wirtschaftliche Entwicklung der Gemeinde war durch die Nähe zur innerdeutschen Grenze stark eingeschränkt. Mit der Grenzöffnung wurde ihr Dornröschenschlaf schlagartig beendet. Die zunehmende Verkehrsbelastung und Arbeitskräftezuwanderungen aus den neuen Bundesländern seien hier beispielhaft für die vielfältigen Konsequenzen der Wiedervereinigung genannt, die eine enorme Belastung für die Region Südniedersachsen darstellen. Wenn auch die Lösung der vielfältigen Probleme des Zusammenwachsens der beiden deutschen Staaten zweifellos wichtige Impulse für die Entwicklung der Region verspricht, so werden die Perspektiven für Friedland momentan jedoch seitens der Bevölkerung als eher ungünstig beurteilt. So werden eine Reihe größerer Straßenbauprojekte angeschoben, welche die Entwicklung der Gemeinde durch massive Landverluste, Verlärmung des Leinetales, Verlust der Lebensqualität etc. erheblich beeinträchtigen werden. Gleichzeitig verschärft sich die wirtschaftliche Situation durch die zunehmende Konkurrenz aus dem hochsubventionierten Thüringen, der Friedland durch den Wegfall der „Zonenrandförderung" wenig entgegenzusetzen hat.

Touristisches Potenzial

Vor den Toren der Stadt gelegen nutzen viele Göttinger die Vorzüge der Gemeinde Friedland für Tagesausflüge und zur Naherholung. Zudem ist die Region an der stark frequentierten Nord-Süd-Verbindung A 7 ein Etappenziel bzw. Rastplatz für viele Urlauber z. B. aus Skandinavien, und auch die Deutsche Märchenstraße verläuft über das Gemeindegebiet.

Deutsche Geschichte ist durch das ehemalige deutsch-deutsche Grenzgebiet und das einzigartige Grenzdurchgangslager überall spürbar. Das Projekt „Grünes Band" des Naturschutzbundes Deutschland verspricht hier neue, interessante touristische Perspektiven. Reizvolle Landschaften mit kleinteiligen Feld- und Waldstrukturen und Auelandschaften, alte Rittergüter sowie gemütliche Gasthäuser laden zum Wandern ein. Feste und kulturelle Veranstaltungen werden von den verschiedenen örtlichen Vereinen angeboten. Die Gemeinde verfügt über ein Freibad, einen Campingplatz, einen Badesee, Kiesteiche, Tennisplätze und Sportanlagen. Übernachtungsmöglichkeiten bestehen in einigen Privatquartieren und in den Gasthäusern der einzelnen Ortschaften.

Die Gemeinde selbst erscheint nicht als eigene touristische Destination. Umgeben vom Eichsfeld, dem Weserbergland und der Universitätsstadt Göttingen, die über schlagkräftige Fremdenverkehrsverbände verfügen, gilt sie mit ihren Akteuren als *in between*. Doch angesichts der vorhandenen Ressourcen werden zurzeit auf kommunaler und regionaler Ebene erhebliche Entwicklungspotenziale gesehen, die mit Hilfe eines abgestimmten touristischen Entwicklungskonzeptes des Landkreises Göttingen erschlossen werden sollen. Inwiefern die im Bau befindliche A 38 und damit verbundene großflächige Gewerbeansiedlungen im Logistikbereich den Freizeitwert der Region und insbesondere der Gemeinde beeinträchtigen, wird dabei nicht diskutiert.

„Das Forum Friedland 21" - eine Lokale Agenda für Friedland

Die bereits angesprochenen Veränderungen durch die Wiedervereinigung, die ungünstige demographische Bevölkerungsentwicklung sowie neue übergeordnete Planungen (Landesraumordnungsprogramm, Regionales Entwicklungskonzept) führten dazu, dass der politische Raum konkrete Konzepte für die weitere Entwicklung der Gemeinde forderte.

1996 beauftragte der Gemeinderat die „Arbeitsgruppe Stadt" unter Leitung von Prof. Pfromm (GH Kassel), einen Gemeindeentwicklungsplan zu erstellen, dessen Ziele im Rahmen eines Agenda-Prozesses zu erarbeiten seien. Im Herbst 1997 trafen sich erstmals interessierte Bürgerinnen und Bürger zur Zukunftswerkstatt „Forum Friedland 21", mit dem Ziel, ein langfristiges Handlungsprogramm für eine zukunftsbeständige Gemeindeentwicklung zu erarbeiten - kurz: eine Lokale Agenda.

Organisation

Es wurde ein Agenda-Büro eröffnet und mit einer auf zwei Jahre befristeten ABM-Kraft besetzt. Diese wurde während der zentralen Arbeitsphase von einer BSHG-19 Kraft unterstützt. Aufgaben des Büros waren die Öffentlichkeitsarbeit, die Vorbereitung der Foren und die Unterstützung der Arbeitsgruppen, beispielsweise durch die Anfertigung von Protokollen. Die Moderation der Arbeitssitzungen übernahmen die Agenda-Beauftragte und die „Arbeitsgruppe Stadt" gemeinsam.

Bei der zweiten Zusammenkunft des „Forum Friedland 21" wurden vier Arbeitsgruppen gebildet:

- AG Ökonomie und Ökologie (später: Energie)
- AG Siedlungsentwicklung und Region
- AG Gemeindeöffentlichkeit und Konsultationsprozess
- AG Lebensqualität - Qualitätsgewinn für alle.

Diese Gruppen trafen sich in den folgenden zwei Jahren monatlich, bei Bedarf auch öfter. Das Plenum „Forum Friedland 21" tagte ca. alle vier Monate. Dort wurden Arbeitsergebnisse vorgestellt, Erfahrungen ausgetauscht und die weiteren Arbeitsschwerpunkte geplant. Vor der Fertigstellung des Handlungsprogramms wurde eine Werkstatt mit Vertretern des Gemeinderates durchgeführt, um für die Ideen und Projekte der Arbeitskreise zu werben und mögliche Differenzen abzubauen. Die gewählten Arbeitsgruppensprecher bildeten den Sprecherrat, der die Arbeit der Gruppen koordinieren und den Informationsfluss zwischen den Gruppen und zum Bürgermeister gewährleisten sollte.

Beteiligte Akteure

Die Zusammensetzung der Gruppen war anfangs bezüglich der Ausbildung und der Interessen sehr heterogen, wobei jedoch kaum Frauen und keine Jugendliche vertreten waren. Je nach thematischer Ausrichtung des Arbeitskreises nahmen mehr oder weniger Landwirte, Unternehmer, Arbeitnehmer, Hausfrauen etc. an den Sitzungen teil. Die Tendenz, sich im *Arbeitskreis Ökologie und Ökonomie* primär ökologischen Themen und der Landwirtschaft zu widmen, führte zum Rückzug der Unternehmer in ihre eigenen Gremien und Verbände. Da sie entgegen dem konventionellen Bild vom ländlichen Raum mittlerweile den größten Anteil an Arbeitsplätzen stellen und eine zentrale Kraft in der Gemeinde bilden, bedeutete dies einen herben Verlust.

Da binnen einer bestimmten Frist - so die Vorgabe des betreuenden Büros bzw. des Gemeinderates - ein Konzept für den Gemeindeentwicklungsplan vorgelegt werden sollte, verlagerten sich die Diskussionen vielfach auf eine theoretische Ebene. Die Entwicklung von Projekten wurde zweitrangig, was nicht wenige Aktivisten frustrierte, ebenso wie die zunehmende Dominanz der Akademiker bei den Treffen. Zudem waren sowohl die offene Beteiligungsform als auch die Themenbandbreite für viele Akteure ungewohnt, was zu starken Verunsicherungen führte. Schließlich war ein starker Rückgang an Mitgliedern in allen Arbeitskreisen zu verzeichnen.

Es gab mehrfach Versuche, über Fragebögen etc. die Beteiligung wieder aufzuweiten; sie fruchteten jedoch wenig. In der Folge wurden Fragen nach der Legitimation der Arbeitskreise immer lauter.

Projekte

Bereits parallel zur Erarbeitung der Agenda wurden erste Projekte in den Arbeitsgruppen initiiert. Dazu gehörten:
- die Wanderungen „Gemeinsam Schönes unternehmen",
- eine Ausstellung,
- eine Broschüre für Bauwillige,
- ein Gutachten zur Ausweisung weiterer Flächen für die Windenergie,
- das „fossil-energiefreie Dorf" (rechnerische Versorgung über regenerative Energien vor Ort) sowie
- die Gestaltung des gemeindlichen Mitteilungsblattes, u.a. durch Textbeiträge aus den Bereichen Heimatkunde, Gesellschaftspolitik und Technik.

Erste Ergebnisse

Nach zwei Jahren intensiver Arbeit übergaben die Arbeitskreise ihre Agenda 21 an den Gemeinderat. Sie umfasst:
- eine Resolution der Bürger an den Gemeinderat, das vorliegende Papier als Grundlage für die zukünftige Gemeindepolitik und Empfehlung an die Bürgerinnen und Bürger zu beschließen,
- eine Darlegung der Beweggründe zur Erarbeitung einer Agenda,
- ein Leitbild mit den Zielen für eine erwünschte Gemeindeentwicklung sowie
- das Handlungsprogramm, welches nicht nur Probleme aufgreift und Ziele benennt, sondern auch konkrete Maßnahmen und Projekte vorschlägt. Anhand von fest umrissenen Indikatoren soll die Effizienz der Maßnahmen ermittelt und kontrolliert werden.

Mit der Übergabe der Agenda endete auch die Arbeit des Agenda-Büros und der „Arbeitsgruppe Stadt". Es wurde vom Bürgermeister und dem Gemeinderat zugesagt, das Handlungsprogramm in den Gemeindeentwicklungsplan einfließen zu lassen und damit eine starke Einbeziehung der Ergebnisse auch in die gemeindliche Arbeit zu gewährleisten. Da keine Begleitung und Unterstützung seitens der Verwaltung mehr erfolgte, lösten sich die noch bestehenden Gruppen sukzessive auf, was umso bedauerlicher ist, da die Lokale Agenda für Friedland zwar als Meilenstein gilt, sie jedoch in erster Linie den Anfang der eigentlichen Arbeit markiert: die Umsetzung der Ziele und Forderungen!

Projekt „Broschüre Wohn- und Freizeitstandort Friedland"

Die Projektidee

Nachdem das übergeordnete Projekt „Gemeindeentwicklungsplan" weitestgehend bearbeitet war, bestand Einigkeit darin, zügig ein neues, praxisorientiertes Projekt anzugehen, um ein Auseinanderbrechen der noch bestehenden Arbeitskreise *Siedlungsentwicklung* und *Gemeindeöffentlichkeit* zu verhindern. Das Projekt sollte geeignet sein, neues Leben in die Arbeitskreise zu bringen, und musste zudem in Politik und Verwaltung hohe Akzeptanz genießen.

Das Thema „Freizeit" bzw. „Fremdenverkehr" erfüllt eine Reihe wichtiger Kriterien für ein erfolgreiches Agenda-Projekt. Es verspricht durch seine vielen Facetten und seine kreativen Momente die Einbindung vieler Menschen in den Projektprozess, sodass die Beteiligung gemäß den Nachhaltigkeits-Forderungen von Rio de Janeiro wieder aufgeweitet werden kann. Schließlich berührt der Fremdenverkehr als querschnittsorientierte Tätigkeit alle dörflichen Lebensbereiche wie Naturschutz, Wirtschaft, Landwirtschaft, Kultur und Soziales und könnte damit als Klammer die verschiedenen Bewegungen in den Agenda-Arbeitskreisen wieder zusammenführen. Schließlich hat auch die Gemeinde Friedland ein ernsthaftes Interesse daran, plant sie doch zur Zeit mit Hilfe einer verbesserten Vermarktung ihrer touristischen Ressourcen, neue Perspektiven für die Gemeindeentwicklung zu erschließen.

Da der Fremdenverkehr und seine Potenziale bereits in Ansätzen im Arbeitskreis *Siedlungsentwicklung* behandelt wurden und eine Reihe der Forderungen im Handlungsprogramm auch auf eine Verbesserung der touristischen Erschließung abzielen, entschieden sich die Mitglieder der Arbeitsgruppen im Januar 2000, dieses Thema erneut aufzugreifen und eine ca. 50-seitige Broschüre zum „Wohn- und Freizeitstandort Friedland" (Arbeitstitel) zu erarbeiten. Im Juni 2002 wurde das Buch, das nunmehr ca. 200 Seiten und eine Übersichtskarte umfasst, der Öffentlichkeit vorgestellt. (Jaritz 2002)

Zielgruppe und Zielsetzung

Diese Informationsbroschüre bietet sowohl den Bürgerinnen und Bürgern der Gemeinde als auch Gästen, Urlaubern und Ausflüglern interessante Informationen für die Freizeitgestaltung in der Gemeinde Friedland. Damit ergänzt sie die gemeindliche Informationsschrift „Wissenswertes über Friedland", die in überarbeiteter Form im August 2002 neu aufgelegt wird. Neben der Vorstellung der Gemeinde und dem allgemeinen touristischen Serviceteil mit Hinweisen auf Gastronomie, Notdienste, Versorgung etc. haben die Arbeitsgruppen Rad- und Wanderrouten zu den „Sehenswürdigkeiten" der verschiedenen Ortschaften ausgearbeitet. Der Inhalt der Broschüre mag sich damit auf den ersten Blick nicht von einer herkömmlichen Informationsbroschüre unterscheiden. Es gilt aber auch hier: Um akzeptiert und gelesen zu werden, hat sich die Schrift an den Bedürfnissen potenzieller Leser zu orientieren.

Der Unterschied liegt vielmehr in den gesetzten Schwerpunkten, der Definition von „Sehenswertem", in der Wahl der benutzten Verkehrsmittel und in der Erarbeitung durch die

Menschen, die dort leben. Die Bürgerinnen und Bürger stellen aus *ihrem* Blickwinkel ihre Heimat ihren Nachbarn und Gästen vor.

- **Lage und Charakteristika der Gemeinde**
  Friedlands Dörfer im Überblick, Infrastruktur, Verkehrsverbindungen, Lage ...
- **Landschaft**
  Geologie und Erdgeschichte, Geomorphologie, Böden, Lebensräume von Flora und Fauna, Schutzgebiete, Naturdenkmäler, nachhaltige Landnutzung ...
- **Geschichte**
  Vorgeschichte, Landschafts-, Siedlungs-, Architekturgeschichte, nachkriegsgeschichtliche Gemeindeentwicklung ...
- **Sehenswürdigkeiten**
  Dorfkerne, Kirchen, Landherrensitze, Denkmäler, Grenzdurchgangslager Friedland, bemerkenswerte Fachwerkhäuser, Burgruinen, Wüstungen, Aussichtspunkte ...
- **Freizeitaktivitäten**
  Wandern, Radwandern, Baden, Sport, Angeln ...
- **Beherbergung und Gastronomie**
- **Einkaufsmöglichkeiten**
  landwirtschaftliche und handwerkliche Produkte, weitere dienliche Hinweise und Adressen für die Versorgung
- **Feste und Veranstaltungen**
  regelmäßig wiederkehrende Feste mit fixen Terminen

Organisation der Projektarbeit

Die Erstellung einer solchen Broschüre ist sowohl zeitlich als auch finanziell sehr aufwändig. Die Gruppe beschloss die ursprünglich offene Form der Mitarbeit aufzuheben - wohl wissend, dass dies im krassen Widerspruch zu den Forderungen von Rio steht. Die Entscheidung fiel zugunsten einer geschlossenen Projektgruppe, weil die Fluktuation ein effizientes Arbeiten verhinderte. Die Beteiligung weiterer Bevölkerungskreise geschah über ein gezieltes Ansprechen, welches eine hohe Bereitschaft zur Mitarbeit versprach. So wurden beispielsweise die Ortsheimatpfleger und örtliche Radfahrergruppen um eine themenbezogene Mitarbeit gebeten. Die Gliederung war offen und wurde dem weiteren Arbeitsverlauf entsprechend fortgeschrieben und angepasst.

Die Verwaltungsspitze und der Gemeinderat unterstützten durch die Bereitstellung materieller Ressourcen und die Zusicherung von 30.000 DM im Haushalt 2001 die Arbeit der Gruppen. Zudem sollten Fördermittel eingeworben werden. Hintergrund dieses Engagements war sicherlich, dass der Bedarf an einer entsprechenden Informationsschrift mehrfach festgestellt worden war und die ehrenamtliche Erstellung letztendlich eine hohe Kostenersparnis bedeutete.

Nachhaltigkeitsaspekte

Die Broschüre möchte den Bewohnern in der Region und den Gästen Kenntnisse ihres Umfeldes vermitteln, die nicht selten schon fast verloren sind oder bestenfalls noch im Unterbewusstsein schlummern. Was hat unsere Umwelt früher und heute geprägt und welche Konsequenzen hat dies für unsere Zukunft? Wie sahen alte, ressourcenschonende Wirtschaftsformen aus? Die Antworten auf diese Fragen sollen zum Schutz der Umwelt, die wir hier als „Heimat" erleben, beitragen. „Nur was der Mensch kennt und liebt, ist er bereit zu schützen" ist der Grundgedanke, der dieser Arbeit zugrunde liegt.

Die Autoren möchten zudem durch Tipps zur wohnortnahen Freizeitgestaltung das Verkehrsaufkommen reduzieren und dazu anregen, die Region zu Fuß oder mit dem Fahrrad zu erkunden. Angesprochen sind hier nicht nur die Bürgerinnen und Bürger der Gemeinde, sondern vor allem auch die Ausflügler aus der nahen Universitätsstadt Göttingen. Ferner sollen die Durchgangstouristen auf der A 7 durch attraktive Angebote zum Verweilen verführt werden. Die Ergebnisse der Broschüre bilden vor allem auch eine Basis für weitere Aktivitäten zur Stärkung des Tourismus in der Gemeinde. Mittlerweile hat sich auch ein Verein gegründet, der sich der touristischen Themen annehmen will. Hier geht es vor allem um eine Stärkung der Dörfer und die Vernetzung der Orte untereinander sowie der Akteure und Aktivitäten. Durch die erhöhte Nachfrage nach Dienstleistungen und Produkten kann die Infrastruktur in den einzelnen Dörfern gehalten oder sogar ausgebaut werden. Auch die Buslinien erhalten eine bessere Auslastung. Die Landwirtschaft kann durch erhöhte Nachfrage ihre Direktvermarktung ausbauen und nicht mehr genutzte Gebäude in Ferienunterkünfte umbauen. Das örtliche Handwerk profitiert in erster Linie im Rahmen von dadurch getätigten Investitionen, kann aber auch die Produktpalette erweitern und „Souvenirs" herstellen (z. B. hochwertige Tischlerarbeiten). Kulturelle Veranstaltungen erfahren einen größeren Zuspruch und können vermehrt durchgeführt werden.

Schließlich ist zu hoffen, dass die Arbeit der Gruppe und die Broschüre das emotionale Zusammenwachsen der Ortschaften zu *einer* Gemeinde fördern. In den fast 30 Jahren seit der Neugliederung wurde dem viel zuwenig Aufmerksamkeit eingeräumt, dabei baut eine nachhaltige Entwicklung auf kleinräumige, regionale Wirtschaftskreisläufe. Diese sind jedoch dauerhaft nur zu etablieren, wenn die Region auch im Bewusstsein ihrer Bewohner verankert ist. Der Raum Südniedersachsen als politische Konstruktion hat dies mittlerweile ebenfalls erkannt und Aktivitäten hinsichtlich eines Regionalmarketings nach innen und außen angemahnt.

Probleme der Agenda-/Projektarbeit

Die aufgetretenen Probleme waren und sind sehr vielschichtig. Zur besseren Verdeutlichung soll die folgende Auflistung auf die wesentlichen Bereiche beschränkt werden:

- Die gleichzeitig laufende Diskussion über die Agrarstrukturreform und die im ländlichen Raum umstrittene Agenda 2000 führte zu Verwechslungen, Unmut und Verärgerung.
- Das intensive Engagement über einen langen Zeitraum war für viele Beteiligte (Mütter, Berufstätige etc.) nur schwer durchzuhalten. Politisch und sozial engagierte Menschen waren bereits in Aktionsgruppen eingebunden und konnten die mit einer Mitarbeit verbundene Mehrarbeit nicht leisten.
- Der Agenda-Prozess litt - wie Vereine, Parteien etc. auch - unter der Politikverdrossenheit und dem Rückzug vieler Menschen ins Privatleben. Insbesondere Jugendliche sind für politische Arbeit, wie sie derzeit über Parteien praktiziert wird, nicht zu begeistern. Ehrenämter genießen nicht mehr das Ansehen wie einst und sind wenig erstrebenswert.
- Die Offenheit des Prozesses führte zu einer hohen Fluktuation, was die Arbeit oft ineffizient gestaltete. Neue Mitstreiter mussten immer wieder neu eingeführt werden, die „Unbekannten" sorgten für Verunsicherung in der Gruppe.
- Der dem Agenda-Gedanken zugrundeliegende Konsens verhinderte offene Kritik, sodass

Missstände nicht konkretisiert werden konnten. Direkt „angegriffen" hätten die Verantwortlichen den Prozess blockieren können. In der Folge erschien das Handlungsprogramm durch fehlende Namens-/Ortsnennung austauschbar und abgeschrieben. Die eigene Betroffenheit als Motor für Veränderungen wurde nicht in dem angestrebten Maße bei den Bürgern und der Politik erreicht.

- Die Übergabe der Agenda an den Rat als „Ergebnis" der Bürgerbeteiligung und die faktische Schließung des Agenda-Büros hatte eine negative Signalwirkung. In den Augen der Bevölkerung und der Politik war der Prozess damit beendet und die Umsetzung bzw. Projektentwicklung in den Hintergrund gerückt.
- Die Darstellung des Nachhaltigkeitsgedankens war und ist schwierig, da der Begriff inflationär für diverse Projekte miss-/gebraucht wird. Auch stellte sich die Frage, ob denn nicht jede ehrenamtliche Arbeit oder eine engagierte Erziehung von Kindern einen Beitrag zu einer nachhaltigen Entwicklung leiste.
- Die komplexe Thematik und die fehlenden Einflussmöglichkeiten auf die zentralen Handlungsfelder (Atomausstieg, Mehrwegsysteme, EU-Agrarpolitik, Autobahnbau etc.) führten zu Ohnmachtsgefühlen und Fragen nach dem Sinn der Arbeit.
- „Vorbildliche" Menschen neigten dazu, Menschen zu diskriminieren und unter Rechtfertigungszwang zu setzen, was zu ungünstigen gruppendynamischen Prozessen führte.
- Die Mitglieder hatten das Gefühl, sich gegenüber der Verwaltung profilieren zu müssen, um ernst genommen zu werden und den Mittelaufwand zu rechtfertigen. Schwindende Mitgliederzahlen erhöhten den Druck.
- Der Rat meinte, die aufkeimende „Konkurrenz" einschränken zu müssen und wies mehrfach darauf hin, dass er allein als gewähltes und damit legitimiertes Gremium die Kompetenz besitze, die Bedürfnisse und Wünsche der Bürgerinnen und Bürger zu vertreten.
- Eine gute Bürgerbeteiligung setzt eine umfassende und frühzeitige Information der Bürger voraus. Dies scheiterte zum Teil am Dienstweg, an den Gepflogenheiten und der Gemeindeordnung. Zudem ist durch die Offenheit der Beteiligung keine Verschwiegenheit/ Vertraulichkeit gewährleistet, die im Planungsbereich nicht selten erforderlich ist.
- Die Zusammenarbeit mit Politik und Verwaltung gestaltete sich durch über Jahre aufgebautes Misstrauen sowie Skepsis, Bevormundung und Formalien sehr schwierig. Eine stärkere Annäherung an den Gemeinderat wurde zudem bewusst vermieden, fürchteten die Gruppen doch eine zu starke Vereinnahmung und Beeinflussung durch die Politik.
- Weitere Unsicherheiten ergaben sich daraus, dass nicht verbindlich geregelt war, wie die Ergebnisse in die Arbeit von Rat und Verwaltung einfließen sollen.
- Die ABM-Kraft war durch fehlende berufliche Perspektiven und mangelnden inneren Bezug zum Thema nicht genügend motiviert.
- Das Büro der Arbeitsgruppe Stadt steuerte die Sitzungen teilweise sehr massiv und blockte Diskussionen ab, um die Erledigung des Auftrages „Erstellung des Gemeindeentwicklungsplanes" voranzutreiben und die gesetzten Fristen einhalten zu können.
- Trotz teilweise sehr intensiver Öffentlichkeitsarbeit gelang es nicht, die in der Politik generell zu wenig vertretenen Gruppen (wie Kinder und Jugendliche, sozial Schwache und Frauen) in den Prozess zu integrieren. Ihre Beteiligung ist gesellschaftlich nicht eingeübt und/oder scheiterte am unterschiedlichen Bildungsniveau - Probleme, die auch eine gute Moderation nicht dauerhaft überbrücken kann.

Die genannten Probleme wurden in Ansätzen in den Gruppen wiederholt diskutiert. Forderungen waren leicht zu formulieren, doch selten umsetzbar. Die Lösungsvorschläge stießen zumeist an zwei Grenzen: fehlende finanzielle Mittel und/oder unzureichende *manpower*. Auch ist es illusorisch anzunehmen, dass Defizite in der Demokratie im Rahmen eines Agenda-Prozesses aufgearbeitet werden können. Vermutlich hätten durch eine intensivere Öffentlichkeitsarbeit, eine qualifiziertere Moderation und eine engere, kontinuierlichere Zusammenarbeit mit dem Gemeinderat einige Schwierigkeiten und Missverständnisse ausgeräumt werden können. Die Finanzierung einer regulären Stelle zur Betreuung des Prozesses kam angesichts der schlechten Gemeindefinanzen jedoch nicht in Frage, und auch die Moderation über ein externes Büro scheiterte langfristig am fehlenden Geld.

Die Mitglieder der Arbeitskreise stießen immer wieder an die Grenzen dessen, was neben dem Beruf und der Familie leistbar ist. Weder das Agenda-Büro noch die Arbeitskreise können eine neue politische Kultur in kurzer Zeit etablieren.

Fazit

Die Erarbeitung einer Lokalen Agenda war für die Bürgerinnen und Bürger, die Politik und die Verwaltung Neuland. Es bestand auch kaum die Möglichkeit eines Erfahrungsaustausches mit anderen, vergleichbaren Kommunen. Dabei forderten und überforderten bisweilen die Themenbreite und die offene Beteiligungsform alle Beteiligten. Obwohl der zeitliche Druck oftmals als sehr unangenehm empfunden wurde, gewährleistete er jedoch eine hohe Disziplin und ein zielgerichtetes Arbeiten. Das Ergebnis der Arbeit und den konsensualen Ansatz beschreibt am besten das Sprichwort vom „steten Tropfen", der den Stein höhlt.

Positiv ausgewirkt hat sich die relativ kleine Gemeindegröße. Die Verwaltung ist sehr bürgernah eingestellt und flexibel, und es besteht ein enger, zum Teil sehr persönlicher Kontakt der Arbeitskreise zum Gemeinderat. Erfreulicherweise waren die Kritiker im Rat, die die Legitimation der Arbeitskreise immer wieder anzweifelten und die Kosten als nicht gerechtfertigt ansahen, mit ihren Ansichten letzten Endes isoliert. Ebenfalls positiv zu beurteilen ist, dass parteipolitische Aspekte in Friedland eine eher untergeordnete Rolle spielen und die Politik wesentlich pragmatischer ausgerichtet ist.

Bei allen Unzulänglichkeiten der Arbeit des Agenda-Büros bleibt positiv festzuhalten, dass dessen Übernahme der Protokollerstellung in den Arbeitskreisen als eine große Erleichterung gewertet wurde. Für diese ausgesprochen unbeliebte und arbeitsintensive Aufgabe ist nicht nur eine gewisse Qualifikation erforderlich - das Protokollieren würde vor allem manch einen an der Mitarbeit in den Arbeitskreisen Interessierten sehr abschrecken.

Es hat sich gezeigt, wie stark der Erfolg des „Forum Friedland 21" von Persönlichkeiten abhängt. In diesem Zusammenhang muss das Engagement des Bürgermeisters hervorgehoben werden, der die Arbeitskreise sowohl materiell als auch moralisch unterstützte und sich in der Öffentlichkeit stets vor die Arbeit der Arbeitskreise stellte. Auch die Sprecher der Arbeitskreise sind hier positiv zu erwähnen, die es immer wieder geschafft haben, die Menschen zusammenzuführen und für eine kontinuierliche Mitarbeit zu motivieren.

Ausblick

Die Agenda-Arbeit in Friedland hat einen Vorgeschmack auf die mögliche zukünftige politische Arbeit in den Kommunen gegeben, denn es mehren sich die Anzeichen, dass wir hier vor weitgreifenden Veränderungen stehen. Den großen Parteien gelingt es aufgrund ihrer Skandale und veralteten Strukturen immer weniger, Menschen für eine Mitarbeit an gesellschaftlichen Themen zu motivieren. So standen bei der letzten Kommunalwahl in Friedland nicht wenige Parteilose auf ihren Wahllisten. Gleichzeitig werden Bürgerinnen und Bürger sowie Unternehmen stärker in die praktische bzw. themenbezogene Arbeit der Kommunen einbezogen (z. B. durch Stadtmarketing, Beiratsarbeit, Public Private Partnerships ...). In der Gemeinde Friedland wurde beispielsweise im Frühjahr 2002 ein Wirtschaftsbeirat gegründet, weitere Beiräte (z. B. für Senioren) sind in der Diskussion. Zurückzuführen ist dieses vor allem auf die Politisierung der Bürgerinnen und Bürger im Rahmen der Lokalen Agenda-Arbeit.

Mit diesen strukturellen Reformen wird den Tendenzen in der Gesellschaft Rechnung getragen, wonach die Menschen heute ein zeitlich begrenztes, projektbezogenes Engagement ohne grundsätzliche politische Diskussionen favorisieren. Es ist damit eine politische Kultur im Entstehen, die der von den Agenda-Gruppen geforderten Projektorientierung und Beteiligungsform sehr nahe kommt. Auch auf der inhaltlichen Ebene werden die im Handlungsprogramm formulierten Ansätze fortentwickelt. Eine räumliche Fixierung soll über den neuen Flächennutzungsplan erfolgen. Neben dem Handlungsprogramm wird eine stark aufgeweitete Bürgerbeteiligung - geplant sind ca. zehn Workshops - die Grundlagen dafür liefern. Seitens des Gemeinderates wird versichert, weitere Projekte bzw. Forderungen entsprechend der Haushaltslage umzusetzen. Dazu gehören auch der Landschaftsplan, der mit dem Flächennutzungsplan derzeit erstellt wird, und die Förderung des Tourismus. Der neu gegründete „Tourismusverein Friedland e.V." möchte auf den erarbeiteten Grundlagen weitere Projekte aufbauen. Hierzu zählen die Vernetzung verschiedener Akteure sowie die Erschließung der aufgezeigten Potenziale genauso wie die Ausschilderung der von der Agenda-Gruppe vorgeschlagenen Rad- und Wanderrouten, um nur ein paar Punkte zu nennen.

In der Region Südniedersachsen wird das Thema „Nachhaltigkeit" durch verschiedene Konzepte wie das Regionale Entwicklungskonzept und den Wettbewerb „Regionen der Zukunft", an dem der Regionalverband Südniedersachsen e.V. sehr erfolgreich teilgenommen hat, fortgeführt. Hinzu kommt eine im Rahmen von LEADER+ eingerichtete Koordinierungsstelle beim Landkreis Göttingen, deren Aufgabe in der Abstimmung bestehender Aktivitäten und der Initiierung neuer Projekte zur nachhaltigen Entwicklung des ländlichen Raumes besteht. Das Verhältnis der Gemeinde hierzu ist allerdings als ambivalent zu werten: Einerseits besteht die Möglichkeit, die Agenda-Projekte durch eine weitere Vernetzung und Förderung leichter umzusetzen, andererseits bringt die Gemeinde ihre vielfältigen Erfahrungen in die laufende Prozesse ein. Für die Zukunft beabsichtigt die Gemeinde die weitere Vernetzung der verschiedenen Akteure gemeindlichen Lebens, um damit die Erschließung der eigenen Potenziale voranzutreiben.

Literatur

Gemeinde Friedland (1997) : Bericht zur Gemeindeentwicklung Friedland. Friedland
Jaritz, Günter (2002): Friedland erleben, Natur-Kultur-Freizeitgestaltung. Friedland

Peter Schaal

Regionalentwicklung und touristisches Marketing in ländlichen Regionen - das Emsland

Destinationsmanagement und touristisches Marketing im Emsland - blinder Aktionismus oder unabdingbare Notwendigkeit? Verkaufsstrategien skrupelloser Tourismusmanager oder etwa der Versuch der Positionierung einer Region auf dem innerdeutschen Tourismusmarkt? Der Wirtschaftssektor „Tourismus" hat für die Regionalentwicklung in ländlichen Regionen eine zentrale Bedeutung erlangt. Der regionale Strukturwandel, der sich im ländlichen Raum vor allem durch den starken Rückgang der Beschäftigten in der Land- und Forstwirtschaft sowie der Verschlechterung der Erwerbsmöglichkeiten im produzierenden Gewerbe ausdrückt, vermindert die Zukunftschancen ländlicher Räume. Wachsende Gästezahlen und steigende Beschäftigung im Wirtschaftssektor „Tourismus" sind für die Regionalentwicklung scheinbar ein Rettungsanker. Vor allem die Veränderung des individuellen Freizeitverhaltens und die weiterhin wachsende Mobilität haben in den letzten Jahren eine Zunahme der Kurz- und Wochenendurlaube beim Inlandstourismus bewirkt (vgl. Opaschowski 1996, Biedenkapp/Baumgartner 1999). Zugleich hat die Anzahl der „sich im Wettbewerb positionierenden" Urlaubsgebiete in den vergangenen Jahren jedoch ebenfalls erheblich zugenommen.

Folge der Entwicklung ist nach Beobachtung von Experten eine zunehmende Austauschbarkeit der Angebote bei zugleich steigenden Ansprüchen der Gäste an Angebots- und Servicequalität und Veränderungen beim Stellenwert und Image des Inlandstourismus (Touristikverband Emsland e.V. 2000). Hieraus resultieren wachsende Konkurrenzen der Zielgebiete und damit steigende Ansprüche an das Organisationsniveau von regionalem Tourismusmanagement und -marketing.

Die Einordnung des Emslands in diesem Sammelband als „neues touristisches Zielgebiet" mag so manchen auf den ersten Blick überraschen. Aber die unten dargestellten überproportionalen Wachstumsraten des Tourismus und die Aktivitäten des Landkreises zur Professionalisierung des Tourismusmanagements rechtfertigen m. E. diese Sichtweise. Regionalentwicklung und Tourismusmanager des Emslands orientieren sich bei ihren Aktivitäten zur Tourismusentwicklung an der Empfehlung eines vom Landkreis in Auftrag gegebenen Tourismusgutachtens, das die Bündelung endogener Kräfte mit einer konsequenten Markenpolitik, gezielter Angebotsentwicklung und qualifiziertem Destinationsmanagement fordert (Touristikverband Emsland e.V. 2000).

Der Beitrag wird sich im Folgenden mit der Struktur und der Entwicklung des Tourismus im Emsland beschäftigen. Dabei wird insbesondere den Fragen nachgegangen, wie Tourismusmanagement und Tourismusmarketing im Emsland organisiert sind und was das regionale Tourismusmanagement derzeit leistet. Der Schwerpunkt des Beitrags liegt jedoch bei der Frage, inwieweit das Tourismusmanagement im Landkreis von Regionalentwicklung und Regionalplanung gestützt wird bzw. unterstützt werden kann. Das Zusammenspiel von Tourismusmanagement bzw. Tourismusmarketing und Regionalentwicklung wird hierzu beispielhaft an der Regionalplanung im Emsland dargestellt und diskutiert. Was kann die räumliche Planung für die regionale Förderung des Tourismus tun und wo liegen die Chancen einer abgestimmten Strategie mit dem regionalen Tourismusmanagement? Inwieweit werden diese Möglichkeiten in der Praxis genutzt und wo sind ggf. die Hemmfaktoren?

Strukturdaten des Emslandes

Der Landkreis Emsland liegt im Nordwesten Niedersachsens und bildet mit fast 2.900 m^2 den flächenmäßig zweitgrößten Landkreis Deutschlands. Seine periphere Lage innerhalb Deutschlands hat sich nicht zuletzt mit dem wirtschaftlichen Zusammenschluss Europas verändert, wodurch er sich heute als verbindender Teil im Zentrum des europäischen Wirtschaftsraums befindet. Die Hauptentwicklungsachse des Landkreises mit allen wichtigen Verkehrswegen verläuft in Nord-Süd-Richtung entlang der Ems und erstreckt sich vom südlich angrenzenden westfälischen Kreis Steinfurt bis nach Ostfriesland (Landkreis Leer) über fast hundert Kilometer. Hier liegen auch die wichtigsten Arbeitsmarktzentren des Emslands - Lingen, Meppen und Papenburg (vgl. Danielzyk/Wiegandt 1999, 220f.).

Der Landkreis Emsland hat heute knapp 300.000 Einwohner, erreicht damit eine Einwohnerdichte von 104 EW/km^2 und ist nach den Gebietskategorien des BBR vollständig dem ländlichen Raum zuzuordnen. Die demographische Entwicklung zeichnet sich aus durch ein überdurchschnittliches Bevölkerungswachstum (hohe Geburtenrate, Zuwanderung mit einem Zuwachs von 1987 bis 1989 in Höhe von 17% und einen hohen Anteil der Bevölkerung unter 30 Jahren (45% an der Gesamtbevölkerung, in Niedersachsen sind es 37%). Die amtliche Bevölkerungsprognose geht von anhaltend starkem Wachstum und rechnet für das Jahr 2011 mit ca. 315.000 Einwohnern aus (Zuwachs 1997-2011 im Emsland 14,5%, in Niedersachsen 5,9%).

Regionalentwicklung und Tourismus im Emsland

Die Wirtschaft hat sich seit der Kreisreform im Emsland vergleichsweise dynamisch entwikkelt. Es wurden bedeutende Großprojekte angesiedelt wie das Atomkraftwerk Emsland in Lingen, die Versuchsstrecke der Transrapid-Schwebebahn in Lathen und das Mercedes-Benz-Prüfgelände in Papenburg. Ebenso wurde der Werft- und Hafenstandort Papenburg mit der Meyer-Werft ausgebaut. Das Wirtschaftswachstum im Emsland äußert sich auch durch einen entsprechend hohen Anteil neugeschaffener Arbeitsplätze. Seit 1980 ist der Anteil der sozialversicherungspflichtig Beschäftigten um 32,2% gestiegen, liegt damit etwa beim Bundesdurchschnitt (32%) und weit über dem Zuwachs in Niedersachsen (7,3%). Auch mittelfristig wird sich die wirtschaftliche Situation des Emslands als stabil erweisen. Der Standort der Meyer-Werft wurde durch Bau des Ems-Sperrwerks bei Gandersum langfristig gesichert und die Technik des Transrapid wurde durch den Großauftrag Chinas zum Bau der Strecke in Schanghai für das Firmen Konsortium aus Thyssen/Krupp und Siemens nach langen Verkaufsbemühungen zum Erfolg. Auch der Ausstiegbeschluss aus der Kernenergie durch die Bundesregierung wird voraussichtlich erst in 20 Jahren zur Stilllegung des AKW Lingen führen.

Einer der stärksten Wachstumssektoren im Emsland ist der Tourismus. Verglichen mit den anderen Wirtschaftssektoren und anderen Tourismusregionen bewegt er sich im Emsland jedoch derzeit noch auf niedrigem Niveau. Die Tourismusintensität, also die Zahl der Gäste-

Tab. 1: Entwicklung der Wirtschaftssektoren im Emsland

	Landkreis Emsland			Niedersachsen		
	1980	1998	Entw. in %	1980	1998	Entw. in %
Insgesamt	65.157	86.152	**+ 32,2**	2.180.990	2.340.060	**+ 7,3**
Land- und Forstwirtschaft	1.548	1.545	**- 0,2**	39.190	35.795	**- 8,7**
Produzierendes Gewerbe	36.647	42.427	**+ 15,8**	1.078.806	928.102	**- 14.0**
Handel und Verkehr	10.958	13.270	**+ 21,1**	405.755	447.600	**+ 10,3**
Sonstige Wirtschaftsbereiche	15.968	28.910	**+81,1**	656.422	928.404	**+ 41,4**
Darin:						
Beschäftigte im Gaststätten- und Beherbergungsgewerbe	1.610	3.748	**+ 132,8**	73.375	119.323	**+ 62,6**

Quelle: NLfS (1998)

übernachtungen pro Einwohner, liegt gegenüber den klassischen Tourismusregionen in Niedersachsen um den Faktor fünf zurück, hat aber enorme Zuwachsraten. Die Zahl der Gästeübernachtungen hat im letzten Jahrzehnt gegenüber dem Landesdurchschnitt etwa um das Doppelte zugenommen (vgl. Tab.1).

Der Landkreis profitiert bei seiner touristischen Entwicklung von der Nähe zum Ballungsraum Rhein-Ruhr, für dessen Einwohner das Emsland als Zielgebiet für die Kurzzeiterholung oder als Freizeitwohnsitz in Frage kommt. Die Quellgebiete des Tourismus im Emsland liegen überwiegend im näheren Umland des Emslands (vgl. Abb.1).

Die Analyse der Tourismusstatistik zeigt, dass es sich bei den Aufenthalten zumeist um einen Kurzurlaub mit geringer Intensität und Dauer handelt. Mit durchschnittlich 3,4 Tagen pro Gast im Jahr 1997 liegt die Aufenthaltsdauer knapp unter dem Landesdurchschnitt von 3,6 Tagen und deutlich unter dem Durchschnitt des Regierungsbezirkes Weser-Ems von 4,8 Tagen. Zu diesen zählen auch die klassischen Langzeit-Urlaubsziele auf den Ostfriesischen Inseln. Dies „bestätigt das Profil der Region als bevorzugte Kurzreiseregion" (Emsland Touristik GmbH 1997: 5). Die Zahl der Tagesausflugsgäste ist bedeutend; sie betrug nach Schätzungen der Gemeinden im Landkreis im Jahr 1997 gut 3 Millionen. Sie hat sich innerhalb von 10 Jahren etwa verdoppelt.

Gemessen an anderen Tourismusgebieten in Niedersachsen

Abb. 1: Gästeanfragen bei der Emsland Touristik 1999

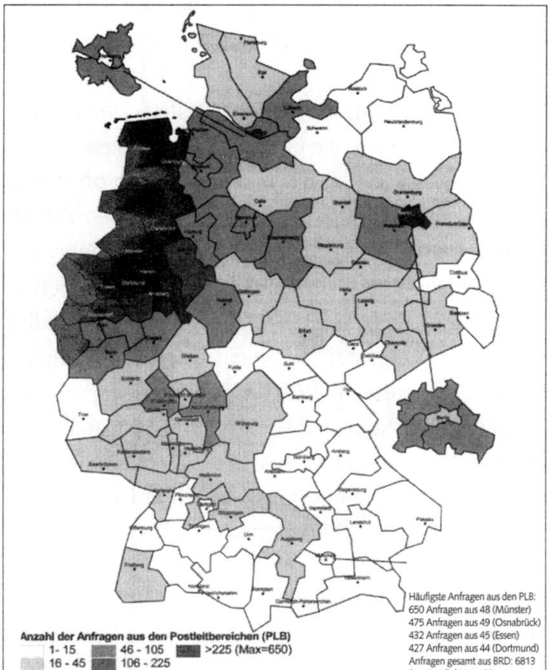

Quelle: Emsland Touristik GmbH (2000)

Abb. 2: Schloss Clemenswerth - 1737-47 als Jagdschloss für den Kurfürsten und Erzbischof Clemens August von Köln erbaut - eines der reizvollsten Kulturdenkmäler des Spätbarock in Nordwestdeutschland.
Quelle: http://www.clemenswert.de

fehlen im Emsland herausragende Attraktionen in der Landschaft, in der Baugeschichte und in der Infrastrukturausstattung. Von den Prädikaten „Heilklimatischer Kurort", „Luftkurort'" und „Erholungsort" ist bisher lediglich das Prädikat „Erholungsort" für vier Gemeinden im Landkreis vergeben worden (Esterwegen, Haren, Sögel, Surwold). Kureinrichtungen, wie sie in den „Bädern" vorzufinden sind (z.B. im Wesertal und am Südrand des Teutoburger Waldes), fehlen sogar vollständig.

Im Landkreis Emsland sind vielfältige Beherbergungsformen anzutreffen. Dominierend ist die große Zahl von Ferienwohnungen und -häusern, die überwiegend Familien mit Kindern als preiswerte Unterkunft dienen, ebenso wie die diversen, landschaftlich oft reizvoll gelegenen Campingplätze. Häufig - und hierin liegt eine Besonderheit - werden Zimmer und Ferienwohnungen auf Bauern- und Reiterhöfen angeboten. Ein differenzierteres gastronomisches Angebot an Hotels, Gasthöfen, Pensionen sowie Privatquartieren existiert lediglich in den touristischen Zentren (Papenburg, Lingen etc.), während es in den ländlich geprägten Regionen stark zugunsten weniger Dorfgasthöfe oder einzelner Hotelkomplexe an herausgehobenen Standorten reduziert ist. Insgesamt bleibt das Beherbergungsangebot auf einem preiswerten, niedrigen Niveau (vgl. IPK-Studie 1991: 11f. und 61), was aber bei der anzunehmenden touristischen Hauptzielgruppe durchaus auch als Standortvorteil gesehen werden kann (z. B. im Vergleich zu den Haupttourismusgebieten in Norddeutschland). Im Jahresdurchschnitt 1996/97 standen ca. 13.000 Betten und Campingstellplätzen 2,1 Mio. Übernachtungen im Emsland gegenüber.

Der Tourismus im Emsland zielt somit auf die Schaffung eines kostengünstigen Angebotes speziell für Familien. Das Freizeitwohnen und Camping erfreut sich vor allem entlang der Ems einer hohen Beliebtheit. Zahlreiche Besucher aus dem Umland nutzen das Emsland zu Kurz- und Wochenendtripps. Bevorzugte Aktivitäten der Erholungssuchenden sind Radfahren, Reiten und Bootswandern in der schwach besiedelten, jedoch gut erschlossenen und attraktiven Landschaft. Die Radwege sind i.d.R. gut beschildert und Radwegekarten weisen die Sehenswürdigkeiten entlang der Routen aus. Bootsverleihe an Hase und Ems sowie entsprechende Anlagestellen bedienen die Nachfrage nach Paddelbooten und Bootswanderwegen. Größere Sportboothäfen mit ergänzender Infrastruktur und der Möglichkeit zum Freizeitwohnen finden sich an der Ems. Reiterhöfe bedienen neben der Nachfrage nach kostengünstigen Reiterferien für Jugendliche auch gehobene Ansprüche. Das Infrastrukturangebot für Sport ist ausgewogen. Zudem haben die Städte im Landkreis mit den Golfplätzen in Lingen, Haren (Gut Düneburg) und Papenburg auf das weiterhin steigende Interesse an dieser Sportart reagiert.

Die infrastrukturellen Voraussetzungen sind im Landkreis räumlich breit verteilt und meist zu Schwerpunkten ganz unterschiedlicher Größe zusammengefasst. Die mit Abstand größte Konzentration eines umfassenden Angebots bildet Schloss Dankern zusammen mit Gut Düneburg. Hier werden mehr als die Hälfte der von der amtlichen Statistik erfassten Übernachtungen von Gästen des Emslands gezählt (56% von 1,2 Mio. Übernachtungen im Jahr 1999). Von dieser Statistik bleiben allerdings die umfangreichen Übernachtungen auf Campingplätzen und in den Freizeitwohnanlagen unbeachtet, sodass die Emsland Touristik GmbH in ihren Schätzungen für den gesamten Landkreis gar von der doppelten Anzahl getätigter Gästeübernachtungen ausgeht. Andere Schwerpunkte bilden zum Teil einmalige Konzentrationen spezieller Angebote (z. B. Ponyhof in Hilter, Rutschbahn in Surwolds Wald). Weitere Kombinationen wiederholen sich wie die zahlreichen ehemaligen Baggerseen mit Freizeitwohnen (Camping, Wochenend- und Ferienhäuser).

Als wirtschaftsgeschichtlich arme Region weist das Emsland lediglich eine begrenzte Zahl von bedeutenden Baudenkmälern auf. Die „Einzelstücke" verteilen sich jedoch ausgewogen über das Kreisgebiet, befinden sich in gepflegtem Zustand und sind überwiegend für Besucher zugänglich. Schloss Clemenswerth in Sögel stellt mit Abstand das bedeutendste bauliche Ensemble dar. Schloss Dankern wurde zum Kristallisationskern für das größte Ferienzentrum im Landkreis. Daneben weist der Landkreis eine große Dichte von Großsteingräbern und Grabhügeln auf (Hümmling und Lingener Höhen).

Eine Besonderheit des Landkreises Emsland bildet das vergleichsweise große Angebot an Betriebsbesichtigungen, die sowohl bei direkt bei den Betrieben als auch über die Emsland Touristik GmbH des Landkreises gebucht werden können. Neben der Zahl und der weiten räumlichen Verteilung dieser Angebote ist deren Branchenstreuung bemerkenswert. Das Spektrum reicht von der Nahrungsmittelproduktion (Berentzen und Coppenrath) über Zwischenprodukte (Nordland-Papier) bis zu einmaligen High-Tech-Spitzenangeboten (Transrapid, Meyer-Werft).

Zu den Stärken des Emslands gehören die insgesamt dünn besiedelte, von Land- und Forstwirtschaft dominierte Landschaft, die als „Ein Stück näher zur Natur" begriffen und vermarktet wird. Das Emsland verfügt über naturnahe, charakteristische Landschaften wie Fluss- und Bachtäler entlang von Hase und Ems, Erhebungen in der Landschaft (Hümmling) und naturnahe Landschaften, die durch Moore und Heiden sowie naturnahe Wälder geprägt sind. Vergleichsweise große Teile von Natur und Landschaft stehen unter Natur- und Landschaftsschutz.

Der Landkreis weist eine günstige Dichte von Wald- und Gewässerflächen auf. Speziell die Ränder von Wäldern und Gewässern entsprechen den von Urlaubern und Erholungssu-

Abb. 3: Organisationsschema des Tourismusmanagement

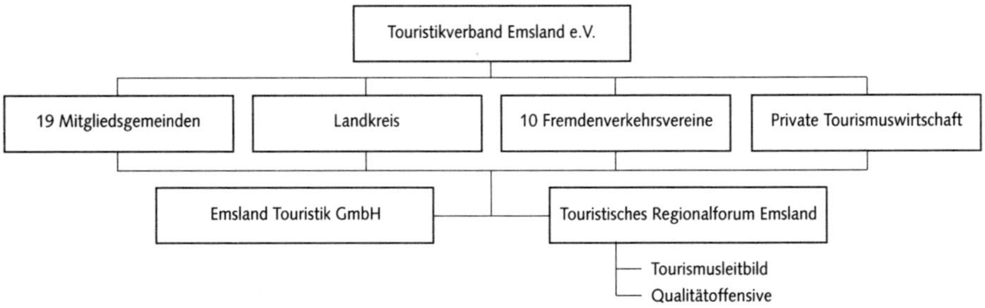

chenden am stärksten bevorzugten Landschaftsformationen. Im Emsland gibt es schöne Dorfkerne und Einzelgehöfte mit altem Baumbestand, daneben jedoch auch ausufernde neue Siedlungsgebiete mit Defiziten in der Grüngestaltung, die sich untypisch und uneinheitlich in das Orts- und Landschaftsbild einpassen. Die Ortszentren sind unterschiedlich an die besonderen Anforderungen des Tourismus angepasst. Neben traditionellen (z.B. Vrees) und herausgeputzten Situationen (z. B. Papenburg, Haselünne) finden sich austauschbar modernisierte Ortskerne (z. B. Spelle, Dörpen) (vgl. Peithmann/Schaal 1999).

Organisationsstrukturen des Tourismus im Emsland

Für das Gebiet des Landkreises besteht als Organisationsplattform der *Touristikverband Emsland e.V.*. Mitglieder des Verbandes sind sämtliche Gemeinden im Landkreis, die Verkehrsvereine sowie Privatpersonen. Die operativen Aufgaben wurden im Jahr 1997 auf die neu gegründete *Emsland Touristik GmbH* als Wirtschaftsbetrieb übertragen. Beide Organisationen beziehen ihre Arbeit auf das Gebiet des Landkreises. Dadurch ergibt sich eine fruchtbare Identität zwischen der kommunalen Gebietskörperschaft und der umfassenden Bewerbung der Tourismusangebote in ihrem Gebiet (z. B. Verwendung des einheitlichen Emsland-Logos).

Es gibt daneben Zusammenschlüsse von Gemeinden in der Arbeit für Tourismus und Erholung wie den „Zweckverband Erholungsgebiet Hasetal" der Gemeinden Haselünne und Herzlake sowie den gemeinsamen Fremdenverkehrsverein der Gemeinden Freren, Lengerich und Spelle. Zudem unterhalten die Gemeinden, Samtgemeinden und Städte des Emslands eigene Touristik- und Fremdenverkehrsvereine. Die Verteilung von Aufgaben des Tourismusmarketings und -managements auf derart zahlreiche Organisationen verläuft vor allem aufgrund des sehr unterschiedlichen Professionalisierungsgrads nicht immer effektiv und reibungslos.

Die führende und aktivste Rolle im Tourismusmanagement wird von der professionell geführten Emsland Touristik GmbH übernommen. Diese Organisation versorgt potenzielle Gäste mit spezifischem Werbematerial für unterschiedliche Urlaubsformen und Arrangements. *Landschaft, Kultur, Geschichte* vermittelt der Emsland-Reiseführer. *Boot & Bike*, *Camping im Emsland* und *Familienland, Ferienland, Freizeitland* titeln die verschiedenen Werbeprospekte mit den Hinweisen auf die Tourismusanbieter. Die Prospektangebote beziehen sich jeweils auf den gesamten Landkreis und beinhalten auch Komplettpakete mit Betriebsbesichtigungen. Die Gemeinden sind zudem mit gesondertem Prospektmaterial präsent.

Weitere Aufgaben der Emsland Touristik GmbH liegen im Vertrieb der Angebote der Region und in der Verbesserung des Angebots. Über das aus dem EU-Förderprogramm LEADER II teilfinanzierte elektronische Informations- und Reservierungssystem (IRS) Emsland können alle vermittelbaren Reservierungsstellen des Emslands gebucht werden. Das IRS ist Voraussetzung für die Anbindung an überregionale Vertriebssysteme wie Reisebüros, weltweit operierende Reservierungssysteme und das Internet. Damit wird den Beherbergungsbetrieben ein zusätzlicher Service geboten (Emsland Touristik 2000: 17; http://www.emsland-touristik.de). Zudem werden Pauschalen wie die Besichtigung des Transrapid in Lathen, Radtouren und grenzüberschreitende Angebote mit den Niederlanden angeboten.

Für Schlussfolgerungen zur weiteren Entwicklung des Tourismus stellt sich allerdings die Frage, welche besondere Tourismusbedeutung aus der räumlichen Struktur des Landkreises und der Organisationsstruktur des Tourismus abzuleiten ist. Eine reine Addition der vorhandenen Angebote, die sich zumeist in ähnlicher Form mehrfach wiederholen, kann eine solche besondere Bedeutung nicht schaffen. Der Jahresbericht des Touristikverbandes Emsland e.V. (1997: 3) zitiert dazu den Deutschen Reisemonitor mit dem skeptischen Hinweis: „Landschaft allein genügt nicht mehr. Fahrradfahren im Grünen wird aufgrund des breiten Angebots austauschbar, wenn nicht zusätzliche Impulse in Form thematisierter Angebote und besonderer Leistungen hinzutreten."

Zur Erstellung eines Leitbilds der Tourismusentwicklung wurde entsprechend den Empfehlungen von FUTOUR (1998: 22) das *Touristische Regionalforum Emsland* ins Leben gerufen. In einem dialogischen Prozess haben sich mehr als 120 Leistungsträger der Region in verschiedenen Arbeitsgruppen Gedanken über die touristische Entwicklung der Region gemacht. Die Ergebnisse des Leitbildprozesses münden in Vorschläge für ein Destinationsmanagement, das aus dem Nebeneinander von Orten, Betrieben und touristischen Infrastruktureinrichtungen eine Angebots- und Wettbewerbseinheit für den Markt entstehen lassen soll. Zu diesem Zweck sollen Kooperationen zwischen den Partnern aufgebaut werden, die das Modell steuerbar machen. Als *Destination Management Company* soll die Emsland Touristik GmbH fungieren (Touristikverband Emsland 2000). Tragende Säule des Konzeptes ist eine konsequente Markenpolitik bzw. *Qualitätsoffensive*, die verbindliche Qualitätsstandards für Beherbergungsbetriebe durch die Anwendung bundesweit gültiger Klassifizierungsverfahren wie die Deutsche Hotelklassifizierung oder das ATIS-Anerkennungsverfahren des Deutschen Tourismusverbandes einfordert. Das Angebot des Destinationsmanagements wird sich auf die Kerngeschäfte „Familienferien mit Urlaub auf dem Bauernhof", „Boot & Bike" sowie die Schwerpunktthemen „Technik" (u.a. Meyer-Werft, Transrapid) und Kultur konzentrieren.

Abb. 4: Schifffahrtsfreilichtmuseum Papenburg
Quelle: http://www.papenburg.de

Die regionalen Interessen werden auch in überregionalen touristischen Gremien durch die Emsland Touristik GmbH vertreten. Sie stellt eine der acht Mitgliedsregionen des Tourismusverbands Niedersachsen e.V. (TVN) und arbeitet im Facharbeitskreis der Tourismuswirtschaft der OBE - einer Kooperation der Stadt Osnabrück und der Landkreise Osnabrück, Grafschaft Bentheim, Cloppenburg und Emsland. Grenzüberschreitende Projekte und Anträge im Rahmen der INTERREG - Programme werden über die Vertretung in der EUREGIO (Arbeitskreis Tourismus) und in der Ems-Dollart-Region (EDR) ausgearbeitet.

Das „Kompetenzzentrum Tourismus Weser-Ems" ist neben der Tourismus GmbH eine zusätzliche Serviceagentur für die touristischen Dienstleister und Leistungsträger im Regierungsbezirk Weser-Ems. Mit ihm erhält die Region eine qualifizierte Unterstützung für ihre touristische Entwicklung. Durch die Initiierung von Gemeinschaftsmaßnahmen und -projekten wird das touristische Angebot aufgewertet. Die Zusammenarbeit untereinander, aber auch mit anderen Wirtschaftsbranchen wird gefördert. Vor allem durch die gezielte Unterstützung von „Public-Private-Partnerships" möchte das Kompetenzzentrum Tourismus eine Steigerung der Wertschöpfung aus dem Tourismus erreichen (vgl. RIS 2000).

Regionalplanung und Tourismus

Welchen Beitrag leistet nun die Regionalentwicklung und Regionalplanung zur Förderung des Tourismus? Dieser Frage wird anhand der Neuaufstellung des Regionalen Raumordnungsprogramms (RROP) im Emsland nachgegangen. Das RROP hat die planerische Steuerung und die Koordination der Nutzungsansprüche im Raum zur Aufgabe. Das niedersächsische Modell der Regionalplanung hat die Zuständigkeit für die Aufstellung des RROP auf die Kreise und kreisfreien Städte übertragen. Damit haben die Landkreise für ihr Gebiet ein Regionales Raumordnungsprogramm aufzustellen und fortzuschreiben. Durch diese Konstruktion eröffnen sich - verglichen mit der Regionalplanung in anderen Bundesländern, in denen die Regierungsbezirke Träger der Regionalplanung sind - bessere Möglichkeiten zur Steuerung regionaler Entwicklung (vgl. Schaal 2000). Vor allem die Abstimmung der kommunalen Planung mit der Regionalplanung kann in Niedersachsen zwischen Gemeinden und Kreistag bzw. Kreisverwaltung unter Beteiligung der Planungsbetroffenen nach § 5 (3) NROG problemzentrierter und mit größerer Bürgernähe erfolgen als in anderen Bundesländern. Die Möglichkeiten zur engeren Einbindung regionaler Gruppen und Akteure kann dazu genutzt werden, denkbare Widersprüche zwischen kommunaler und regionaler Planung sowie widerstrebende Interessen verschiedener Akteure bereits im Plan-Erarbeitungsprozess zu lösen. Die Durchsetzung und Realisierung kommunaler (regionaler) Planungsstrategien wird durch dieses Organisationsprinzip überhaupt erst ermöglicht.

Der Landkreis Emsland legte 1981 landesweit das erste RROP vor. Er war 1990 ebenfalls der erste Landkreis, der das RROP der zweiten Generation verabschiedete. Die vergleichsweise hohe Bedeutung der Regionalplanung für den Landkreis Emsland resultiert vor allem aus den guten Erfahrungen, die die früheren Landkreise Meppen, Lingen und Aschendorf-Hümmling 1950 mit dem Emsland-Plan als regionale Entwicklungsmaßnahme der Raumordnung gemacht haben.

Das zurzeit noch gültige Regionale Raumordnungsprogramm für den Landkreis Emsland stammt aus dem Jahre 1990. Die gesetzlichen Anforderungen an das RROP wurden in Niedersachsen 1994 novelliert. Seitdem gelten etliche neue Vorgaben für die zahlreichen Inhalte des RROP. Im Landkreis haben sich zudem seit 1990 in einzelnen Sektoren erhebliche

Veränderungen ergeben. Daraus ergibt sich auch die Notwendigkeit, die Ziele und Grundsätze von Raumordnung und Landesplanung für das Kreisgebiet zu aktualisieren und an die neuen gesetzlichen Anforderungen anzupassen. In der Vorbereitung der Neuaufstellung des RROP wurde vom Landkreis ein Fachgutachten zum Themenbereich „Tourismus" vergeben (Peithmann / Schaal 1999) und ein gutachtlicher Landschaftsrahmenplan erstellt. Die Neuaufstellung des RROP wurde mit der öffentlichen Bekanntmachung der allgemeinen Planungsabsichten bereits 1998 eingeleitet. Die Zusammenstellung der neuen Planinhalte des RROP erfolgte 1999 und 2000.

Für die Fortentwicklung der touristischen Struktur des Landkreises wird in dem Fachgutachten u. a. ein regionales Leitbild vorgeschlagen, das im Wesentlichen die Aussagen des später erarbeiteten Tourismus-Leitbilds Emsland stützt und die vorhandenen Potenziale als spezifische Gesamtheit betont. Dies entspricht auch den Anforderungen eines Grundsatzes des niedersächsischen Landes-Raumordnungsprogramms (LROP 1994): „Dabei sollen insbesondere eigenständige regionale Entwicklungen, die zur Nutzung der besonderen regionalen Potentiale beitragen, wirtschaftsstrukturpolitisch stärker unterstützt werden."

Der wesentliche Beitrag, den die Regionalplanung zur Tourismusförderung leisten kann, liegt allerdings in den standörtlichen Festlegung der Entwicklungsaufgaben „Fremdenverkehr" und „Erholung", in der planerischen Konfliktminimierung durch Entflechtung konkurrierender Nutzungen, dem Schutz und der Entwicklung der Erholungslandschaft sowie in der planerischen Sicherung der Entwicklungsfähigkeit touristisch interessanter Standorte. Die standörtlichen Festlegungen des RROP für die Erholung wurden im neuen Programm nach der VerfVO-RROP 1995 erheblich erweitert. Als Kategorien gibt es jetzt u.a. die Entwicklungsaufgaben „Fremdenverkehr" und „Erholung", „regional bedeutsame Erholungsschwerpunkte" sowie „regional bedeutsame Sportanlagen".

Tabelle 2 zeigt eine erhebliche Ausweitung der Vergabe der Entwicklungsaufgaben für den Tourismus und der Erholungsschwerpunkte im Landkreis. Als „regional bedeutsame Sportanlagen" wurden erstmalig Gewässer und Sportboothäfen, Golfplätze und Flugsportanlagen ausgewiesen.

Flächenhafte Darstellungen, die für die Entwicklung des Tourismus von Interesse sind, trifft das RROP in den in Tabelle 3 dargestellten Kategorien. Der Vergleich der Programme von 1990 und 2000 zeigt, dass sich sowohl die Ausweisung von Vorranggebieten für Natur

Tab. 2: Anzahl der standortbezogenen Ausweisungen im RROP 1990 und 2000-E

RROP 1990	Anzahl	RROP 2000-E [1)] (nach VerfVO RROP 1995)	Anzahl
(Samt-) Gemeinden mit der besonderen Entwicklungsaufgabe Erholung	15	Standorte mit der bes. Entwicklungsaufgabe Fremdenverkehr	6
		Standorte mit der bes. Entwicklungsaufgabe Erholung	13
Erholungsschwerpunkt in der Landschaft	6	Regional bedeutsamer Erholungsschwerpunkt	14

1) Die Angaben für das RROP 2000-E beziehen sich jeweils auf die Fassung, die den Gemeinden und Samtgemeinden i.R. der Beteiligung zugesandt wurde.

Tab. 3: Flächenhafte Ausweisungen des RROP 2000-E

	RROP 2000-E		RROP 1990		Bilanz 1990 - 2000
Flächenkategorie	**ha (ca.)**	**Anteil der Gesamtfläche (%)**	ha (ca.)	Anteil der Gesamtfläche (%)	Zunahme/ Abnahme (%)
Fläche des Landkreises	**288.500**	**100**	288.500	100	0,0 %
Natur und Landschaft					
Vorranggebiet für Natur und Landschaft (ohne FFH-Gebiete)	**23.742**	**8,2**	10.845	3,8	+ 120,0 %
Vorsorgegebiet für Natur und Landschaft [1)]	**37.974**	**13,2**	46.913	16,3	- 19,0 %
Erholung					
Vorsorgegebiet für Erholung [2)]	**72.815**	**25,2**	66.194	22,9	+ 10,0 %
Vorranggebiet für ruhige Erholung	**5.189**	**1,8**	5.431	1,9	- 4,5 %
Vorranggebiet für Erholung mit starker Inanspruchnahme durch die Bevölkerung	**2.216**	**0,8**	1.328	0,5	+ 68,0 %

1) RROP 1990: „Gebiet mit besonderer Bedeutung für Natur und Landschaft"
2) RROP 1990: „Gebiet mit besonderer Bedeutung für Erholung"

und Landschaft als auch die Ausweisung der Vorranggebiete für die Erholung erheblich erweitert haben. Im Vergleich mit anderen Landkreisen und Regionen werden im neuen RROP des Emslands überproportional hohe Flächenanteile als Vorrangfläche für Natur und Landschaft ausgewiesen. Die gegenüber konkurrierenden Nutzungen mit geringeren Restriktionen belegten Vorsorgegebiete für Natur und Landschaft ergänzen die Ausweisungen der Gebiete für Natur und Landschaft auf immerhin 20% der Gesamtfläche des Landkreises. Flächenverluste bei den Vorsorgegebieten für Natur und Landschaft sowie den Vorranggebieten für die ruhige Erholung sind im Wesentlichen darauf zurückzuführen, dass diese Gebiete in eine benachbarte Kategorie (hier Vorranggebiet für Natur und Landschaft bzw. Vorranggebiet für Erholung mit starker Inanspruchnahme durch die Bevölkerung) eingeordnet wurden.

Darüber hinaus sieht das Programm die Vernetzung der dezentralen Sehenswürdigkeiten und touristischen *Points of Interest* vor. Dazu dient vor allem das Radwegenetz - ergänzt durch das mit Sportbooten (Kanus) befahrbare Gewässernetz. Die Radwegeverbindungen folgen zumeist attraktiven Landschaften entlang von Wasserläufen und Waldrändern. Letztlich versucht die Regionalplanung für eine Attraktivitätssteigerung zu sorgen, indem das Landschaftsbild angereichert wird und naturnahe Landschaften gesichert werden. Dies betrifft u. a. das Emstal, das Hasetal und Teile des Hümmlings, ausgedehnte Waldgebiete (z.B. bei Lingen), Heide- und Moorlandschaften (Bourtanger Moor).

Die Regionalplanung muss jedoch darüber hinaus Konfliktvermeidung und Konfliktmanagement betreiben, um die Entwicklungsfähigkeit des Bereichs „Tourismus" zu stärken. Die wesentlichen Aufgaben liegen darin, geeignete Maßnahmen zur Steuerung der Nutzungskonflikte an der Hase zwischen Bootssportlern, Anglern, Campern und Naturschützern zu finden, eine Ausweitung der Intensivtierhaltung in touristisch hochwertigen Räumen zu verhindern und die Verortung von Windparks mit den vorhandenen Instrumenten planerisch zu steuern.

Fazit

Das Emsland ist eine Wachstumsregion im ländlichen Raum, die in ihrer Tourismusentwicklung von ihrer günstigen Lage zu Ballungsräumen profitiert. Der Tourismus ist trotz des derzeit niedrigen Niveaus ein Wachstumssektor, auf dem große Hoffnungen der Regionalentwicklung ruhen. Die Quellgebiete des Tourismus liegen im erweiterten Umland. Von hieraus starten die Gäste zum Kurzurlaub auf Campingplätzen, in Ferienhausanlagen, Reiterhöfen oder zu Touren mit Fahrrad bzw. Boot entlang von Hase und Ems. Das touristische Angebot zielt ab auf preisgünstigen Familienurlaub und Angebote für den aktivitätsorientierten Kurzurlaub. Daneben nimmt das Freizeitwohnen und das Campen entlang der Ems eine bedeutende Stellung für den Tourismus im Emsland ein. Die Attraktionen des Emslands sind, verglichen mit den großen Tourismusregionen, gering. Als Chancen bieten sich jedoch weite, dünn besiedelte und landschaftlich reizvolle Kulturlandschaften, die mit Fahrrad, Pferd oder zu Fuß zu bereisen sind. Ems- und Hasetal bieten Möglichkeiten zum Wassersport, und kulturelle Besonderheiten sind in zahlreichen Städten und Gemeinden des Emslands verteilt. So sind es unter anderem das Schloss Clemenswerth in Sögel, die historische Altstadt in Lingen, der Transrapid in Lathen, die Meyer-Werft und die ehemalige Fehn-Kolonie Papenburg, die das Interesse der Reisenden wecken.

Die Optionen für die Zukunft sind heute noch unklar. Die Erwartungen gehen von einer weiteren Steigerung der Gästezahlen und einer Ausweitung des touristischen Angebots aus. Neben der Gesamtentwicklung auf dem Tourismusmarkt sind es jedoch vorwiegend externe Faktoren, wie die Entwicklung der Flugpreise, die für die künftige Entwicklung des Inlandstourismus eine gewichtige Rolle spielen. Ein positiver Trend für den Inlandsmarkt ist dabei die Veränderung des individuellen Reiseverhaltens mit der Zunahme des Kurz- und Wochenendurlaubs. Um die Verteilung der verbleibenden Anteile am Inlandsmarkt streiten jedoch viele Tourismusregionen und -anbieter, die sich auf dem Markt positionieren. Ein modernes regionales Tourismusmanagement übernimmt hier die Aufgabe, das Angebot zu verbessern und die Region mit ihren spezifischen Stärken und Attraktionen nach außen darzustellen und wahrnehmbar zu machen. Das Emsland hat mit der Einrichtung der Tourismus GmbH beim Landkreis eine effektive Plattform geschaffen, die sich dieser Aufgabe widmet. Mit der Einrichtung des „Touristischen Regionalforums Emsland" wurde in einem dialogischen Prozess ein Tourismus-Leitbild erstellt sowie Projekte, Maßnahmen und Verantwortlichkeiten definiert. Qualitätsoffensive und Destinationsmanage-

Abb. 3: Meyer-Werft in Papenburg
Quelle: http://www.papenburg.de

ment sollen zu einer Qualitätssteigerung bei der Beherbergung führen und den Vernetzungsgrad des Angebots verbessern bzw. unter Einbeziehung mehrere Standorte regionsspezifische Angebote (z.B. Boot & Bike) ermöglichen.

Abb. 5: Schloss Dankern
Quelle: http://www.emsland-touristik.de

Impulse für die regionale Entwicklung werden im Emsland zudem in starkem Maße vom Landkreis und der dort angesiedelten Regionalplanung gesetzt. Das neue - derzeit im Entwurf vorliegende - Regionale Raumordnungsprogramm trifft u. a. standörtliche Entscheidungen über die räumlichen Schwerpunkte der Entwicklung des Tourismus und der Naherholung. Der Vergleich des RROP 1990 mit dem neuen RROP 2000-E zeigt, dass der Umfang der Ausweisungen zur Stärkung der Erholungs- und Fremdenverkehrsfunktionen wesentlich ausgeweitet wurde. Grundlage der Ausweisung der touristischen Funktionen ist ein Gutachten zu Tourismus und Erholung im Emsland (vgl. Peithmann / Schaal 1999). Hier werden die Weichenstellungen getroffen, um Tourismusmanagement und Regionalplanung stärker miteinander zu verzahnen. Die Aufgaben der Regionalplanung liegen dabei primär bei der Schaffung der standörtlichen Voraussetzungen und der vorausschauenden Koordination von Nutzungskonflikten. Den Städten, Gemeinden und Samtgemeinden des Emslands wird mit der Zuweisung der Schwerpunktaufgaben „Fremdenverkehr" und „Erholung" ihre besondere Verantwortung für die Entwicklung dieses Wirtschaftssektors vermittelt. Die räumlichen Festlegungen gewähren touristisch interessanten Standorten Entwicklungsmöglichkeiten. Die weichen Standortfaktoren „Landschaft" und „Ortsbild" sollen geschützt, gepflegt und verbessert werden.

Zur Optimierung der Erreichbarkeit priorisiert der Landkreis die Lückenschließung der Emslandautobahn A 31. Diese Infrastrukturmaßnahme, die für die Regionalentwicklung als unverzichtbar erachtet wird und die der Landkreis Emsland mithilfe der ortsansässigen Wirtschaft selber mitfinanziert, ist für den Tourismus als ambivalent zu beurteilen. Denn mit der verbesserten Erreichbarkeit des Emslands rücken zugleich die touristisch wesentlich attraktiveren Küstenregionen Ostfrieslands in den Kurzreise-Radius des Ballungsraums Ruhrgebiet. Damit liegt es auf der Hand, dass sich im Emsland mit der Fertigstellung des „Ostfriesenspießes" die Entwicklungschancen im Tourismussektor erheblich verschlechtern.

Zurückkehrend auf die Eingangsfrage bleibt festzustellen, dass Destinationsmanagement und touristisches Marketing in der heutigen Zeit für Regionen wie das Emsland unabdingbare Notwendigkeit für eine touristische Entwicklung sind! Gerade die von ihrer naturräumlichen Ausstattung und von der Kulturgeschichte benachteiligten ländlichen Regionen müssen erhebliche Anstrengungen unternehmen, um ein attraktives Angebot zu eröffnen. Dabei ist die Konzentration der Angebotsstruktur auf den kostengünstigen Familienurlaub sowie die Vernetzung der Angebote im Bereich des Aktivurlaubs (Boat & Bike) durchaus zu befürworten. Allerdings müssen die spezifische Stärken des Emslands mit der netzartigen Struktur von Rad, Reit- und Bootswegen, die die touristisch interessanten Stationen (z. B.

die Lingener Altstadt) für den Bootswandernden oder Fahrradreisenden erschließen sehr viel stärker entwickelt und herausgestellt werden. Unter dem Motto „Entdeckung der Langsamkeit" ist das Landschaftserleben entlang von Hase und Ems vermutlich das Alleinstellungsmerkmal des Emslands gegenüber anderen konkurrierenden touristischen Zielgebieten.

Doch auch Center Parcs bzw. touristischen Ferienanlagen nach niederländischem Vorbild sind für das Emsland eine mögliche Option, um die Übernachtungszahlen zu erhöhen und die Aufenthaltsdauer der Touristen zu verlängern. Als Vorbild dient der Ferienpark Schloss Dankern in Haren. Das derzeit in der Errichtung befindliche Freizeitzentrum Rhede / Spieksee folgt diesem Prinzip und entwickelt Bootsanlieger und Ferienhäuser am Wasser. Weitere Ferienparks könnten folgen, sofern sich das Projekt als profitabel erweist.

Für die Tourismusentwicklung in der Region werden somit die Faktoren „Vernetzung des Angebots", „Professionalisierung des Managements" und „Ausbau touristischer Stärken" eine entscheidende Rolle spielen, um sich gegenüber konkurrierenden Zielgebieten zu behaupten. Das Emsland ist derzeit noch weit davon entfernt, für bestimmte Zielgruppen ein „Geheimtipp" unter den inländischen Ferien- und Erholungsdestinationen zu sein. Es verfügt jedoch noch über die Voraussetzungen, um sich mittels tourismusorientierter Planung und eines entsprechend ambitionierten Tourismusmanagements dorthin zu entwickeln.

Literatur

ARL - Akademie für Raumforschung und Landesplanung (Hg. 1995): Zukunftsaufgabe Regionalplanung - Anforderungen, Analysen, Empfehlungen. Hannover

Biedenkapp, A.; Baumgartner, C. (1999): „ ... Raus auf's Land ..." Ländlicher Tourismus als Boomfaktor. 9. Reisepavillon Abschlussbericht. BfN - Skripten 15. Bonn

Danielzyk, R.; Wiegandt, C.-C. (1999): Das Emsland - „Auffangraum" für problematische Großprojekte oder „Erfolgsstory" im ländlich-peripheren Raum? In: Berichte zur deutschen Landeskunde Bd. 73, H.2/3, Flensburg S. 217-244.

Ems-Dollart-Region (Hg.1994): Gemeinschaftsinitiative INTERREG II. Operationelles Programm 1994-1999.

Emsland Touristik GmbH (1997): Jahresbericht. Meppen

Emsland Touristik GmbH (2000): Geschäftsbericht 1999. Meppen

Fürst. D.; Peithmann, O. (1999): „Schlanker Regionalplan" - ein neuer Weg? In: Raumforschung und Raumordnung, Heft 5/6.99, 57.Jg., S. 377-385

Futour (Zimmer, P. / Schablow, M.) (1998): Touristisches Positionspapier Emsland. Endbericht. München.

IPK-Institut für Tourismusmarketing (1991): Landkreis Emsland, Marktanalyse und Marketingkonzeption, Band I: - Marketingwegweiser Grünes Emsland -. Münche.

Landkreis Emsland (2000): Landschaftsrahmenplan Emsland. Entwurf 2000. Meppen

MI - Niedersächsisches Innenministerium (Hg. 1997): Regionale Kooperationen in Niedersachsen. Schriften der Landesplanung Niedersachsen. Hannover

NLfS - Niedersächsisches Landesamt für Statistik (Hg. 1998): Statistik-Daten. CD-ROM, Hannover.

Opaschowski, H. W. (1996): Tourismus. Systematische Einführung - Analysen und Prognosen. Opladen

Peithmann, O.; Schaal, P. (1999): Erholung und Fremdenverkehr im Landkreis Emsland. Fachgutachten i.A. des Landkreises Emsland. Vechta

RIS (2000): http:// www.ris-weser-ems.de/kompz/tourism/ueberblick.html (10/2000)

Schaal, P. (1999): Neue Perspektiven für die Regionalplanung durch GIS? In: Strobl/Blaschke (Hg.): Angewandte Geographische Informationsverarbeitung: Beiträge zum AGIT-Symposium Salzburg 1999, S. 456-462

Schaal, P. (2000): Nachhaltige Regionalentwicklung durch Regionalplanung am Beispiel des Landkreises Emsland. In Mose, I.; Weixlbaumer, N. (Hg.): Regionen mit Zukunft? Nachhaltige Regionalentwicklung als Leitbild ländlicher Räume. Vechta S. 84-96

Touristikverband Emsland e.V. (1997): Jahresbericht. Meppen

Touristikverband Emsland e.V. (2000): TourismusLeitbild Emsland. Meppen

VerfVO-RROP (1995): Verordnung über das Verfahren zur Aufstellung und über die Darstellung der Regionalen Raumordnungsprogramme, vom 26.07.1995 (Nds. GVBl., S. 260)

Teil 4

Jörg Borghardt

Tourismus und Raum

Eine kritische Bestandsaufnahme

Tourismus scheint geradezu durch Raumüberwindung und Ortsveränderung definiert zu sein. Dabei sind touristische Räume mehr als das Vermessen und Berechnen räumlicher Distanzen und Relationen von Menschen und Objekten innerhalb abstrakter geometrischer Grundbegrifflichkeiten. Der Versuch manch raumbezogener Disziplin, eine ganzheitliche Sicht auf alles zu erhalten, was in einem bestimmten Territorium stattfinden könnte, verstellt wiederum den Blick für die originär räumliche Dimension des Tourismus. Doch was ist das originär Räumliche am Tourismus? Und wo liegen umgekehrt die Beiträge der raumbezogenen Disziplinen zu einer „Theorie des Tourismus"?

Um einer Antwort näher zu kommen, soll hier zuerst die Komplexität einer „Theorie des Tourismus" angedeutet werden, die im Idealfall in ein umfassendes Konzept sozialen Wandels eingebettet wäre. Mit letzterem ist wiederum eine „Theorie des Raumes" bzw. ein „Konzept gesellschaftlicher Räume" verknüpft. Die Andeutung dieses umfassenden theoretischen Bezugsrahmens bietet damit die Möglichkeit, die Aneignung des Gegenstands „Tourismus" in den verschiedenen Raumtheorien und -disziplinen zu reflektieren. Als These wird in diesem Beitrag einerseits verfolgt, dass in der tourismusbezogenen Raumforschung das Inbezugsetzen von gesellschaftlicher und räumlicher Entwicklung in der Regel selektiv und funktional orientiert ist - eine Kritik, die Raumplanung, Landschaftsplanung, Fremdenverkehrsgeographie und raumbezogene Fremdenverkehrsökonomie gleichermaßen trifft. Andererseits zeigt sich, dass viele raumtheoretische Ansätze auf ihre Anschlussfähigkeit hinsichtlich touristischer Forschungsprobleme kaum hinterfragt sind. Die Vielfalt und auch die Widersprüchlichkeit der Argumentationen offenbart dabei vor allem eines: Letztlich kann nur ein Theorien- und Methodenpluralismus dem Erkenntnisgegenstand „Tourismus und Raum" gerecht werden - zumal weder ein Konsens über eine „Theorie des Tourismus" noch über eine „Theorie des Raumes" absehbar ist.

Anmerkungen zu einer „Theorie des Tourismus"

Weltweit reisen jährlich 750 Mio. Menschen, ohne dass sie wirtschaftliche oder andere Notwendigkeiten zur Ortsveränderung zwingen. Damit ist der Tourismus die mittlerweile größte Industrie- und Dienstleistungsbranche weltweit. Im „space of flows" (Castells 1992), im Raum der sich beschleunigenden Ströme an Menschen, Kapital, Informationen, Arbeit, Waren und Dienstleistungen rund um den Globus, ist der touristische Strom der augenfälligste, wobei bekanntermaßen die Quellgebiete in den reichen Regionen dieser Welt liegen. „Etwa ein Zehntel der Weltbevölkerung, überwiegend aus den reichen Metropolen, ist im Bann der touristischen Wünsche unterwegs." (Armanski 1997: 496)

So ist der Tourismus ökonomisch ein Riese geworden, politisch jedoch ein Zwerg geblieben, was auch damit zusammenhängen mag, dass man von einem umfassenderen Ver-

Römische Säulenstraße in Apameia, Syrien
Foto: Dieter Borghardt

ständnis des Phänomens immer noch weit entfernt ist. In der Regel ist in der Praxis von einzeln agierenden und planenden Akteuren allenfalls zweckorientiertes, direkt verwertbares Partialwissen gefragt. Sind dennoch einmal weiterreichende Erklärungen zu touristischen Entwicklungen gefragt, wird ohne Umschweife auf die These Bezug genommen, Reisen stelle gewissermaßen ein menschliches „Urbedürfnis" dar. Der Tourismus funktioniert schließlich auch ohne Theorie hervorragend!

So spekuliert beispielsweise Lübbe (1995), „dass unsere Mobilitätslust zu den anthropologischen Konstanten unserer Daseinsverfassung gehört" und sich heute Antriebsrelikte Raum schaffen, „die nicht jener Moderne entstammen, deren technische Mittel dabei in Anspruch genommen werden." Für die These des „Nomaden in uns" mögen zwar Erkenntnisse über die Frühgeschichte des Menschen sprechen, aber genauso ließe sich argumentieren, dass eine über 10.000 Jahre währende Kultur der Sesshaftigkeit nicht gerade Ausdruck einer genetisch determinierten Reiselust ist. Eine solche Kontroverse führt demnach nicht weiter. Deutungsversuche, die gleichwohl die Ursachen des Tourismus auf „natürliche Wandertriebe", auf unveränderliche „wahre" Bedürfnisse „des" Menschen zurückführen, erweisen sich - so richtig sie in einzelnen Punkten auch sein mögen - als ahistorisch verkürzte Thesen (Spode 1994: 110). Biologische Determinationen reichen eben nicht zur Klärung komplexer und langfristiger kultureller Entwicklungen. Nur allzu offensichtlich ist: „Saisonale oder längerfristige Wanderungen von Jägern, Sammlern oder Viehzüchterkulturen sind etwas anderes als Beutezüge, Wallfahrten oder Geschäftsreisen, und diese wiederum unterscheiden sich vom Bildungs-, Erholungs- oder Prestigeurlaub. Geistes- und Ideengeschichte, Technologien, Mentalitäten und Interessendominanzen prägen die konkreten Formen" (Kramer 1993: 56). Daraus folgt, dass der moderne Tourismus ohne Bezugnahme auf ein umfassendes Konzept sozialen Wandels unverstanden bleibt, wird er doch wesentlich von der historisch-gesellschaftlichen Produktions- und Lebensweise erzeugt und geformt. Die Motive zu Reisen, das Verhalten in Freizeit und Urlaub und nicht zuletzt die Verteilung von Urlaubschancen hängen mit spezifischen Kriterien des sozialen Wandels zusammen.

Daher muss versucht werden, die Ausdifferenzierung der touristischen Reise mit Interpretamenten sozialen Wandels, wie Zivilisierung, Sozialdisziplinierung, Verrechtlichung, Säkularisierung, Rationalisierung, Stand der Produktivkräfte u. a. in Beziehung zu setzen (Borghardt 1996). Die Vielfalt der oft aufeinander bezogenen gesellschaftstheoretischen

Entwürfe, beginnend bei den „Klassikern" von Marx bis Weber, über Elias, bis hin zu den neueren Sozialtheorien eines Habermas, Beck, Giddens oder Bourdieu, verdeutlicht dabei zweierlei: Erstens, es kann keine *prima philosophia* zur Deutung touristischer Phänomene geben (Spode 1993: 32), sondern verschiedene Theorien sind in ihrer Komplementarität zu betrachten. Zweitens, es gibt damit keine umfassende und hinreichend komplexe Theorie sozialen Wandels, die der Tourismusforschung als Folie dienen könnte (Vester 1998: 149). Diese scheint schon durch die (räumliche) „Mehrebenenproblematik" (Storbeck 1988: 242) nahezu unmöglich.[1] Theorien sozialen Wandels sollten aber bei der Formulierung von Forschungsperspektiven und -fragestellungen als Bezugspunkt erhalten bleiben.

Als unumgänglich erweisen sich daher interpretative Grundlinien. Spode (1993) betont, dass besonders solche historischen Zeiten, in denen sich signifikante Veränderungen von „Strukturen langer Dauer" (Braudel 1958) ereignen, von Interesse auch für die Tourismusforschung sind. Nach Elias (1989) bedingen und befördern sich Psycho- und Soziogenese gegenseitig, was bezogen auf die hier behandelte Thematik bedeutet, dass subjektive (Reise-)Motivationen, Mentalitäten, Denk- und Gefühlsweisen sowie Wahrnehmungen (des Fremden, von Natur, von Raum und Zeit etc.) mit strukturellen gesellschaftlichen Veränderungen (Prozessen gesellschaftlicher Differenzierung und Integration, der Entfaltung sozioökonomischer Strukturen in Raum und Zeit, der Ausdifferenzierung von Wissenssystemen etc.) interdependent verflochten sind.

In diesem Sinne erklärt Enzensberger (1958) Tourismus als Ausdruck und Folgeerscheinung der bürgerlichen und industriellen Revolution, die sowohl die technologischen und ökonomischen Grundlagen als auch die ideologischen Sinngehalte bereitgestellt hat. Enzensbergers vielfach überzogen kritisierter Ansatz mag in erster Linie Mittel zur Gesellschaftskritik gewesen sein, doch sein Vorgehen, Tourismus im Kontext historischer und gesellschaftlicher Strukturveränderungen zu erklären, ist ein prinzipiell richtiger Ansatz geblieben. Vor allem öffnete sein Verweis auf die dem Tourismus zugrunde liegenden Bilder der Romantik als Gegenpol zu einer rationaler werdenden Welt den Blick auf kulturelle Tiefenstrukturen touristischer Motivationen, was auch heute der Raumforschung wertvolle Impulse zu liefern vermag (siehe hierzu auch den Beitrag „Raumbilder und 'imaginäre Räume'" in diesem Band). Die englische, französische und deutsche Romantik „verklärte die Freiheit und entrückte sie in die Ferne der Imagination, bis sie räumlich zum Bilde der zivilisationsfernen Natur, zeitlich zum Bilde der vergangenen Geschichte, zu Denkmal und Folklore gerann. Dies, die unberührte Landschaft und die unberührte Geschichte, sind die Leitbilder des Tourismus bis heute geblieben" schrieb Enzensberger (1958: 156). Mit Spode (1994: 122) kann davon ausgegangen werden, dass diese These weiterhin für viele Ausprägungen des Reisens Gültigkeit besitzt bzw. dass es sich beim Tourismus um eine „Struktur langer Dauer" handelt.

Wohlgemerkt: Hier soll nicht behauptet werden, dass jeglicher Forschungs- und Praxisansatz kurzer Reichweite, der nicht umgehend den Bezug zur „Totalität" gesellschaftlicher Entwicklungen herstellt, a priori belanglos ist. Eine „Theorie des Tourismus" sollte jedoch über einen einfachen Empirismus hinausreichen, denn ein noch so umfangreiches Instrumentarium von Motivforschung und Gästebefragungen ohne theoretische Grundlegung verkennt, dass Tourismus „nicht ein vor- oder asoziales Phänomen, mit irgendwelchen gesellschaftlichen Ursachen und Folgen, sondern selbst eine gesellschaftliche Veranstaltung, ein durch und durch soziales Phänomen" (Vester 1998: 135) ist.

Dass wiederum eine gesellschaftliche Gegenwartsanalyse ohne ein historisch-hermeneutisches Verständnis der Entwicklungen wenig gehaltvoll ist (Habermas 1970), wird in weiten Teilen der Tourismusforschung ebenfalls kaum - allenfalls als Vorbemerkung (beispielsweise bei Freyer 1988, Kaspar 1991: 23 ff.) - zur Kenntnis genommen. Dort steht die Geschichte des Tourismus dann in keinem weiteren Bezug zur theoretischen Begriffsbildung, deren Ziel die Definition von Gesetzmäßigkeiten mit raum-zeitlich unbeschränkter Gültigkeit ist. Dabei wird jedoch in keiner Weise berücksichtigt, dass touristisches Handeln Ansprüchen folgt, die historisch-kulturell geprägt sind.[2] Eine „Theorie des Tourismus", die diesen Namen verdient, ist allerdings ohne Bezug zu Interpretamenten sozialen Wandels schlechterdings unmöglich!

Anmerkungen zu einer „Theorie des Raumes"

Auch in der Raumforschung dominiert der analytisch-nomologische Ansatz von Wissenschaft, d.h. der Mainstream der Forschung strebt Gesetzmäßigkeiten mit räumlich und zeitlich unbeschränkter Gültigkeit an. Ziel und Erkenntnisinteresse solch „exakter" Raumforschung ist die Gewinnung prognostischen Wissens für Planungs-, Verwaltungs- und Wirtschaftszwecke. In der Hoffnung, anwendungsorientierte Instrumente zur Regulierung räumlicher Entwicklungen gewinnen zu können, wurde damit Abstand genommen von dem ideographischen (Kultur-)Landschaftskonzept der klassischen Geographie, welches die Beschreibung des Mensch-Natur-Verhältnisses innerhalb eines konkreten Raums als Erkenntnisgegenstand verfolgte. In den Vordergrund rückte in der Raumforschung ausgehend von der anglo-amerikanischen „spatial analysis" Ende der 1960er Jahre nun die sogenannte choristischen bzw. chorologischen Raumauffassung. Hier wird die Realität des konkreten Raumes auf eine Menge von Raumpunkten bzw. Distanzen innerhalb der abstrakter Grundbegrifflichkeiten linear-geometrischer Matrix reduziert. Nun nicht mehr die Besonderheiten des konkreten Orts, sondern absolute und relative Lage, räumliche Verbreitungs- und Verknüpfungsmuster (Häufung-Streuung, Mischung-Entmischung, Diffusion-Kontraktion etc.), räumliche Felder (Zentrum-Peripherie), räumliche Dichte und Intensität, räumliche Koinzidenzen und Raumabgrenzungen, Interaktions- und Kontaktfelder sowie Kategorien der Raumüberwindung, letztlich also Distanzrelationengefüge gelten. Wissenschaftslogisch liegt hiermit die „reinste" Raumauffassung vor - sie ist jedoch gleichermaßen so abstrakt, „daß weder die Kommunikation mit anderen Disziplinen noch eine realitätsbezogene Analyse möglich sind." (Mücke 1988: 74) Denn metrische Distanzen stellen aus sich heraus noch keinen Bezug zu gesellschaftlichen Interaktionen dar, sodass auf externe Theorien zurückgegriffen werden muss. (Läpple 1991: 169 ff.)

So werden in der Begrifflichkeit der klassischen Raumwirtschaftslehre Distanzen in „Raumüberwindungskosten" übersetzt und Raum damit über Transportkosten definiert. Diese werden, wie jede andere wertschöpfende Aktivität, als Produktion interpretiert, um als abstrakte Preisgrößen im idealistischen mathematischen Gleichgewichtsmodell verarbeitet werden zu können. Bekanntermaßen kann jedoch die Annahme, der Markt tendierte zu einem selbstregulierten Gleichgewichtszustand, mit allemal hervorragenden empirischen und theoretischen Argumenten bestritten werden. Für die abgeleitete These des tendenziellen Ausgleichs räumlicher Disparitäten gilt die Kritik an idealistischen Grundannahmen und tranzendentalen theoretischen Fluchtpunkten von Gleichgewichtsmodellen ebenso wie die Feststellung ihrer empirischen Gehaltlosigkeit. Vor allem aber „läßt sich mit dem Modell formal genauso argumentieren wie in einem Modell ohne Transportkosten. Dies zeigt beispielhaft, wie in neoklassischer Betrachtungsweise die Raumdimension ihrer Besonderheit entkleidet und systemgerecht verarbeitet wird." (Buttler/ Gerlach/ Liepmann 1977: 63)

„Anstelle der Dignität der zu untersuchenden Gegenstände tritt vielfach als Kriterium die Objektivität der mit einer Methode zu ermittelnden Befunde..." (Adorno 1957: 86) - diese Kritik gilt für die abstrakt-geometrische Raumforschung wie für die „Theorie des räumlichen Gleichgewichts" gleichermaßen. Die Herrschaft der Methode über den Gegenstand, die empirische Gehaltlosigkeit bis hin zum offensichtlichen Widerspruch zu tatsächlichen Raumentwicklungen - dies bedeutete, dass die an mathematisch-exakten Kriterien orientierte Raumforschung die Hoffnung auf prognosefähige Instrumente kaum erfüllen konnte. Raum bzw. räumliche Strukturen und Verteilungen lassen sich nicht ohne einen umfassenderen Bezug zu gesellschaftlichen Entwicklungen verstehen und erklären. Nicht umsonst nehmen mittlerweile innovative Ansätze der Raum- bzw. Regionalforschung eine disziplin-übergreifende und in bestimmter Weise „kulturwissenschaftlich" orientierte Perspektive ein (Krätke 1995: 213). Gleichzeitig messen Teile der Ökonomie und Sozialwissenschaften, die jahrzehntelang auf die Kategorie „Raum" verzichtet hatten, „raumblind" waren, wie Massey (1985: 12) es ausdrückt, dieser wieder vermehrt einen konstituierenden Charakter hinsichtlich sozialer Prozesse bei.

Doch wie soll der komplexe Forschungszusammenhang sozial-räumlicher Dialektik (beispielsweise Lefebvre 1974, Gregory/Urry et al. 1985, Giddens 1988, Harvey 1985 und 1990, Soja 1989) konzeptionalisiert werden, sodass sowohl Raum als Ergebnis sozialen Handelns als auch soziales Handeln als Ergebnis von Raum erkennbar werden? Die Antwort gegenüber den abstrakten Grundbegrifflichkeiten geometrischer Matrix kann jedenfalls nicht sein, „Raum" als Vehikel sozialwissenschaftlicher Ganzheitsphantasmen fungieren zu lassen (Hard 1992: 54 f.); oder anders formuliert: „Bei dem Versuch einer ganzheitlichen Sicht auf alles, was in einem bestimmten Territorium stattfinden könnte (also das Ganze der Gesellschaft und der menschlichen Aktivitäten), untergräbt die intellektuelle Entschlossenheit der Geographen ihren eigenen Boden, indem sie der Disziplin ihre Besonderheit entzieht: die räumliche Dimension." (Castells 1992: 125)

Hier soll nun nicht der Eindruck erweckt werden, dieses Dilemma lösen zu können bzw. diesen Anmerkungen läge eine dezidierte „Theorie des Raumes" zugrunde. Trotzdem muss zumindest versucht werden, die Komplexität der Perspektiven sozial-räumlicher Dialektik zu formulieren: Jedes subjektive Wahrnehmen, Erleben und Handeln, seinerseits stets in soziale Zusammenhänge eingebettet, ist räumlich an konkrete Orte gebunden. Umgekehrt lassen sich unterschiedliche Räume und Orte aus subjektiver Perspektive als psychisch relevanter Prozess der räumlichen Grenzziehung und (interaktiven) symbolischen Sinngebung rekonstruieren. Im Weiteren werden sie im Vollzug des Handelns als reproduzierte soziale Praktiken Strukturen realisiert. Die gesellschaftlichen Strukturierungsmodalitäten formen ihre (historisch) spezifischen Räume, die wiederum auf das soziale Handeln im Raum und das subjektive Wahrnehmen und Erleben von Räumen zurückwirken. Verschiedene Raumtypen entsprechen den gesellschaftlichen Interessenkonstellationen, Teilsystemen und Bereichen, mit je spezifischen Strukturierungsmodalitäten, Funktionen und Formen sowie gegenseitigen Überlappungen, Verschränkungen und Widersprüchen.

Daher bemerkt Castells (1992: 126): „Wir sollten in die Lage kommen, gesellschaftliche Strukturen und soziale Prozesse in spezifische Anordnungen von Räumen zu ordnen wie die Geschichte Gesellschaften nach Zeit ordnet, also in besondere Epochen, Phasen, Zusammenhänge und Abfolgen." Genauso wenig wie letztlich „die" Zeit nur als „objektiv" messbare zu verstehen ist, genauso offensichtlich ist, dass je nach Forschungsperspektive verschiedene Raumbegriffe zu berücksichtigen sind und es nicht „den" objektiv-absoluten Raum als Behälter der Gesellschaft zu beschreiben und zu verstehen gilt. Geht man stattdessen von der Vorstellung aus, dass Raum nicht unabhängig von Materie und deren Verteilung bzw. räumlicher Struktur gedacht werden kann - wie dies in der Physik seit Einstein geschieht - gelangt man zur Vorstellung „relationaler Ordnungsräume", bei der „Raum" und „Rauminhalt" nicht mehr definitorisch getrennt werden.

Tempeltor auf Naxos; Kykladen, Griechenland
Foto: Dieter Borghardt

Infolgedessen spricht Läpple (1991: 194 ff.) von einem „sich selbst strukturierenden 'Matrix-Raum'" und schlägt ein „Konzept gesellschaftlicher Räume" vor, in dem - auf verschiedenen maßstäblichen Ebenen - unterschiedliche analytische Komponenten in ihrer Verschränkung betrachtet werden sollen. Gegenüber einem einseitigen Geodeterminismus unterscheidet er die Aneignung gesellschaftlicher Räume in das materiell-physische Substrat gesellschaftlicher Verhältnisse sowie die gesellschaftliche Praxis der Interaktions- und Handlungsstrukturen (in ihrer sozialen Differenziertheit mit ihren jeweiligen Machtverhältnissen). Ferner differenziert er zwischen dem institutionalisierten und normativen Regulationssystem (z. B. Eigentumsformen, sozialen und rechtlichen Normen) sowie einem räumlichen Zeichen-, Symbol- und Repräsentationssystem (vgl. hierzu auch den Beitrag „Raumbilder und imaginäre Räume" sowie den Beitrag von H.C. Lippmann in diesem Band). Da die vorfindbaren Raumstrukturen die historische Materialisierung früherer Handlungs- und Entscheidungsprozesse sind, fordert Läpple darüber hinaus gegenüber den ahistorischen „exakten" Theorien räumlicher Verteilung eine „dynamisierte" Raumkonzeption[3] ein - nicht zuletzt, um die Polarität zwischen dem besonderen, konkreten Ort und der alltäglichen Lebenswelt auf der einen und den räumlichen Folgen einer marktvermittelten Globalisierung (der Fragmentierung, der Hierarchisierung, der beschleunigten Auf- und Abwertung von Räumen und Regionen) auf der anderen Seite offen zu legen.

Ähnlich wie Altvater (1987), der am Beispiel einer Region die widerspruchsvolle Konfiguration zwischen lokalen, gesellschaftlichen und globalen ökonomischen, sozialen, kulturel-

Sockelfries, Tempelpyramide von Xochicalco, Mexiko
Foto: Dieter Borghardt

len und politischen „Funktionsräumen" illustriert, zeigt Läpple damit zwar umfangreiche analytische Perspektiven der Raumanalyse auf. Sein „Konzept gesellschaftlicher Räume" bedeutet jedoch nicht den Entwurf eines raumtheoretischen disziplinären Paradigmas. Die zentrale Frage der Vermittlung von räumlichen und sozialen Strukturen bleibt hinter dem metaphorischen Begriff des „Matrix-Raumes" ebenso ungeklärt, wie die der Vermittlung von subjektivistischen und objektivistischen Theorietraditionen der Raumforschung. Auch dieses Programm verfolgt nicht mehr, aber auch nicht weniger als die räumlichen Konsequenzen nichträumlicher Theorien.

Somit wird deutlich, dass die mit der Raumforschung befassten Disziplinen wie Geographie, Raumplanung und Landschaftsplanung bislang nicht in der Lage gewesen sind, aus sich heraus ein disziplinäres Paradigma zu begründen und der Tourismusforschung eine umfassende Theorie des Raumes anzubieten. Auf der einen Seite steht der „harte Kern" der Raumforschung, die Beschreibung von Distanzrelationen bzw. standorttheoretische Ansätze, welche durch einen selektiven und funktionalen Bezug zu anderen sozial-, wirtschafts- und politikwissenschaftlichen Theorien gekennzeichnet sind. Die dort geweckte Hoffnung, „exakte" allgemein gültige Gesetzmäßigkeiten der Raumentwicklung ableiten zu können und damit zu einer besseren Planung zu gelangen, konnte allerdings in der Praxis nie eingelöst werden. Auf der anderen Seite gehen bei umfassenderen, gesellschaftstheoretisch fundierteren Raumkonzepten die *differentia specifica* zu anderen, nicht explizit raumbezogenen Disziplinen verloren.

Betrachtet man nun die aktuellen Trends in der Praxis, so führt dies zurück zum klassischen Programm der Beschreibung und Interpretation des besonderen Ortes, der konkreten Kulturlandschaft. Hiervon zeugt nicht zuletzt die Vielfalt der Untersuchungen zu endogenen Potenzialen unterschiedlichster, gerade auch touristisch genutzter Räume. Dass sich dann, wie angedeutet, eine Vielzahl von Perspektiven und sich divergierende Ansätze von Wissenschaft in aller Widersprüchlichkeit gegenüberstehen, ist ebenso wie Theorienvielfalt nicht als Manko zu betrachten. Letztlich bleibt nichts anderes als Raum bzw. Räume wie Hard (1992: 72 f.) in aller Allgemeinheit zuerst einmal als „Bestandteil sozialer Kommunikation" zu definieren. Damit kommen dann alle Forschungsperspektiven im Erkenntnisfeld „Tourismus und Raum" zu ihrem Recht. Einen wirklich eigenständigen Beitrag werden die raumbezogenen Disziplinen aber zu einer Theorie des Tourismus auf diese Weise nicht leisten können.

Tourismus und Raum - Forschungsperspektiven

Vor dem Hintergrund dieser Anmerkungen zu einer „Theorie des Tourismus" und einer „Theorie des Raumes" können nun Perspektiven der raumbezogenen Tourismusforschung unterschiedlicher Disziplinen kritisch gewürdigt werden. Dabei soll zuerst auf den etablierten Kanon der tourismusbezogenen Raumforschung - auf die Fremdenverkehrsgeographie - eingegangen und dann aufgezeigt werden, wie sich Landschaftsplanung, Raumplanung, Systemtheorie und raumbezogene Ökonomie des Forschungsgegenstands Tourismus bemächtigt haben. Schließlich werden raumbezogene Theorien angesprochen, die bezüglich ihres heuristischen Potenzials hinsichtlich touristischer Entwicklungen noch nicht ausgeschöpft sind.

Perspektiven der Fremdenverkehrsgeographie

Tourismus als raumgebundenes und raumprägendes Phänomen hat in der Fremdenverkehrsgeographie bzw. der „Geographie der Freizeit und des Tourismus" zu einer mittlerweile ausdifferenzierten Forschungslandschaft geführt. Das erste geschlossene Konzept zur komplexeren fremdenverkehrsgeographischen Raumanalyse hatte Poser (1939) vorgelegt. Gegenüber früheren geodeterministischen Ansätzen analysierte er touristisch geprägte Räume als „Sondertyp der Kulturlandschaft" (ebd. 139). Neben der morphogenetischen Kulturlandschaftsanalyse interessierten ihn die unterschiedlichen Tourismusformen mit ihren spezifischen Raumansprüchen und Ausprägungen und das daraus entstehende räumliche Gefüge, was den strukturellen Ansatz in der Fremdenverkehrsgeographie etablierte. Darüber hinaus fügte Poser die funktionale Betrachtung über funktionsräumliche Einheiten hinzu, da eine nach Erklärungen suchende Raumanalyse zwangsläufig die touristischen Herkunftsgebiete mit einschließen musste. Dieses Konzept der Raumanalyse fand Ende der 1960er Jahre mit zahlreichen Regionalstudien seinen vorläufigen Höhepunkt. Mit der zunehmenden Durchführung von Sektoralanalysen fand dann allerdings eine allmähliche Abkehr von der komplexen Kulturlandschaftsanalyse statt.

Gleichzeitig wurde nun seitens der Fremdenverkehrsgeographie der Versuch unternommen, Anschluss an die sozialwissenschaftliche Theoriebildung zu erlangen. „Gegenstand und Aufgabe der Fremdenverkehrsgeographie ist das Studium räumlicher Organisationsformen menschlicher Gruppen unter dem speziellen Einfluß der Daseinsfunktion 'sich erholen'", schrieben Ruppert/Maier (1970: 194) und griffen damit die sozialgeographische These auf, dass Raumstrukturen nur als Ergebnis einer Vielzahl individueller, meist gruppenspezifischer raumrelevanter Entscheidungen zu interpretieren seien. Damit wurde das Freizeitverhalten im Raum betont - sowohl gegenüber einer Betrachtung des besonderen Typs von Kulturlandschaft als auch gegenüber standorttheoretischen Ansätzen. Das Inbezugsetzen von gesellschaftlicher und räumlicher Entwicklung war jedoch mit der räumlichen Projektion sogenannter „Daseinsgrundfunktionen" außerordentlich selektiv und funktional orientiert, wie der Fremdenverkehrsgeograph Steinecke (1982: 265 f.) anmerkt. Er kritisiert zurecht den Positivismus dieser Konzeption, in der das empirisch ermittelte Freizeitverhalten auch normativ als tatsächliches Freizeitbedürfnis, als konkreter Ausdruck einer „Grunddaseinsfunktion" definiert wird. Denn mit einem solchen fremdenverkehrsgeographischen Ansatz wurde nicht zur Kenntnis genommen, dass Freizeitbedürfnisse kaum ausschließlich primäre sondern gesellschaftlich vermittelte sind. Gleiches gilt für die Behauptung der Fremdenverkehrsgeographen Wolf und Jurczek (1986: 54), dass sich die „infrastrukturelle Ausstattung im Erholungsgebiet (...) weitestgehend nach den Bedürfnissen der Naherholungssuchenden" richtet. Dass Freizeitverhalten und Tourismus erheblich von Sozialisationsinstanzen, von der Freizeit- und Kulturindustrie, von Bildern der Werbung geprägt sind - sprich: gesellschaftlichen Normen und medialer Prägung unterliegen -, gerät auch hier ebenso wenig in den Blick wie der Warencharakter des Tourismus und daraus resultierende Prozesse kultureller Verdinglichung. Tendenzielle Interessengegensätze zwischen dem Tauschwertinteresse der Industrie, dem Gebrauchswertinteresse der Touristen und dem Selbstbestimmungsinteresse der Bereisten interessieren in einer solchen Sichtweise nicht.

Hinduistisches Pantheon, Quwwatul Islam Masjid; Delhi, Indien
Foto: Dieter Borghardt

Die Synthese aus klassischer Fremdenverkehrsgeographie und der Geographie des Freizeitverhaltens führt im Weiteren bis Mitte der 1980er Jahre zu einem disziplinären Selbstverständnis, was nun erscheinende Fachkompendien (Hofmeister/Steinecke 1984; Wolf/Jurczek 1986) belegen. Gleichzeitig ist die tourismusbezogene Geographie zu diesem Zeitpunkt durch die fortschreitende Diversifizierung der Forschung und die Abspaltung immer detaillierterer Fragestellungen gekennzeichnet. Ferner steht der globalen Ausdehnung der Untersuchungsgebiete eine zunehmende regionale Spezialisierung gegenüber (Uthoff 1988: 6). Vor allem aber kristallisieren sich in diesem Zeitraum zwei bis heute die Fremdenverkehrsgeographie bestimmende anwendungsorientierte Forschungsschwerpunkte heraus: Zum einen begründet das Problem der Funktionszuweisung strukturschwacher Gebiete einen Bedarf an zweckorientierten Grundlagenuntersuchungen für Fremdenverkehrsentwicklungsplanungen. Zum anderen führen die Folgeprobleme in touristisch bereits intensiv genutzten Räumen als auch die permanente räumliche Ausweitung touristischer Nutzung zu Konzepten des sogenannten „Sanften Tourismus", was die verstärkte Beachtung ökologischer und sozialer Fragestellungen in geographischen Arbeiten zur Folge hat. Begriffe wie „Umwelt- und Sozialverträglichkeit" touristischer Entwicklungen oder das Paradigma der „Nachhaltigkeit"[4] prägen in der Folgezeit weite Teile fremdenverkehrsgeographischer Forschung.

Insgesamt lässt sich festhalten, dass bis dato die Geographie der Freizeit und des Tourismus erhebliche Erkenntnisfortschritte in fünf Dimensionen raumbezogener Tourismusforschung (Uthoff 1988: 6) erbracht hat. Mit überwiegend empirisch-analytischen Methoden (Wolf/ Jurczek 1986: 35 ff.) wurden in den Herkunftsgebieten *Bedürfnis-* als auch *Verhaltensdimensionen* deskriptiv erfasst - beispielsweise Formen (horizontaler) räumlicher Mobilität, differenziert nach verschiedenen Alters-, Sozial-, Wirtschafts- und Lebenszyklusgruppen. Des Weiteren versuchten Fremdenverkehrsgeographen in den Zielgebieten neben der Beschreibung der Kulturlandschaft, die Faktoren zur Herausbildung von Standorten zu erfassen und eine diesbezügliche Modellbildung voranzutreiben. Neben dieser *Standortdimension* bildete die *Wirkungsdimension* - d.h. die nachhaltige Veränderung von Landschaften und natürlicher Umwelt sowie ökonomischer und sozialer Strukturen sowie der Wandel von Siedlungsstrukturen und der Verkehrsentwicklung - eine weitere Ebene fremdenverkehrsgeographischen Erkenntnisinteresses.

Das ermittelte Wissen wurde zunehmend zweckorientiert. Die *Planungsdimension* war in den Vordergrund gerückt. Als Forschungsziel galten und gelten nach wie vor ortsübergreifende, allgemeingültige und ubiquitär einsetzbare planerische Instrumente. Allerdings sind auch in der raumbezogenen Tourismusanalyse Versuche, über formalisierte Modell- und Algorithmenbildung Anschluss an mathematisch-technisch orientierte Formen der Verwissenschaftlichung zu erlangen, aufgrund ihres abstrakten und verkürzten Raumverständnisses in der Planungspraxis so gut wie bedeutungslos geblieben. Nicht zuletzt deshalb hat das Herausarbeiten konkreter endogener Potenziale und Eigenarten von Regionen in Theorie und Praxis der Fremdenverkehrsgeographie wieder einen höheren Stellenwert bekommen.

Aber trotz dieser letztlich sehr umfangreichen Erkenntnisinteressen, die auf die deskriptive Analyse von räumlichen Erscheinungsformen und Verhaltensweisen abzielen, ist die Kritik des Fremdenverkehrsgeographen Steinecke (1982: 274) an der eigenen Disziplin nach wie vor aktuell: Raumstrukturen und -verhalten werden in der Regel nicht als Zugang zur Bestimmung komplexer gesamtgesellschaftlicher Verhältnisse reflektiert, die sich in räumlichen Erscheinungsformen allenfalls widerspiegeln. Anschluss an die diesbezügliche sozialwissenschaftliche und geographische Theoriebildung (Soja 1989; Harvey 1990) ist von der Fremdenverkehrsgeographie kaum gesucht worden. Diese Kritik trifft selbstverständlich nicht nur die Fremdenverkehrsgeographie allein, zumal sich die vorangegangenen Ausführungen generalisierend auf den disziplinären „Mainstream" bezogen haben.

Perspektiven der Landschafts- und der Raumplanung

Auch in den Disziplinen Landschaftsplanung und Raumplanung wurde und wird das Phänomen Tourismus mit äußerst selektivem Bezug zu gesellschaftlichen Entwicklungen und Theorien aufgegriffen. Auch hier wird nur zu oft nicht zur Kenntnis genommen, dass hinter touristischen Bedürfnissen historisch gewachsene soziokulturelle und ökonomische Strukturen stehen und touristische Orte und Regionen damit weit mehr sind als nur topographische Räume.

In der praxisorientierten *Landschaftsplanung*, die aufgrund ihres gesetzlichen Auftrags schon in sich die Konflikte zwischen Naturschutz und Erholungsansprüchen verarbeiten und ausgleichen muss, gibt es zwar seit langem ein Bewusstsein über die gesellschaftliche Einbindung dieser Disziplin (Bechmann 1981: 37 ff.). Trotzdem herrschte seit den 1970er Jahren auch hier gegenüber einem weiterreichenden Bezug auf gesellschaftliche Entwicklungen ein anwendungsorientierter technisch-instrumenteller Bezug auf Freizeit- und Tourismusentwicklungen vor. Nutzwertanalytisch orientiert und auf der Basis von rechnergestützten Algorithmen wurde versucht, die Eignung von Raumabschnitten für Erholungszwecke flächendeckend zu bewerten und damit Anschluss an die „harten" Ingenieurwissenschaften zu erhalten (paradigmatisch hier z. B. Bechmann/Scharpf/Siegmund 1976). Auf der anderen Seite war den Vertretern dieser raumbezogenen Disziplin die Notwendigkeit durchaus bewußt, Anschluss an eine „Theorie des Tourismus" zu erlangen (Harfst/Scharpf/von Lange 1977: 8). Mit der Diskussion um die Implementierung von Umweltverträglichkeitsprüfungen verlagerte sich in den 1980er Jahren der Fokus dann zunehmend von der räumlichen Eignungs- hin zur Belastungsdimension (Schemel 1987). Mittlerweile kreist auch in der tourismusbezogenen Landschaftsplanung die Diskussion um das Paradigma der „nachhaltigen Regionalentwicklung" und wird um zivilgesellschaftliche Aspekte der Planungsorganisation bereichert (Fürst 1997). Dies verdeutlicht, dass der gesellschaftstheoretische Bezug in der Landschaftsplanung inzwischen auf einer breiteren Basis steht und damit die Anschlussfähigkeit zu einer „Theorie des Tourismus" erhöht wurde.

In der *raumplanerischen* Diskussion war der Bereich Freizeit, vor allem der Tourismus bis vor kurzem nur ein marginales Thema. In der universitären Forschung z. B. der Dortmunder Fakultät wurde zwar seit je her eine große Bandbreite raumrelevanter Fragen abgearbeitet. Der Bedeutungszuwachs von Freizeit und Tourismus blieb allerdings lange Zeit weitgehend unbemerkt. Man konzentrierte sich - nicht zuletzt aufgrund der regionalen Verankerung - auf die klassischen Fragen wie Stadterneuerung, Strukturwandel und Wirtschaftsförderung. Ökonomisch orientierte Raumtheorien und Theorien des Bodenmarktes waren hierbei wesentliche Bezugspunkte. Erst seitdem Freizeit und Tourismus auch im Ruhrgebiet ein Motor des Strukturwandels werden sollen, findet im Bereich von Forschung und Lehre ein gewisses Umdenken statt. Noch Anfang der 1990er Jahre blieb es lediglich einzelnen interessierten Studierenden der Raumplanung vorbehalten, mit eigenen Arbeiten und Projekten hier Akzente - mit dem Schwerpunkt eines umwelt- und sozialverträglichen Tourismus - zu setzen. Beispielsweise wurde versucht, über Elemente der Kritischen Theorie, der Handlungstheorie und der kybernetischen Systemtheorie Anschlußpunkte der Raumplanung zu einer „Theorie des Tourismus" zu finden (Borghardt 1992: 191 ff. und 509 ff.).

Die Perspektive der Systemtheorie

Die kybernetische Systemtheorie hatte ab Mitte der 1980er Jahre auch in den raumbezogenen Disziplinen die tourismustheoretische Diskussion stärker beeinflusst. Ausgangspunkt war der Schweizer Beitrag zum UNESCO-Programm „Mensch und Biosphäre" (MAB) (zusammenfassend Krippendorf/Müller 1986). Unter dem Titel „Sozio-ökonomische Entwicklung und ökologische Belastbarkeit im Berggebiet" wurde in diesem Forschungsprogramm ein ganzheitlicher, systemtheoretischer Ansatz verfolgt, um zu Aussagen über die Funktionsweise eines regionalen Berg-Sozio-Ökosystems, zur Belastbarkeit sowie zu Steuerungs- und Gestaltungsmöglichkeiten zu gelangen. Ausgangspunkt des Erklärungsmodells war die Erkenntnis, dass es sich bei der touristischen Entwicklung nicht um einfache Wechselbeziehungen von zwei oder mehr Faktoren im Sinne von „Hier Ursache - dort Wirkung" handelt.

Problematisch war und ist jedoch der Umstand, dass sich viele Variablen kaum methodisch operationalisieren lassen. Darüber hinaus kommt es beim strukturellen Aufbau von derartigen systemtheoretischen Simulationsmodellen immer zu internen Wertsetzungen, was die Gefahr beinhaltet, dass die subjektiven Entscheidungen des „Modellbauers" im deutlichen Gegensatz zum formalen Zustandekommen der Simulationsergebnisse stehen. Deshalb lag und liegt die Stärke solcher Modelle weniger in der exakten Darstellung räumlicher Phänomene, sondern eher darin, ein Bewusstsein für interdisziplinäre Zusammenarbeit zu schaffen und zu verdeutlichen: „Die Beurteilung des Wachstums und seiner Grenzen lässt sich nicht objektivieren. All diese Fragen sind eng mit den subjektiven Bewertungen des einzelnen Bürgers verbunden. (...) Wenn wir von der eingespielten Wachstumsdynamik wegkommen wollen, bedarf es eines Ausbrechens aus den gewohnten Denk- und Verhaltensweisen: Es braucht die Phantasie und den Mut, sich eine 'andere Zukunft' vorzustellen, die nicht bloß eine Projektion der bisherigen Sachzwänge ist." (Krippendorf / Müller 1986: 77 f.) Diese Form der systemtheoretischen Analyse ist daher nicht mit der soziologischen Systemtheorie Luhmanns und deren Absolutheitsansprüchen zu verwechseln und hat zweifelsohne auf dem Weg zu einer „Theorie des Tourismus" einen nicht unerheblichen Schritt weiter geführt.

Perspektiven ökonomischer Raumtheorien

Letzteres trifft auch nicht für die „Ökonomische Theorie des Tourismus", wie sie von Böventer (1989) im Anschluß an seine „Theorie des räumlichen Gleichgewichts" formuliert wurde, zu - betrachtet man ihre Auswirkungen in Theorie und Praxis. Ähnlich wie Christaller bei seiner „Theorie der zentralen Orte" versucht hat, von mikroanalytischen Kategorien zu strukturellen Aussagen zu kommen und dann andachte, diesen Ansatz komplementär auf touristische Raumentwicklung zu übertragen (Christaller 1955), wollte auch von Böventer - ausgehend von individuellen Haushaltspräferenzen - zu strukturellen Schlüssen über „homogene" und „differenzierte Urlaubsflächen" sowie Ortsgrößen- und Verteilungsstrukturen gelangen. Während Christaller im Rahmen seines Ansatzes für zentrale Orte in der Lage war, zu Standortgesetzen mit mathematischer Genauigkeit zu gelangen, so erschien ihm dies für periphere Orte in gleicher Weise explizit nicht möglich (ebd. 166). Von Böventer möchte nun mit seiner Theorie genau dies leisten, doch gilt hier die bereits oben geäußerte Kritik am Modellplatonismus der „Theorie des räumlichen Gleichgewichts" analog. Auch in der „Ökonomischen Theorie des Tourismus" versucht von Böventer Gleichgewichtssysteme auf der Basis homogener Flächen zu modellieren und nimmt damit der Raumdimension ihre Besonderheit, beziehungsweise abstrahiert er hier völlig vom realen, konkreten Raum, damit die theoretischen Annahmen systemgerecht aufgehen können.

Entgegen der idealistischen Annahme, der Markt nivelliere langfristig räumliche Disparitäten, unterstellen Vertreter der Polarisationstheorien deren zunehmende Verschärfung aufgrund ökonomischer Standortvorteile und besserer Kapitalverwertungsbedingungen in den Metropolen. Myrdal (1957) beschrieb das Verhältnis zwischen Zentren und Peripherien als wachsende Polarität mit den Begriffen „spread effects" (Ausbreitungseffekte) und „backwash effects" (Entzugseffekte) als Prozess zirkulärer und kumulativer Verursachung. Die eigentliche Ursache wird dann, je nach theoretischer Ausrichtung, entweder im ungleichen Tausch, über systemische und soziokulturelle Dependenzen oder über die (selektive) Immobilität der Wachstumsdeterminanten hergeleitet. Es ist gerade das Verhältnis von Zentren und Peripherien in den Prozessen touristischer Raumerschließung, welches wesentliche Annahmen der Polarisationstheoretiker empirisch eindrucksvoll bestätigt hat. Daher bieten polarisationstheoretische Ansätze, auch wenn auf dem „Theorienmarkt" die Hochkonjunktur z.B. von Dependenztheorien vorüber ist, nach wie vor eine wesentliche Forschungsperspektive in der tourismusbezogenen Raumforschung.

Detail des Minaretts der Moschee Qutb-ul-Islam; Delhi, Indien
Foto: Dieter Borghardt

Mit der werttheoretisch begründeten Annahme der grundsätzlichen Krisenhaftigkeit des Marktes gehen marxistische Theoretiker bekanntermaßen noch einen Schritt weiter als die Vertreter der Polarisationstheorien. So schließt Harvey (1985) an die These Lefebvres (1974: 68 ff.) an, dass die Rationalisierung der Gesellschaft nach ökonomischen Imperativen einen neuen Raumtyp hervorruft, bei dem der Raum nach den Erfordernissen einer arbeitsteiligen Produktion und Distribution industrieller Massengüter umgestaltet wird. Harvey rückt bei der Analyse räumlicher Restrukturierungsprozesse Grundmuster des kapitalistischen Akkumulationsprozesses in den Mittelpunkt und versucht eine Zyklizität der baulich-räumlichen Entwicklung über die Existenz eines „sekundären" Kapitalkreislaufs theoretisch zu begründen. Investitionen in die bauliche Umgebung werden dabei als zeitweilige Lösung für Probleme der Überakkumulation im primären (vor allem industriellen) Kapitalkreislauf interpretiert. Empirisch feststellbare Entwicklungen, die ab Ende der 1970er Jahre als „Pistenkreisel" (Danz 1979: 67 ff.), in den 1980er Jahren unter dem Begriff „Erschließungsspirale" (Reith 1985: 25 ff.) oder „Tourismuswachstumsmaschine" (Krippendorf/ Müller 1986: 54 ff.) verbucht wurden und erheblich von auswärtigem Kapital abhängig sind, rechtfertigen durchaus über diesen Ansatz weiter nachzudenken. Allerdings werden Raumstrukturen einseitig durch historische Zyklen des Kapitalumschlags gedeutet und wirken funktionalistisch konstruiert (Krätke 1991: 11 ff.).

Ökonomische Paradigmen sind daher zur Klärung touristischer Raumentwicklungen und -strukturen allein nicht ausreichend. Diesem Umstand versuchen regulationstheoretische Ansätze Rechnung zu tragen, in dem der relationale Charakter ökonomischen Handelns unterstrichen wird. In unterschiedlicher Weise werden Produktion, Zirkulation, Reproduktion oder politisch-institutioneller Zusammenhang betont. Dort konstatierte Gesetzmäßigkeiten von Massenproduktion und -konsum (Hirsch/ Roth 1986) lassen sich schlüssig auf touristische Entwicklungen übertragen. So fällt in die Hochphase fordistischer Regulation[5] Anfang der 1960er Jahre der Boom der westdeutschen Tourismusentwicklung - *Neckermann machte es möglich* - mit der Standardisierung, Normierung, Montage und Serienfertigung von Reisen. Analogieschlüsse sind auch hinsichtlich räumlicher Entwicklungen erlaubt, die sich mit regulationstheoretischen Paradigmen als zeitweilig verfestigte Raumstrukturen und -hierarchien bzw. als Ausdruck vorübergehend stabiler, spezifischer historischer Formationen interpretieren lassen. Die in der Charta von Athen ab den 1930er Jahren postulierten Paradigmen des Städtebaus können als räumliche Umsetzung fordistischer Gesellschaftsorganisation gekennzeichnet werden. Ähnlich wie Taylor den Arbeitsprozess zerlegt und zu einem neuen funktionalen Ablauf kombiniert hatte, werden nun Räume neu zoniert und organisiert. Dieses Prinzip der funktionalen Arbeitsteilung und Hierarchisierung von Teilräumen ist auch grundlegend für die räumliche Organisation von Freizeit und Tourismus geworden - angefangen vom Hobbyraum in der eigenen Wohnung über planerisch gesicherte Zonen für Naherholung bis hin zur regionalen und internationalen Arbeitsteilung von industrieller Agglomeration und (touristischer) Peripherie (Köck 1990: 65 ff.). Nur allzu bekannt ist darüber hinaus der uniforme Funktionalismus als architektonischer Ausdruck fordistischer Massenproduktion in touristischen Räumen (Wagner 1984).

Über solche Analogieschlüsse hinaus steht jedoch eine empirische Vertiefung regulationstheoretischer Paradigmen bezogen auf touristische Raumprozesse weitgehend aus. Das Hauptinteresse regulationstheoretisch orientierter Forschung lag ab den 1980er Jahren vor allem auf den räumlichen Wirkungen neuer flexibilisierter Produktionskonzepte sowie auf den neuen Formen internationaler Arbeitsteilung und der damit verbundenen Heterogenisierung des Städtesystems (Soja 1989). Gleichzeitig wird seitdem die aktive Rolle lokaler und regionaler Einheiten im Prozess der Globalisierung gewürdigt. Hier ist nicht zuletzt auf der Suche nach Faktoren, die zur ökonomisch erfolgreichen Stadt- und Regionalentwicklung geführt haben, die Bedeutung institutioneller Arrangements und sozio-kultureller Normen bzw. „ungeschriebener Gesetze" vor Ort deutlich geworden. Unter dem Oberbegriff „Regionalisierung" fasst Krätke (1995: 207) den Prozess „der relativ kleinräumigen *territorialen* Integration und Vernetzung von Aktivitäten, der häufig mit einer Wiederaufwertung besonderer regionaler Qualitäten und Beziehungsgefüge verbunden ist."

Genau an eine solche disziplinübergreifende „kulturwissenschaftlich" orientierte Perspektive der Raum- bzw. Regionalforschung sind solche Konzepte anschlussfähig, die sich - oft unter dem Gesichtspunkt der Nachhaltigkeit - mit endogenen Entwicklungspotenzialen touristischer Regionen befassen. Hier wird implizit unterstellt, dass die gewachsene kulturelle „authentische" Eigenart einer Region - die dann in der touristischen Vermarktung vom lokal- und regionaltypischen Essen bis hin zur jeweiligen Kulturlandschaft reicht - per se ein Wettbewerbsvorteil sei. Gegenüber solchen Zeiten, als Tourismusplanung im Wesentlichen nur für die Bereitstellung von austauschbarer infrastruktureller Ausstattung verantwortlich war, ist dies sicherlich eine nicht unerhebliche Weiterentwicklung des Planungsverständnisses. Warum es jedoch die „authentische" Eigenarten einer Region sind, die touristische Begehrlichkeiten wecken, ist den Verantwortlichen in der Planung touristischer Entwicklung, vor allem in der Raumplanung, dezidiert kaum bewusst, denn es lässt sich nur vor dem Hintergrund des sozialen Wandels verstehen, warum welche Eigenarten und Menschen einer Region plötzlich als „authentisch" erfahren werden. Spätestens hier wird die Notwendigkeit analytischer Kategorien der Raumforschung deutlich, die über den einfachen Empirismus vieler touristischer Motiv- und Verhaltensforschungen (im Raum) hinausreichen und Anschluss an Konzepte sozialen Wandels suchen und damit Brücken schlagen bzw. Schnittmengen bilden auf dem Weg zu einer „Theorie des Tourismus" und einer "Theorie des Raumes". Den Versuch derartige Kategorien tourismusbezogener Raumforschung aufzuzeigen, haben in diesem Band z. B. J. Borghardt, H.C. Lippmann oder G. Held unternommen. Hierbei betont Held zurecht, dass die Raumplanung eine „angemessene Tiefe des Denkens" benötigt.

Fazit

Zur Erforschung des Zusammenhangs von Tourismus- und Raumentwicklung kann weder auf eine umfassende „Theorie des Tourismus" noch auf eine geschlossene „Theorie des Raumes" zurückgegriffen werden. Während in der etablierten Tourismusforschung das Streben nach direkt verwertbarem Partialwissen dominiert, herrschte in der Raumforschung lange Zeit die Illusion vor, Gesetzmäßigkeiten mit raum-zeitlich unbeschränkter Gültigkeit definieren zu können, um damit exaktes prognostisches Wissen für Planungs-, Verwaltungs- und Wirtschaftszwecke zu erlangen. Wie die Planungspraxis gezeigt hat, reicht weder das Wissen überwiegend marketingorientierter Ansätze zum Begreifen und Antizipieren touristischer Entwicklungen aus, noch konnten von Planern allgemein gültige technische Regelkreise und Instrumente etabliert werden, um politisch definierten Zielen wie Umwelt- und Sozialverträglichkeit oder Nachhaltigkeit gerecht zu werden. „Planung ist kein Regelkreis, sondern ein Problem von Gesellschaft, Politik und Ökonomie..." (Brunn 1976: 39), so dass die Praxis theoretischer Anstrengungen in der Tourismus- als auch in der Raumforschung bedarf, die ohne Rückbezug auf Konzepte sozialen Wandels nicht denkbar sind. Jedoch zeichnet sich bislang weder ein Konsens über eine „Theorie des Tourismus" noch über eine „Theorie des Raumes" ab. Für die tourismusbezogene Raumforschung kann das nur bedeuten, über die eigenen Fachgrenzen hinaus, die unterschiedlichen Perspektiven verschiedener Disziplinen und Theorien - wie sie auch in diesem Band „ReiseRäume" angedeutet wurden - auf ihre Plausibilität zu prüfen und dann in ihrer Komplementarität zu betrachten.

Anmerkungen

1 *Viele der an Tourismusforschung beteiligten Disziplinen entwickeln ihre Fragestellungen auf verschiedenen analytischen (räumlichen) Ebenen. Dies gilt beispielsweise für die Soziologie, die die Organisation des Sozialen, d.h. die Koordination menschlicher Aktivitäten in Raum und Zeit untersucht. Vester (1998) unterscheidet hier die Ebenen der Interaktion, der Gruppenprozesse und -strukturen, der Institutionen, der Gesellschaft und letztlich die Ebene einer dynamisierten globalen Struktur. Ein kurzer Blick auf die tourismusrelevanten Ansätze dieser einen disziplinären Perspektive auf den jeweiligen analytischen Ebenen verdeutlicht prägnant die Mehrebenenproblematik bzw. die Komplexität einer „Theorie des Tourismus" zwischen individuellem Verhalten und gesellschaftlicher, sich zunehmend globalisierender, Struktur.*

2 *So ist touristisches Handeln nicht allein über subjektive Nutzenpräferenzen erklärbar, sondern historisch-kulturell geprägt und hat als kulturgeprägtes an jenem Symbolsystem teil, welches über die Festlegung von Sinnzielen und Werten das gesellschaftliche Leben regelt (Kramer 1993: 56). Diese Sinnstrukturen sind wiederum als historisch gewordene, d.h. hermeneutisch zu entschlüsseln. Angedeutet ist hiermit der erkenntnistheoretische Konflikt zwischen Forschungsprogrammen, die zur Klärung sozialer „Tatsachen" auf raum- und zeitübergreifende Gesetzmäßigkeiten, d.h. nomologisches Wissen abzielen sowie hermeneutischen und phänomenologischen Ansätzen, die den Schwerpunkt auf das Sinnverstehen von Handlungen legen. Spätestens seit Webers Handlungstheorie gilt soziales Handeln aber nur dann als umfassend erklärbar, wenn über die äußerlich registrierbare Handlung in Raum-Zeit-Koordinaten hinaus der Sinnzusammenhang erfasst wird, in dem eine Handlung eingebettet ist. Sinn ist somit als konstitutiver Bestandteil des Handelns zu verstehen, bzw. Handeln ist ein äusserliches oder innerliches Tun, Dulden oder Unterlassen, dem der Handelnde selbst einen subjektiven Sinn gibt. (Weber 1922: 3 ff.)*

3 *Hier liegen durchaus Theorieangebote der Geschichts- und Sozialwissenschaften vor, in denen versucht wird zeitliche und räumliche Entwicklungsformen der Gesellschaft analytisch zusammen zu denken (Elias 1989; Wallerstein 1974; Braudel 1958). Einen solcher epistemologischer Ansatz wird aus geographischer Perspektive auch von Mücke (1988) verfolgt.*

4 *Zum Paradigma der „Nachhaltigkeit" ist anzumerken, dass dieses in der Fremdenverkehrsgeographie ebenso wie in der Raumplanung und der Landschaftsplanung kaum ideologiekritisch hinterfragt wird (Spehr 1996). Der Begriff unterstellt zwar die umfassende (analytische) Vernetzung ökonomischer, sozialer und ökologischer Modalitäten. So wenig jedoch die Ökonomie gesellschaftliche Entwicklungen allein über monetäre Kreisläufe erklären kann, genauso wenig reicht der Bezug auf Stoffströme u.ä. um einen wirklich umfassenden Bezug zu gesellschaftlichen Entwicklungen und sozialen Konflikten herzustellen.*

5 *Mit dem Begriff des „Fordismus" wird nach dem amerikanischen Automobilproduzenten Henry Ford diejenige Gesellschaftsformation bezeichnet, die sich in den 1920er und 1930er Jahren entwickelte und ihren Höhepunkt in der Wachstumsphase der 1950er und 1960er Jahre hatte. Der sozioökonomische Kern ist die standardisierte Massenproduktion (economy of scale), die nicht nur die Profite sondern auch die Lohneinkommen erhöhte und damit parallel den zur Massenproduktion komplementären Massenkonsum ermöglichte. Gleichzeitig wurden durch Politik und Sozialstaat gesellschaftliche Verteilungskonflikte reguliert, was eine hohe Wachstumsdynamik ermöglichte, die bis Mitte der 1970er Jahre anhielt. Die fordistische Durchkapitalisierung der Gesellschaft ging einher mit einer weitreichenden kulturellen, sozialstrukturellen und sozialräumlichen Nivellierung. Es entstand die weitgehend homogenisierte und individualisierte Massengesellschaft (Hirsch/ Roth 1986: 56) der industriellen Moderne, die sich seit den 1980er Jahren aufgrund ökonomischer, technologischer und kultureller Entwicklungen „postfordistisch" auseinander entwickelt.*

Literatur

Adorno, Theodor W. (1957): Soziologie und empirische Forschung. In: ders. u.a. (1969): Der Positivismusstreit in der deutschen Soziologie. S. 125-143. München

Altvater, Elmar (1987): Ökologische und ökonomische Modalitäten von Zeit und Raum. In: PROKLA. Heft 67, 17. Jg., 2/87. S. 35-54

Armanski, Gerhard (1997): Manna und Moneten. Die Dynamik des modernen Tourismus. In: PROKLA. Heft 108, 27 Jg., 3/97. S. 487-508

Bechmann, Armin; Scharpf, Helmut; Siegmund, Ingo (1976): Eignung der Landschaft für Erholung in Niedersachsen. Schriftenreihe der Landesplanung Niedersachsen. Hannover

Bechmann, Armin (1981): Grundlagen der Planungstheorie und Planungsmethodik. Eine Darstellung mit Beispielen aus dem Arbeitsfeld der Landschaftsplanung. Bern, Stuttgart

Böventer, Edwin von (1989): Ökonomische Theorie des Tourismus. Unter Mitarbeit von Kai Vahrenkamp. Frankfurt a.M., New York

Borghardt, Jörg (1992): Umweltverträgliche Tourismusplanung. Möglichkeiten und Grenzen raumplanerischer Instrumente. Diplomarbeit am Fachbereich Raumplanung der Universität Dortmund

Borghardt, Jörg (1996): Von der romantischen Verklärung zur Erlebnisgesellschaft. Zur Geschichte und Perspektiven des Massentourismus. Dortmund

Braudel, Fernand (1958): Geschichte und Sozialwissenschaften. Die longue durée. In: Honegger, C. (Hg.) (1977): Schrift und Materie der Geschichte. Vorschläge zur systematischen Aneignung historischer Prozesse. S. 47-85. Frankfurt a.M.

Brunn, Ekkehard (1976): Einführung in die Systemwissenschaft. In: Brunn, Ekkehard; Fehl, Gerhard (Hg.): Systemtheorie und Systemtechnik in der Raumplanung. Ansätze und Erfahrungen. S. 23-56. Basel und Stuttgart

Buttler, Friedrich; Gerlach, Knut; Liepmann, Peter (1977): Grundlagen der Regionalökonomie. Reinbek bei Hamburg

Castells, Manuel (1992): Space of Flows - Raum der Ströme. Eine Theorie des Raumes in der Informationsgesellschaft. In: Noller, Peter; Prigge, Walter; Ronneberger, Klaus (Hg.) (1994): Stadt-Welt. Über die Globalisierung städtischer Milieus. S. 120-134. Frankfurt a.M.

Christaller, Walter (1955): Beiträge zu einer Geographie des Fremdenverkehrs. In: Hofmeister, Burkhard; Steinecke, Albrecht (Hg.) (1984): Geographie des Freizeit- und Fremdenverkehrs. S. 156-169. Darmstadt

Danz, Walter (1979): Ökonomie und Ökologie im Widerstreit am Beispiel Fremdenverkehr. In: Georg-von-Vollmar Akademie (Hg.): Ökonomie und Ökologie im Widerstreit am Beispiel Fremdenverkehr. S. 63-83. München

Elias, Norbert (1989): Über den Prozeß der Zivilisation. Soziogenetische und psychogenetische Untersuchungen. Frankfurt a.M.

Enzensberger, Hans-Magnus (1958): Eine Theorie des Tourismus. In: ders. (1962): Einzelheiten. S. 147-168. Frankfurt a.M.

Freyer, Walter (1988): Tourismus. Einführung in die Fremdenverkehrsökonomie. München, Wien

Fürst, Dietrich (1997): Der AGENDA 21-Prozeß als Koordinations- und Kooperationsproblem. In: Tourismus Journal. Zeitschrift für tourismuswissenschaftliche Forschung u. Praxis. Heft 1, 1. Jg. 1997. S. 117-128

Giddens, Anthony (1988): Die Konstitution der Gesellschaft. Grundzüge einer Theorie der Strukturierung. Frankfurt a.M.

Gregory, Derek; Urry, John (Hg.) (1985): Social Relations and Spatial Structures. Houndmills, Basingstoke, Hampshire, London

Habermas, Jürgen (1970): Zur Logik der Sozialwissenschaften. Frankfurt a.M.

Hard, Gerhard (1993): Über Räume reden. Zum Gebrauch des Wortes „Raum" in sozialwissenschaftlichem Zusammenhang. In: Mayer, Jörg (Hg.): Die aufgeräumte Welt. Raumbilder und Raumkonzepte im Zeitalter globaler Marktwirtschaft. S. 53-77. Rehburg-Loccum

Harfst, Wolfgang; Scharpf, Helmut; von Lange, Wolfram (1977): Landschaftsbezogene Fremdenverkehrsentwicklungsplanung Neuhaus und Silberborn. Hannover

Harvey, David (1985): The Urbanization of Capital. Studies in the History and Theory of Capitalist Urbanization 2. Oxford

Harvey, David (1990): The Condition of Postmodernity: An Enquiry into the Origins of Cultural Change. Cambridge MA, Oxford UK
Hirsch, Joachim; Roth, Roland (1986): Das neue Gesicht des Kapitalismus. Vom Fordismus zum Post-Fordismus. Hamburg
Hofmeister, Burkhard; Steinecke, Albrecht (Hg.) (1984): Geographie des Freizeit- und Fremdenverkehrs. Darmstadt
Kaspar, Claude (1991): Die Tourismuslehre im Grundriß. Bern
Köck, Christoph (1990): Sehnsucht Abenteuer. Auf den Spuren der Erlebnisgesellschaft. Berlin
Krätke, Stefan (1991): Strukturwandel der Städte. Städtesystem und Grundstücksmarkt in der „postfordistischen" Ära. Frankfurt a.M., New York
Krätke, Stefan (1995): Globalisierung und Regionalisierung. In: Geographische Zeitschrift. 83. Jg., Heft 3/4. S. 207-221
Kramer, Dieter (1993): Kulturanthropologie des Tourismus. In: Hahn, Heinz; Kagelmann, H. Jürgen (Hg.): Tourismuspsychologie und Tourismussoziologie. Ein Handbuch der Tourismuswissenschaft. S. 56-59. München
Krippendorf, Jost; Müller, Hansruedi u.a. (1986): Alpsegen - Alptraum. Für eine Tourismusentwicklung im Einklang mit Mensch und Natur. Bern
Läpple, Dieter (1991): Essay über den Raum. In: Häußermann, Hartmut u.a. (Hg.): Stadt und Raum. Soziologische Untersuchungen. S. 157-208. Pfaffenweiler
Lefebvre, Henri (1974): La production de l,espace. Paris
Lübbe, Hermann (1995): Der Urmensch war nicht seßhaft. In: Rheinischer Merkur vom 1.12.95
Massey, Doreen (1985): New Directions in Space. In: Gregory, Derek; Urry, John (Hg.): Social Relations and Spatial Structures. S. 9-19. Houndmills, Basingstoke, Hampshire, London
Mücke, Hubert (1988): Historische Geographie als lebensweltliche Umweltanalyse. Studien zum Grenzbereich zwischen Geographie und Geschichtswissenschaft. Frankfurt a.M., Bern, New York, Paris
Myrdal, Gunnar (1957): Ökonomische Theorie und unterentwickelte Regionen. Frankfurt a.M.
Poser, Hans (1939): Die fremdenverkehrsgeographischen Beziehungen des Norddeutschen Tieflandes zum Riesengebirge, ihre Grundlagen und Auswirkungen. In: Hofmeister, Burkhard; Steinecke, Albrecht (Hg.) (1984): Geographie des Freizeit- und Fremdenverkehrs. S. 138-155. Darmstadt
Reith, Wolf Juergen (1985): Umwelt- und sozialverträglicher Tourismus - eigentlich eine Selbstverständlichkeit?. In: CIPRA (Internationale Alpenschutz-Kommission) (Hg.): Sanfter Tourismus - Schlagwort oder Chance für den Alpenraum? S. 17-42. Vaduz
Ruppert, Karl; Maier, Jörg (1970): Aufgaben und Ziele der Fremdenverkehrsgeographie. In: Hofmeister, Burkhard; Steinecke, Albrecht (Hg.) (1984): Geographie des Freizeit- und Fremdenverkehrs. S. 194-220. Darmstadt
Schemel, Hans-Joachim (1987): Umweltverträgliche Freizeitanlagen. Eine Anleitung zur Prüfung von Projekten des Ski-, Wasser- und Golfsports aus der Sicht der Umwelt. Band , Analyse und Bewertung. Berlin
Soja, Edward W. (1989): Postmodern Geographies. The Reassertion of Space in Critical Social Theory. London, New York
Spehr, Christoph (1996): Die Ökofalle. Nachhaltigkeit und Krise. Wien
Spode, Hasso (1993): Tourismusanthropologie. In: Hahn, Heinz; Kagelmann, H. Jürgen (Hg.): Tourismuspsychologie und Tourismussoziologie. Ein Handbuch der Tourismuswissenschaft. S. 30-35. München
Spode, Hasso (1994): „Reif für die Insel". Prolegomena zu einer historischen Anthropologie des Tourismus. In: Cantauw, Christiane (Hg.) (1995): Arbeit, Freizeit, Reisen. Die feinen Unterschiede im Alltag. S. 105-123. Münster, New York
Steinecke, Albrecht (1982): Zur Kritik der funktionalen Geographie des Freizeitverhaltens. In: Hofmeister, Burkhard; Steinecke, Albrecht (Hg.) (1984): Geographie des Freizeit- und Fremdenverkehrs. S. 264-278. Darmstadt
Storbeck, Dietrich (1988): Sozialwissenschaftliche Erklärungsansätze für den modernen Tourismus. In: ders. (Hg.): Moderner Tourismus. Tendenzen und Aussichten. S. 239-255. Trier
Urry, John (1990): The Tourist Gaze. Leisure and Travel in Contemporary Societies. London, Newbury Park, New Delhi
Uthoff, Dieter (1988): Tourismus und Raum. Entwicklung, Stand und Aufgaben geographischer Tourismusforschung. In: Geographie und Schule. 10. Jg., Heft 53. S. 2-12
Vester, Heinz-Günter (1998): Die soziale Organisation des Tourismus. Ein soziologischer Bezugsrahmen für die Tourismuswissenschaft. In: Tourismus Journal. Zeitschrift für tourismuswissenschaftliche Forschung und Praxis. Heft 1, 2. Jg. 1998. S. 133-154
Wagner, Friedrich A. (1984): Ferienarchitektur. Die gebaute Urlaubswelt. Modelle, Erfahrungen, Thesen. Starnberg
Wallerstein, Immanuel (1974): Das moderne Weltsystem. Kapitalistische Landwirtschaft und die Entstehung der europäischen Weltwirtschaft im 16. Jahrhundert. Frankfurt a.M. 1986
Weber, Max (1922): Wirtschaft und Gesellschaft. Grundriß der verstehenden Soziologie. Köln, Berlin
Wolf, Klaus; Jurczek, Peter (1986): Geographie der Freizeit und des Tourismus. Stuttgart

Zu den Autorinnen und Autoren

Gabriele Barišić-Rast (*1972), Dipl.-Geographin, hat in Trier (Fremdenverkehrs-) Geographie studiert und arbeitet im Marketing- und PR-Bereich eines Online-Dienstleistungsunternehmens der Reisebranche.

Jörg Borghardt (*1963), Dipl-Ing., hat in Dortmund Raumplanung studiert und forscht zum Bereich Tourismus- und Raumtheorie.

Bettina Bruder (*1969), Dipl.-Ing., hat in Dortmund Raumplanung studiert und arbeitet bei der Wirtschaftsförderung der Gemeinde Friedland (Kreis Göttingen). Arbeitschwerpunkte: Nachhaltige Regionalentwicklung, Lokale Agenda-Prozesse.

Jürgen Brunsing (*1959), Dr.-Ing., hat in Dortmund Raumplanung studiert und arbeitet im verkehrswissenschaftlichen Bereich, insbesondere zum Thema Rad- und Freizeitverkehr. Er ist Dozent am Fachgebiet Angewandte Freizeitwissenschaft des Fachbereichs Sozialwesen der Hochschule Bremen.

Ralf Ebert (*1953), Dipl.-Ing., hat in Dortmund Raumplanung studiert und ist Mitinhaber eines Planungsbüros in Dortmund, das einen seiner Schwerpunkte in der Kulturwirtschaft hat.

Andreas Freundt (*1969), Dipl.-Ing., hat in Dortmund Architektur und Raumplanung studiert und arbeitet am Fachgebiet Europäische Raumplanung der Fakultät Raumplanung, Universität Dortmund. Seine Forschungsschwerpunkte sind Fragen der innovativen Raumentwicklung, insbesondere der Rolle der Kultur für die Regionalentwicklung in Europa.

Alexander Gerber (*1966), Dr. sc. agr., Dipl.-Ing., studierte Agrarwissenschaften an der Universität Hohenheim/Stuttgart und arbeitet dort am Fachgebiet Landwirtschaftliche Kommunikations- und Beratungslehre (Institut für Sozialwissenschaften des Agrarbereichs).

Stefan M. Germer (*1961), Dipl.-Geogr., hat Geographie in Saarbrücken und Vancouver studiert und arbeitet als Referent für Regionalentwicklung bei der Planungsgemeinschaft Westpfalz.

Carsten Grashoff (*1973), Dipl.-Ing., hat in Dortmund Raumplanung studiert. Seit 2001 ist er als Berater bei einem wirtschafts- und sozialwissenschaftlichen Beratungsunternehmen in Köln tätig (Bereich Freizeit-/Tourismuswirtschaft und Stadtmarketing).

Sven Groß (*1969), Dipl.-Ing., hat in Dortmund Raumplanung studiert und arbeitet am Fachgebiet Tourismuswirtschaft der Fakultät Verkehrswissenschaften „Friedrich List", Technische Universität Dresden (Institut für Wirtschaft und Verkehr). Arbeitsschwerpunkte: Touristische Marktforschung, Tourismus und Verkehr, Events, Sport-Tourismus.

Jan große Beilage (*1969), Dipl.-Ing., hat in Dortmund Raumplanung studiert und arbeitet als Referent für Infrastruktur bei den Planungsgemeinschaften Rheinhessen-Nahe und Westpfalz (beide Rheinland-Pfalz). Arbeitsschwerpunkte liegen in den Bereichen Verkehrsplanung, Grenzüberschreitende Kooperation (Deutschland-Frankreich) und Fahrradtourismus.

Evelyn Gustedt (*1957), Dr.-Ing., studierte Landespflege an der Universität Hannover; Mitarbeit am Fachbereich Landschaftsarchitektur und Umweltentwicklung der Universität Hannover mit dem Schwerpunkt touristische Planung und Entwicklung. Sie ist seit 1998 wissenschaftliche Leiterin des Referats für Umwelt, Regional- und Stadtplanung der Akademie für Raumforschung und Landesplanung (ARL) in Hannover und dort vor allem verantwortlich für Fragen der europäischen Raumentwicklung.

Gerd Held (*1951), Dr.rer.pol., hat in Hannover Sozialwissenschaften (Diplom) und in Paris Philosophie (Maîtrise) studiert. Er arbeitet am Fachgebiet Geographische Grundlagen und Raumplanung in Entwicklungsländern an der Fakultät Raumplanung, Universität Dortmund.

Christian Horny (*1967), Dipl.-Ing., hat in Raumplanung Dortmund studiert. Seit 2002 ist er Mitinhaber eines Planungsbüros in Römerberg in der Pfalz.

Nicole König (*1973), Dipl.-Kauffrau, hat Betriebswirtschaft in Würzburg und Dresden studiert und arbeitet zum Thema Nachhaltiger Tourismus an der University of Wales in Swansea.

Hans-Christian Lippmann (*1960), Dipl.-Ing., hat in Berlin Landschaftsplanung studiert. Er arbeitet als Organisationsentwickler und forscht zum Thema „Sommerfrische".

Helge Mehrtens (*1974), Dipl.-Ing., hat in Dortmund Raumplanung studiert. Sie beschäftigt sich derzeit mit Kulturwirtschaft und Stadtmarketing.

Lutz Meltzer (*1953), Dipl.-Ing., hat in Dortmund Raumplanung studiert und arbeitet an den Themenfeldern Tourismus als Impuls für die Regionalentwicklung sowie Kurortentwicklung. Redakteurstätigkeit für die Fachzeitschrift RaumPlanung.

Ingo Mose (*1957), Prof. Dr., hat Geographie in Osnabrück und Oldenburg studiert und leitet den Bereich Regionalwissenschaften der Abteilung Raumplanung/Regionalwissenschaften am Institut für Umweltwissenschaften der Hochschule Vechta. Die Arbeitsschwerpunkte liegen in den Bereichen Regionalentwicklung, Regionalpolitik, Theorie und Methodik der Regionalforschung, Entwicklung ländlicher Räume, Tourismus.

Sebastian Müller (*1940), Dr. phil., hat Kunstgeschichte, Allgemeine Geschichte und Soziologie in Genf, München, Münster und Bochum studiert. Er arbeitet als Akademischer Oberrat am Fachgebiet Soziologische Grundlagen der Raumplanung der Fakultät Raumplanung, Universität Dortmund. Arbeitsschwerpunkte liegen in den Bereichen Planungstheorie, Politik- und Planungsmechanismen in Großstädten, kommunikationstheoretische Fundierung von Beteiligung und Kooperation, Kunstwelten in Freizeit und Tourismus.

Birgit Nolte (*1972), Dipl.-Geogr., hat in Bremen Geographie studiert und ist wissenschaftliche Mitarbeiterin am Fachgebiet Wirtschafts- und Sozialgeographie, Geographisches Institut der Mathematisch-Naturwissenschaftlichen Fakultät der Universität Greifswald. Sie forscht schwerpunktmäßig auf dem Gebiet des Nachhaltigen Tourismus in Biosphärenreservaten.

Uwe van Ooy (*1969), Dipl.-Geogr., hat an der Universität Bochum Geographie und Kartographie studiert und arbeitet in einem Planungsbüro in Dortmund. Zu seinen Arbeitsschwerpunkten zählen Analysen, Projekte und Konzepte im Schnittfeld Stadt- und Regionalentwicklung, Kulturwirtschaft, Tourismus und Sportwirtschaft. Er ist außerdem als Dozent im Rahmen von Aus- und Weiterbildungen zum Kultur- und Freizeitmanager tätig.

Barbara Reddig, Dipl.-Ing., hat in Dortmund Raumplanung studiert und arbeitet seit 2000 als wissenschaftliche Mitarbeiterin beim Projektträger im DLR / Koordinator für regionale Innovationsförderung des BMBF zu den Themenfeldern Netzwerkmanagement und regionale Innovationsförderung in den Neuen Bundesländern. Daneben ist sie Koordinatorin für Regionalentwicklung und betreibt ein Büro für Projekt- und Veranstaltungsmanagement in Berlin.

Stefanie Roeder (*1975), Dipl.-Ing., hat in Dortmund Raumplanung studiert. Sie ist Mitarbeiterin im Team „Mediationssysteme" des Fraunhofer-Instituts „Autonome Intelligente Systeme" (AIS) und forscht in den Bereichen Internet basierte Kommunikation und Mediation sowie informationstechnologisch unterstützte partizipative Planungsprozesse.

Peter Schaal (*1963), Dr.-Ing., hat in Gießen Agrarwissenschaften studiert und arbeitet am Institut für Umweltwissenschaften an der Hochschule Vechta.

Joachim Scheiner (*1964), Dr., hat Geographie, Statistik und Verkehrsplanung an der Freien Universität Berlin studiert. Seine Arbeitsschwerpunkte liegen in den Bereichen Alltagsmobilität, Raumwahrnehmung, Siedlungsentwicklung und Verkehr, Empirische Methoden (quantitativ und qualitativ), Theorie der Sozialgeographie, Raumtheorie.

Wolfgang Scholz (*1964), Dipl.-Ing., hat in Dortmund Raumplanung studiert und arbeitet am Fachgebiet Geographische Grundlagen und Raumplanung in Entwicklungsländern an der Fakultät Raumplanung, Universität Dortmund. Er leitet den Arbeitskreis Raumplanung und Tourismus (D.A.R.T.) im Informationskreis für Raumplanung (IfR). Arbeitsschwerpunkte: Stadtplanung, Stadtmarketing, informelle Siedlungsentwicklung, Tourismus.

Gernot Steinberg (*1966), Dipl.-Ing., hat in Dortmund Raumplanung studiert und ist Mitgesellschafter eines Planungsbüros in Dortmund sowie Wissenschaftlicher Mitarbeiter am Fachgebiet Verkehrswesen und Verkehrsplanung der Fakultät Raumplanung, Universität Dortmund. Seine Arbeitsschwerpunkte liegen in den Bereichen Rad- und Fußverkehr, Freizeitverkehr, Nahverkehrsplanung und Verkehrskonzepte für den Öffentlichen Verkehr.

Wilhelm Steingrube (*1951), Prof. Dr., hat in Bremen Geographie studiert und leitet den Lehrstuhl Wirtschafts- und Sozialgeographie, Geographisches Institut der Mathematisch-Naturwissenschaftlichen Fakultät der Universität Greifswald. Arbeitsschwerpunkte: Sport- und Gesundheitstourismus, ländlicher Raum und nachhaltige Entwicklung,

Theophil Weick (*1950), Dipl.-Ing., hat in Dortmund Raumplanung studiert. Er ist tätig als Geschäftsführer und Leitender Planer der Planungsgemeinschaft Westpfalz sowie Lehrbeauftragter für Raumordnung und Regionalentwicklung an der Universität Mannheim.

Susanne Wittek (*1952), Dipl.-Volkwirtin und Dipl. Sozialökonomin, studierte an der Hamburger Universität für Wirtschaft und Politik. Sie ist wissenschaftliche Mitarbeiterin der Forschungsgruppe Praxisnahe Berufsbildung an der Universität Bremen.

Anke Wüstenberg (*1965), Dipl.-Ing., hat in Dortmund Raumplanung studiert. Sie bearbeitete an der Fakultät Raumplanung der Universität Dortmund ein Forschungsprojekt, welches sich mit den Zusammenhängen von Strukturwandel, Tourismus und Leitbildern bzw. Identifikationen im Ruhrgebiet befasste.

Dortmunder Beiträge zur Raumplanung

BLAUE REIHE

110
Marion Klemme
Kommunale Kooperation und nachhaltige Entwicklung
2002, 206 S., € 16,–
ISBN 3-88211-135-6

109
Jörg Borghardt, Lutz Meltzer, Stefanie Roeder, Wolfgang Scholz, Anke Wüstenberg (Hg.)
ReiseRäume
2002, 372 S., € 26.–,
ISBN 3-88211-132-1

108
Stefan Siedentop
Kumulative Wirkungen in der UVP
Grundlagen, Methoden, Fallbeispiele
2002, 243 S., € 23.–,
ISBN 3-88211-136-4

107
Anne Haars
Kommunale Quartiersentwicklung in den Niederlanden
Konzept und Umsetzung des Stedelijk Beheer
2001, 128 S., € 13.–
ISBN 3-88211-130-5

106
Sabine Thabe (Hg.)
Raum und Sicherheit
2001, 255 S., € 22.–
ISBN 3-88211-129-1

105
Monika Teigel
Bodenordnung für Ausgleichsflächen
Die Umlegung als Mittel zur Durchsetzung des naturschutzrechtlichen Verursacherprinzips
2000, 215 S., € 17.–
ISBN 3-88211-128-3

104
Christine Grüger
Nachhaltige Raumentwicklung und Gender Planning
2000, 201 S., € 16.–
ISBN 3-88211-127-5

103
Antonio Longo, Ursula von Petz, Petra Potz, Klaus Selle (Hg.)
Spazi Aperti - Offene Räume
Freiraumplanung in Italien und Deutschland
2001, 339 S., € 25.–
ISBN 3-88211-126-7

102
Julia Dettmer, Stefan Kreutz
Neue Partner fürs Quartier - *Planungspartnerschaften in der englischen Quartierserneuerung*
2001, 276 S., € 23.–
ISBN 3-88211-124-0

101
Hermann Bömer
Ruhrgebietspolitik in der Krise
Kontroverse Konzepte aus Wirtschaft, Politik, Wissenschaft und Verbänden
2000, 281 S., € 23.–
ISBN 3-88211-123-2

100
Irene Kistella, Detlef Kurth, Maria T. Wagener (Hg.)
Städtebau ... dem Ort, der Zeit, den Menschen verpflichtet
2000, 306 S., € 24.–
ISBN 3-88211-122-4

99
Detlef Kurth, Rudolf Scheuvens, Peter Zlonicky (Hg.)
Laboratorium Emscher Park - *Städtebauliches Kolloquium zur Zukunft des Ruhrgebietes*
1999, 175 S., € 15.–
ISBN 3-88211-120-8

98
Sabine Thabe (Hg.)
Räume der Identität - Identität der Räume
1999, 237 S., € 17.–
ISBN 3-88211-119-4

97
Jeannette Schelte
Räumlich-struktureller Wandel in Innenstädten
Moderne Entwicklungsansätze für ehemalige Gewerbe- und Verkehrsflächen
1999, 207 S., € 16.–
ISBN 3-88211-118-6

96
Jörn Birkmann, Heike Koitka, Volker Kreibich, Roger Lienenkamp
Indikatoren für eine nachhaltige Raumentwicklung
Methoden und Konzepte der Indikatorenforschung
1999, 173 S., € 14.–
ISBN 3-88211-117-8

95
Jürgen Brunsing, Michael Frehn (Hg.)
Stadt der kurzen Wege
Zukunftsfähiges Leitbild oder planerische Utopie?
1999, 139 S., € 12.–
ISBN 3-88211-116-X

94
Seungil Lee
Umweltverträgliche Stadtentwicklung für Kwangju - *Alternative Strukturen der Nachhaltigkeit für eine Stadtregion in Südkorea*
2001, 196 S., € 18.–
ISBN 3-88211-115-1

93

Roger Lienenkamp

Internationale Wanderungen im 21. Jahrhundert

Die Ermittlung von Dispositionsräumen globaler Migrationen auf der Basis von Fuzzy Logic

1999, 220 S.,€ 16.–

ISBN 3-88211-114-3

92

Ruth May

Planstadt Stalinstadt

Ein Grundriß der frühen DDR

1999, 471 S., € 34.–

ISBN 3-88211-113-5

91

Stefan Lehmkühler

Computergestützte Visualisierungstechniken in der Stadtplanung

1999, 160 S., € 13.–

ISBN 3-88211-111-9

90

Peter Schaal

Bodenschutz in der Stadtplanung

1999, 258 S., € 19.–

ISBN 3-88211-110-0

89

Klaus M. Schmals (Hg.)

Was ist Raumplanung?

1999, 348 S., € 24.–

ISBN 3-88211-109-7

88

Heike Schiewer

Stadtplanung in einer multikulturellen Gesellschaft *(Toronto/Kanada)*

1999, 129 S., € 12.–

ISBN 3-88211-108-9

87

Gerhard Held

Potentiale der kompakten Stadt

1998, 272 S., € 19.–

ISBN 3-88211-107-0

86

Petra Voßebürger, Andrea Weber

Planerischer Umgang mit Freizeitgroßprojekten

Bausteine zum Konfliktmanagement eines „Center Parcs"-Projektes

1998, 190 S., € 15.–

ISBN 3-88211-105-4

85

Gerd Hennings, Sebastian Müller (Hg.)

Kunstwelten

Künstliche Erlebniswelten und Planung

1998, 237 S., € 17.–

ISBN 3-88211-104-6

84

Michael Wegener

Erkundungen zukünftiger Raumstrukturen

1998, 240 S., € 17.–

ISBN 3-88211-103-8

VERKEHR

V2

Eckhart Heinrichs

Lärmminderungsplanung in Deutschland

Evaluation eines kommunalen Planungsverfahrens

2002, 171 S., € 15.–

ISBN 3-88211-137-2

V1

Anka Derichs

Nahverkehrspläne im Zeichen der Liberalisierung

2001, 80 S., € 8.–

ISBN 3-88211-134-8

PROJEKTE

P/20

Städtisches Leben auf dem Lande?

Telekommunikation als Chance für neue Lebensstile und Arbeitsformen

2000, 151 S., € 13.–

ISBN 3-88211-121-6

P/19

Neue Gartenstadt für Leipzig

1999, 117 S., € 12.–

ISBN 3-88211-112-7

P/18

Öffentlicher Personennahverkehr im ländlichen Raum - *Zukunftsperspektiven für den ÖPNV zwischen Güstrow, Waren und Parchim*

1998, 78 S., € 9.–

ISBN 3-88211-106-2

MATERIALIEN

M/26

Hauke von Seht

Klimaschutz mit Eigennutz?

Sekundäreffekte kommunaler Klimaschutzmaßnahmen

1999, 168 S., € 13.–

ISBN 3-929797-54-2

Vertrieb *(i.A.v. Informationskreis für Raumplanung e.V.):*
Dortmunder Vertrieb für Bau- und Planungsliteratur
Gutenbergstraße 59, 44139 Dortmund

Bestellungen *an den Vertrieb per Post oder:*
Tel.: 0231/146 565, Fax: 0231/147 465
e-mail: dovertrieb@aol.com

Weitere Informationen im Internet *:*
http://irpud.rp.uni-dortmund.de/irpud/pub1.htm